STRUKTUR UND EIGENSCHAFTEN
DER MATERIE
IN EINZELDARSTELLUNGEN

HERAUSGEGEBEN VON

M. BORN-GÖTTINGEN · J. FRANCK-KOPENHAGEN · H. MARK-WIEN

XIV

MOLEKÜLSTRUKTUR

BESTIMMUNG VON MOLEKÜLSTRUKTUREN MIT PHYSIKALISCHEN METHODEN

VON

DR. H. A. STUART

PRIVATDOZENT FÜR PHYSIK AN DER
UNIVERSITÄT KÖNIGSBERG I. PR.

MIT 116 ABBILDUNGEN

BERLIN
VERLAG VON JULIUS SPRINGER
1934

ISBN-13: 978-3-7091-5153-2   e-ISBN-13: 978-3-7091-5301-7
DOI: 10.1007/978-3-7091-5301-7

MEINER LIEBEN MUTTER GEWIDMET

Vorwort.

Dieses Buch soll in die in den letzten Jahren von seiten der Physik entwickelten Methoden zur Erforschung der Struktur des Einzelmoleküls einführen und einen kritischen Überblick über die bis heute erzielten Ergebnisse vermitteln. Die ältere Molekularphysik beschäftigte sich vorwiegend mit den Erscheinungen, die sich auf die Existenz und die gegenseitige Einwirkung der Moleküle zurückführen ließen. Bezüglich des Einzelmoleküls vermochte sie dagegen neben einer rohen Abschätzung der zwischenmolekularen Kräfte nur wenige sehr summarische Daten, wie etwa den mittleren Durchmesser, die Zahl der Freiheitsgrade oder die mittlere Polarisierbarkeit zu ermitteln. Irgendwelchen näheren Einblick in die Struktur und in das innere und äußere Kraftfeld zu gewinnen, war ihr vollends unmöglich. Nur die Chemie, vor allem die organische Chemie, vermochte, gestützt auf ein gewaltiges Beobachtungsmaterial auf induktivem Wege eine Reihe von Vorstellungen über den räumlichen Bau der Moleküle, wie die vom asymmetrischen Kohlenstoffatom, von der Valenzwinkelung, von der Tetraedersymmetrie der vier Kohlenstoffvalenzen und der freien Drehbarkeit zu entwickeln, die später von der physikalischen Forschung vollständig bestätigt und vertieft werden konnten[1].

Die modernen physikalischen Methoden zur direkten Erforschung des Moleküls, wie die zur Bestimmung der Lage der Atomkerne und ihrer Eigenschwingungen, die Methoden zur Messung der elektrischen und optischen Konstanten und ihre Verwendung bei der Bestimmung von Strukturen sind, von Einzelfällen abgesehen, in ihren Ansätzen noch keine 20 Jahre alt. Größeren Umfang hat dieses Forschungsgebiet jedoch erst in den letzten 10 Jahren angenommen. Einige der erfolgreichsten Methoden, wie die Untersuchungen des RAMAN-Effekts, der Elektronen- und Röntgeninterferenzen an Gasen und die KERR-Effekt-Methodik sind nur wenige Jahre alt. Dank der überraschend schnellen Entwicklung des ganzen Gebietes kennen wir bereits heute bei zahlreichen

---

[1] Vgl. etwa W. HÜCKEL: Theoretische Grundlagen der organischen Chemie. Leipzig 1931.

Molekülen die Struktur und eine große Reihe charakteristischer Daten, was für das Verständnis vieler physikalischer und chemischer Erscheinungen von großer Wichtigkeit ist.

Es hat sich immer mehr gezeigt, daß eindeutige Strukturbestimmungen und viele wichtige Angaben, z. B. über das Polarisationsellipsoid, die Wirkungssphäre, innere Beweglichkeit eines Moleküls usw. nur durch eine weitgehende Kombination der von den einzelnen Methoden erzielten Ergebnisse zu gewinnen sind. Bei der Ausdehnung der einzelnen Teilgebiete ist es aber heute nur schwer möglich, den dazu erforderlichen Überblick zu behalten. So erscheint es berechtigt, eine Monographie über Molekülstruktur unter dem Gesichtspunkt der kritischen Sichtung und Gegenüberstellung der auf ganz verschiedenen Wegen gewonnenen Ergebnisse zu schreiben und auf diese Weise vielleicht zu einem insgesamt fruchtbringenderem Arbeiten beizutragen und zu weiteren Fragestellungen und Forschungen anzuregen. Auf diesem Wege wird man auch zu einem besseren Urteil über die Leistungs- und Entwicklungsmöglichkeiten der einzelnen Methoden gelangen.

Bei der Stoffeinteilung und -abgrenzung waren folgende Gesichtspunkte maßgebend. Aufgenommen sind nur die Methoden zur Untersuchung des chemisch abgesättigten Moleküls[1]. Nicht berücksichtigt sind dagegen die Molekülverbindungen und die VAN DER WAALSschen Moleküle, sowie die Komplexverbindungen. In erster Linie sind die Methoden zur direkten Bestimmung der Größe der Moleküle, der geometrischen Anordnung der Kerne und ihrer Eigenschwingungen dargestellt, sowie diejenigen, welche die zwischen den Atomen wirkenden Kräfte, Potentialkurven und Dissoziationsarbeiten, sowie die innere Beweglichkeit, Stabilität des Kerngerüstes und die Drehbarkeit einzelner Gruppen ermitteln lassen. Ferner sind die Methoden zur Bestimmung des elektrischen Momentes und der optischen Anisotropie eines Moleküls und die daraus sich ergebenden Strukturbestimmungen eingehend behandelt. Ganz weggelassen sind dagegen die spektroskopischen Methoden zur Bestimmung der Elektronenzustände eines Moleküls und die daraus folgenden für die Chemie sehr wichtigen Ergebnisse, da diese in bereits vorhandener bzw. demnächst erscheinender Spezialliteratur[2] erschöpfend behandelt werden.

---

[1] Über hochmolekulare Verbindungen vgl. man die Monographie von STAUDINGER: Die hochmolekularen organischen Verbindungen. Berlin 1932.

[2] Vgl. S. 274, Anmerkung 1.

Möglichste Vollständigkeit ist überall da erstrebt, wo die Literatur noch völlig zerstreut ist. Bei der Behandlung des ultraroten und des RAMAN-Spektrums sind mit Rücksicht auf die in der gleichen Sammlung (Struktur der Materie Bd. 10 und 12) erschienenen Bücher „Das ultrarote Spektrum" von SCHAEFER-MATOSSI und „Der SMEKAL-RAMAN-Effekt" von KOHLRAUSCH außer einer gedrängten allgemeinen Darstellung im wesentlichen nur die wichtigeren Ergebnisse der allerletzten Jahre wiedergegeben.

Da sich dieses Buch vorwiegend an den experimentell arbeitenden Physiker und Chemiker wendet, mußte eine Form der Darstellung gefunden werden, die die erforderlichen theoretischen Grundlagen in möglichst einfacher und anschaulicher Weise vermittelt. Aus diesem Grunde wurden die Ableitungen, wenn irgend möglich, auf klassischem Wege gegeben. Das erscheint um so eher gerechtfertigt, als es sich gezeigt hat, daß die Quantentheorie der Molekularpolarisation, der optischen Anisotropie und des KERR-Effekts im wesentlichen dieselben Ergebnisse wie die klassische Theorie liefert. Das gilt auch weitgehend für die Theorie des RAMAN-Effekts und für die Auswahlregeln im ultraroten Spektrum. Außerdem gewinnt man auf diese Weise viel leichter den für das erfolgreiche Arbeiten nötigen anschaulichen Überblick über das Gesamtgebiet.

Besonderer Dank gebührt Herrn Dr. MROWKA, der auch den § 3 „Theorie der chemischen Bindung" geschrieben hat, für seine unermüdliche Mitarbeit. Herrn Professor GANS und Herrn Dr. VOLKMANN, die das Manuskript durchgelesen und viele Verbesserungen vorgeschlagen haben, sei ebenfalls herzlich gedankt. Den Herrn Professoren BORN, FRANCK, HUND und Fräulein Professor SPONER, sowie insbesondere auch Herrn Dr. TELLER danke ich für manchen wertvollen Rat. Am Lesen der Korrekturen haben sich Herr Dr. NAESHAGEN, Oslo, sowie Herr cand. phys. MATULL in dankenswerter Weise beteiligt. Schließlich möchte ich auch an dieser Stelle meiner lieben Frau für ihre aufopfernde Mithilfe herzlichst danken.

Königsberg (Pr.), April 1934.

H. A. STUART.

Inhaltsverzeichnis.

Achtes Kapitel.

Potentialkurven und Dissoziationsarbeiten von Molekülen.

§ 1. Begriff des Moleküls.

Den physikalischen Begriff „Molekül" gibt es seit der Zeit, als man auf Grund der AVOGADROschen Hypothese zwischen Atomen und Molekülen zu unterscheiden lernte. Während die ersteren als die Bausteine der chemischen Verbindungen durch ihre relative Anzahl die Gewichtsverhältnisse der sich umsetzenden Elemente festlegen, sind die Moleküle für die Volumenverhältnisse eines Gases bestimmend. Die Behauptung der AVOGADROschen Hypothese, daß der Druck eines idealen Gases allein durch die Anzahl der Moleküle in einem gegebenen Volumen, dagegen von der Zahl der das einzelne Molekül zusammensetzenden Atome unabhängig ist, wird verständlich, wenn man die Moleküle als in sich abgeschlossene Individuen betrachtet, die sich unabhängig voneinander bewegen und sich beim Stoß wie elastische starre Kugeln verhalten. Wir müssen also annehmen, daß die Atome eines Moleküls durch sehr starke Kräfte, die Valenzkräfte, aneinander gebunden und so zu gemeinsamer Bewegung gezwungen sind, während die nach außen, von Molekül zu Molekül wirkenden Kräfte verschwinden oder verhältnismäßig sehr klein sind. Derselbe Molekülbegriff ist unabhängig von dieser physikalischen Erfahrung in der Chemie entwickelt worden (vgl. dazu § 2).

In Anbetracht der Tatsache, daß auch die Moleküle aufeinander Kräfte ausüben, die z. B. die Abweichungen von den idealen Gasgesetzen verursachen und die schließlich zur Verflüssigung eines Gases führen, erhebt sich die Frage, wie weit können wir die Moleküle, deren Eigenschaften wir im folgenden untersuchen wollen, als selbständige, voneinander unabhängige Individuen auffassen. In einem realen Gase ist wegen der zwischenmolekularen Anziehungskräfte die Anwesenheit eines Moleküls in einem bestimmten Raumteil von der Gegenwart anderer Moleküle nicht mehr unabhängig, so daß der Druck des Gases nicht mehr der Zahl der Moleküle pro Volumeneinheit proportional ist. Praktisch kann man aber bei Gasen durch Druckverminderung immer den Idealfall gegenseitiger Unabhängigkeit genügend approximieren, so daß Untersuchungen an Gasen, wenn auch experimentell oft sehr schwierig, theoretisch immer am einfachsten zu verwerten sind.

Viel komplizierter liegen die Verhältnisse in Flüssigkeiten, wo die Moleküle so dicht liegen, daß sie starke VAN DER WAALSsche Kräfte aufeinander ausüben. Die potentielle Energie benachbarter Moleküle überschreitet hier bereits beträchtlich die Energie der Temperaturbewegung, so daß sich die Moleküle in der Flüssigkeit nicht mehr unabhängig voneinander bewegen. Trotzdem hat es auch hier noch einen Sinn, von Molekülen zu sprechen, da die Energie zur Abtrennung eines Atoms aus dem Molekülverband weit größer als die zur Entfernung eines Moleküls aus der Flüssigkeit erforderliche Arbeit ist. So beträgt z. B. die Verdampfungswärme des Benzols beim Siedepunkt 7,37 kcal/Mol, während die Arbeit zur Trennung einer C—H-Bindung ungefähr 97 kcal/Mol ausmacht[1].

Wegen der eingeschränkten Beweglichkeit der Moleküle und mit Rücksicht auf die Tatsache, daß die Abstände zwischen den Atomen benachbarter Moleküle von derselben Größenordnung wie die Atomabstände innerhalb eines Moleküls sind, muß bei allen Methoden zur Bestimmung von Molekülstrukturen geprüft werden, wie weit sich die für das freie Molekül im Gaszustande gültigen theoretischen Voraussetzungen auf die Flüssigkeit übertragen lassen. So ist es z. B. möglich, aus Messungen an verdünnten Lösungen mit Hilfe der DEBYEschen Theorie das elektrische Moment eines Moleküls zu bestimmen, weil die Wechselwirkung mit den Nachbarmolekülen die Einstellung der Dipolmoleküle im elektrischen Feld nur ganz wenig beeinflußt. Dagegen kann man aus Beobachtungen an Flüssigkeiten oder verdünnten Lösungen nicht mehr ohne weiteres die optische Anisotropie eines Moleküls ermitteln.

Auch bei Kristallen kann man in einem bestimmten Falle noch von Molekülen reden, nämlich dann, wenn die das Gitter zusammenhaltenden Kräfte VAN DER WAALSsche Kräfte sind. In diesem Falle ist die Energie, um ein Molekül aus dem Gitterverband zu reißen, noch klein gegen die Trennungsarbeit der chemischen Bindung, (Sublimationswärme des Benzols 10,7 kcal/Mol). Man bezeichnet solche Gitter, wie sie z. B. bei allen organischen Körpern vorliegen, als Molekülgitter. Bei Atom- oder Ionengittern, wo die das Gitter zusammenhaltenden Kräfte von derselben Größenordnung wie die zwischen den Atomen oder Ionen des einzelnen Moleküls wirkenden sind, verliert der Molekülbegriff auch dieses letzte Merkmal.

---

[1] Beispiel nach K. F. HERZFELD: Handbuch der Physik, Bd. 22, Kap. 5. Berlin 1926.

Wegen der verhältnismäßig kleinen zwischenmolekularen Kräfte in einem Molekülgitter bleiben die Kernabstände des freien Moleküls im Gitter praktisch erhalten, so daß die diesbezüglichen Messungen am Kristall auch auf das freie Molekül übertragen werden können (vgl. §§ 9 u. 13).

Erstes Kapitel.

Theorie der Valenz- und Molekularkräfte.

Wir beabsichtigen nicht, in diesem Kapitel eine erschöpfende Darstellung unserer heutigen Kenntnisse der Valenz- und Molekularkräfte, sowie der physikalischen Theorien der chemischen Bindung zu geben, sondern beschränken uns auf einen kurzen Überblick, wie er für das bessere Verständnis der folgenden Kapitel nützlich erscheint.

§ 2. Systematik der Kräfte.

Die Chemie hatte bis in dieses Jahrhundert hinein geglaubt, die chemische Bindung mit ihrem charakteristischen Absättigungsmechanismus nur durch eine besondere Art von Kräften, durch die *chemischen* oder *Valenz*kräfte erklären zu können. Sie trennte diese streng von den zwischenmolekularen *physikalischen* Kräften, d. h. von denjenigen Kräften, die von den chemisch abgesättigten Molekülen ausgehen, und die sich z. B. bei der Verflüssigung eines Dampfes äußern. Die chemischen Kräfte der Atome dachte man sich gerichtet und veranschaulichte sie durch die Valenzstriche, deren Zahl die Wertigkeit des betreffenden Atoms angab. Beim Eingehen einer Verbindung greifen dann je zwei Valenzstriche ineinander, und erst wenn die Valenzstriche aller Atome in dieser Weise abgesättigt sind, also jedes Atom an die seiner Wertigkeit entsprechende Zahl von Nachbaratomen gebunden ist, haben wir ein Molekül im alten chemischen Sinne vor uns. Die physikalische Untersuchung dieser innerlich abgesättigten Moleküle bildet den Hauptinhalt dieses Buches.

Neben diesen Molekülen im engeren Sinne lernte man aber mit der Zeit noch andere Atomverbände, Ionen, Assoziationskomplexe, Kristalle, vor allem aber die Molekül- und Komplexverbindungen kennen, deren Besprechung den Rahmen dieser Monographie weit überschreiten würde. Das Auftreten solcher Moleküle im weiteren Sinne zeigte, daß die Bindekräfte sich nicht nur auf die von der Valenzzahl vorgeschriebene Anzahl von Nachbaratomen beschränken. Es mußte daher der scharfe Valenzbegriff von der Chemie selbst aufgegeben und durch Begriffe wie *Nebenvalenzen* und *Valenzzersplitterung* erweitert werden[1]. Damit konnte also bereits vom Standpunkt des Chemikers aus die Trennung zwischen chemischen und physikalischen Kräften nicht mehr als gerechtfertigt erscheinen. Die einheitliche physikalische Interpretation all dieser Kräfte ist aber erst in der jüngsten Entwicklungsphase der theoretischen Physik gelungen, als man mit Hilfe der Quantenmechanik die Wechselwirkung zwischen neutralen Atomen und den Valenzmechanismus erfassen konnte (vgl. § 3).

Eine Systematik der Kräfte läßt sich am einfachsten an Hand des wellenmechanischen Modells des Wasserstoffmoleküls entwickeln, das im nächsten Paragraphen eingehend besprochen wird. Wir nehmen hier einen Teil des Ergebnisses vorweg. Nähern sich zwei neutrale Wasserstoffatome aus sehr großer Entfernung, so üben sie Anziehungskräfte aufeinander aus. Bringen wir sie näher zusammen, so sind je nach der Richtung des Elektronendralls (s. § 3) zwei Fälle möglich: Entweder es treten Abstoßungskräfte auf, parallele Drallvektoren, die eine weitere Annäherung der H-Atome verhindern, oder es treten bei antiparalleler Einstellung der Drallvektoren sehr starke Anziehungskräfte kurzer Reichweite, die sog. *Austauschkräfte*[2] auf, die zur chemischen Bindung führen. Auch für den Fall beliebiger Atome lassen sich die Bedingungen für das Eingehen einer Bindung, d. h. der Absättigungsmechanismus der chemischen Valenzen übersehen (vgl. § 3).

Diejenigen Anziehungskräfte, die allein noch nicht zur chemischen Bindung führen, und die Abstoßungskräfte bestimmen die Abweichungen von den idealen Gasgesetzen, die Kräfte in Flüssigkeiten u. dgl. Wir können sie daher zusammenfassend als VAN DER WAALSsche *zwischenmolekulare* Kräfte bezeichnen. Aus ihnen berechnet sich z. B. die Verdampfungswärme einer Flüssigkeit oder die Sublimationswärme eines ein Molekülgitter bildenden Kristalls. Diejenigen Kräfte, die direkt zur chemischen Bindung führen, vor allem also die Austauschkräfte, bezeichnen wir als

---

[1] Vgl. etwa A. WERNER: Neuere Anschauungen auf dem Gebiete der anorganischen Chemie, 5. Aufl. (bearbeitet von P. PFEIFFER). Braunschweig 1923.

[2] Dem allgemeinen Gebrauch folgend, verstehen wir unter den „Austauschkräften" schlechthin nur die Anziehungskräfte, obwohl die abstoßenden Kräfte zum Teil auch auf dem Elektronenaustausch beruhen.

die *Bindungskräfte*, sie bestimmen die Kernabstände, Valenzwinkel, Eigenschwingungen, Dissoziationsarbeiten usw.

Außerdem wirken auch zwischen den nicht direkt gebundenen Atomen und Atomgruppen eines und desselben Moleküls noch Kräfte, die für die innere Beweglichkeit, insbesondere die freie Drehbarkeit maßgebend sind, und die auch die Valenzwinkel etwas beeinflussen können (vgl. Kap. 3). Da die Austauschkräfte ihrer kurzen Reichweite wegen dabei vernachlässigt werden können, sind diese Kräfte dieselben, wie die zwischen den Atomen verschiedener Moleküle wirksamen, also auch VAN DER WAALSsche Kräfte. Wir wollen sie in folgendem als *innermolekulare* VAN DER WAALSsche Kräfte oder kurz als innermolekulare Kräfte und ihr Potential als das *innermolekulare Potential* bezeichnen. Das so definierte innermolekulare Potential soll also die Bindungskräfte nicht mit einschließen.

Damit kommen wir für das Einzelmolekül zu folgender Systematik der Kräfte:

I. *Bindungskräfte* zwischen *unmittelbar* gebundenen Atomen.

a) *Austauschkräfte*, vor allem für die homöopolare Bindung maßgebend.

b) COULOMBsche *Kräfte* oder die Kräfte der *Elektrovalenz*, einschließlich ihrer Polarisationswirkung, vor allem für die heteropolare Bindung bestimmend.

II. *Innermolekulare* Kräfte zwischen nicht direkt gebundenen Atomen und Atomgruppen *ein und desselben* Moleküls.

VAN DER WAALSsche Kräfte mit folgenden Bestandteilen[1], siehe weiter unten.

a) *Elektrostatische Kräfte*, vor allem beim Dipoleffekt, weniger beim Quadrupoleffekt.

b) Anziehungskräfte infolge der Polarisierbarkeit, *Induktionseffekt*.

c) Anziehungskräfte infolge der Wechselwirkung bewegter Elektronen, *Dispersionseffekt*.

d) *Abstoßungskräfte*.

III. *Zwischenmolekulare* Kräfte zwischen Atomen *verschiedener* Moleküle.

---

[1] Häufig werden unter den VAN DER WAALSschen Kräften nur die beim Dispersionseffekt auftretenden Kräfte verstanden. Diese Einteilung scheint uns nicht glücklich, wenn auch im allgemeinen das Potential der VAN DER WAALSschen Kräfte vorwiegend durch den Dispersionseffekt und weniger durch die COULOMBschen Kräfte bestimmt wird.

VAN DER WAALSsche Kräfte, mit den oben genannten Bestandteilen.

Die Bindungskräfte können wir auch als *Valenzkräfte* und die inner- und zwischenmolekularen VAN DER WAALSschen Kräfte kurz als *Molekularkräfte* bezeichnen.

Da die Bindungskräfte im nächsten Paragraphen eingehend behandelt werden, brauchen wir hier nur die VAN DER WAALSschen Kräfte näher zu betrachten[1]. Zu ihrem Potential, also auch zu dem für uns besonders wichtigen innermolekularen Potential eines Moleküls tragen, solange noch keine Abstoßung einsetzt, vor allem drei Effekte bei. Erstens das elektrostatische Potential der den einzelnen Bindungen zugehörigen elektrischen Momente, der *Dipoleffekt*. Die elektrostatische Anziehung zwischen Momenten höherer elektrischer Symmetrie, Quadrupolmomenten usw. spielt, wie wir heute wissen, praktisch keine Rolle. Zweitens der *Induktionseffekt*, auch DEBYE-Effekt[2] genannt, der durch die Polarisation der einzelnen Atome seitens des elektrischen Feldes der festen elektrischen Momente hervorgerufen wird und der immer Anziehung ergibt. Dazu kommt drittens der LONDONsche *Dispersionseffekt*[3], der auf den gegenseitigen kurzperiodischen Störungen der schnellen inneren Elektronenbewegung beruht, und der ebenfalls immer Anziehung ergibt[4]. Er läßt sich aus der Dispersionskurve, also aus rein optischen Daten, durch folgende Beziehung näherungsweise berechnen.

$$E_{\text{Disp}} = -\frac{3}{4}\frac{h\nu_0\alpha^2}{r^6} = -\frac{k}{r^6}, \tag{1}$$

[1] Vgl. dazu auch den Artikel von K. F. HERZFELD: Handbuch der Physik, Bd. 24, 2, Kap. 1. Berlin 1933; dort sind auch die älteren Arbeiten von KEESOM, DEBYE, FALKENHAGEN und ZWICKY zur Berechnung der VAN DER WAALSschen Kräfte, bei denen die Moleküle als statische und polarisierbare Systeme betrachtet werden, besprochen.

[2] DEBYE, P.: Physik. Z. Bd. 21 (1920) S. 178.

[3] LONDON, F.: Z. Physik Bd. 63 (1930) S. 245; Z. physik. Chem. Abt. B. Bd. 11 (1931) S. 222; ferner H. MARGENAU: Physic. Rev. Bd. 37 (1931) S. 1425, 38 (1931) S. 748 u. 1786.

[4] Ehe man den Dispersionseffekt kannte, als man das Molekül also lediglich als ein statisches und polarisierbares Ladungssystem auffaßte, war man, um die beobachteten Kräfte erklären zu können, gezwungen, den Molekülen, vor allem auch den Edelgasen, ganz beträchtliche Quadrupolmomente zuzuschreiben, was mit unseren heutigen Vorstellungen von der kugelsymmetrischen Ladungsverteilung bei Atomen mit abgeschlossenen Elektronenschalen unvereinbar ist.

wo r der Abstand und α die Polarisierbarkeit der Atome ist. Für $h\nu_0$ kann die Ionisierungsenergie V_i oder besser die meist etwas höhere Energie V_0, die der in der Dispersionsgleichung auftretenden Haupteigenfrequenz ν_0 entspricht, eingesetzt werden. Nach SLATER und KIRKWOOD[1] gilt die Näherung

$$E_{\text{Disp}} = \frac{-\,7{,}07 \cdot 10^{-12} \cdot \alpha^{3/2}\,\sqrt{n}}{r^6}\,, \qquad (2)$$

wo n die Elektronenzahl in der Außenschale des Moleküls bedeutet. Diese Formeln gelten nur solange, als $r^3 > \alpha$ ist, also bis zu Abständen von ungefähr $3 \cdot 10^{-8}$ cm. Rücken die Atome noch dichter zusammen, so tritt infolge der gegenseitigen Polarisation eine tiefgehende Umlagerung des ganzen Elektronengebäudes ein, die durch diese Näherungsformeln nicht mehr erfaßt wird.

Das elektrostatische Potential zweier Dipole μ_1 und μ_2 berechnet sich nach folgender Gleichung

$$E_{\text{Dipol}} = -\,\frac{\mu_1 \cdot \mu_2}{r^3}\,[2\cos\vartheta_1\cos\vartheta_2 - \sin\vartheta_1\sin\vartheta_2\cos(\varphi_1 - \varphi_2)]\,, \qquad (3)$$

wenn ihre Achsen mit der Verbindungslinie ihrer Mittelpunkte die Winkel ϑ_1 und ϑ_2 bilden und wenn φ_1 und φ_2 die Azimute der beiden Dipole um ihre Verbindungslinie sind. Liegen die Dipole in derselben Ebene, so wird $\varphi_1 - \varphi_2 = 0$.

Der Beitrag des Induktionseffektes zum Potential ist gegeben durch

$$E_{\text{Ind}} = -\,\frac{1}{2}\,\alpha F^2\,, \qquad (4)$$

wo F die elektrische Feldstärke bedeutet. Bei Dipolen ist $E \sim \dfrac{1}{r^6}$.

Zum Potential der VAN DER WAALSschen Kräfte trägt vor allem der Dispersionseffekt bei. Der Induktionseffekt kann fast immer vernachlässigt werden. Der Einfluß des Dipoleffekts wird meist überschätzt; nur bei Molekülen mit großen Momenten spielt er eine maßgebende Rolle (vgl. die Beispiele in § 14)[2].

Schließlich sind noch die Abstoßungskräfte zu nennen, die theoretisch vorläufig nur wenig erfaßt sind. Wir wissen nur, daß bei der Annäherung zweier Atome, also etwa zweier abgesättigter H-Atome, die keine chemische Bindung eingehen können, *Resonanzabstoßung* auftritt, deren Potential entgegengesetzt gleich ist dem

---

[1] SLATER, J. C. u. J. G. KIRKWOOD: Physic. Rev. Bd. 37 (1931) S. 682.
[2] Vgl. auch die Beispiele bei LONDON: Z. Physik Bd. 63 (1930) S. 245.

Potential der Resonanzanziehung, wie sie im Falle, daß eine Bindung möglich ist, auftritt (s. § 3).

Aus der obigen Systematik der Kräfte ergibt sich auch die entsprechende Einteilung in die verschiedenen Bindungsarten[1]. Schon ehe man die Art der Kräfte bei den verschiedenen Bindungen erkannt hatte, unterschied man mit ABEGG zwischen *homöopolaren* und *heteropolaren* Molekülen. Als heteropolar bezeichnet man ein Molekül, dessen Atome verschieden geladen sind, das also im Extremfall aus Ionen mit abgeschlossenen Schalen aufgebaut ist (NaCl). Homöopolar ist ein aus neutralen Atomen aufgebautes Molekül. Der Extremfall ist etwa im H_2 gegeben, wo jeder Ladungsunterschied verschwunden ist. Zwischen diesen Grenzfällen gibt es natürlich alle möglichen Übergänge. Wie wir heute wissen, ist für die homöopolare Bindung das sog. gemeinsame *bindende Elektronenpaar*, das beiden Atomen gleichzeitig zugehört, charakteristisch (s. § 3).

Für die heteropolare Bindung, die *Ionenbindung*, ist das Potential der COULOMBschen Kräfte maßgebend, so daß die Ionenbindung noch mit Hilfe der klassischen Theorie erfaßt werden kann (vgl. § 3). Der allgemeine Charakter einer Bindung hängt dann davon ab, ob das Potential der Austauschkräfte oder das der COULOMBschen Kräfte überwiegt.

Häufig benutzt man neben der Unterscheidung in homöopolare und heteropolare Moleküle die sich auf die Ladungsverteilung beziehenden Bezeichnungen *polar* und *unpolar*. Diese Definitionen decken sich natürlich nicht. Zwar besitzt jedes heteropolare Molekül ein elektrisches Moment. Daneben gibt es aber zahlreiche polare Moleküle mit ausgesprochen homöopolarem Bindungscharakter. Ferner unterscheidet man mit FRANCK[2] je nach den Dissoziationsprodukten, in die das Molekül im Elektronengrundzustand bei der Zuführung von Schwingungsenergie zerfällt, *Atom-* und *Ionenverbindungen*. Bei dieser adiabatischen Trennung zerfällt also das Ionenmolekül in Ionen, das Atommolekül in neutrale Atome. Auch diese Unterscheidung deckt sich nicht mit den oben genannten, insofern als es sowohl polare als auch unpolare Atommoleküle gibt.

---

[1] Vgl. dazu auch den Artikel „Atomchemie" von H. G. GRIMM u. H. WOLFF: Handbuch der Physik, Bd. 24, 2, S. 923. Berlin 1933.

[2] FRANCK, I.: Naturwiss. Bd. 19 (1931) S. 217; ferner I. FRANCK u. H. KUHN: Naturwiss. Bd. 20 (1932) S. 923. Über die für die Unterscheidung maßgebenden spektroskopischen Kriterien vergleiche man auch H. SPONER: Leipziger Vorträge, 1931, S. 107.

Neben diesen Arten von Molekülen gibt es noch eine weitere Klasse von Molekülen mit außerordentlich lose gebundenen Atomen und großen Kernabständen. Es sind das die sog. VAN DER WAALS-schen Moleküle, z. B. Moleküle von Metalldämpfen wie Hg_2, Cd_2, Zn_2 oder die Moleküle HgKr, HgAr, die im wesentlichen durch das Potential des LONDONschen Dispersionseffektes[1] also durch VAN DER WAALSche Kräfte zusammengehalten werden. Die Dissoziationsarbeiten sind von der Größenordnung einer Kilogrammkalorie. Auf diese Moleküle, sowie auf die Kriterien, sie als solche zu erkennen, gehen wir nicht näher ein[2].

§ 3. Theorie der chemischen Bindung[3][4].

1. KOSSELsche Theorie; LEWISsche Oktett-Theorie. Obwohl die Valenzlehre der Chemie, insbesondere nach ihrer Vervollkommnung durch die WERNERsche Koordinationslehre für die Systematik der chemischen Bindung von größter Bedeutung war, besaß sie, vom physikalischen Standpunkt aus betrachtet, den Mangel, daß sie zwar eine vollkommene symbolische Schreibweise für alle Verbindungen in Gestalt der Strukturformeln darstellte, aber doch nichts über den gerade den Physiker heute interessierenden Mechanismus der chemischen Bindung und die Natur der Valenzkräfte aussagte.

Zwar hatte bereits BERZELIUS in seiner dualistischen Theorie die Atome in elektropositive und elektronegative eingeteilt, welche sich infolge elektrischer Anziehung zu Molekülen binden sollten.

---

[1] LONDON, F.: Z. physik. Chem. Bd. 11 (1931) S. 222.

[2] Vgl. z. B. H. SPONER: Leipziger Vorträge, 1931, S. 107; ferner „Molekülspektren und ihre Anwendung auf chemische Probleme", Berlin 1934.

[3] Diesen Abschnitt verdankt der Verfasser Herrn Dr. B. MROWKA, Königsberg.

[4] An zusammenfassenden Darstellungen seien genannt: KOSSEL, W.: Monographie: Valenzkräfte und Röntgenspektren. Berlin 1924. — LEWIS, G. N.: Valence and Structure of Atoms and Molekules. New York 1923. — LONDON, F.: Leipziger Vorträge, 1928. Leipzig 1928. — ARKEL, A. E. v. u. J. H. DE BOER: Chemische Bindung als elektrostatische Erscheinung. Leipzig 1931. — HEITLER, W.: Physik. Z. Bd. 31 (1930) S. 185. — BORN, M.: Erg. exakt. Naturwiss. Bd. 10 (1931) S. 387. — HERZBERG, G.: Leipziger Vorträge, S. 167. Leipzig 1931. — HUND, F.: Handbuch der Physik, Bd. 24, 1 (1933) S. 561. — WOLF, K. L. u. M. DUNKEL: MÜLLER-POUILLETS Lehrbuch der Physik, 11. Aufl. Bd. 4, Teil III. Braunschweig 1933. — HEITLER, W.: MARX' Handbuch der Radiologie, 2. Aufl. Bd. 6, Teil II, S. 485. Leipzig 1934.

Dagegen wurde aber (besonders von Dumas) eingewandt, daß das Kohlenstoffatom in gleicher Weise befähigt ist, sowohl elektropositive H-Atome als auch elektronegative Cl-Atome zu binden. Danach würde das C-Atom also neutral sein und dennoch elektrische Bindungen eingehen können. So verließ man diese Theorie und blieb weiterhin auf den geheimnisvollen Begriff „Affinität" angewiesen.

Erst in neuerer Zeit griff man die alte Berzeliussche Idee wieder auf. Hier sind die vorbereitenden Arbeiten von Abegg[1] zu nennen. Ferner sei noch erwähnt, daß schon vor 20 Jahren Stark[2] versucht hat, die Vorstellungen der klassischen Elektronentheorie systematisch auf die Erscheinungen der chemischen Valenzbetätigung zu übertragen. Diese Starkschen Überlegungen zeitigten eine Reihe wichtiger und bei dem damaligen Stande interessanter Ansätze. Daß sie nicht zu endgültigem Erfolge führen konnten, liegt, wie wir heute wissen, an der prinzipiellen Unzulänglichkeit der klassischen Physik. Wir übergehen daher diese Ansätze und betrachten die schon sehr vollkommene Valenztheorie von Kossel[3].

Die Kosselsche Theorie. Kossel geht im Anschluß an die Bohrsche Theorie davon aus, daß die abgeschlossenen Achterschalen der Edelgase chemisch besonders reaktionsträge und darum physikalisch besonders stabil sind. Verallgemeinernd schließt er, daß auch die Bildung von gesättigten Molekülen auf eine Bildung von abgeschlossenen Edelgasschalen zurückzuführen sei.

So geht im Falle von Na und Cl das äußerste Elektron des Na zum Cl-Atom, dem gerade ein Elektron zur abgeschlossenen Edelgasschale fehlt. Dadurch erhält sowohl Na als auch Cl Edelgaskonfiguration, aber die beiden Atome sind wegen des Elektronenwechsels jetzt ionisiert (Na^+ und Cl^-) und ziehen sich nach dem Coulombschen Gesetz an. So entsteht das NaCl-Molekül. Daß diese Ionen physikalisch stabil sind, wird durch ihr freies Vorkommen in wässeriger Lösung bestätigt.

Nach diesem Prinzip, welches die Grundlage der Kosselschen Theorie bildet, geschieht die chemische Bindung auch in allen anderen Ionenverbindungen, es bilden sich also zuerst Ionen, indem

---

[1] Abegg, R.: Z. anorg. allg. Chem. Bd. 50 (1906) S. 309.

[2] Stark, J.: Prinzipien der Atomdynamik. Leipzig 1910—1915.

[3] Kossel, W.: Ann. Physik Bd. 49 (1916) S. 229 u. die Monographie: Valenzkräfte und Röntgenspektren. Berlin 1924.

die Atome soviel Elektronen aus der äußersten Schale abgeben
oder in diese aufnehmen, daß die äußerste Schale edelgasartig stabil
wird. Die so entstandenen Ionen binden sich vermöge ihrer elektrostatischen Anziehung.

Hierauf wird sogleich verständlich, daß manche Stoffe in verschiedenen Wertigkeitsstufen reagieren können. Z. B. ist Phosphor
dreiwertig in PH_3 und fünfwertig in PCl_5. Das P-Atom besitzt
in der äußersten Schale fünf Elektronen. Im Falle von PH_3 erfolgt
ein Aufbau der äußersten Schale zur Achterschale, indem die drei
H-Atome ihre Elektronen abgeben: $P^{---} + 3\,H^+$. Dagegen voll-
zieht sich im PCl_5 ein Abbau der äußersten Schale, da die fünf
äußeren Elektronen des P die äußeren Schalen der fünf Cl-Atome
zur stabilen Konfiguration auffüllen: $P^{+++++} + 5\,Cl^-$.

Analog verhalten sich die übrigen Atome mit zwei Valenzstufen.
Die Wertigkeit ist dann immer gerade die Anzahl der Elektronen,
die beim Abbau der äußersten Schale abgegeben werden oder beim
Aufbau in diese noch aufgenommen werden können. Hiermit klärt
sich auch der schon erwähnte scheinbare Widerspruch auf, der
gegen die alte BERZELIUSsche Theorie gemacht wurde, da nämlich
im CH_4 das C-Atom vierwertig negativ, im CCl_4 dagegen vierwertig
positiv auftritt, also in beiden Fällen zu elektrischer Anziehung
befähigt ist.

Aus der KOSSELschen Theorie folgt dann ganz zwanglos auch
die von ABEGG[1] gefundene Gesetzmäßigkeit, daß die Summe der
maximalen elektropositiven und elektronegativen Wertigkeit eines
Elements immer acht beträgt. Die elektropositive Wertigkeit ist
nämlich gleich der Anzahl der in der äußersten Schale vorhandenen
Elektronen, die elektronegative gleich der zur vollen Schale fehlenden Elektronenzahl, zusammen also acht.

Auf weitere Tatsachen und Feinheiten, z. B. daß manche Elemente in noch weiteren Wertigkeitsstufen reagieren, sowie auf die
Frage nach der Stabilität der Unterschalen, nach der Bindungsfestigkeit usw. gehen wir im Rahmen dieser Einführung nicht ein.

Es wurde auch der Versuch gemacht, homöopolare Bindungen,
in denen also gleichartige Atome ein Molekül bilden, durch Berücksichtigung der Polarisationseffekte an Ionen zu erfassen, aber
ohne Erfolg. Das liegt an dem völlig andersartigen Mechanismus
der homöopolaren Bindung, der sich erst quantenmechanisch verstehen läßt.

---

[1] a. a. O.

Die LEWIS*sche Oktett-Theorie*[1]. Einen ersten Versuch, auch die homöopolare Bindung zu erklären, stellt die Oktett-Theorie von LEWIS dar. Wie KOSSEL macht auch er die äußeren Elektronen eines Atoms für die Bindung verantwortlich. Er schließt aus der Tatsache, daß in den meisten homöopolaren Molekülen immer eine gerade Anzahl von Elektronen vorkommt, daß die Elektronen immer paarweise angeordnet sind. Diese Elektronenpaare, welche er sich zwischen den Atomen liegend vorstellt, sollen die Bindung der Atome bewirken. Wenn wir mit LEWIS die Elektronen schematisch als Punkte bezeichnen, würde also das H_2-Molekül folgende Struktur haben: H:H oder das CCl_4-Molekül, wäre in folgender Weise aufgebaut:

$$\cdot\overset{\displaystyle\cdot}{\underset{\displaystyle\cdot}{C}}\cdot + 4 : \overset{\displaystyle\cdot\cdot}{\underset{\displaystyle\cdot\cdot}{Cl}} \cdot = : \overset{\displaystyle\cdot\cdot}{\underset{\displaystyle\cdot\cdot}{Cl}} : \overset{\displaystyle : \overset{\cdot\cdot}{Cl} :}{\underset{\displaystyle : \underset{\cdot\cdot}{Cl} :}{C}} : \overset{\displaystyle\cdot\cdot}{\underset{\displaystyle\cdot\cdot}{Cl}} :$$

An dem letzten Beispiel sieht man ferner, daß die Elektronen sich ähnlich wie nach KOSSELs Vorstellungen in Oktetts, d. h. edelgasartig stabil und um die Atome herum, anordnen. Dies ist die zweite wichtige Grundvorstellung der LEWISschen Theorie, die wie am Beispiel des Äthans erklären:

$$\begin{array}{ccc} H & \ & H \\ \overset{\cdot\cdot}{} & & \overset{\cdot\cdot}{} \\ H : C & : & C : H \\ \underset{\cdot\cdot}{} & & \underset{\cdot\cdot}{} \\ H & & H \end{array}$$

In diesem Molekül gehört das Elektronenpaar, welches die C-Atome bindet, gleichzeitig zwei Achtergruppen an, eine Vorstellung, die für die LEWISsche Theorie charakteristisch ist und die Rolle des gleichzeitig zu zwei Atomen gehörigen bindenden Elektronenpaares verdeutlicht.

Die ausgezeichnete Rolle des bindenden Elektronenpaares geht wohl ursprünglich auf die Vorstellung der stabilen Anordnung der Elektronen im He zurück, wir werden für beides bei der quantenmechanischen Deutung der Valenz den Elektronendrall und das PAULI-Prinzip als gemeinsame Erklärung finden.

Natürlich ist die LEWISsche Theorie auch imstande, ausgesprochen heteropolare Bindungen mit den gleichen Hilfsmitteln darzustellen, z. B. Na$:\overset{\cdot\cdot}{\underset{\cdot\cdot}{Cl}}:$, das nach KOSSEL als $:\overset{\cdot\cdot}{Na}::\overset{+}{\underset{\cdot\cdot}{Cl}}:\overset{-}{}$ aufzufassen ist.

---

[1] LEWIS, G. N.: Valence and the Structure of Atoms and Molecules. New York 1923.

Wir betrachten nun solche Moleküle, bei denen die Elektronenzahl ungerade ist, nämlich ClO_2 und NO_2, in der LEWISschen Pünktchenschreibweise also $:\overset{..}{O}:\overset{..}{Cl}:\overset{..}{O}:$ und $:\overset{..}{O}:\overset{..}{N}:\overset{..}{O}:$. Daß hier unpaarige Elektronen auftreten und diese Verbindungen ungesättigt erscheinen, kommt auch chemisch in ihrer starken Reaktionsweise zum Ausdruck.

Mit diesen Beispielen begnügen wir uns. Es bleibt nur noch zu erwähnen, daß mit Hilfe der LEWISschen Theorie, abgesehen von wenigen Ausnahmen, die meisten Verbindungen umfassend und besser als nach der alten chemischen Valenztheorie beschreibbar sind, sogar recht komplizierte organische Verbindungen.

Wie KOSSELs Theorie kann auch die LEWISsche noch gewisse Feinheiten erklären, besonders wenn man noch Annahmen über die räumliche Anordnung der Elektronenpaare macht. So denkt LEWIS sich beim CH_4 die Paare an den Ecken eines Tetraeders liegend. LANGMUIR[1], der die LEWISsche Theorie weiter ausgebaut hat, benutzt vielfach die Vorstellung einer würfelartigen Struktur der Oktetts, was besonders bei der Deutung der Komplexverbindungen erfolgreich ist.

Die LEWISsche Theorie besitzt nur einen Mangel. Sie erklärt zwar durch ihre Pünktchenschreibweise die Struktur fast aller Moleküle, doch über die eigentlich interessanteste Frage, warum gerade die Elektronen*paare* die merkwürdige Eigenschaft der Bindung und besonders der Absättigung haben, kann sie keine Auskunft geben. Diese letzte Erklärung des eigentlichen Mechanismus der homöopolaren Bindung bringt erst die Quantentheorie.

2. Quantentheorie der chemischen Bindung. a) Grundlagen, H_2-Molekül, Absättigungsmechanismus. Die theoretischen Grundlagen der quantentheoretischen Auffassung der Bindungen sind die SCHRÖDINGERsche Wellengleichung und das PAULI-Prinzip.

Das H_2-Molekül. Die homöopolare Bindung und ferner die merkwürdige Tatsache der Valenzabsättigung, welche trotz aller Versuche in der klassischen Theorie unverständlich blieb, wurde erstmalig am einfachsten Molekül H_2 von HEITLER und LONDON[2] wellenmechanisch aufgeklärt. Die Methode ist etwa folgende:

---

[1] LANGMUIR, J.: J. Amer. Soc. Bd. 41 (1919) S. 868, 1543, Bd. 42 (1920) S. 274.

[2] HEITLER, W. u. F. LONDON: Z. Physik Bd. 44 (1927) S. 455.

Das H_2-Molekül besteht aus zwei Kernen a, b und zwei Elektronen 1, 2. Denken wir uns die Kerne im Raum festliegend, so werden die Eigenschaften, vor allem die Energie des Systems, durch die SCHRÖDINGERsche Wellengleichung

$$\Delta \psi + \frac{8\pi^2 m}{h^2}(E-V)\psi = 0 \tag{5}$$

beschrieben. Hierin bedeuten: Δ die Summe der partiellen zweiten Ableitungen nach den sechs Elektronenkoordinaten, m die Elektronenmasse, h das Wirkungsquantum und E den Eigenwert, welcher physikalisch die Gesamtenergie bedeutet. ψ ist die sog. Eigenfunktion, eine Funktion der Elektronenkoordinaten, deren Quadrat die Wahrscheinlichkeit angibt, die Elektronen an einer bestimmten Stelle[1] anzutreffen, d. h., wo ψ groß ist, herrscht große Elektronendichte und wo ψ klein ist, geringe. V ist die elektrostatische potentielle Energie des Ladungssystems, die (wir bezeichnen die Abstände zwischen den vier Ladungen durch daneben geschriebene Indizes, vgl. Abb. 1) sich nach COULOMB schreibt als

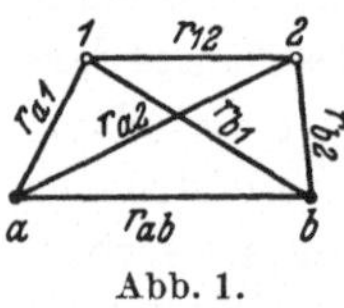

Abb. 1.

$$V = -\frac{e^2}{r_{a_1}} - \frac{e^2}{r_{b_2}} - \frac{e^2}{r_{b_1}} - \frac{e^2}{r_{a_2}} + \frac{e^2}{r_{ab}} + \frac{e^2}{r_{12}}.$$

Die genaue Auflösung der SCHRÖDINGER-Gleichung für diesen Fall ist bisher noch nicht gelungen. Daher haben HEITLER und LONDON ein Störungsverfahren angewandt. Denkt man sich nämlich die beiden Atomkerne a, b sehr weit voneinander entfernt und die Abstände r_{a_1} und r_{b_2} klein, so kann man die vier letzten Glieder in V als Störung der Energie betrachten und zunächst vernachlässigen. Die SCHRÖDINGER-Gleichung läßt sich nun einfach lösen, und die Eigenfunktion ist dann das Produkt zweier Eigenfunktionen, deren jede einzeln die Lösung der SCHRÖDINGER-Gleichung für je ein einzelnes H-Atom ist. Mit anderen Worten: Das H_2-Molekül kann in nullter Näherung als ein System von zwei isolierten, nicht miteinander in Wechselwirkung stehenden H-Atomen aufgefaßt werden. Wenn das Molekül im Grundzustand ist, lautet die Eigenfunktion nullter Näherung dann $\psi_1 = \text{const } e^{-r_{a_1}} \cdot e^{-r_{b_2}}$ und der Eigenwert ist die Summe der Energien der beiden isolierten Atome im Grundzustand $E_0 = 2\,E_H$.

---

[1] Genauer gesagt mißt ψ^2 nicht die Wahrscheinlichkeit im gewöhnlichen Raum, sondern im Koordinatenraum, d. h. $\psi^2\,(x_1,\,y_1,\,z_1,\,x_2,\,y_2,\,z_2)$ ist die Wahrscheinlichkeit dafür, daß das Elektron 1 bei $x_1,\,y_1,\,z_1$ und das Elektron 2 bei $x_2,\,y_2,\,z_2$ ist.

Nun liegt kein Grund vor, gerade die Abstände r_{a_1} und r_{b_2} bei der Zerlegung von V in ungestörte potentielle Energie und Energiestörung auszuzeichnen. Man kann, im Gegensatz zum vorherigen, die Abstände r_{b_1} und als r_{a_2} als klein auffassen, d. h. man betrachtet das Elektron 1 beim Kern b liegend und 2 bei a. Dann ist das dritte und vierte Glied in V ungestörte Energie und die übrigen sind Störung. Auch in diesem Fall besteht das Molekül in nullter Näherung aus zwei isolierten H-Atomen. Die Eigenfunktion nullter Näherung ist dann aber anders als vorher: $\psi_2 = \mathrm{const}\, e^{-r_{b_1}} \cdot e^{-r_{a_2}}$, die Energie E dagegen wieder die Summe der Energien zweier einzelner H-Atome, nämlich $E_0 = 2\,E_H$.

Damit haben wir das wichtige Resultat, daß das Molekül in nullter Näherung durch zwei verschiedene Eigenfunktionen beschrieben wird, also sich in zwei verschiedenen Zuständen befinden kann, welche aber beide die gleiche Energie haben. In einem solchen Fall spricht man von Entartung, und zwar, da es sich bei den Eigenfunktionen gewissermaßen um einen Austausch der Elektronen 1 und 2 handelt, $r_{a_1} \longleftrightarrow r_{b_1}$, $r_{a_2} \longleftrightarrow r_{b_2}$, von *Austauschentartung.*

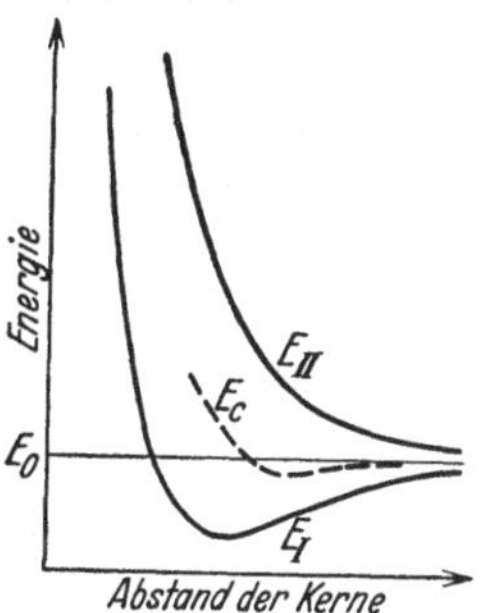

Abb. 2. Energieverhältnisse bei zwei H-Atomen.

Außer den beiden durch die Eigenfunktionen ψ_1 und ψ_2 beschriebenen Zuständen des Moleküls gibt es noch unendlich viele Zustände der gleichen Energie, welche durch Eigenfunktionen beschrieben werden, die Linearkombinationen von ψ_1 und ψ_2 sind. Unter ihnen $\psi_1 + \psi_2$ und $\psi_1 - \psi_2$.

Wenn man die Störung mitberücksichtigt, so wird die Entartung aufgehoben. Es entstehen zwei Zustände verschiedener Energie, die durch Eigenfunktionen beschrieben werden, welche näherungsweise

$$\psi_S = \psi_1 + \psi_2 \quad \text{und} \quad \psi_A = \psi_1 - \psi_2$$

sind.

Heitler und London haben dann die Energie E als Funktion des Abstandes R der beiden Kerne berechnet und finden folgendes (vgl. Abb. 2).

Wenn die beiden Atomkerne weit voneinander entfernt sind, (großes R) so hat das Molekül genähert die Energie zweier einzelner Atome, was auch rein anschaulich zu erwarten war. Bringt man nun die Kerne näher aneinander, so kann sich das ganze System auf zwei Weisen verhalten: Entweder nimmt die Energie dann ab (Kurve E_I), d. h. es müssen zwischen beiden Atomen Anziehungskräfte bestehen oder die Energie nimmt zu (Kurve E_{II}), dann wirken Abstoßungskräfte. Man nennt diese beiden Verhaltungsweisen auch *Resonanzanziehung* und *Resonanzabstoßung*[1].

Im Falle der Resonanzanziehung ergibt sich ein Energieminimum bei 0,76 Å, also eine stabile Anordnung, welche die Bildung des H_2-Moleküls bedeutet. Rücken die Kerne noch dichter aneinander, so stoßen sich die Atome wieder ab. Diese Erscheinung ist von ganz allgemeiner Bedeutung, nämlich immer, wenn die Energiekurve (auch Term oder Energieterm genannt) ein Minimum aufweist, hat man es mit Molekülbildung zu tun. Der Mechanismus der Bindung wird also auf den Verlauf des Energieterms zurückgeführt, der durch Wechselwirkung der Elektronen ein Minimum erhält.

Die H-Atome können also, wenn sie von großen Entfernungen aufeinandertreffen, auf zwei Weisen reagieren, entweder ein Molekül bilden oder sich abstoßen.

Nach der klassischen Theorie würde der Energieterm sich dadurch ändern, daß die im Sinne der Wellenmechanik verschmierten Elektronenwolken nach dem COULOMBschen Gesetz in Wechselwirkung stehen. Der dadurch entstehende Termverlauf ist in Abb. 2 als gestrichelte Kurve dargestellt und besitzt tatsächlich ein flaches Minimum, was Molekülbildung bedeuten würde. Aber dann wäre die berechnete Dissoziationsenergie viel kleiner als die beobachtete. Bei der streng wellenmechanischen Behandlung von HEITLER-LONDON kommt in der Formel für die Energie aber außer dieser klassischen COULOMBschen Energie E_c noch ein zweiter Anteil dazu, der (näherungsweise) gegeben wird durch

$$E_A = \int \left\{ \frac{1}{r_{ab}} + \frac{1}{r_{12}} - \frac{1}{r_{a_2}} - \frac{1}{r_{b_1}} \right\} e^{-(r_{a_1} + r_{a_2} + r_{b_1} + r_{b_2})} \, d\tau_1 \, d\tau_2 . \quad (6)$$

Man nennt diesen Anteil der Energie *Austauschenergie* E_A und das Integral Austauschintegral.

Diese Austauschenergie kommt im Falle der Molekülbildung mit negativem Vorzeichen zur Energie E_c: $E_I = E_c - E_A$, im Falle der Abstoßung mit positivem Vorzeichen. So entsteht einmal das tiefe Minimum, aus dem sich die Dissoziationsenergie überein-

---

[1] In gewisser Analogie zu gekoppelten mechanischen und elektrischen Schwingungen. Vgl. dazu W. KOSSEL: Physik. Z. Bd. 32 (1931) S. 172.

stimmend mit der Beobachtung berechnet, das andere Mal wird der Term dann hochgedrückt: $E_{II} = E_c + E_A$.

Die beiden Zustände, in denen sich die beiden H-Atome befinden, unterscheiden sich ferner auch in den Eigenfunktionen. Die Eigenfunktion der Molekülbildung hat die Eigenschaft, daß sie ihr Vorzeichen behält, wenn man in ihr die Elektronen 1 und 2 vertauscht:

$$\psi_S = \text{const}\left(e^{-r_{a_1}-r_{b_2}} + e^{-r_{a_2}-r_{b_1}}\right) = \text{const}\left(e^{-r_{a_2}-r_{b_1}} + e^{-r_{a_1}-r_{b_2}}\right).$$

Eine solche Eigenfunktion nennt man *symmetrisch* in den Elektronen. Die Eigenfunktionen der Abstoßung ändert dagegen ihr Vorzeichen bei einer Elektronenvertauschung:

$$\psi_A = \text{const}\left(e^{-r_{a_1}-r_{b_2}} - e^{-r_{a_2}-r_{b_1}}\right) = -\,\text{const}\left(e^{-r_{a_2}-r_{b_1}} - e^{-r_{a_1}-r_{b_2}}\right)$$

ist *antisymmetrisch*.

Zum eigentlichen Verständnis des homöopolaren Bindungsmechanismus kommt man erst, wenn man noch den *Elektronendrall* und das Pauli-Prinzip berücksichtigt.

Nach Goudsmit und Uhlenbeck besitzen nämlich die Elektronen ein magnetisches Moment (Spin oder Drall genannt), welches sich parallel oder antiparallel zu einem Felde einstellen kann. Speziell bei den zwei H-Atomen haben danach die beiden Elektronen gleichen oder entgegengesetzten Drall.

Andererseits gilt in der Quantenmechanik das Pauli-Prinzip, welches aussagt, daß symmetrische Eigenfunktionen (unter Berücksichtigung des Dralls) unmöglich sind, oder, was dasselbe bedeutet, daß niemals zwei Elektronen eines Systems völlig äquivalent sind.

Wenn also in unserem Falle die Elektronen gleichen Drall haben, so müssen sie sich durch eine andere Eigenschaft voneinander unterscheiden, nämlich eine antisymmetrische Eigenfunktion haben, die ja bei Vertauschung der Elektronen das Vorzeichen wechselt. Ist dagegen die Eigenfunktion der Elektronen symmetrisch, so müssen diese sich notwendig durch entgegengesetzten Drall unterscheiden.

Also schließt man, daß die Elektronen im H_2-Molekül (symmetrische Eigenfunktion) entgegengesetzten Drall, bei der Resonanzabstoßung aber gleichen Drall haben müssen.

Abschließend geben wir noch die theoretisch berechneten Daten für das H_2-Molekül an.

Tabelle 1.

	Dissoziations-arbeit	Kern-abstand	Trägheits-moment	Eigenfrequenz
Berechnet von				
Sugiura[1] ..	3,2 Volt	0,80 Å	$5,3 \cdot 10^{-41}$ gcm²	$4,8 \cdot 10^3$ cm⁻¹
Hylleraas[2]	4,37 Volt	0,72 Å	$4,28 \cdot 10^{-41}$ gcm²	$4,8 \cdot 10^3$ cm⁻¹
Beobachtet ..	4,34—4,42 Volt	0,76 Å	$4,72 \cdot 10^{-41}$ gcm²	$4,4 \cdot 10^3$ cm⁻¹

Nichtexistenz eines H_3-*Moleküls.* Auch die eigenartige Valenz-absättigung läßt· sich quantentheoretisch erklären. HEITLER und LONDON[3] haben dies zunächst am He gezeigt, indem sie be-wiesen, daß es kein Heliummolekül He—He (wenigstens im un-angeregten Zustand der Atome) geben kann. Wir verfolgen das an dem von LONDON[4] behandelten Problem der drei H-Atome.

Von drei H-Atomen (a, b, c) mögen sich zwei (a und b) bereits in dem normalen Molekülabstand befinden. LONDON berech-net dann den Verlauf der Energieterme, wenn sich das dritte H-Atom c den beiden ersten längs einer durch diese gehenden Geraden nähert. Das ist an sich ein Spezial-fall, doch wird der allgemeine Fall hiervon nicht wesentlich verschieden sein. Man erhält so die vier verschiedenen Energie-kurven der Abb. 3.

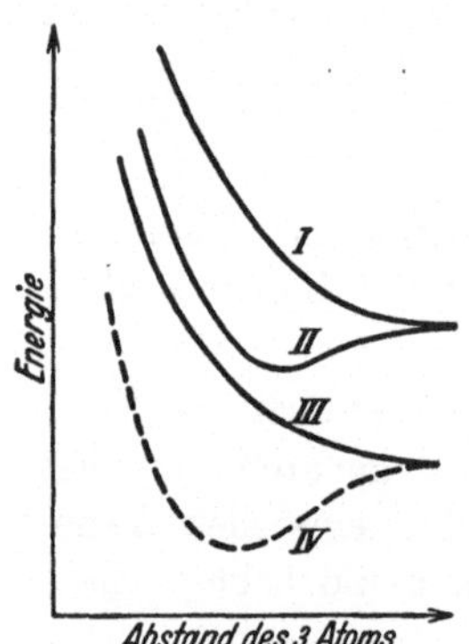

Abb. 3. Energieverhält-nisse bei drei H-Atomen.

Die Energiekurven *I* und *III* haben kein Minimum, bedeuten also Instabilität, und zwar, wie eine nähere Diskussion zeigt:

I: Abstoßung aller drei H-Atome; *III:* Bindung des Atoms a und b, aber Abstoßung des dritten Atoms c. Der Term *II* führt zu einem stabilen Gebilde und bedeutet physikalisch: Anziehung der Atome b, c, aber Abstoßung von a, also analog wie *III:* $H_2 + H$.*

---

[1] SUGIURA, Y.: Z. Physik Bd. 45 (1927) S. 484 (genauere Rechnung als bei HEITLER-LONDON).

[2] HYLLERAAS, E. A.: Z. Physik Bd. 71 (1931) S. 739 (nach einer anderen Methode als der oben beschriebenen von HEITLER-LONDON).

[3] HEITLER, W. u. F. LONDON: Z. Physik Bd. 44 (1927) S. 455.

[4] LONDON, F.: Z. Elektrochem. Bd. 35 (1929) S. 552; SOMMERFELD-Festschrift. Leipzig 1928.

* Daß die Kurven *II* und *III* verschiedenartiges Aussehen haben, liegt daran, daß bei *III* das Atom c abgestoßen wird, wenn man es den anderen sich anziehenden nähert, daß dagegen bei *II* das Atom c bei der Annäherung angezogen wird, während sich jetzt a und b abstoßen.

Der Zustand *IV* schließlich würde wirklich dem H_3-Molekül entsprechen, da eine nähere Untersuchung zeigt, daß alle drei Atome sich anziehen und auch ein Energieminimum vorhanden ist. Nur verträgt sich dieser Zustand nicht mit dem PAULI-Prinzip, da seine Eigenfunktionen symmetrisch in allen drei Elektronen ist und von diesen bestimmt zwei den gleichen Drall haben müßten, denn es gibt für diesen ja nur zwei Möglichkeiten. Danach ist also die Existenz eines H_3-Moleküls durch das PAULI-Prinzip ausgeschlossen (Energieverlauf in Abb. 3 gestrichelt).

Spinvalenz. Wir übertragen dieses Ergebnis, ohne auf nähere Begründung [1] einzugehen, auch auf andere Moleküle. Die Molekülbildung beruht dann darauf, daß die Austauschenergie zu einem Energieminimum führt. In diesem Falle gehört zu dem Zustand eine symmetrische Eigenfunktion vom Typ $\psi_1 + \psi_2$, aber nach dem PAULI-Prinzip müssen die beiden Elektronen dieses Zustandes antiparallelen Drall haben. Die Molekülbildung ist also gleichzeitig mit einer Absättigung der Elektronenspins zweier Valenzelektronen verbunden. Im allgemeinen Fall von mehr als zwei Elektronen würden dann die Elektronen immer paarweise antiparallelen Spin haben. Diese Valenz der Spinabsättigung heißt *Spinvalenz.* Beispiele: H_2, HF, $SnCl_2$, PCl_3.

Bahn- oder l-Valenz. Wie HEITLER [2] zeigen konnte, liegt der O_2-Molekülbildung ein ganz anderer Mechanismus zugrunde. Jedes der beiden O-Atome besitzt außen vier p-Elektronen. Als p-Elektronen haben diese einen Drehimpuls, der dem Umlauf der Elektronen in ihren Bahnen zuzuschreiben ist (gewöhnlich durch die Bahndrehimpulsquantenzahl l bezeichnet). Da diesen vier Elektronen nur drei mögliche Zustände zur Verfügung stehen, haben zwei von ihnen abgesättigten Spin und nehmen an der Bindung nicht teil. Die beiden anderen des einen Atoms bilden mit denen des anderen Atoms zwei bindende Paare. Der Unterschied zu der Spinvalenz besteht jedoch darin, daß die Elektronen jedes dieser Paare parallele Spins haben, aber sich durch die Eigenfunktionen unterscheiden. Nämlich bei den bindenden Elektronen im O_2-Molekül sind gerade die Bahndrehimpulse entgegengesetzt, d. h. abgesättigt, und die Spins nicht. Diese Art Valenzbetätigung nennt man *Bahn-* oder *l-Valenz.*

---

[1] LONDON, F.: Z. Physik Bd. 46 (1928) S. 455, Bd. 50 (1928) S. 24. — HEITLER, W.: Nachr. Ges. Wiss. Göttingen 1927, S. 368; Z. Physik Bd. 47 (1928) S. 835; Physik. Z. Bd. 31 (1930) S. 185.
[2] HEITLER, W.: Naturwiss. Bd. 17 (1929) S. 546.

b) Allgemeine Methodik zur Deutung von chemischen Bindungen[1]. Das einzige Molekül, das sich in allen Einzelheiten (verhältnismäßig genau) berechnen läßt, ist H_2. Bei allen komplizierteren ist das aber wegen mathematischer Schwierigkeiten ·nicht möglich, und man ist auf oft sehr grobe Näherungen angewiesen. Trotzdem kann man in sehr vielen Fällen noch einigermaßen die allgemeinen Verhältnisse übersehen und zum Teil auch eine Systematik der Bindungen erhalten. Es gibt dabei drei verschiedene Methoden. Welche von ihnen die geeignetste ist, hängt von der Einfachheit ihrer Handhabung ab und ist von Fall zu Fall verschieden. So kommt es, daß die dabei erhaltene Systematik keine in allen Punkten ganz einheitliche ist. In den wichtigsten Fragen führen sie aber doch zu (mindestens qualitativ) gleichartigen Ergebnissen und überschneiden sich vielfach.

Allen drei Methoden ist gemeinsam, daß sie die Lagen der Energieterme im Molekül zu bestimmen suchen, insbesondere die Minima der tiefsten Terme.

Die erste Methode geht aus von den Termen der getrennten, d. h. unendlich weit voneinander entfernten Atome. Die Terme des Moleküls werden dann durch die der isolierten Atome näherungsweise beschrieben. Hierunter fällt die eben angedeutete Theorie der Spinvalenz, die besonders von London, Heitler, Rumer, Born und Weyl[2] ausgebaut ist. Wir gehen, nachdem wir bereits die Grundzüge davon dargestellt haben, nicht näher darauf ein.

Methode von Slater-Pauling. Die zweite, von Slater und Pauling[3] entwickelte Methode versucht, die Molekülterme, nicht von den Zuständen der ganzen isolierten *Atome* ausgehend, anzunähern, sondern benutzt dazu die Terme der einzelnen *Elektronen* der *isolierten Atome* und geht vielfach über die erste hinaus, obwohl auch sie nur eine Näherung darstellt. Nach Slater hängt der Termwert im wesentlichen von dem Auftreten von Austauschintegralen ab. Den größten Anteil haben nach Slater und Pauling an der Verkleinerung der Energie zum Minimum immer Austauschintegrale, in deren Integrationsvariablen die Koordinaten von je

---

[1] Vgl. hierzu F. Hund: Z. Physik Bd. 73 (1932) S. 1; Handbuch der Physik, Bd. 24, 1, S. 673. Berlin 1933.

[2] London, F. u. W. Heitler: a. a. O. — Heitler, W. u. G. Rumer: Z. Physik, Bd. 68 (1931) S. 12. — Born, M.: Z. Physik, Bd. 64 (1930) S. 729. Weyl, H.: Nachr. Ges. Wiss. Göttingen 1930, S. 285, 1931, S. 33.

[3] Slater, J. C.: Physic. Rev. Bd. 38 (1931) S. 1109. — Pauling, L.: Physic. Rev. Bd. 40 (1932) S. 891.

zwei Elektronen aus verschiedenen Atomen auftreten, d. h. die Bindung wird von Elektronen*paaren* besorgt. Hierin liegt bei den meisten Fällen die eigentliche Rechtfertigung der LEWISschen bindenden Elektronenpaare.

Ein besonders wichtiges Ergebnis der SLATER-PAULINGschen Valenztheorie ist die Erklärung der *gewinkelten* Valenz. Da nach SLATER-PAULING das Termminimum wesentlich von den Austauschintegralen abhängt und diese in der Energie mit negativem Vorzeichen auftreten, ist ein besonders ausgeprägtes Energieminimum zu erwarten, wenn das Austauschintegral groß wird. Die Austauschintegrale haben den gleichen Typ wie das bei H_2 [Formel (6)] auftretende. Man sieht aus der Formel, daß ein solches groß ist, wenn die Ladungswolken der Elektronen 1 und 2 sich stark über-

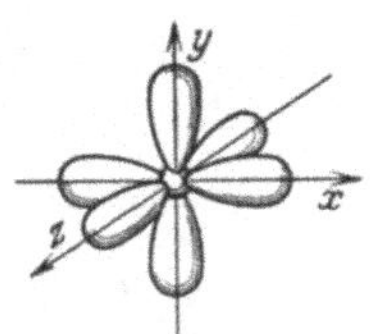

Abb. 4. Schematische Ladungsverteilung bei drei p-Elektronen (z. B. N-Atom).

decken, denn an diesen Stellen ist $\dfrac{1}{r_{12}}$ groß. Allgemein kann man dann mit PAULING sagen: Bindung tritt ein, wenn die Elektronenhüllen sich stark überlappen.

Die gewinkelte Valenz tritt nach SLATER-PAULING immer dann auf, wenn zwei p-Elektronen an der Bindung beteiligt sind, etwa bei der Bindung eines Atoms, das zwei p-Elektronen besitzt mit zwei Atomen, die s-Elektronen haben: $s - p^2 - s$.

Die p-Elektronen können sich in Zuständen befinden, deren Eigenfunktion sich als Linearkombination von drei voneinander unabhängigen Funktionen p_x, p_y, p_z schreiben lassen, z. B. auch in einem Zustand, der genau einer der drei Funktionen p_x, p_y, p_z entspricht. In jedem dieser haben die

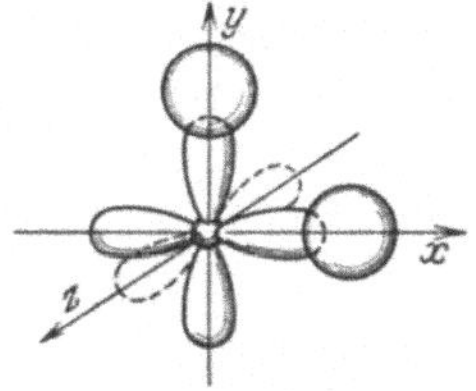

Abb. 5. Schematische Ladungsverteilung bei zwei $p - s$-Bindungen (z. B. H_2O).

Elektronen eine ausgesprochen axiale Ladungsverteilung, nämlich in der x-, y- oder z-Achse (vgl. Abb. 4). Die Bindung kommt nun dadurch zustande, daß die p-Elektronen in verschiedenen Zuständen sind (p_x, p_y) und die beiden zu bindenden Atome dort liegen, wo die Ladungsverteilung ihrer s-Elektronen sich mit denjenigen der beiden p-Elektronen überlappt, also vom Mittelatom aus betrachtet auf zwei zueinander senkrechten Geraden (vgl. Abb. 5). Befinden sich die beiden p-Elektronen in dem gleichen Zustand (etwa p_x), so läßt sich zeigen, daß keine Bindung eintritt.

Das H_2O-Molekül fällt unter diese Art, denn von den vier p-Elektronen des O müssen zwei sich im gleichen Zustand befinden (nur der Spin ist verschieden), und die beiden anderen befinden sich bei der Molekülbildung in zwei verschiedenen Zuständen. Das O-Atom verhält sich also genau wie ein Atom mit zwei p-Elektronen und bindet die beiden H-Atome unter einem rechten Winkel. Durch die Wechselwirkung der beiden H-Atome untereinander[1] deformiert sich dieser Winkel natürlich noch etwas, so daß der experimentell gefundene Wert 110^0 durchaus erklärbar ist. Ähnlich verhält sich H_2S, welches auch gewinkelte Struktur hat. (Über die Stabilität der Valenzwinkel s. § 13.)

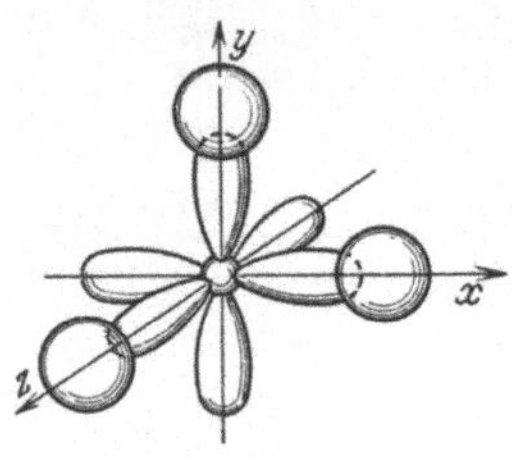

Abb. 6. Schematische Ladungsverteilung bei drei p—s-Bindungen (z. B. NH_3).

Nach dieser sehr anschaulichen Art kann man auch die Pyramidenform von NH_3 verstehen. N hat drei unpaarige p-Elektronen, diese binden die drei s-Elektronen der H-Atome. Die H-Atome legen sich also unter 90^0 zueinander an (Abb. 6), außerdem werden wie bei H_2O noch innermolekulare Kräfte das System deformieren, so daß die beobachtete nicht mehr rechtkantige Form entsteht.

Beim C-Atom, dessen Valenz Tetraederstruktur hat, liegen die Verhältnisse etwas schwieriger, doch können SLATER und PAULING auch dies erklären. Das C-Atom besitzt in der äußersten Schale zwei s- und zwei p-Elektronen. Zunächst würden nur zwei Atome rechtwinklig zueinander gebunden werden. Da aber beim C-Atom die Energieterme der p-Elektronen genähert gleich denen der s-Elektronen sind — man nennt das genäherte p—s-Entartung —, nehmen hier die beiden s-Elektronen gleichfalls an der Bindung teil. Aus Symmetriegründen ist die Tetraederstruktur dann die stabilste.

Nach dieser Auffassung und einer anderen von HUND, die im nächsten Abschnitt besprochen wird, ist also die tetraederartige Valenzbetätigung eine Eigenschaft, die dem C-Atom bereits innewohnt und nicht von der Art der zu bindenden Atome abhängt. Man könnte zwar auch annehmen, daß das C-Atom an sich keine lokalisierten Valenzen hat, sondern daß die Tetraederanordnung

---

[1] EYRING, H.: J. amer. chem. Soc. Bd. 54 (1932) S. 3191. Hier wird für H_2O sowie für Methylgruppen der Einfluß dieser innermolekularen Kräfte abgeschätzt.

erst durch die innermolekularen Kräfte (§ 2) zwischen den gebundenen Atomen verursacht wird, etwa bei CH_4. Hiernach müßte also das Valenzwinkelgerüst wesentlich von den Substituenten abhängig sein. Gegen diese Anschauung spricht aber z. B. die Tatsache, daß CH_2Cl_2 trotz der Verschiedenheit der vier Atome gleichfalls weitgehende Tetraedersymmetrie hat (s. § 10).

Gegen die SLATER-PAULINGsche Methode ist nur einzuwenden, daß sie über die COULOMBsche und die Austauschenergie spezielle Voraussetzungen macht. Einmal daß die Austauschenergie größeren Einfluß auf den Termverlauf hat als die COULOMBsche und ferner, daß die Austauschintegrale zwischen Elektronen verschiedener Atome negativ sind. Das letzte braucht durchaus nicht immer der Fall zu sein, wie HEISENBERG[1] und BARTLETT[2] an speziellen Beispielen gezeigt haben. Besonders bei komplizierteren Bindungen dürfte dieser Einwand wesentlich werden.

Theorie der bindenden und lockernden Elektronen von HERZBERG, HUND *und* MULLIKEN[3]. Die dritte Methode zur Untersuchung der Molekülterme ist auch eine Näherungsmethode, geht aber nicht von den *getrennten* Atomen aus. Vielmehr wird die Energie des *ganzen Moleküls* durch die Summe der einzelnen Energieterme der Elektronen im *Mehrzentrensystem* angenähert. Diese Methode setzt also die Kenntnis der möglichen Elektronenzustände im Molekül voraus. Man denkt sich, also die Atomkerne innerhalb des ganzen Moleküls samt ihren abgeschlossenen Schalen, die an der chemischen Bindung unbeteiligt sind, bereits im Raume festgelegt. Dann bringt man nach und nach die Valenzelektronen in die für diese möglichen Zustände und untersucht die zugehörigen Energieterme (HUND-MULLIKEN).

Nach HERZBERG kann man die Elektronen dann in bindende und lockernde einteilen, je nachdem sie zu einem Energieminimum führen oder nicht. Dies verschiedenartige Verhalten wird auch durch die Eigenfunktionen der Elektronen beschrieben. Nämlich bei zweiatomigen Molekülen haben die lockernden Eigenfunktionen (verglichen mit den Eigenfunktionen in Atomen) einen neuen Knoten[4],

---

[1] HEISENBERG, W.: Z. Physik, Bd. 49 (1928) S. 619.

[2] BARTLETT, J. H.: Physic. Rev. Bd. 37 (1931) S. 507.

[3] HERZBERG, G.: Z. Physik, Bd. 57 (1929) S. 601. — HUND, F.: Z. Physik, Bd. 51 (1928) S. 759, Bd. 63 (1930) S. 719, Bd. 73 (1932) S. 1. — MULLIKEN, R. S.: Physic. Rev. Bd. 32 (1928) S. 168, 761, Bd. 33 (1929) S. 730.

[4] Ein Knoten ist eine Fläche, auf der die Eigenfunktion $= 0$ ist.

der bei gleichen Kernen in der Mittelebene liegt, die bindenden dagegen nicht. Eine bindende Eigenfunktion wird bei gleichen Kernen genähert (und bei ungleichen in noch gröberer Näherung) durch $u + v$ wiedergegeben [1], eine lockernde hat die Gestalt $u - v$.*

Als *Valenz* definiert HERZBERG dann die Anzahl der bindenden minus der der lockernden Elektronen eines Moleküls.

Beim H_2-Molekül ist diese Anschauung im Einklang mit HEITLER-LONDONs Berechnung, denn die beiden Elektronen kommen in den bindenden Zustand $u + v$. Im Falle der beiden sich abstoßenden Atome befinden sie sich dagegen im lockernden Zustand $u - v$.

Im O_2-Molekül kommen die acht p-Elektronen paarweise (PAULI-Prinzip!) in drei bindende Zustände und einen lockernden Zustand, der einen bindenden Zustand unwirksam macht. So bleiben noch zwei bindende Zustände übrig, welche die O_2-Doppelbindung bewirken. Analoges findet man leicht für N_2, Cl_2.

$s-s$-*Bindung*: Zwei Atome mit je einem s-Elektron verhalten sich wie das H_2-Molekül. Diese Bindung wird als $s-s$-Bindung bezeichnet.

$s^2 = s^2$-*Bindung*: Bringt jedes Atom zwei s-Elektronen mit, so können nach dem PAULI-Prinzip, von den vier nur zwei in einem bindenden Zustand sein $(u + v)$, die anderen zwei sind lockernd und heben die Bindung der ersten auf. Die Bindung $s^2 = s^2$ ist also nicht möglich, z. B. kein Heliummolekül.

$s - s - s$-*Bindung*: Gleichfalls ist ein Molekül aus drei Atomen mit je einem s-Elektron unmöglich, da es nur eine bindende Eigenfunktion $u + v + w$ gibt, in der nur zwei Elektronen untergebracht werden können. Das dritte Elektron wirkt wieder lockernd, es tritt Abstoßung des dritten Atoms ein. Das entstehende Gebilde würde symbolisch also zu bezeichnen sein A:B/C. Dies Ergebnis ist nach anderen Gesichtspunkten bereits bei den drei H-Atomen diskutiert.

$p - s$-*Bindung*: Die eben benutzten Eigenfunktionen der Elektronen im Molekül erhält man genähert durch Linearkombination der Eigenfunktionen der Elektronen im Atom, wobei aber die Eigenfunktionen nach gewissen Symmetrieeigenschaften zu kombinieren sind. Das ist in den folgenden Fällen wichtig, wo p-Elektronen

---

[1] u, v sind die Eigenfunktionen einzelner Elektronen bei weit voneinander entfernten Atomen.

* $u - v = 0$, wenn $u = v$, das ist für die Mittelebene der Fall (Knoten).

an der Bindung beteiligt sind. Diese haben axiale Symmetrie, im Gegensatz zu den s-Elektronen, die Kugelsymmetrie haben.

Seien die drei Eigenfunktionen für das p-Elektron bei der $p-s$-Bindung p_x, p_y, p_z und liege der Kern des zu bindenden Atoms in der x-Richtung, so können p_y und p_z nicht mit der Eigenfunktion des s-Elektrons u kombiniert werden, da p_y, p_z in der x-Richtung Knotenebenen haben, u aber nicht. Es kann als einzige bindende Eigenfunktion nur eine vom Typ $p_x + u$ auftreten. In diesem Zustand lassen sich dann die beiden Elektronen unterbringen. Diese $p-s$-Bindung kann symbolisch als A:B geschrieben werden. Den anderen möglichen tiefen Zuständen (Eigenfunktion: p_y, p_z) kommt keine Bindungseigenschaft zu ($\dot{A}/\dot{B}$).

$s-p^2-s$-*Bindung:* Bei dieser Bindung kommt man ähnlich wie nach SLATER-PAULING zum Begriff der *gewinkelten* Valenz. Liegen die drei Atome A und C mit je einem s-Elektron, B zwischen A und C mit zwei p-Elektronen auf einer geraden Linie, etwa der x-Achse, so kann von den drei möglichen p-Eigenfunktionen nur p_x mit den beiden s-Eigenfunktionen u und v zu einem bindenden Zustand kombiniert werden, etwa $u + p_x + v$. p_y und p_z bilden wegen ihrer Knotenebenen in der x-Richtung keine Kombinationen mit u und v. Da nun in dem einzigen bindenden Zustand nur zwei der vier Elektronen sein können, müssen die anderen lockernd wirken. Also ist eine lineare $s-p^2-s$-Bindung nicht stabil. Liegen dagegen die drei Atome nicht auf einer Geraden, so gibt es zwei bindende Zustände, in denen alle vier Elektronen untergebracht werden können. In diesem Falle kann man nämlich mehr als eine der drei p-Eigenfunktionen für die Bindung verantwortlich machen. Damit ist die $s-p^2-s$-Bindung also stets an gewinkelte Struktur des Moleküls gebunden. Diese Auffassung der gewinkelten Valenz unterscheidet sich von der SLATER-PAULINGschen dadurch, daß sie nicht gerade den Winkel 90^0 fordert.

In ähnlicher Weise kann auch gezeigt werden, daß bei der im NH_3 vorliegenden $p^3\!\!\underset{\diagdown s}{\overset{\diagup s}{\longleftarrow}}s$-Bindung keine ebene Anordnung der vier Atome möglich ist, übereinstimmend mit der Erfahrung und auch der SLATER-PAULINGschen Auffassung.

Da das C-Atom vier dicht nebeneinander liegende Terme (zwei s und zwei p) hat, welche sich gegenseitig beeinflussen, faßt HUND diese als einen vierfachen q^4-Term auf, der vier Valenzen betätigen kann. Als wichtigstes Ergebnis folgt aus der genaueren Betrachtung,

$$s—q^4—s$$

daß die $s—q^4—s$-Bindung nur möglich ist, wenn die vier Atome mit s-Elektronen nicht in einer Ebene liegen (CH_4-Tetraeder).

Leider liefert die elegante Methode von HERZBERG-HUND-MULLIKEN nur eine Systematik der Bindungstypen und ihrer räumlichen Anordnung, ist aber zur quantitativen Erfassung der Bindung nicht geeignet, da auch sie nur eine grobe Näherung darstellt. Besonders in den Fällen, wo mehrere Energieterme dicht benachbart liegen, wird sich das einfache Kriterium der bindenden und lockernden Elektronen als unzureichend erweisen, insbesondere bei den höheren Atomen des periodischen Systems.

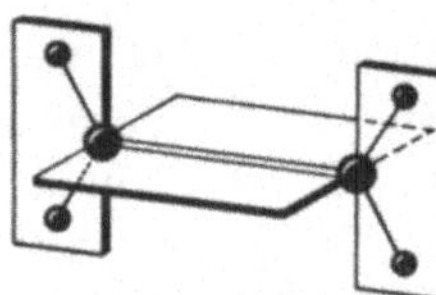
Abb. 7. Schematische Anordnung der Atome bei der Doppelbindung im Äthylen.

c) Besondere Fälle: Starrheit der $C = C$-Doppelbindung, Benzolring. Durch eine Beschreibung der C=C-*Doppelbindung* und ihrer Energieterme mittels genäherter Eigenfunktionen ist es HÜCKEL[1] gelungen, die Starrheit der C=C-Doppelbindung gegen Verdrehung um die C=C-Verbindungslinie zu erklären.

HÜCKEL zeigt das am Äthylen $\overset{H}{\underset{H}{>}}C=C\overset{H}{\underset{H}{<}}$. Die C=C-Doppelbindung wird durch besonders geartete Elektronen bewirkt. Ihre Ladungsverteilung erstreckt sich infolge der Einwirkung der übrigen Bindungen vornehmlich in einer Ebene, in der auch die C=C-Verbindungslinie liegt. HÜCKEL zeigte, daß die stabilste Anordnung der vier H-Atome gerade dann vorliegt, wenn diese sich in einer Ebene befinden, welche senkrecht zur Ladungsverteilung der die Doppelbindung verursachenden Elektronen steht (Abb. 7). Jedes Herausbringen der einzelnen Atome aus dieser erfordert Energiezufuhr. Insbesondere ist daher die Verdrehung der einen CH_2-Gruppe gegen die andere um die C=C-Achse durch die Starrheit verhindert. Wie groß aber die Verdrehungsarbeit ist, hängt natürlich auch wesentlich von der Art der Substituenten ab.

---

[1] HÜCKEL, E.: Z. Physik Bd. 60 (1930) S. 423.

MULLIKEN[1] hat in etwas anderer Weise versucht, die Starrheit
der Doppelbindung aufzuklären, insbesondere bei $CH_2 = CH_2$. Er
geht von zwei getrennten CH_2-Gruppen aus und betrachtet einmal
deren Bindung, wenn die Ebenen, in denen die drei Atome jeder
CH_2-Gruppe liegen, zusammenfallen, dann aber den Fall, daß diese
beiden Ebenen zueinander senkrecht stehen. Es ergibt sich dann
unter Zugrundelegung der SLATER-PAULINGschen Vorstellung, daß
im ersten Falle die Elektronen, welche die Doppelbindung verursachen, sich mit ihren Verteilungen vollkommener überlappen,
als wenn die CH_2-Ebenen senkrecht zueinander orientiert sind.
Das ist nach den PAULINGschen Vorstellungen ein Zeichen für
stärkere Bindung, und man hat dann die ebene Anordnung des
$CH_2=CH_2$ als die stabilere anzusprechen, in Übereinstimmung
mit HÜCKELs Ergebnis. Darüber hinaus gelingt es MULLIKEN aber
auch, quantitative Aussagen über die Bindungsfestigkeit in diesen
beiden Fällen zu machen. Er findet nämlich durch Abschätzung
der in der Bindungsenergie auftretenden Größen, daß die ebene
Anordnung eine um 2,5 Volt geringere Energie hat als die senkrechte.

Aromatische Bindungen. HÜCKEL[2] hat ferner auch die Bin-
dungsverhältnisse an ringförmig gebauten Molekülen quantenmechanisch untersucht. Wir erwähnen hier nur kurz das Ergebnis
für das Benzolmolekül. In Übereinstimmung mit der chemischen
Erfahrung, daß es keine zwei Ortho-Isomere 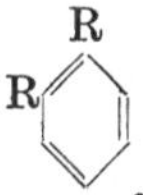 und 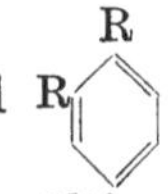
gibt, treten im Benzolring keine Doppelbindungen auf (Ungültig-
keit der KÉKULÉ-Formel), sondern die sechs C-Atome werden
durch Einfachbindungen zusammengehalten. Die noch übrigen
sechs Elektronen sind gleichmäßig über den ganzen Ring verteilt,
so daß man es hier mit *nichtlokalisierten* Bindungen zu tun hat.
Als weiteres wichtiges Ergebnis findet HÜCKEL eine besonders
große Stabilität des ebenen Benzolrings und vermag auch eine
nähere Interpretation der Substitutionsregeln bei aromatischen
Verbindungen zu geben.

---

[1] MULLIKEN, R. S.: Physic. Rev. Bd. 41 (1932) S. 751; J. amer. chem.
Soc. Bd. 54 (1932) S. 4111.

[2] HÜCKEL, E.: Z. Physik Bd. 70 (1931) S. 204, Bd. 76 (1932) S. 628.

Literatur.

Neuere Literatur über Theorie der chemischen Bindung, soweit sie nicht im Text bereits angegeben ist:

Born, M.: Moderne Physik, Vorträge. Berlin 1933.

Coolidge, A. S.: Physic. Rev. Bd. 42 (1932) S. 189. (H_2O-Molekül.)

Heitler, W.: Z. Physik. Bd. 79 (1932) S. 143. (Halbklassische Theorie der chemischen Bindung.) — Hückel, E.: Z. Elektrochem. Bd. 36 (1930) S. 641. (Doppelbindung.) — Hultgren, R.: Physic. Rev. Bd. 40 (1932) S. 891. — Hund, F.: Z. Physik Bd. 74 (1932) S. 1. (Schwerflüchtige Atomgitter.) — Z. Physik Bd. 77 (1932) S. 12. (Elektronenverteilung im zweiatomigen Molekül.)

Lewis, G. N.: J. Chem. Phys. Bd. 1 (1933) S. 14. — London, F.: Z. Physik Bd. 74 (1932) S. 143. (Theorie nicht adiabatischer chemischer Prozesse.)

Malone, J. G.: J. Chem. Phys. Bd. 1 (1933) S. 197. — Mulliken, R. J.: Physic. Rev. Bd. 40 (1932) S. 55, Bd. 41 (1932) S. 49, Bd. 41 (1932) S. 751, Bd. 43 (1933) S. 279. (Valenz vielatomiger Moleküle; Doppelbindung); J. Chem. Phys. Bd. 1 (1933) S. 492.

Pauling, L.: J. amer. chem Soc. Bd. 53 S. 1367 u. 3225, Bd. 54 (1932) S. 988; Physic. Rev. Bd. 7 (1931) S. 1185; J. Chem. Phys. Bd. 1 (1933) S. 280.

Penney, W. G.: Physic. Rev. Bd. 43 (1933) S. 1048. (Äthylen.)

Radebusch: J. amer. chem. Soc. Bd. 53 (1931) S. 1611. — Richter, A. F.: Philos. Mag. (7) Bd. 12 (1931) S. 764.

Samuel: Z. Physik Bd. 70 (1931) S. 43. — Sidgwick, N. V.: Elektronic Theory of Valency. Oxford 1927. — Slater, J. C.: Physic. Rev. Bd. 37 (1930) S. 481, Bd. 38 (1931) S. 1109, Bd. 41 (1932) S. 255.

Vleck, J. H. van: J. Chem. Phys. Bd. 1 (1933) S. 177. (CCl_4 u. ä.). — u. Cross: J. Chem. Phys. Bd. 1 (1933) S. 357. (H_2O-Molekül.)

Wigner, E.: Z. physik. Chem. Abt. B Bd. 19 (1932) S. 203. (Durchgang durch Potentialschwellen bei chemischen Reaktionen.)

Zweites Kapitel.

Größe und Form der Moleküle.

§ 4. Das Potential in Molekülnähe [1].

Betrachtet man, wie in der kinetischen Gastheorie, die Moleküle als elastische starre Kugeln, so ist der Durchmesser eines solchen Moleküls einfach gleich dem Abstande, bis zu dem sich die Mittelpunkte zweier gleicher Moleküle einander nähern können. Dieses Bild der starren Kugel mit fester Oberfläche oder *Wirkungssphäre* ist aber viel zu roh, um den physikalischen Tatsachen gerecht zu werden, und wir werden entsprechend unseren heutigen Kenntnissen

---

[1] Vgl. auch die eingehende Darstellung bei K. F. Herzfeld: Handbuch der Physik, Bd. 24/2 (1933) S. 2f.; dort auch weitere Literatur.

von den zwischenmolekularen Kräften sowohl dieses Bild wie auch die Definitionen des Durchmessers, der Größe und der Oberfläche zu erweitern haben.

Wir denken uns das Molekül als ein System von bewegten elektrischen Ladungen, das ein bestimmtes Kraftfeld erzeugt. In größeren Abständen wirken im allgemeinen nur die Anziehungskräfte (über die Natur und Größe dieser Kräfte vgl. § 2). Erst wenn sich die Moleküle einander stark nähern, machen sich die allmählich einsetzenden und dann plötzlich sehr stark ansteigenden Abstoßungskräfte bemerkbar, die eine weitere Annäherung schließlich verhindern[1]. Für zwei gleiche kugelsymmetrische Moleküle zeigt die potentielle Energie U, als Funktion des Abstandes der Mittelpunkte r, also den in Abb. 8 angegebenen Verlauf. Die Frage nach dem Durchmesser und nach der Oberfläche der Wirkungssphäre wird also zur Frage nach dem räumlichen Verlauf des Kraftfeldes.

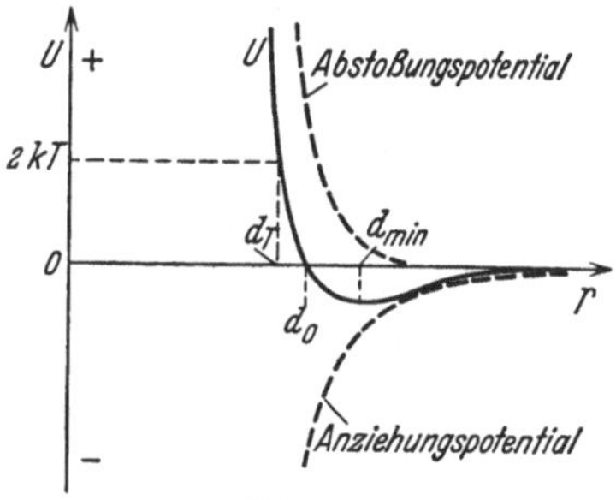

Abb. 8.
Potentielle Energie zweier Moleküle als Funktion ihres Abstandes.

Wenn zwei Moleküle in unendlicher Entfernung relativ zueinander ruhen, so können sie sich unter der Wirkung der Anziehungs- und Abstoßungskräfte beim Zusammenstoß bis zum Abstande d_0 nähern. Da sie aber in Wirklichkeit immer eine bestimmte kinetische Energie, nämlich $\dfrac{kT}{2}$ pro Freiheitsgrad besitzen, so können sie gegen das Abstoßungspotential noch bis zum Abstande d_T, dem das Potential $2kT$ entspricht[2], anlaufen. Es ist also d_T der temperaturabhängige Stoßdurchmesser, wobei natürlich immer $d_T < d_0$ ist. Das Minimum der potentiellen Energie liegt dagegen bei dem größeren Abstande $d_{\min}$. Je steiler das Abstoßungspotential verläuft, um so kleiner wird die Temperaturabhängigkeit von d_T und damit auch der Unterschied zwischen d_T, d_0 und $d_{\min}$.

Diese drei Durchmesser, die sich definitionsgemäß nur auf den Stoß unter sich gleicher Moleküle beziehen, sind ganz verschieden

---

[1] Es sind also gewissermaßen die starren Moleküle mit elastischen Polstern versehen.

[2] Vgl. etwa TOLMAN: Statical Mechanics, 1927 S. 269.

von den Kernabständen *gebundener* Atome, und zwar erheblich größer (vgl. die Tabellen 13 und 15 in § 12). Bei nicht kugelsymmetrischen Molekülen sind die einzelnen Durchmesser natürlich Mittelwerte. Anstelle von Durchmesser gebraucht man häufig auch die Bezeichnung *Wirkungsradius*.

Sobald wir die Vorstellung der elastischen starren Kugel aufgeben, erklärt sich die bekannte Tatsache, daß die nach verschiedenen Methoden gewonnenen Zahlenwerte für die Durchmesser ganz beträchtlich voneinander abweichen, ganz einfach daraus, daß bei diesen Methoden ganz verschiedene Durchmesser wirksam sind. Bestimmen wir d aus der inneren Reibung, so erhalten wir den gaskinetischen Durchmesser d_T, während wir aus dem Nullpunktvolumen einer Flüssigkeit bzw. aus den Kernabständen in Kristallen sehr genähert den Abstand im Minimum der potentiellen Energie, d_{min} erhalten (vgl. § 5).

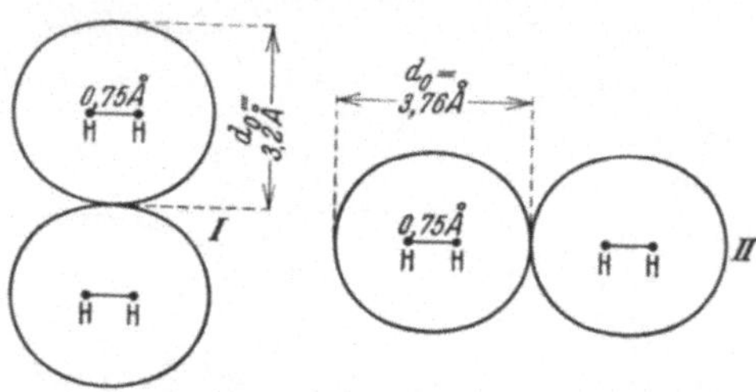

Abb. 9.
Wirkungssphäre des H_2-Moleküls nach EYRING.

Das Potential der Anziehungskräfte, zu dem der LONDONsche Dispersionseffekt, der Induktionseffekt und bei polaren Molekülen noch die Dipolanziehung beitragen, läßt sich aus den Konstanten des Moleküls, nämlich aus seiner Polarisierbarkeit, der Ionisierungsspannung und dem elektrischen Moment berechnen (s. § 2). Dagegen ist die Berechnung des Abstoßungspotentials bis heute nur für das Wasserstoffatom[1] und für Helium[2] gelungen. Mit Hilfe der von SUGIURA[3] berechneten HEITLER-LONDONschen Potentialkurve des Wasserstoffmoleküls hat EYRING[4] die potentielle Energie zweier Wasserstoffmoleküle für verschiedene Orientierungen, sowie das Potential zweier gesättigter, also an verschiedene Moleküle gebundener Wasserstoffatome berechnet (vgl. dazu auch § 7). Dabei ergibt sich für den Abstand der Schwerpunkte zweier H_2-Moleküle an der Nullstelle des Potentials, falls diese parallel neben-

---

[1] HEITLER, N. u. F. LONDON: Z. Physik Bd. 44 (1927) S. 455.

[2] SLATER, J. u. KIRKWOOD: Physic. Rev. Bd. 37 (1931) S. 682. — MARGENAU, H.: Physic. Rev. Bd. 37 (1931) S. 1425; Bd. 38 (1931) S. 747 u. 1785.

[3] SUGIURA: Z. Physik. Bd. 45 (1927) S. 484.

[4] EYRING, H.: J. amer. chem. Soc. Bd. 54 (1932) S. 3191.

einander liegen, Stellung I der Abb. 9, $d_0 = 3{,}2$ und $d_{\min} = 3{,}8 \cdot 10^{-8}$ cm bzw., falls sie in Reihe liegen, Stellung II, $d_0 = 3{,}76 \cdot 10^{-8}$ cm. Wir wollen diese beiden Abstände als die Durchmesser der Wirkungssphäre des rotationssymmetrischen H_2-Moleküls bezeichnen, wobei aber zu beachten ist, daß diese Durchmesser nur für zwei ausgezeichnete Orientierungen der beiden Moleküle, nämlich für die Parallel- bzw. für die Reihenstellung definiert sind.

Kennt man den Potentialverlauf in Molekülnähe, so kann man daraus prinzipiell nicht nur die Durchmesser, sondern auch die innere Reibung, insbesondere die SUTHERLANDsche Konstante, die Zustandsgleichung, die Kompressibilität, die Verdampfungswärme der Flüssigkeit u. dgl. berechnen. Da aber bei den allermeisten Molekülen das Potential vorläufig theoretisch unzugänglich ist, wird man umgekehrt versuchen, aus diesen Daten Schlüsse auf das Potential und die Durchmesser zu ziehen.

Ein solches empirisches Verfahren haben mit Erfolg WOHL[1], LENNARD-JONES[2] u. a.[3] benutzt, die aus dem zweiten Virialkoeffizienten der Gase das Potential in Molekülnähe bestimmen.

Ist das Potential zweier Moleküle $U = U_a + U_b$, wo U_a das Anziehungs- und U_b das Abstoßungspotential bedeuten möge, so ist im Falle eines kugelsymmetrischen Moleküls der zweite Virialkoeffizient B der Zustandsgleichung für Gase bei kleinen Dichten.

$$\frac{p\,v}{R\,T} = 1 + \frac{B}{v} \tag{1}$$

mit dem Potential durch folgende Gleichung verknüpft.

$$B = 2\pi N \int\limits_0^\infty \left(1 - e^{-\frac{U}{kT}}\right) r^2 \, dr \tag{2}$$

r Abstand der Molekülmittelpunkte.

Beschränkt man sich auf dipollose Moleküle, so ist im allgemeinen wegen der Kleinheit des Induktionseffekts[4] das Anziehungspotential ausschließlich durch den Dispersionseffekt gegeben, es ist also

$$U_a = -\frac{k_a}{r^6}, \tag{3}$$

---

[1] WOHL, K.: Z. physik. Chem. Abt. B Bd. 14 (1931) S. 36; ferner Z. physik. Chem. Abt. B BODENSTEIN-Festband, 1931 S. 807.

[2] LENNARD-JONES, I. E.: Proc. physic. Soc. Bd. 43 (1931) S. 461.

[3] Literatur bei K. F. HERZFELD: Handbuch der Physik, Bd. 24/2 Kap. 1. Berlin 1933.

[4] Vgl. die Beispiele bei LONDON: Z. Physik Bd. 63 (1930) S. 245.

wo k_a nach LONDON bzw. nach SLATER und KIRKWOOD berechnet werden kann (vgl. § 2). Die beobachtete Temperaturabhängigkeit von B läßt sich nun am besten wiedergeben, wenn für das Abstoßungspotential die klassische Form [1]

$$U_b = \frac{k_b}{r^n}\,(n > 6)$$

angesetzt wird, so daß sich für das Gesamtpotential ergibt

$$U = -\frac{k_a}{r^6} + \frac{k_b}{r^n}. \tag{4}$$

Da das Anziehungspotential direkt berechnet werden kann, lassen sich nach WOHL aus dem zweiten Virialkoeffizienten das Abstoßungspotential, vor allem der Exponent desselben und damit auch die Durchmesser d_0 und d_{min} bestimmen [2].

Es ergibt sich dabei, daß die Abstoßungsexponenten mit der Kompliziertheit der Moleküle ansteigen, d. h. je mehr Elektronen in den Außenschalen sitzen, um so starrer werden die Moleküle und um so geringer werden die Unterschiede zwischen d_T, d_0 und d_{min}. Besonders „weich" sind dagegen das H-Atom und damit auch das H_2-Molekül, Methan und andere Kohlenwasserstoffe. Die von WOHL berechneten Durchmesser sind in der Tabelle 2, § 5 aufgeführt.

Eine weitere Möglichkeit zur Bestimmung des Potentialverlaufs in Molekülnähe liefern Messungen der Ablenkung von Molekularstrahlen, die durch ein hochverdünntes Gas hindurchgeschossen werden [3]. Quantitative Ergebnisse stehen bis heute noch aus [4].

Eine andere Methode, das Abstoßungspotential und damit den Durchmesser der Wirkungssphäre zu bestimmen, hat STUART angegeben (vgl. § 14).

---

[1] Dieser Ausdruck ist natürlich nicht streng. So hat nach HEITLER-LONDON das Abstoßungspotential die Form $x^n \cdot e^{-kx}$ bzw. nach SLATER und KIRKWOOD die Form $k_1 \cdot e^{-k_2 x}$. Doch ist nach WOHL der Einfluß der besonderen Form des Abstoßungspotentials nur sehr gering.

[2] Wegen den Rechnungen im einzelnen muß auf die Originalarbeit verwiesen werden.

[3] Über die Methodik der Molekularstrahlen s. F. KNAUER u. OTTO STERN: Z. Physik Bd. 39 (1926) S. 773; Bd. 53 (1929) S. 766; vgl. auch die Monographie von R. FRASER: Molecular Rays. Cambridge 1931.

[4] Über orientierende Arbeiten in dieser Richtung seien genannt: ELLET, A. u. R. M. ZABEL: Physic. Rev. Bd. 37 (1931) S. 1112. — ELDRIDGE, I. A.: Physic. Rev. Bd. 40 (1932) S. 1050.

§ 5. Ältere Methoden zur Bestimmung von Moleküldurchmessern [1].

1. Innere Reibung. Betrachten wir im Sinne der kinetischen Gastheorie die Moleküle eines Gases als starre Kugeln, so ist ihr Durchmesser d mit der mittleren freien Weglänge Λ, d. h der Strecke, die ein Molekül im Mittel zwischen zwei Zusammenstößen zurücklegt, bekanntlich in folgender Weise verknüpft

$$\Lambda = \frac{1}{N\,\pi\,\sqrt{2}\,d^2}\,. \tag{5}$$

N die Zahl der Moleküle pro Kubikzentimeter. Die freie Weglänge läßt sich nicht direkt messen. Sie kann aber aus allen Erscheinungen, die auf dem Transport irgendeiner Größe durch die ungeordnete Molekularbewegung beruhen, abgeleitet werden, also z. B. aus der inneren Reibung η (Transport von Bewegungsgröße). Die strenge Berechnung der inneren Reibung ist für kugelsymmetrische Moleküle durchgeführt und ergibt für starre Moleküle

$$\eta = \frac{5}{16}\,1{,}016\sqrt{\frac{M\,R\,T}{\pi}}\,\frac{1}{N_L}\,\frac{1}{d^2}\,\sqrt{M\,\frac{273}{T}}\,5{,}353\,p\,\Lambda \tag{6}$$

p in Atmosphären, η in absoluten Einheiten, Λ in Zentimetern. Nach der obigen Gleichung sollte die innere Reibung proportional $\sqrt{T}$ sein. Die Erfahrung zeigt aber, daß η mit der Temperatur stärker zunimmt, d. h. daß die freie Weglänge bei gleichbleibender Dichte mit der Temperatur wächst. Für diese Erscheinung hatte schon SUTHERLAND [2] die weitgehend richtige Erklärung gegeben als er annahm, daß die Moleküle Anziehungskräfte aufeinander ausüben. Im übrigen betrachtete er sie aber noch als starre Kugeln mit fester Oberfläche. Dann werden bei tiefen Temperaturen schon bei größeren Entfernungen die Moleküle aufeinander zugebogen, so daß hier noch Moleküle bei Abständen zusammenstoßen, bei denen sie bei höheren Temperaturen unabgelenkt aneinander vorbeifliegen. Bei hinreichend hohen Temperaturen $U_a < kT$ bewegen sich die Moleküle, als ob sie kräftefrei und starr wären. Ihre freie Weglänge ist dann durch (5) gegeben. Die SUTHERLANDsche Theorie führt zu folgendem Ausdruck für die Temperaturabhängigkeit der freien Weglänge

$$\Lambda = \Lambda_\infty\,\frac{T}{C+T}\,, \tag{7}$$

---

[1] Vgl. dazu auch K. F. HERZFELD: Handbuch der Physik, 1. Aufl., Bd. 22. Berlin 1926; 2. Aufl. Bd. 24/2. Berlin 1933; dort auch weitere Literatur.

[2] SUTHERLAND, W.: Philos. Mag. Bd. 30 (1893) S. 507.

wo Λ_∞ die freie Weglänge für unendlich hohe Temperaturen bedeutet, die mit dem Durchmesser durch Gleichung (5) verknüpft ist. Die Werte für C liegen zwischen 50 und 300 und sind direkt proportional der Arbeit, die man gewinnt, wenn man zwei Moleküle aus dem Unendlichen einander bis zur Berührung nähert[1]. Beim SUTHERLANDschen Molekülmodell werden die Abstoßungskräfte nicht berücksichtigt. Das ist aber ziemlich unwesentlich, da infolge des immer steiler ansteigenden Abstoßungspotentials die Moleküle mit wachsender Temperatur immer mehr die Eigenschaften starrer Körper mit fester Oberfläche annehmen. So vermag die SUTHERLANDsche Formel die Temperaturabhängigkeit der inneren Reibung und der freien Weglänge im allgemeinen recht gut wiederzugeben. Nur bei tiefsiedenden Gasen wie He, H_2 und O_2 mit geringen Anziehungskräften und langsam ansteigenden Abstoßungskräften treten naturgemäß Abweichungen auf[2].

Um den Moleküldurchmesser aus der inneren Reibung zu bestimmen, hat man zuerst aus der Temperaturabhängigkeit die SUTHERLANDsche Konstante zu bestimmen. Der Durchmesser selbst ergibt sich dann aus (6) und (7) zu

$$d^2 = 4{,}56 \cdot 10^{-20} \frac{\sqrt{M}}{\eta_{273}} \frac{1}{1 + \dfrac{C}{273{,}1}}, \tag{8}$$

und zwar erhält man auf diese Weise den gaskinetischen Stoßdurchmesser d_T für höhere Temperaturen[3]. Bei den meisten Molekülen wird d_T sich mit der Temperatur nur unwesentlich ändern. Die aus der inneren Reibung bestimmten Moleküldurchmesser sind in Tabelle 2 (S. 36) zusammengestellt.

2. VAN DER WAALSsche Zustandsgleichung. Infolge ihres endlichen Volumens ist der den Molekülen eines Gases zur Verfügung stehende

---

[1] Über andere theoretische Ansätze und Verfeinerungen vgl. die neueren Arbeiten von L. SCHAMES: Physik. Z. Bd. 29 (1928) S. 91, Bd. 32 (1931) S. 16. — BINKELE, H. E.: Ann. Physik Bd. 9 (1931) S. 839, Bd. 15 (1932) S. 729. — TRAUTZ, M.: Ann. Physik Bd. 10 (1931) S. 263, Bd. 11 (1931) S. 190, Bd. 15 (1932) S. 198; vgl. ferner K. F. HERZFELD: l. c.; dort auch die ältere Literatur.

[2] Literatur bei K. F. HERZFELD.

[3] Im Sinne der SUTHERLANDSCHEN Theorie ist d_T der Durchmesser für unendlich hohe Temperaturen. Wegen des bei den meisten Molekülen steil verlaufenden Abstoßungspotentials wird sich d_T bei höheren Temperaturen (einige hundert Grad u. m.) nur noch wenig ändern, so daß wir den aus (8) berechneten Wert sehr genähert als den gaskinetischen Stoßdurchmesser für höhere Temperaturen betrachten können.

Raum nicht mehr gleich dem Gesamtvolumen. Die Mittelpunkte zweier gleicher Moleküle vom Radius r können sich nur bis zu einem Abstande $d = 2r$ nähern, so daß gewissermaßen das eine Molekül mit einer kugelförmigen „Deckungssphäre" vom Radius $2r$, also vom achtfachen des Eigenvolumens des Moleküls, umgeben ist, in die der Mittelpunkt des zweiten Moleküls nicht eindringen kann. Sind insgesamt N Moleküle vorhanden, so ist der unzugängliche Raum gleich dem achtfachen des Eigenvolumens aller Moleküle. Diese Zahl ist aber noch durch 2 zu dividieren, da bei dieser Betrachtung immer nur das eine Molekül mit einer Deckungssphäre umgeben ist, während das andere als punktförmig betrachtet wird. Die Volumenkonstante b der auf ein Molekül bezogenen Zustandsgleichung

$$\left(p + \frac{a}{v^2}\right)(v - b) = RT \tag{9}$$

ist also mit dem Eigenvolumen der Moleküle durch die Gleichung verbunden

$$b = 4\,N_L \cdot \frac{4\,\pi}{3}\,r^3 . \tag{10}$$

b läßt sich aus den kritischen Daten bestimmen. Nach der VAN DER WAALSschen Gleichung ist ja $b = \frac{1}{3}$ des kritischen Volumens V_k. Letzteres ist direkt schwer zu messen und wird am besten mit Hilfe der CAILLETET-MATHIASschen Linie[1] bestimmt. Ferner ist nach VAN DER WAALSschen Theorie

$$V_K = \frac{3\,R\,T_k}{8\,p_k} .$$

Doch ist das so bestimmte kritische Volumen bei vielen Stoffen um den Faktor $\frac{45}{32}$ zu groß[2]. Außerdem zeigt sich bei einigen Stoffen eine deutliche Abnahme von b mit der Temperatur, was darauf hinweist, daß bei diesen „weichen" Molekülen der Stoßdurchmesser mit der Temperatur noch merklich kleiner wird.

---

[1] Die CAILLETET-MATHIASsche Regel besagt, daß das arithmetische Mittel der Dichten einer Flüssigkeit und des mit ihr im Gleichgewicht befindlichen Dampfes $\frac{d_F + d_D}{2}$ als Funktion der Temperatur eine gerade Linie gibt, so daß man durch Extrapolation sowohl die Dichte bei der kritischen Temperatur wie auch die beim absoluten Nullpunkt, also das Nullpunktvolumen (s. Abschnitt 4) bestimmen kann.

[2] Näheres bei K. F. HERZFELD l. c.

Tabelle 2. Durchmesser von Molekülen[1] in Å.

Molekül	Innere Reibung, d_T für höhere Temperaturen berechnet nach SUTHERLAND (s. Abschnitt 1)	Aus dem Molekularvolumen der Flüssigkeit berechnet mit dichtester Kugelpackung		Molekülabstand im Kristall	Zustandsgleichung $b = \dfrac{RT_k}{8\,p_k}$	Zustandsgleichung $b = \dfrac{V_k}{3}$	Zustandsgleichung. aus dem 2. Virialkoeffizienten nach WOHL		Exponent des Abstoßungspotentials
		d_{min}	Temp.°	d_{min}	d_T	d_T	d_0	d_{min}	
He	1,96[2]	4,00	—271,5	—	2,48	2,52	2,56	2,93	9
Ne	2,35[2]	—	—	3,2	—	—	2,7	2,9	16
Ar	2,92[2]	4,04	—189	3,84[3]	2,86	2,92	3,25	3,6	17
Kr	3,2	4,48	—146	3,96[4]	3,14	—	(3,56)[5]	—	(18)
Xe	3,5	4,43	—102	4,36[6]	3,42	3,1	(3,92)[5]	—	(18)
Hg	—	2,58	— 39	—	2,38	—	—	—	—
H₂	2,47[2]	3,94	—258	—	2,81	2,5	2,84	3,24	9
N₂	3,18[2]	4,23	—202	4,0	3,18	2,86	3,5	3,8	22
O₂	2,98[2]	3,88	—227	—	2,96	2,45	3,2	3,5	21
F₂	—	—	—	—	—	—	3,4[7]	—	—
Cl₂	3,7	3,68	— 80	—	3,1	—	$<$ 4,18[8]	—	—
							$>$ 3,86	—	(30)
Br₂	4,04[5]	—	—	—	—	—	$<$ 4,34[8]	—	—
							$>$ 4,02	—	(30)
J₂	4,46[5]	—	—	—	—	—	$<$ 4,79[8]	—	—
							$>$ 4,08	—	(30)
NO	3,0[2]	—	—	—	—	—	—	—	—
CO	3,2	4,25	—205	—	3,22	2,86	—	—	—
HF	—	2,84	+15	—	—	—	—	—	—
HCl	3,0	4,18	— 83	3,89[9]	(3,18)	2,85	—	—	—
HBr	3,12	3,5	— 65	4,17[9]	—	—	—	—	—
HJ	(3,4) extrapoliert	—	—	4,5[9]	—	—	—	—	—
CH₄	3,34[2]	—	—	4,2	3,23	2,96	—	—	—
CO₂	3,32[2]	4,60	— 34	3,9	3,29	2,92	3,7	3,8	100
H₂O	2,72	2,71	+ 4	—	2,88	—	—	—	—
N₂O	3,2[2]	—	—	—	—	—	—	—	—
HgCl₂	1,94[10]	—	—	—	—	—	—	—	—
HgBr₂	2,33[10]	—	—	—	—	—	—	—	—
HgJ₂	2,53[10]	—	—	—	—	—	—	—	—
SO₂	3,38[2]	—	—	—	—	—	—	—	—
CCl₄	3,8	5,38[5]	—273 extrapoliert	—	—	—	—	—	—
C₆H₆	4,1	$<$ 5,3[5]	—273	—	—	—	—	—	—

[1] Wo nicht anders bemerkt, sind die Werte entnommen dem Tabellenwerk von LANDOLT-BÖRNSTEIN, 5. Aufl. und dem Ergänzungsband 1; vgl. ferner K. F. HERZFELD: Handbuch der Physik, Bd. 22/2 Kap. 5. Berlin 1926, sowie 2. Aufl. Bd. 22/2 Kap. 1. Berlin 1933.

[2] Zahlen nach TRAUTZ: Ann. Physik Bd. 15 (1932) S. 214.

Fußnoten 3—10 siehe S. 37.

Der Stoßdurchmesser, wie er aus der VAN DER WAALSschen Volumenkorrektur ermittelt wird, entspricht ungefähr dem gaskinetischen Durchmesser d_T bei einer mittleren Temperatur. Wie man aus den Konstanten der Zustandsgleichung, insbesondere aus der Temperaturabhängigkeit des zweiten Virialkoeffizienten definiertere Angaben über den Durchmesser erhalten kann, ist im vorhergehenden Paragraphen besprochen worden.

3. Molekülabstand in Kristallen. In einem Kristall, der ein Molekülgitter darstellt, liegen die Moleküle in einem gegenseitigen Abstand, der einem Minimum der potentiellen Energie des gesamten Systems entspricht. Wenn nur immer zwei Moleküle sich berühren, also merkliche Kräfte aufeinander ausüben würden, so würde man beim absoluten Nullpunkt genau den Abstand d_{min} finden. Da aber in Wirklichkeit jedes Molekül mit mehreren unmittelbar anliegenden Molekülen in Wechselwirkung steht und diese wiederum unter sich aufeinander Kräfte ausüben, entspricht der beobachtete Abstand nur genähert dem Abstande d_{min} für das Minimum der potentiellen Energie zweier freier Moleküle.

Mit steigender Temperatur fangen die Moleküle an, um ihre Gleichgewichtslage zu schwingen. Dabei werden sie sich aber einander nie so stark nähern wie beim Stoß zweier freier Moleküle, weil jedes Molekül, das gegen ein Nachbarmolekül schwingt, nicht nur gegen dessen Abstoßungskräfte anläuft, sondern außerdem von den auf der anderen Seite liegenden Nachbarmolekülen angezogen, d. h. in seine Ruhelage zurückgezogen wird.

Mit wachsender Temperatur werden im Mittel die Molekülabstände größer, also scheinbar auch die Durchmesser, im Gegensatz zu den gaskinetischen Durchmessern d_T, die mit steigender Temperatur abnehmen. Je tiefer also die Untersuchungstemperatur, um so sicherer ist der gefundene Durchmesser.

4. Nullpunktsvolumen in Flüssigkeiten. Betrachten wir eine Flüssigkeit bei 0° absolut und dem Druck Null, so nähern sich die Moleküle einander bis auf einen Abstand, der wieder ungefähr

[3] KEESOM u. MOOY: Nature, Lond. Bd. 125 (1930) S. 889.

[4] NATTA u. ROSSI: Gazz. chim. ital. Bd. 58 (1928) S. 433.

[5] MAGAT, M.: Z. physik. Chem. Abt. B Bd. 16 (1932) S. 1.

[6] SIMON u. SIMSON: Z. Physik Bd. 25 (1924) S. 160.

[7] Berechnet von MAGAT nach der RANKINEschen Beziehung.

[8] Berechnet von M. MAGAT.

[9] LONDON: Z. physik. Chem. Abt. B Bd. 11 (1932) S. 222.

[10] BRAUNE, H. u. R. LINKE: Z. physik. Chem. Abt. A Bd. 148 (1930) S. 195.

dem Abstande d_{min} an der Stelle kleinster potentieller Energie entspricht. Sind die Moleküle kugelförmig, so berechnet sich unter der dann zulässigen Annahme dichtester Kugelpackung mit der Raumerfüllung 0,74 das Volumen eines einzelnen Moleküls aus dem Molvolumen V der Flüssigkeit mittels der Formel

$$\frac{4\,\pi\,r^3}{3} = \frac{0{,}74\,V}{N_L}\,. \tag{11}$$

Das Nullpunktsvolumen erhält man durch Extrapolation der CAILLETET-MATHIASschen Linie[1] aus den Dichten der Flüssigkeit und des koexistierenden Dampfes bei höheren Temperaturen.

Bei sehr leichten Molekülen wird nach WOHL[2] infolge der Nullpunktsbewegung die Packung erheblich lockerer, so ist das Nullpunktsvolumen des H_2 1,56mal größer, als das für dichteste Kugelpackung berechnete, das des He sogar 2,33mal größer.

In Tabelle 2 sind die nach den eben besprochenen wichtigsten Methoden[3] bestimmten Moleküldurchmesser zusammengestellt.

§ 6. Bestimmung der Form der Moleküle.

1. Innere Reibung. Anstatt durch den Durchmesser kann man die Größe eines Moleküls auch durch den *Stoß-* oder *Wirkungsquerschnitt* charakterisieren, der bei kugelförmigen Molekülen durch $\sigma = r^2\,\pi = \dfrac{d^2\,\pi}{4}$ gegeben ist. Aus Gleichung (8) ergibt sich dann für den Stoßquerschnitt

$$\sigma = 3{,}58 \cdot 10^{-20}\,\frac{\sqrt{M}}{\eta_{273}}\,\frac{1}{1 + \dfrac{C}{273{,}1}}\,. \tag{12}$$

Man pflegt diese Beziehung auch bei nicht kugelförmigen Molekülen anzuwenden in der Annahme, daß ein beliebig geformtes Molekül mit einem mittleren Querschnitt[4] σ sich beim Zusammenstoß im Mittel genau so verhält, wie ein kugelförmiges Molekül vom gleichen Querschnitt. Dabei wird ferner vorausgesetzt, daß die Moleküle bei ihrer Annäherung sich nicht gegenseitig richten.

Die Frage, ob man die Form organischer Moleküle aus der inneren Reibung bestimmen kann, ist schon sehr früh, und zwar

---

[1] Vgl. Anmerkung 1 auf S. 35.

[2] WOHL, K.: Z. phys. Chem. Abt. B Bd. 14 (1931) S. 36.

[3] Wegen weiterer Methoden, die aber kaum eine quantitative Bestimmung des Durchmessers erlauben, vgl. den genannten Artikel von HERZFELD.

[4] Den mittleren Querschnitt erhalten wir, wenn wir für alle Richtungen den Querschnitt bestimmen und mitteln.

zuerst von O. E. MEYER[1] aufgeworfen worden. Falls solche Moleküle, etwa die normalen Kohlenwasserstoffe, eben gebaut wären, so müßte der Stoßquerschnitt additiv sein, d. h. für jede neue CH_2-Gruppe um denselben Betrag zunehmen, falls sie kugelförmig wären, müßte $\sigma^{3/2}$ additiv sein. Eine eindeutige Entscheidung scheint uns auf Grund der bisherigen Beobachtungen nicht möglich zu sein[2]. In neuerer Zeit haben MELAVEN und MACK[3] einen Beitrag zu dieser Frage geliefert. Diese Autoren berechnen aus dem von RANKINE und SMYTH[4] gemessenen Stoßquerschnitt des Methans den Stoßradius des gebundenen H-Atoms. Nimmt man an, daß das Methanmolekül wegen seiner hohen Rotationsfrequenz praktisch eine kugelförmige Wirkungssphäre ausfüllt, so ergibt sich aus $\sigma = 7{,}92 \cdot 10^{-16}$ cm^2 $r = 1{,}57$ Å. Daraus folgt mit C—H $= 1{,}08$ für den Radius des an ein C-Atom gebundenen H-Atoms $r = 0{,}49 \sim 0{,}5$ Å. Mit diesen Daten berechnen MELAVEN und MACK[5] nun den mittleren Stoßquerschnitt des Äthan, Propan, n- und i-Butan. Diese Moleküle besitzen sicher keine kugelförmige Wirkungssphäre, da die Rotationsperioden groß sind gegen die Stoßdauer, d. h. gegen die Zeit, während der die Moleküle beim Zusammentreffen merkliche Kräfte aufeinander ausüben. Nur beim Äthan erfolgt die Rotation um die C—C-Achse noch so schnell, daß das Molekül wie ein Zylinder wirkt. In Tabelle 3 sind die so berechneten Querschnitte mit den von TITANI[6] gemessenen zusammengestellt. Die Übereinstimmung ist recht gut. MELAVEN und MACK haben nun weiterhin die innere Reibung von n-Heptan, n-Oktan und n-Nonan gemessen und daraus die Stoßquerschnitte

---

[1] MEYER, O. E.: Kinetische Theorie der Gase, 2. Aufl. S. 303. Breslau 1899.

[2] Vgl. HERZFELD, K. F.: Handbuch der Physik, Bd. 24/2 Kap. 1. Berlin 1933. Dort auch weitere Literatur.

[3] MELAVEN, R. M. u. E. MACK jr.: J. amer. chem. Soc. Bd. 54 (1932) S. 888.

[4] RANKINE u. SMYTH: Philos. Mag. Bd. 24/2 (1921) S. 615.

[5] MELAVEN und MACK haben ein sehr einfaches Verfahren angegeben, um für ein Molekül gegebener Größe und Form den mittleren Querschnitt zu bestimmen. Sie beleuchten ein richtig vergrößertes Modell mit parallelem Lichte und bestimmen die Fläche des Schattens. Das Modell wird nun in allen möglichen Richtungen zum einfallenden Lichte gebracht und der Mittelwert über alle Schattenflächen gebildet. Es zeigt sich, daß man schon mit verhältnismäßig wenigen Stellungen einen sehr genauen Mittelwert erhält.

[6] TITANI: Bull. chem. Soc. Jap. Bd. 4 (1929) S. 277, Bd. 5 (1930) S. 98.

bestimmt sowie andererseits unter der Annahme, daß diese normalen Kohlenwasserstoffe ebene Zickzackketten bilden, die sich beim Stoß wie lang gestreckte Zylinder verhalten, aus dem Radius des H-Atoms und aus den C—C- und C—H-Abständen den Stoßquerschnitt berechnet. Für den Radius des H-Atoms wird dabei ein größerer Wert als beim Äthan benutzt, und zwar aus folgendem Grunde. Bei gleicher Temperatur ist die kinetische Energie, mit der die Moleküle vom Abstand d_0 gegen das Abstoßungspotential anlaufen, etwa bei Methan und beim Oktan gleich groß. Da aber das Abstoßungspotential ungefähr proportional der Zahl der sich berührenden H-Atome ist, werden die Moleküle viel früher gebremst. Der Wirkungsradius r_T eines H-Atoms steigt also innerhalb einer homologen Reihe an. Seine obere Grenze ist durch r_0 gegeben. Die Radien r_0 und r_{min} sind natürlich von der Zahl sich treffender H-Atome unabhängig.

Tabelle 3.

Molekül	Stoßquerschnitte $\cdot$ 10^{-16} cm²	
	beobachtet	berechnet mit $r = 0,5$ Å
Methan CH_4	7,72	—
Äthan C_2H_6	10,63	10,1
Propan C_3H_8	13,53	13,0
n-Butan C_4H_{10}	16,11	14,5
i-Butan C_4H_{10}	17,05	17,0

Tabelle 4.

Molekül	Stoßquerschnitt $\cdot$ 10^{-16} cm²					
	beobachtet	berechnet				
		gestreckte Form		lose Spirale		dichte Spirale	
		$r = 0,7$	$r = 0,78$	$r = 0,7$	$r = 0,78$	$r = 0,7$	$r = 0,78$
n-Heptan	26,7	34,8	35,9	30,0	31,1	23,7	25,2
n-Oktan	34,9	38,7	40,0	34,5	35,9	25,0	26,4
n-Nonan	42,5	43,0	44,4	38,0	39,6	26,6	28,1

Unter Benutzung der etwas willkürlich erscheinenden Zahlen $r_T = 0,7$ bzw. $0,78$ Å ergeben sich die in Tabelle 4, Spalte 3 aufgeführten Stoßquerschnitte. Da diese viel größer als die beobachteten sind, schließen die Autoren, daß die Moleküle nicht eben gebaut, sondern in Spiralform lose aufgewickelt sind. Man sieht aber aus der Tabelle, daß mit wachsender Gliednummer die Abweichungen immer kleiner werden, so daß bereits beim n-Dekan Übereinstimmung bzw. Abweichung nach der anderen

Seite zu erwarten ist. Da auch die Berechnungen für spiralig aufgewickelte Modelle die Beobachtungen kaum besser wiedergeben und mit Rücksicht auf die Unsicherheit im Werte für r_H, erscheint uns die ganze Beweisführung viel zu unsicher, um irgendwelche sichere Schlüsse auf die Struktur ziehen zu können. Übrigens ist wegen der gegenseitigen Anziehung der CH_2-Gruppen eine spiralförmige Anordnung bei genügend langen Molekülen durchaus denkbar.

Durch entsprechende Berechnungen schließen HARE und MACK[1] beim Diäthyläther auf ein stark aufgerolltes Molekül. Auch dieses Resultat erscheint uns sehr unsicher und außerdem steht es im Widerspruch zu der aus der KERR-Konstanten und aus der Wirkungssphäre der CH_3-Gruppen abgeleiteten Molekülform (vgl. §§ 14 u. 29).

Die Frage, ob Moleküle mit einem Brückensauerstoff gewinkelt oder gestreckt sind, ist ebenfalls von HARE und MACK diskutiert worden. Ihre Messungen der inneren Reibung in Diphenyläther C_6H_5—O—C_6H_5 und Diphenylmethan C_6H_5—CH_2—C_6H_5 zeigen, daß beide Moleküle fast denselben mittleren Stoßquerschnitt, nämlich 36,13 bzw. $36{,}4 \cdot 10^{-16}$ cm² haben. Da sich die Moleküle nur dadurch unterscheiden, daß bei dem einen in der Mitte ein Sauerstoffatom, bei dem anderen eine CH_2-Gruppe sitzt, die beide für den Querschnitt des ganzen Moleküls belanglos sind, folgt, daß in beiden Fällen die Benzolringe relativ zueinander dieselbe Lage einnehmen müssen. Da im Diphenylmethan die Valenzrichtungen nach den beiden Ringen sicher den Tetraederwinkel von 110° miteinander einschließen, muß auch im Diphenyläther am Sauerstoffatom ein ähnlicher Valenzwinkel vorhanden sein. Den Winkelwert suchen die Autoren dadurch noch genauer zu bestimmen, daß sie sowohl bei Diphenyläther wie bei Methyläther für verschiedene Winkel die Stoßquerschnitte berechnen. Tatsächlich stimmen diese besonders gut für Winkelwerte in der Gegend von 110°. Diese Übereinstimmung kann aber in Anbetracht der Unsicherheit bei der Wahl der Wirkungsradien nicht als ein Beweis für einen Valenzwinkel von etwa 110° am Sauerstoffatom angesehen werden. Außerdem ist beim Diphenyläther eine solche Berechnung schon deshalb sehr unsicher, weil wir über die Art der Drehbarkeit um die C—O-Richtung nicht viel

[1] HARE, W. A. u. E. MACK: J. Amer. chem. Soc. Bd. 54 (1932) S. 4271.

wissen[1]. Trotzdem uns die mit dieser Methode gewonnenen Ergebnisse sehr unsicher erscheinen, sind wir näher auf sie eingegangen, weil wir glauben, daß man durch weitere eingehende Untersuchungen, besonders an verzweigten Verbindungen die aufgezeigten Unstimmigkeiten beheben und so die Methode wirklich fruchtbringend gestalten kann.

Schließlich stellen wir in Tabelle 5 für eine Reihe von Molekülen die Stoßquerschnitte σ_T für höhere Temperaturen (vgl. § 5, Abschnitt 1), zusammen. Die Zahlen sind den genannten Arbeiten von MACK und dem Tabellenwerk von LANDOLT-BÖRNSTEIN entnommen.

Tabelle 5. Stoßquerschnitt einiger Moleküle aus der inneren Reibung.

Molekül	Querschnitt $\sigma_T \cdot 10^{16}\,cm^2$ für höhere Temperaturen	Molekül	Querschnitt $\sigma_T \cdot 10^{16}\,cm^2$ für höhere Temperaturen
Neon Ne	4,17	Äthan C_2H_6	10,63
Argon Ar	6,48	Propan C_3H_8	13,5
Krypton K	7,57	n-Butan C_4H_{10}	16,1
Xenon X	9,15	i-Butan C_4H_{10}	17,0
Chlor Cl_2	10,7	n-Heptan C_7H_{16}	26,7
Brom Br_2	12,8	n-Oktan C_8H_{18}	34,9
Tetrachlorkohlenstoff		n-Nonan C_9H_{20}	42,5
CCl_4	22,0	Methyläther $CH_3 \cdot O \cdot CH_3$	12,1
Amoniak NH_3	6,4	Äthyläther $C_2H_5 \cdot O \cdot C_2H_5$	18,16
Schwefelwasserstoff H_2S	7,7	Diphenylmethan $C_6H_5 \cdot CH_2 \cdot C_6H_5$	36,4
Kohlensäure CO_2	8,3	Diphenyläther $C_6H_5 \cdot O \cdot C_6H_5$	36,1
Stickoxydul N_2O	8,34	Benzol C_6H_6	19,0 [2]
Cyan $(CN)_2$	12,1	Toluol $C_6H_5 \cdot CH_3$	21,8 [2]
Methan CH_4	7,72		

2. Dünne Schichten[3]. Bringt man organische Substanzen mit einer „aktiven" Gruppe (COOH, OH und andere Gruppen) auf

[1] Sicher ist nur, daß die beiden Ringe sich nicht ganz frei gegeneinander drehen können, da bei der ebenen Konfiguration (s. Abb. 60 S. 142), die sich unmittelbar gegenüberstehenden H-Atome bis auf 0,5 Å oder weniger nahe kommen würden, was natürlich ganz unmöglich ist, vgl. die in Tabelle 6 aufgeführten Wirkungsradien gebundener Atome.

[2] NASINI, A. G.: Proc. Roy. Soc. Lond. A Bd. 123 (1929) S. 692.

[3] Vgl. die zusammenfassenden Darstellungen: ADAM, N. K.: The Physics and Chemistry of surfaces. Oxford 1930. — FREUNDLICH, H.: Kapillarchemie. Leipzig 1930; ferner K. F. HERZFELD: Handbuch der Physik, 2. Aufl. Bd. 24/2 Kap. 1. Berlin 1933; dort auch weitere Literatur.

Wasser, so breiten sie sich nach RAYLEIGH [1] so weit aus, daß schließlich eine monomolekulare Schicht entsteht. Solche Schichten sind vor allem von LANGMUIR [2], HARKINS [3], ADAM [4] u. a. untersucht worden. Kennt man die Gewichtsmenge G der aufgebrachten Substanz und die gesamte Oberfläche F der Schicht, so ist die von dem einzelnen Molekül eingenommene Fläche f gegeben durch

$$f = \frac{F M}{N_L \cdot G},$$

wo M das Molekulargewicht bedeutet.

Nimmt man weiterhin an, daß die Dichte der Schicht dieselbe wie die der massiven Substanz ist, so kann man auch die Dicke der Schicht berechnen. LANGMUIR findet so für eine Reihe von Fettsäuren und Alkoholen, daß die besetzte Oberfläche unabhängig von der Zahl der Kohlenstoffatome ungefähr $23,10^{-16}$ cm² pro Molekül beträgt, während die Dicke der Schicht der Kettenlänge proportional ist und um $1,2-1,3$ Å pro CH_2-Gruppe wächst. Man muß daraus schließen, daß die Moleküle Stäbchen von konstantem Querschnitt von $23 \cdot 10^{-16}$ cm² bilden, deren Länge mit der Zahl der C-Atome wächst. Ferner müssen alle Moleküle mit den Längsachsen senkrecht zur Wasserfläche aufgerichtet sein, da bei jeder anderen Anordnung die Fläche mit der Zahl der C-Atome wachsen müßte. Aus der Tatsache, daß die Kettenlänge merklich kleiner als die für eine gestreckte Kette (Perlschnuranordnung der C-Atome) mit dem bekannten C—C-Abstand von $1,5$ Å berechnete ist, schließt LANGMUIR, daß die Kette entsprechend der klassischen Vorstellung von der Tetraedersymmetrie der Valenzen des vierwertigen Kohlenstoffs zickzackförmig ist. Diese Schlüsse lassen sich auf Grund von Röntgenuntersuchungen erheblich präzisieren (vgl. § 10).

---

[1] RAYLEIGH: Philos. Mag. Bd. 48 (1899) S. 321.

[2] LANGMUIR, J.: J. Amer. chem. Soc. Bd. 39 (1917) S. 1848.

[3] HARKINS, BROWN u. DAVIS: J. Amer. chem. Soc. Bd. 39 (1917) S. 354. — HARKINS, DAVIS u. CLARK: J. Amer. chem. Soc. Bd. 39 (1917) S. 541. — HARKINS u. KING: J. Amer. chem. Soc. Bd. 41 (1919) S. 970. — HARKINS, CLARK u. ROBERTS: J. Amer. chem. Soc. Bd. 42 (1920) S. 700. — HARKINS u. CHENG: J. Amer. chem. Soc. Bd. 43 (1921) S. 35. — HARKINS u. ROBERTS: J. Amer. chem. Soc. Bd. 44 (1922) S. 653.

[4] ADAM, N. K.: Proc. Roy. Soc., Lond. Bd. 99 (1921) S. 336, Bd. 126 (1930) S. 366.

§ 7. Der Wirkungsradius gebundener Atome.

Bei der Frage nach der Raumerfüllung eines Moleküls, sowie bei allen Fragen nach der sterischen Behinderung, der inneren Beweglichkeit, insbesondere der freien Drehbarkeit, sowie bei der Bestimmung besonders stabiler Konfigurationen eines Moleküls (vgl. Kap. 4) ist die Kenntnis der Wirkungsradien der gebundenen Atome besonders wertvoll.

Theoretisch ist, abgesehen vom Helium, das uns hier nicht interessiert, vorläufig nur das Wasserstoffatom zugänglich, und zwar nur für den Fall, daß es an ein H-Atom gebunden ist. Für diesen Fall hat EYRING[1], gestützt auf das HEITLER-LONDONsche Modell und auf die von LONDON und EISENSCHITZ[2] ausgeführte Berechnung des Anziehungspotentials zweier H-Atome, die Potentialkurve zweier H-Atome mitgeteilt, die wir in Abb. 10 wiedergeben. Wir erkennen, daß das Abstoßungspotential des H-Atoms außerordentlich langsam ansteigt, so daß zwei H-Atome ohne großen Energieaufwand sich weit über den

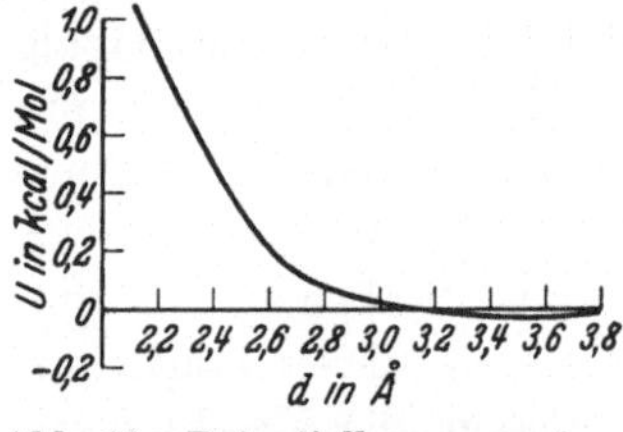

Abb. 10. Potentialkurve zweier H-Atome, die in verschiedenen H_2-Molekülen gebunden sind.

Abstand $d_0 = 3{,}2$ Å nähern können; bei einem Wirkungsradius $r_0 = 1{,}6$ Å, beträgt r_T für 300^0 ($2RT = 1{,}2$ kcal) etwa 1 Å. Da diese Potentialkurve, wie schon gesagt, nur für H-Atome gilt, die ihrerseits an andere H-Atome gebunden sind, kann sie nicht ohne weiteres auf andere Moleküle, z. B. Kohlenwasserstoffe übertragen werden (s. weiter unten). Das wird von EYRING, der mit Hilfe dieser Kurve das innermolekulare Potential des Äthanmoleküls berechnet (s. § 14), nicht beachtet.

In allen anderen Fällen ist man auf mehr oder weniger empirische Methoden zur Bestimmung des Wirkungsradius angewiesen. So kann man z. B. aus den Minimalabständen benachbarter Moleküle in einem Kristall Schlüsse auf den Wirkungsradius r_{min} ziehen. Das ist natürlich nur bei Kristallen, die durch VAN DER WAALsche Kräfte zusammengehalten werden, vor allem also bei Molekülgittern, möglich (vgl. dazu auch § 5, Abschnitt 3).

[1] EYRING, H.: J. Amer. chem. Soc. Bd. 54 (1932) S. 3191.
[2] LONDON u. EISENSCHITZ: Z. Physik Bd. 60 (1930) S. 491.

Dagegen lassen sich die von GOLDSCHMIDT, PAULING u. a.[1] empirisch und theoretisch aus Ionengittern abgeleiteten Ionenradien, sowie die von GOLDSCHMIDT aus dem Koordinationsgitter von Elementen bzw. aus den Abständen in Mischkristallen bestimmten Atomradien für das freie Molekül nicht verwerten.

Den Wirkungsradius r_{min} des *Kohlenstoffatoms* kann man aus dem Graphitgitter bestimmen, das aus Schichten unter sich ringförmig gebundener C-Atome besteht. Die Schichten, deren Abstand 3,4 Å beträgt, werden offenbar nicht durch Valenzkräfte, sondern durch VAN DER WAALSsche Kräfte zusammengehalten[2], so daß $r_{min} = 1,7$ Å ist.

Aus dem Minimalabstand der Chloratome benachbarter Moleküle im Molekülgitter des Hexachlorzyklohexan[3] ergibt sich für den Radius des *Chloratoms* $r_{min} = 1,87$ Å. Ferner folgt aus der Tatsache, daß im Methylenchlorid, CH_2Cl_2, der Abstand der Chloratome um 0,2 Å größer als im CCl_4, nämlich 3,2 Å ist[4], daß zwei Cl-Atome Å, deren Valenzrichtungen einen Winkel von 110^0 einschließen, sich im Abstand von 3 Å bereits abstoßen, so daß r_0 sicher größer als 1,5 Å ist[5].

Ferner hat MACK[6] den Wirkungsradius des H-Atoms in verschiedenen Verbindungen untersucht. Aus dem festen Wasserstoff findet er $r_{min} = 1,5$ Å. Dagegen ist der Wirkungsradius für das an ein C-Atom gebundene H-Atom erheblich kleiner. So folgt aus der Struktur des festen Methans mit einer Zellenlänge im raumzentrierten Gitter von 5,88 Å[7] der Durchmesser d_{min} des Methanmoleküls zu 4,2 Å, woraus sich für den Wirkungsradius des H-Atoms $r_{min} = 1,0$ Å ergibt. Bei Äthan findet MACK $r = 1,16$ Å. Die Ursache dieses Unterschiedes gegenüber dem beim H_2 gefundenen Wirkungsradius ist wohl in den stärkeren Anziehungs-

[1] GOLDSCHMIDT, V. N.: Geochemische Verteilungsgesetze der Elemente. VII u. VIII. Oslo 1926. — PAULING, L.: J. Amer. chem. Soc. Bd. 49 (1927) S. 765. — GOLDSCHMIDT, V. N.: Z. physik. Chem. Abt. A Bd. 133 (1928) S. 397. — HERLINGER, E.: Z. Kristallogr. Bd. 80 (1931) S. 465. — Vgl. dazu auch den Artikel von GOLDSCHMIDT im Handbuch der Stereochemie. Wien 1932, sowie den von GRIMM u. WOLFF im Handbuch der Physik, Bd. 24/2 Kap. 6. Berlin 1933.

[2] LONDON, F.: Z. physik. Chem. Abt. B Bd. 11 (1931) S. 222.

[3] Nach Messungen von HENDRICKS: Chem. Rev. Bd. 7 (1931) S. 431.

[4] BEWILOGUA, L.: Physik. Z. Bd. 32 (1931) S. 265.

[5] STUART, H. A.: Physik. Z. Bd. 32 (1931) S. 793.

[6] MACK, E.: J. Amer. chem. Soc. Bd. 54 (1932) S. 2141.

[7] MOOY: Nature, Lond. Bd. 127 (1931) S. 707; Proc. Acad. Sci. Amsterdam Bd. 34 (1931) S. 550.

kräften, etwa zwischen dem C-Atom des einen und den H-Atomen des anderen Moleküls zu suchen. Außerdem kann die Verteilung der negativen Ladungswolke um den H-Kern bei der H—H- und C—H-Bindung und damit auch das Abstoßungspotential sehr verschieden sein. Diese beträchtliche Abhängigkeit des Wirkungsradius vom Verbindungspartner beim H-Atom dürfte bei allen anderen Atomen viel kleiner sein, weil diese ihrer stärkeren Polarisierbarkeit wegen ein viel größeres Anziehungspotential besitzen, so daß der entfernter liegende Verbindungspartner sich weit weniger bemerkbar macht. Außerdem verläuft bei allen anderen Atomen wegen der größeren Elektronenzahl in der Außenhülle das Abstoßungspotential viel steiler.

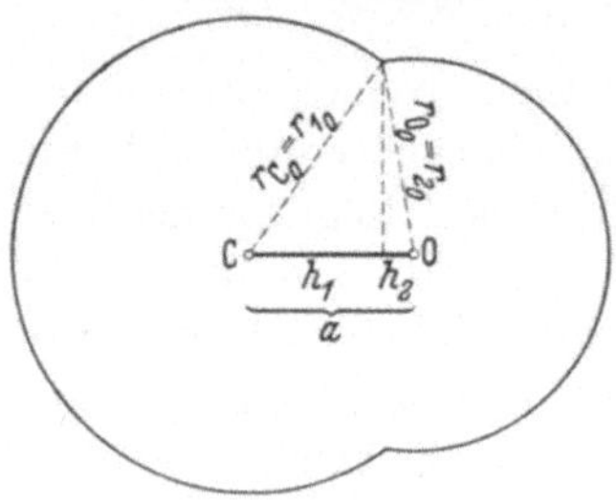

Abb. 11.
Wirkungssphäre des CO-Moleküls nach MAGAT.

Für eine Reihe von gebundenen Atomen hat MAGAT[1] die Wirkungsradien berechnet. Seinen Überlegungen liegt folgendes Modell zugrunde (s. Abb. 11), das die Verhältnisse beim CO wiedergibt. Die Atome sind Kugeln mit den äußeren Radien r_{10} und r_{20}, denen Kappen abgeschnitten sind derart, daß in einer Richtung, nämlich der der chemischen Bindung, die beiden Kerne sich bis zum röntgenographisch bzw. spektroskopisch bestimmbaren Abstand a annähern können. d_0 — der mittlere Durchmesser des Moleküls — ist der Durchmesser einer Kugel, die den gleichen Raum erfüllt wie das eigentliche nicht kugelförmige Molekül. Ist das Volumen V_0 des Moleküls durch d_0 gegeben, so sind die äußeren Atomradien r_{10} und r_{20} durch die Bedingung festgelegt, daß die Atomkugeln bei vorgegebenem Kernabstande denselben Raum V_0 einnehmen. Es muß also für ein aus zwei gleichen Atomen bestehendes Molekül, $r_{10} = r_{20} = r_0$, die Gleichung erfüllt sein:

$$2 \cdot \frac{4\pi}{3} r_0^3 - \frac{2\pi}{3} \left(r_0 - \frac{a}{2} \right)^2 \left(2 r_0 + \frac{a}{2} \right) = \frac{4\pi}{3} \left(\frac{d_0}{2} \right)^3. \tag{13}$$

Im Falle ungleicher Atome muß noch der Kernabstand a richtig auf die Höhen h_1 und h_2 der abzuschneidenden Kappen verteilt werden. Wie aus Abb. 11 ersichtlich, ist

$$r_{10}^2 - h_1^2 = r_{20}^2 - h_2^2 = r_{20}^2 - (a - h_1)^2,$$

[1] MAGAT, M.: Z. physik. Chem. Abt. B Bd. 16 (1932) S. 1.

so daß sich für ein vielatomiges Molekül als allgemeine Gleichung für die Radien ergibt

$$\sum \left[\frac{4\pi}{3}\, r_{i0}^3 - \frac{\pi}{3}\, (r_{i0} - h_1)^2\, (2\, r_{i0} + h_1) \right] = \frac{4\pi}{3} \left(\frac{d_0}{2} \right)^3. \tag{14}$$

Kennt man alle Radien bis auf einen, so läßt sich der letzte leicht berechnen. Die auf diese Weise von MAGAT bestimmten Wirkungsradien r_0 sind in Tabelle 6 aufgeführt. Die zu diesen Berechnungen nötigen mittleren Durchmesser d_0 sind teils von WOHL[1] angegeben, teils von MAGAT aus dem Nullpunktsvolumen bestimmt worden. Da man aus diesem erst d_{min} erhält, muß dieser Wert noch umgerechnet werden. Als Umrechnungsfaktor benutzt MAGAT Werte zwischen $\dfrac{d_{min}}{d_0} = 1{,}025$ und $1{,}09$, wie sie den Verhältnissen bei Sauerstoff und Kohlensäure (s. Tabelle 12) entsprechen.

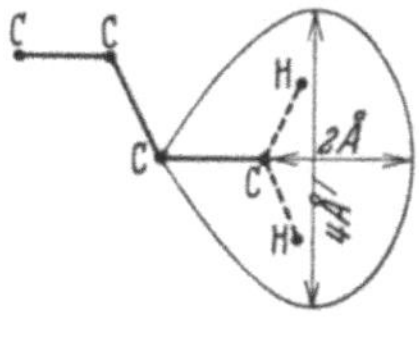

Auch über die Wirkungssphäre der CH_3-Gruppe lassen sich bestimmte Angaben machen. Aus den Röntgeninterferenzen an kristallisierten Kohlenwasserstoffen, vor allem aus den Messungen von MÜLLER[2] am $C_{35}H_{72}$ lassen sich die Abstände benachbarter Gruppen angeben. So findet MÜLLER für den Durchmesser d_{min} einer Kohlenwasserstoffkette 3,6—3,9 Å. Ferner ergibt sich, daß bei zwei Ketten, die Kopf an Kopf aneinander grenzen, der Minimalabstand zwischen den Streuzentren, das sind genähert die Kohlenstoffatome der endständigen CH_3-Gruppen, 4 Å beträgt. Dieser Wert stimmt auch mit dem Befund am Hexamethylbenzol $C_6(CH_3)_6$ überein, wo LONSDALE[3] nachgewiesen hat, daß zwei CH_3-Gruppen benachbarter Moleküle, genauer die C-Atome dieser Gruppen, sich höchstens bis auf 4,1 Å nähern können. Diese Daten entsprechen ungefähr einem Radius r_{min} von 2 Å, vom C-Atom aus gerechnet in der der vierten Valenz entgegengesetzten Richtung (s. Abb. 12) und einem Querdurchmesser d_{min} von 4 Å. Den Radius des H-Atoms r_{min} schätzen wir wieder entgegengesetzt der Valenzrichtung genommen, auf etwa 1,1 Å. Diese Radien sind in guter Übereinstimmung mit den von STUART[4] aus den Verbrennungs-

Abb. 12.
Wirkungssphäre der
CH_3-Gruppe
nach STUART.

---

[1] WOHL, K.: Z. physik. Chem. Abt. B Bd. 14 (1931) S. 36; vgl. auch § 4.
[2] MÜLLER, A.: Proc. Roy. Soc. Bd. 120 (1928) S. 437.
[3] LONSDALE, K.: Proc. Roy. Soc., Lond. Bd. 123 (1929) S. 494.
[4] STUART, H. A.: Physic. Rev. Bd. 38 (1931) S. 1372.

48   Größe und Form der Moleküle.

Tabelle 6. Wirkungsradien gebundener Atome bei Berührung mit
gleichen Atomen.

Atom	Wirkungsradius in Å	Molekül	Methode
Wasserstoff	r_0 = 1,6	H_2	Ber. von EYRING aus dem wellenmechanischen Modell
	r_T für 300° = 1,0		
	r_0 = 1,26	H_2	Nullpunktsvolumen, MAGAT
	r_{min} = 1,5	H_2	Molekülabstand im Kristall nach MACK
	r_{min} = 1,0	CH_4	
	r_{min} = 1,16	C_2H_6	
	r_{min} = 1,29	viele organische Verbindungen bei Zimmertemperatur.	
	r_T = 0,5—0,8	Kohlenwasserstoffe	Innere Reibung von Gasen, MACK [1]
Kohlenstoff	r_0 = 1,63	CO	Ber. von MAGAT
	r_{min} = 1,67	Graphit	Abstand im Kristall
Stickstoff	r_0 = 1,51	N_2	Ber. von MAGAT
	r_{min} = 1,5	$(CH_2)_6N_4$	Abstand im Kristall, MACK
Sauerstoff	r_0 = 1,36	O_2	Ber. von MAGAT
Fluor	r_0 ~ 1,4	F_2	Ber. von MAGAT
Chlor	r_0 = 1,65	Cl_2	Nullpunktsvolumen, MAGAT
	r_0 > 1,5	CCl_4, CH_2Cl_2	Winkelspreizung in CH_2Cl_2, STUART
	r_{min} = 1,87	$C_6H_6Cl_6$	Abstand im Kristall
	r_T = 1,32—1,44	Cl_2 und CCl_4	Innere Reibung, MACK [2]
Brom	r_0 < 1,78 > 1,65	Br_2	Nullpunktsvolumen, MAGAT
	r_{min} = 1,85—2,0	$C_6H_6Br_6$	Abstand im Kristall
Jod	r_0 < 1,89 > 1,63	J_2	Nullpunktsvolumen, MAGAT
CH_3-Gruppe	r_{min} ~ 2,0	$C_6(CH_3)_6$ und $C_6H_4(CH_3)_2$	Abstand im Kristall und Verbrennungswärmen, STUART.

wärmen isomerer Benzolderivate abgeleiteten Abstoßungspoten-
tialen (vgl. auch § 14).

Die in Tabelle 6 zusammengestellten Wirkungsradien gelten
natürlich nur für *gleiche* Atome, die nicht direkt aneinander gebunden sind. Sie dürfen also nicht mit den Abständen direkt
gebundener Atome (s. Tabelle 13, § 12) oder den in Tabelle 15,
§ 12 aufgeführten Bindungsradien verwechselt werden.

Ein Vergleich mit den Zahlen der Tabelle 15 zeigt, daß die
Wirkungsradien ungefähr doppelt so groß wie die Bindungsradien
sind, daß also das gebundene Atom in der dem Valenzstrich entgegengesetzten Richtung besonders ausgedehnt ist (vgl. Abb. 9

---

[1] MACK, E.: J. Amer. chem. Soc. Bd. 54 (1932) S. 2141
[2] SPERRY, E. u. E. MACK: J. Amer. chem. Soc. Bd. 54 (1932) S. 904.

und 11), die die Wirkungssphäre und die Lage der Kerne für die Moleküle H_2 und CO wiedergibt. Daraus erhellt die Unzulänglichkeit aller mechanischen Molekülmodelle, die die Atome durch Kugeln, deren Mittelpunkte mit den Kernen zusammenfallen, darzustellen suchen. Besser wäre zur Darstellung der Raumerfüllung ein Modell aus Kugeln, denen auf den Seiten der Valenzstriche Kappen abgeschnitten sind (vgl. Abb. 11).

§ 8. Wirkungsquerschnitt gegenüber Elektronen[1].

Würden sich die Moleküle wie harte Kugeln verhalten, an denen die Elektronen beim Aufprallen sehr stark abgelenkt werden, so wäre die von LENARD begründete, auf dem Durchgang von Elektronen durch Gase beruhende Methode die direkteste zur Bestimmung von Moleküldurchmessern. Geht ein Kathodenstrahl durch eine Gasschicht von der Dicke x hindurch, so ist die Zahl der unbeeinflußt gebliebenen Elektronen allgemein gegeben durch

$$N = N_0\, e^{-\alpha x}.$$

Im Falle, daß die Moleküle sich wie starre Kugeln verhalten, an denen die Elektronen reflektiert werden oder kleben bleiben, bedeutet dann α einfach die Querschnittsumme aller in 1 ccm enthaltenen Moleküle, $\alpha = N\,\pi\,r^2$.

Berücksichtigen wir aber, daß in Wirklichkeit die Stoßpartner beträchtliche elektrische Kräfte aufeinander ausüben, so müssen wir erwarten, daß die Ablenkung der Elektronen von ihrer Geschwindigkeit abhängt, und daß die Richtungsänderung um so größer ist, je näher das unabgelenkte Elektron am Molekülmittelpunkt vorbeikommen würde. Die wellenmechanische Behandlung des Stoßproblems führt zu noch weiteren Komplikationen. Man wird also aus solchen Beobachtungen nur einen mittleren von der Geschwindigkeit abhängigen Molekülradius erhalten. An Stelle des Wirkungsradius wird übrigens häufig die Querschnittsumme aller in 1 ccm bei 1 mm Hg und 0^0 enthaltenen Moleküle oder der *Wirkungsquerschnitt Q* angegeben.

---

[1] Vgl. dazu folgende zusammenfassende Berichte: RAMSAUER, C. u. R. KOLLATH: Handbuch der Physik, 2. Aufl. Bd. 22/2 (1933) S. 243f.; dort auch weitere Literatur. — BRODE, R. B.: The Quantitative Study of the Collisions of Electrons with Atoms. Rev. mod. Phys. Bd. 5. (1933) S. 257. — KOLLATH, R.: Physik. Z. Bd. 31 (1930) S. 985. — DARROW, K. K.: Bell. Tel. Syst. Dez. 1930. — BRÜCHE, E.: Erg. exakt. Naturwiss. Bd. 8 (1929) S. 185.

Aus der Größe und der Abhängigkeit dieses Querschnitts von der Geschwindigkeit müßte man prinzipiell das Kraftfeld eines Moleküls berechnen können, doch ist vorläufig die Theorie noch nicht genügend weit entwickelt.

Die Beobachtungen LENARDs[1] ergeben, daß bei sehr schnellen Elektronen von $1/3$ Lichtgeschwindigkeit die Querschnitte sehr klein und der Masse der Moleküle proportional, dagegen von ihren sonstigen physikalischen Eigenschaften und ihrem chemischen Bau völlig unabhängig sind. Das erklärt sich daraus, daß sehr schnelle Elektronen praktisch nur in Kernnähe, und zwar in einer der Kernmasse proportionalen Weise beeinflußt werden[2]. Geht man jedoch zu kleineren Geschwindigkeiten über, so wird der Wirkungsquerschnitt rasch größer und kommt bei einigen 10 Volt in die Größenordnung des gaskinetischen. Bei noch kleineren Geschwindigkeiten ($\sim$ 1 Volt) steigt, wie zuerst RAMSAUER[3] gefunden hat, der Wirkungsquerschnitt etwa auf das Doppelte des gaskinetischen an und sinkt dann plötzlich auf einen Bruchteil dieses Wertes ab. Bei ganz kleinen Geschwindigkeiten wird häufig ein neuer Anstieg beobachtet[4] (s. Abb. 13). Eine befriedigende Theorie zur Erklärung dieser eigentümlichen Wirkungsquerschnittkurven steht noch aus, über eine Reihe von Ansätzen in dieser Richtung vgl. man den oben genannten Bericht von RAMSAUER und KOLLATH[5]. Hier sei nur erwähnt, daß es HOLTSMARK[6] gelungen ist, die Zerstreuung

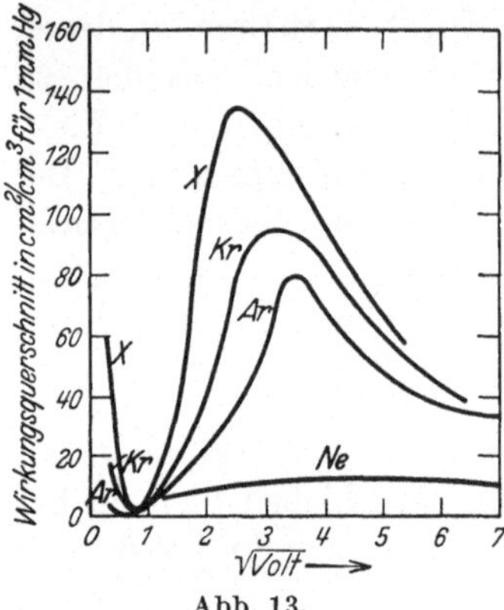

Abb. 13.
Wirkungsquerschnittkurven von Edelgasen.

---

[1] LENARD, P.: Ann. Physik Bd. 56 (1895) S. 255.

[2] LENARD hat bekanntlich aus seinen Versuchen den Schluß gezogen, daß nur ein verschwindend kleiner Bruchteil des von Materie erfüllten Raumes wirklich undurchdringlich (wenigstens für schnelle Kathodenstrahlen) sei und so die Grundlage zu unserem heutigen Atommodell geschaffen.

[3] RAMSAUER, C.: Ann. Physik Bd. 64 (1921) S. 451, Bd. 66 (1921) S. 546.

[4] RAMSAUER, C. u. R. KOLLATH: Ann. Physik Bd. 3 (1929) S. 539.

[5] RAMSAUER, C. u. R. KOLLATH: Handbuch der Physik, Bd. 22/2 (1933) S. 243 f. — Vgl. ferner H. C. STIER: Z. Physik Bd. 76 (1932) S. 439. — Voss, W.: Z. Physik Bd. 83 (1933) S. 581.

[6] HOLTSMARK, J.: Z. Physik Bd. 48 (1928) S. 231, Bd. 52 (1928) S. 485, Bd. 55 (1929) S. 437, Bd. 66 (1930) S. 49.

von Elektronenwellen in einem kugelsymmetrischen Kraftfelde zu berechnen und bei den Edelgasen unter geeigneten Voraussetzungen gute Übereinstimmung mit den Beobachtungen zu erzielen.

Wir geben in Tabelle 7 einige von HERZFELD[1] aus den vorliegenden Beobachtungen berechneten Wirkungsradien wieder. Zum Vergleich haben wir die aus der inneren Reibung bestimmten gaskinetischen Werte mit aufgenommen.

Tabelle 7. Wirkungsradius gegen Elektronen in Å.

Stoff	He	Ne	Ar	Kr	Xe	Hg	H_2	N_2	CO
Radius im Maximum	1,3	—	2,7	3,0	3,5	—	2,1 ?	2,9	3,3
Radius für 36 Volt . .	0,85	1,1	1,8	2,0	2,1	2,3	1,1	1,8	1,9
gaskinetischer Radius	1,00	1,17	1,46	1,6	1,75	—	1,2	1,58	1,6

Stoff	O_2	CO_2	NO	N_2O	HCl	NH_3	H_2O	HCN	CH_4
Radius im Maximum .	—	2,2	3,5 ?	2,7	3,3 ?	3,6	2,4	3,6	2,8
Radius für 36 Volt . .	1,7	2,2	1,9	2,3	—	2,1	1,9	2,1	1,9
gaskinetischer Radius	1,48	1,6	—	—	1,5	—	1,36	—	1,67

Wenn es auch, wie schon erwähnt, heute noch nicht möglich ist, aus der Wirkungsquerschnittkurve auf das molekulare Kraftfeld zu schließen und so den Zusammenhang mit den nach anderen Methoden bestimmten Wirkungssphären zu finden, so lassen sich, wie vor allem BRÜCHE[2] gezeigt hat, doch einige interessante Beziehungen zwischen dem Wirkungsquerschnitt und dem Bau eines Moleküls aufweisen, von denen die wichtigsten kurz erwähnt seien[3].

Bei den Edelgasen verhalten sich, wie Tabelle 7 zeigt, mit Ausnahme von Neon die Radien im Maximum untereinander ganz ähnlich wie die gaskinetischen.

Ferner kommt die vom GRIMMschen Hydridverschiebungssatz geforderte Ähnlichkeit der Pseudoedelgase Ne, (HF), H_2O, NH_3,

---

[1] HERZFELD, K. F.: Handbuch der Physik, Bd. 22/2 (1933) S. 221.
[2] BRÜCHE, E.: Erg. exakt. Naturwiss. Bd. 8 (1929) S. 185.
[3] Vgl. auch den Artikel von H. G. GRIMM u. H. WOLFF: Atombau und Chemie. Handbuch der Physik Bd. 24/2 (1933) S. 989f.

CH_4 nach BRÜCHE[1] auch in den Wirkungsquerschnittskurven zum Ausdruck (s. Abb. 14), indem insbesondere die Kurve des CH_4

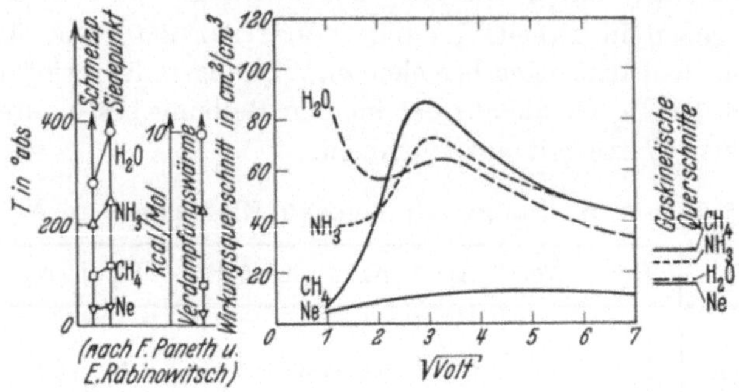

Abb. 14. Vergleich der Wirkungsquerschnittkurven in der Pseudoedelgasreihe; Ne (NF), H_2O, NH_3 und CH_4.

Edelgascharakter besitzt und in der Nähe der Argon- und Kryptonkurven liegt. Nur bei geringen Geschwindigkeiten zeigen H_2O und NH_3 starke Anomalien, die auf den Dipolcharakter dieser Moleküle

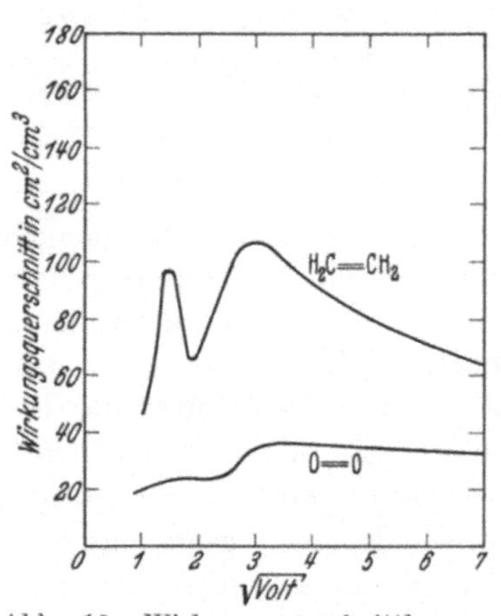

Abb. 15. Wirkungsquerschnittkurven von O=O und $CH_2=CH_2$.

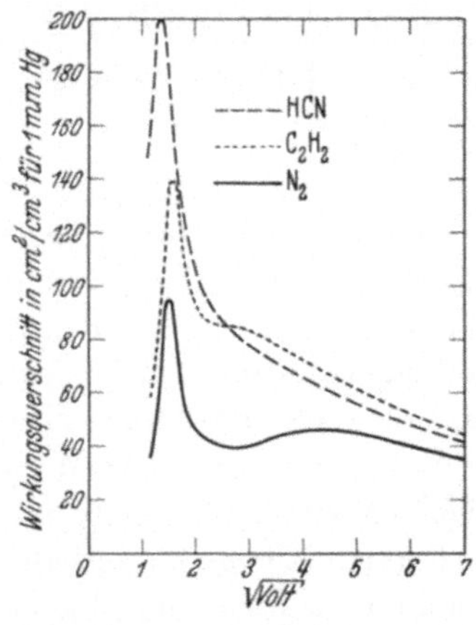

Abb. 16. Wirkungsquerschnittkurven in der Reihe N≟N, H≡CN und HC≡CH.

zurückzuführen sind, wie ja überhaupt bei allen dipolabhängigen Eigenschaften die vom Hydridverschiebungssatz geforderte Reihenfolge gestört ist.

---

[1] BRÜCHE, E.: Ann. Physik Bd. 24 (1929) S. 93.

Mit der Frage, ob Moleküle, die im Sinne der von GRIMM durch Erweiterung des Hydridverschiebungssatzes aufgestellten Systematik[1] verwandt sind, auch eine entsprechende Ähnlichkeit der

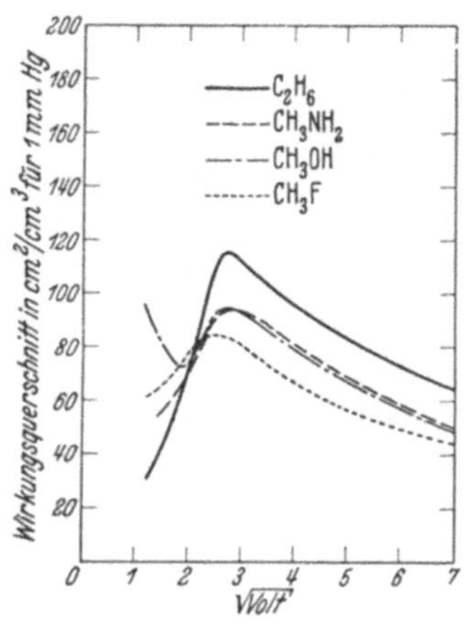

Abb. 17. Wirkungsquerschnittkurven in der Reihe: CH_3—F, CH_3—OH, CH_3—NH_2, CH_3—CH_3.

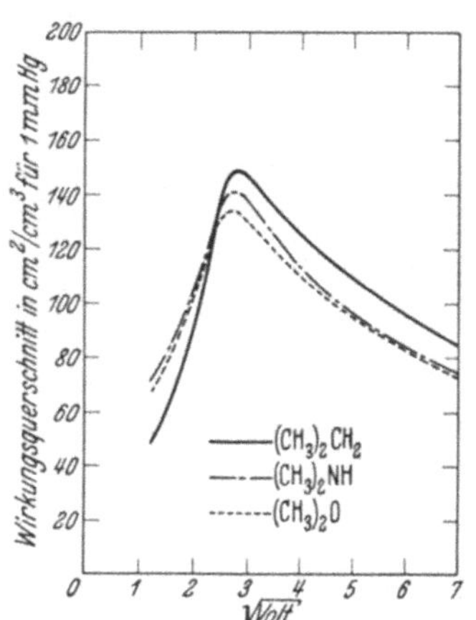

Abb. 18. Wirkungsquerschnittkurven in der Reihe CH_3—O—CH_3, CH_3—NH—CH_3 und CH_3—CH_2—CH_3.

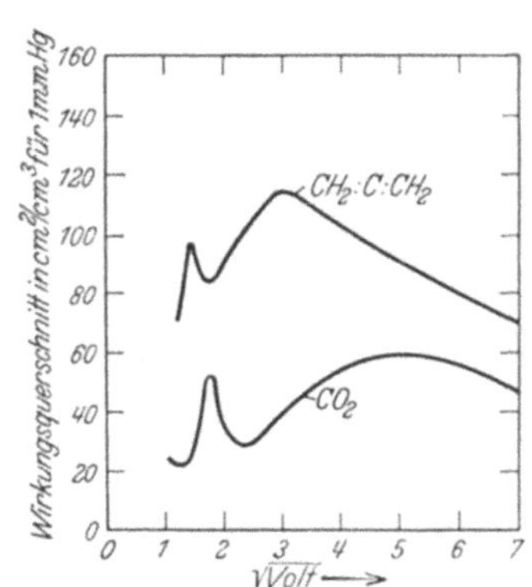

Abb. 19. Wirkungsquerschnittkurven von O=C=O und CH_2=C=CH_2.

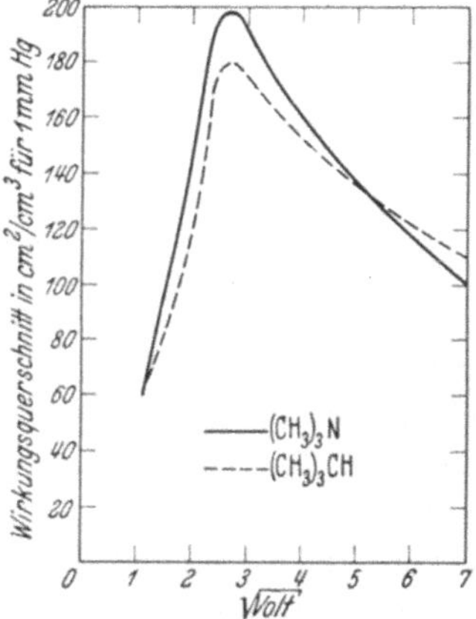

Abb. 20. Wirkungsquerschnittkurven von $(CH_3)_3$N und $(CH_3)_3$CH.

Wirkungsquerschnitte zeigen, haben sich BRÜCHE und andere Autoren beschäftigt. Bisher sind folgende Reihen untersucht worden:

---

[1] Vgl. z. B. den Artikel von H. G. GRIMM u. H. WOLFF: Handbuch der Physik, Bd. 24/2 (1933).

„Zweiatomige" Moleküle:

O=O (HN=NH) CH_2=CH_2 (Brüche[1], Abb. 15),
N≡N HC≡N HC≡CH (Brüche, Schmieder[2], Abb. 16),
CH_3—F CH_3—OH CH_3—NH_2 CH_3—CH_3
(Brüche, Schmieder[2], Abb. 17).

„Dreiatomige" Moleküle:

CH_3—O—CH_3 CH_3—NH—CH_3 CH_3—CH_2—CH_3
(Brüche, Schmieder[2], Abb. 18),
O=C=O (O=C=NH) (HN=C=NH) CH_2=C=CH_2
(Brüche, Schmieder[2], Abb. 19).

„Vieratomige" Moleküle:

$(CH_3)_3$N $(CH_3)_3$CH (Brüche, Schmieder[2], Abb. 20).

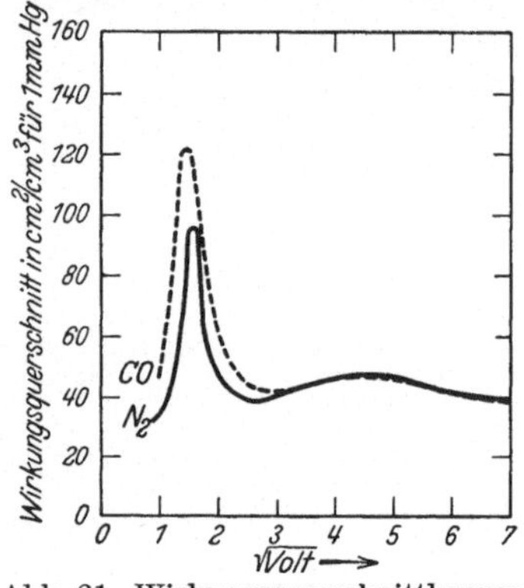

Abb. 21. Wirkungsquerschnittkurven
der isosteren Moleküle N_2 und CO.

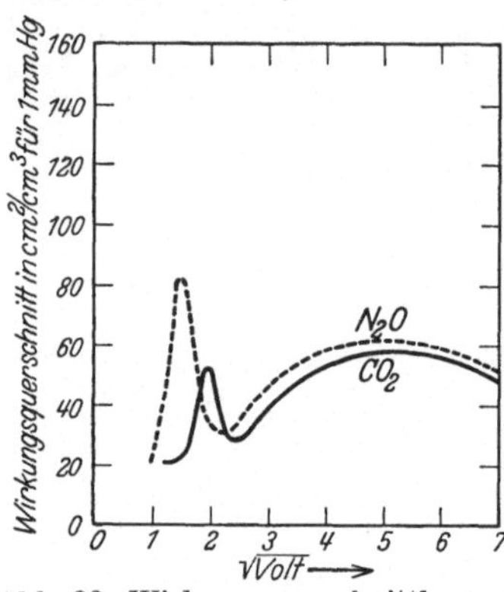

Abb. 22. Wirkungsquerschnittkurven
der isosteren Moleküle N_2O und CO_2.

Die Ähnlichkeit der Kurven ist bis herab zu Geschwindigkeiten von 3 $\sqrt{\text{Volt}}$ ganz offensichtlich. Bemerkenswert ist vor allem das Zusammenfallen der Maxima bei N≡N, HC≡N und HC≡CH. Nur bei O=O und H_2C=CH_2, die z. B. auch magnetisch verschieden sind, ist die Ähnlichkeit weniger ausgeprägt. Bei kleinen Geschwindigkeiten treten Abweichungen und Überschneidungen auf, die wie bei der oben erwähnten Reihe der Pseudoedelgase auf das Vorhandensein eines elektrischen Moments zurückzuführen sind.

Sehr überzeugend ist auch die Ähnlichkeit der Kurven bei den *isosteren*[3] Molekülen N_2 und CO, sowie CO_2 und N_2O (s. Abb. 21 u. 22).

---

[1] Brüche, E.: Ann. Physik Bd. 2 (1929) S. 909.

[2] Schmieder, F.: Z. Elektrochem. Bd. 36 (1930) S. 700.

[3] Isostere Moleküle sind solche, bei denen die Gesamtelektronenzahl und die Summe der Kernladungen und nebenbei auch die Molekulargewichte gleich sind. Sieht man von der letzteren Bedingung ab, so sind auch die Moleküle der oben erwähnten Reihen O=O HN=NH... isoster.

Bei homologen Reihen findet man, wie die Untersuchungen von
Brüche[1] und Schmieder[2] an normalen Kohlenwasserstoffen zeigen,
ebenfalls große Ähnlichkeit (s. Abb. 23). Man erkennt sehr schön
den regelmäßigen Zuwachs des Wirkungsquerschnitts für jede neue
CH_2-Gruppe. Außerdem zeigen die Kurven ausgesprochenen Edelgascharakter, was auf die vollständige Absättigung und Stabilität
der Moleküle hinweist.

Schließlich geben wir in Abb. 24
die von Holst und Holtsmark[3]
an der Reihe CCl_4—$CHCl_3$—

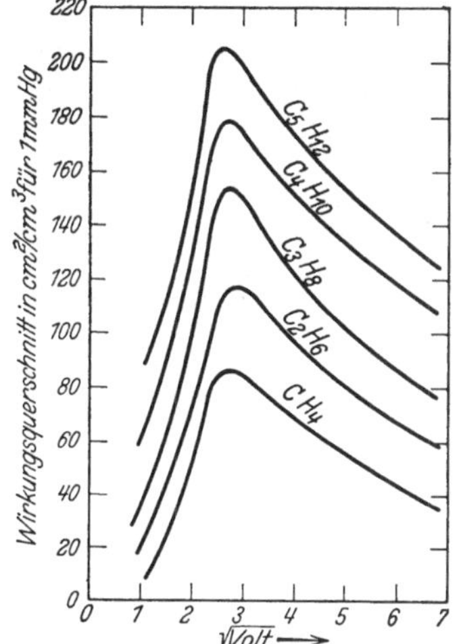

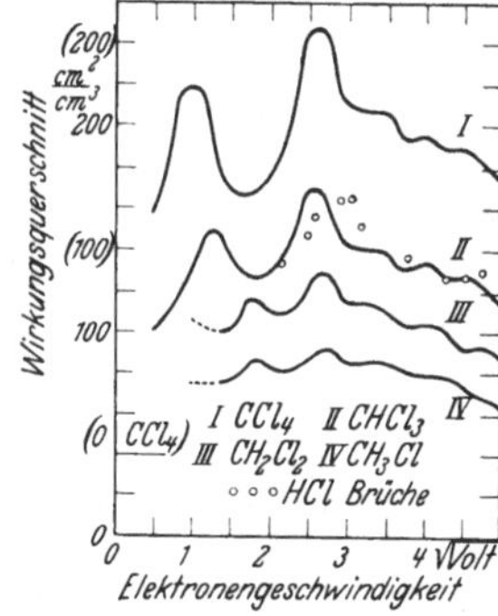

Abb. 23. Wirkungsquerschnittkurven
von normalen Kohlenwasserstoffen.

Abb. 24. Wirkungsquerschnittkurven
in der Reihe: CCl_4, $CHCl_3$, CH_2Cl_2 und
CH_3Cl.

CH_2Cl_2—CH_3Cl gemessenen Wirkungsquerschnitte wieder. Die Verfasser glauben, nach einem Vergleich mit den Messungen von
Brüche[4] an HCl, daß das Maximum bei etwa 2,6 bis 2,7 Volt für
das Chloratom charakteristisch ist. Dieser Schluß ist natürlich,
solange nicht weiteres Material vorliegt, nicht zwingend.

Die obige Methode läßt sich auch auf den Durchgang von
positiven Ionen durch ein Gas übertragen[5]. Man erhält dabei die
Summe der Wirkungsradien von Ion und Molekül. Bei langsamen

[1] Brüche, E.: Ann. Physik Bd. 4 (1930) S. 387; Physik. Z. Bd. 30
(1929) S. 815.

[2] Schmieder, P.: Z. Elektrochem. Bd. 36 (1930) S. 700.

[3] Holst, W. u. J. Holtsmark: Dtsch. Kongr. Norske Vid. Selskab
Bd. 4 (1931) S. 89.

[4] Brüche, E.: Ann. Physik Bd. 82 (1927) S. 25.

[5] Vgl. den Bericht von O. Beeck: Über den Durchgang langsamer
positiver Ionen durch hochverdünnte Gase. Physik. Z. Bd. 35 (1934) S. 53.

Protonen zeigen nach RAMSAUER[1] die Kurven ein ähnliches Verhalten wie bei langsamen Elektronen. Für einen größeren Geschwindigkeitsbereich liegen Untersuchungen an Protonen von DEMPSTER[2], RAMSAUER-KOLLATH-LILIENTHAL[3], GOLDMANN[4] und an Alkaliionen von DEMPSTER und seinen Mitarbeitern[5] sowie RAMSAUER-BEECK[6] vor. Ferner seien die Querschnittsmessungen von KALLMANN und ROSEN[7] an verschiedenen Ionenarten, die sich allerdings auf bestimmte Einzelgeschwindigkeiten beschränken, erwähnt[8].

Drittes Kapitel.

Das Kerngerüst der Moleküle.

§ 9. Lage der Kerne aus Röntgen- und Elektroneninterferenzen.

Für die Bestimmung der Atomlagen und damit für die Beantwortung zahlreicher stereochemischer Fragen ist die vor allem von BRAGG und seinem Sohne entwickelte Methodik der Röntgeninterferenzen an Kristallen von größter Bedeutung geworden. In neuerer Zeit ist es DEBYE und seinen Schülern[9] gelungen, auch an Gasen Röntgeninterferenzen zu erhalten und aus diesen Struktur-

---

[1] RAMSAUER, C., R. KOLLATH u. D. LILIENTHAL: Ann. Physik Bd. 8 (1931) S. 709; ferner C. RAMSAUER u. R. KOLLATH: Ann. Physik Bd. 16 (1933) S. 570, Bd. 17 (1933) S. 755.

[2] DEMPSTER, A. J.: Philos. Mag. Bd. 3 (1927) S. 115.

[3] RAMSAUER, C., R. KOLLATH u. D. LILIENTHAL: Ann. Physik Bd. 8 (1931) S. 709; ferner C. RAMSAUER u. R. KOLLATH: Ann. Physik Bd. 16 (1933) S. 570, Bd. 17 (1933) S. 755.

[4] GOLDMANN, F.: Ann. Physik Bd. 10 (1931) S. 460.

[5] DURBIN, F. M.: Physic. Rev. Bd. 30 (1927) S. 844. — KENNARD, R. B.: Physic. Rev. Bd. 31 (1928) S. 423. — COX, J. W.: Physic. Rev. Bd. 34 (1929) S. 1426. — TOMPSON, J. S.: Physic. Rev. Bd. 35 (1930) S. 1196.

[6] RAMSAUER, C. u. O. BEECK: Ann. Physik Bd. 87 (1928) S. 1.

[7] KALLMANN, H. u. B. ROSEN: Z. Physik Bd. 61 (1930) S. 61, Bd. 64 (1930) S. 806.

[8] Wegen der Ergebnisse und weiterer Literatur sei auf den genannten Artikel von RAMSAUER und KOLLATH im Handbuch der Physik, Bd. 22/2, verwiesen.

[9] DEBYE, P.: Physik. Z. Bd. 30 (1929) S. 524, Bd. 31 (1930) S. 142, 348 u. 419. — DEBYE, P., L. BEWILOGUA u. F. EHRHARDT: Physik. Z. Bd. 30 (1929) S. 84. — BEWILOGUA, L.: Physik. Z. Bd. 32 (1931) S. 114, 265, 740, Bd. 33 (1932) S. 688. — GAJEWSKI, H.: Physik. Z. Bd. 32 (1931) S. 219, Bd. 33 (1932) S. 122. — EHRHARDT, F.: Physik. Z. Bd. 33 (1932) S. 605. — RICHTER, H.: Physik. Z. Bd. 33 (1932) S. 587.

daten abzuleiten. Die entsprechende Methodik der Elektroneninterferenzen ist von Mark und Wierl[1] entwickelt worden.

Röntgeninterferenzen an Flüssigkeiten, die von Stewart u. a. [2] untersucht worden sind, sind zu Strukturuntersuchungen weniger geeignet. Ihr Charakter wird nämlich im wesentlichen durch die Anordnung der Moleküle bestimmt, die wegen der endlichen Größe derselben bei genügender Dichte ganz bestimmte Regelmäßigkeiten zeigt. Dagegen eignen sich diese *zwischenmolekularen* Interferenzen besonders zur Untersuchung der Assoziation in Flüssigkeiten. Nur einmal sind von Rumpf[3] Messungen an Flüssigkeiten und Lösungen zur Bestimmung *innermolekularer* Abstände herangezogen worden.

1. Röntgen- und Elektroneninterferenzen an Gasen[4]. *Allgemeines.* Wie Debye[5] und Ehrenfest[6] unabhängig voneinander nachgewiesen haben, entstehen durch Superposition der an den einzelnen Atomen eines Gasmoleküls gestreuten Kugelwellen beobachtbare Interferenzen, und zwar auch dann, wenn die Moleküle regellos verteilt sind. Aus der Winkelabhängigkeit der Maxima und Minima dieser innermolekularen Interferenzen lassen sich die relative Lage und die Abstände der Streuzentren ermitteln.

Die Intensität der Streustrahlung eines einzelnen zweiatomigen Moleküls läßt sich auf klassischer Grundlage leicht berechnen, wenn wir jedem, zunächst punktförmig gedachten Atome ein bestimmtes Streuvermögen Φ zuschreiben. Ist der mittlere Abstand der einzelnen Moleküle genügend groß, so daß keine merklichen zwischenmolekularen oder intermolekularen Interferenzen auftreten, so erhält man die Gesamtstrahlung J einfach durch Addition der Streuintensitäten für sämtliche nach Richtung und Lage regellos verteilten Moleküle. Bezeichnen wir den Abstand der beiden Moleküle mit d, so ergibt sich für die Streuintensität

$$J_\vartheta = \text{const } \Phi \left(1 + \frac{\sin x}{x}\right), \tag{1}$$

---

[1] Mark u. Wierl: Z. Physik Bd. 60 (1930) S. 741; Physik. Z. Bd. 31 (1930) S. 366.

[2] Vgl. etwa G. W. Stewart: Rev. mod. Phys. Bd. 2 (1930) S. 116 und R. de L. Kronig: Handbuch der Physik, 2. Aufl. Bd. 24/2 Kap. 2. Berlin 1933.

[3] Rumpf: Ann. Physik Bd. 9 (1931) S. 704.

[4] Vgl. dazu auch die zusammenfassenden Darstellungen: Mark, H. u. F. Wierl: Fortschr. Chem., Physik u. physik. Chem. Bd. 21 (1931) Nr. 4. — Kirchner, F.: Erg. exakt. Naturwiss. Bd. 11 (1932) S. 64.

[5] Debye, P.: Ann. Physik Bd. 46 (1915) S. 809.

[6] Ehrenfest, P.: Amsterdam Acad. Bd. 23 (1915) S. 1132.

wo $x = 2\,k\,d\,\dfrac{\sin\vartheta}{2}$ und ϑ der Ablenkungswinkel ist. Es treten also mehrere äquidistante Maxima und Minima auf, die mit steigendem ϑ immer kleiner werden. Die Ausmessung der Beugungsringe (s. weiter unten) ergibt direkt den Abstand der Atome. Für ein n-atomiges Molekül lautet die entsprechende Formel

$$J_\vartheta = \text{const} \sum_{l=1}^{l=n} \sum_{m=1}^{m=n} \Phi_l \Phi_m \frac{\sin x_{lm}}{x_{lm}}, \qquad (2)$$

wo $x_{lm} = 2\,k\,d_{lm}\sin\dfrac{\vartheta}{2}$ ist und wo d_{lm} den Abstand zwischen den Atomen l und m bedeutet. Das Streuvermögen hängt natürlich davon ab, ob Röntgen- oder Elektronenstrahlen gestreut werden. Die Streuung eines Röntgenstrahls erfolgt im wesentlichen durch die Elektronen der Atomhülle, während der schwere Kern praktisch nichts beiträgt. Das Streuvermögen Φ_R ist in diesem Falle gleich der Zahl der Elektronen Z im Atom, multipliziert mit dem Streuvermögen eines einzelnen lose gebundenen Elektrons, also nach der klassischen elektromagnetischen Lichttheorie gemäß der J. J. Thomsonschen Formel

$$\Phi_R = Z \cdot \frac{e^2}{mc}\left(\frac{1 + \cos^2\vartheta}{2}\right)^{1/2}. \qquad (3)$$

Dabei ist vorausgesetzt, daß die Elektronen im Mittelpunkt des Atoms lokalisiert sind, während ja in Wirklichkeit die streuende Elektronenwolke eine Ausdehnung besitzt, die mit den Abständen der Atome vergleichbar ist. Diesen endlichen Dimensionen des Streuzentrums trägt man durch Einführung des *Atomformfaktors* Rechnung. Der Atomfaktor ist definiert als das Verhältnis der Ausstrahlung des wirklichen Atoms in einer bestimmten Richtung zu der des Thomsonschen Elektrons. Solche Atomfaktoren lassen sich entweder empirisch aus den Intensitäten der Interferenzen an Kristallen oder theoretisch aus dem wellenmechanischen Atommodell (Thomas-Fermi, Hartree, Pauling[1]) ableiten.

Bei der Analyse der Streukurve ist noch zu beachten, daß die Streuung noch einen inkohärenten Anteil, die Compton-Streuung enthält, die sich besonders bei leichten Atomen bemerkbar macht (vgl. Abb. 25).

---

[1] Vgl. etwa den Artikel von P. P. Ewald: Handbuch der Physik, 2. Aufl. Bd. 23/2. Kap. 4 Berlin 1933. Ferner den Bericht von W. Ehrenberg u. K. Schaefer: Physik. Z. Bd. 33 (1932) S. 97, 132, 575.

Bei Elektroneninterferenzen erfolgt die Streuung in erster Linie an den Atomkernen. Das Streuvermögen Φ_E läßt sich dann nach KIRCHNER[1] durch die RUTHERFORDsche Formel

$$\Phi_E = Z \, \frac{e^2}{2\,m\,v^2} \, \frac{1}{\sin^2 \dfrac{\Theta}{2}} \tag{4}$$

darstellen. Die Streuung durch die Elektronenwolke macht sich nur bei kleinen Streuwinkeln bemerkbar. Der entsprechende Atomformfaktor läßt sich, wie BETHE[2] und MOTT[3] gezeigt haben, direkt aus dem Atomfaktor für Röntgenstrahlen berechnen. Aus den Formeln (3) und (4) erkennen wir, daß die Intensität der Streustrahlung in beiden Fällen proportional Z ist, also mit der Stellenzahl des Elements im periodischen System wächst.

In Anbetracht des Unterschiedes im Streuprozeß eignen sich die Röntgenstrahlen besser bei Fragen nach der Elektronenverteilung, während sich die Kernabstände, vor allem in Gegenwart von Wasserstoffatomen, sicherer mit Hilfe von Elektronenstrahlen bestimmen lassen[4].

Die Strukturanalyse am Molekül verläuft nun so, daß man für plausible Modelle, wie sie etwa durch stereochemische Erfahrungen nahegelegt werden, die Streukurve berechnet und zusieht, wie weit diese mit der beobachteten Intensitätsverteilung übereinstimmt. Auf diese Weise kann man zwischen den einzelnen Molekülmodellen entscheiden. Der umgekehrte Weg, mittels einer FOURIER-Analyse der Streukurve die Ladungsverteilung und damit die Atomanordnung im Molekül zu bestimmen, wie es bei der quantitativen Strukturbestimmung eines Kristalls üblich ist, ist noch nicht beschritten worden.

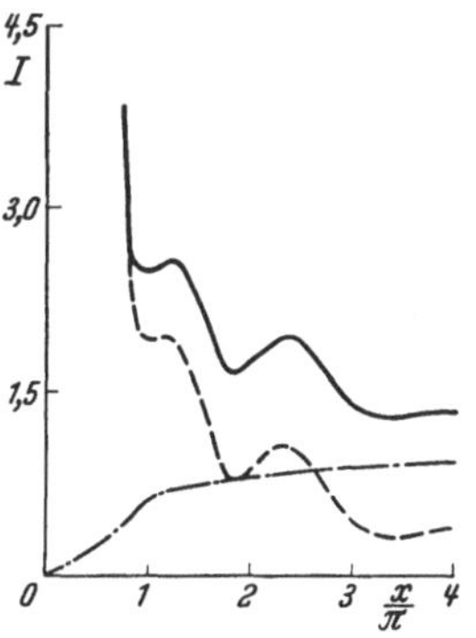

Abb. 25.
Theoretische Streukurve für Benzoldampf (CuK-Strahlung; ——— total, – – – – kohärent, —·—·— inkohärent.

---

[1] KIRCHNER, F.: Naturwiss. Bd. 18 (1930) S. 84.

[2] BETHE, H.: Ann. Physik Bd. 87 (1928) S. 55.

[3] MOTT, N. F.: Proc. Roy. Soc., Lond. Bd. 127 (1930) S. 658.

[4] Über die Vor- und Nachteile beider Methoden vgl. MARK: Leipziger Vorträge, 1930 S. 25 und WIERL: Leipziger Vorträge, 1930 S. 13; ferner BEWILOGUA: Physik. Z. Bd. 32 (1931) S. 114, Bd. 33 (1932) S. 688.

Meßmethodik. Die experimentelle Technik der Röntgeninterferenzen an Gasen ist vor allem von der DEBYEschen Schule[1] ausgebildet worden. Man läßt einen durch Filterung möglichst homogen gemachten Röntgenstrahl in eine mit dem zu untersuchenden Dampfe gefüllte Zelle eintreten. Die Streustrahlung wird auf einen um die Zelle zylindrisch herumgebogenen Film photographiert und dieser mit einem Registrierphotometer ausgemessen. Ein Nachteil sind die zum Teil durch die Filterung bedingten stundenlangen Belichtungszeiten, während man bei Elektronenstrahlen mit Belichtungen von Bruchteilen einer Sekunde auskommt. Bei der Elektronenanalyse[2] läßt man einen Dampfstrahl der betreffenden Substanz aus einem Raum von ziemlich hohem Druck durch eine enge Düse ins Hochvakuum austreten und durchstrahlt diesen unmittelbarn nach seinem Austritt mit einem feinen Bündel von schnellen Elektronen (s. Abb. 26). In einiger

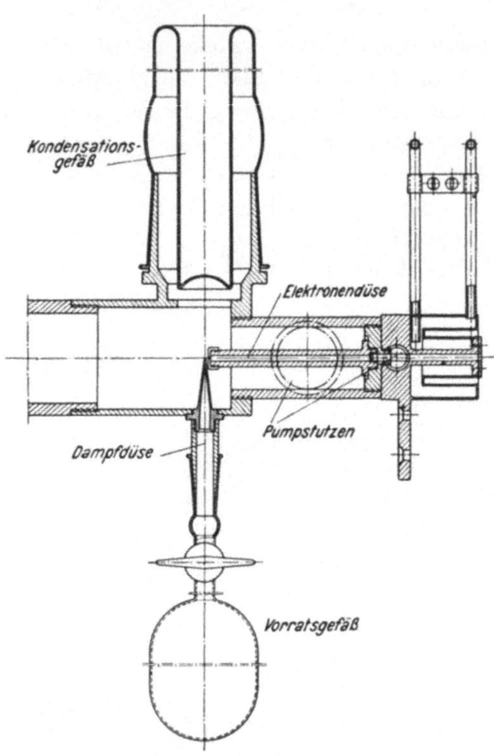

Abb. 26. Versuchsanordnung zur Untersuchung von Elektroneninterferenzen an Gasen nach WIERL.

Entfernung steht senkrecht zum Primärstrahl die photographische Platte. Um die Diffusion des Dampfes in den Beobachtungsraum zu verhindern, trifft der Dampfstrahl auf den Boden eines mit flüssiger Luft gekühlten Kondensationsgefäßes. Der ganze Beobachtungsraum steht außerdem ständig mit einer leistungsfähigen Diffusionspumpe in Verbindung.

<hr>

[1] DEBYE, P.: l. c.

[2] WIERL, F.: Ann. Physik Bd. 8 (1931) S. 521, Bd. 13 (1932) S. 453; ferner H. DE LASZLO: Nature, Lond. Bd. 131 (1933) S. 803.

Ein Nachteil bei den Elektroneninterferenzen liegt darin, daß wegen der verschiedenen Form der Atomfaktoren die Maxima der Streufunktion weniger ausgeprägt als bei den Röntgeninterferenzen sind. Dagegen ist aber der Formfaktor und damit die absolute Intensität bei der Elektronenstreuung viel größer. Wir geben in Abb. 27a und b zwei Elektronenbeugungsaufnahmen an CCl_4 wieder.

2. Röntgeninterferenzen an Kristallen. In einem durch VAN DER WAALSsche Kräfte zusammengehaltenen Kristall sind die Kräfte zwischen den Atomen verschiedener Moleküle klein im Vergleich zu den Bindungskräften, die die Atome ein und desselben

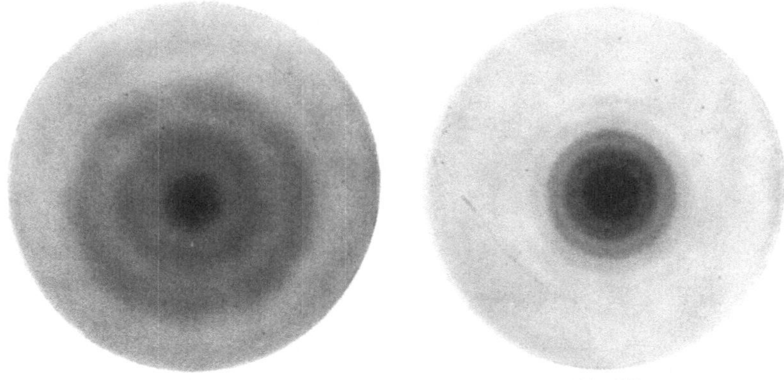

Abb 27a.   Abb. 27b.

Elektronenbeugung an CCl_4. a 43 KV- und b 70 KV-Elektronen.

Moleküls zusammenhalten. In einem solchen Kristall, in dem also die Sublimationswärme klein gegen die Verbindungswärme ist (vgl. § 1), bleibt das einzelne chemische Molekül noch als Einheit erhalten. Solche *Molekülgitter* bilden alle kristallisierten organischen Körper.

Die zu Veränderungen der Kernabstände nötigen Energiebeträge sind nach allen Erfahrungen (vgl. § 13) recht groß und belaufen sich schon bei Dehnungen von 0,1 Å auf einige kcal/Mol, so daß wir die bei Molekülgittern gefundenen Kernabstände auch auf das freie Molekül übertragen dürfen. Die zur Deformation der Valenzwinkel erforderlichen Energien sind kleiner (s. § 13), so daß kleine Abweichungen bis zu etwa 10^0 durchaus möglich sind. Dagegen kann bei Molekülen mit nach dem Prinzip der freien Drehbarkeit beweglichen Gruppen die räumliche Anordnung der Gruppen im freien und im eingebauten Molekül unter Wahrung der Kernabstände und Valenzwinkel ganz verschieden sein, da die Kräfte zwischen den Gruppen ein und desselben Moleküls, VAN DER WAALSsche Kräfte und daher von derselben Größe sind, wie die zwischen den Gruppen und Atomen benachbarter Moleküle wirkenden Kräfte (vgl. § 2 u. 14).

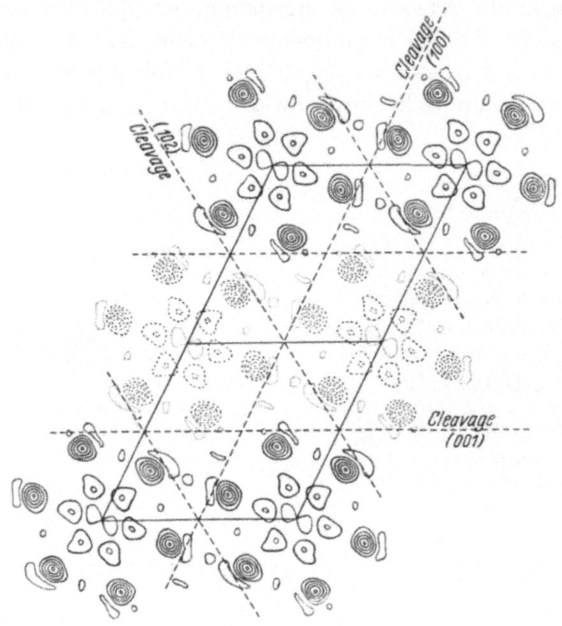

Abb. 28. Ladungsdichte beim C_6Cl_6, auf die 010-Ebene projiziert (LONSDALE).

Die Ermittlung der Struktur eines Kristalls erfolgt in zwei Schritten[1]. Aus den geometrischen Daten der Interferenzstrahlen, d. h. aus den Abbeugungswinkeln der Intensitätsmaxima werden die Kantenlängen und Winkel der Grundzelle des Gitters ermittelt. Dieser so bestimmte Elementarkörper ist der kleinste Bereich, aus dem man sich den ganzen Kristall durch bloße Parallelverschiebung aufgebaut denken kann. Die eindeutige Analyse der Atomlagen innerhalb dieser Elementarzelle, also bei Molekülgittern die Bestimmung des Kerngerüstes der Moleküle ist im allgemeinen nur auf Grund von Intensitätsmessungen möglich. Die Intensität der

---

[1] Vgl. etwa P. P. EWALD: Handbuch der Physik, 2. Aufl. Bd. 23/2 Kap. 4. Berlin 1933.

einzelnen Interferenzstrahlen ist wie bei den Gasinterferenzen eindeutig durch das Streuvermögen der einzelnen Atome bzw. ihrer Elektronenwolken, die die Atomfaktoren ergeben, sowie durch die Anordnung der Atome innerhalb der Zelle bestimmt. Liegen absolute Intensitätsmessungen vor, so kann man daher umgekehrt, wie BRAGG[1] gezeigt hat, durch eine FOURIER-Analyse der Streukurve die Elektronenverteilung innerhalb der Elementarzelle, also Ort und Ladung der einzelnen Elektronenwolken ermitteln. Das Zentrum der Ladungswolke[2] gibt die Lage des zugehörigen Atomkerns und mit Hilfe der Gesamtladung der einzelnen Elektronenwolken lassen sich die einzelnen Atome identifizieren. Als Beispiel einer solchen Analyse bringen wir in Abb. 28 das von LONSDALE[3] untersuchte Hexachlorbenzol C_6Cl_6. Die Darstellung zeigt sehr anschaulich die Projektion der Elektronenverteilung in die 010-Ebene des kristallographischen Elementarkörpers. Man erkennt aus den Kurven gleicher Ladungsdichte die Lage der sechs C-Atome, die den Benzolring bilden, und außen herum die sechs elektronenreicheren Cl-Atome. Bestimmt man solche Kurven gleicher Ladungsdichte für eine Reihe von Netzebenen, so ergibt sich daraus, die räumliche Lage der Atomkerne, d. h. die Molekülstruktur. Da dieses strenge Verfahren sehr zeitraubend ist, verfährt man meist so, daß man ein plausibles Modell zugrunde legt und die Atomkoordinaten so lange variiert, bis die für dieses Modell berechneten Intensitäten mit den Beobachtungen stimmen.

§ 10. Ergebnisse der Röntgen- und Elektronenanalyse.

Wir geben hier nur die wichtigsten Ergebnisse wieder, vor allem soweit sie sich auf Fragen der Valenzwinkelung, der freien Drehbarkeit, der Unterscheidung von Isomeren u. dgl. beziehen. Eine eingehende Darstellung und Wertung der Strukturuntersuchungen an gasförmigen und kristallisierten Substanzen bis zum Jahre 1932 findet sich bei H. MARK[4]. Die aus Röntgen und Elektronen-

---

[1] BRAGG, W. L.: Proc. Roy. Soc. A, Lond. Bd. 123 (1929) S. 837; Z. Kristallogr. Bd. 70 (1929) S. 475.

[2] Die Ladungswolke ist natürlich nicht kugelsymmetrisch um den Kern verteilt (s. Abb. 28).

[3] LONSDALE, K.: Proc. Roy. Soc. A, Lond. Bd. 133 (1931) S. 536.

[4] MARK, H.: Handbuch der Stereochemie, Bd. 1 (1932) S. 83f. — Vgl. ferner R. W. G. WYCKOFF: The structure of crystals, 2. Aufl. New York 1931, sowie den Bericht von I. HENGSTENBERG und H. MARK: Naturwiss. Bd. 20 (1932) S. 539. — HERZFELD, K. F.: Handbuch der Physik, 2. Aufl. Bd. 24/2 Kap. 4. Berlin 1933.

interferenzen abgeleiteten Kernabstände sind in Tabelle 13 (§ 12) zusammengestellt.

Einfache anorganische Moleküle.

Brom Br_2 und *Jod* J_2 sind bis heute die einzigen interferometrisch quantitativ ausgemessenen zweiatomigen Moleküle[1]. Die Elektronenbeugung am Dampf liefert für den Abstand Br—Br $2,28 \mp 0,04$ Å[2] und für den Abstand J—J $2,64$ Å[3].

Kohlensäure CO_2. Aus Röntgenuntersuchungen am Kristall[4] ergibt sich eindeutig die gestreckte Gestalt. Da wir auf Grund unserer heutigen Kenntnisse von der Valenzwinkelung nicht annehmen können, daß ein im Dampfzustande gewinkeltes Molekül sich beim Einbau in ein Molekülgitter streckt (vgl. § 9 u. 13), erhalten wir hiermit einen weiteren unabhängigen Beweis für die gestreckte Gestalt des Kohlensäuremoleküls. Auch aus den Röntgen[1]- und Elektroneninterferenzen[2] am Gase ergibt sich die Stäbchenform. Über die Kernabstände vgl. Tabelle 13.

Kohlenoxysulfid OCS (vgl. dazu auch die Ausführungen in § 36). Nach den Röntgenuntersuchungen VEGARDS[5] am Kristall ist das Molekül gestreckt. Wahrscheinlich sitzt das C-Atom in der Mitte. Das Molekül besitzt also die Struktur S=C=O mit den Abständen $C=O=1,1$ und $C=S=1,96$ Å. Neuere Untersuchungen der Elektroneninterferenzen an Gasen[6] ergeben ebenfalls die lineare Gestalt mit $C=O=1,13$ Å und $C=S=1,58$ Å.

Stickoxydul N_2O. Auch hier ergeben die Untersuchungen am Gase[2] und am Kristall[4] die gestreckte Form und für die Abstände der beiden äußeren Atome 2,38 bzw. 2,3 Å.

Schwefeldioxyd SO_2. WIERL[7] schließt aus den Elektroneninterferenzen am Gase, daß der Winkel am Sauerstoffatom größer als 160^0 sein müsse und findet für den Abstand S=O 1,37 Å.

---

[1] GAJEWSKI [Physik. Z. Bd. 33 (1932) S. 122] hat ferner N_2 und O_2 mit Röntgenstrahlen untersucht und den Einfluß der inkohärenten Streuung und die Verteilung der Elektronenwolke diskutiert; Cl_2 ist von RICHTER [Physik. Z. Bd. 33 (1932) S. 587] untersucht worden.

[2] WIERL, R.: Ann. Physik Bd. 8 (1931) S. 541.

[3] MAXWELL, L., M. JEFFERSON u. V. MOSLEY: Physik. Rev. Bd. 43 (1933) S. 777.

[4] KEESOM u. DE SMETT: Proc. Amsterdam Acad. Bd. 27 (1924) S. 839; ferner Z. Kristallogr. Bd. 61 (1925) S. 293, Bd. 64 (1926) S. 113.

[5] VEGARD, L.: Z. Kristallogr. Bd. 77 (1931) S. 411.

[6] DORNTE, R. W.: J. Amer. chem. Soc. Bd. 55 (1933) S. 4126.

[7] WIERL, R.: l. c.

Die gewinkelte Gestalt des Moleküls folgt mit Sicherheit schon aus dem elektrischen KERR-Effekt (s. § 29) und aus dem ultraroten Spektrum (s. § 37). Der von WIERL angegebene Valenzwinkel ist aber sicher zu groß. Er dürfte mit Rücksicht auf die Abstoßung zwischen den beiden S-Atomen in der Gegend von 125^0 zu suchen sein.

Schwefelkohlenstoff CS_2. Aus Röntgen- und Elektroneninterferenzen am Dampfe folgt die auch sonst nachgewiesene lineare Gestalt des Moleküls. Der Abstand der beiden S-Atome beträgt nach GAJEWSKI[1] $3{,}05 \pm 0{,}1$ Å bzw. nach WIERL $3{,}16 \pm 0{,}08$ Å.

Die *Quecksilberhalogenide* $HgCl_2$, $HgBr_2$ und HgJ_2 sind von BRAUNE und KNOKE untersucht[2], die unter Zugrundelegung eines *gestreckten* Molekülmodells folgende Abstände finden: Hg—Cl 2,28 Å, Hg—Br 2,38, Hg—J 2,55 Å. Die gestreckte Form folgt aus dem zu Null bestimmten elektrischen Moment (s. § 20).

Chlordioxyd ClO_2 ist von BROCKWAY[3] mittels Elektroneninterferenzen untersucht worden. Für den Abstand Cl—O findet er $1{,}53 \pm 0{,}03$ Å. Dieser Wert ist von dem nicht näher bekannten Winkel am Chloratom weitgehend unabhängig.

BROCKWAY nimmt aus theoretischen Gründen einen Wert von etwa 120^0 an.

Carbonylchlorid (Phosgen) $COCl_2$ und *Carbonylbromid* $COBr_2$ sind nach den von DORNTE[4] untersuchten Elektroneninterferenzen eben gebaut. Der Winkel zwischen den C—Cl- bzw. C—Br-Valenzen beträgt 110^0.

Azetylchlorid und *-bromid* $CH_3 \cdot COCl$ und $CH_3 \cdot COBr$ sind nach DORNTEs Messungen ebenfalls eben gebaut. Der Winkel C—C—Cl bzw. C—C—Br beträgt 110 ± 10^0.

Ammoniak NH_3. Aus Röntgeninterferenzen am Kristall ergibt sich die Pyramidengestalt mit den drei H-Atomen als Basis und dem N-Atom an der Spitze. Wegen des kleinen Streuvermögens der H-Atome ist aber eine Lokalisierung derselben nicht möglich.

Bortrichlorid BCl_3. Aus Elektroneninterferenzen[5] folgt für den Abstand der Cl-Atome 3,03 Å. Die Lage des Bor-Atoms läßt sich, ebenfalls wegen des kleinen Streumoments, nicht angeben.

---

[1] GAJEWSKI: l. c.

[2] BRAUNE, H. u. S. KNOKE: Z. physik. Chem. Abt. B Bd. 23 (1933) S. 163.

[3] BROCKWAY, R.: Proc. nat. Acad. Sci. USA. Bd. 19 (1933) S. 303, 868.

[4] DORNTE, R. W.: J. Amer. chem. Soc. Bd. 55 (1933) S. 4126.

[5] WIERL, R.: l. c.

Phosphortrichlorid PCl_3. Beim PCl_3 dagegen läßt sich die Lage aller Atome genau feststellen. WIERL[1] findet eine Pyramidenstruktur mit folgenden Abständen: P—Cl = 2,04 Å, Cl—Cl = 3,18 Å.

Hexafluoride von Schwefel, Selen und Tellur, SF_6, SeF_6 und TeF_6. Diese Moleküle sind von BROCKWAY und PAULING[2] sowie von BRAUNE und KNOKE[3] im Dampfzustand mittels Elektroneninterferenzen untersucht worden und zeigen Oktaederstruktur mit den Fluoratomen an den sechs Ecken. Die Abstände sind nach BROCKWAY-PAULING S—F = 1,58; Se—F = 1,7; Te—F = 1,84 Å bzw. nach BRAUNE-KNOKE 1,56; 1,67; 1,82 Å, wie sie für die heteropolare Bindung zu erwarten sind.

Osmiumoktofluorid OsF_8 ist von BRAUNE und KNOKE[4] untersucht worden. Für das Würfelmodell ergibt sich Os—F = 2,47 Å.

Methylazid CH_3N_3 ist von BROCKWAY und PAULING[5] mittels Elektroneninterferenzen untersucht worden. Aus ihren Messungen schließen die Autoren, daß das Molekül keine ringförmige Struktur, etwa die Form

$$H_3C-N\big\langle \begin{matrix} N \\ \| \\ N \end{matrix}\,,$$

sondern die gewinkelte Form

$$\begin{matrix} & \diagup N{=}N{\equiv}N \\ 1{,}47 & \diagup \quad 1{,}26 \quad\;\; 1{,}10 \\ H_3C & \end{matrix}$$

mit einem Winkel von 135 ± 15° und den angegebenen Abständen besitzt. Das letztere Ergebnis steht aber im Widerspruch mit den Messungen des elektrischen Moments[6] von Benzolderivaten mit Nitril- und Isonitrilgruppen, wonach die Gruppen $-C{\equiv}N$ und $-N{=}C$ nicht gewinkelt sind (vgl. § 18, Tabelle 31)[7].

Kohlensuboxyd O_2C_3 ist von BROCKWAY und PAULING[5] untersucht worden. Aus ihren Messungen schließen sie auf die gestreckte Form

---

[1] WIERL, R.: l. c.

[2] BROCKWAY, L. O. u. L. PAULING: Proc. nat. Acad. Sci. USA. Bd. 19 (1933) S. 68.

[3] BRAUNE, H. u. S. KNOKE: Z. physik. Chem. Abt. B Bd. 21 (1933) S. 297.

[4] BRAUNE, H. u. S. KNOKE: Naturwiss. Bd. 21 (1933) S. 349.

[5] BROCKWAY, L. O. u. L. PAULING: Proc. nat. Acad. Sci. USA. Bd. 19 (1933) S. 860.

[6] POLTZ, STEIL u. STRASSER: Z. physik. Chem. Abt. B Bd. 17 (1932) S. 155. — NEW u. SUTTON: J. chem. Soc. 1932 S. 1415.

[7] Diese Schwierigkeit würde wegfallen, wenn wir die Isonitrilgruppe mit einer dreifachen Bindung, also $-\overset{+}{N}{\equiv}\overset{-}{C}$ schreiben.

$O{=}C{=}C{=}C{=}O$ mit folgenden Abständen: $C{=}C = 1{,}2 \pm 0{,}02$ Å und $C{=}C = 1{,}3 \pm 0{,}02$ Å. Neuerdings kommt BOERSCH[1] zu einem abweichenden Ergebnis und stellt noch die zyklische Form, die uns aber recht unwahrscheinlich erscheint, zur Diskussion.

$$\begin{array}{c} C{\equiv}C \\ | \quad | \\ C{-}O \\ \diagup \\ O \end{array}$$

Eine endgültige Entscheidung wird erst auf Grund einer photometrischen Intensitätskurve möglich sein.

Organische Moleküle.

Normale Kohlenwasserstoffe im Kristallgitter. Aus zahlreichen Röntgenaufnahmen an längeren Ketten ergibt sich, daß der eine Netzebenenabstand genau proportional mit der Zahl der Kohlenstoffatome ansteigt, während die beiden anderen Längen der Identitätsperiode praktisch unverändert bleiben. Der Zuwachs der einen Periode beträgt ziemlich genau $1{,}2$ Å[2]. Als Beispiel geben wir in Tabelle 8 die von MÜLLER und SAVILLE[3] an einer Reihe von Kohlenwasserstoffen gemessenen Netzabstände wieder.

Tabelle 8. Netzebenenabstände bei normalen Kohlenwasserstoffen in Å.

Molekül	Längen der Röntgenperiode			Änderung von d_1 pro CH_2-Gruppe
	d_1	d_2	d_3	
$C_{17}H_{36}$	24,3	4,25	3,93	—
$C_{18}H_{38}$	25,9	—	4,0	1,6
$C_{19}H_{40}$	26,9	4,22	3,84	1,0
$C_{20}H_{42}$	28,0	—	3,9	1,1
$C_{21}H_{44}$	$29{,}4_5$	4,17	3,77	1,45
$C_{23}H_{48}$	32,2	—	—	$2{,}75 = 2 \times 1{,}37$
$C_{24}H_{50}$	$33{,}0_5$	4,18	3,80	0,85
$C_{27}H_{56}$	37,1	4,17	3,77	$4{,}05 = 3 \times 1{,}35$
$C_{31}H_{64}$	43,0	4,14	3,74	$5{,}9 \ = 4 \times 1{,}47$
$C_{35}H_{72}$	47,7	—	—	$4{,}7 \ = 4 \times 1{,}175$

Diese Zahlen legen den Schluß nahe, daß im Kristall die Kohlenwasserstoffketten parallel zu dem großen Netzebenenabstand angeordnet sind und daß d_1 direkt die Länge der Kohlenstoffkette gibt. Die so gefundenen Kettenlängen sind, wenn man den

---

[1] BOERSCH, H.: Naturwiss. Bd. 22 (1934) S. 172.
[2] Näheres bei MARK: Handbuch der Stereochemie, Bd. 1 (1932) S. 113f.
[3] MÜLLER u. SAVILLE: J. chem. Soc. Bd. 127 (1925) S. 599.

bekannten C—C-Abstand von 1,5 Å zugrunde legt, mit einer geradlinigen Anordnung der Kohlenstoffatome unvereinbar. Dagegen erhält man beste Übereinstimmung mit der Erfahrung, wenn man die ebene Zickzackkette mit einem Valenzwinkel von 110° und damit einen Abstand von 2,44 Å von einem C-Atom zum übernächsten annimmt (s. Abb. 29). HENGSTENBERG[1] und MÜLLER[2] ist es gelungen, durch eine vollständige Untersuchung an Einkristallen von $C_{29}H_{60}$ bzw. $C_{35}H_{72}$ diese Angaben noch zu vervollständigen. Aus den Intensitäten ergeben sich dabei folgende Daten. Der Querschnitt einer Kohlenwasserstoffkette beträgt ungefähr $18{,}5 \cdot 10^{-16}$ cm², was einem Abstand parallel liegender Ketten von etwas über 4 Å entspricht, in guter Übereinstimmung

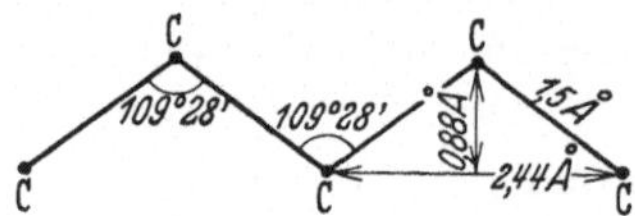

Abb. 29. Gerüst der C-Atome für die ebene Zickzackkette mit dem Tetraederwinkel von 109°, 28'.

mit den von ADAM und LANGMUIR (s. § 6) an dünnen Schichten gefundenen Werten. Für den Abstand der CH_3-Gruppen verschiedener, Kopf an Kopf aneinander grenzender Moleküle, findet man ebenfalls 4 Å.

Der Valenzwinkel am C-Atom wird aus den Intensitäten zu 75—90° geschätzt und der Abstand zweier direkt gebundener CH_2-Gruppen entsprechend zu 1,8 bis 2 Å angegeben. Die beiden letzten Angaben weichen also sehr stark von den nach sonstigen Erfahrungen gewonnenen Werten ab. Dieser Unterschied dürfte nach MARK[3] darauf zurückzuführen sein, daß das Beugungszentrum einer CH_2-Gruppe nicht mit dem C-Atomkern zusammenfällt, sondern infolge der Anwesenheit der beiden H-Atome etwas nach außen verschoben ist.

Diese, sowie weitere Untersuchungen an Paraffinen, Fettsäuren[4] usw. zeigen, daß im kristallisierten Zustand die Kohlenwasserstoffketten sich wie Stäbe mit rechteckigem Querschnitt verhalten. MÜLLER[5] hat jedoch zeigen können, daß mit steigender Temperatur die Unterschiede in den Querdimensionen immer mehr zurücktreten, was offenbar auf eine allmählich einsetzende Rotation der Moleküle um ihre Längsachse zurückzuführen ist. Das ist in Anbetracht des kleinen Trägheitsmoments um die Längsachse ohne

[1] HENGSTENBERG: Z. Kristallogr. Bd. 67 (1928) S. 583.
[2] MÜLLER: Proc. Roy. Soc., Lond. Bd. 120 (1928) S. 437.
[3] MARK, H.: Handbuch der Stereochemie, S. 117.
[4] Literatur bei H. MARK: Handbuch der Stereochemie l. c.
[5] MÜLLER, A.: Naturw. Bd. 20 (1932) S. 282.

weiteres verständlich. Ähnliche Fälle einer Rotation der Moleküle im festen Zustand sind schon früher von PAULING[1] bei Methan und Chlorwasserstoff nachgewiesen worden[2].

Über synthetische und natürliche hochpolymere Verbindungen (Zellulose, Kautschuk usw.) vgl. man den Artikel von MARK im Handbuch der Stereochemie[3].

Kohlenwasserstoffe im Dampfzustand. Die an solchen Stoffen von WIERL[4] ausgemessenen Elektroneninterferenzen ergeben einmal die Kernabstände bei der einfachen, doppelten und dreifachen Kohlenstoffbindung und ferner die Beweglichkeit der Kohlenwasserstoffkette, wie sie nach dem Prinzip der freien Drehbarkeit (vgl. § 14) bei freien Molekülen zu erwarten ist. Bei Propan, Butan Pentan und Hexan findet WIERL eine Periode von 1,5 Å, die offensichtlich der C—C-Bindung zuzuordnen ist. Aus den Messungen an Äthylen und Allen ergibt sich bei der Doppelbindung für den Abstand C=C 1,3 Å. Beim Azetylen mit der dreifachen Bindung findet sich $C\equiv C = 1{,}2$ Å.

Es zeigt sich weiterhin, daß Pentan und Hexan identische Diagramme mit zwei Beugungsringen liefern, von denen der eine den Abstand 1,5 und der andere einen solchen von 2,5 Å ergibt. Der letztere Wert entspricht etwa dem Abstand von einem Kohlenstoffatom zum übernächsten, wie man ihn beim Tetraederwinkel von 110° zu erwarten hat (s. Abb. 29). Sind nun die einzelnen Gruppen der Kette um die Valenzrichtungen drehbar, so bleibt dieser Abstand bei der Drehung unverändert. Nur die Entfernungen zwischen weiter auseinander liegenden Kohlenstoffatomen ändern sich mit der Drehung, können also keine definierten Perioden ergeben. Man versteht so, daß die Diagramme des Pentan und Hexan gleich werden. Auch die Messungen am 1,5-Dichlorpentan ($C_5H_{10}Cl_2$) zeigen die Beweglichkeit der Kette. Bei diesem Molekül sitzen die Cl-Atome, die wegen ihres großen Streuvermögens eine besonders ausgeprägte Periode liefern sollten, an den Enden der Kette. Wäre

---

[1] PAULING, L.: Physic. Rev. Bd. 36 (1930) S. 430.

[2] Weitere Beispiele von Rotation im Kristall bei BERNAL: Nature, Lond. Bd. 129 (1932) S. 870; ferner HENDRICKS, POSNYAK u. KRAECK: J. Amer. chem. Soc. Bd. 54 (1932) S. 2766. — BIGROET u. KETELAAR: Amer. chem. Soc. Bd. 54 (1932) S. 625; vgl. ferner HERZFELD: Handbuch der Physik, 2. Aufl. Bd. 24/2 Kap. 1 Ziff. 69. Berlin 1933.

[3] Ferner H. STAUDINGER: Die hochmolekularen organischen Verbindungen. Berlin 1932.

[4] WIERL, R.: Ann. Physik Bd. 8 (1931) S. 521, Bd. 13 (1932) S. 453.

diese starr, so müßte eine Periode von 5 bis 7 Å auftreten. Da eine solche aber im Streudiagramm fehlt, ist die Undefiniertheit des Cl—Cl-Abstands und damit die Drehbarkeit innerhalb der Kette bewiesen. Aus diesen verschiedenen Tatsachen ergibt sich also, daß bei Kohlenwasserstoffen im Dampfzustand der Tetraederwinkel zwischen den C—C-Valenzen erhalten bleibt, daß aber im Gegensatz zum Verhalten im Kristall die einzelnen Glieder der Kette gegeneinander verdrehbar sind. Beim *Dizyan* C_2N_2 und *Diazetylen* C_4H_2 hat BROCKWAY[1] mittels Elektroneninterferenzen die zu erwartende gestreckte Struktur (s. Abb. 30) nachgewiesen[2] und folgende Abstände angegeben: Im C_2N_2 C—C $= 1{,}43 \pm 0{,}03$ Å C≡N $= 1{,}16 \pm 0{,}02$ Å.

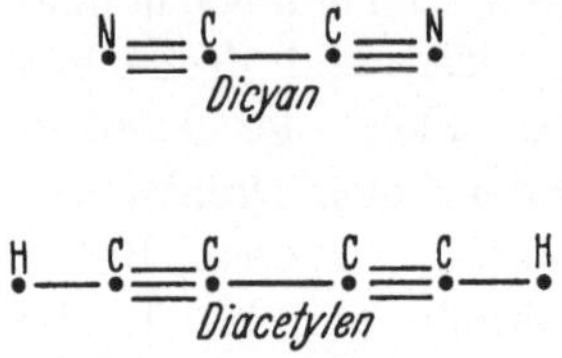

N≡C—C≡N
Dicyan

H—C≡C—C≡C—H
Diacetylen

Abb. 30.

Cis- und *trans-Isomerie der Dichloräthylene*, $C_2H_2Cl_2$. Die sowohl durch Röntgen-[3] und Elektroneninterferenzen[4] bestimmten Abstände für die Chloratome des cis- und trans-Äthylens sind in der Tabelle 9 zusammengestellt[5].

Tabelle 9.

Molekül	Abstand der Halogenatome in Å	
	Röntgen-interferenzen	Elektronen-interferenzen
Dichloräthylen, cis, S.-P. 59⁰ . .	3,7	3,3
Dichloräthylen, trans, S.-P. 48⁰ .	4,7	4,3
Dichloräthylen, asym.	—	2,9
1,1-Dichloräthan.	3,4	3,15
1,2-Dichloräthan.	4,4	4,5
1,1-Dibromäthan	—	3,56
1,2-Dibromäthan	—	4,75

[1] BROCKWAY, L. O.: Proc. nat. Acad. Sci. USA. Bd. 19 (1932) S. 868.

[2] R. WIERL [Ann. Physik Bd. 13 (1931) S. 453] hatte aus seinen Messungen früher auf einem Winkel von etwa 30⁰ zwischen der Einfach- und Dreifachbindung geschlossen. Über die Ursachen dieser Diskrepanz vgl. die Ausführungen bei BROCKWAY.

[3] DEBYE, P.: Physik. Z. Bd. 31 (1930) S. 142. — EHRHARDT, F.: Physik. Z. Bd. 33 (1932) S. 605.

[4] WIERL, R.: l. c.; ferner MARK u. WIERL: Physik. Z. Bd. 31 (1930) S. 360.

[5] Weitere Äthylenderivate, $C_2H_2Br_2$, C_2HBr_3 und C_2HCl_3 sind von R. W. DORNTE [J. chem. Phys. Bd. 1 (1933) S. 566] untersucht worden.

Der charakteristische Unterschied in den Abständen ermöglicht die eindeutige Zuordnung der bei 48° und 59° siedenden Substanzen zur trans- bzw. cis-Form (vgl. auch Abb. 42 auf S. 95). Zu demselben Ergebnis führen auch die Messungen des elektrischen Moments.

Dichloräthan $C_2H_4Cl_2$. Bei diesem Molekül interessiert vor allem die Frage nach der Drehbarkeit der beiden $CClH_2$-Gruppen um die C—C-Richtung. WIERL[1] und EHRHARDT[2] haben unter Benutzung der bekannten Atomabstände C—C und C—Cl für eine Reihe von Modellen die Streukurven ausgerechnet. Aus dem Vergleich mit den Beobachtungen ergibt sich, daß beim Dichloräthan keine völlig freie Drehbarkeit vorhanden ist, sondern daß in beiden Fällen die trans-Lage bevorzugt ist. Eine starre trans-Lage ist mit den Beobachtungen unvereinbar, doch läßt sich nichts Näheres über die Schwingungen um diese Lage aussagen[3]. Beim asymmetrischen Dichloräthylen und beim 1,1-Dichloräthan, wo zwei Cl-Atome am gleichen C-Atom angreifen, treten ähnliche Abstände wie beim CCl_4 auf.

Chlorderivate des Methans. Diese Moleküle sind besonders eingehend sowohl durch Röntgen-[4], wie durch Elektroneninterferenzen[1] untersucht worden. Im CCl_4, wo alle vier Chloratome denselben Abstand haben, tritt die Cl—Cl-Periode besonders deutlich hervor, so daß sich dieser Abstand sehr genau bestimmen läßt. Im Röntgen- und Elektronenbeugungsbild findet man für den Abstand Cl—Cl $2,99 \pm 0,03$ bzw. $2,98 \mp 0,03$ Å. Beim Methylenchlorid CH_2Cl_2 findet man infolge der Abstoßung der beiden Cl-Atome einen etwas größeren Wert (s. Tabelle 10). Da, wie STUART[5] betont, eine Dehnung der C—Cl-Abstände ganz unwahrscheinlich ist — eine solche müßte dann ja auch schon beim CCl_4 auftreten —, kann der vergrößerte Abstand nur auf einer Spreizung des Valenzwinkels

---

[1] WIERL, R.: l. c.

[2] EHRHARDT, F.: Physik. Z. Bd. 33 (1932) S. 605.

[3] Die von WIERL außerdem diskutierte Möglichkeit, daß beim $C_2H_4Cl_2$ ein cis-trans-Gemisch vorliegt, ist ausgeschlossen, weil die cis-Stellung wegen der starken Abstoßung der Cl-Atome instabil ist (vgl. § 14). Das gilt erst recht für das $C_2H_4Br_2$, wo auch WIERL die cis-Stellung ausschließen kann.

[4] DEBYE, P., L. BEWILOGUA u. F. EHRHARDT: Physik. Z. Bd. 30 (1929) S. 84 u. 524; ferner L. BEWILOGUA: Physik. Z. Bd. 32 (1931) S. 265 u. 271; neuerdings H. DE LASZLO: Nature Lond. Bd. 131 (1933) S. 803.

[5] STUART, H. A.: Physik. Z. Bd. 32 (1931) S. 793.

um etwa 10^0 beruhen[1]. Eine entsprechende Winkelspreizung beim Methylenbromid $C_2H_2Br_2$, Bromoform $CHBr_3$ und Methylenjodid $C_2H_2J_2$ hat DORNTE gefunden[2], der folgende Winkel angibt: $\sphericalangle$ Br—C—Br im $C_2H_2Br_2 = 125 \pm 5^0$ und im $CHBr_3 = 115 \pm 2^0$; $\sphericalangle$ J—C—J im $C_2H_2J_2 = 125 \pm 5^0$. Auch bei Chloroform $CHCl_3$ wird ein etwas größerer Wert gefunden. Aus dem bei CCl_4 gefundenen Cl—Cl-Abstand findet man für den C—Cl-Abstand 1,82 Å, also einen Wert, der gut mit den von BEWILOGUA und WIERL direkt beim Methylchlorid gefundenen Werten von $1,8 \pm 0,1$ bzw. $1,85 \pm 0,05$ Å übereinstimmt.

Tabelle 10.

Molekül	Abstand Cl—Cl in Å	
	Röntgen-interferenzen	Elektronen-interferenzen
CCl_4	$2,99 \pm 0,03$	$2,98 \pm 0,03$
$CHCl_3$	$3,11 \pm 0,05$	$3,04 \pm 0,06$
CH_2Cl_2	$3,21 \pm 0,11$	$3,16 \pm 0,08$

Aus Tabelle 10 erkennt man übrigens die ausgezeichnete Übereinstimmung der nach beiden Methoden gewonnenen Daten. Ob die noch innerhalb der Meßfehler liegenden Abweichungen reell sind und mit der Verschiedenheit des Streuvorgangs bei Röntgen- und Elektronenstrahlen zusammenhängen, kann erst auf Grund weiteren Materials entschieden werden. Vielleicht eröffnet sich hier einmal ein Weg, Einzelheiten über die Lage der Elektronenwolke relativ zum Kern zu erfahren.

Tetrahalogenide. Interessant ist eine Versuchsreihe von WIERL, der an den Tetraedermolekülen CCl_4, $SiCl_4$, $GeCl_4$ und $TiCl_4$ sehr schön das Anwachsen der Kernabstände mit zunehmender Größe des Zentralatoms zeigen konnte, s. Tabelle 11, in der noch einige weitere Tetraedermoleküle[3] aufgeführt sind.

Tetramethylmethan $C(CH_3)_4$ ist im kristallisierten Zustand als reguläres Tetraeder nachgewiesen[4].

Tetranitromethan $C(NO_2)_4$. Hier liegen die Verhältnisse insofern komplizierter, als es bei keiner kubischen Raumgruppe des Kristalls

---

[1] Da auch die zur Deformation der Valenzwinkel nötige Energie kleiner als die zur Dehnung der C—Cl-Abstände erforderliche ist (STUART l. c.) leuchtet es ein, daß den Abstoßungskräften vor allem durch eine Deformation der Winkel nachgegeben wird. Eine solche ist beim CCl_4 aus Symmetriegründen nicht möglich. Vgl. auch P. DEBYE u. L. BEWILOGUA: Physik. Z. Bd. 32 (1931) S. 281.

[2] DORNTE, R.: J. chem. Phys. Bd. 1 (1933) S. 630.

[3] MARK u. WEISSENBERG: Z. Physik Bd. 16 (1923) S. 1.

[4] WIERL: Z. Kristallogr. Bd. 65 (1927) S. 435.

Tabelle 11.

Molekül	Abstand der Außenatome in Å	Abstand Zentralatom— Außenatom in Å
CCl_4	Cl—Cl = 2,98 ± 0,03	C—Cl = 1,82
$SiCl_4$	Cl—Cl = 3,29 ± 0,03	Si—Cl = 2,02
$GeCl_4$	Cl—Cl = 3,43 ± 0,03	Ge—Cl = 2,10
$TiCl_4$	Cl—Cl = 3,61 ± 0,04	Ti—Cl = 2,21
$SnCl_4$	Cl—Cl = 3,81 ± 0,05	Sn—Cl = 2,33
GeJ_4	J—J = 4,2	Ge—J = 2,57
SnJ_4	J—J = 4,32	Sn—J = 2,65
CBr_4	Br—Br = 3,35 ± 0,08	C—Br = 2,05

möglich ist, alle vier N-Atome bzw. alle acht O-Atome kristallo graphisch gleichwertig unterzubringen[1]. Um eine chemisch wahrscheinliche Struktur kristallographisch lokalisieren zu können, muß man annehmen, daß zwar die vier Kohlenstoffvalenzen nach den Ecken eines regulären Tetraeders zeigen, daß aber von den vier Nitrogruppen nur drei gleichwertig sind und daß die vierte Axialsymmetrie besitzt, also als Oxynitrosogruppe —O—N=O zu schreiben ist. Die Strukturformel wäre dann $ONO \cdot C \cdot (NO_2)_3$. Dieses Ergebnis ist mit den Beobachtungen des elektrischen Moments, die $\mu = 0$ ergeben (vgl. § 20), kaum zu vereinen, so daß eine Nachprüfung sehr wünschenswert wäre.

Pentaerythrit $C(CH_2OH)_4$. Dieses Molekül hat in der Entwicklung der kristallographischen Stereochemie eine große Rolle gespielt und ist Gegenstand eingehender Untersuchungen und Diskussionen gewesen, insofern, als die ersten Untersuchungen mit der Tetraedersymmetrie unvereinbar schienen und eine Pyramidengestalt ergaben[2]. WEISSENBERG[3] hat im Anschluß an kristallographische Betrachtungen und gestützt auf dieses Ergebnis eine allgemeine Stereochemie auf der Grundlage reiner Symmetriebetrachtungen entwickelt. Danach sollen im Gegensatz zur klassischen Vorstellung der Tetraedervalenzen des vierwertigen Kohlenstoffs bei vier gleichen Substituenten alle rein geometrisch möglichen gleichwertigen Anordnungen, also die tetraedrische, die ebene und die pyramidale prinzipiell gleichberechtigt sein. Welche Form in einem bestimmten Falle realisiert ist, hängt nur vom Substituenten,

---

[1] MARK, H.: Handbuch der Stereochemie, Bd. 1 (1932) S. 92.
[2] Näheres bei H. MARK: l. c.
[3] WEISSENBERG, K.: Z. Kristallogr. Bd. 62 (1925) S. 96; Z. Physik Bd. 43 (1925) S. 445.

von seiner Polarisierbarkeit, Symmetrie usw. ab[1]. Diese Vorstellung hat sich nicht halten lassen. Sorgfältige Nachprüfungen und neuere Erfahrungen haben ergeben, daß auch das Pentaerythritmolekül im Kristall Tetraedersymmetrie besitzt. Auch die Derivate des Pentaerythrits und die der außerdem untersuchten Elemente Si, Ge, Sn, Pb zeigen durchweg Tetraederstruktur, so daß alle diese Untersuchungen eine glänzende Bestätigung der klassischen Stereochemie sind. Eine Ausnahme scheinen vorläufig noch die Ergebnisse an $C(CH_2Cl)_4$, $C(CH_2Br)_4$ und $C(CH_2J)_4$ zu bilden, insofern als ein Tetraedermodell mit den bisherigen Beobachtungen von WAGNER und DENGEL[2] kaum vereinbar scheint. Zur endgültigen Entscheidung dieser Frage müssen aber noch absolute Intensitätsmessungen abgewartet werden.

Hexamethylentetramin $C_6H_{12}N_4$. Die von DICKINSON und RAYMOND[3] durchgeführte Röntgenanalyse des Kristalls ergibt, daß von den verschiedenen von chemischer Seite vorgeschlagenen räumlichen Strukturen nur die folgende möglich ist.

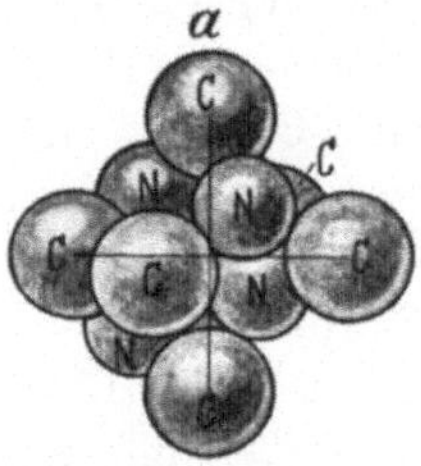

Abb. 31. Hexamethylentetramin.

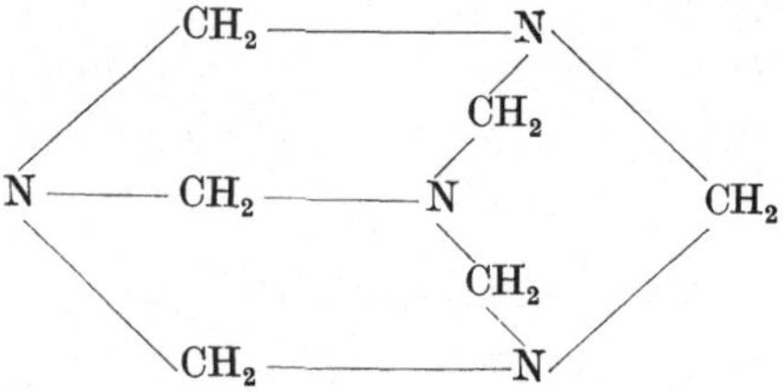

Das Molekül besteht aus einem Oktaeder von CH_2-Gruppen, die durch ein Tetraeder von Stickstoffatomen aneinander gekettet sind (s. Abb. 31).

Thioharnstoff $CS(NH_2)_2$ ist neuerdings von WYCKOFF[4] genauer untersucht worden, der für die Kernabstände und Winkel im Kristall die in Abb. 32 angegebenen Werte findet.

---

[1] Diese Betrachtung erinnert also an das klassische Kriterium bei der Bestimmung der größeren Stabilität der gewinkelten bzw. gestreckten Gestalt eines dreiatomigen Moleküls (vgl. § 13).

[2] WAGNER, G. u. G. DENGEL: Z. physik. Chem. Bd. 16 (1932) S. 382.

[3] DICKINSON, R. G. u. A. L. RAYMOND: J. Amer. chem. Soc. Bd. 45 (1923) S. 22.

[4] WYCKOFF, R.: Z. Kristallogr. Bd. 81 (1932) S. 102, 386; frühere Messungen von HENDRICKS [J. Amer. chem. Soc. Bd. 50 (1930) S. 2455] geben etwas andere Zahlen.

Benzol C_6H_6. Eine quantitative Vermessung des Benzolrings im Kristall ist noch nicht gelungen. Aus Intensitätsmessungen schließt Cox[1], daß die Anordnung der sechs C-Atome einem regulären Sechseck mindestens sehr nahe kommt. Dagegen konnte WIERL[2] aus seinen Elektronenbeugungsaufnahmen am Dampfe zeigen, daß man das Streudiagramm quantitativ wiedergeben kann, wenn man ein reguläres ebenes Sechseck mit der Kantenlänge $C—C_{ar} = 1{,}39 \pm 0{,}03$ Å zugrunde legt.

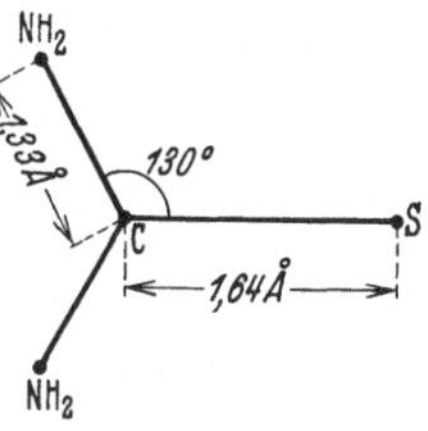

Abb. 32. Thioharnstoff.

Zyklohexan C_6H_{12}. Das ebenfalls von WIERL aufgenommene Diagramm des Zyklohexans ist von dem des Benzols deutlich verschieden. Man erhält die beste Übereinstimmung mit der Erfahrung, wenn man annimmt, daß das Zyklohexan entsprechend den Vorstellungen der klassischen Stereochemie in zwei Formen, nämlich in der Wannen- und Sesselform (s. Abb. 33) gleichzeitig vorkommt. Wegen der ähnlichen inneren Energie dürften beide Formen gleich häufig sein. Unter diesen Voraussetzungen erhält man für den Abstand $C—C_{al}$ $1{,}52 \pm 0{,}03$ Å, also einen Wert, der deutlich von dem Wert für die aromatische C—C-Bindung abweicht.

Hexamethylbenzol $C_6(CH_3)_6$. Die kristallisierte Form hat LONSDALE[3] mit Hilfe von Inten-

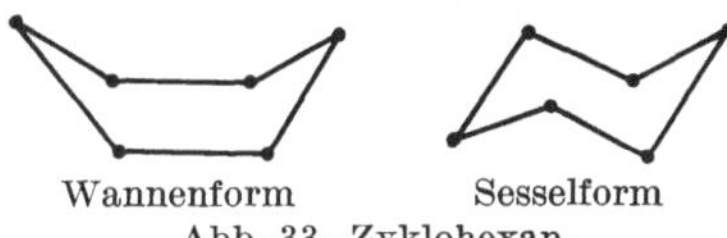

Wannenform   Sesselform

Abb. 33. Zyklohexan.

sitätsmessungen sehr eingehend untersucht. Das wichtige Ergebnis dieser schönen Untersuchungen ist, daß der Benzolring ein ebenes reguläres Sechseck mit der Kantenlänge $1{,}45 \pm 0{,}03$ Å bildet und daß die C-Atome der Methylgruppen um $1{,}54 \pm 0{,}12$ Å von den C-Atomen des Ringes abstehen. Die Abweichungen von der ebenen Struktur können $0{,}1$ Å nicht übersteigen.

Dichlorbenzol $C_6H_4Cl_2$. PIERCE[4] hat die Elektroneninterferenzen von p-, m- und o-Dichlorbenzol im Dampfzustande aufgenommen und Übereinstimmung mit den theoretisch zu erwartenden Streukurven gefunden.

[1] Cox, E. G.: Proc. Roy. Soc., Lond. A Bd. 135 (1932) S. 491.
[2] WIERL, R.: Ann. Physik Bd. 8 (1931) S. 541, Bd. 13 (1932) S. 453.
[3] LONSDALE, K.: Proc. Roy. Soc., Lond. Bd. 123 (1929) S. 494.
[4] PIERCE, W. C.: Physic. Rev. Bd. 43 (1933) S. 145; J. chem. Phys. Bd. 2 (1934) S. 1.

Hexachlor- und Hexabromzyklohexan $C_6H_6Cl_6$ und $C_6H_6Br_6$. Die Ergebnisse der Röntgenanalyse am Kristall sprechen für die Sessel-form. Für den Abstand C—Br ergibt sich 1,94 Å[1].

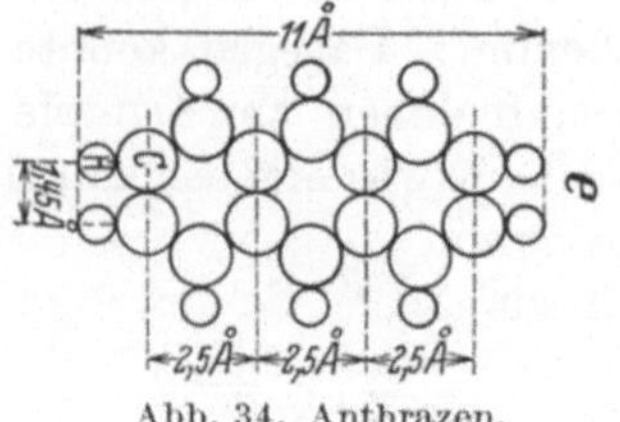

Abb. 34. Anthrazen.

Naphthalin[2] $C_{10}H_8$ und *Anthrazen* $C_{14}H_{10}$[3] zeigen im Kristallgitter, wie bei kondensierten Ringen zu erwarten, ebene Struktur. Die Struktur des Anthrazens ist in Abb. 34 wiedergegeben.

Diphenyl C_6H_5—C_6H_5 (s. Abb. 35)[4]. Beim Diphenyl, p-Diphenylbenzol und p-Diphenyldiphenyl liegen im Kristall die Benzolringe

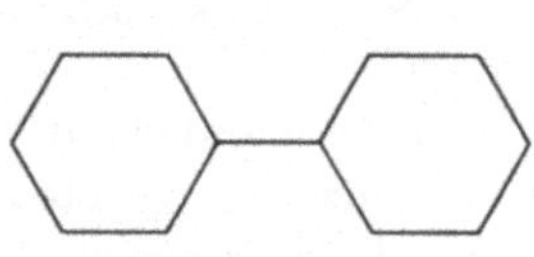

Abb. 35. Diphenyl.

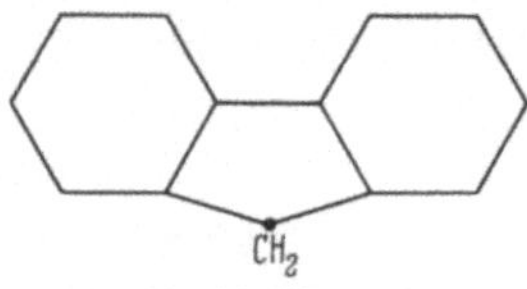

Abb. 36 Fluoren.

alle in einer Ebene und sind linear angeordnet. Wie weit die Ringe im freien Molekül gegeneinander drehbar sind, ist nicht bekannt.

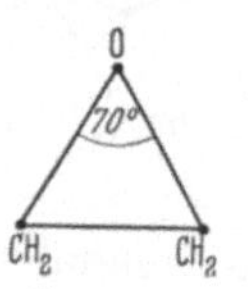

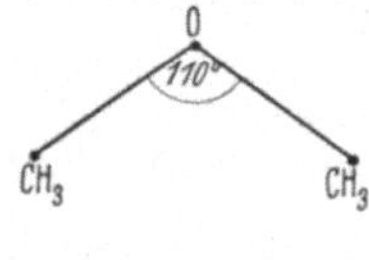

Abb. 37.

Fluoren $C_{13}H_{10}$. Für dieses Molekül ist ebenfalls im Kristall die ebene Form (s. Abb. 36) nachgewiesen[6, 7].

Valenzwinkelung am Sauerstoffatom. WIERL[8] hat die Streukurven von Äthylenoxyd C_2OH_4 und von Methyläther C_2OH_6 aufgenommen und deutliche Unterschiede, und zwar im Sinne eines größeren Winkels beim Methyl-

---

[1] HENDRICKS, S. B. u. C. BILIKE: J. Amer. chem. Soc. Bd. 48 (1926) S. 3007; ferner R. G. DICKENSON u. C. BILIKE: J. Amer. chem. Soc. Bd. 50 (1928) S. 764.

[2] Vgl. MARK: Handbuch der Stereochemie, Bd. 1 S. 110f.

[3] ROBERTSON, I. W.: Proc. Roy. Soc., Lond. Bd. 140 (1933) S. 79.

[4] PICKETT, L. W.: Nature, Lond. Bd. 131 (1933) S. 513.

[6] Z. Kristallogr. Bd. 70 (1929) S. 283.

[7] Weitere Ergebnisse an aromatischen Kohlenwasserstoffen und einigen ihrer isomeren Dihalogenverbindungen s. bei H. DE LASZLO: Nature, Lond. Bd. 131 (1933) S. 803.

[8] WIERL, R.: Ann. Physik Bd. 13 (1932) S. 453.

äther festgestellt, die nicht von der verschiedenen Anzahl der H-Atome herrühren können. Dieses Verhalten ist stereochemisch zu erwarten. Beim Methyläther muß ein Valenzwinkel von etwa 110^0 auftreten. Im Äthylenoxyd liegt dagegen eine Ringbildung vor (s. Abb. 37). Da die Abstände C—O sicher nicht viel kleiner als der C—C-Abstand sind, wird der Winkel am Sauerstoffatom beträchtlich kleiner; mit C—O = 1,3 und C — C = 1,54 Å wird er etwa gleich 70^0.

§ 11. Bestimmung von Trägheitsmomenten und Kernabständen aus optischen Daten.

Aus dem Trägheitsmoment ergibt sich bei einfachen Molekülen sofort der Abstand der Kerne. Am genauesten läßt sich das Trägheitsmoment aus optischen Daten, und zwar aus der Rotationsfeinstruktur des ultraroten- oder des RAMAN-Spektrums bestimmen.

Tabelle 12. Trägheitsmomente[1] und Kernabstände einfacher Moleküle[2].

Molekül	Kernabstand in Å	Trägheitsmoment $I \cdot 10^{40}$	Methode
H_2	0,75	0,467	B.Sp.
He_2	1,05	3,64	B.Sp.
C_2	1,31	17,03	B.Sp.
N≡N	1,10	13,8	R.Sp.
O_2	1,20	19,20	R.Sp.
S_2	1,60	67,8	B.Sp.
F_2	1,28	25,3	B.Sp.
Cl_2	1,98	113,7	B.Sp.
Br_2	2,28	340	B.Sp.
J_2	2,66	742	B.Sp.
NO	1,15	16,3	B.Sp.
CO	1,15	15,0	B.Sp.
HF	0,92	1,34	B.Sp.
HCl	1,28	2,61	B.Sp.
HBr	1,42	3,31	B.Sp.
HI	1,62	4,31	B.Sp.

Molekül	Kernabstand in Å	Trägheitsmoment $I \cdot 10^{40}$	Methode
CO_2	O—O = 2,3	70,2	R.Sp.
N_2O		66,0	U.Sp.
CS_2	S—S = 3,2	264	U.Sp.
	S—S = 2,77	205	B.Sp.
	= 3,16	260	E.I.
$HgCl_2$	Hg—Cl = 2,28[3]	607	E.I.
$HgBr_2$	Hg—Br = 2,38[3]	1500	E.I.
HgJ_2	Hg—J = 2,55[3]	2750	E.I.
C_2H_2	C—H =(1,08)	23,5	U.Sp.
	H—H = 3,35		
HCN	C—N = 1,15		U.Sp.
	C—H = 1,08	18,8	
CH_4	C—H = 1,08	5,3[4]	R.Sp.
CCl_4	C—Cl = 1,82	510	E.I.
		berechnet mit C—Cl = 1,82	

[1] Entnommen dem Artikel von R. MECKE: Handbuch der Stereochemie, Wien 1932; ferner dem genannten Artikel von K. F. HERZFELD, dort auch Literaturangaben.

[2] Daten für VAN DER WAALSsche Moleküle s. bei MECKE, l. c.

[3] BRAUNE, H. u. S. KNOKE: Z. physik. Chem. Abt. B Bd. 23 (1933) S. 163.

[4] PLACZEK, G. u. E. TELLER: Z. Physik Bd. 8 (1933) S. 209.

Tabelle 12 (Fortsetzung).

Molekül	Kernabstand in Å	Trägheitsmoment $\cdot 10^{40}$			Methode
		I	K	L	
H_2O	O—H $= 1{,}01_3$ H—H $= 1{,}53$	0,995	1,9	2,98	U.Sp.
NH_3	N—H $= 1{,}02$ H—H $= 1{,}64$	2,80	4,4	2,80	U.Sp.
PH_3[1]		4,78	6,24	4,78	U.Sp.
AsH_3[1,2]		5,53 oder 6,51	8,28 oder 6,51	5,53	U.Sp.
C_2H_4	C=C $= 1{,}34$	$\sim 3{,}8$ —	~ 27 28,85	$\sim 3{,}1$ $\sim$	U.Sp. U.Sp.[2]
O_3	O=O $= 1{,}29$	$\sim 6{,}4$	64,6	~ 71	U.Sp.
H_2CO	C=O $= 1{,}21$	24,33	2,94	21,39	B.Sp.
C_6H_6	C—C $= 1{,}42$ C—H $= 1{,}08$	154 — — 140^3	308 — — —	154 — — 140	gerechnet aus dem Modell U.Sp.

Messungen am Bandenspektrum ergeben häufig nur das Trägheitsmoment für einen angeregten Zustand, in dem im allgemeinen die Kernabstände anders als im Grundzustand sind. Die optischen Methoden werden im Kapitel 7 näher besprochen.

Auch aus thermischen Daten, nämlich aus dem Verlauf der spezifischen Wärme bei tiefen Temperaturen, sowie aus den chemischen Konstanten lassen sich Schlüsse auf das Trägheitsmoment ziehen. Da die so gewonnenen Angaben höchstens qualitative Bedeutung besitzen[4], gehen wir nicht näher darauf ein.

Wir stellen in Tabelle 12 für eine Reihe von zwei- und mehratomigen Molekülen die Trägheitsmomente und Kernabstände zusammen. Wegen der Trägheitsmomente von CH_3F, CH_3Cl ... s. S. 335.

§ 12. Kernabstände, Valenzwinkelung und Molekülstruktur.

Wir stellen zunächst in Tabelle 13 sämtliche bis heute bei homöopolaren Bindungen bekannten Kernabstände zusammen. Spalte 3 enthält die Verbindung, an der der Kernabstand gemessen ist und Spalte 4 die Methode. B.Sp., U.Sp., R.Sp. bedeuten, daß

---

[1] ROBERTSON, R. u. J. J. FOX: Proc. Roy. Soc., Lond. A Bd. 120 (1928) S. 128, 149, 161, 189.

[2] SCHEIB, U. u. P. LUEG: Z. Physik Bd. 81 (1933) S. 764. — CRAWFORD, F. A. u. W. A. SHURCLIFF: Physic. Rev. Bd. 43 (1933) S. 766.

[3] LEBERKNIGHT, C. E.: Physic. Rev. Bd. 43 (1933) S. 967.

[4] Vgl. etwa K. F. HERZFELD: Handbuch der Physik, 2. Aufl. Bd. 24/2 (1933) Kap. 1. Berlin 1933.

Tabelle 13. Kernabstände von gebundenen Atomen [1].

Bindung	Abstand in Å	Verbindung	Methode
H—H	0,75	H_2	B.Sp.
N—H	1,02 bis 1,06	NH_3	U.Sp.
C—H	1,08	CH_4	R.Sp.
O—H	$1,01_3$	H_2O	U.Sp.
F—H	0,92	HF	B.Sp.
Cl—H	1,28	HCl	B.Sp.
Br—H	1,41	HBr	B.Sp.
J—H	1,62	HJ	B.Sp.
B—N	$1,47 \pm 0,07$	$B_3N_3H_6$	E.I.-Gas
B—B	1,6	B_2H_6	R.I.-Kristall
C—C_{al}	1,54	Diamant	R.I.
	1,54	Paraffine	R.I.-Kristall
	$1,52 \pm 0,1$	Äthan	E.I.-Gas
	$1,51 \pm 0,03$	Zyklohexan	E.I.-Gas
	$1,56 \pm 0,05$	Äthan	B.Sp.
C—C_{arom}	$1,42 \pm 0,01$	Graphit	R.I.-Kristall
	1,42	$C_6(CH_3)_6$	R.I.-Kristall
	1,42	C_6Cl_6 u. $C_{10}H_8$	R.I.-Kristall
	$1,39 \pm 0,03$	Benzol	E.I.-Gas
C=C	$1,3 \pm 0,1$	Äthylen	E.I.-Gas
	$1,31 \pm 0,05$	Allen	E.I.-Gas
	$1,35 \pm 0,15$	Polyene	R.I.-Kristall
	1,3	Äthylen	B.Sp.
	1,34	Äthylen	U.Sp.
—C≡C	1,19	Azetylen	B.Sp.
	1,22	Azetylen	E.I.-Gas
C—N	1,33	Harnstoff $CO(NH_2)_2$ [2]	R.I.-Kristall
	1,35	Thioharnstoff $CS(NH_2)_2$ [3]	R.I.-Kristall
	1,48	$(CH_2)_6N_4$; NH_2CH_3	R.I.-Kristall
C≡N	1,15 u. 1,17	HCN	U.Sp.: B.Sp.
	$1,16 \pm 0,02$	C_2N_2	E.I.-Gas
C—O	$1,49 \pm 0,1$	Äthylenoxyd	E.I.-Gas
	$1,43 \pm 0,1$	Dimethyläther	E.I.-Gas
	$1,49 \pm 0,1$	Polyoxymethylen	R.I.-Kristall
C=O	1,21	Formaldehyd H_2CO	B.Sp.
	$1,25 \pm 0,17$	Harnstoff $CO(NH_2)_2$	R.I-Kristall
	1,15	Formaldehyd [4]	E.I.-Gas
	1,13	$COCl_2$	
		$COBr_2$ usw. [5]	E.I.-Gas
C≡O	1,05 bis 1,2	CO_2	R.I.-Kristall
	1,13	CO_2	E.I.-Gas
	1,1	CO_2	R.I.-Gas
	$1,15 \pm 0,03$	CO_2	R.Sp.
	1,15	CO	B.Sp.

[1] Entnommen HENGSTENBERG u. MARK: Naturwiss. Bd. 20 (1932) S. 539; ferner R. MECKE: Handbuch der Stereochemie, S. 133. Wien 1932; sowie MARK: Handbuch der Stereochemie, S. 83. Wien 1932. Ferner K. F. HERZFELD: Handbuch der Physik, Bd. 24/2 Kap. 1. Berlin 1933. — WIERL, R.: Ann. Physik Bd. 13 (1932) S. 453. [2] WYCKOFF: Z. Kristallogr. Bd. 81 (1932) S. 102, 386. [3] HENDRICKS, ST. B.: J. Amer. chem. Soc., Lond. Bd. 50 (1928) S. 2455. [4] BRU, L.: Anales soc. espan. fis. quim. Bd. 30 (1932) S. 483. [5] DORNTE, R. W.: J. Amer. chem. Soc. Bd. 55 (1933) S. 4126.

Tabelle 13 (Fortsetzung).

Bindung	Abstand in Å	Verbindung	Methode
C—F	1,43	CH_3F	U.Sp.
C—Cl	$1,82 \pm 0,04$	CCl_4	R.I.u.E.I.-Gas
	$1,8 \pm 0,1$	CH_3Cl	R.I.-Gas
	$1,85 \pm 0,06$	CH_3Cl	E.I.-Gas
	$1,86 \pm 0,05$	C_6Cl_6	R.I.-Kristall
C—Br	$1,94 \pm 0,1$	$C_6H_6Br_6$	R.I.-Kristall
	1,97	C_2Br_6	R.I.-Kristall
	2,03	CBr_4	R.I.-Flüssig-keit
	2,05	CBr_4	E.I.-Gas
C—J	$2,2 \pm 0,025$	CJ_4	R.I.-Kristall
	$2,28 \pm 0,05$	CH_3J	E.I.-Gas
	2,12	$C_6H_{10}J_2$	R.I.-Kristall
C=S	1,64	$CS(NH_2)_2$[1]	R.I.-Kristall
C≡S	1,6	CS_2[2]	E.I.-Gas
	$1,52 \pm 0,05$	CS_2	R.I.-Gas
	1,39	CS_2[3]	B.Sp.
N≡N	1,10	N_2	B.Sp.; R.Sp.
	1,065	N_2	R.I.-Kristall
N≡O[4]	1,15	NO	B.Sp.
N=O	1,13	NO_2-Gruppe in $NaNO_2$	R.I.-Kristall
O=O	1,22	O_2	B.Sp.
	1,29	O_3	U.Sp.
O=S	1,37	SO_2[2]	E.I.-Gas
S=S	1,60	S_2	B.Sp.
F—F	1,28	F_2	B.Sp.
Cl—Cl	1,98	Cl_2	B.Sp.
Br—Br	$2,28 \pm 0,04$	Br_2	E.I.-Gas
	2,26	Br_2	B.Sp.
I—I	2,66	J_2	B.Sp.
	2,64	J_2	E.I.-Gas
Si—Cl	2,02	$SiCl_4$	E.I.-Gas[2]
Ge—Cl	2,1	$GeCl_4$	E.I.-Gas[2]
Ti—Cl	2,21	$TiCl_4$	E.I.-Gas[2]
Sn—Cl	2,33	$SnCl_4$	E.I.-Gas[2]
Ge—J	2,57	GeJ_4	R.I.-Kristall
Sn—J	2,65	SnJ_4	R.I.-Kristall
P—Cl	$2,04 \pm 0,04$	PCl_3	E.I.-Gas
S—F	1,57	SF_6	E.I.-Gas
Se—F	1,69	SeF_6	E.I.-Gas
Te—F	1,83	TeF_6	E.I.-Gas
Hg—Cl	2,28	$HgCl_2$[5]	E.I.-Gas
Hg—Br	2,38	$HgBr_2$[5]	E.I.-Gas
Hg—J	2,55	HgJ_2[5]	E.I.-Gas

[1] WYCKOFF: l. c.
[2] WIERL, R.: Ann. Physik Bd. 8 (1931) S. 541, Bd. 13 (1932) S. 453.
[3] JENKINS: Astrophysik. J. Bd. 70 (1929) S. 191.
[4] Bindungstypus unsicher.
[5] BRAUNE, J. u. S. KNOKE: Z. physik. Chem. Abt. B Bd. 23 (1933) S. 163.

die Werte aus dem Bandenspektrum bzw. dem ultraroten bzw. dem Ramanspektrum, E.I. und R.I., daß sie mittels Elektronen- bzw. Röntgeninterferenzen gewonnen sind. Aus dem gesamten Material ergibt sich als Hauptergebnis, daß die bei einer bestimmten chemischen Bindung gefundenen Kernabstände vom Molekülrest praktisch unabhängig sind, so daß der Kernabstand eine charakteristische Eigenschaft der betreffenden Bindung darstellt. Ferner bewegen sich nach MECKE[1] bei Kohlenstoff-Stickstoff-Sauerstoff-verbindungen die Kernabstände für die verschiedenen Bindungsarten der einfachen, doppelten und dreifachen Bindung innerhalb bestimmter enger Grenzen[1] (vgl. Tabelle 14).

Wie PAULING und HUGGINS[2] gezeigt haben, kann man jedem Atom einen charakteristischen *Bindungsradius* zuordnen, derart, daß die Summe der Radien den Kernabstand zweier gebundener Atome wiedergibt. Selbstverständlich sind dabei die Radien für die einfache und mehrfache Bindung verschieden. Diese Tatsache

Tabelle 14.

Bindungs-typus	Abstand in Å
X—X	1,35—1,52
X=X	1,2 —1,35
X≡X	1,1 —1,2

Tabelle 15. Bindungsradien von Atomen nach PAULING und HUGGINS.

Atom	Bindungsradius in Å	Atom	Bindungsradius in Å
	Einfachbindung		Einfachbindung
H	0,30 (0,375 in H_2)	Sn	1,40
B	0,89	Sb	1,41
C	0,77	Te	1,37
N	0,70	J	1,33
O	0,66		Doppelbindung
F	0,64	B	0,80
Si	1,17	C	0,65
P	1,10	N	0,63
S	1,04	O	0,59
Cl	0,99	S	0,94
Ge	1,22		Dreifachbindung
As	1,21	C	0,58
Se	1,17	N	0,55
Br	1,14	O	0,52

---

[1] MECKE, R.: Leipziger Vorträge (1931) S. 28; die dort angegebenen Grenzen sind zu eng.

[2] PAULING, L. u. M. L. HUGGINS: Erscheint in Z. Kristallogr.; HUGGINS, M.: Physic. Rev. Bd. 28 (1926) S. 1086. Vgl. Proc. nat. Acad. Bd. 18 (1932) S. 293.

entspricht der vor allem auch von PAULING entwickelten theoretischen Vorstellung, daß jedes Atom zur Bindung einen charakteristischen Beitrag liefert. Wir geben in Tabelle 15 die PAULINGschen[1] Bindungsradien wieder. Einzelne Werte, die sich heute genauer bestimmen lassen, haben wir abgeändert. Ein Vergleich der daraus berechneten Kernabstände mit den in Tabelle 13 zusammengestellten ergibt im allgemeinen eine Übereinstimmung auf 0,2 Å, eine Ausnahme bilden nur die C—N-Abstände bei Harn- und Thioharnstoff. Mit Hilfe solcher Bindungsradien kann man in zweifelhaften Fällen den Bindungstypus festlegen. So liegt bei den Molekülen CO, CO_2 und N_2O sicher keine Doppelbindung vor, da die Kernabstände erheblich kleiner als die für diesen Fall zu erwartenden sind. Diese Moleküle enthalten demnach Dreifachbindungen[2].

PAULING[1] nimmt an, daß in diesen Molekülen die wirkliche Bindung eine Kombination von mehreren einfachen Bindungstypen ist, daß also Resonanz zwischen mehreren einfachen LEWISschen Elektronenstrukturen vorliegt. So soll im CO Resonanz zwischen den Formen $:C::\ddot{O}:$ und $:C:::O:$, im N_2O zwischen $:\ddot{N}::N::\ddot{O}:$ und $:N:::N:\ddot{O}:$ vorliegen (vgl. auch § 41, Ziffer 2). Auch MECKE[4] schließt aus der Lage der Eigenfrequenzen auf dreifache Bindungen im CO_2 und CS_2.

Die heute zur Verfügung stehenden Daten für die Kernabstände und für die Trägheitsmomente einfacher Moleküle liefern eine Reihe von quantitativen Werten für die Valenzwinkel. Dazu kommen die mit anderen Methoden, vor allem mit Hilfe des elektrischen Moments abgeleiteten Zahlen (näheres darüber § 19). Sehr häufig läßt sich allerdings aus dem Moment nur der Winkel zwischen den Gruppenmomenten genau angeben. So kennt man z. B. beim Anilin, $C_6H_5NH_2$, den Winkel, unter dem das Moment der NH_2-Gruppe gegen die Ebene des Benzolrings geneigt ist, dagegen nicht die Richtung der N—H-Valenzen. Die Winkel zwischen den Momenten finden sich in Tabelle 36, § 19. Hier in Tabelle 16 sind nur die zuverlässigsten Winkelwerte zusammengestellt. Spalte 3 enthält wieder das Molekül, an dem der betreffende Winkel gemessen ist. Die am doppelt gebundenen Kohlenstoffatom und am

---

[1] PAULING, L.: Proc. nat. Acad. Bd. 18 (1932) S. 293, 498.
[2] Vgl. auch R. MECKE: Z. physik. Chem. Abt. B Bd. 16 (1932) S. 421.
[3] MECKE, R.: Z. physik. Chem. Abt. B Bd. 16 (1932) S. 421.

Tabelle 16. Valenzwinkel.

Atom	Valenzwinkelgerüst	Molekül	Methode
C	Tetraederwinkel 109° 28′ (110°) räumlich	Zahlreiche organische Moleküle	R.I.; E.I. aus Kristall und Gas
	115° ± 10°	Diderivate des Benzols	Elektrisches Moment s. § 19
$=C\alpha$ (β)	$\left.\begin{array}{l}\beta = 130° \\ \alpha = 100°\end{array}\right\}$ eben	$S = C \big\langle \begin{array}{l} NH_2 \\ NH_2 \end{array}$	R.I.-Kristall
	$\left.\begin{array}{l}\beta = \sim 120° \\ \alpha = \sim 120°\end{array}\right\}$ eben[1]	$O = C \big\langle \begin{array}{l} H \\ H \end{array}$	B.Sp.
$\equiv C-$	180°	C_2H_2; HCN	U.Sp.
$ar-C\alpha$ (α/al, α\ar)	$\alpha = 120°$, eben	$C_6(CH_3)_6$	R.I.-Kristall
	$\alpha = 120°$, eben	Diderivate des Benzols	Elektrisches Moment
$-N$	112° bis 116° räumlich	NH_3	U.Sp.
	120°, eben	$B_3N_3H_6$	E.I.-Gas[2]
$-N=$	180°	Isonitrile (Benzolderivate)	Elektrisches Moment
$-N\alpha$ (β)	$\alpha = 130°$, eben $\beta = 115°$, eben	$N \big\langle \begin{array}{l} O \\ O \end{array}$ Gruppe in $NaNO_2$	R.I.-Kristall[3]
O	104—106°	H_2O	U.Sp.
	$\sim 110°$	$(C_6H_5)_2O$	Innere Reibung, MACK, s. § 6
	$\sim 122°$	O_3	U.Sp.

fünfwertigen Stickstoffatom durch Röntgeninterferenzen am Kristall gefundenen Werte können um etwa 10° von den Winkeln des freien Moleküls verschieden sein; vgl. § 9, Abschnitt 2.

Das Valenzwinkelgerüst am N-Atom ist bei NH_3 beinahe eben (ganz stumpfe Pyramide) und bei der Ringverbindung $B_3N_3H_6$ vom ebenen Fall nicht mehr zu unterscheiden.

Diese erst in neuerer Zeit auf rein physikalischem Wege gewonnenen Daten sind eine glänzende Bestätigung der von der

---

[1] Bei $COCl_2$, $COBr_2$, $CH_3 \cdot COCl$ usw. ist $\alpha = 110°$ und $\beta = 125°$, s. S. 65.
[2] WIERL: Ann. Physik Bd. 13 (1932) S. 453.
[3] ZIEGLER, G. E.: Physic. Rev. Bd. 37 (1931) S. 1693.

klassischen Stereochemie geforderten konstanten Valenzwinkel, vor allem der von VAN'T HOFF und LE BEL entwickelten *Tetraeder-hypothese*[1], nach der die vier Valenzen des Kohlenstoffatoms nach den Ecken eines regulären Tetraeders gerichtet sind. Diese Theorie stützt sich vor allem auf die Erfahrungen bei isomeren Kohlenstoff-verbindungen, deren Anzahl nur durch eine räumliche Anordnung der Atome im Molekül erklärt werden kann; sie ist die Grundlage der Stereochemie der Kohlenstoffverbindungen geworden. Weitere Erfahrungen an ringförmigen Kohlenwasserstoffen, nämlich die aus den Verbrennungswärmen bestimmten inneren Energien (s. § 13) zeigen, daß das Valenzwinkelgerüst eine beträchtliche Stabilität besitzt (Ringspannung, BAYERsche Spannungstheorie), so daß die innermolekularen Kräfte im allgemeinen nicht ausreichen, um die Valenzwinkel stärker zu deformieren, weitere Beweise für die Stabilität und theoretische Begründung in § 13.

Aus der Tatsache, daß man, ohne die Spannung des Ringes merklich zu verändern, die CH_2-Gruppe durch NH oder O ersetzen kann (sterische Gleichwertigkeit von CH_2, NH und O) folgerte man weiterhin, daß auch am Stickstoff- und Sauerstoffatom Winkel von etwa 110^0 auftreten. Wie ein Blick auf die Tabelle lehrt, hat sich auch dieser Schluß direkt bestätigen lassen.

Viertes Kapitel.

Die innere Beweglichkeit der Moleküle.

§ 13. Stabilität der Valenzwinkel und der Kernabstände.

Schon in der klassischen Stereochemie betrachtete man die durch die Valenzwinkel gegebenen Atomlagen nicht als starr, sondern sah in ihnen durch das Valenzwinkelgerüst bestimmte, besonders stabile Gleichgewichtslagen. Abweichungen von diesen Lagen sind nur möglich, wenn die zur Deformation der Valenzwinkel nötige Energie irgendwoher geliefert worden ist. Ein Molekül, das merklich anormale Valenzwinkel enthält, besitzt also eine höhere innere Energie, steht also unter einer inneren *Spannung*. Diese

---

[1] Vgl. etwa W. HÜCKEL: Theoretische Grundlagen der organischen Chemie. Leipzig 1931. Ferner G. WITTIG: Stereochemie. Leipzig 1930 oder den Artikel von GOLDSCHMIDT: Hand- und Jahrbuch der chemischen Physik, Bd. 4. Leipzig 1932.

Überlegung, übertragen auf die tetraedersymmetrische Lage benachbarter Kohlenstoffatome, ist der Inhalt der BAYERschen *Spannungstheorie*[1]. Vergleicht man also die innere Energie mit den Abweichungen der Valenzwinkel vom Normalwert von 110^0, so hat man damit eine Methode, deren Stabilität zu bestimmen. Die innere Energie erhält man am besten aus der Verbrennungswärme, die für strukturisomere kettenförmige Kohlenwasserstoffe mit gleichem Bindungszustand der Atome praktisch gleich ist und die innerhalb einer homologen Reihe für jede CH_2-Gruppe nahezu um denselben Betrag, nämlich um 156—158 kcal/Mol ansteigt. Bei den aus Tetraedern aufgebauten einfachsten gesättigten Ringkohlenwasserstoffen treten jedoch charakteristische Abweichungen auf. Die niedersten Glieder, der Drei-, Vier- und Fünfring sind eben gebaut und bilden aus Symmetriegründen reguläre Vielecke mit Valenzwinkeln von 60^0, 90^0 und 108^0. Aus den Verbrennungswärmen (vgl. Tabelle 17) ergibt sich nun, daß die Verbrennungswärme pro CH_2-Gruppe um so größer wird, je mehr die Valenzwinkel vom normalen Tetraederwinkel abweichen. Man kann das nur so erklären, daß diese zusätzliche innere Energie des Moleküls den Betrag darstellt, der zur Deformation der Winkel, d. h. zur Spannung des Rings erforderlich ist. Bei den höheren Ringen ergeben die Verbrennungswärmen, daß jede innere Spannung verschwunden ist, in Übereinstimmung mit der Tatsache, daß sich jeder Ring mit mehr als fünf Kohlenstoffatomen unter Wahrung des Tetraederwinkels aufbauen läßt. Dabei kommen allerdings die C-Atome nicht mehr alle in eine Ebene zu liegen.

Tabelle 17.

Zahl der C-Atome im Ring	3	4	5	6	7
Molare Verbrennungswärme für $(CH_2)_x$ gasförmig	505,5	662,5	797	950	1103 kcal
Verbrennungswärme pro CH_2-Gruppe	168,5	165,5	159	158	158 kcal
Abweichung vom Normalwert	10,5	7,5	1	0	0 kcal
Deformation des Valenzwinkels	49^0 $28'$	19^0 $28'$	1^0 $28'$	0^0	0^0

[1] BAYER: Ber. dtsch. chem. Ges. Bd. 18 (1885) S. 2277. Vgl. ferner W. HÜCKEL: Theoretische Grundlagen der organischen Chemie, Bd. 1 S. 56. Leipzig 1931.

Die Zahlen für die Abweichungen vom Normalwert ergeben noch nicht die Deformationsenergie, da wir das innenmolekulare Potential banachbarter CH_2-Gruppen nicht berechnen können. Dessen Größe wird aber einige kcal/Mol nicht überschreiten, so daß die Werte wenigstens bei den stark gespannten Ringen ein qualitatives Maß für die Deformationsenergie darstellen. Sie stimmen auch gut mit dem von STUART[1] aus den Verbrennungswärmen der Xylole abgeleiteten Ergebnis überein, wonach die Deformationsenergie für den Winkel zwischen der aromatischen und aliphatischen C—C-Bindung bei einer Spreizung von 10^0 größer als 2 kcal/Mol sein muß.

Eine quantitative Berechnung der zu Winkeldeformationen oder Änderungen der Kernabstände erforderlichen Energien ist nach STUART[2] bei einfachen Molekülen möglich, wenn deren Eigenschwingungen und Kernabstände bekannt sind und wenn man die Annahme macht, daß die Schwingungen harmonisch sind. Die Voraussetzung harmonischer Bindung ist für Winkeländerungen bis zu 10^0 oder Abstandsänderungen bis 0,1 Å zulässig. In Tabelle 18 finden sich einige Deformationsenergien in cal/Mol, und zwar diejenigen Energien E, die nötig sind, die Kerne senkrecht zur Valenzrichtung soweit zu verschieben, daß der Valenzwinkel am C-Atome, der in diesen Fällen immer 180^0 beträgt, um 5^0 bzw. 10^0 verkleinert wird. Bei der Berechnung ist $E = 2\,\pi^2\,\mu\,\nu^2\,a^2$ gesetzt worden, wo μ die reduzierte Masse und a die Verschiebung der

Tabelle 18.

Deformationsschwingung im Molekül	Wellenlänge in μ	Frequenz in cm^{-1}	Energie zur Deformation des Valenzwinkels in cal/Mol		Abstand der Kerne in cm^{-8}
			um 5^0	um 10^0	
HCN	14,1	710	197	788	H—C = 1,08
C_2H_2	13,7	730	193	772	H—C = 1,08
CO_2	14,8	730	432	1730	C—O = 1,15
CS_2	13,4	397	291	1164	C—S = 1,5

[1] STUART, H. A.: Physic. Rev. Bd. 38 (1931) S. 1327.
[2] STUART, H. A.: Physik. Z. Bd. 32 (1931) S. 793.

Tabelle 19.

Valenzschwingung im Molekül	Wellenlänge in μ	Frequenz in cm^{-1}	Energie zur Veränderung des Kernabstandes um $0,1 \cdot 10^{-8}$ cm in cal/Mol	Kernabstand in 10^{-8} cm
C—H in HCN ←•—•→←•	$3,0_4$	3290	4650	C—H $= 1,08$
C≡O in CO_2 •→—•—←•	$7,8_6$	1273	11100	C≡O $= 1,15$
C—Cl in CH_3Cl	14,1	710	etwa 2200	C—Cl $= 1,82$

Kerne bedeuten. Wie man sieht, sind die Energien recht groß und übersteigen bereits bei 10^0 durchweg die Energie der Temperaturbewegung kT bei Zimmertemperatur, die etwa 600 cal/Mol ausmacht. Aus der Tatsache, daß bei anderen Molekülen die tiefsten Eigenschwingungen eher höher als tiefer liegen, kann man schließen, daß kleinere Deformationsenergien nicht vorkommen. Berechnet man in entsprechender Weise die Energien, die zur Verschiebung der Kerne in der Valenzrichtung nötig sind, so ergeben sich bereits für Verschiebungen von 0,1 Å, wie Tabelle 19 zeigt, 10—20mal größere Energiebeträge, als sie zur gleichen Verschiebung senkrecht zur Valenzrichtung oder zu einer Winkeldeformation von etwa 5^0 erforderlich sind. Die Abstände der Kerne in den Molekülen sind also außerordentlich fest und lassen sich nicht merklich durch die Anziehungs- und Abstoßungskräfte zwischen benachbarten, nicht direkt gebundenen Atomen und Atomgruppen verändern. Wir dürfen daher schließen, daß beim Einbau eines freien Moleküls in ein Molekülgitter, das ja durch VAN DER WAALSsche Kräfte zusammengehalten wird, die Kernabstände konstant bleiben. Dagegen mögen die Valenzwinkel im Gitter sowie schon beim freien Molekül infolge der VAN DER WAALSschen Kräfte zwischen den Atomen kleinen Änderungen bis zu etwa 10^0, in Ausnahmefällen bis zu 20^0, unterliegen. Auch die Energie der Temperaturbewegung, etwa die Schwingungs- oder Rotationsenergie einer um eine Valenzrichtung drehbaren Gruppe vermag die Winkel ein wenig zu deformieren.

Die Stabilität und physikalische Realität der Valenzwinkel läßt sich heute auch auf Grund des quantenmechanischen Molekülmodells verstehen. Nach PAULING und SLATER besitzt nämlich z. B. bei einem dreiatomigen Molekül, dessen Mittelatom mit zwei p-Elektronen an der Bindung beteiligt ist, die potentielle Energie ein Minimum, die Dissoziationsarbeit ein Maximum, wenn die

beiden Bindungen einen Winkel von 90^0 miteinander einschließen
(vgl. § 3). Ändert man jedoch diesen Winkel, so wird die Energie
sehr rasch größer. Abweichungen vom Normalwert des Winkels
sind also auf zusätzliche, d. h. auf die VAN DER WAALSschen
Kräfte zwischen den nicht direkt gebundenen Atomen zurückzuführen. EYRING[1] hat für das Wassermolekül das Potential der
einzelnen Kräfte berechnet und gezeigt, daß schon bei der 90^0-Lage,
wo der Abstand H—H nur 1,38 Å beträgt, das Abstoßungspotential
der H-Atome so groß ist, daß eine beträchtliche Spreizung des
Valenzwinkels zu erwarten ist. Eine Verkleinerung des Winkels
ist jedenfalls ausgeschlossen. Quantitative Ergebnisse kann man
natürlich von solchen Rechnungen vorläufig nicht erwarten.

Im Methyläther kann wegen der stärkeren Abstoßung zwischen
den CH_3-Gruppen der Winkel etwas größer werden. Dagegen ist
unseres Erachtens beim Äthyläther keine weitere Vergrößerung
zu erwarten, da die endständigen CH_3-Gruppen wegen der Drehbarkeit um die C—C-Richtung ausweichen können. Der Gang
der elektrischen Momente in der Ätherreihe spricht jedenfalls
nicht gegen diese Ansicht (s. § 18).

Vom theoretischen Standpunkt aus ist jedenfalls sowohl beim
Sauerstoff- und Schwefelstoffatom wie beim Stickstoffatom der
90^0-Winkel als Normalwert anzusehen (s. § 3). Infolge der Abstoßung zwischen den an das zentrale O-, S- oder N-Atom gebundenen Atomen (z. B. den H-Atomen im H_2O), häufig auch infolge der Abstoßung zwischen den Bindungsmomenten ist dieser
Winkel aber immer etwas größer. Soweit quantitative Messungen
vorhanden sind, liegen die Winkel immer um 110^0 herum, so daß
wir den 110^0-Winkel beim Sauerstoff- und Stickstoffatom als einen
praktischen, aber nicht als einen *theoretisch* begründeten Mittelwert ansehen können.

Auf klassischer Grundlage läßt sich die Konstanz der Valenzwinkel in den verschiedenen Verbindungen nicht verstehen. Betrachtet man z. B. ein aus drei polarisierbaren Ionen aufgebautes
Molekül, so ist seine Struktur und die Größe des Valenzwinkels,
wie HEISENBERG[2] und HUND[3] gezeigt haben, durch die Polarisierbarkeiten der Atome und durch die Abstände bestimmt. Auf
dieser Grundlage ergibt sich zwar die gewinkelte Struktur des

---

[1] EYRING, H.: J. Amer. chem. Soc. Bd. 54 (1932) S. 3191.
[2] HEISENBERG, W.: Z. Physik Bd. 26 (1924) S. 196.
[3] HUND, F.: Z. Physik Bd. 31 (1925) S. 81.

H_2O und beim NH_3 die Pyramidengestalt. Dagegen kann man z. B. nicht einsehen, wie im unsymmetrischen Methylenchlorid CH_2Cl_2 und Chloroform $CHCl_3$ der Winkel am C-Atom ziemlich derselbe wie im symmetrischen Methan CH_4 ist[1] (die geringen Abweichungen im CH_2Cl_2 und $CHCl_3$ vom idealen Tetraederwinkel erklären sich zwanglos durch die Abstoßung zwischen den Chloratomen [vgl. § 10]). Diese physikalisch bewiesene Tatsache zeigt klar, daß die Winkel in erster Linie durch die Stabilität des Valenzwinkelgerüstes, also durch eine Eigenschaft des vierwertigen Kohlenstoffatoms bestimmt sind und daß die Wechselwirkungen zwischen den Außenatomen nur kleine Abweichungen vom Normalwert verursachen können (vgl. § 3).

§ 14. Innermolekulares Potential, freie Drehbarkeit und ausgezeichnete Strukturen eines Moleküls.

Eines der physikalisch interessantesten Probleme bei der Erforschung der Struktur eines Moleküls ist zur Zeit die Frage nach der Drehbarkeit von Gruppen um die Richtung des Valenzstrichs der einfachen Bindung, also die Frage, ob solche Gruppen gleichförmig oder ungleichförmig rotieren oder ob bestimmte, besonders stabile Gleichgewichtslagen vorhanden sind, um die nur noch Torsions- oder Drillungsschwingungen stattfinden. Die Hypothese von der „*freien Drehbarkeit*" ist ursprünglich zur Erklärung der Zahl der beobachteten Isomeriefälle aufgestellt worden, ohne daß man auf Grund chemischer Erfahrungen in der Lage gewesen wäre, näheres über die Art der Drehbarkeit auszusagen[2]. Das ist erst mit Hilfe von Untersuchungen des elektrischen Moments, der KERR-Konstanten, der optischen Aktivität und der spezifischen Wärmen, sowie von Röntgen- und Elektroneninterferenzen[3] und außerdem auf Grund unserer heutigen Kenntnisse von den innermolekularen Kräften möglich geworden. Über die Aufhebung der Drehbarkeit bei der C=C-Doppelbindung vgl. das weiter unten beim Dichloräthylen Gesagte.

---

[1] Wenn das C-Atom anstatt Tetraedersymmetrie Kugelsymmetrie hätte, würde mit so verschiedenen Substituenten ein ganz unsymmetrisches Molekül entstehen.

[2] Vgl. etwa W. HÜCKEL: Theoretische Grundlagen der organischen Chemie, Bd. 1. Leipzig 1931.

[3] Vgl. K. L. WOLF: Leipziger Vorträge, 1931 S. 1; ferner W. BODENHEIMER. Diss. Kiel 1932.

Aus theoretischen Gründen — und die Erfahrung spricht nirgends dagegen — sind bei der einfachen Bindung die Ladungsverteilung und damit auch die Kräfte als um die Valenzrichtung rotationssymmetrisch anzunehmen. Daraus folgt, daß etwa im Äthanmolekül (s. Abb. 38), die beiden CH_3-Gruppen zunächst ohne Energieaufwand gegeneinander um die C—C-Richtung als Achse gedreht werden können. Erst infolge der VAN DER WAALS-schen Kräfte zwischen den H-Atomen der beiden Gruppen (vgl. § 2) können Energieunterschiede bei der Drehung auftreten, die zu bestimmten stabilen Lagen kleinster potentieller Energie führen. Solange nun die Energie der Temperaturbewegung kT klein gegen die Unterschiede in der potentiellen Energie ist, werden die CH_3-Gruppen um diese Gleichgewichtslagen Schwingungen ausführen. Mit steigender Temperatur werden diese Schwingungen in eine ungleichförmige und im Grenzfall unendlich hoher Temperaturen in eine gleichförmige Rotation übergehen.

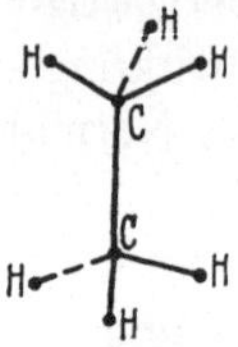

Abb. 38.
Äthan.

Bei Äthanderivaten vom Typus β—C—C—β können drei, möglicherweise auch mehr Potentialminima auftreten, die im allgemeinen verschieden tief sein werden und die durch verhältnismäßig niedere Potentialberge von höchstens einigen kcal/Mol getrennt sind. Die Verteilung über die einzelnen isomeren Formen ist dann durch die Energieunterschiede zwischen den einzelnen Konfigurationen kleinster potentieller Energie gegeben (im einfachsten Fall zweier Minima ist nach dem Energieverteilungssatz $\frac{N_1}{N_2} = e^{-\frac{\Delta U}{kT}}$). Die Energiemaxima zwischen den einzelnen Potentialmulden bestimmen dagegen die Einstelldauer des Gleichgewichts. Je höher die Maxima bzw. je tiefer die Temperatur, um so eher lassen sich die einzelnen Isomeren getrennt darstellen und um so beständiger sind sie. In Anbetracht des kleinen Potentials der VAN DER WAALSschen Kräfte wird sich bei diesen Äthanderivaten schon bei Zimmertemperatur rasch das Gleichgewicht zwischen den einzelnen Isomeren einstellen, so daß diese nicht ohne weiteres getrennt werden können. Sie sind auch chemisch nicht nachgewiesen. Wir bezeichnen diese Isomeren mit WOLF[1] als *Rotationsisomere*, da sie sich bei sonst gleichem Bau

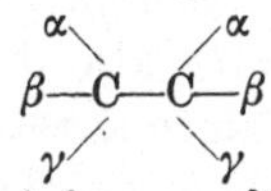

---

[1] WOLF, K. L.: Leipziger Vorträge, 1931 S. 1.

nur durch die verschiedenen Azimute beider Molekülhälften gegeneinander unterscheiden. Ihre Existenz läßt sich teils aus Messungen des elektrischen Moments (s. § 19), teils aus der Temperatur- und Konzentrationsabhängigkeit der optischen Drehung sehr wahrscheinlich machen[1].

Die mit Hilfe der weiter oben genannten experimentellen Methoden gewonnenen Ergebnisse sund sehr lückenhaft. So kann man z. B. häufig nicht entscheiden, ob freie Drehbarkeit oder ein Gemenge aus mehreren Rotationsisomeren vorliegt. Daraus erhellt die Wichtigkeit aller Versuche, das Potential aus den innermolekularen Kräften zu berechnen oder wenigstens abzuschätzen bzw., wo das nicht möglich ist, es auf empirischem Wege unabhängig von den obigen Methoden zu bestimmen.

Besonders eingehend sind in dieser Richtung das Äthan und das Dichloräthan behandelt worden. Eyring[2] hat mit Hilfe des theoretisch bekannten Potentials zweier gebundener Wasserstoffatome das Potential der sechs H-Atome im Äthan als Funktion des Azimuts berechnet. Das Ergebnis ist in Abb. 39 eingetragen, dabei sind die 0°-, 120°- und 240°-Stellungen solche, in denen die H-Atome gerade übereinander stehen. Der Berechnung ist das Tetraedermodell mit C—C = 1,54 Å und C—H = 1,13 Å zugrunde gelegt. Da das Abstoßungspotential für ein an ein C-Atom gebundenes H-Atom kleiner als das des H-Atoms im H_2-Molekül ist, wie sich aus den verschiedenen Wirkungsradien (vgl. § 7), ergibt, dürfte die von Eyring angegebene Potentialdifferenz ΔU von 350 cal/Mol eine obere Grenze darstellen.

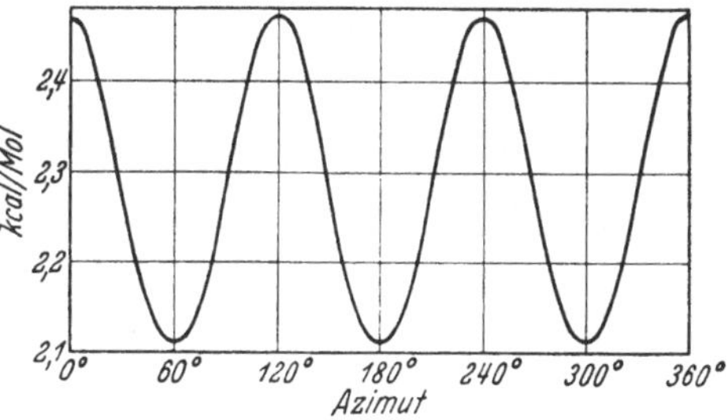

Abb. 39. Innermolekulares Potential des Äthans als Funktion des Azimuts in kcal/Mol. (Nach Eyring).

Somit rotieren schon bei Zimmertemperatur bei einer beträchtlichen Zahl der Moleküle die CH_3-Gruppen mit einer Energie

---

[1] Wolf, K. L.: Trans. Faraday Soc., Lond. Bd. 26 (1930) S. 315 u. 351. Weissberger, A. u. R. Sängewald: Z. physik. Chem. Abt. B Bd. 9 (1930) S. 133, Bd. 12 (1931) S. 1399. — Wolf, K. L. u. W. Bodenheimer: Z. physik. Chem. Abt. B. Bodenstein-Festband (1931) S. 620.
[2] Eyring, H.: J. Amer. chem. Soc. Bd. 54 (1932) S. 3191.

$E > \Delta U$ gegeneinander. In Übereinstimmung mit der EYRING-schen Abschätzung finden EUCKEN und WEIGERT[1] (vgl. § 35) aus dem Verlauf der spezifischen Wärme bei ganz tiefen Temperaturen für die Potentialdifferenz 315 cal/Mol ± 20%. TELLER[2], EUCKEN und WEIGERT[1] berechnen weiterhin die Energiezustände und die Verteilung der Moleküle auf dieselben. Die tiefste Energiestufe füllt die Potentialmulde schon fast zur Hälfte aus (Nullpunkts-energie), während die nächste Stufe bereits beträchtlich darüber liegt. Bei Zimmertemperatur befinden sich 50% der Moleküle im tiefsten Zustande, während 45% mit nur einem Energiequant rotieren.

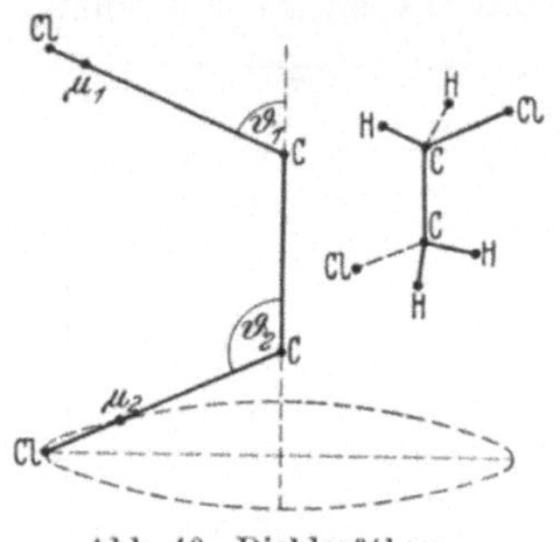

Abb. 40. Dichloräthan.

Dichloräthan $C_2H_4Cl_2$. Das Dichlor-äthan (vgl. Abb. 40) ist von MEYER[3] und später von SMYTH, DORNTE und WILSON[4] eingehend behandelt worden. Leider ist bei diesen Berech-nungen nur das Potential der elektri-schen Momente berücksichtigt, der Dispersions- und Induktionseffekt also vernachlässigt worden. Die Energie hängt natürlich sehr stark von der Lokalisierung der Dipole ab. MEYER bestimmt den Ort eines Bindungsmoments durch folgende Überlegung: Der Schwerpunkt der positiven Ladung einer Bindung ist durch das Verhältnis der nicht durch geschlossene Untergruppen kompensierten Kernladungen bedingt (die selbst gleich der positiven Wertigkeit des betreffenden Atoms sind). Ist ein Atom an mehrere andere gebunden, so kommt jeder Bindung der ihrer Wertigkeit entsprechende Anteil der positiven Ladungsmenge zu. Betrachtet man die Momente als punktförmig, so ist damit auch der Ort des Bindungsmoments festgelegt. Demnach liegt z. B. das Moment der H—Cl-Bindung in $^1/_8$ des Kernabstands beim Chlor (H = 1 +, Cl = 7 +), das von C=O in $^1/_4$ des Abstands beim Sauerstoff, da O mit 6 + und C mit 2 + an dieser Bindung beteiligt ist.

---

[1] EUCKEN, A. u. K. WEIGERT: Z. physik. Chem. Abt. B Bd. 23 (1933) S. 265.

[2] TELLER, E. u. K. WEIGERT: Nachr. Ges. Wiss. Göttingen 1933 Nr. 2 S. 218.

[3] MEYER, L.: Z. physik. Chem. Abt. B Bd. 8 (1930) S. 27.

[4] SMYTH, C. P., R. W. DORNTE u. E. B. WILSON: J. Amer. chem. Soc. Bd. 53 (1931) S. 4242.

Wir geben in Abb. 41 das von SMYTH berechnete Dipolpotential in Erg pro Molekül wieder. Dabei bezieht sich die 0^0-Lage auf die cis-, die 180^0-Lage auf die trans-Stellung. Die Kurve U_1 gilt für den Fall, daß die C—Cl-Momente in $^1/_8$ des Kernabstands beim Chlor liegen, die Kurve U_2 für den Fall, daß sie an der Peripherie des Kohlenstoffatoms sitzen, also um den Bindungsradius $r = 0{,}77$ Å (s. § 12, Tabelle 15), vom Kern des Kohlenstoffatoms entfernt. Wir erkennen aus der Abbildung, daß trotz des großen Unterschiedes in den absoluten Energien die Differenzen zwischen

der cis- und trans-Stellung ziemlich gleich werden, indem $\varDelta U_1 = 13{,}7$ und $\varDelta U_2 = 11{,}7 \cdot 10^{-14}$ Erg ist. Diese Differenzen sind sicher zu klein, da in der cis-Stellung die nur um $2{,}8$ Å auseinanderliegenden Cl-Atome sich sicher stark abstoßen[1]. Da die Energie der Wärmebewegung bei 0^0 C ungefähr $4 \cdot 10^{-14}$ Erg ausmacht, also $k\,T$ sicher

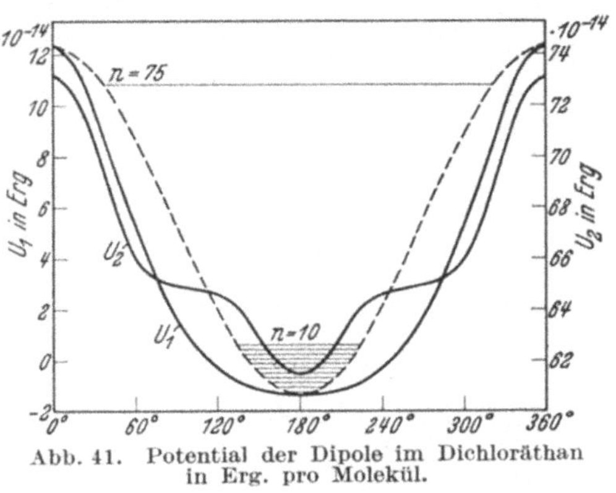

Abb. 41. Potential der Dipole im Dichloräthan in Erg. pro Molekül.

kleiner als $\varDelta U$ ist, haben wir Schwingungen um die trans-Lage mit ziemlich großen Amplituden zu erwarten. Dieses Ergebnis wird auch durch die Röntgen- und Elektroneninterferenzen (s. § 10), sowie durch die Größe und Temperaturabhängigkeit des elektrischen Moments bestätigt (s. § 19). Die Frequenz der Torsionsschwingung für sehr kleine Amplituden oder sehr tiefe Temperaturen ist von der Größenordnung 10 cm^{-1}.

Um eine Vorstellung von der Verteilung der Moleküle über die einzelnen Schwingungszustände zu bekommen, haben SMYTH und seine Mitarbeiter die wirkliche Potentialkurve durch die einfachere Kurve $U = \dfrac{U_0}{r}\,(1 + \cos\varphi)$, in Abb. 41 gestrichelt eingezeichnet, ersetzt und für diese wellenmechanisch die Energiezustände und die Verteilungszahlen berechnet. In Tabelle 20 (S. 94) sind die von ihnen angegebenen Energiewerte und die Besetzungs-

---

[1] Es ist nicht ausgeschlossen, daß eine Berücksichtigung des Dispersionseffektes noch zu weiteren Lagen kleinster potentieller Energie führt.

zahlen für den Fall, daß der tiefste Zustand immer 100 Moleküle enthält, wiedergegeben. Wir erkennen, daß in dem Temperaturbereich von — 50° bis + 50° die Besetzungszahlen, oder klassisch gesprochen, die Amplituden der Schwingung sich merklich ändern, was sich auch in der Temperaturabhängigkeit des elektrischen Moments äußert (s. § 19). Diese Rechnungen haben natürlich nur qualitative Bedeutung.

Äthylenderivate. Bei der Kohlenstoffdoppelbindung ist die Drehbarkeit um die C=C-Richtung aufgehoben. Das ergibt sich aus der Tatsache, daß sich hier sehr stabile Formen, die cis- und trans-Form isolieren lassen, die sich bei gewöhnlicher Temperatur praktisch nicht ineinander umlagern.

Tabelle 20.

Energie-zustand	Energie in $\cdot 10^{-14}$ Erg.	Zahl der Moleküle	
		für 223° abs.	für 323° abs.
0	0,09	100	100
1	0,28	94	96
2	0,47	89	92
3	0,66	83	88
4	0,84	78	85
5	1,03	74	81
6	1,22	69	78
7	1,41	65	75
8	1,59	61	71
9	1,78	58	68
10	1,96	54	66
20	3,76	30	44
30	5,47	17	30
40	7,12	10	20
75	12,18	2	6

Die Energie als Funktion des Azimuts des Drehwinkels muß also ein sehr hohes Maximum besitzen. Diese Stabilität gegen Verdrehungen, die im übrigen von den Substituenten abhängt (vgl. § 3), läßt sich auch theoretisch verstehen und sogar näherungsweise berechnen (vgl. § 3).

Aus Röntgen- und Elektroneninterferenzen, sowie aus Momentmessungen folgt, daß das Äthylen und seine Derivate eben gebaut sind. Die quantitativen Angaben über die Stabilität dieser ebenen Konfigurationen gegen Verdrehungen um die C=C-Richtung sind sehr lückenhaft. Höjendahl[1] schließt aus der Geschwindigkeit der thermischen Umsetzung, daß bei der Umwandlung von Fumar- in Maleïnsäure ein Energieberg von 15,8 kcal-Mol zu überwinden ist. Beim Äthylen ist ferner aus Messungen der spezifischen Wärme die Frequenz der Torsionsschwingung bekannt. Sie liegt ziemlich hoch, nämlich ungefähr bei 750 cm^{-1}, was ebenfalls auf eine beträchtliche Stabilität hinweist (siehe § 35).

---

[1] Höjendahl, Chr.: J. physik. Chem. Bd. 28 (1924) S. 758.

Uns interessiert hier vor allem die Frage, welche von den beiden isomeren Formen die stabilere ist. Der Chemiker nimmt im allgemeinen an, daß die trans-Form die energieärmere, also die thermodynamisch stabilere ist und unterscheidet mitunter mangels anderer Hilfsmittel auf diese Weise die cis- und trans-Form. Dieses Kriterium ist aber unbrauchbar, da die Stabilität von der Wechselwirkungsenergie der Substituenten, dem innermolekularen Potentiale, abhängt. Tatsächlich zeigen auch Untersuchungen von Ebert und Büll[1] am Gleichgewichtsgemisch der

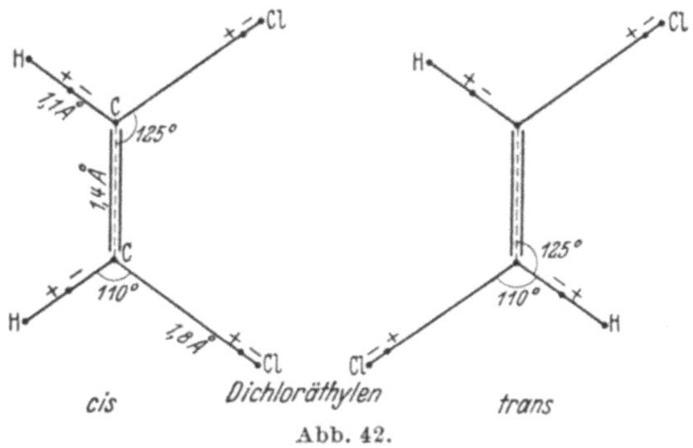

Abb. 42.

beiden Dichloräthylene im Dampfzustand bei 300° C, daß die cis-Form überwiegt. Bei der genannten Temperatur sind 63 % cis- und 37 % trans-Moleküle vorhanden[2]. Es ist also hier die cis-Form die stabilere, während bei anderen Äthylenderivaten mit Substituenten wie COOH, Fumar und Maleïnsäure, oder C_6H_5, Zimtsäure, die trans-Konfiguration sich als die stabilere erweist.

Stuart[3] hat gezeigt, daß man durch eine Abschätzung des innermolekularen Potentials diese Verhältnisse, insbesondere bei den Dichloräthylenen (s. Abb. 42) richtig wiedergeben kann. Im Gegensatz zum Dichloräthan darf hier der Induktionseffekt nicht vernachlässigt werden, der wegen der starken Polarisierbarkeit der C=C-Bindung die cis-Form merklich stabilisiert. Die zur Berechnung nötige Molekularrefraktion der Doppelbindung setzen

---

[1] Ebert u. Büll: Z. physik. Chem. Abt. A Bd. 152 (1931) S. 451.

[2] Da die beiden Molekülformen sich durch ihr elektrisches Moment unterscheiden, ist eine Analyse auf Grund von DK-Messungen möglich (vgl. § 20).

[3] Stuart, H. A.: Physik. Z. Bd. 32 (1931) S. 793.

wir im Sinne von FAJANS und KNORR[1] gleich der Molekularrefraktion des Äthylens, vermindert um das Vierfache der Refraktion einer C—H-Bindung, d. h. gleich $R_{C_2H_4} - R_{CH_4} = 11,1 - 6,8 = 4,3$ ccm. Die Polarisierbarkeit der C=C-Bindung ergibt sich dann zu $17,5 \cdot 10^{-25}$. Ferner wird so gerechnet, als ob alle Elektronen, die zur Polarisierbarkeit der C=C-Bindung beitragen, in der Mitte zwischen den beiden C-Atomen lokalisiert wären. Der Ort des C—Cl-Moments wird wie beim Dichloräthan in $^1/_8$ des Abstandes C—Cl beim Cl-Atom angenommen. Mit den bekannten Atomabständen und mit einem Winkel C=C—Cl von 125^0 ergeben sich dann die in Tabelle 21 aufgeführten Energiewerte in Erg pro Molekül. Es zeigt sich also, daß tatsächlich die cis-Form die energieärmere Form ist, und daß der Unterschied rechnerisch 1150 cal/Mol ausmacht, während EBERT 530 ∓ 30 cal/Mol findet[2]. Die Übereinstimmung ist so gut, als man sie in Anbetracht der Idealisierung unseres Modells erwarten darf.

Tabelle 21.

Abstand Cl—Cl in Å	Wechselwirkungsenergie in 10^{-14} Erg			Gesamt-energie
	Dipoleffekt	Induktions-effekt	Dispersions-effekt	
cis 3,6	+ 8,4	— 7,7	— 4,8	— 4,1
trans 4,6	+ 4,9	— 0	— 1,1	+ 3,8

Daß im Gegensatz zu den Dichloräthylenen beim Dichloräthan, wie wir oben gesehen haben, die trans-Form die stabilere ist, liegt einmal an der geringeren Polarisierbarkeit der C—C-Bindung und ferner an der Abstoßung der Chloratome in der cis-Stellung, Abstand Cl—Cl = 2,8 Å, während er im Dichloräthylen 3,5 Å beträgt (vgl. die Wirkungsradien in Tabelle 6, § 7).

Bei der Fumar- und Maleïnsäure COOH · H · C = C · H · COOH sind wegen der Drehbarkeit der COOH-Gruppe um die C—C-Bindung und der des H-Atoms der OH-Gruppe um die C—O-Richtung alle möglichen Konfigurationen denkbar, von denen wir bei der Maleïnsäure zwei ebene Formen, die wir als die cis-a- und die cis-b-Form bezeichnen wollen (s. Abb. 43), herausgreifen. Die cis-a-Form ist sicher unmöglich, da die beiden Sauerstoffatome, deren Abstand hier nur noch etwa 1,4 Å beträgt, sich außer-

---

[1] FAJANS, K. u. C. A. KNORR: Chem. Ber. Bd. 59 (1926) S. 256.
[2] EBERT, L.: Briefliche Mitteilung.

ordentlich stark abstoßen müssen (vgl. dazu die Angaben über die Wirkungssphären in § 7, Tabelle 6). Dazu kommt noch die elektrostatische Abstoßung, vor allem der $\overset{+}{C}=\overset{-}{O}$- und $\overset{-}{O}$—$\overset{+}{H}$-Momente. Die Form cis-b ist schon eher möglich, weil hier die Sauerstoffatome einen Abstand besitzen, der ungefähr dem Abstand im Minimum der potentiellen Energie d_0 entspricht. Wegen der Anziehung der $\overset{-}{O}$—$\overset{+}{H}$- und $\overset{+}{C}=\overset{-}{O}$-Momente ist anzunehmen, daß das H-Atom immer möglichst nahe beim O-Atom festgehalten,

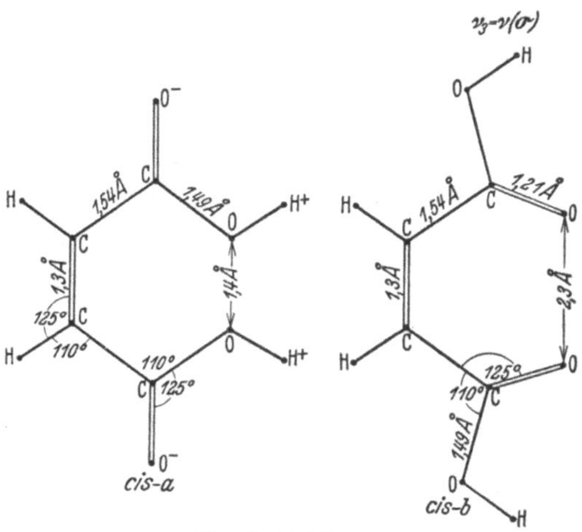

Abb. 43. Maleïnsäure.

seine Drehbarkeit also ebenfalls stark eingeschränkt wird. Da auch in cis-b die C=O-Momente sich noch merklich abstoßen, dürfte die stabilste Lage eine solche sein, in der die COOH-Gruppe aus der Zeichenebene herausgedreht ist. Bei der Fumarsäure ist wegen der größeren Abstände eine ziemlich unbehinderte Drehbarkeit der COOH-Gruppe als Ganzes zu erwarten. Eine systematische Untersuchung, ob insbesondere nicht die Maleïnsäure in mehreren energetisch wenig verschiedenen isomeren Formen vorkommt, wäre sehr interessant.

Bei den Zimtsäuren, $C_6H_5 \cdot H \cdot C = C \cdot H \cdot COOH$ sind außer der trans-Form drei verschiedene cis-Formen bekannt, die sich allerdings nur im festen Zustande trennen lassen, und die bei 42^0, 58^0 bzw. 68^0 schmelzen. Beim Schmelzen, sowie in den meisten Lösungen ergeben alle drei Formen das gleiche Produkt, wie sich

z. B. aus der Gleichheit der elektrischen Momente[1] ergibt. Wir möchten annehmen, daß die drei cis-Formen auf einer verschiedenen räumlichen Anordnung der drehbaren Gruppen beruhen, also auf einer Rotationsisomerie, die dann zu verschiedenen Kristallgittern führt. In der Flüssigkeit werden wohl alle drei Formen gleichzeitig vorhanden sein. Ihre Isolierung ist nur deshalb nicht möglich, weil wegen der kleinen Potentialschwellen zwischen den drei Lagen kleinster potentieller Energie die drei Formen sich sehr rasch ineinander umwandeln[2], so daß wir immer ein temperaturabhängiges Gleichgewicht vor uns haben[3].

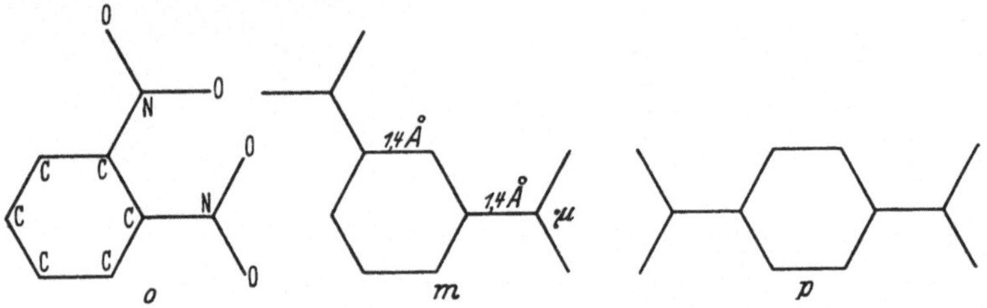

Abb. 44. o-, m- und p-Dinitrobenzol.

Solche Berechnungen bzw. Abschätzungen des innermolekularen Potentials sind vorläufig nur in besonders einfachen Fällen möglich. Es ist jedoch möglich, dasselbe auch aus empirischen Daten abzuleiten. Dazu eignen sich, wie STUART[4] zeigen konnte, besonders die Verbrennungswärmen bestimmter Verbindungen. Betrachten wir z. B. die drei isomeren Dinitrobenzole, Ortho-, Meta- und Paradinitrobenzol (s. Abb. 44). Die Bindungsenergien hängen natürlich von den am gleichen C-Atom angreifenden Bindungen ab[5], dagegen nicht mehr von den weiter entfernten. Da nun überall am entsprechenden C-Atom dieselben Bindungen angreifen, muß die Summe der Bindungsenergien bei allen drei Isomeren die gleiche sein. Wenn wir daher Energieunterschiede

---

[1] Nach einer mündlichen Mitteilung von Herrn Prof. EISENLOHR, Königsberg.

[2] Infolge der Kräfte zwischen benachbarten Molekülen werden sich vermutlich im *geordneten* kristallinen Zustande die isomeren Formen gegenseitig stabilisieren.

[3] Durch eine Messung des elektrischen Moments unmittelbar nach dem Schmelzen ließe sich diese Vermutung eventuell nachprüfen.

[4] STUART, H. A.: Physic. Rev. Bd. 38 (1931) S. 1372.

[5] Es besteht also ein Unterschied zwischen der Energie der aliphatischen und aromatischen C—N-Bindung.

oder Unterschiede in den Verbrennungswärmen[1] beobachten, müssen diese von den Unterschieden im Potential zwischen den beiden NO_2-Substituenten herrühren. Man darf ferner annehmen, daß, wenn wir nacheinander in einen Benzolring mehrere Substituenten einführen, die zur Substitution einer bestimmten Gruppe nötige Energie unabhängig von der Gegenwart anderer Substituenten ist, solange nur das innermolekulare Potential zwischen den Substituenten vernachlässigt werden kann (Regel von der Additivität der Verbrennungswärmen). Die Differenzen zwischen den so additiv berechneten Verbrennungswärmen und den direkt beobachteten sind also direkt gleich dem innermolekularen Potential der Substituenten. Die Richtigkeit dieser Behauptung läßt sich teils qualitativ, teils quantitativ an einer Reihe von Mono- und Diderivaten beweisen. Wir geben in Tabelle 22 die von STUART aus den VAN DER WAALSschen Kräften direkt berechneten[2], Spalten 2—6, sowie die aus den Verbrennungswärmen abgeleiteten innermolekularen Potentiale von disubstituierten Benzolen wieder. Von besonderem Einfluß auf das innermolekulare Potential ist die Induktion des Ringes. Führt man z. B. eine NO_2-Gruppe in den Benzolring ein, so erzeugt das elektrische Moment am Orte der sechs aromatischen C—C-Bindungen ein elektrisches Feld, das diese Bindungen polarisiert und es resultiert eine beträchtliche Anziehungsenergie von 7,9 kcal/Mol. Führt man jetzt eine zweite NO_2-Gruppe ein, etwa in m-Stellung, so hat man das von beiden elektrischen Momenten erzeugte resultierende Feld am Orte aller C—C-Bindungen zu berechnen, und findet so als Anziehungsenergie — 11,3 kcal/Mol, d. h. also 4,5 kcal/Mol weniger als die Summe des Induktionseffektes (15,8 kcal/Mol) für zwei einzelne Substituenten, wenn diese den Ring unabhängig voneinander polarisieren würden. Dieser verminderte Induktionseffekt bedeutet also eine Erhöhung der Gesamtenergie oder der Verbrennungswärme, entspricht daher einer Abstoßung, also positives Vorzeichen. In Spalte 7 stehen die beobachteten innermolekularen

---

[1] Da es sich um freie Moleküle handelt, sind hier natürlich die auf das Gas bezogenen Verbrennungswärmen zu benutzen, die man erhält, wenn man zur Verbrennungswärme der Flüssigkeit oder des Kristalls die Verdampfungs- bzw. die Sublimationswärme addiert.

[2] Der Berechnung liegen die in § 2 mitgeteilten Formeln zugrunde. Wegen der für die Kernabstände, Polarisierbarkeiten, Ionisierungspotentiale benutzten Zahlen und wegen der Lokalisierung der Momente vgl. man die Originalarbeit.

Potentiale, d. h. die Differenzen zwischen den beobachteten und den nach der Additivitätsregel berechneten Verbrennungswärmen.

Wie ein Blick auf Tabelle 22 zeigt, stimmen bei allen p- und m-Verbindungen die beobachteten Energieunterschiede und die berechneten innermolekularen Potentiale innerhalb einer kcal/Mol überein. Wir sind daher berechtigt, die bei Verbrennungswärmen beobachteten Abweichungen von der Additivitätsregel durch das innermolekulare Potential der Substituenten zu erklären.

Tabelle 22. Innermolekulares Potential von Benzolderivaten in kcal/Mol.

Stoff	Dipol-effekt	Disper-sions-effekt	Induktion der Sub-stituenten	Induktion des Ringes	Gesamtes inner-molekulares Potential		Abstoßungs-potential
					berechnet	beobachtet	
p-Dinitrobenzol . . .	+ 1,6	0	0	+ 3,1	+ 4,7	+ 5,3	0
m-Dinitrobenzol . . .	+ 1,8	0	0	+ 4,5	+ 6,3	+ 5,5	0
o-Dinitrobenzol . . .	+ 7,7	— 1,9	— 1,0	+ 0,7	+ 5,5	+ 12,8	+ 7,3
1,3,5-Trinitrobenzol . .	+ 5,3	0	0	+ 12,8	+ 18,1	+ 17,1	0
1,2,4-Trinitrobenzol . .	+ 10,8	— 1,9	— 1,0	+ 8,6	+ 16,5	+ 24,6	+ 8,1
p-Fluornitrobenzol . .	+ 0,5	0	0	+ 1,2	+ 1,7	+ 1,5	0
m-Fluornitrobenzol . .	+ 0,8	0	0	+ 1,9	+ 2,7	+ 2,5	0
o-Fluirnitrobenzol . .	+ 3,2	— 1,7	— 0,2	+ 0,9	+ 3,2	+ 3,5	+ 0,3
p-Nitrotoluol	— 0,1	0	0	0	— 0,1	— 0,2	0
m-Nitrotoluol	— 0,1	0	0	0	— 0,1	+ 0,8	0
o-Nitrotoluol	— 0,8	— 1,6	— 0,4	0	— 2,8	+ 4,8	+ 7,6
p-Nitroanilin	— 0,6	0	0	— 0,8	— 1,4	— 2,2	0
p-Xylol	0	0	0	0	0	+ 0,5	0
m-Xylol	0	0	0	0	0	+ 1,0	0
o-Xylol	0	— 1,0	0	0	— 1,0	+ 3,5	+ 4,5

Bei o-Verbindungen finden wir durchweg Abweichungen im Sinne eines Abstoßungspotentials. Natürlich ist die Unterlage dieser Rechnung (punktförmiger Dipol) bei o-Derivaten etwas unsicher, denn einmal sind die Abstände sehr klein, und ferner ist das Feld merklich inhomogen. Vor allem kommen aber hier sicher die unbekannten Abstoßungskräfte herein. Es ist also das naheliegendste, diese Abweichungen im wesentlichen als das Potential der Abstoßungskräfte (letzte Spalte) zu deuten. Dafür spricht auch der Umstand, daß dieses Potential mit dem Durchmesser des Substituenten von F bis NO_2 ansteigt. Ferner findet man, was besonders beweisend ist, für 1,2,4-Trinitro- und o-Dinitrobenzol innerhalb der Meßfehler das gleiche Abstoßungspotential.

Beim o-Xylol erhalten wir für das Abstoßungspotential zweier unmittelbar benachbarter CH_3-Gruppen 3 kcal/Mol[1]. Derselbe Wert ergibt sich aus den Verbrennungswärmen von Penta- und Hexamethylbenzol, wo die Abstoßungspotentiale 11,4 bzw. 18 kcal/Mol, also genähert gleich dem vier- bzw. sechsfachen des Abstoßungspotentials für o-Xylol sind. Da hier kein Induktionseffekt in Frage kommt, und da zwischen p- und m-Substituenten kein merkliches Potential besteht, muß z. B. beim $C_6(CH_3)_6$ das Abstoßungspotential zwischen den sechs Gruppen genau das Sechsfache des Abstoßungspotentials zweier CH_3-Gruppen in idealer Orthostellung sein, zumal $C_6(CH_3)_6$ völlig eben ist, vgl. § 10, die Gruppen also einander nicht ausweichen können.

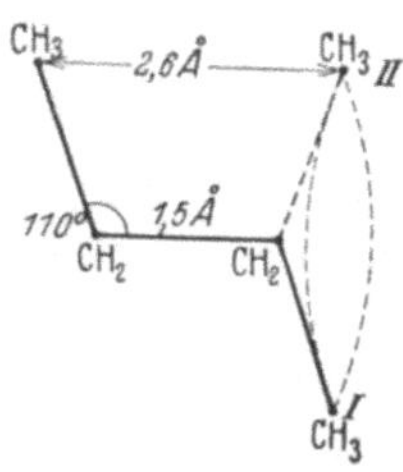

Abb. 45. Butan.

Aus der Tatsache, daß bereits in der idealen Orthostellung, wo die C-Atome der beiden CH_3-Gruppen einen Abstand von 2,9 Å besitzen, das Abstoßungspotential 3 kcal/Mol beträgt, folgt nach STUART[2], daß im *Butan*molekül, wo wegen des kleineren Valenzwinkels am C-Atom dieser Abstand nur noch 2,6 Å beträgt, die Stellung *II* (s. Abb. 45) wegen des entsprechend größeren Abstoßungspotentials ausgeschlossen ist. Die freie Drehbarkeit der CH_3-Gruppe ist also sehr stark eingeschränkt.

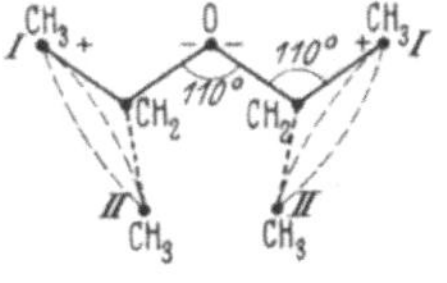

Abb. 46. Diäthyläther.

Ob die Stellung *I* oder eine räumliche Lage besonders stabil ist, läßt sich nicht entscheiden.

Betrachten wir schließlich noch das Äthermolekül (s. Abb. 46), so sieht man nach STUART[2] sofort ein, daß eine Konfiguration mit beiden CH_3-Gruppen in Stellung *II* wegen des enormen Abstoßungspotentials — der Abstand der C-Atome beträgt ja nur noch 1,7 Å — ganz unmöglich ist. Dreht man beide Gruppen gleichzeitig um 90° aus der Stellung *II* heraus, so ist der Abstand immer noch 3,2 Å, wo immer noch eine geringe Abstoßung zu erwarten ist (vgl. § 7). Eine Konfiguration, bei der eine Gruppe in *I* und die andere in *II* steht, erscheint ebenfalls ausgeschlossen,

---

[1] Differenz zwischen den bei o- und p-Xylol beobachteten Verbrennungswärmen, die natürlich genauer ist, als die Differenz zwischen dem bei o-Xylol berechneten und beobachteten innermolekularen Potential.

[2] STUART, H. A.: l. c.

weil wir hier zwischen der einen CH_2-Gruppe und der auf der anderen Seite sitzenden CH_3-Gruppe ähnliche Verhältnisse wie beim Butan vor uns haben: Abstand $\sim 2,6$ Å. Dasselbe gilt für Diäthylketon (s. § 29, Abb. 87).

Andererseits dürfte eine Konfiguration mit beiden CH_3-Gruppen in I infolge des elektrostatischen Potentials zwischen den $\overset{+}{C}\text{—}\overset{-}{O}$- und den $\overset{-}{C}\text{—}\overset{+}{H}$-Momenten etwas stabil sein, $U \sim \dfrac{kT}{2}$. Wir erwarten daher, daß beim Äthermolekül die beiden CH_3-Gruppen um die Stellungen I mit einer Amplitude von etwa 70^0 schwingen. Dieses Resultat ist in bester Übereinstimmung mit den Ergebnissen, die sich aus dem Verlauf der elektrischen Momente in der Ätherreihe (s. § 18), sowie aus der KERR-Konstante (s. § 29) ableiten lassen.

Diese Beispiele zeigen, wie nützlich Messungen der Verbrennungswärmen bei Fragen nach dem innermolekularen Potential und der freien Drehbarkeit sein können. Leider fehlt es vorläufig fast durchweg an den erforderlichen genauen Daten. Würde man die Verbrennungswärmen anderer Verbindungen etwa der CH_3- und Cl-Derivate von Methan, Äthan, Äthylen und Benzol genauer kennen, so würde man sehr eingehende Schlüsse auf das Potential zwischen den einzelnen Substituenten als Funktion ihrer Entfernung und gegenseitigen Orientierung ziehen können. Auch ein ganz anderes Problem, nämlich die Frage, wieweit die für eine bestimmte Bindung charakteristischen Bindungsenergien durch die am gleichen Atom angreifenden Bindungen beeinflußt werden, ließe sich hier mit Erfolg bearbeiten.

Fünftes Kapitel.

Elektrisches Moment und Molekülstruktur[1].

§ 15. Dielektrizitätskonstante, Molekularpolarisation und elektrisches Moment.

Den ersten Versuch, aus der Dielektrizitätskonstante eines Stoffes auf bestimmte Eigenschaften der einzelnen Atome und Moleküle zu schließen, stellt die alte Theorie von CLAUSIUS-

---

[1] Vgl. dazu auch die zusammenfassenden Darstellungen: DEBYE, P. u. H. SACK: Handbuch der Radiologie, 2. Aufl., Bd. 6/2 S. 69f. Leipzig 1934. — DEBYE, P.: Polare Molekeln. Leipzig 1929. — ESTERMANN, J.: Erg.

MOSOTTI[1] dar, welche die Moleküle eines isolierenden Mediums als vollkommen leitende, durch isolierende Zwischenräume, das Vakuum, getrennte Kugeln betrachtete. Auf dieser Grundlage gelang es, das Eigenvolumen der Moleküle mit der Dielektrizitätskonstante des Mediums zu verknüpfen[2]. Dieses Bild einer leitenden Kugel entspricht natürlich nicht mehr unseren heutigen Kenntnissen vom Aufbau der Moleküle und so sind die Elektronentheorie des Dielektrikums und die DEBYEsche Dipoltheorie an die Stelle dieser ältesten molekularen Theorie getreten.

Die Elektronentheorie betrachtet die Moleküle eines Dielektrikums als neutrale Systeme von positiven und negativen Ladungen, die durch quasielastische Kräfte an ihre Ruhelagen gebunden sind und deren Schwerpunkte zunächst zusammenfallen mögen. Bringt man ein solches Molekül in ein elektrisches Feld, so wird es *polarisiert*, d. h. der Schwerpunkt der positiven Ladungen wird in der Feldrichtung, der der negativen Ladungen in der entgegengesetzten Richtung verschoben, das Molekül erhält ein *induziertes* elektrisches Moment

$$\mu_1 = \alpha \cdot \mathfrak{F} , \tag{1}$$

wo α also das vom Felde 1 [in elektrostatischen Einheiten (e. s. E.) gemessen] im Molekül induzierte elektrische Moment oder die molekulare *Polarisierbarkeit* darstellt[3]. Die Erfahrung lehrt, daß die Größe α bis zu sehr hohen Feldern (einige Hundert e. s. E.) konstant

---

exakt. Naturwiss. Bd. 8 (1929) S. 258. — SACK, H.: Erg. exakt. Naturwiss. Bd. 8 (1929) S. 307. — ERRERA, J.: Polarisation dielectrique. Paris 1928. — SMYTH, C. P.: Dielectric Constant and Molecular Structure. New York 1931. — VLECK, J. VAN: Theorie of Electric and Magnetic susceptibilities. Oxford 1932. — WOLF, K. L. u. O. FUCHS: Handbuch der Stereochemie, S. 191. Wien 1932.

[1] CLAUSIUS, R.: Mechanische Wärmetheorie, Bd. 2 (1874) S. 94. — MOSOTTI, O. F.: Mem. di Math. e fis in Modena Bd. 24 II (1850) S. 49.

[2] Nach den Gesetzen der Elektrostatik erhält jede Kugel das induzierte Moment $\alpha \cdot F = r^3 \cdot F$, so daß die Molekularpolarisation (s. weiter unten)

$$P = \frac{\varepsilon - 1}{\varepsilon + 2} \frac{\mu}{\varrho} = \frac{4\pi}{3} r^3 N_L$$

gleichzeitig das Volumen der in einem Mole enthaltenen Moleküle bedeutet und die Polarisierbarkeit des Einzelmoleküls α gleichzeitig dessen Radius ergibt. Die so bestimmten Radien stimmen recht gut mit den gaskinetisch gefundenen überein. So ergibt die obige Gleichung für den Radius des O_2-Moleküls $r = 1{,}17 \cdot 10^{-8}$ cm, während aus der inneren Reibung $r = 1{,}48 \cdot 10^{-8}$ cm folgt.

[3] Streng genommen ist α nur ein Mittelwert über die bei allen möglichen Lagen zum Feld im Molekül induzierten Momente (s. § 21).

ist. Dagegen hängt α von der Lage der Atome, s. § 34, also vom Schwingungszustand des Moleküls ab, so daß die bei gewöhnlicher Temperatur gemessene Polarisierbarkeit sich streng genommen nur auf das hinsichtlich der Kernschwingungen unangeregte Molekül bezieht (vgl. § 16). Sind N-Moleküle im Kubikzentimeter enthalten, so ist das pro Volumeneinheit induzierte elektrische Moment oder die dielektrische Polarisation $\mathfrak{P}$ gegeben durch

$$\mathfrak{P} = N \cdot \alpha \cdot \mathfrak{F}. \tag{2}$$

Nach der MAXWELLschen Theorie des elektrischen Feldes ist $\mathfrak{P}$ weiterhin mit der Dielektrizitätskonstante ε des Mediums durch die Beziehung

$$4\pi\,\mathfrak{P} = (\varepsilon - 1)\,\mathfrak{E} \tag{3}$$

verknüpft[1], wo $\mathfrak{E}$ die *äußere* direkt meßbare Feldstärke bedeutet, die aber im allgemeinen nicht mit der wirklich am Molekül angreifenden *inneren* Feldstärke $\mathfrak{F}$ identisch ist. Diese setzt sich vielmehr aus der äußeren und der von der Polarisation der umgebenden Moleküle herrührenden Zusatzfeldstärke zusammen. Sehen wir von Sättigungserscheinungen ab, die erst bei ganz hohen Feldern auftreten, so ist dieses Zusatzfeld proportional der Polarisation $\mathfrak{P}$. Wir setzen daher

$$\mathfrak{F} = \mathfrak{E} + v \cdot \mathfrak{P}, \tag{4}$$

wo v, die *„Konstante des inneren Feldes"*, ein Maß für den Polarisationszustand der umgebenden Moleküle ist. Die Berechnung von v ist streng nur unter bestimmten Annahmen über die Anordnung der Moleküle sowie über die geometrische Form ihrer Wirkungssphäre und die Anisotropie der Polarisierbarkeit (vgl. § 21) möglich. Für den Fall eines kubischen Kristalls oder für völlig ungeordnete Verteilung der Molekülachsen bei nicht zu großer Dichte berechnet sich $v = \dfrac{4\pi}{3}$, ohne daß weitere Annahmen über die Anisotropie der Polarisierbarkeit nötig wären. Unter diesen Voraussetzungen, die aber streng nur bei Gasen und genähert bei dipollosen Flüssigkeiten (über die Verhältnisse der Flüssigkeiten vgl. § 16) erfüllt sind, erhalten wir dann weiter

$$\mathfrak{F} = \mathfrak{E} + \frac{4\pi}{3}\,\mathfrak{P} = \mathfrak{E}\left(\frac{\varepsilon+2}{3}\right)^{*} \tag{5}$$

---

[1] $\mathfrak{P}$ ist also proportional $\mathfrak{E}$, also $\mathfrak{P} = \varkappa \cdot \mathfrak{E}$, wo $\varkappa = \dfrac{\varepsilon-1}{4\pi}$ die elektrische Suszeptibilität oder das vom Feld 1 im Kubikzentimeter induzierte elektrische Moment bedeutet.

* Für Gase, wo ε praktisch gleich 1 ist, ist $\mathfrak{F} = \mathfrak{E}$.

und mit (2), (3) und (4) die wichtige, die Polarisierbarkeit des Einzelmoleküls mit der Dielektrizitätskonstante des Mediums verknüpfende Beziehung

$$\frac{\varepsilon - 1}{\varepsilon + 2} = \frac{4\pi}{3} N\alpha. \tag{6}$$

Multiplizieren wir links und rechts mit dem Molvolumen (Molekulargewicht M durch Dichte ϱ), so folgt die schon von CLAUSIUS-MOSOTTI angegebene Gleichung

$$\frac{\varepsilon - 1}{\varepsilon + 2} \cdot \frac{M}{\varrho} = \frac{4\pi}{3} N_L \cdot \alpha_\infty = P. \tag{7}$$

Dabei bedeutet N_L die Zahl der Moleküle pro Mol, die LOSCHMIDTsche Zahl. P wird als die *Molekularpolarisation* bezeichnet. α_∞ und P sollen für das statische Feld, also für unendlich lange Wellen gelten.

Betrachtet man dagegen den Fall, daß das Molekül im hochfrequenten Felde einer einfallenden Lichtwelle polarisiert wird, so ist die entsprechende optische Polarisierbarkeit α mit dem Brechungsindex n durch die analoge LORENTZ-LORENZsche Beziehung verknüpft

$$\frac{n^2 - 1}{n^2 + 2} \cdot \frac{M}{\varrho} = \frac{4\pi}{3} N_L \alpha = R. \tag{8}$$

Nach der Dispersionstheorie hängt die *Molekularrefraktion* R mit den Eigenfrequenzen der Elektronen und Atome durch folgende Gleichung zusammen

$$R = \sum_i \frac{A_i}{v_i^2 - v^2}, \tag{9}$$

wo A_i die Stärke des i-ten Absorptionsstreifens bedeutet.

Den Schwingungen des sichtbaren Lichts vermögen nur die Elektronen, deren Eigenschwingungen im Ultravioletten liegen, zu folgen, so daß die Molekularrefraktion im Sichtbaren nur den von der Verschiebung der Elektronen herrührenden Betrag, die *Elektronenpolarisation* P_E mißt. Erst wenn man zu längeren Wellen übergeht, kommt, worauf vor allem EBERT[1] hingewiesen hat, im allgemeinen noch ein von der Verschiebung der schweren geladenen Atome und Atomgruppen herrührender Beitrag, die *Atompolarisation* P_A, hinzu[2]. P_A ist im allgemeinen klein gegen P_E; die

---

[1] EBERT, L.: Z. physik. Chem. Bd. 113 (1925) S. 124, Bd. 114 (1925) S. 430; ferner Leipziger Vorträge, 1929 S. 44.

[2] Dementsprechend können wir die Gleichung (9) auch schreiben

$$R = P_E + P_A = \sum_i \frac{A_{Ei}}{v_{Ei}^2 - v^2} + \sum_i \frac{A_{Ai}}{v_{Ai}^2 - v^2},$$

wo die v_{Ei} die Eigenfrequenzen der Elektronen und die v_{Ai} die der Atome bedeuten.

zugehörigen Eigenschwingungen der Atome liegen im Ultrarot, im allgemeinen zwischen 2μ und 30μ.

Bei Stoffen, für die die MAXWELLsche Beziehung $\varepsilon = n_\infty^2$* erfüllt ist — es sind das, wie wir sehen werden, die dipollosen Stoffe — ist die Gesamtpolarisation durch $P = P_E + P_A$ gegeben, wobei im statischen Falle P_E die Elektronenpolarisation für die Frequenz 0 bedeutet, wie sie sich durch Extrapolation des Brechungsindex im Sichtbaren auf unendlich lange Wellen, also ohne Berücksichtigung der ultraroten Eigenschwingungen, d. h. der zugehörigen Stellen anomaler Dispersion, ergibt.

Nach Gleichung (7) sollte die Molekularpolarisation von der Dichte und von der Temperatur unabhängig sein. Wie die Erfahrung zeigt, ist das tatsächlich bei zahlreichen Stoffen praktisch der Fall. Andererseits gibt es eine große Anzahl von Substanzen, wo systematische Abweichungen, vor allem mit der Temperatur auftreten. Es sind das die Stoffe, die wie z. B. Wasser, eine sehr große Dielektrizitätskonstante, dagegen einen kleinen Brechungsindex besitzen, für die also die MAXWELLsche Beziehung nicht mehr erfüllt ist und für die die Molekularrefraktion viel kleiner als die Molekularpolarisation ist.

DEBYE[1] hat diese Schwierigkeiten durch folgende Erweiterung der Theorie beheben können: Während bei den Stoffen, für die die CLAUSIUS-MOSOTTIsche Beziehung erfüllt ist, die Polarisation des Moleküls nur durch die Verschiebung der Elektronen und Atome hervorgerufen wird, also temperaturunabhängig ist, sollen bei der anderen Gruppe von Substanzen die Moleküle bereits ohne äußeres Feld ein elektrisches Moment, einen festen elektrischen Dipol, besitzen. In diesen Molekülen sollen also schon im unerregten Zustand die Schwerpunkte der positiven und negativen Ladungen nicht zusammenfallen. Ohne Feld heben sich diese Momente wegen der ungeordneten Temperaturbewegung gegenseitig auf. Erst in einem richtenden Feld erfährt das Medium eine zusätzliche Polarisation, da sich die Dipolmoleküle in die Lagen kleinster potentieller Energie, d. h. in die Feldrichtung, einzustellen suchen. Dieser Einstellung wirkt die Wärmebewegung

---

* n_∞ bedeutet den auf unendlich lange Wellen unter Berücksichtigung der ultraroten Eigenschwingungen extrapolierten Brechungsindex.

[1] DEBYE, P.: Physik. Z. Bd. 13 (1912) S. 97; Verh. dtsch. physik. Ges. Bd. 15 (1913) S. 777.

entgegen, so daß sich ein temperaturabhängiges Gleichgewicht, somit ein temperaturabhängiger Beitrag zur *Molekularpolarisation* ergibt[1].

Der Beitrag dieser Orientierungspolarisation läßt sich nach DEBYE mittels der klassischen Statistik wie folgt berechnen.

Nach dem MAXWELL-BOLTZMANNschen Satz ist die Zahl der Moleküle, deren Momentrichtung bei der absoluten Temperatur T in das Raumelement $d\Omega$ fallen (s. Abb. 47) gleich

$$A \cdot e^{-\frac{U}{kT}} \cdot d\Omega, \qquad (10)$$

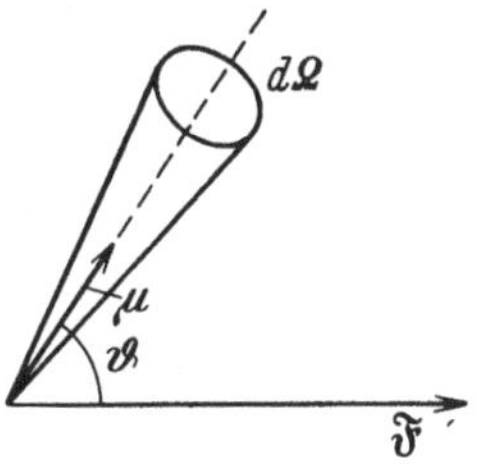

wo A durch die Gesamtzahl der betrachteten Moleküle gegeben ist; k bedeutet die BOLTZMANNsche Konstante und U die potentielle Energie. Ist ϑ der Winkel zwischen der Richtung des Moments und der des elektrischen Feldes $\mathfrak{F}$, so ist

Abb. 47.

$$U = - \mu \cdot F \cdot \cos \vartheta \qquad (11)$$

wenn μ den Wert des festen elektrischen Moments, in e. s. E. gemessen, bedeutet. Jedes Molekül hat in der Richtung des Feldes eine Komponente $\mu \cos \vartheta$, so daß sich für das mittlere Moment $\mathfrak{m}$ in der Richtung von $\mathfrak{F}$ ergibt

$$\overline{\mathfrak{m}} = \frac{\displaystyle\int_0^\pi A \cdot e^{\frac{\mu \cdot F \cdot \cos \vartheta}{kT}} \cdot \mu \cdot \cos \vartheta \, d\Omega}{\displaystyle\int_0^\pi A \cdot e^{\frac{\mu F \cdot \cos \vartheta}{kT}} \cdot d\Omega}, \qquad (12)$$

wobei über alle Richtungen zu integrieren ist. Setzt man $\dfrac{\mu \cdot F}{kT} = x$,

---

[1] Bei einem Wechselfeld ist zu berücksichtigen, daß die Moleküle eine endliche Zeit, *Relaxationszeit*, zur Einstellung benötigen. Bei genügend hohen Frequenzen können sie daher dem Felde nicht mehr folgen und der Beitrag der Dipole zur Gesamtpolarisation verschwindet allmählich. Das kritische Übergangsgebiet liegt bei Flüssigkeiten im allgemeinen in einem Wellenbereich zwischen 10 m und 0,1 cm. Für noch höhere Frequenzen ist also die MAXWELLsche Beziehung $\varepsilon = n^2$ bei allen Stoffen streng erfüllt. Vgl. dazu P. DEBYE: Polare Molekeln. Leipzig 1929. — VLECK, J. VAN: Electric and magnetic susceptibilities, S. 54. Oxford 1932. — WOLF, K. L.: MÜLLER-POUILLETS Lehrbuch der Physik, Bd. 9/3 (1932) S. 701.

so ergibt die Ausrechnung, die wie in der LANGEVINschen Theorie des Paramagnetismus verläuft, $\dfrac{\overline{m}}{\mu} = \mathfrak{Cotg}\, x - \dfrac{1}{x}$ * .

Wenn wir uns auf kleine Felder beschränken ($\mathfrak{F}$ kleiner als einige Tausend Volt/cm)[1], wird x sehr klein, so daß wir genähert $\mathfrak{Cotg}\, x - \dfrac{1}{x} = \dfrac{x}{3}$ setzen können. So wird $\dfrac{\overline{m}}{\mu} = \dfrac{\mu \cdot F}{3 \cdot kT}$ oder

$$\overline{m} = \frac{\mu^2 \cdot F}{3\, k\, T}, \tag{13}$$

d. h. das mittlere Moment in der Feldrichtung ist der Feldstärke und dem Quadrat des festen elektrischen Moments proportional. Somit erhalten wir für die gesamte Molekularpolarisation die Beziehung

$$P = \frac{\varepsilon - 1}{\varepsilon + 2} \cdot \frac{M}{\varrho} = \frac{4\,\pi}{3}\, N_L \left[\alpha_\infty + \frac{\mu^2}{3\, k\, T} \right] = a + \frac{b}{T}. \tag{14}$$

Die Molekularpolarisation setzt sich also aus zwei Teilen, einem temperaturunabhängigen, von der Verschiebung der Elektronen und Atome herrührenden Beitrag $\dfrac{4\,\pi}{3} \cdot N_L \cdot \alpha_\infty = P_E + P_A$, dem optischen Glied, und einem temperaturabhängigen, von der Orientierung der permanenten Momente herrührenden Beitrag $\dfrac{b}{T} = P_0 = \dfrac{4\,\pi}{3}\, N_L \cdot \dfrac{\mu^2}{3\, k\, T}$, dem Dipolglied zusammen, so daß wir für die Gesamtpolarisation erhalten

$$P = P_E + P_A + P_0 = R_\infty + P_0, \tag{15}$$

wo R_∞ die unter Berücksichtigung der ultraroten Eigenschwingungen auf unendlich lange Wellen extrapolierte Molekularrefraktion ist.

Bei der klassischen Ableitung nimmt man eine kontinuierliche Verteilung der Dipolmoleküle über alle möglichen Lagen im Feld an. Nach der Quantentheorie sind natürlich nur noch diskrete Winkel zwischen Dipolachse und Feldrichtung zulässig. Doch ergeben die Quantenmechanik und die Wellenmechanik, wie VAN

---

* $\mathfrak{Cotg}\, x$ bedeutet Cotangens hyperbolicus von x, definiert als

$$\mathfrak{Cotg}\, x = \frac{e^x + e^{-x}}{e^x - e^{-x}}.$$

[1] Sättigungserscheinungen, wie sie bei sehr hohen Feldern auftreten, sind von HERWEG [Z. Physik. Bd. 21 (1920) S. 572], von KAUTZSCH [Physik. Z. Bd. 29 (1928) S. 105] und von MALSCH [Physik. Z. Bd. 29 (1928) S. 770, Bd. 30 (1929) S. 837] beobachtet worden.

VLECK und andere Autoren[1] gezeigt haben, genau dasselbe Ergebnis, allerdings mit einem prinzipiellen, aber praktisch bedeutungslosen Unterschied. Nach dieser Theorie gilt nämlich die DEBYEsche Formel nur für den Grenzfall hoher Temperaturen, bei denen kT groß gegen die Energieunterschiede der Rotationszustände ist[2]. Diese Bedingung ist aber praktisch in allen Fällen erfüllt. Abweichungen sind nur bei extrem tiefen Temperaturen und bei Dipolmolekülen mit besonders kleinem Trägheitsmoment zu erwarten. Um z. B. beim HCl, das von allen Dipolmolekülen das kleinste Trägheitsmoment besitzt, eine Abweichung von 5% zu finden,

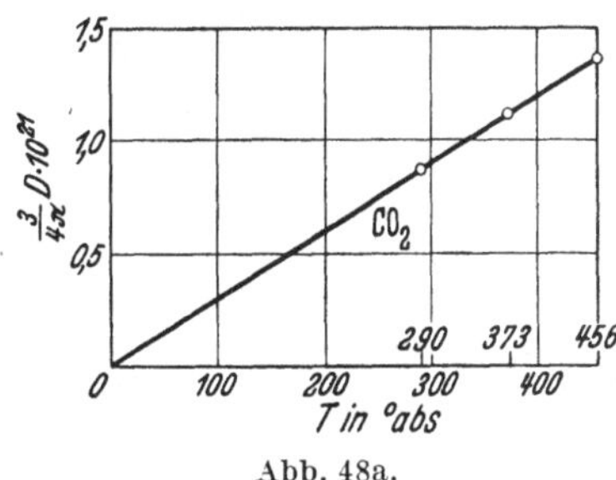

Abb. 48a.

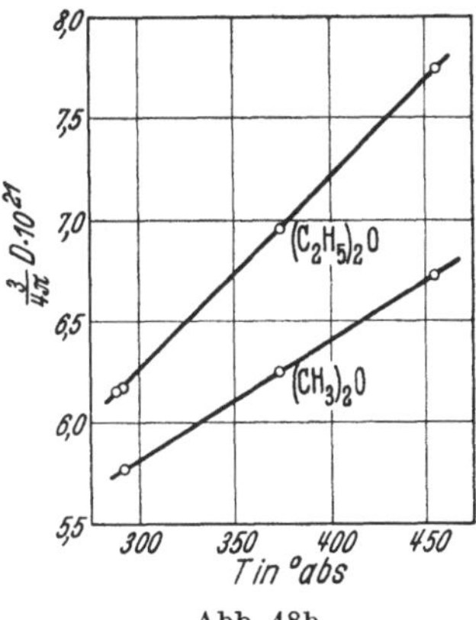

Abb. 48b.

müßte man zu einer Temperatur von 100° abs. herabgehen, also in ein Gebiet, das nur noch der Molekularstrahlmethode (s. § 17) zugänglich ist.

Mißt man ε als Funktion der Temperatur und der Dichte und trägt das Produkt $P \cdot T = a \cdot T + b = D = \dfrac{\varepsilon - 1}{\varepsilon + 2} \dfrac{M}{\varrho} \cdot T$ [Gleichung (14)] als Funktion von T auf, so erhält man eine gerade Linie, deren Neigung den optischen Beitrag $a = P_E + P_A$ mißt und deren Abschnitt auf der Ordinatenachse b direkt das elektrische

---

[1] MANNEBACK, C.: Physik. Z. Bd. 27 (1926) S. 563. — MENSING, L. u. W. PAULI: Physik. Z. Bd. 27 (1926) S. 509. — VLECK, J. H. VAN: Physic. Rev. Bd. 29 (1927) S. 727, Bd. 30 (1927) S. 31.

[2] Es sei noch erwähnt, daß nach der modernen Theorie nur die Moleküle im tiefsten Rotationsniveau zur Orientierungspolarisation beitragen. Dieses Resultat ist nur scheinbar im Widerspruch mit dem Ergebnis der klassischen Theorie. Eine modifizierte Durchrechnung auf klassischer Grundlage [vgl. W. ALEXANDROW: Physik. Z. Bd. 22 (1921) S. 258] zeigt nämlich, daß nur diejenigen Moleküle zur Orientierungspolarisation beitragen, die im Felde nicht rotieren, sondern Pendelbewegungen ausführen.

Moment ergibt. Aus $b = \dfrac{4\,\pi}{3}\,N_L\,\dfrac{\mu^2}{3\,k}$ folgt, wenn wir die bekannten Zahlenwerte für N_L und k einsetzen,

$$\mu = 0{,}01273 \cdot 10^{-18}\,\sqrt{b}\ \text{e. s. E.}$$

Wir geben in Abb. 48a und b einige Beispiele nach Messungen von Stuart[1] wieder, nämlich das einer dipollosen Substanz (Kohlensäure) und das zweier Dipolstoffe (Methyl- und Äthyläther). Bei Kohlensäure ($\mu = 0$) läuft die Gerade genau durch den Nullpunkt.

§ 16. Molekularpolarisation und Assoziation in Flüssigkeiten und verdünnten Lösungen.

Die im vorhergehenden Paragraphen behandelte Debyesche Theorie und die sich daraus ergebende Methode zur Messung des elektrischen Moments sind zunächst nur auf Gase anwendbar. Denn nur bei völlig ungeordneter Verteilung der Molekülachsen und nur so lange, als die Abstände der Moleküle groß gegen ihre Dimensionen sind, darf für den Faktor des inneren Feldes $\nu = \dfrac{4\,\pi}{3}$ gesetzt werden. Da aber Messungen an Gasen ungleich schwieriger als solche an Flüssigkeiten sind und da sie ferner auf Stoffe mit verhältnismäßig niedrigem Siedepunkt beschränkt sind, ist es wichtig, die Methode auf Flüssigkeiten zu erweitern und die Bedingungen zu diskutieren, unter denen das möglich ist.

Wie wir heute wissen, ist die Voraussetzung ungeordneter Verteilung bei Flüssigkeiten, sogar bei dipollosen, nicht erfüllt.

Wie sich aus den Röntgenuntersuchungen von Debye und seinen Schülern[2] Stewart[3] und Prins[4], sowie aus anderen Tatsachen[5] ergibt, ist schon in Flüssigkeiten, und zwar schon in dipollosen ein gewisser Ordnungszustand vorhanden, derart, daß benachbarte Moleküle nicht mehr beliebig orientiert sind, und daß eine völlig freie und ungehinderte Molekülrotation nicht mehr vorhanden ist. Für diesen Ordnungszustand der Moleküle hat Stewart den Namen „*cybotactic state*" eingeführt, und stellt sich ihn so

---

[1] Stuart, H. A.: Z. Physik Bd. 47 (1928) S. 457, Bd. 51 (1928) S. 490.

[2] Debye, P.: Ann. Physik Bd. 46 (1915) S. 809. Weitere Literatur s. bei H. Menke: Physik. Z. Bd. 33 (1932) S. 593.

[3] Vgl. G. W. Stewart: Rev. of mod. Phys. Bd. 2 (1930) S. 116.

[4] Prins, J. A.: Z. Physik Bd. 56 (1929) S. 617, Bd. 71 (1931) S. 445.

[5] Näheres bei H. A. Stuart u. H. Volkmann: Z. Physik Bd. 83 (1933) S. 463.

vor[1], daß sich größere Gruppen von Molekülen bilden, die eine bestimmte Lebensdauer, fließende Grenzen und im Innern eine gewisse Ordnung besitzen (temporäre Schwarmbildung). Diese Orientierung erstreckt sich nur auf die nähere Umgebung eines Moleküls; die Vorzugsachsen liegen an anderen Stellen der Flüssigkeit ganz anders, so daß nach außen keine Richtung bevorzugt ist. Der Ordnungszustand ist allgemein um so größer, je anisotroper die geometrische Form der Wirkungssphäre und das Kraftfeld der Moleküle ist.

Zwischen dieser Assoziation im weitesten Sinne und der Assoziation im Sinne der Bildung wohldefinierter Doppel- oder Mehrfachmoleküle wird es alle Übergänge geben. Zur Bildung von Doppelmolekülen in der Flüssigkeit wird es vor allem dann kommen, wenn das Anziehungspotential benachbarter Moleküle genügend stark von der relativen Orientierung der beteiligten Moleküle abhängt. Dieser Fall ist besonders bei Molekülen mit großen und außen liegenden festen elektrischen Momenten, z. B. bei den Alkoholen und Fettsäuren zu erwarten (Näheres über diese Dipolassoziation s. weiter unten).

Bei dipollosen Flüssigkeiten wird, wie STUART und VOLKMANN[2] betonen, die Art der Orientierung benachbarter Moleküle häufig durch die geometrische Form vorgegeben sein, und zwar aus folgendem Grunde: Bei diesen Molekülen sind die Anziehungskräfte im wesentlichen durch den LONDONschen Dispersionseffekt (s. § 2), gegeben. Da dessen Potential mit $\frac{1}{r^6}$, also außerordentlich rasch abfällt, ist z. B. bei gesättigten aliphatischen Kohlenwasserstoffen das Anziehungspotential zweier benachbarter Moleküle praktisch der Zahl der sich direkt berührenden CH_2- und CH_3-Gruppen, oder ganz grob, der gemeinsamen Berührungsfläche proportional. Normale

---

[1] STEWART nimmt Hunderte oder Tausende von Molekülen innerhalb einer solchen Gruppe an. S. P. RANGANADHAM [Ind. J. Phys. Bd. 7 (1932) S. 353] glaubt aus dem RAMAN-Effekt, d. h. aus dem Intensitätsverlauf innerhalb der Rotationsflügel der RAYLEIGH-Linie auf das Trägheitsmoment der Gruppen schließen zu können und kommt so auf etwa 10 Moleküle für eine Gruppe. So lange jedoch nicht sicher ist, ob nicht auch ein kontinuierlicher Untergrund in der Umgebung der RAYLEIGH-Linie vorhanden ist, der von den zwischenmolekularen Schwingungen loser Molekülkomplexe herrührt [vgl. G. PLACZEK: Proc. Acad. Amsterd. Bd. 23 (1930) S. 832], können aus dem Intensitätsverlauf keine Schlüsse auf die Molekülzahl gezogen werden.

[2] Vgl. H. A. STUART u. H. VOLKMANN: Z. Physik Bd. 83 (1933) S. 461.

gestreckte Kohlenwasserstoffmoleküle werden sich also vorzugsweise wie im Kristall mit den Längsachsen parallel zueinander lagern.

Mit steigender Temperatur wird die Dichte und damit auch die Wechselwirkung zwischen den Molekülen kleiner und die Energie der Temperaturbewegung größer, bis schließlich in der Nähe der kritischen Temperatur die Moleküle frei voneinander werden, die Molekülachsen sich also unabhängig voneinander auf alle möglichen Richtungen gleichmäßig verteilen können.

Es ist ferner zu beachten, daß das am Molekül angreifende innere Feld, soweit es von der Polarisation der Umgebung herrührt, bei dichter Packung sicher nicht mehr homogen ist. Auch andere Faktoren, wie die Anisotropie der Polarisierbarkeit und die geometrische Form des Moleküls scheinen den Faktor für das innere Feld zu beeinflussen[1].

All diesen theoretischen Schwierigkeiten, die bisher eine einwandfreie Berechnung des inneren Feldes unmöglich gemacht haben, steht die Erfahrungstatsache gegenüber, daß bei dipollosen Stoffen die Molekularpolarisation und bei allen Stoffen die Molekularrefraktion in einem großen Temperatur- und Dichtebereich fast konstant bleibt, also gegen Assoziation fast unempfindlich ist. Besonders für die Molekularrefraktion liegt ein größeres Beobachtungsmaterial vor, aus dem sich ergibt, daß beim Übergang vom Dampf zur Flüssigkeit R sich höchstens um einige Prozent ändert, und zwar abnimmt. So ändert sich beim Übergang Dampf-Flüssigkeit die Molekularrefraktion des Wassers nur um 0,8%, die des Benzols um 2%[1].

In Anbetracht dieser eigentlich sehr erstaunlichen Unempfindlichkeit der Molekularrefraktion gegenüber Dichteänderungen und Abweichungen von der ungeordneten Verteilung der Molekülachsen dürfen wir den Faktor $v = \dfrac{4\pi}{3}$ als einen praktisch brauchbaren Mittelwert ansehen und für das am Molekül angreifende Feld $\mathfrak{F} = \mathfrak{E}\left(\dfrac{\varepsilon + 2}{3}\right)$ setzen, solange wir nur die durch Gleichung (7) und (8) gegebene mittlere Polarisierbarkeit bestimmen wollen. Erst wenn wir die Polarisierbarkeit eines Moleküls in den einzelnen Richtungen oder die Anisotropie der Polarisierbarkeit bestimmen wollen, wird die Verwendung des Faktors $v = \dfrac{4\pi}{3}$ ganz unzulässig[2].

---

[1] Vgl. H. A. Stuart u. H. Volkmann: Z. Physik Bd. 83 (1933) S. 461.
[2] Vgl. § 24.

Die feinere Beobachtung zeigt, daß die Molekularpolarisation und -refraktion dipolloser Stoffe, etwa die von Benzol[1] mit der Temperatur etwas zunimmt. Wahrscheinlich ist diese Zunahme auf die mit steigender Temperatur zurückgehende Gruppenbildung und die dadurch hervorgerufene Änderung des Faktors für das innere Feld zurückzuführen. Außerdem ist die Elektronenpolarisierbarkeit selbst etwas temperaturabhängig, insofern als diese von den Koordinaten der Atomkerne, also von den Amplituden der Kernschwingungen abhängt. Diesen Effekt wird man aber erst bei Temperaturen über einige Hundert Grad Celsius, wo die Kernschwingungen merklich angeregt sind, erwarten[2].

Systematische Untersuchungen der Molekularpolarisation bzw. -refraktion sowie der KERR-Konstante im Übergangsgebiet flüssig-gasförmig, d. h. in der Gegend der kritischen Temperatur, würden uns über den Ordnungszustand in Flüssigkeiten und über die das innere Feld bestimmenden Faktoren die beste Auskunft geben können.

Vorläufig müssen wir uns mit der Erkenntnis begnügen, daß infolge der Unsicherheit im inneren Feld die bei dipollosen Stoffen aus den Beobachtungen an Flüssigkeiten berechneten molekularen Polarisierbarkeiten mit einem Fehler von einigen Prozenten behaftet sein können.

Wollen wir die Orientierungspolarisation oder das elektrische Moment aus Messungen an *Dipolflüssigkeiten* bestimmen, so macht sich eine weitere Erscheinung störend bemerkbar, die der Anwendung der DEBYEschen Theorie eine Grenze setzt. Es ist das die Dipolassoziation oder die Assoziation im engeren Sinne, d. h. das Auftreten von ziemlich stabilen Komplexmolekülen, Doppel- und Mehrfachmolekülen, infolge der starken elektrostatischen Anziehungskräfte, welche Dipolmoleküle aufeinander ausüben können. Diese Dipolassoziation verändert nun die Molekularpolarisation ganz wesentlich, da die Komplexmoleküle ein anderes elektrisches Moment als die Einzelmoleküle besitzen. Es sind verschiedene Fälle von Assoziation denkbar, die entweder zu einer Erhöhung oder zu einer Verminderung des Dipolbeitrages zur

---

[1] GRAFFUNDER, W.: Ann. Physik Bd. 70 (1923) S. 225. — MEYER, L.: Z. physik. Chem. Abt. B Bd. 8 (1930) S. 27.

[2] E. M. CHENEY [Physic. Rev. Bd. 29 (1927) S. 292] hat festgestellt, daß $n^2 - 1$ also auch α bei N_2, NH_3, CO_2 und SO_2 zwischen 0 und 300° C innerhalb der Meßfehler von 1—2% konstant ist.

Molekularpolarisation führen können. In Abb. 49 sind einige Molekülkomplexe gezeichnet, bei denen das resultierende Moment verschwindet, in Abb. 50 solche, bei denen es sich vergrößert. Der in Abb. 49c gezeichnete Fall ist höchstwahrscheinlich bei den normalen Alkoholen verwirklicht. Die in Abb. 50 angedeuteten Fälle einer Kettenassoziation scheinen seltener zu sein. Meist werden eine ganze Reihe von Assoziationstypen gleichzeitig verwirklicht sein.

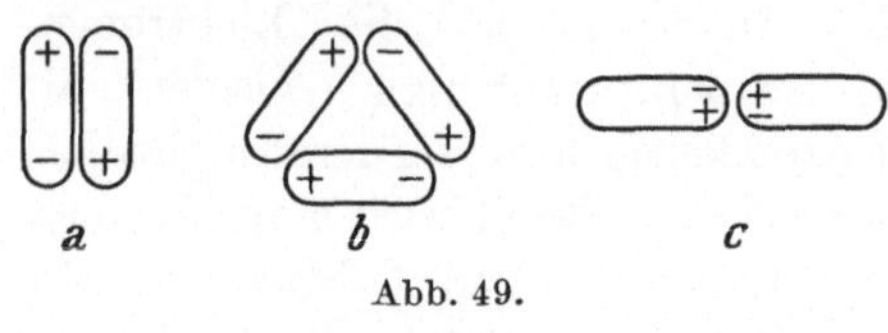

Abb. 49.

Um diesen Einfluß der Dipolassoziation auf die Molekularpolarisation zu eliminieren, ist von Debye vorgeschlagen worden, die Molekularpolarisation einer Dipolsubstanz als Funktion ihrer Konzentration in einem dipollosen, indifferenten[1] Lösungsmittel, wie z. B. Benzol, zu bestimmen. Da die Assoziation der Dipolmoleküle unter sich mit wachsender Verdünnung zurückgeht,

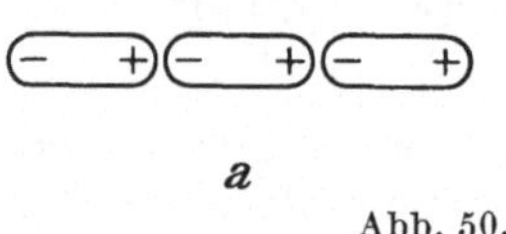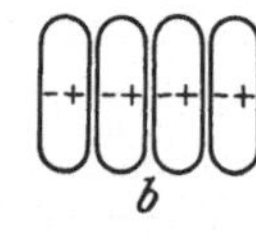

Abb. 50.

hat man schließlich einzelne, voneinander völlig unabhängige Dipolmoleküle vor sich. Die Molekularpolarisation der Dipolsubstanz P_2 erhält man mit Hilfe der bekannten Mischungsregel

$$P_{12} = \frac{\varepsilon - 1}{\varepsilon + 2} \cdot \frac{c_1 M_1 + c_2 M_2}{\varrho} = c_1 P_1 + c_2 P_2. \qquad (16)$$

dabei bedeuten c_1 und c_2 die Konzentration des Lösungsmittels bzw. der Dipolsubstanz in Molenbrüchen, M_1 und M_2 die zugehörigen Molekulargewichte, ε die Dielektrizitätskonstante und ϱ die Dichte der Lösung. Die Größe P_{12}, die wir die Molekularpolarisation der Mischung nennen, ist also direkt meßbar. Ist die Molekularpolarisation des Lösungsmittels P_1 bekannt, so erhält

---

[1] Ein indifferentes Lösungsmittel in dem Sinne, daß jede Wechselwirkung zwischen einem Dipolmolekül und den Molekülen des Lösungsmittels verschwindet, gibt es nicht. Doch ist, wie die Erfahrung zeigt, diese Assoziation auf die Einstellung des Dipolmoleküls im elektrischen Feld nur von ganz untergeordnetem Einfluß. Das erklärt sich nach Stuart und Volkmann [Z. Physik Bd. 83 (1933) S. 461] daraus, daß die Einstellung nur vom Ausdruck $e^{-\frac{U}{kT}} = e^{\frac{\mu F \cos \vartheta}{kT}}$ abhängt, es also für die Einstellung im statischen Feld gleichgültig ist, ob das Dipolmolekül noch mit andern benachbarten Molekülen des Lösungsmittels mehr oder weniger fest assoziiert ist.

man direkt die Molekularpolarisation der Dipolsubstanz P_2, so daß diese als Funktion der Konzentration c_2 aufgetragen werden kann. Wir zeigen in Abb. 51 und 52 zwei Beispiele, nämlich die von SMYTH und Mitarbeitern[1] bei 2-Methylheptanol-3 ($C_8H_{17}OH$) in Benzol und bei Butylchlorid in Heptan gemessene Abhängigkeit der Molekularpolarisation von der Konzentration bei verschiedenen Temperaturen. Die beim $C_8H_{17}OH$ schon bei verhältnismäßig niederen Konzentrationen ganz unregelmäßig verlaufenden Kurven zeigen, wie verwickelt

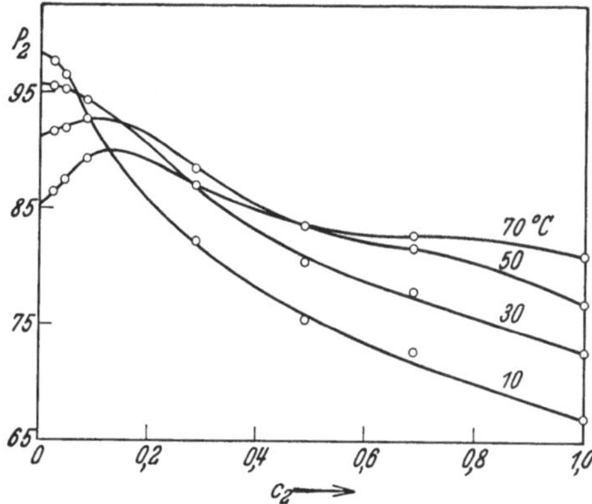

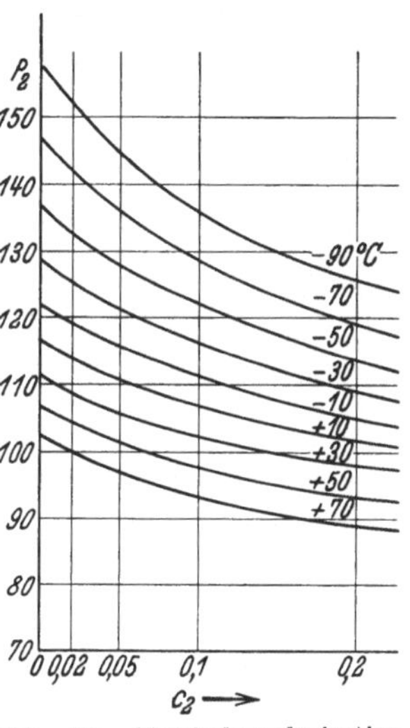

Abb. 51. Molekularpolarisation von 2-Methylheptanol-3 in Benzol bei verschiedenen Temperaturen.

Abb. 52. Molekularpolarisation von Butylchlorid in Heptan bei verschiedenen Temperaturen[2].

die Verhältnisse bei der Assoziation sein können. Geht man zu genügend kleinen Konzentrationen herunter, so kann man durch Extrapolation die Molekularpolarisation für unendliche Verdünnung $P_{2\infty}$ erhalten. Man darf annehmen, daß im Grenzfalle, wo die Dipolmoleküle unendlich weit voneinander entfernt sind, deren Assoziation verschwindet, so daß $P_{2\infty}$ als der wahre Wert für die Molekularpolarisation der Dipolsubstanz, wenn diese aus freien, ungestörten Einzelmolekülen besteht, angesehen werden kann.

Durch diese Extrapolation erhält man aber die Molekularpolarisation der Dipolsubstanz nur genähert. Wenn man nämlich

---

[1] SMYTH, C. P. u. W. N. STOOPS: J. Amer. chem. Soc. Bd. 51 (1929) S. 3330. — SMYTH, C. P. u. H. E. ROGERS: J. Amer. chem. Soc. Bd. 52 (1930) S. 2227.

[2] Entnommen dem Artikel von K. L. WOLF u. O. FUCHS in Handbuch der Stereochemie. Wien 1932.

in der eben geschilderten Weise $P_{2\infty}$ in verschiedenen Lösungsmitteln, wie Benzol, Hexan, Tetrachlorkohlenstoff usw. bestimmt, so findet man mitunter beträchtliche Schwankungen, die die Fehlergrenzen bestimmt überschreiten. Eine sorgfältige und systematische Untersuchung dieser Schwankungen ist bisher erst einmal, und zwar von Müller[1] durchgeführt worden. Wir geben in Tabelle 23 einen Teil seiner Messungen der Molekularpolarisation wieder. In der nächsten Tabelle 24 sind die elektrischen Momente einiger weiterer Substanzen, die von verschiedenen Autoren teils am Dampf, teils in verschiedenen Lösungen bestimmt worden sind, zusammengestellt.

Tabelle 23. Die Molekularpolarisation einiger Dipolstoffe in verschiedenen Lösungsmitteln bei 20°.

Dipolsubstanz	Dampf	Lösungsmittel					
		Hexan	Zyklohexan	Dekalin	Tetrachlorkohlenstoff	Benzol	Schwefelkohlenstoff
p-Dichlorbenzol .	—	37,5	—	36,2	37,5	36,8	37,9
o-Dichlorbenzol .	—	150	—	145,5	—	145,5	131
Chlorbenzol . . .	—	86	84	83	81	81	75,5
Nitrobenzol . . .	—	377	—	381	362	361	326
Azeton	191	183	—	175	192	176	170
Methylenchlorid .	75	71,5	—	69	70	68	62

Tabelle 24. Elektrisches Moment $\mu \cdot 10^{18}$ in verschiedenen Lösungsmitteln.

Dipolsubstanz	Dampf	Lösungsmittel					
		Hepan	Hexan	Benzol	Tetrachlorkohlenstoff	Schwefelkohlenstoff	Zyklohexan
Diäthyläther[2] . . .	1,14	—	1,12	1,14	—	—	—
Chlorbenzol[3] . . .	—	—	1,6	1,56	1,56	1,49	1,57
n-Butylalkohol . .	1,66	1,29—1,65[4]	—	1,74	—	—	—
Azeton[2]	2,84	—	2,71	2,71	2,82	—	—
Essigsaures Propyl[2]	—	1,78	—	1,78	1,81	—	—
Chlorwasserstoff .	1,03	—	—	1,28[5]	1,32	—	1,32

---

[1] Müller, H.: Physik. Z. Bd. 34 (1933) S. 689.

[2] Vgl. auch K. L. Wolf u. O. Fuchs: Handbuch der Stereochemie von Freudenberg. Wien 1932.

[3] Müller, H.: Physik. Z. Bd. 33 (1932) S. 731.

[4] Smyth, C. P. u. W. N. Stoops: J. Amer. chem. Soc. Bd. 51 (1929) S. 3312.

[5] Fairbrother, F.: J. chem. Soc., Lond. 1932 S. 43.

Die Ursachen dieser Abweichungen sind vor allem von WEIGLE[1], STUART und VOLKMANN[2], MÜLLER[3], sowie von FUCHS und DONLE[4] diskutiert worden. In Frage kommt die Abhängigkeit des am Dipolmolekül angreifenden *inneren* Felds von der Orientierung des Moleküls zum *äußeren* Feld, wie sie sich schon aus der geordneten Verteilung der Lösungsmittelmoleküle um das Dipolmolekül ergibt, vor allem aber die Polarisation der Lösungsmittelmoleküle durch das Dipolfeld, die um so größer sein wird, je mehr das Moment an der Oberfläche des Moleküls liegt. Im allgemeinen wird ein Lösungsmittel, dessen Moleküle wenig polarisierbar sind (Hexan, Heptan), geringere Abweichungen vom Dampfwert ergeben, als ein solches mit großer Polarisierbarkeit. Auch ein Lösungsmittel, bei dem die sich kompensierenden Teilmomente sehr groß sind (CCl_4, CS_2), ist wenig geeignet, da sich solche Substanzen den gelösten Dipolmolekülen gegenüber selbst wie Dipolmoleküle verhalten dürften. Wie MÜLLER gezeigt hat, läßt sich die Einwirkung des Lösungsmittels manchmal einfach als Funktion der Dielektrizitätskonstante des Lösungsmittels darstellen, so daß man in solchen Fällen das Dipolmoment des freien Moleküls aus Messungen in verschiedenen Lösungen extrapolieren kann.

Besondere Verhältnisse liegen bei Molekülen mit frei drehbaren polaren Gruppen vor (s. § 14), zumal wenn, wie bei den 1,2-Dihalogenäthanen, die freie Drehbarkeit bei gewöhnlicher Temperatur noch stark eingeschränkt ist. In Lösungen hängt das die Drehbarkeit bestimmende Potential nicht nur von den innermolekularen Kräften zwischen den drehbaren Gruppen, sondern auch noch von den Kräften zwischen diesen und den umgebenden Lösungsmittelmolekülen ab. Somit sind hier von vornherein eine große Abhängigkeit des Moments vom Lösungsmittel sowie starke Abweichungen vom Dampfwert zu erwarten (vgl. § 19).

Berücksichtigt man noch die Unsicherheit im Ultrarotglied (vgl. § 17), die sich besonders bei kleinen Momenten bemerkbar macht, so kann man sagen: Wirklich einwandfreie Präzisionsbestimmungen von elektrischen Momenten sind im allgemeinen, wenigstens bis heute, nur durch Messungen an Gasen und Dämpfen möglich, so daß viele feinere Fragen, wie z. B. solche nach der

[1] WEIGLE, J.: Helv. phys. Acta Bd. 6 (1933) S. 68.
[2] STUART, H. A. u. H. VOLKMANN: Z. Physik Bd. 83 (1933) S. 461.
[3] MÜLLER, H.: Physik. Z. Bd. 34 (1933) S. 689.
[4] FUCHS, O. u. H. L. DONLE: Z. physik. Chem. Abt. B Bd. 22/1 (1933) S. 9.

Wechselwirkung der Bindungsmomente (Induktionseffekt usw.) oder nach der freien Drehbarkeit nur durch Beobachtungen am Dampf quantitativ beantwortet werden können. Kommt es dagegen bei einem größeren Moment auf eine Unsicherheit von einigen Prozenten nicht an, so wird man natürlich die viel einfachere Methode der verdünnten Lösungen benutzen.

§ 17. Experimentelle Methoden zur Messung von Dipolmomenten.

Die allermeisten Bestimmungen des elektrischen Moments beruhen auf Messungen der Dielektrizitätskonstanten (DK). Daneben ist nur noch die Molekularstrahlmethode, die wir im Abschnitt 3 besprechen, bedeutsam geworden.

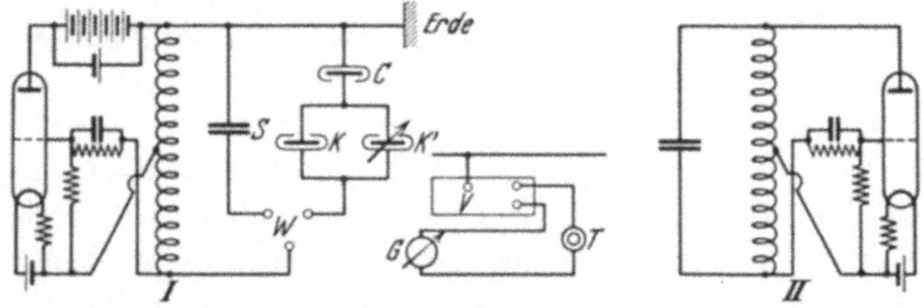

Abb. 53. Versuchsanordnung zur Messung der DK von Gasen
aus Z. Physik Bd. 47 (1928) S. 460.

1. Meßmethodik bei Gasen. Die Brückenmethode ist bei der Bestimmung der DK fast durchweg aufgegeben und durch die außerordentlich empfindliche Hochfrequenzüberlagerungsmethode ersetzt worden. Das Prinzip dieser zuerst von PUNGS und PREUNER[1] für die Messung ganz kleiner Kapazitätsänderungen ausgearbeiteten Methode besteht in folgendem: Zwei Schwingungskreise I und II (vgl. Abb. 53), die ungedämpfte, möglichst konstant gehaltene elektrische Schwingungen mit den Frequenzen ν_1 und ν_2 erzeugen, wirken auf einen möglichst lose gekoppelten aperiodischen Empfängerkreis, der meist einen Niederfrequenzverstärker V und ein Telephon T enthält. Man bekommt dann den Schwebungston der beiden ursprünglichen Schwingungen $n = \nu_1 - \nu_2$, den man mit einer Stimmgabel vergleichen kann. Um die Empfindlichkeit zu steigern, benutzt man häufig die Schwebungen zwischen der Schwebungsfrequenz $\nu_1 - \nu_2$ und dem Stimmgabelton. Allerdings ist das Auszählen dieser Schwebungen zweiter Ordnung etwas zeit-

---

[1] PUNGS, G. u. L. PREUNER: Physik. Z. Bd. 20 (1919) S. 543.

raubend, so daß STUART[1] die ursprüngliche Schwebungsfrequenz auf ein Vibrationsgalvanometer mit großer Resonanzschärfe einwirken läßt. Die Messung verläuft im allgemeinen so, daß man jede Änderung im Versuchskondensator C durch eine entsprechende in einem Präzisionsdrehkondensator K derart kompensiert, daß die Gesamtkapazität, d. h. die Frequenz des Kreises, konstant bleibt. Die Konstanz wird durch Substitution des ganzen Systems mit einem thermisch besonders gut geschützten konstanten Kondensator S kontrolliert. Bei einiger Sorgfalt läßt sich eine relative Genauigkeit von $1^0/_{00}$ in $\varepsilon - 1$ erreichen, was z. B. bei CO_2 einer Genauigkeit von einem Millionstel in ε entspricht. Will man Absolutwerte der DK messen, so ist eine genaue Kalibrierung der Apparatur erforderlich, d. h. es müssen alle schädliche Kapazitäten, vor allem die der Zuleitungen, sorgfältig bestimmt werden, was immer schwierig ist. Wegen weiterer Einzelheiten muß auf die Originalarbeiten, vor allem auf die von ZAHN[2], STUART[1], SÄNGER[3], FUCHS[4] u. a.[5] verwiesen werden.

Die Messungen der Temperaturabhängigkeit der DK können auf zwei Wegen erfolgen. Bei der ersten Methode hält man den Druck konstant, variiert also mit der Temperatur die Dichte. In diesem Fall mißt man bei jeder Meßtemperatur die Kapazität des leeren und des gefüllten Versuchskondensators. Da man bei diesem Verfahren die Zahl der Moleküle pro Kubikzentimeter ändert, setzt diese Methode die genaue Kenntnis der Abweichungen von den idealen Gasgesetzen voraus und so ist zu einer genauen Messung des Dipolmomentes meist noch eine besondere Dampfdichtebestimmung erforderlich. Die zweite von SÄNGER[6] vorgeschlagene Methode arbeitet mit konstanter Dichte, indem eine feste Menge Substanz im Kondensator eingeschlossen wird und der Temperaturgang der DK des gefüllten Kondensators gemessen wird. In diesem Fall braucht man die Zustandsgleichung nicht zu kennen, was zweifellos ein Vorteil ist, dagegen treten andere Fehlerquellen, Adsorptionseffekte usw. auf. Die Erfahrung hat jedenfalls gezeigt,

---

[1] STUART, H. A.: Z. Physik Bd. 47 (1928) S. 457.

[2] ZAHN, C. T.: Physic. Rev. Bd. 24 (1924) S. 400, Bd. 27 (1926) S. 455.

[3] SÄNGER, R. u. O. STEIGER: Helv. physic. Acta Bd. 1 (1928) S. 369, Bd. 2 (1929) S. 136.

[4] FUCHS, O.: Z. Physik Bd. 63 (1930) S. 824.

[5] MILES, J. R.: Physic. Rev. Bd. 34 (1929) S. 964. — GREENE, W. u. J. W. WILLIAMS: Physic. Rev. Bd. 43 (1932) S. 119.

[6] SÄNGER, R.: Physik. Z. Bd. 27 (1926) S. 556.

daß die erste Methode die zuverlässigeren Resultate liefert und so ist diese heute allgemein in Benutzung.

Hat man die Molekularpolarisation als Funktion der Temperatur bestimmt, so berechnet sich das elektrische Moment mittels der Gleichung (14).

Mißt man die DK nur bei einer einzigen Temperatur, so kann man das Moment, falls der Brechungsindex, also die Elektronenpolarisierbarkeit bekannt ist, mittels Gleichung (15) berechnen, allerdings wegen Vernachlässigung des im allgemeinen unbekannten Ultrarotgliedes nur genähert. Immerhin hat dieses Verfahren gegenüber der jetzt zu besprechenden Methode der verdünnten Lösungen den Vorteil, daß durch das innere Feld keine Unsicherheit (vgl. § 16) hereinkommt.

2. Methodik der verdünnten Lösungen. Die dieser Methode zugrunde liegenden Überlegungen haben wir schon im vorhergehenden Paragraphen besprochen. Zur Messung der DK wird fast durchweg die eben beschriebene Schwebungsmethode benutzt. Gewisse Schwierigkeiten bereitet die Konstruktion eines einwandfrei arbeitenden Flüssigkeitskondensators[1], im übrigen braucht man nur geringe apparative Mittel. Die Messungen an Flüssigkeiten sind außerdem wegen der viel größeren Kapazitätsänderungen ungleich einfacher als die an Dämpfen, so daß die Methode der verdünnten Lösungen die weitaus am häufigsten benutzte ist.

Ihre Genauigkeit ist leider, wie wir im vorhergehenden Paragraphen besprochen haben, wegen der Unsicherheit im inneren Felde begrenzt. Dazu kommen (s. weiter unten) noch häufig Unsicherheiten im Ultrarotgliede und Fehler bei der Extrapolation von $P_{2\infty}$. Die zuverlässigsten Werte erhält man im Prinzip noch aus Messungen der Temperaturabhängigkeit der Molekularpolarisation, indem man für eine Reihe von Temperaturen die Molekularpolarisation P_2 der Dipolsubstanz als Funktion der Konzentration bestimmt, auf unendliche Verdünnung extrapoliert und aus der Temperaturabhängigkeit von $P_{2\infty}$ wie bei Gasen mittels Gleichung (14) das elektrische Moment bestimmt. Dieses Verfahren

---

[1] Besonders geeignete Versuchsanordnungen sind unter anderem entwickelt worden von A. WEISSBERGER u. R. SÄNGEWALD; Physik. Z. Bd. 30 (1929) S. 792; E. BRETSCHER: Helv. physic. Acta Bd. 1 (1929) S. 355, Bd. 2 (1929) S. 257; K. L. WOLF u. W. J. GROSS: Z. physik. Chem. Abt. B Bd. 14 (1931) S. 305; O. HASSEL u. E. NAESHAGEN: Z. physik. Chem. Abt. B Bd. 19 (1932) S. 435 und H. MÜLLER: Physik. Z. Bd. 34 (1933) S. 689.

setzt aber viele zeitraubende Messungen voraus, so daß die meisten Beobachter es vorziehen, $P_{2\infty}$ nur bei Zimmertemperatur zu bestimmen und P_0 aus Gleichung (15) zu berechnen, wobei sie für das optische Glied $R_\infty = P_E + P_A$ einen aus der Molekularrefraktion im Sichtbaren abgeleiteten Wert einsetzen. Eine genaue Bestimmung von $P_E + P_A$ aus optischen Daten ist allerdings nicht möglich, weil bei keiner Flüssigkeit eine vollständige, alle ultraroten Absorptionsstellen einschließende Dispersionsformel vorliegt[1]. Die Unsicherheit im Ultrarotgliede P_A macht wegen dessen Kleinheit bei Molekülen mit großen Momenten fast nichts aus, dagegen lassen sich Momente unter $0{,}5 \cdot 10^{-18}$ auf diese Weise nicht mehr genau messen, oft nicht einmal mehr von Null unterscheiden.

Man hat auf verschiedene Weise versucht, der Unsicherheit im Ultrarotgliede Rechnung zu tragen, entweder dadurch, daß man $P_A = P_{\text{fest}} - P_E$ setzt (EBERT[2]) (P_{fest} ist die Molekularpolarisation im festen Zustand) oder für $P_E + P_A$ einfach die Molekularrefraktion für die D-Linien einsetzt oder schließlich dadurch, daß man für P_E den richtigen Wert, d. h. die aus den Messungen von n im Sichtbaren auf unendlich lange Wellen extrapolierte Molekularrefraktion R (s. § 15) und für P_A einen Durchschnittswert, z. B. nach WOLF[3] 15% von P_E, einsetzt. Die erste Methode ist aus verschiedenen Gründen[4] ungeeignet und die beiden anderen sind natürlich auch nur ein Notbehelf. Die dritte Methode wird aber wirklich brauchbar, sobald Näheres über die Ultrarotglieder bekannt ist.

Eine genauere Abschätzung der P_A-Werte würde nach FUCHS und DONLE[5] möglich sein, wenn man für eine Reihe von Substanzen zuverlässige Daten besitzen würde und aus diesen die Ultrarotpolarisation, ähnlich wie die Molekularrefraktion, auf die

---

[1] Vollständige Dispersionsformeln sind nur für NaCl und KCl [FUCHS, O. u. K. L. WOLF: Z. Physik. Bd. 46 (1928) S. 506] sowie für CO_2 [FUCHS, O.: Z. Physik Bd. 46 (1928) S. 519] bekannt.

[2] EBERT, L.: Z. physik. Chem. Bd. 113 (1925) S. 124, Bd. 114 (1925) S. 430.

[3] WOLF, K. L.: Z. physik. Chem. Abt. B Bd. 2 (1929) S. 39, Bd. 3 (1929) S. 128.

[4] Z. B. ist auch im festen Körper, wenn man nicht zu genügend tiefen Temperaturen herabgeht, eine Orientierung der Dipole noch möglich; vgl. auch die Literaturangaben bei J. C. SOUTHARD, R. T. MILNER u. S. B. HENDRICHS: J. chem. Phys. Bd. 1 (1933) S. 95; s. ferner HETTNER: Z. Physik Bd. 78 (1932) S. 141.

[5] FUCHS, O. u. H. L. DONLE: Z. physik. Chem. Abt. B Bd. 22 (1933) S. 1.

einzelnen Bindungen aufteilen und so bestimmte „Bindungs-
atompolarisationen" ableiten könnte. Auf diese Weise wäre es dann
möglich, die Atompolarisation weiterer Moleküle voraus zu be-

Tabelle 25. Atompolarisationen.

Substanz	$P_E + P_A$	P_E	$P_A = R_\infty - P_E$	P_A in % von P_E
Chlorwasserstoff	7,77	6,5	1,27	16,35
Bromwasserstoff	9,06	8,86	0,22	2,43
Jodwasserstoff	13,87	13,2	0,68	4,92
Ammoniak	5,7	5,46	0,27	4,7
Methylamin	13,4	10,9	2,4	18,7
Dimethylamin	17,4	13,5	3,8	22,2
Trimethylamin	21,5	19,34	2,16	10,0
Schwefeldioxyd	10,7	10,0	0,7	6,7
Schwefelkohlenstoff	21,7	20,9	0,78	3,55
Kohlenmonoxyd	5,0	4,8	0,19	3,8
Kohlendioxyd	7,25	6,6	0,65	8,97
Wasser	3,75	3,67	0,08	2,13
Stickoxydul	7,81	7,35	0,46	5,9
Stickoxyd	—	—	0,4	—
Äthylen	10,78	9,5	1,27	11,8
Azetylen	9,97	8,1	1,87	18,77
Propan	—	—	0,3	—
Propylen	—	—	0,6	—
n-Hexan	29,8	29,2	0,6	2,0
n-Heptan	34,65	33,77	0,88	2,54
2-2-Dimethylpentan	34,73	33,82	0,91	2,62
2-4-Dimethylpentan	34,75	33,79	0,96	2,76
2-Methylhexan	34,70	33,78	0,92	2,65
2-2-4-Trimethylpentan	39,44	38,35	1,09	2,77
Methylfluorid	—	—	2,4	—
Methylchlorid	—	—	2,2	—
Methylbromid	—	—	1,2	—
Methyljodid	—	—	1,4	—
$CHFCl_2$	—	—	0,9	—
CHF_2Cl	—	—	3,9	—
CF_2Cl_2	—	—	4,7	—
$CFCl_3$	—	—	3,0	—
Äthylchlorid	—	—	1,4	—
Äthylbromid	—	—	2,9	—
Äthyljodid	—	—	1,5	—
Äthylenoxyd	—	—	1,8	—
Methyläther	15,05	12,75	2,3	15,3
Äthyläther	25,9	22,0	3,9	15,1
Azeton	—	—	2,8	—
Benzol	—	—	1,9	—
Toluol	—	—	2,5	—
o-Dichlorbenzol	40,2	34,4	5,8	14,45
m-Dichlorbenzol	39,0	34,6	4,4	11,3
p-Dichlorbenzol	37,9	34,6	3,3	9,5

rechnen. Allerdings wäre unseres Erachtens noch besonders zu prüfen, ob nicht aus Symmetriegründen ein Teil der Schwingungen inaktiv, die wirkliche Atompolarisation also kleiner als die Summe der den einzelnen Bindungen zukommenden Beträge werden kann. Eine Diskussion dieser Frage ist vorläufig noch ausgeschlossen, weil die Ultrarotglieder besonders bei Dipolmolekülen noch zu unsicher sind. Aus Messungen der Temperaturabhängigkeit der Molekularpolarisation des Dampfes lassen sich die P_A-Werte wegen der Ungenauigkeit im Absolutwerte von $\varepsilon - 1$, oft auch wegen mangelnder Kenntnis der Zustandsgleichung, im allgemeinen nur mit einer Genauigkeit von 1 bis 1,5 ccm bestimmen. Zuverlässiger sind die bei dipollosen Substanzen gewonnenen Werte, da sich an der Flüssigkeit P_E und $R_\infty = P_E + P_A$ auf wenige Promille genau bestimmen lassen. Wir geben in Tabelle 25 einige von Wolf und Fuchs[1] sowie von Smyth[2] mitgeteilte Atompolarisationen wieder; diese Zusammenstellung soll aber nur zur Orientierung über die ungefähre Größe von P_A dienen. Auffallend sind die kleinen Werte bei den gesättigten aliphatischen Kohlenwasserstoffen, $P_A < 1{,}0$ ccm. Das ist nach Fuchs und Donle[3] wohl nur so zu erklären, daß infolge gewisser Symmetriebedingungen ein Teil der Schwingungen optisch inaktiv wird.

Ferner geben wir in Tabelle 26 einige von Fuchs und Donle mitgeteilten Atompolarisationen von Benzolderivaten wieder. Diese Zusammenstellung läßt bereits einige Regelmäßigkeiten erkennen.

Tabelle 26.

Substanz	P	P_E	P_A
Benzol	26,6	25,1	1,5
p-Xylol	36,6	34,6	2,0
Mesitylen	41,4	39,2	2,2
Naphthalin	44,2	41,8	2,4
Diphenyl	52,3	49,5	2,8
p-Dichlorbenzol	37,9	34,6	3,3
s-Trichlorbenzol	43,0	39,2	3,8
p-Dibrombenzol	43,8	40,1	3,7
s-Tribrombenzol	52,0	47,5	4,5
p-Dijodbenzol	54,1	49,4	4,7
p-Dinitrobenzol	—	—	7,6
s-Trinitrobenzol	—	—	10,8

Tabelle 27.

Ersatz von H durch	Änderung von P_A
CH_3	0,25
Cl	0,85
Br	1,05
J	1,6
NO_2	2,3

---

[1] Wolf, K. L. u. O. Fuchs: Handbuch der Stereochemie, S. 215. Wien 1932.

[2] Smyth, C. P.: J. chem. Phys. Bd. 1 (1933) S. 247.

[3] Fuchs, O. u. L. Donle: Z. physik. Chem. Bd. 13 (1933) S. 22.

Es zeigt sich nämlich, daß der Ersatz eines H-Atoms im Benzol durch ein Halogenatom, eine CH_3- oder NO_2-Gruppe ganz bestimmte, für diese Substitution charakteristische Zunahmen der Ultrarotpolarisation bedingt. Diese Änderungen, bezogen auf eine einzige Substitution, sind in Tabelle 27 zusammengestellt.

Mit diesen Zahlen kann man nun für einfache Benzolderivate die Ultrarotglieder berechnen und damit auch die Momente genauer angeben, als das bisher möglich gewesen ist, natürlich nur unter der stillschweigenden Voraussetzung, daß die Atompolarisationen wirklich additiv sind (s. weiter oben).

Eine weitere Fehlerquelle ist bei Messungen an verdünnten Lösungen noch dadurch gegeben, daß man bei der Extrapolation auf unendliche Verdünnung, um praktisch von der Assoziation der Dipolmoleküle frei zu werden, häufig zu ganz geringen Konzentrationen heruntergehen muß, wo die Meßgenauigkeit eine sichere Bestimmung von P_2 nicht mehr zuläßt. Methoden einer möglichst sicheren Extrapolation sind von WOLF[1], WEISSBERGER und SÄNGE-WALD[2] u. a.[3] ausgearbeitet worden.

3. Molekularstrahlmethode. Neben den bisher beschriebenen, auf Messungen der Dielektrizitätskonstanten beruhenden Methoden zur Bestimmung des elektrischen Moments gibt es noch eine andere, von diesen unabhängige und darum besonders wertvolle Methode zur Messung von Dipolmomenten. Es ist das die erstmals von WREDE[4] angewandte und dann von ESTERMANN[5] weiter entwickelte Molekularstrahlmethode, die das elektrische Analogon zum STERN-GERLACHschen Versuch zur Messung magnetischer Momente darstellt und die auf der Beeinflussung eines Strahls polarer Moleküle durch ein inhomogenes elektrisches Feld beruht.

Die Größe der Ablenkung, die ein Dipolmolekül erfährt, hängt außer von der Stärke und der Inhomogenität des Feldes noch von der Größe des Moments, seiner Neigung gegen die Feldrichtung, von der Translations- und Rotationsgeschwindigkeit des Moleküls und schließlich noch von der Richtung des elektrischen Moments

---

[1] WOLF, K. L.: Z. physik. Chem. Abt. B Bd. 3 (1929) S. 37. — WOLF, K. L. u. W. J. GROSS: Z. physik. Chem. Abt. B Bd. 14 (1931) S. 305; vgl. auch Handbuch der Stereochemie, S. 217f.

[2] SÄNGEWALD, R. u. R. WEISSBERGER: Physik. Z. Bd. 30 (1929) S. 792.

[3] HEDESTRAND, G.: Z. physik. Chem. Abt. B Bd. 2 (1929) S. 428.

[4] WREDE, E.: Z. Physik Bd. 44 (1927) S. 261.

[5] ESTERMANN, J.: Z. physik. Chem. Abt. B Bd. 1 (1928) S. 161.

zur Richtung der Drehachse ab. Der letztere Umstand eröffnet prinzipiell die Möglichkeit, die Lage des Dipols in bezug auf die Trägheitsachsen des Moleküls zu bestimmen. Im magnetischen Falle wird bei einatomigen Molekülen infolge der Richtungsquantelung der Strahl in mehrere diskrete Strahlen aufgespalten. Bei Dipolmolekülen sind wegen ihres großen Trägheitsmoments die Rotationsquantenzahlen schon bei gewöhnlichen Temperaturen so groß, daß praktisch alle Stellungen im Felde möglich sind. Da diese teils Anziehung, teils Abstoßung ergeben, erhält man keine diskrete Aufspaltung, sondern nur eine beiderseitige Verbreiterung des Strahls[1, 2]. Auf die recht komplizierten Rechnungen, die auf klassischer Grundlage von KALLMANN und REICHE[3], sowie von STERN[4] durchgeführt und von ESTERMANN[5], RABI[6] sowie von FRASER[7, 8] auf verschiedene praktisch realisierbare Versuchsbedingungen angewandt worden sind, gehen wir hier nicht näher ein.

Schließlich hat man noch zu beachten, daß auf die in allen Molekülen induzierten Momente, die ja immer in die Richtung des Feldes zeigen, eine Anziehungskraft wirkt, so daß alle Moleküle einseitig abgelenkt werden, der Strahl also in der Richtung der Inhomogenität des Feldes abgelenkt wird[9]. Somit ist die Verbreiterung des Strahls ein Maß für das elektrische Moment, seine Ablenkung ein Maß für die Polarisierbarkeit.

---

[1] Erst bei sehr tiefen Temperaturen würde eine Aufspaltung merklich werden, die eine Ausmessung der einzelnen Rotationszustände ermöglichen würde.

[2] Bei gleichförmiger Rotation verschwindet im Falle, daß der Drehimpuls senkrecht auf der Momentrichtung steht, zunächst das elektrische Moment; erst dadurch, daß im Felde die Rotation ungleichförmig wird, entsteht ein der Feldstärke proportionales Moment, das zu einer Ablenkung des einzelnen Moleküls und im Mittel zu einer Verbreiterung des Strahls führt.

[3] KALLMANN, H. u. F. REICHE: Z. Physik Bd. 6 (1921) S. 352.

[4] STERN, O.: Physik. Z. Bd. 23 (1922) S. 476; Z. Physik Bd. 39 (1926) S. 761.

[5] ESTERMANN, J.: Z. physik. Chem. Abt. B Bd. 1 (1928) S. 161; vgl. auch den Bericht in Erg. exakt. Naturwiss. Bd. 8 (1929) S. 258.

[6] RABI, J. J.: Z. Physik Bd. 54 (1929) S. 190.

[7] Siehe R. FRASER: Molecular Rays. Cambridge 1931.

[8] ESTERMANN, J. u. R. G. J. FRASER: J. chem. Physik Bd. 1 (1933) S. 390.

[9] Berücksichtigt man noch die Anisotropie der Polarisierbarkeit, so ergibt sich, daß die Moleküle verschieden stark abgelenkt werden, so daß der abgelenkte Strahl auch aus diesem Grunde etwas verbreitert erscheint.

Zur Bestimmung der Momente muß die Intensitätsverteilung im abgelenkten Strahl ausgemessen werden. Zu einer qualitativen Momentbestimmung genügt es, den Molekularstrahl auf einem gekühlten Auffänger niederzuschlagen. Wir geben in Abb. 54a und b die von ESTERMANN aufgenommenen Niederschlagsbilder an zwei Derivaten des Pentaerythrits wieder. Das Tetrabromid, $C(CH_2Br)_4$, zeigt keine Verbreiterung, also kein elektrisches Moment in Übereinstimmung mit den DK-Messungen. Es ist lediglich an der Stelle

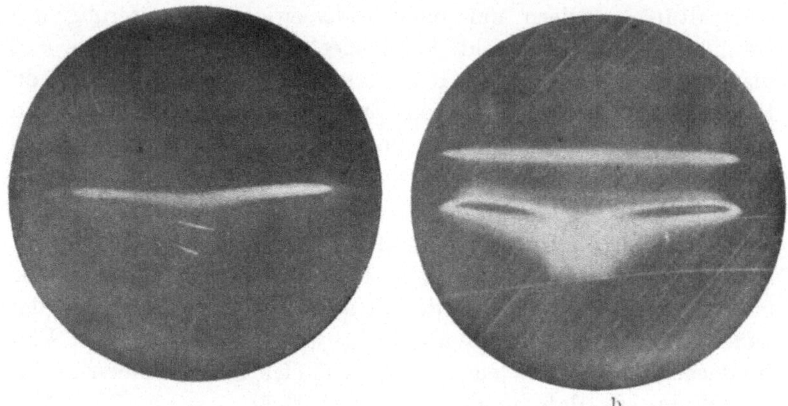

a   b

Abb. 54. Ablenkung von Molekularstrahlen. a Pentaerythrit-Tetrabromid. b Pentaerythrit-Tetraazetat.

stärkster Inhomogenität eine geringe Ablenkung, von den induzierten Momenten herrührend, zu sehen. Im Gegensatz dazu zeigt das Tetraazetat, $C(CH_2OOCCH_3)_4$, eine sehr starke Verbreiterung, die auf ein großes elektrisches Moment schließen läßt (vgl. auch die Ausführungen in § 20). Rechts ist der unabgelenkte Strahl zu sehen.

Zur quantitativen Intensitätsbestimmung messen ESTERMANN[1], WOHLWILL[2] und FRASER[3] die bei der Kondensation der auftreffenden Moleküle entwickelte Wärme. Als Auffänger dient ein dünnes Bändchen, dessen Breitseite dem Strahl zugekehrt ist und das quer durch den Molekularstrahl hindurchgeführt werden kann (Breite des Bändchens $5 \cdot 10^{-3}$ cm, Verbreiterung des Strahls

---

[1] ESTERMANN, J. u. M. WOHLWILL: Z. physik. Chem. Abt. B Bd. 20 (1933) S. 195.

[2] WOHLWILL, M.: Z. Physik Bd. 80 (1933) S. 67.

[3] ESTERMANN, J. u. R. G. J. FRASER: J. chem. Physik Bd. 1 (1933) S. 390.

$2 \cdot 10^{-2}$ cm). Die Temperaturerhöhung, die nach Einstellung des Gleichgewichts direkt porportional der auftreffenden Intensität ist, wird durch die Widerstandsänderung des Bändchens gemessen. Wegen der weiteren diesbezüglichen Einzelheiten sowie der ganzen Technik der Molekularstrahlmethode muß auf die genannten Originalarbeiten verwiesen werden.

Mit der eben genannten Methode haben ESTERMANN und WOHLWILL das elektrische Moment des p-Nitroanilins zu $5,6 \cdot 10^{-18}$ e. s. E. bestimmt, mit einem Fehler von $\pm 10\%$. Es ist zu hoffen, daß durch Verfeinerung der Technik diese Genauigkeit noch wesentlich gesteigert werden kann, so daß die Molekularstrahlmethode da, wo die anderen Methoden versagen, also bei sehr schwer löslichen oder sehr hoch siedenden Stoffen, mit Erfolg eingesetzt werden kann.

§ 18. Elektrisches Moment als charakteristische Gruppeneigenschaft.

Über elektrische Momente, vor allem von organischen Molekülen, ist in den letzten Jahren ein außerordentlich umfangreiches Beobachtungsmaterial zusammengetragen worden, dessen kritische Diskussion zu einer Reihe von wichtigen Ergebnissen geführt hat[1].

Aus Messungen an den einfachsten zweiatomigen Molekülen (s. Tabelle 43) ergibt sich, daß alle Moleküle mit gleichen Atomen, wie H_2, O_2, I_2 usw. kein festes elektrisches Moment, solche mit verschiedenen Atomen wie CO, NO, HCl, HBr dagegen ein endliches elektrisches Moment besitzen. Mit der Unsymmetrie im Bau ist also eine unsymmetrische Ladungsverteilung verbunden. Bei Molekülen wie CH_4, CCl_4, die sicher die Symmetrie eines regulären Tetraeders[2] besitzen, finden wir das Moment O. Ersetzen wir aber im Methan ein H-Atom durch ein Cl-Atom, so tritt ein großes elektrisches Moment auf, ersetzen wir alle vier H-Atome, so ist das Moment wieder Null geworden, offenbar infolge einer inneren Kompensation. Diese und ähnliche Erfahrungen führen uns dazu, jeder chemischen Bindung, an der verschiedene Atome beteiligt sind, also etwa der C—Cl-, C—H-, O—H-, C—O-Bindung ein charakteristisches Moment zuzuschreiben. Ferner hängt das Moment einer bestimmten Bindung noch von der Bindungsart und der Wertigkeit

---

[1] Eine bis Ende 1931 vollständige kritische Zusammenstellung ist von K. L. WOLF und O. FUCHS (Handbuch der Stereochemie, S. 191. Wien 1932) gegeben worden.

[2] Siehe §§ 23 und 39; CCl_4 besitzt allerdings nur sehr genähert die Symmetrie eines regulären Tetraeders.

der Atome ab, die ja mit einer verschiedenen Anordnung der äußeren Elektronen verbunden sind. Wir unterscheiden also zwischen den Momenten der Bindung $C\equiv O$ im CO-Molekül $\mu = 0,1 \cdot 10^{-18}$ und $C=O$ in den Ketonen $\mu = 2,7 \cdot 10^{-18}$, sowie zwischen den Bindungsmomenten C_{al}—H und C_{ar}—H, C_{al}—Cl und C_{ar}—Cl usw. Ebenso kann die Bindung zwischen zwei gleichen Atomen ein endliches Moment aufweisen, falls diese verschiedenen Bindungscharakter aufweisen. Beispiele sind das Moment $\overline{N}\!=\!\overset{+}{N}\!=$ im N_2O (vgl. § 20), sowie das endliche, wenn auch wohl nur kleine Moment der Bindung C_{al}—C_{ar}. Da das elektrische Moment eine Vektorgröße ist, erhält man, worauf zuerst Thomson[1] hingewiesen hat, das Gesamtmoment des Moleküls durch vektorielle Addition der einzelnen Bindungsmomente (über die Abweichungen von dieser Vektoradditivität infolge gegenseitiger Störung der einzelnen Momente s. weiter unten).

Bei zweiatomigen Molekülen ist das gemessene Moment direkt gleich dem Moment der betreffenden Bindung.

Tabelle 28.

Stoff	$\mu \cdot 10^{18}$		
	beobachtet	berechnet mit Ionenpolarisierbarkeiten von	
		Wasastjerna[3]	Fajans u. Joos[4]
HF	—	1,3	—
HCl	1,03	1,6	1,09
HBr	0,78	1,3	0,88
HI	0,38	0,7	0,31

Eine Bestimmung von Bindungsmomenten aus dem Molekülmodell hat Kirkwood[2] auf quantentheoretischer Grundlage versucht, der vom Ionenmodell ausgehend unter Berücksichtigung der Polarisierbarkeit die Dipolmomente der vier Halogenwasserstoffe berechnet hat. Die Übereinstimmung mit den beobachteten Werten (vgl. Tabelle 28), ist in Anbetracht der groben Näherung recht gut; vor allem wird der Gang der Momente richtig wiedergegeben.

Bei mehratomigen Molekülen gelingt es nur unter Benutzung weiterer Erfahrungstatsachen die Bindungsmomente zu bestimmen. So hat Smallwood[5] gezeigt, wie man aus den bekannten Kon

[1] Thomson, J. J.: Philos. Mag. Bd. 46 (1923) S. 513.
[2] Kirkwood, J.: Physik. Z. Bd. 32 (1931) S. 359.
[3] Wasastjerna: Soc. Sci. Fenn. Comm. Math. Phys. Bd. 1 (1923) S. 38.
[4] Fajans u. Joos: Z. Physik Bd. 23 (1924) S. 1.
[5] Smallwood, H. M.: Physic. Rev. Bd. 41 (1932) S. 164; Z. physik. Chem. Abt. B Bd. 19 (1932) S. 242.

stanten der Dispersionsformel von CO_2 das Bindungsmoment $C\!\equiv\!O$ berechnen kann. Aus der von FUCHS[1] angegebenen Dispersionsformel folgt, daß mit der Biegung des Moleküls eine Atompolarisation $P_A = 0{,}36$ ccm verbunden ist, die mit den Konstanten des Moleküls durch die Beziehung

$$P_A = \frac{8\,N_L\,\mu^2}{9\,\pi\,\overline{m}\,\nu^2\,d^2}$$

verknüpft ist, wo N_L die LOSCHMIDTsche Zahl, μ das Moment der $C\!\equiv\!O$-Bindung, $\overline{m} = \dfrac{2\,m_0 + m_c}{2\,m_0 + m_c}$ die reduzierte Masse, d den Abstand CO und ν die Frequenz der Deformationsschwingung bedeuten. Mit $d = 1{,}15$ Å und $\nu = 667$ cm^{-1} ergibt sich nach PARTS und TUDEBERG[2] $\mu = 1{,}00 \cdot 10^{-18}$.

Bei mehratomigen Molekülen vom Typus AB_2 und AB_3 kann man das Gesamtmoment in die einzelnen Bindungsmomente zerlegen, falls aus spektroskopischen Daten oder aus Röntgen- oder Elektroneninterferenzen der Valenzwinkel bekannt ist. Allerdings erhält man, was meist übersehen wird, auf diese Weise nur Näherungswerte, da die Momente der am gleichen Atom angreifenden Bindungen sich sehr stark beeinflussen (s. weiter unten). Infolge dieser Wechselwirkung ist also z. B. das aus dem Moment des H_2O abgeleitete OH-Moment nicht gleich dem in der OH-Gruppe eines Alkohols auftretenden Moment. Bei komplizierteren Molekülen kann man die den einzelnen Bindungen zugehörigen Momente nur noch näherungsweise bestimmen, da man (s. weiter unten) immer nur Summen oder Differenzen von Bindungsmomenten mißt.

Tabelle 29. Bindungsmomente[3].

Bindung	Moment $\mu \cdot 10^{18}$	Bindung	Moment $\mu \cdot 10^{18}$
H—Cl	1,04	C=O Carbonyl	2,8
H—Br	0,79	N—O	0,1
H—J	0,38	O—H aus H_2O	1,58
C=O in CO	0,11	N—H aus NH_3	1,66
C=O in CO_2	1,00		

[1] FUCHS, O.: Z. Physik Bd. 46 (1928) S. 519.

[2] PARTS, A. u. A. TUDEBERG: Ann. Soc. espan. Bd. 31 (1933) S. 319.

[3] Vgl. O. FUCHS u. H. L. DONLE: Z. physik. Chem. Abt. B Bd. 22 (1933) S. 1.

Betrachten wir weiterhin das elektrische Moment der Moleküle einer homologen Reihe, so ergibt sich (s. Tabelle 30), daß die Momente der einzelnen Glieder weitgehend konstant sind[1]. Daraus schließen wir wieder, daß das Moment dieser Moleküle im wesentlichen einer bestimmten Gruppe, der sog. polaren Gruppe, bzw. besser nach EUCKEN und MEYER[4] sowie WOLF[5] den dazugehörigen chemischen Bindungen zuzuschreiben ist, so bei den Ketonen offenbar im wesentlichen der C=O-Bindung. Ebenso ist mit der OH-Gruppe ein Moment von etwa $1,6 \cdot 10^{-18}$ verbunden.

Auch wenn wir das Moment hauptsächlich der polaren Gruppe zuordnen, erscheint die Konstanz des Gesamtmoments innerhalb der Reihe, d. h. seine Unabhängigkeit vom Alkylrest $C_n H_{2n+1}$ in Anbetracht des sicher von Null verschiedenen C—H-Moments zunächst etwas unverständlich.

Tabelle 30. Elektrische Momente in homologenen Reihen.

Substanz	Formel	Elektrisches Moment $\mu \cdot 10^{18}$
Ketone[2]		
Azeton	CH_3—CO—CH_3	2,73
Methyläthylketon	CH_3—CO—C_2H_5	2,76
Methylpropylketon	CH_3—CO—C_3H_7	2,71
Methylbutylketon	CH_3—CO—C_4H_9	2,70
Methylhexylketon	CH_3—CO—C_6H_{13}	2,70
Methylnonylketon	CH_3—CO—C_9H_{19}	2,69
Diäthylketon	C_2H_5—CO—C_2H_5	2,72
Methyltertiär-butylketon	CH_3—CO—$C(CH_3)_3$	2,79
Dipropylketon	C_3H_7—CO—C_3H_7	2,73
Alkohole[2,3]		
Methylalkohol	CH_3OH	1,66
Äthylalkohol	C_2H_5OH	1,70
n-Propylalkohol	C_3H_7OH	1,66
n-Butylalkohol	C_4H_9OH	1,66
n-Hexylalkohol	$C_6H_{13}OH$	1,64
n-Octylalkohol	$C_8H_{17}OH$	1,62
n-Nonylalkohol	$C_9H_{19}OH$	1,60
n-Decylalkohol	$C_{10}H_{21}OH$	1,63
n-Undecylalkohol	$C_{11}H_{23}OH$	1,66
n-Duodedylalkohol	$C_{12}H_{25}OH$	1,62

---

[1] Zu Beginn einer Reihe treten manchmal Schwankungen auf, die auf einen Induktionseffekt zurückzuführen sind (s. S. 132).

[2] WOLF, K. L. u. O. LEDERLE: Physik. Z. Bd. 29 (1928) S. 948. — WOLF, K. L. u. W. J. GROSS: Z. physik. Chem. Abt. B Bd. 14 (1931) S. 305.

[3] SMYTH, C. P. u. W. N. STOOPS: J. Amer. chem. Soc. Bd. 51 (1929) S. 3310, 3331; vgl. auch K. L. WOLF u. O. FUCHS: Handbuch der Stereochemie. Wien 1932.

[4] EUCKEN, A. u. L. MEYER: Physik. Z. Bd. 30 (1929) S. 397.

[5] WOLF, K. L.: Z. physik. Chem. Abt. B Bd. 2 (1929) S. 59, Bd. 3 (1929) S. 128.

Diese Konstanz läßt sich jedoch nach Smyth[1] in folgender Weise befriedigend erklären. Alle bisher gemessenen Kohlenwasserstoffe, Methan, Äthan, alle sieben möglichen Isomeren des Heptan C_7H_{16} usw. haben sich als unpolar erwiesen, so daß wir berechtigt sind, allen gesättigten Kohlenwasserstoffen das Moment Null zuzuordnen. Da wir aber annehmen müssen, daß auch die C—H-Bindung ein charakteristisches Moment besitzt — die ungestörte C—C-Bindung wird aus Symmetriegründen das Moment Null besitzen, — ist das beobachtete Moment Null nur dann möglich, wenn sich sämtliche C—H-Momente gegenseitig aufheben. Diese Bedingung erfüllt nun tatsächlich das klassische Tetraedermodell der organischen Chemie, bei dem die vier Valenzen des Kohlenstoffs nach den Ecken eines regulären Tetraeders gerichtet sind. Im Methan, vier H-Atome in den Ecken, das C-Atom im Schwerpunkt eines regulären Tetraeders, kompensieren sich die vier C—H-Momente, d. h. das aus je drei Bindungen resultierende Moment ist entgegengesetzt gleich dem Moment der vierten C—H-Bindung[2].

Ersetzt man weiterhin ein H-Atom durch eine CH_3-Gruppe, so erhält man für das Äthan wieder das Gesamtmoment Null, da ja die Resultierende aus den drei neuen C—H-Momenten gleich dem Moment der alten C—H-Bindung ist. Der Ersatz eines an ein C-Atom gebundenen H-Atoms durch ein Alkyl oder umgekehrt ist also ohne jeden Einfluß auf das Gesamtmoment.

Bei den ersten Gliedern einer homologen Reihe beobachtet man manchmal unregelmäßige Schwankungen des elektrischen Moments. Vom dritten oder vierten Glied ab bleibt das Moment konstant. Da, wie eben gezeigt worden ist, der Ersatz eines H-Atoms durch ein Alkyl aus geometrischen Gründen ohne Einfluß auf das Gesamtmoment ist, läßt sich nach Stuart[3] diese beobachtete Änderung, z. B. beim Übergang von HCN zu CH_3CN oder von CH_3Cl zu C_2H_5Cl am zwanglosesten durch eine Polarisation der neuen CH_3-Gruppe durch das starke elektrische Moment μ_0 der C—N- bzw. C—Cl-Bindung erklären (vgl. Abb. 55). Die in der

---

[1] Smyth, C. P. u. W. N. Stoops: J. Amer. chem. Soc. Bd. 50 (1928) S. 1883.

[2] In einem regulären Tetraeder teilt der Schwerpunkt die Höhen im Verhältnis 1 : 3, so daß die Projektion eines Momentvektors auf irgendeinen anderen immer gleich $1/3$ des Einzelmoments wird.

[3] Stuart, H. A.: Physik. Z. Bd. 31 (1930) S. 80.

neuen CH_3-Gruppe induzierten Momente lassen sich genähert berechnen. Sie sind von der richtigen Größenordnung, nämlich 0,1 bis $0,5 \cdot 10^{-18}$ und ergeben bei ͏vektorieller Addition zu den Bindungsmomenten die beobachteten Gesamtmomente μ richtig wieder[1].

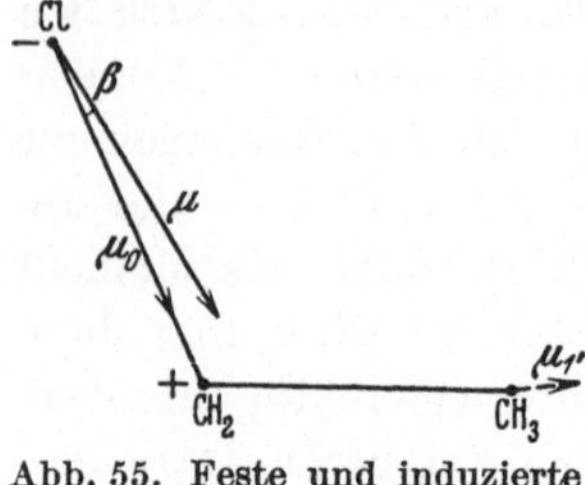

Abb. 55. Feste und induzierte elektrische Momente im Äthylchlorid.

Ebenso läßt sich der Gang des elektrischen Moments bei den Äthern richtig wiedergeben, wenn man die induzierten Momente in Rechnung setzt und beachtet, daß bei Äthyläther die freie Drehbarkeit (vgl. §§ 14 und 29) der endständigen CH_3-Gruppen sehr stark eingeschränkt ist. Man braucht also aus der Abnahme des Moments beim Übergang vom Methyläther, $\mu = 1,32 \cdot 10^{-18}$, zum Äthyläther, $\mu = 1,14 \cdot 10^{-18}$, nicht zu schließen, daß der Valenzwinkel größer geworden ist (vgl. auch § 13).

An den ersten Gliedern homologer Reihen, z. B. den Alkoholen, haben WOLF und GROSS[2] beobachtet, daß das Moment mit der Kohlenstoffzahl zu alternieren scheint. Es handelt sich hier aber um einen ganz geringen, offenbar mit dem Bau des Einzelmoleküls zusammenhängenden Effekt, dessen eigentliche Ursache wir noch nicht kennen.

Weiteres Material zu der Frage, wie weit sich aus dem Gesamtmoment eines Moleküls die Größe und Richtung der einzelnen Bindungsmomente bestimmen lassen, liefern die umfangreichen

---

[1] Bei solchen Rechnungen müssen natürlich das elektrische Moment sowie die polarisierten Gruppen lokalisiert werden. Die nähere Berechnung zeigt im Falle des Äthylchlorids (s. Abb. 55) jedoch, daß die Größe des berechneten Gesamtmoments sowie der Winkel β, unter dem es gegen die C—Cl-Richtung geneigt ist, nur wenig von den besonderen Annahmen abhängt. Nehmen wir das Bindungsmoment C—Cl, $\mu_0 = 1,5 \cdot 10^{-18}$ als punktförmig an und lokalisieren es in $1/_8$ des Abstands C—Cl beim Cl-Atom und ersetzen wir die CH_3-Gruppe durch eine punktförmige polarisierbare Kugel in der Mitte der CH_3-Gruppe (Schnitt der durch die drei H-Atome bestimmten Ebene mit der Verlängerung der Verbindungslinie der beiden C-Atome), so wird $\mu_1' = 0,3$ und $\mu = 2,01 \cdot 10^{-18}$, der Winkel $\beta = 10^0$. Lokalisieren wir das Moment in der Mitte von C—Cl, so folgt $\mu_1' = 0,46$ und $\mu = 2,0 \cdot 10^{-18}$; $\beta = 12^0$. Verlegen wir die zu polarisierende Kugel, die die CH_3-Gruppe ersetzt, in den Mittelpunkt des C-Atoms, so wird, falls das C—Cl-Moment wieder in $1/_8$ des Abstandes C—Cl beim Cl bzw. in der Mitte von C—Cl liegt, $\mu_1' = 0,4$ bzw. $0,47 \cdot 10^{-18}$ und $\mu = 2,02$ bzw. $2,08 \cdot 10^{-18}$ und $\beta = 14^0$ bzw. 13^0.

[2] WOLF, K. L. u. GROSS: Z. physik. Chem. Abt. B Bd. 14 (1931) S. 305.

Untersuchungen an Benzolderivaten. Das ebene Benzolmolekül (s. Kap. 3) besitzt kein elektrisches Moment, da sich aus Symmetriegründen die C—H-Bindungen paarweise aufheben. Führt man nun in den Ring einen Substituenten ein, so setzt sich das neue Moment, worauf vor allem WOLF und FUCHS[1] hingewiesen haben, aus dem Gruppenmoment C_{ar}—Subst. und dem C_{ar}—H-Moment zusammen. Solange das Moment des Substituenten in die Valenzrichtung C_{ar}—Subst. zeigt, also nicht gewinkelt ist, ist das Gesamtmoment einfach gleich der algebraischen Summe oder Differenz der genannten Teilmomente. Diese selbst lassen sich also nicht isolieren. Man kann nur ihre Richtung bestimmen, und zwar dadurch, daß man nacheinander zwei verschiedene Gruppen in Para-Stellung (vgl. Abb. 56) substituiert und zusieht, ob die beiden einander parallelen Momente sich addieren oder subtrahieren, die C—H-Momente fallen dabei heraus. Da die Halogene dem Ring gegenüber sicher negativ aufgeladen sind, lassen sich auch den anderen Substituenten die richtigen Vorzeichen zuordnen.

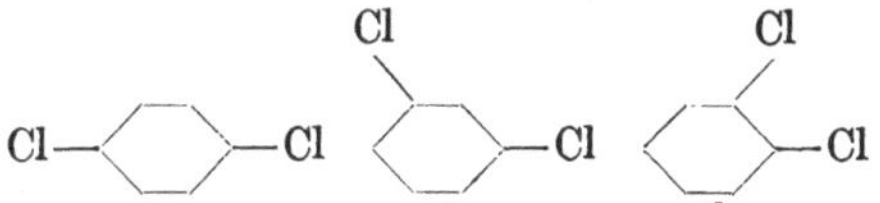

Abb. 56.

Wir stellen in Tabelle 31 für eine Reihe von Monoderivaten die Summe der Momente C_{ar}—Subst. und C_{ar}—H zusammen. Bei den mehratomigen Substituenten setzt sich das Gruppenmoment C_{ar}—Subst. aus mehreren Bindungsmomenten zusammen; ferner ist bei den gewinkelten Substituenten NO_2, OH, OCH_3 und NH_2 das Gesamtmoment natürlich nicht mehr gleich der algebraischen Summe der Einzelmomente. In Anbetracht des Umstands, daß das C_{ar}—H-Moment sicher nur klein ist, sind die gemessenen Gesamtmomente genähert gleich den Gruppenmomenten C_{ar}—Subst. (s. Spalte 4); das dort aufgeführte Vorzeichen gibt den Ladungssinn des betreffenden Substituenten gegenüber dem Ring an. Die so gewonnenen Werte sind für viele Zwecke ausreichend und haben sich als sehr nützlich erwiesen.

Von verschiedenen Autoren ist versucht worden, das C—H-Moment direkt zu bestimmen, sei es durch Extrapolation der Momente der Reihe FH, OH, NH, CH (SMALLWOOD[2]), sei es aus

---

[1] WOLF, K. L. u. O. FUCHS: Handbuch der Stereochemie, S. 246f. Wien 1932.

[2] SMALLWOOD, H. M.: Z. physik. Chem. Abt. B Bd. 19 (1932) S. 242.

Tabelle 31. Gruppenmomente[1,2].

Substanz	Moment $\mu \cdot 10^{18}$ gemessen	Einzelbindungen	Gruppe
Fluorbenzol . .	1,43	$F—C_{ar} + C_{ar}—H$	$—F$
Chlorbenzol . .	1,54	$Cl—C_{ar} + C_{ar}—H$	$—Cl$
Brombenzol . .	1,52	$Br—C_{ar} + C_{ar}—H$	$—Br$
Jodbenzol . . .	1,35	$J—C_{ar} + C_{ar}—H$	$—J$
Nitrobenzol . .	3,9	$O{\scriptstyle\diagdown}\,N—C_{ar} + C_{ar}—H$	$—NO_2$
Nitrosobenzol[3] .	3,22	$O{=}N—C_{ar} + C_{ar}—H$	$—NO$
Benzonitril. . .	3,94	$N{\equiv}C—C_{ar} + C_{ar}—H$	$—C{\equiv}N$
Benzoisonitril .	3,54	$C{=}N—C_{ar} + C_{ar}—H$	$—N{=}C$
Toluol	0,4	$H{\scriptstyle\diagdown}\,C_{al}—C_{ar} — C_{ar}—H$	$+ CH_3$
Phenol	1,56	$O—C_{ar};\ C_{ar}—H$	$+ OH$
Anisol	1,23	$C_{al}{\scriptstyle\diagup}\ O—C_{ar};\ C_{ar}—H$	$+ OCH_3$
Anilin	1,54	$N—C_{ar};\ C_{ar}—H$	$+ NH_2$

der Zerlegung des Gesamtmomentes geeignet erscheinender Verbindungen (BRUYNE, DAVIS und GROSS[4]). All diesen Überlegungen liegen aber so viele besondere Annahmen zugrunde, daß sie als völlig unsicher zu bezeichnen sind[5].

Es ist üblich, sowohl der $C_{al}—H$- wie der $C_{ar}—H$-Bindung einen Wert von $0,4 \cdot 10^{-18}$ zuzuschreiben, der ungefähr richtig sein dürfte. Rechnungen von FUCHS und DONLE[5], sowie andere Er-

---

[1] In früheren Arbeiten (WILLIAMS, WOLF, EUCKEN und MEYER) ist das Moment der $C_{ar}—H$-Bindung von vornherein gleich Null, das gemessene Gesamtmoment also gleich dem Gruppenmoment des betreffenden Substituenten gesetzt worden.

[2] Zum Teil nach neueren Messungen von POLTZ, STEIL und STRASSER: Z. physik. Chem. Abt. B Bd. 17 (1932) S. 155; ferner DONLE u. GEHRKENS: Z. physik. Chem. Abt. B Bd. 18 (1932) S. 316.

[3] HAMNICK, D. L., R. G. A. NEW u. L. E. SUTTON: J. chem. Phys. 1932 S. 742. Diese Autoren schließen aus ihren Messungen auf eine Winkelung am N-Atom (157,7°). Da dieses Ergebnis aber sehr unwahrscheinlich ist, wäre eine kritische Prüfung der Unterlagen wünschenswert.

[4] BRUYNE, J. M. A., R. M. DAVIS u. P. M. GROSS: Physik. Z. Bd. 33 (1932) S. 719.

[5] Vgl. O. FUCHS u. H. L. DONLE: Z. physik. Chem. Abt. B Bd. 22 (1933) S. 1.

fahrungen[1] lassen es als möglich erscheinen, daß bei der C_{al}—H-Bindung im Gegensatz zur C_{ar}—H-Bindung das H-Atom gegenüber dem C-Atom negativ geladen ist. Ein direkter Beweis für diese Verschiedenheit des Ladungssinnes, die ja auch theoretisch schwer zu verstehen wäre, fehlt aber noch.

Will man das Gesamtmoment eines mehrfach substituierten Benzolmoleküls aus den Einzelmomenten berechnen, so ist, worauf WOLF und FUCHS hinweisen, die Kenntnis des C_{ar}—H-Moments gar nicht nötig, solange man nur voraussetzen kann, daß das einem Substituenten zugehörige Moment nicht durch einen zweiten Substituenten geändert wird, was für m- und p-Derivate meist zutrifft (vgl. weiter unten). Substituieren wir zwei verschiedene Gruppen mit den Momenten μ_1 und μ_2 (μ_1 bzw. μ_2 ist genauer die Vektorsumme der Momente C_{ar}—Subst. und C_{ar}—H), so sind drei Isomere möglich, die ortho-, meta- und para-Verbindung (s. Abb. 56). Momente, die in die Valenzrichtung C_{ar}—Subst. fallen[2], schließen bei gleichem oder ungleichem Vorzeichen in Orthostellung den Winkel 60^0 bzw. 120^0, in Metastellung den Winkel 120^0 bzw. 60^0 und in Parastellung den Winkel 180^0 bzw. 0^0 ein. Für die Gesamtmomente findet man in

$$o\text{-Stellung} \quad \mu = \sqrt{\mu_1^2 + \mu_2^2 \pm \mu_1 \mu_2}$$
$$m\text{-Stellung} \quad \mu = \sqrt{\mu_1^2 + \mu_2^2 \mp \mu_1 \mu_2}$$
$$p\text{-Stellung} \quad \mu = \mu_1 \mp \mu_2 .$$

Das obere Zeichen gilt für gleich, das untere Zeichen für entgegengesetzt gerichtete Momente. Sind die Substituenten gleich, so vereinfachen sich die Formeln zu

$$o\text{-Stellung} \quad \mu = \mu_1 \sqrt{3}$$
$$m\text{-Stellung} \quad \mu = \mu_1$$
$$p\text{-Stellung} \quad \mu = 0 .$$

In Tabelle 32 sind für eine Reihe von Diderivaten die so berechneten mit den beobachteten Werten zusammengestellt. Die Übereinstimmung ist bei p- und m-Verbindungen sehr befriedigend.

Nur bei den o-Derivaten treten größere Abweichungen auf (Orthoeffekt), und zwar sind bei gleichgerichteten Momenten die beobachteten Werte immer kleiner als die berechneten, bei entgegengesetzt gerichteten Momenten aber verschwinden die Abweichungen

---

[1] Vgl. W. HEROLD: Z. physik. Chem. Abt. B Bd. 18 (1932). S. 265.
[2] Über Substituenten mit gewinkeltem Moment s. § 19.

Tabelle 32[1].

Substanz	Substituent		Gesamtmoment $\mu \cdot 10^{18}$	
	Formel	Moment des Monoderivats $\mu \cdot 10^{18}$	beobachtet	berechnet
o-Difluorbenzol . . .	F	1,40	2,38	2,42
m-Difluorbenzol . .	F	1,40	—	1,40
p-Difluorbenzol . . .	F	1,40	0	0
o-Dichlorbenzol . .	Cl	1,55	2,25	2,68
m-Dichlorbenzol . .	Cl	1,55	1,48	1,55
p-Dichlorbenzol . .	Cl	1,55	0	0
o-Dibrombenzol . .	Br	1,52	2,00	2,63
m-Dibrombenzol . .	Br	1,52	1,50	1,52
p-Dibrombenzol. . .	Br	1,52	0	0
o-Dijodbenzol . . .	J	1,30	1,69	2,25
m-Dijodbenzol . . .	J	1,30	1,27	1,30
p-Dijodbenzol . . .	J	1,30	0	0
o-Dinitrobenzol . . .	NO_2	3,8	6,00	6,75
m-Dinitrobenzol . .	NO_2	3,8	3,9	3,8
p-Dinitrobenzol . .	ON_2	3,8	0	0
o-Xylol	CH_3	0,4	0,44	0,6
m-Xylol	CH_3	0,4	0,34	0,34
p-Xylol	CH_3	0,4	0	0
o-Chlorbrombenzol .	Cl; Br	1,55 und 1,52	2,13	2,67
m-Chlorbrombenzol .	Cl; Br	1,55 und 1,52	—	1,52
p-Chlorbrombenzol .	Cl; Br	1,55 und 1,5	0	0,03
o-Chlornitrobenzol .	Cl; NO_2	1,55 und 3,8	4,3	4,85
m-Chlornitrobenzol .	Cl; NO_2	1,55 und 3,8	3,18	3,3
p-Chlornitrobenzol .	Cl; NO_2	1,55 und 3,8	2,36	2,25
o-Chlortoluol	Cl; CH_3	1,55 und 0,4	1,35	1,39
m-Chlortoluol. . . .	Cl; CH_3	1,55 und 0,4	1,78	1,78
p-Chlortoluol	Cl; CH_3	1,55 und 0,4	1,90	1,95
o-Nitrotoluol	NO_2; CH_3	3,8 und 0,4	3,70	3,70
m-Nitrotoluol. . . .	NO_2; CH_3	3,8 und 0,4	4,18	4,14
p-Nitrotoluol	NO_2; CH_3	3,8 und 0,4	4,44	4,30

fast ganz. Diese Tatsachen lassen sich einigermaßen durch das Zusammenwirken von zwei Effekten erklären. Einmal können sich in o-Stellung die Substituenten abstoßen, sei es infolge der gewöhnlichen Abstoßungskräfte (Resonanzabstoßung) (s. § 2), oder bei gleichsinnig geladenen Gruppen infolge der elektrostatischen Abstoßung der Dipole, so daß ein Spreizen der Valenzwinkel auftritt[2],

---

[1] Entnommen dem Artikel von K. L. WOLF u. O. FUCHS im Handbuch der Stereochemie. Wien 1932; s. ferner POLTZ, STEIL u. STRASSER: Z. physik. Chem. Abt. B Bd. 17 (1932) S. 155.

[2] Es wäre auch denkbar, daß die Lage der Kerne erhalten bleibt, und daß nur eine Deformation der Elektronenhüllen auftritt, wodurch der Schwerpunkt der negativen Ladungen verschoben würde. Siehe HÜCKEL: Theoretische Grundlagen der organischen Chemie, Bd. 1 (1931) S. 44.

wodurch im Falle gleich gerichteter Momente das Gesamtmoment verkleinert wird. Eine Winkelspreizung infolge gewöhnlicher Abstoßung, die also nur von der „Größe" der Substituenten abhängt, tritt, wie MAGAT[1] aus einer Betrachtung der Durchmesser nachweist, nur bei großen Gruppen wie CH_3, NO_2, dagegen nicht bei Cl, Br und J auf. Beim o-Dinitrobenzol liegen wahrscheinlich die beiden NO_2-Gruppen infolge sterischer Behinderung nicht in der Ringebene, sondern sind etwas herausgedreht. Im übrigen sind wegen der großen Stabilität der Valenzwinkel (vgl. § 13) nur kleine Winkeländerungen bis zu etwa 10^0 zu erwarten.

Da diese Winkelspreizungen zur Erklärung des Orthoeffekts nicht ausreichen, muß noch eine andere Ursache vorhanden sein. Diese ist dadurch gegeben, daß jedes feste Moment seine Umgebung polarisiert, d. h. im Ring und im Nachbarsubstituenten kleine elektrische Momente induziert. Bei gleich gerichteten Bindungsmomenten gibt dieser Effekt eine Abschwächung, bei entgegengesetzt gerichteten eine Verstärkung des Gesamtmoments. Im letzteren Falle können sich also Abstoßungs- und Induktionseffekt kompensieren. SMALLWOOD und HERZFELD[2] haben mit plausiblen Annahmen den Induktionseffekt berechnet und gezeigt, daß man im allgemeinen bessere Übereinstimmung mit der Erfahrung erhält, wenn man diese induzierten Momente berücksichtigt[3]. TIGANIK[4] hat an einem größeren Material diese Berechnungen geprüft und bei Gruppen mit gleichem Ladungssinn gute Übereinstimmung gefunden. An Diphenylderivaten hat NAESHAGEN[5] den Induktionseffekt nachgewiesen und diskutiert.

Von verschiedenen Autoren (SMYTH[6], BERGMANN[7] u. a.) ist versucht worden, aus den Abweichungen zwischen den beobachteten und berechneten Gesamtmomenten die Winkelspreizung zu berechnen, wobei der Induktionseffekt meist überhaupt nicht berück-

---

[1] MAGAT, M.: Z. physik. Chem. Abt. B Bd. 16 (1932) S. 1.

[2] SMALLWOOD, H. M. u. K. F. HERZFELD: J. Amer. chem. Soc. Bd. 52 (1930) S. 1919.

[3] Diese Werte sind von WOLF und FUCHS unter Verwendung neuerer Beobachtungen neu berechnet worden.

[4] TIGANIK, L.: Z. physik. Chem. Abt. B Bd. 13 (1931) S. 425.

[5] NAESHAGEN: Erscheint in Z. physik. Chem. Abt. B Bd. 25 (1934).

[6] SMYTH, C. P., MORGAN u. BOYCE: J. Amer. chem. Soc. Bd. 50 (1928) S. 1536.

[7] BERGMANN, E. u. L. ENGEL: Z. physik. Chem. Abt. B Bd. 8 (1930) S. 111. — BERGMANN, E., L. ENGEL u. S. SANDOR: Z. physik. Chem. Abt. B Bd. 10 (1930) S. 106.

sichtigt wird. Solange wir nicht mehr über diesen und eventuell andere Nebeneffekte wissen, müssen diese Berechnungen als ganz unsicher bezeichnet werden[1].

Auch bei dreifach substituierten Derivaten kann man das Gesamtmoment vektoriell aus den Einzelmomenten berechnen. Abweichungen treten wie bei den eben besprochenen Diderivaten nur auf, wenn Gruppen in o-Stellung stehen[2].

Die Frage, wie weit man die den einzelnen Bindungen zugehörigen Momente als konstant ansehen kann, läßt sich allgemein so beantworten: Konstanz der Bindungsmomente und damit Additivität aus den Einzelmomenten sind nur zu erwarten, wenn die stärkeren Momente an verschiedene Atome, die genügend weit auseinander liegen, gebunden sind. Greifen dagegen mehrere starke Momente am gleichen Atom an, wie z. B. im $CHCl_3$ die drei C—Cl-Momente, so stören sich diese gegenseitig sehr stark, wie man aus einem Vergleich der Größe des beobachteten Gesamtmoments $\mu = 1{,}0 \cdot 10^{-18}$ mit dem vektoriell berechneten Gesamtmoment $\mu = 1{,}9 \cdot 10^{-18}$ erkennt[3]. Smyth und McAlpine[4] haben durch Rechnung an einer Reihe von Halogenderivaten des Methans zu zeigen versucht, daß diese Störungen auf den gegenseitig induzierten Momenten beruhen. Ihr Ergebnis ist aber nicht beweisend, da bei den kleinen Entfernungen zwischen den an einem gemeinsamen Atom angreifenden Bindungen die bei solchen Rechnungen nötigen Vereinfachungen, punktförmiger Dipol usw. (vgl. S. 132, Anmerkung 1) nicht mehr zulässig sind. Überhaupt ist es sehr fraglich, ob man die Störungen zwischen unmittelbar benachbarten Bindungen durch den klassischen Induktionseffekt ausreichend erklären kann.

Es zeigt sich ferner, daß beträchtliche Änderungen der Bindungsmomente auftreten, je nachdem ob Bindung an einen aromatischen

---

[1] Über eine Möglichkeit, die Richtung des Moments, das durch zwei orthoständige Substituenten gebildet wird, zu bestimmen, vgl. H. Lütgert: Z. physik. Chem. Abt. B Bd. 17 (1932) S. 460.

[2] Näheres bei K. L. Wolf u. O. Fuchs: Handbuch der Stereochemie. Wien 1932.

[3] Eine Spreizung der Valenzwinkel am C-Atom würde ebenfalls ein kleineres Gesamtmoment ergeben. Diese Spreizung ist aber, wie wir aus röntgeninterferometrischen Messungen an CH_3Cl, CH_2Cl_2, $CHCl_3$, CCl_4 wissen (s. § 10), nur sehr gering. Auch die große Stabilität von Valenzwinkeln spricht gegen eine große Spreizung.

[4] Smyth, C. P. u. McAlpine: J. chem. Phys. Bd. 1 (1933) S. 190.

bzw. an einen aliphatischen Kohlenstoff vorliegt[1]. So ist das elektrische Moment des Methylchlorids $1{,}89 \cdot 10^{-18}$ beträchtlich größer als das Moment des Chlorbenzols mit $1{,}55 \cdot 10^{-18}$. Da wir immer nur die Summe von C_{al}—H und C_{al}—Cl bzw. C_{ar}—H und C_{ar}—Cl messen, können wir nicht sagen, wie sich die Unterschiede auf die C—H und C—Cl-Bindungen verteilen. Alle Versuche[2], einwandfreie Werte für die Einzelmomente zu erhalten, sind bis heute gescheitert.

§ 19. Elektrisches Moment, Valenzwinkelung und freie Drehbarkeit.

Substituiert man im Benzolring Gruppen wie OH oder OCH_3, also Gruppen mit einem „Brückensauerstoff", und berechnet man in der im vorhergehenden Paragraphen beschriebenen Weise das Gesamtmoment, so kommt man durchweg in Widerspruch mit der Erfahrung; so besitzt z. B. eine Substanz wie p-$C_6H_4 \cdot OCH_3 \cdot OCH_3$, Hydrochinondimethyläther (s. Abb. 57) ein endliches Moment.

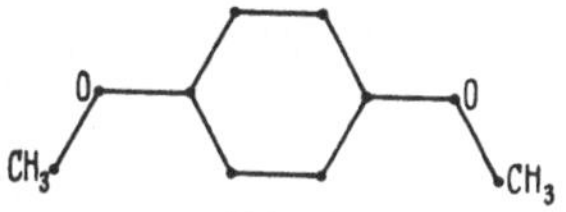

Abb. 57.
Hydrochinondimethyläther.

Eine Reihe von Autoren, zuerst wohl HÖJEN-DAHL[3] und WILLIAMS[4], haben unabhängig voneinander gezeigt, wie sich diese Schwierigkeiten beheben lassen.

Einmal muß man berücksichtigen, daß nach den Vorstellungen der Stereochemie an den Atomen, also hier am Sauerstoffatom bestimmte Winkel zwischen den Valenzrichtungen existieren. So rechnet man in der Stereochemie beim C- und O-Atom mit einem Valenzwinkel von etwa 110^0 zwischen je zwei Bindungen[5], s. § 12. Wie schon erwähnt, sind diese Winkel recht stabil (s. § 13) und vermutlich von der Natur der gebundenen Atomgruppen nur wenig abhängig, s. auch § 3.

---

[1] L. E. SUTTON [Proc. Roy. Soc., Lond. Bd. 133 (1932) S. 668] versucht diese Unterschiede durch eine Verschiebung der Elektronen im Sinne des „elektromerischen Effekts" der ROBINSON-LAPWORTHschen Theorie der induzierten alternierenden Polaritäten (vgl. etwa W. HÜCKEL: Theoretische Grundlagen der organischen Chemie. Leipzig 1931) zu erklären.

[2] Z. B. ein Versuch von GREENE und WILLIAMS [Physic. Rev. Bd. 42 (1932) S. 119], die Bindungsmomente C—Cl und C—Br zu bestimmen, vgl. die Kritik von FUCHS und DONLE [Z. physik. Chem. Abt. B Bd. 22 (1933) S. 12].

[3] HÖJENDAHL, CHR.: Diss. Kopenhagen 1928.

[4] WILLIAMS, J. W.: Physik. Z. Bd. 29 (1928) S. 271.

[5] Der Winkel am C-Atom beträgt wegen der Tetraedersymmetrie der vier Valenzen genau $109^0\ 28'$.

Ferner hat man sich vorzustellen, daß bei der einfachen Bindung die gebundenen Gruppen um die Valenzrichtung als Achse drehbar sind (Prinzip von der freien Drehbarkeit, s. § 14). So durchläuft beispielsweise beim Phenol (s. Abb. 58) das H-Atom einen Kreis um die O—C-Achse, wobei die Verbindungslinie O—H einen Kegelmantel mit der Spitze am O-Atom und mit O—C als Achse beschreibt. Besitzt nur der eine der beiden Substituenten ein gewinkeltes Moment, so läßt sich die Berechnung für para-Derivate leicht durchführen, da ja der Winkel bei der Drehung immer derselbe bleibt, von der Art der Drehbarkeit also unabhängig ist.

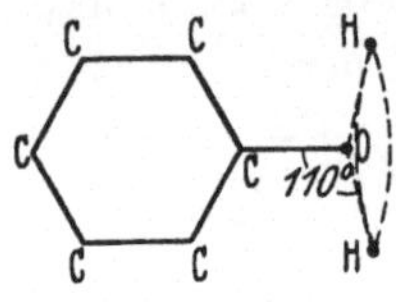

Abb. 58. Phenol.

ist. Dabei wird vorausgesetzt, daß das Gesamtmoment der gewinkelten Gruppe in die Valenzrichtung, beim Phenol also in die OH-Richtung, fällt. Das ist aber häufig nicht der Fall, da das Gruppenmoment sich aus mehreren Bindungsmomenten zusammensetzt. So fällt bei der OH-Gruppe das aus den Bindungsmomenten[1] $\overset{-}{O}$—$\overset{+}{C}$ und $\overset{-}{O}$—$\overset{+}{H}$ bestehende Gesamtmoment sicher nicht in die Richtung O—H, sondern steht wahrscheinlich senkrecht auf CO. Trotz dieser Vernachlässigung erhält man mit den in Tabelle 31 angegebenen Gruppenmomenten und einem Winkel von 110° nach den Berechnungen von WOLF[2], EUCKEN und MEYER[3] recht gute Übereinstimmung mit der Erfahrung (s. Tabelle 33). Dieses Ergebnis ist als ein sicherer Beweis für die Winkelung am Sauerstoffatom anzusehen.

Tabelle 33.

Stoff	$\mu \cdot 10^{18}$ beobachtet	$\mu \cdot 10^{18}$ berechnet mit Winkel am O-Atom $= 110°$	$\mu \cdot 10^{18}$ berechnet ohne Winkelung
p-CH$_3$—C$_6$H$_4$—OH	1,50	1,60	2,10
p-CH$_3$—C$_6$H$_4$—OCH$_3$ . . .	1,00	1,13	1,60
p-NO$_2$—C$_6$H$_4$—OCH$_3$ . . .	4,80	4,35	2,60
p-Cl—C$_6$H$_4$—OH	2,65	2,47	0,15

[1] Dazu kommt noch ein im Ring induziertes Moment, das aber nur wenig von der Stellung der drehbaren Gruppe abhängen wird, so daß das Gesamtmoment als von der Art der Drehbarkeit praktisch unabhängig angesehen werden darf.

[2] WOLF, K. L.: Z. physik. Chem. Abt. B Bd. 3 (1929) S. 128.

[3] EUCKEN, A. u. L. MEYER: Physik. Z. Bd. 30 (1929) S. 397.

Tabelle 34.

Substanz	Diderivat $\mu \cdot 10^{18}$ beobachtet	Monoderivate		Valenzwinkel am C-Atom 0
		$\mu_1 \cdot 10^{18}$ beob.	$\mu_2 \cdot 10^{18}$ beob.	
p-Br—C_6H_4—CH_2Cl . . .	1,72	1,50	1,85	119
p-Cl—C_6H_4—CH_2Br . . .	1,73	1,52	1,86	119,5
p-O_2N—C_6H_4—CH_2Cl . .	3,59	3,9	1,85	113,5
p-O_2N—C_6H_4—CH_2Br . .	3,57	3,9	1,86	114
p-O_2N—C_6H_4—CH_2CN . .	4,00	3,9	3,48	114

Eine ungefähre Bestimmung des Valenzwinkels am Kohlenstoffatom ist SMYTH und WALLS[1] bei Benzolderivaten mit Substituenten wie CH_2Cl und CH_2CN gelungen, weil hier die C_{al}—H- und C_{ar}—C_{al}-Momente nur wenig zum Gruppenmoment beitragen, dieses also sehr genähert in die Valenzrichtung fällt (s. Abb. 59). Ihre Ergebnisse[2], die wegen der nicht näher bekannten C_{al}—H- und C_{al}—C_{ar}-Momente natürlich noch nicht quantitativ sein können, sind in Tabelle 34 wiedergegeben.

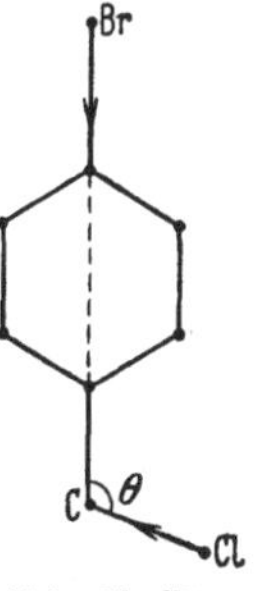

Abb. 59. Para-brombenzyl-chlorid.

Durch geeignete Kombinationen von Verbindungen haben BERGMANN[3], SMYTH[4], SUTTON[5] und ihre Mitarbeiter versucht, die Valenzwinkel am C-, O- und S-Atom zu bestimmen. Betrachten wir z. B. mit SMYTH eine Verbindung wie 4,4-Dibromdiphenyläther (s. Abb. 60), so läßt sich der Valenzwinkel β am O-Atom aus den Momenten des Diphenyläthers $(C_6H_5)_2O$ und des

---

[1] SMYTH, C. P. u. WALLS: J. Amer. chem. Soc. Bd. 54 (1932) S. 1854.

[2] Der gesuchte Winkel β berechnet sich nach der Gleichung

$$\cos \beta = \frac{\mu^2 - \mu_1^2 - \mu_2^2}{2\,\mu_1\mu_2},$$

wo μ_1 und μ_2 die Momente der Monoderivate sind. Das Bindungsmoment C_{al}—C_{ar} braucht nicht bekannt zu sein, da es bei der Rechnung herausfällt. Es wird lediglich vorausgesetzt, daß die Gruppenmomente der Substituenten sich gegenseitig nicht beeinflussen, was bei para-Derivaten hinreichend der Fall ist.

[3] BERGMANN und Mitarbeiter: Z. physik. Chem. Abt. B Bd. 17 (1932) S. 81, 92, 100, 107 u. 116.

[4] SMYTH u. WALLS: J. Amer. chem. Soc. Bd. 54 (1932) S. 3230.

[5] HAMPSON und SUTTON: Proc. Roy. Soc., Lond. A Bd. 140 (1933) S. 562. — HAMPSON, FARMER und SUTTON: Proc. Royal. Soc. Lond. A Bd. 143 (1933) S. 147. — SUTTON: Proc. Royal. Soc., Lond. A Bd. 133 (1931) S. 668.

Brombenzols C_6H_5Br bestimmen. Für die Momente dieser Verbindungen gelten nämlich folgende Gleichungen:

$$\mu_{C_6H_5Br} = \mu_{C-H} + \mu_{C-Br} \tag{I}$$

$$\mu_{(C_6H_5)O_2} = 2\,(\mu_{C-H} + \mu_{C-O}) \cdot \cos \frac{\beta}{2} \tag{II}$$

$$\mu_{(p-BrC_6H_4)O_2} = \pm\, 2\,(\mu_{C-Br} - \mu_{C-O}) \cos \frac{\beta}{2} \tag{III}$$

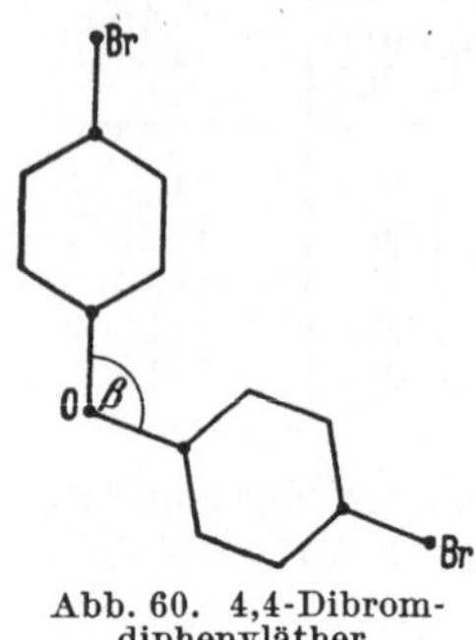

Abb. 60. 4,4-Dibrom-diphenyläther.

aus denen sich der Winkel β berechnen läßt.

Das obere Vorzeichen gilt für den Fall, daß das Moment in $(p-BrC_6H_4)_2O$ dieselbe Richtung wie in $(C_5H_6)_2O$ hat. In den Fällen, wo diese Richtung nicht bekannt ist, wird das Ergebnis zweideutig, was von BERGMANN und SMYTH übersehen worden ist. Ferner ist zu beachten, daß die bei Momentmessungen in Flüssigkeiten unvermeidlichen Fehler (s. §§ 16 u. 17) sowie die Wechselwirkung zwischen den Gruppenmomenten (dieser Induktionseffekt stört vor allem bei der NO_2-Gruppe) das Resultat ziemlich beeinflussen können. HAMPSON, FARMER und SUTTON geben die in Tabelle 35 aufgeführten Werte an.

Tabelle 35. Valenzwinkel für das C-, O- und S-Atom.

Atom	Valenzwinkel	Verbindung
C	115 ± 5^0	Diphenylmethan
O	142 ± 8^0	Diphenyläther
S	118 ± 8^0	Diphenylsulfid

In Anbetracht der oben erwähnten Unsicherheiten darf man diesen Zahlen, insbesondere dem auffallend großen Wert für den Winkel am Sauerstoffatom, jedoch keine quantitative Bedeutung zumessen. Dasselbe gilt auch für die Winkelberechnungen an anderen Molekülen, wie sie besonders von BERGMANN, HUNTER und PARTINGTON[1], SMYTH und SUTTON durchgeführt worden sind, insbesondere dann, wenn noch die C—H-Momente vernachlässigt werden.

In den Fällen, wo das Gruppenmoment, wie bei den Phenolen, nicht in die Valenzrichtung fällt, kann man nach WOLF und FUCHS[2] wenigstens den Winkel zwischen dem elektrischen Moment und dem Benzoldurchmesser einwandfrei bestimmen. Wir betrachten dazu ein Benzolderivat wie das p-Chlorphenol (s. Abb. 61). Das

---

[1] HUNTER, E. C. u. J. R. PARTINGTON: J. chem. Soc., Lond. 1932 S. 2812.
[2] WOLF, K. L. u. O. FUCHS: Handbuch der Stereochemie, S. 264. Wien 1932.

Gesamtmoment dieses Moleküls setzt sich vektoriell aus den bei Phenol[1] ($\mu = 1{,}56 \cdot 10^{-18}$) und bei Chlorbenzol ($\mu = 1{,}54 \cdot 10^{-18}$) beobachteten Werten zusammen. Die Bindungsmomente C_{ar}—H braucht man dabei nicht zu kennen, da sie sich in p-Stellung gerade kompensieren, bei der Vektoraddition also herausfallen. Die Vektorzusammensetzung der Momente 1,54 und $1{,}56 \cdot 10^{-18}$ zu einem Gesamtmoment von $2{,}22 \cdot 10^{-18}$ ergibt eindeutig (s. Abb. 61) für den Winkel β zwischen den beiden Gruppenmomenten den Wert 89 ± 5^0. Das ist zugleich der Winkel, unter dem im Phenol das Gruppenmoment gegen die O—C-Richtung geneigt ist.

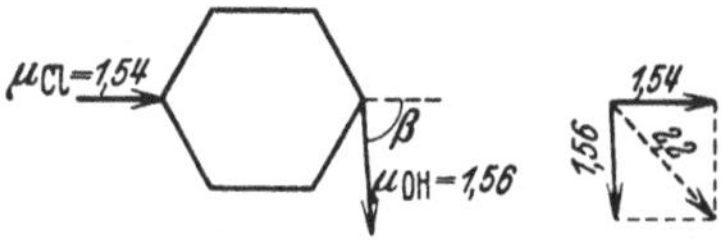

Berechnet man nun mit diesem Winkel die Dipolmomente anderer Phenole, o-, m-, p-Bromphenol usw., so ergibt sich bei den p-Derivaten eine recht gute Übereinstimmung mit den beobachteten Werten (s. Tabelle 36). Man darf das als einen Beweis für die Konstanz der hier auftretenden Valenzwinkel ansehen. Ebenso ergibt die Durchrechnung der bei anderen Substituenten beobachteten Momente ungefähr konstante Winkel, nämlich 80 ± 10^0 bei der OCH_3 - Gruppe, 40 ± 10^0 bei der NH_2 - Gruppe (vgl. Tabelle 36).

Abb. 61. p-Chlorphenol.

Bei den m-Derivaten hängt das Gesamtmoment von der Lage des drehbaren, gewinkelten Substituenten ab. Sind zwei gewinkelte Substituenten vorhanden, so trifft das auch schon für die p-Verbindung zu. Eine Berechnung ist dann nur möglich, wenn man die Art der Drehbarkeit genau kennt, also z. B. für den Fall, daß die gewinkelten Gruppen gleichförmig rotieren. Da die Kräfte zwischen den einzelnen Substituenten sehr rasch mit der Entfernung abnehmen, ist es von vornherein wahrscheinlich, daß bei p-Derivaten, Abstand der Gruppen etwa 6 Å, und meist auch noch bei m-Derivaten die Gruppen voneinander unabhängig, also noch frei drehbar sind, wenn nicht gerade zwischen Substituent und Ring Kräfte wirken, die bestimmte Lagen besonders stabilisieren.

Von Fuchs[2] und gleichzeitig von Tiganik[3] ist eine Formel angegeben worden, mit der man allgemein das Gesamtmoment eines

---

[1] Donle, H. L. u. K. A. Gehrkens: Z. physik. Chem. Abt. B. Bd. 18 (1932) S. 316.

[2] Fuchs, O.: Z. physik. Chem. Abt. B Bd. 14 (1931) S. 339.

[3] Tiganik, L.: Z. physik. Chem. Abt. B Bd. 14 (1932) S. 135.

Tabelle 36[1], [2].

Substanz	Substituenten	$\mu \cdot 10^{18}$		Winkel zwischen den Gruppenmomenten bei p-Derivaten
		beobachtet	berechnet	
Phenol	OH	1,56	—	
o-Chlorphenol	Cl; OH	1,3	2,19	
m-Chlorphenol	Cl; OH	2,1	2,2	
p-Chlorphenol	Cl; OH	2,2	2,2	89 ± 5^0
o-Bromphenol	Br; OH	1,36	2,18	
m-Bromphenol	Br; OH	—	—	
p-Bromphenol	Br; OH	2,12	2,2	89 ± 5^0
o-Kresol	CH_3OH	1,41	1,60	
m-Kresol	CH_3OH	1,54	1,61	
p-Kresol.	CH_3OH	1,57	1,62	89 ± 5^0
o-Nitrophenol	NO_2; OH	3,10	4,02	
m-Nitrophenol	NO_2; OH	3,90	4,2	
p-Nitrophenol	NO_2; OH	5,01	4,2	89 ± 5^0
Anisol.	OCH_3	1,23	—	
o-Kresylmethyläther .	CH_3; OCH_3	1,0	1,34	
m-Kresylmethyläther .	CH_3; OCH_3	1,17	1,25	
p-Kresylmethyläther .	CH_3; OCH_3	1,20	1,20	80 ± 10^0
o-Nitroanisol	NO_2; OCH_3	4,81	3,94	
m-Nitroanisol	NO_2; OCH_3	—	4,23	
p-Nitroanisol.	NO_2; OCH_3	4,75	4,37	80 ± 10^0
Anilin	NH_2	1,54	—	
o-Chloranilin	Cl; NH_2	1,71	1,79	
m-Chloranilin	Cl; NH_2	2,68	2,59	
p-Chloranilin	Cl; NH_2	2,95	2,93	40 ± 10^0
o-Toluidin	CH_3; NH_2	1,5	1,74	
m-Toluidin	CH_3; NH_2	1,4	1,44	
p-Toluidin	CH_3; NH_2	1,3	1,3	40 ± 10^0

Moleküls, das zwei verschiedene, sich völlig frei um die Achsen a_1 und a_2 drehende Gruppen mit den Momenten μ_1 und μ_2 enthält, berechnen kann. Nennen wir die Winkel, unter denen die Momente gegen ihre Drehachsen geneigt sind, β_1 und β_2 und schließen die Achsen selbst den Winkel ω_{12} ein, so gilt für das Gesamtmoment die Beziehung:

$$\mu = \sqrt{\mu_2^1 + \mu_2^2 + 2\,\mu_1\,\mu_2 \cos\beta_1 \cos\beta_2 \cos\omega_{12}}\,.$$

Für den oben behandelten Fall eines Benzolderivats mit einem festen und einem drehbaren Substituenten wird $\beta_1 = 0$ und wir erhalten die vereinfachten Formeln:

---

[1] DONLE, H. L. u. K. A. GEHRKENS: Z. physik. Chem. Abt. B Bd. 18 (1932) S. 316.

[2] Vgl. K. WOLF u. O. FUCHS: Handbuch der Stereochemie. Wien 1932.

o-Stellung, $\omega_{12} = 60^0$ bzw. 120^0 bei ungleich bzw. gleich gerichteten Momenten:

$$\mu = \sqrt{\mu_1^2 + \mu_2^2 \pm \mu_1\mu_2 \cos\beta_2}\,,$$

m-Stellung $\omega_{12} = 120^0$ bzw. 60^0:

$$\mu = \sqrt{\mu_1^2 + \mu_2^2 \mp \mu_1\mu_2 \cos\beta_2}\,,$$

p-Stellung $\omega_{12} = 180^0$ bzw. 0^0:

$$\mu = \sqrt{\mu_1^2 + \mu_2^2 \mp 2\,\mu_1\mu_2 \cos\beta_2}\,.$$

Die oberen Vorzeichen beziehen sich dabei auf gleich, die unteren auf ungleich gerichtete Momente.

Für zwei frei drehbare Substituenten folgt, wenn sie gleich sind ($\mu_1 = \mu_2$) und in p-Stellung stehen, die schon von WILLIAMS[1] angegebene Beziehung:

$$\mu = \mu_1 \cdot \sin\beta \cdot \sqrt{2}\,.$$

Für die Momentberechnung bei trisubstituierten Benzolen, drei verschiedene Momente frei drehbar um drei verschiedene in einer Ebene liegende Achsen, hat FUCHS[2] eine Formel angegeben. Der allgemeinste Fall beliebig vieler Momente mit beliebig im Raum orientierten Achsen freier Drehbarkeit ist von ZAHN[3] sowie von EYRING[4] behandelt worden.

Berechnet man nun mit diesen Formeln bei Molekülen mit einem festen und einem drehbaren Substituenten in m- bzw. o-Stellung das Gesamtmoment, so erhält man, wie ein Blick auf Tabelle 36 zeigt, bei m-Verbindungen recht gute Übereinstimmung mit der Erfahrung. Daraus folgt, daß die dabei gemachte Voraussetzung einer gleichmäßigen Rotation, d. h. einer wirklich freien Drehbarkeit bei Gruppen wie OH, OCH_3 oder NH_2 zu Recht besteht.

Bei o-Derivaten treten dagegen größere Abweichungen auf (s. Tabelle 36). Diese sind auf die schon früher (s. § 18) besprochenen Effekte der gegenseitigen Abstoßung und wechselseitigen Induktion zurückzuführen. Offenbar ist hier die freie Drehbarkeit der gewinkelten Gruppe sehr stark eingeschränkt, indem vor allem bestimmte Stellungen wegen sterischer Behinderung ausgeschlossen sind[5].

---

[1] WILLIAMS, J. W.: Z. physik. Chem. Bd. 138 (1928) S. 75.

[2] FUCHS, O.: Z. physik. Chem. Abt. B Bd. 14 (1931) S. 339.

[3] ZAHN, C. T.: Physik. Z. Bd. 33 (1932) S. 400.

[4] EYRING, H.: Physic. Rev. Bd. 39 (1932) S. 746.

[5] Z. B. ist bei o-Kresylmethyläther $C_6H_4 \cdot CH_3 \cdot OCH_3$ eine Stellung, bei der die CH_3-Gruppe der OCH_3-Gruppe in der Ringebene dem anderen Substituenten CH_3 zugekehrt ist, sterisch unmöglich.

In dieser Weise ist es möglich, mit Hilfe von Messungen des elektrischen Moments die von der Stereochemie entwickelten Vorstellungen über die freie Drehbarkeit[1] zu prüfen und zu präzisieren[2] (vgl. auch § 14).

Solange keine wesentlichen Kräfte auf die drehbare Gruppe einwirken, rotiert dieselbe gleichmäßig, d. h. es sind alle Lagen gleich wahrscheinlich (Beispiel die oben besprochenen m-Derivate). Treten dagegen stärkere Kräfte auf und ändern diese sich mit dem Drehungswinkel, so ergeben sich Stellungen kleinster potentieller Energie, die besonders häufig sind. Die Drehung wird ungleichmäßig oder es finden nur noch Oszillationen oder besser Drehschwingungen um diese ausgezeichneten Lagen statt. Ob bei einem gegebenen Molekül die drehbare Gruppe schwingt oder rotiert, hängt natürlich von der Temperatur ab. Ist die Energie pro Freiheitsgrad kT sehr klein gegen die Mulden der Potentialkurve, so haben wir kleine Drehschwingungen um die Lage kleinster potentieller Energie. Mit steigender Temperatur werden die Amplituden größer, bis schließlich im Grenzfall hoher Temperaturen $kT \gg U$ die Gruppe gleichförmig rotiert. Im Übergangsgebiet $kT \sim U$, wo die Amplituden sich stark mit der Temperatur ändern, muß das beobachtete resultierende elektrische Moment selbst temperaturabhängig werden und mit steigender Temperatur den der freien Rotation zugehörigen Grenzwert erreichen.

Überlegungen dieser Art, wie sie sich bei einer Reihe von Autoren finden, hat MEYER[3] durch quantitative Rechnungen ergänzt. Es zeigt sich dabei, daß solange das die Drehung hindernde innermolekulare Potential der relativ gegeneinander beweglichen Momente nicht größer als $\frac{1}{10}\,kT$ ist, die Drehung als frei angesehen werden kann, so daß sich für das elektrische Moment der Wert bei ungestörter Drehbarkeit ergibt. Ist das innermolekulare Potential dagegen größer als ein $\frac{1}{10}\,kT$, so wird die Drehbarkeit merklich eingeschränkt und das Moment wird temperaturabhängig. Die Molekularpolarisation ist dann nicht mehr eine lineare Funktion von $\frac{1}{T}$. Diese Temperaturabhängigkeit des festen Moments ist

<hr>

[1] Vgl. § 14.

[2] EUCKEN, A. u. MEYER: Physik. Z. Bd. 30 (1929) S. 397. — WOLF, K. L.: Trans. Faraday Soc. Bd. 26 (1930) S. 315, 351.

[3] MEYER, L.: Z. physik. Chem. Abt. B Bd. 8 (1930) S. 27.

also prinzipiell bei allen Molekülen vorhanden, deren Moment vom Drehungswinkel der polaren Gruppe abhängt. Da sie aber meistens nicht in den der Beobachtung leicht zugänglichen Bereich zwischen 0 und 100° C fällt, ist es bis jetzt nur in einigen Fällen gelungen, die Temperaturabhängigkeit des elektrischen Moments einwandfrei nachzuweisen. Im allgemeinen sind für das innermolekulare Potential zweier polarer Gruppen das elektrostatische Potential der festen Momente $U_1 \sim \dfrac{\mu_1 \cdot \mu_2}{r^3}$ und der Dispersionseffekt $U_2 = -\dfrac{3}{4} \cdot \dfrac{h\,v_0\,\gamma^2}{r^6}$ maßgebend[1]. Da die Einzelmomente von der Größenordnung $1 \cdot 10^{-18}$ sind, und da U_2 mit $\dfrac{1}{r^6}$ abnimmt, kommt $U = U_1 + U_2$ nur dann in die Größenordnung von kT (kT beträgt bei Zimmertemperatur $4 \cdot 10^{-14}$ Erg pro Molekül), wenn der Abstand r zwischen den Momenten nicht größer als 3 Å wird. So verstehen wir, daß bei den para-Benzolderivaten, z. B. dem Hydrochinondimethyläther, wo der Abstand der sich drehenden Momente ungefähr 6 Å beträgt, schon bei Zimmertemperatur das Moment den der freien Rotation entsprechenden Wert hat.

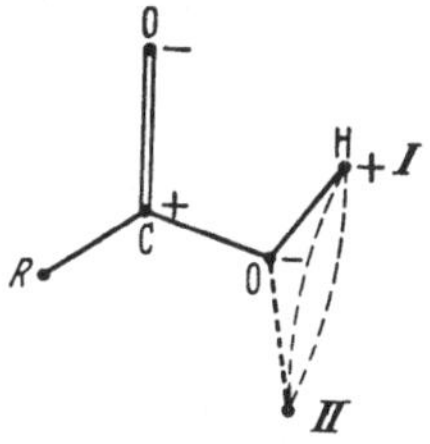

Abb. 62.
COOH-Gruppe.

Ein extrem großes innermolekulares Potential besitzt die COOH-Gruppe (s. Abb. 62). Die Messungen von ZAHN[2] am Dampf der Ameisensäure $H \cdot COOH$ ergeben für das Moment $\mu = 1{,}51 \cdot 10^{-18}$, also praktisch denselben Wert, den die Rechnung für die Stellung I, in der sich die Bindungsmomente $\overset{+}{C}=\overset{-}{O}$ und $\overset{-}{O}—\overset{+}{H}$ zum Teil aufheben, ergibt[3]. In Stellung II würde das Moment besonders groß, nämlich gleich $3{,}9 \cdot 10^{-18}$ werden. Bei freier Drehbarkeit berechnet sich $\mu = 3{,}5 \cdot 10^{-18}$. Bei der COOH-Gruppe ist also die freie Drehbarkeit völlig aufgehoben und der OH-Arm führt nur noch kleine Drehschwingungen um die Gleichgewichtslage aus. Die Berechnung des elektrostatischen Beitrags zum innermolekularen Potential ergibt für die COOH-Gruppe nach MEYER $U_1 \sim 10\,kT$, so daß die Temperaturabhängigkeit des elektrischen Moments erst bei sehr hohen Temperaturen merklich werden würde; der der freien

---

[1] Vgl. §§ 2 u. 14.

[2] ZAHN, C. T.: Physic. Rev. Bd. 37 (1931) S. 1516.

[3] Messungen an Lösungen von WOLF [Z. physik. Chem. Abt. B Bd. 3 (1929) S. 128] ergeben dasselbe Resultat.

Drehbarkeit zugehörige Wert $\mu = 3{,}5 \cdot 10^{-18}$ würde erst bei einer Temperatur von etwa 20000° erreicht werden. Tatsächlich hat ZAHN bei den Fettsäuren sowie bei einigen Fettsäureestern $R \cdot COOR$ keine Temperaturabhängigkeit des Moments finden können[1].

Ein temperaturabhängiges Moment ist bis jetzt nur bei Äthanderivaten gefunden worden. Besonders sorgfältig ist das Dichloräthan $C_2H_4Cl_2$ (s. Abb. 40, § 14) untersucht worden. MEYER[2] und später SMYTH[3] haben für ein idealisiertes Modell das innermolekulare Potential, soweit es elektrostatischer Natur ist[4], berechnet (vgl. S. 92) und daraus das Moment als Funktion der Temperatur bestimmt. Ihre Messungen an Dichloräthan in Hexanlösung ergeben eine mit den Berechnungen einigermaßen übereinstimmende Temperaturabhängigkeit des Moments. So findet MEYER zwischen — 75° und + 40° ein Ansteigen des Moments von 1,26 bis $1{,}42 \cdot 10^{-18}$, also eine Zunahme von etwa 10%.

MIZUSHIMA und HIGASI[5] finden in Ätherlösung, daß sich in einem Temperaturbereich von — 60° bis + 20° das Moment von 1,23 bis $1{,}51 \cdot 10^{-18}$ ändert. Dagegen erhält man in Benzollösung nach MEYER ein viel größeres und außerdem temperaturunabhängiges Moment, $\mu = 1{,}83 \cdot 10^{-18}$. Diese zunächst sehr überraschenden Ergebnisse erklären sich dadurch, daß das Potential der drehbaren Gruppen durch die Nachbarmoleküle beeinflußt, und zwar offenbar verkleinert wird[6] (s. § 16). Aus diesem Grunde sollte man das elektrische Moment von Molekülen mit drehbaren

---

[1] Die bei Fettsäuren unterhalb 450° abs. beobachtete anormale Temperaturabhängigkeit der Molekularpolarisation ist auf die Bildung von Doppelmolekülen zurückzuführen. ZAHN, C. T.: Physik. Z. Bd. 33 (1932) S. 730.

[2] MEYER, L.: Z. physik. Chem. Abt. B Bd. 8 (1930) S. 27.

[3] SMYTH, C. P., R. W. DORNTE and B. WILSON: J. Amer. chem. Soc. Bd. 53 (1932) S. 4242.

[4] Eigentlich wären noch der Induktionseffekt und der Dispersionseffekt (vgl. Kap. 1) zu berücksichtigen.

[5] MIZUSHIMA, SAN-ICHIRO u. KEN-ITI-HIGASI: Proc. Imp. Acad. Tokyo Bd. 8 (1932) S. 482.

[6] Man darf allerdings nicht annehmen, daß das innermolekulare Potential einfach umgekehrt proportional der Dielektrizitätskonstante des Lösungsmittels ist. Man kann sich aber vorstellen, daß das Gesamtpotential einer drehbaren Gruppe aus zwei Teilen besteht, dem Potential gegen den Molekülrest und dem Potential gegen die Nachbarmoleküle. Ist das innermolekulare Potential sehr groß, wie bei den Fettsäuren, so ist der Einfluß der Umgebung zu klein, um die drehbare Gruppe merklich zu entkoppeln.

Gruppen, deren Potential von der Größenordnung von kT ist, prinzipiell nur aus Messungen der Molekularpolarisation des Dampfes bestimmen.

Solche Messungen haben ZAHN [1] sowie GREENE und WILLIAMS [2] durchgeführt. Wir stellen ihre Ergebnisse in Tabelle 37 zusammen.

Tabelle 37.

Substanz	Formel	$^0 T_{abs.}$	$\mu \cdot 10^{18}$ beobachtet	$\mu \cdot 10^{18}$ berechnet bei freier Drehbarkeit
Dichloräthan . . .	$ClH_2C—CH_2Cl$	305—554	1,12—1,54	2,54
		298—588	1,27—1,57	
Dibromäthan . . .	$BrH_2C—CH_2Br$	339—436	0,94—1,10	2,54
		347—449	0,97—1,04	
Chlorbromäthan . .	$BrH_2C—CH_2Cl$	339—436	1,09—1,28	2,54
Diazetyl (s. Abb. 63)	$OCH_3C—CCH_3O$	329—504	1,25—1,48	3,20
Chlorazeton (s. Abb. 63) . . .	$ClH_2C—CCH_3O$	336—454	2,17—2,24	3,0

Abb. 63.

ZAHN [3] hat weiterhin eine Reihe von Molekülen mit mehreren Achsen „freier Drehbarkeit" wie Formamid, Äthylendiamin, Äthylenglykol, Azetylazeton, Essigsäureanhydrid usw. untersucht. Die Verhältnisse liegen hier aber schon so kompliziert, daß eine sichere Zuordnung einer bestimmten Konfiguration zu dem im Dampfzustand gemessenen Moment nicht möglich ist.

Von Interesse sind ferner die Äthanderivate vom Typus

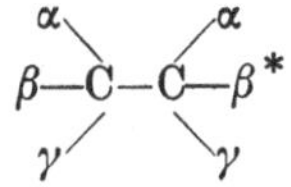

$$\begin{matrix} \alpha & & \alpha \\ \beta—C—C—\beta \\ \gamma & & \gamma \end{matrix}\ *$$

---

[1] ZAHN, C. T.: Physic. Rev. Bd. 40 (1932) S. 291; Physik. Z. Bd. 33 (1932) S. 686.

[2] GREENE, E. W. u. J. W. WILLIAMS: Physic. Rev. Bd. 42 (1932) S. 119.

[3] ZAHN, C. T.: Physik. Z. Bd. 33 (1932) S. 525, Bd. 34 (1933) S. 570.

* WOLF, K. L.: Leipziger Vorträge, 1931 S. 1. — WOLF, K. L. u. W. BODENHEIMER: Z. physik. Chem. Abt. B, BODENSTEIN-Festband, 1931 S. 620. — BODENHEIMER, W.: Diss. Kiel 1932.

mit zwei asymmetrischen Kohlenstoffatomen, die in drei stereoisomeren Formen vorkommen, nämlich in zwei optisch aktiven Formen, die sich lediglich durch den Sinn der, absolut genommen, gleich großen Drehung unterscheiden und in einer meso-Form, die keine Drehung zeigt und die sich auch nicht in optische Antipoden zerlegen läßt. Die beiden aktiven Formen, die sich nur wie Bild und Spiegelbild unterscheiden, sind in allen chemischen und physikalischen Eigenschaften identisch, besitzen also auch das gleiche elektrische Moment. Die Struktur aller dreier Isomeren ist in Abb. 64 wiedergegeben; die gestrichelt eingezeichneten Valenzen sind nach hinten gerichtet. Würde nun bei allen Formen durchweg freie Drehbarkeit vorliegen, so müßten alle drei Isomeren dasselbe Moment besitzen, da das Gesamtmoment der C-α-β-γ-Gruppe immer gleich bleibt. Aus der Tatsache, daß das Moment der meso-Form

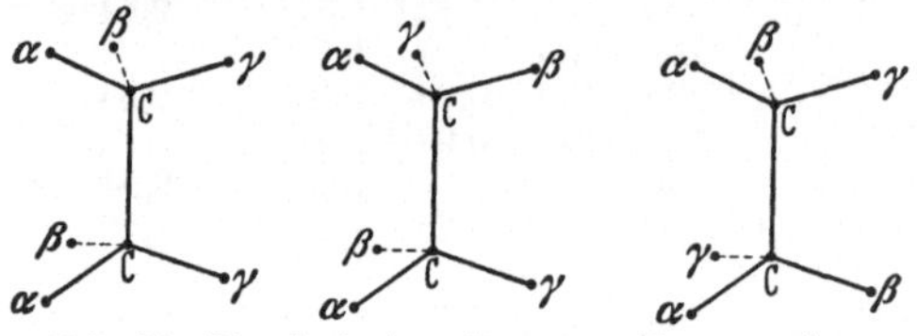

Abb. 64. Die drei stereoisomeren Formen der Äthanderivate vom Typus β—C—C—β.

von dem der aktiven Formen sehr stark abweicht, folgt notwendig, daß ausgezeichnete Konfigurationen vorkommen, für die natürlich das resultierende Gesamtmoment verschieden ausfällt. Wie schon in § 14 erwähnt, werden wir im allgemeinen erwarten können, daß jede der drei Formen wieder in drei Rotationsisomere zerfällt, die sich allerdings nicht ohne weiteres trennen lassen.

Auf die Ergebnisse an zahlreichen anderen Molekülen mit drehbaren Gruppen kann hier nicht näher eingegangen werden[1]. Es sei nur noch folgender von EBERT[2] diskutierte Fall erwähnt. Bei einem längeren Molekül, das an den Enden je einen Dipol μ_1 und μ_2 trägt und dessen einzelne Glieder, etwa CH_2-Gruppen, gegen die Nachbarglieder drehbar sind, wird das Potential der Dipole außerordentlich klein und die beiden polaren Gruppen können sich so verhalten, als ob sie „bindfadenweich", kettenartig miteinander verbunden wären. Ihre Beweglichkeit ist dann nur noch dadurch beschränkt, daß ihr Abstand nicht größer als die Länge der gestreckten Kette werden kann. Da die einzelnen Momente

---

[1] Literatur bei K. L. WOLF u. O. FUCHS: Handbuch der Stereochemie, Wien 1932. S. 774f.

[2] EBERT, L.: Leipziger Vorträge, 1929 S. 44.

derartig unabhängig sind, stellen sie sich auch unabhängig voneinander im Felde ein, so daß sich für die Orientierungspolarisation allgemein folgender Ausdruck ergibt.

$$P_0 = \frac{4\,\pi}{3}\,N_L\,\frac{1}{3\,k\,T}\,[\mu_1^2 + \mu_2^2]\,.$$

Sind die Momente gleich, so folgt für das Gesamtmoment einfach

$$\mu = \sqrt{2}\,\mu_1\,.$$

Die Beobachtungen von SMYTH und WALLS[1] an langen gesättigten Kohlenwasserstoffen mit endständigen gleichen polaren Gruppen ergeben, daß tatsächlich innerhalb der Beobachtungsfehler das Gesamtmoment das $\sqrt{2}$fache der Einzelmomente ist (s. Tabelle 38), deuten also darauf hin, daß sich in Flüssigkeiten die beiden Dipole praktisch unabhängig voneinander einstellen. Diese Moleküle bilden also sicher keine durchweg starren ebenen Zickzackketten, was man vielleicht. nach dem Röntgenbefund an Flüssigkeiten vermuten könnte[2]. Vielmehr müssen die Enden völlig frei drehbar sein. Wieweit die dazwischenliegenden Glieder es sind, d. h. ob die Kette gestreckt oder beliebig geformt ist, läßt sich nicht entscheiden[3]. Zur Frage nach der Beweglichkeit langer Ketten vergleiche man auch die Ergebnisse der Elektroneninterferenzen (s. § 10).

Tabelle 38.

Substanz	Formel	Gesamt-moment $\mu \cdot 10^{18}$	Gruppen-moment $\mu \cdot 10^{18}$
Dekamethylenglykol	$HO \cdot CH_2 \cdot (CH_2)_8 \cdot CH_2 \cdot OH$	2,5	1,67
Dekamethylen-bromid	$Br \cdot CH_2 \cdot (CH)_8 \cdot CH_2 \cdot Br$	2,4	1,8
Sebacinsäure-diäthylester . . .	$COOC_2H_5(CH_2)_8COOC_2H_5$	2,49	—
Hexadecamethylen-dicarbonsäure-diäthylester . . .	$COOC_2H_5(CH_2)_{16}COOC_2H_5$	2,49	—

[1] SMYTH, C. P. u. W. S. WALLS: J. Amer. chem. Soc. Bd. 53 (1931) S. 527, 2115.

[2] In diesem Fall müßte das Gesamtmoment innerhalb einer Reihe mit der Zahl der CH_2-Gruppen stark alternieren.

[3] Sicher wirken auch zwischen den einzelnen CH_2-Gruppen noch Anziehungskräfte, die eine Bevorzugung bestimmter Konfigurationen und so eine Änderung des Gesamtmoments ergeben könnten. Im freien Molekül im Dampfzustand können diese Konfigurationen andere sein als in der Flüssigkeit (vgl. §§ 2, 14 u. 16).

Systematische diesbezügliche Untersuchungen an Flüssigkeiten und Dämpfen stehen noch aus, wären aber sehr wertvoll, da man aus ihnen Näheres über die innermolekularen und zwischenmolekularen Kräfte, soweit sie nicht elektrostatischer Natur sind, erfahren könnte.

§ 20. Bestimmung von Strukturen mit Hilfe des elektrischen Moments.

Nachdem wir in den beiden vorhergehenden Abschnitten an einer Reihe von Beispielen die Zusammenhänge zwischen dem elektrischen Moment und der Struktur eines Moleküls, der Valenzwinkelung und der freien Drehbarkeit erörtert haben, sollen nun in diesem Paragraphen einige weitere wichtige Moleküle besprochen werden, bei denen aus der Größe des elektrischen Moments die Struktur bestimmt werden kann.

Anorganische Moleküle.

Bei einem *dreiatomigen* Molekül vom Typus ABA sind drei Formen möglich (s. Abb. 65), die gewinkelte, die gestreckte symmetrische und schließlich die gestreckte unsymmetrische Form. Ist bei einem solchen Molekül das Moment gleich Null, so besitzt es sicher die Form eines symmetrischen Stabes. Die Messung des elektrischen Moments ist daher die direkteste Methode zur Bestimmung der Struktur.

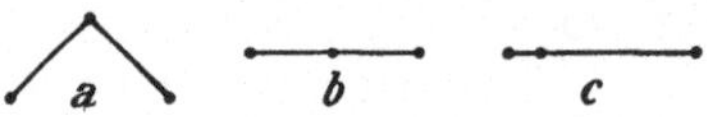

Abb. 65.

Bei *Kohlensäure* CO_2 ist die Frage nach der Gestalt, gewinkelt oder gestreckt, sehr lange unentschieden geblieben, vor allem dadurch, daß die Analyse des ultraroten Spektrums lange kein sicheres Ergebnis[1] lieferte. Durch eine Präzisionsmessung der Temperaturabhängigkeit der Molekularpolarisation hat STUART[2] endgültig nachgewiesen, daß CO_2 kein elektrisches Moment besitzt, also sicher gestreckt ist. Dieser Befund bezieht sich aber nur auf das hinsichtlich der Kernschwingungen im Grundzustande befindliche Molekül. Ist insbesondere die Deformationsschwingung $\nu(\delta) = 667{,}5$ cm^{-1} stärker angeregt, so muß ein mit der Temperatur wachsendes elektrisches Moment auftreten, da in den Zuständen

---

[1] Vgl. die Diskussion bei SCHAEFER-MATOSSI, Bd. 10, S. 225f. dieser Sammlung.

[2] STUART, H. A.: Z. Physik Bd. 47 (1928) S. 457.

1_1, 2_2, 3_3 das Molekül als ein starres Dreieck mit den Frequenzen $\nu\,(\delta)$, $2\,\nu\,(\delta)$ rotiert … (vgl. § 31, S. 256). Dieser Effekt ist bis jetzt noch nicht gefunden worden, obwohl sich bei 300^0 abs. 7,5% und bei 500^0 abs. schon 20% der Moleküle in diesen Zuständen befinden (vgl. § 35). Die Analyse des ultraroten und des RAMAN-Spektrums, die Größe der spezifischen Wärmen, sowie die Röntgenanalyse ergeben heute ebenfalls die gestreckte Gestalt[1] (vgl. die §§ 10, 35 u. 36).

Bei *Schwefelkohlenstoff* CS_2 ist von ZAHN[2] bzw. SCHWINGEL und WILLIAMS[3] das elektrische Moment zu Null bestimmt und damit die gestreckte Form nachgewiesen worden[4].

Bei den *Quecksilberhalogeniden* $HgCl_2$, $HgBr_2$ und HgJ_2 finden BRAUNE und LINKE[5] für das elektrische Moment den Wert Null, womit die gestreckte Gestalt bewiesen ist.

Ist dagegen bei einem Molekül der Form *ABA* ein endliches Moment beobachtet, so läßt sich zunächst nicht entscheiden, ob das Molekül gewinkelt ist oder ob es eine unsymmetrische gestreckte Gestalt hat. Aus älteren theoretischen Überlegungen auf klassischer Grundlage von HEISENBERG[6] und HUND[7] folgt zwar, daß die unsymmetrische gestreckte Gestalt nicht stabil, also ganz auszuschließen ist und man pflegt daher aus dem Vorhandensein eines endlichen Moments immer auf die gewinkelte Gestalt zu schließen. Diese Entscheidung ist aber nicht ganz einwandfrei, da wir heute wissen, daß zur Erklärung der Stabilitätsverhältnisse und der Winkelung die klassische Theorie, die die Atome als polarisierbare Ionen auffaßt, unzureichend ist (vgl. §§ 3 u. 13). Zu einer einwandfreien Entscheidung kommt man erst, wenn man z. B. durch Kombination von Beobachtungen des elektrischen Moments mit solchen des KERR-Effekts, des Depolarisationsgrades bei der molekularen Lichtzerstreuung und der Molekularrefraktion das optische Polarisationsellipsoid berechnet und

---

[1] Siehe auch die erschöpfende Diskussion bei F. J. G. RAWLINS: Trans. Faraday Soc. Sept. 1929 S. 925.

[2] ZAHN, C. T.: Physic. Rev. Bd. 35 (1930) S. 848.

[3] SCHWINGEL u. J. W. WILLIAMS: Physic. Rev. Bd. 35 (1930) S. 855.

[4] Auch hier ist bei höheren Temperaturen ein endliches Moment zu erwarten.

[5] BRAUNE, H. u. LINKE: Erscheint in Z. physik. Chem. Abt. B 1934.

[6] HEISENBERG, W.: Z. Physik Bd. 26 (1924) S. 196.

[7] HUND, F.: Z. Physik Bd. 31 (1925) S. 81, Bd. 32 (1925) S. 1.

daraus die Symmetrie des Moleküls bestimmt (s. Kap. 6, ins besondere § 29).

Auf diese Weise kann man bei *Schwefeldioxyd* SO_2 und bei *Schwefelwasserstoff* H_2S die gewinkelte Form streng beweisen.

Bei H_2O, dessen KERR-Konstante nicht gemessen ist, ist die gewinkelte Form streng nur auf anderem Wege, z. B. durch die Analyse des ultraroten Spektrums zu beweisen (s. § 37).

Kohlenstoffoxysulfid COS. Von Molekülen des Typus ABC ist bisher nur das COS untersucht worden. Aus dem endlichen Moment[1] $\mu = 0{,}65 \cdot 10^{-18}$ kann natürlich nicht zwischen der gewinkelten und gestreckten Gestalt entschieden werden. In Analogie zum CO_2 schreibt man dem Molekül meist die Form $O{=}C{=}S$ zu. Ein einwandfreier Beweis fehlt aber noch (vgl. die Ausführungen über das ultrarote Spektrum in § 36). Eine Messung des Depolarisationsgrades und der KERR-Konstante würde zwischen diesen beiden Möglichkeiten entscheiden lassen.

Stickoxydul N_2O. Das Moment dieses Moleküls ist neuerdings von CZERLINSKY[2] durch besonders sorgfältige Messungen zu $0{,}14 \pm 0{,}02 \cdot 10^{-18}$ bestimmt worden. Damit sind alle bisherigen Messungen überholt. Durch das endliche Moment ist die symmetrische Struktur $N{=}O{=}N$ ausgeschlossen und in Anbetracht des außerordentlich kleinen Moments auch die gewinkelte oder die Ringform[3]

$$\overset{\textstyle O}{\underset{\textstyle N{=}N}{\diagup \diagdown}} \cdot$$

Zwischen der Struktur $N{\equiv}N{=}O$ und dem unsymmetrischen Stab $N{-}O{-}N$ können wir allerdings ebensowenig wie mit Hilfe der Ultrarotanalyse entscheiden. Nun ist aber eine unsymmetrische Form mit verschiedenen $N{-}O$-Abständen nur bei verschiedenem Bindungscharakter, also etwa bei einer Form $N{-}O{=}N$ möglich; bei dieser müßte aber wieder ein großes elektrisches Moment vorhanden sein, was nicht der Fall ist. Ferner sprechen chemische Gründe, Elektronenstoßversuche (vgl. § 36), sowie die Erfahrungstatsache, daß bis heute kein Molekül der Form $A{-}B{-}A$, das die Form eines unsymmetrischen Stabes besitzt, gefunden worden ist, für die Struktur $N{\equiv}N{=}O$, so daß wir diese als hinreichend bewiesen ansehen können.

---

[1] ZAHN, C. T. u. J. MILES: Physic. Rev. Bd. 32 (1926) S. 497.

[2] CZERLINSKY: Z. Physik Bd. 88 (1934) S. 515.

[3] Für die gestreckte Gestalt spricht auch der ungewöhnlich große Depolarisationsgrad $\varDelta = 0{,}125$.

Das außerordentlich kleine Moment des $N\equiv N=O$-Moleküls ist ein sehr instruktives Beispiel für die Tatsache, daß die Bindung zwischen zwei gleichen Atomen, wenn sie nur verschiedenen Bindungscharakter besitzen, eine ganz unsymmetrische Ladungsverteilung aufweisen kann. Da das Sauerstoffatom gegen das Stickstoffatom negativ geladen ist, haben wir die Ladungsverteilung $\bar{N}\equiv\overset{+}{N}=\bar{O}$.

Stickstoffdioxyd und *-Tetroxyd*, $NO_2 \leftrightharpoons N_2O_4$. Eine einwandfreie Messung des Gleichgewichtgemisches $2\,NO_2 \leftrightharpoons N_2O_4$ ist noch nicht gelungen. Aus orientierenden Messungen berechnet ZAHN[1] für $NO_2\ \mu = 0{,}3$ und für $N_2O_4\ \mu = 0{,}5 \cdot 10^{-18}$.

Bei *vieratomigen* Molekülen sind nur die Momente von *Azetylen* C_2H_2 und von *Cyan* $(CN)_2$ bekannt. C_2H_2 hat das Moment Null, was als ein direkter Beweis für die gestreckte symmetrische Gestalt $H—C\equiv C—H$, wie sie in der Chemie angenommen wird, angesehen werden darf.

Bei $(CN)_2$, das nur einmal von BRAUNE und ASCHE[2] gemessen worden ist, wird für das Moment als obere Grenze $0{,}3 \cdot 10^{-18}$ angegeben, der Wert Null liegt aber noch innerhalb der Fehlergrenzen. Somit sprechen diese Beobachtungen sehr für die gestreckte Struktur $N\equiv C—C\equiv N$, da eine Winkelung wegen des sicher großen Bindungsmoments $\overset{+}{C}—\bar{N}$ ein beträchtliches Gesamtmoment ergeben würde. Auch aus den Elektroneninterferenzen folgt die lineare Form. ·

An dieser Stelle ist noch das *s-Diphenylazetylen* oder *Tolan*, $C_6H_5—C\equiv C—C_6H_5$, zu erwähnen, das entgegen den Beobachtungen von SMYTH und DORNTE[3] nach WEISSBERGER und SÄNGEWALD[4], sowie BERGMANN und SCHÜTZ[5] sicher ein von 0 nicht zu unterscheidendes Moment besitzt, also durch die obige Struktur richtig wiedergegeben wird.

Von Molekülen vom Typus AB_3 interessiert besonders das *Ammoniak* NH_3. Würde das Molekül eben sein, das N-Atom in

---

[1] ZAHN, C. T.: Physik. Z. Bd. 34 (1933) S. 461.

[2] BRAUNE, H. u. TH. ASCHE: Z. physik. Chem. Abt. B Bd. 14 (1931) S. 18.

[3] SMYTH, C. P. u. R. W. DORNTE: J. Amer. chem. Soc. Bd. 53 (1931) S. 1296.

[4] WEISSBERGER, A. u. R. SÄNGEWALD: Z. physik. Chem. Abt. B Bd. 20 (1933) S. 145.

[5] BERGMANN, E. u. W. SCHÜTZ: Z. physik. Chem. Abt. B Bd. 17 (1932) S. 117.

der Mitte eines von den drei H-Atomen gebildeten gleichseitigen Dreiecks liegen, so wäre das Moment Null. Beobachtet ist aber $\mu = 1{,}44 \cdot 10^{-18}$; das Molekül besitzt also die Gestalt einer Pyramide mit dem N-Atom an der Spitze[1]. Dieser Befund ist im Einklang mit den Ergebnissen der Ultrarotanalyse (usw.), s. § 38.

Die sonst untersuchten Moleküle wie Arsenwasserstoff AsH_3, Phosphorwasserstoff PH_3 und Antimonchlorid $SbCl_3$ haben alle ein endliches Moment, besitzen also ebenfalls Pyramidengestalt. Dagegen scheinen Aluminiumbromid und -jodid, $AlBr_3$ und AlJ_3 sowie Bortrichlorid BCl_3 kein Moment zu besitzen, also eben gebaut zu sein[2].

Wasserstoffperoxyd H_2O_2. LINTON und MAASS[3] haben das Moment des H_2O_2 in Dioxan und Äther zu 2,13 bzw. zu $2{,}06 \cdot 10^{-18}$ gemessen. Aus diesem großen Moment schließen sie, daß von den drei möglichen Konstitutionsformeln

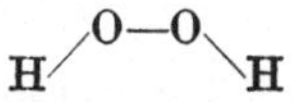

$$\text{H—O—O—H} \qquad\qquad \overset{H}{\underset{H}{>}}\!O{=}O \qquad\qquad \overset{H}{\underset{H}{>}}\!O{-}O$$
$$\quad\text{a} \qquad\qquad\qquad\qquad \text{b} \qquad\qquad\qquad\qquad \text{c}$$

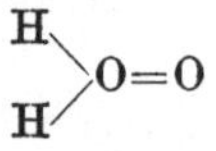

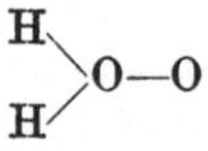

die symmetrische Form a sehr unwahrscheinlich sei, da sie ein sehr kleines Moment erwarten ließe, und daß die Form c mit der semipolaren Doppelbindung noch am besten mit dem gemessenen Moment übereinstimme. THEILACKER[4] weist demgegenüber darauf hin, daß das für die Konfiguration a unter der Annahme eines Valenzwinkels von 110^0 und freier Drehbarkeit der beiden OH-Gruppen um die O—O-Achse berechnete Moment fast genau mit dem beobachteten übereinstimmt. Für das Bindungsmoment O—H wird dabei der aus dem H_2O berechnete Wert (s. § 18) eingesetzt. Das große Moment steht also nicht im Widerspruch mit der Form a, die auch für organische Peroxyde bewiesen ist[5].

---

[1] Streng ist dieser Schluß allerdings nicht, da auch unsymmetrische ebene Formen denkbar sind, die ein endliches Moment ergeben würden. Unsere ganzen chemischen und physikalischen Erfahrungen, z. B. die oben erwähnte Tatsache, daß gewisse unsymmetrische Molekülformen (z. B. der Typus *ABA*) nicht bekannt sind, lassen aber diese Möglichkeit als ganz unwahrscheinlich erscheinen.

[2] NESPITAL, W.: Z. physik. Chem. Abt. B Bd. 16 (1932) S. 153.

[3] LINTON, E. P. u. O. MAASS: Canad. J. Res. Bd. 7 (1932) S. 81.

[4] THEILACKER, W.: Z. physik. Chem. Abt. B Bd. 20 (1933) S. 142.

[5] LINTON und MAASS ziehen auch die Größe des Parachors als Beweismittel heran, doch sind nach THEILACKER die Unterschiede für die einzelnen Formen zu klein, um eine sichere Entscheidung zu ermöglichen.

Organische Moleküle.

Cis- und *trans-Isomerie.* Besonders interessant sind die Ergebnisse bei Molekülen die in zwei isomeren Formen (cis und trans) vorkommen, weil sich hier aus der Größe des Moments eine eindeutige Zuordnung zur cis- und trans-Konfiguration ergibt, was um so wichtiger ist, als chemische und andere physikalische Kriterien oft ganz versagen[1].

Bei Äthylenderivaten z. B., bei denen die freie Drehbarkeit um die C=C-Doppelbindung aufgehoben ist, kommen nur zwei ebene Konfigurationen vor, die als cis- und trans-Form bezeichnet werden (s. Abb. 66). Bei der trans-Form heben sich die $\overset{+}{C}$—$\overset{-}{Cl}$ und $\overset{-}{C}$—$\overset{+}{H}$-Momente gegenseitig auf, das Gesamtmoment ist also Null, während die cis-Form ein großes elektrisches Moment besitzt[2]. Diese Aussagen werden durch die Beobachtungen ERRERAs in allen Fällen, wo die Zuordnung auch nach anderen Methoden eindeutig möglich ist, bestätigt (vgl. die Zusammenstellung in Tabelle 39).

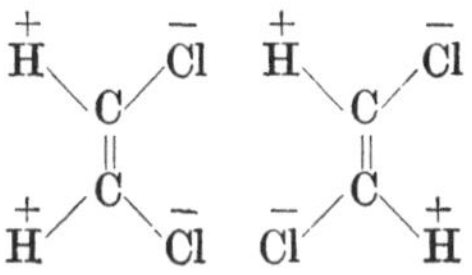

Ein Vergleich der in der vierten Spalte aufgeführten Siedepunkte zeigt, daß die cis-Form durchaus nicht immer den höheren Siedepunkt hat, wie häufig früher angenommen wurde, so daß dieses Kriterium bei der Zuordnung ganz unbrauchbar ist. Die Messung des elektrischen Moments dagegen ist eine ganz sichere und auch experimentell sehr einfache Methode, um die Konfigurationen zu bestimmen[3].

Benzol und *Naphthalin.* Der Befund, daß Benzol kein elektrisches Moment besitzt, ist zunächst mit allen bisher vorgeschlagenen Modellen[4] verträglich. Erst die Tatsache, daß viele

---

[1] Vgl. W. HÜCKEL: Theoretische Grundlagen der organischen Chemie. Leipzig 1931.

[2] Berechnet man das Gesamtmoment vektoriell aus den einzelnen Bindungsmomenten unter der Annahme, daß die beiden einfachen Bindungen am C-Atom einen Winkel von 110^0 einschließen, so sind bei den cis-Derivaten die berechneten Momente immer größer als die beobachteten (s. WOLF und FUCHS) l. c. Über die Ursachen dieser Abweichungen vgl. die Ausführung in § 18. Außerdem besteht hier noch eine gewisse Unsicherheit bezüglich des Winkels am C-Atom mit einer Doppelbindung.

[3] Weitere Beispiele bei WOLF u. FUCHS (Handbuch der Stereochemie, S. 191. Wien 1932), ferner sei eine Arbeit von H. L. DONLE [Z. physik. Chem. Abt. B Bd. 18 (1932) S. 146] genannt, der bei einigen zyklischen Dibromiden mit cis- und trans-Isomerie die Konfigurationen bestimmt.

[4] Vgl. HÜCKEL: Theoretische Chemie. Leipzig 1931.

Tabelle 39.

Substanz	Formel	$\mu \cdot 10^{18}$ beobachtet	Siedepunkt in ^{0} C
Äthylen.	$H_2C = CH_2$	0	—
cis-Dichlor-äthylen . . .	$\begin{smallmatrix}Cl\\H\end{smallmatrix}C = C\begin{smallmatrix}Cl\\H\end{smallmatrix}$	1,8	59
trans-Dichlor-äthylen . .	$\begin{smallmatrix}H\\Cl\end{smallmatrix}C = C\begin{smallmatrix}Cl\\H\end{smallmatrix}$	0	48
asym. Dichlor-äthylen . .	$\begin{smallmatrix}H\\H\end{smallmatrix}C = C\begin{smallmatrix}Cl\\Cl\end{smallmatrix}$	1,18	—
cis-Dibrom-äthylen . . .	$\begin{smallmatrix}Br\\H\end{smallmatrix}C = C\begin{smallmatrix}Br\\H\end{smallmatrix}$	1,35	112
trans-Dibrom-äthylen . .	$\begin{smallmatrix}H\\Br\end{smallmatrix}C = C\begin{smallmatrix}Br\\H\end{smallmatrix}$	0	108
cis-Dijod-äthylen	$\begin{smallmatrix}J\\H\end{smallmatrix}C = C\begin{smallmatrix}J\\H\end{smallmatrix}$	0,75	188
trans-Dijod-äthylen . . .	$\begin{smallmatrix}H\\J\end{smallmatrix}C = C\begin{smallmatrix}J\\H\end{smallmatrix}$	0	190,5
cis-Chlorbrom-äthylen . .	$\begin{smallmatrix}Cl\\H\end{smallmatrix}C = C\begin{smallmatrix}Br\\H\end{smallmatrix}$	1,55	84,6
trans-Chlorbrom-äthylen .	$\begin{smallmatrix}H\\Cl\end{smallmatrix}C = C\begin{smallmatrix}Br\\H\end{smallmatrix}$	0	75,3
Chlorjod-äthylen[1] (cis) . .	$\begin{smallmatrix}Cl\\H\end{smallmatrix}C = C\begin{smallmatrix}J\\H\end{smallmatrix}$	1,27	113
Chlorjod-äthylen (trans) .	$\begin{smallmatrix}H\\Cl\end{smallmatrix}C = C\begin{smallmatrix}J\\H\end{smallmatrix}$	0,57	117

symmetrische di- und trisubstituierte Benzolderivate kein elektrisches Moment besitzen, daß überhaupt das Gesamtmoment sich nach einfachen, nur für den ebenen Fall geltenden Formeln aus den Einzelmomenten zusammensetzen läßt, beweist eindeutig, daß alle

---

[1] Bei Chlorjod-äthylen hat ERRERA [Physik. Z. Bd. 27 (1926) S. 764] auf Grund anderer Kriterien die Zuordnung gerade umgekehrt vorgenommen, was sicher nicht richtig ist (s. ESTERMANN: Leipziger Vorträge, 1929 S. 17).

Momente in einer Ebene liegen. Das ist wiederum nur bei einem ebenen Ring möglich, wie wir ihn etwa auch aus den Elektroneninterferenzen finden (vgl. § 10).

Daß zwei Benzolringe mit einer gemeinsamen C—C-Bindung Naphthalin $C_{10}H_8$, („kondensierte Sechsringe") ein ebenes Gebilde darstellen, folgt nach WOLF und FUCHS[1] wieder aus der Übereinstimmung der für den ebenen Fall bei einigen Diderivaten berechneten Gesamtmomentes mit den beobachteten (s. Tabelle 40).

Tabelle 40.

Substanz	Formel	$\mu \cdot 10^{18}$ berechnet	$\mu \cdot 10^{18}$ beobachtet
Naphthalin		—	0
2,6-Dichlor-naphthalin[2] . . .	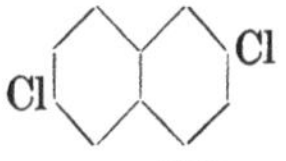	0	0
1-Nitro-naphthalin		—	3,62
1,5-Dinitro-naphthalin . . .	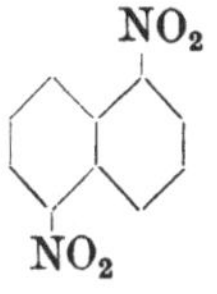	0	0,6
1,8-Dinitro-naphthalin . . .	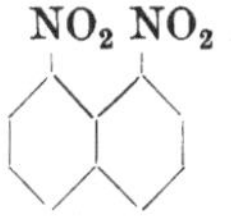	7,2	7,1

Diphenyl und seine Derivate. Hier sind auf Grund chemischer Erfahrungen mehrere Konfigurationen vorgeschlagen worden, nämlich eine gestreckte (Abb. 67a), eine gewinkelte (b), und schließlich die von KAUFLER angenommene gefaltete Form (c). Zwischen diesen drei Fällen läßt sich auf Grund von Dipolmessungen entscheiden.

---

[1] WOLF, K. L. u. O. FUCHS: Handbuch der Stereochemie, S. 191. Wien 1932.

[2] Neueste Messung von A. WEISSBERGER u. R. SÄNGEWALD: Z. physik. Chem. Abt. B Bd. 20 (1933) S. 145.

Es zeigt sich nämlich, daß genau wie bei den entsprechenden Benzolderivaten die pp′-Derivate, falls die Substituenten gleich

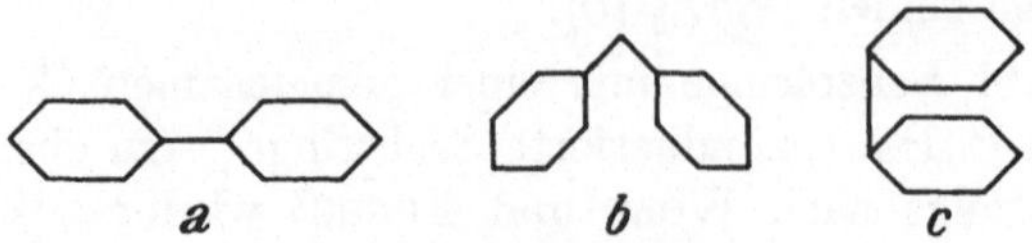

Abb. 67. Diphenyl.

und nicht gewinkelt sind, das Moment Null haben (s. Tabelle 41). Mit diesem Ergebnis ist nur die gestreckte Form verträglich.

Tabelle 41[1].

Substanz	Formel	$\mu \cdot 10^{18}$ beobachtet
Diphenyl		0
pp′-Difluordiphenyl . .	 F⟨⟩—⟨⟩F	0
pp′-Dichlordiphenyl . .	 Cl⟨⟩—⟨⟩Cl	0
pp′-Dibromidphenyl .	 Br⟨⟩—⟨⟩Br	0
pp′-Dinitrodiphenyl . .	 O_2N⟨⟩—⟨⟩NO_2	0
mm′-Dichlordiphenyl .	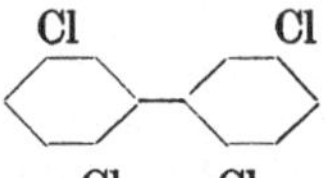 Cl Cl	1,68
oo′-Dichlordiphenyl . .	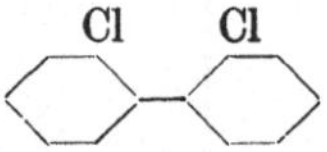 Cl Cl	1,72

Die Frage, ob die Benzolringe völlig frei gegeneinander um die gemeinsame C—C-Bindung drehbar sind, läßt sich auf Grund von Momentmessungen nicht sicher beantworten, da die hierzu nötigen Messungen an mm′-Derivaten fast ganz fehlen. Die Messungen an oo′-Derivaten, z. B. an oo′-Dichlordiphenyl ergeben zwar einen Wert, der mit dem unter der Annahme freier Drehbarkeit berechneten innerhalb der Meßfehler übereinstimmt. Doch ergibt, worauf SACK[2] hinweist, eine Konfiguration, bei der die beiden Ringe um

---

[1] Literatur bei K. L. WOLF u. O. FUCHS: Handbuch der Stereochemie. Wien 1932.

[2] SACK, H.: Erg. exakt. Naturwiss. Bd. 8 (1929) S. 307.

90^0 gegeneinander verdreht feststehen, also die gekreuzte Stellung, praktisch denselben Wert.

Beachtet man, daß der Abstand der beiden Cl-Atome bei einer ebenen Anordnung, bei der die beiden Cl-Atome auf derselben Seite liegen (s. Abb. 68) nur 1,1 Å beträgt, so ergibt sich meines Erachtens mit Sicherheit, daß diese Stellung aus sterischen Gründen unmöglich ist (vgl. § 7). Bei oo'-Derivaten sind also die beiden Ringe sicher nicht völlig frei gegeneinander drehbar[1]. Der Abstand der beiden zugekehrten H-Atome bei Diphenyl bzw. bei Derivaten mit m- oder p-Substituenten beträgt bei der ebenen Anordnung der Ringe immer noch (s. Abb. 68) 1,7 Å. Solange wir nicht sehr genaue Daten über die Wirkungssphäre des H-Atoms und über die Kräfte zwischen den C—H- und C—C-Bindungen der beiden Ringe haben, können wir nicht entscheiden, ob in diesen Fällen die Ringe gegeneinander völlig frei drehbar sind oder ob bestimmte Stellungen bevorzugt bzw. ausgeschlossen sind. Eingehende Messungen besonders an mm'-Derivaten wären deshalb sehr erwünscht.

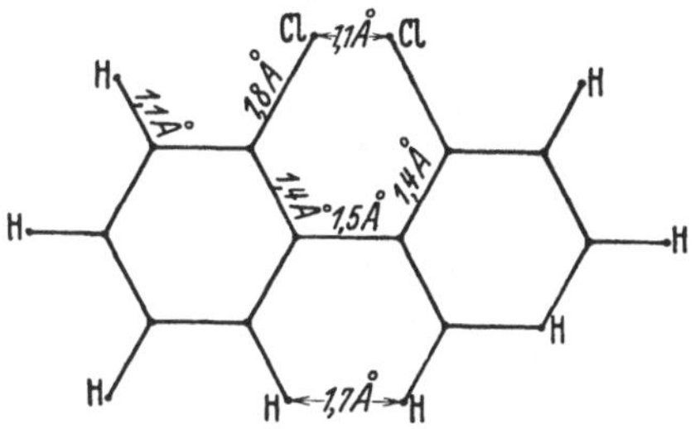

Abb. 68. oo'-Dichlordiphenyl.

$C\alpha_4$-*Derivate.* Im Zusammenhang mit Symmetriebetrachtungen, wie sie vor einigen Jahren WEISSENBERG in die Lehre von der Kristallstruktur eingeführt und auf die Stereochemie angewandt hat[2], ist die Frage, ob Verbindungen vom Typus $C\alpha_4$ neben der Symmetrie eines regulären Tetraeders auch die einer quadratischen Pyramide besitzen können, lange Gegenstand lebhafter Diskussionen gewesen. Da das Tetraedermodell das elektrische Moment Null, die Pyramide dagegen ein endliches, meist großes elektrisches Moment besitzt, hat man versucht, die Frage nach der Symmetrie durch Dipolmessungen zu entscheiden. Die Beobachtungen von

---

[1] Das ist in Übereinstimmung mit der Tatsache, daß bei der oo'-Dinitro-diphenylsäure eine Trennung in optische Antipoden möglich ist, womit bewiesen ist, daß eine ebene Lagerung der Substituenten nicht vorliegt; vgl. W. HÜCKEL: Theorien der organischen Chemie, Bd. 1 S. 44. Leipzig 1931.

[2] WEISSENBERG, K.: Physik. Z. Bd. 28 (1927) S. 829; vgl. auch § 10.

EBERT, HARTEL und EISENSCHITZ[1], ESTERMANN[2], FUCHS[3] u. a.
haben nun gezeigt (s. Tabelle 42), daß alle $C\alpha_4$-Derivate, die keine
gewinkelte Gruppe enthalten, bei denen also die Gruppenmomente
immer in die Richtung der vier Kohlenstoffvalenzen fallen, kein
elektrisches Moment besitzen, also sicher nicht Pyramidengestalt
haben[4]. Daß diese Moleküle die Symmetrie eines *regulären* Tetraeders besitzen, ist damit allerdings noch nicht bewiesen, da auch
noch andere Konfigurationen[5] denkbar sind, bei denen das elektrische Moment verschwindet. Doch läßt sich aus der Symmetrie
des optischen Polarisationsellipsoids (s. Kap. 6) und aus den
Röntgen- und Elektroneninterferenzen (s. § 10) schließen, daß diese
Moleküle tatsächlich reguläre Tetraeder sind[6].

Bei Verbindungen mit einem Brückensauerstoff sind die Momente gegen die Valenzrichtungen des zentralen Kohlenstoffatoms
geneigt. Sobald also diese Gruppen um bestimmte Gleichgewichtslagen schwingen oder sich frei drehen, resultiert im Mittel ein
endliches Moment. In diesen Fällen kann man also aus dem
elektrischen Moment überhaupt nicht auf die Struktur schließen.
Da aber die einfacheren Moleküle des Typus $C\alpha_4$ Tetraeder-

---

[1] EBERT, L., H. HARTEL u. EISENSCHITZ: Z. physik. Chem. Abt. B Bd. 1
(1928) S. 94.

[2] ESTERMANN, J.: Z. physik. Chem. Abt. B Bd. 2 (1929) S. 287.

[3] FUCHS, O.: Z. Physik Bd. 63 (1930) S. 824.

[4] Vgl. dazu auch die Arbeiten von L. EBERT: Leipziger Vorträge, 1929
S. 44. — EUCKEN, A. u. L. MEYER: Physik. Z. Bd. 30 (1929) S. 397. —
HÖJENDAHL, CHR.: Diss. Kopenhagen 1928.

[5] Vgl. z. B. F. HUND: Leipziger Vorträge, 1929.

[6] Es sei erwähnt, daß bei Tetranitromethan $C(NO_2)_4$ auf Grund chemischer
Erfahrungen, große Reaktionsfähigkeit nur einer Nitrogruppe, häufig eine
unsymmetrische Konfiguration, nämlich die Form

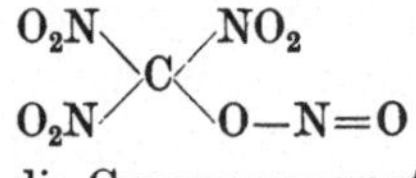

$$O_2N\diagdown \quad \diagup NO_2$$
$$C$$
$$O_2N\diagup \quad \diagdown O{-}N{=}O$$

vermutet worden ist. Da die Gruppenmomente

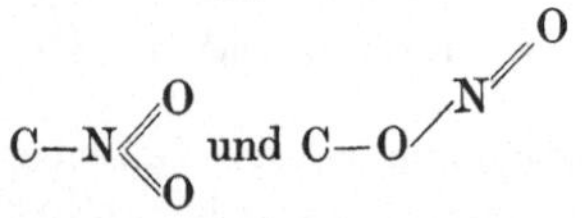

$$C{-}N\diagdown_{\diagup O}^{O} \quad \text{und} \quad C{-}O\diagup^{N\diagdown O}_{}$$

wie sich aus den Momenten von *Nitroäthan* $C_2H_5 \cdot NO_2$, $\mu = 4{,}03 \cdot 10^{-18}$,
und *Äthylnitrit* $C_2H_5 \cdot ONO$, $\mu = 2{,}38 \cdot 10^{-18}$ (s. Tab. 43) ergibt, sehr verschieden sind, ist die unsymmetrische Form auszuschließen. Die Röntgen-
analyse am Kristall führt dagegen nicht zum symmetrischen Modell (s. § 10).
Diese Diskrepanz ist noch nicht aufgeklärt.

Tabelle 42.

Substanz	Substituent α	Moment $\mu \cdot 10^{18}$
Methan	H	0
Tetrachlorkohlenstoff	Cl	0
Tetranitromethan[1]	NO_2	0
Tetrachlormethylmethan	CH_2Cl	0
Tetrabrommethylmethan	CH_2Br	0
Tetrajodmethylmethan	CH_2J	0
Orthokohlensäuremethylester	OCH_3	0,4
Orthokohlensäureäthylester.	OC_2H_5	1,1
Pentaerythrit	CH_2OH	etwa 2
Pentaerythrit-tetraacetat.	$CH_2O \cdot OC \cdot CH_3$	2,18
Pentaerythrit-tetranitrat	CH_2ONO_2	2,0
Methantetrakarbonsäuremethylester . .	$C \cdot O \cdot OCH_3$	2,8
Methantetrakarbonsäureäthylester. . .	$C \cdot O \cdot OC_2H_5$	3,0

symmetrie besitzen, dürfen wir diese auch bei den komplizierteren Derivaten annehmen.

Es ist erstaunlich, daß Moleküle wie $C(CH_2Cl)_4$ oder $C(CH_2Br)_4$ kein Moment haben, obwohl die C—Cl-Momente gegen die Valenzrichtungen des zentralen C-Atoms geneigt sind. Das läßt sich nur so erklären, daß infolge des beträchtlichen innermolekularen Potentials, wohl vor allem zwischen den Cl-Atomen, die Drehbarkeit zugunsten einer Anordnung, bei der die vier Cl-Atome die Ecken eines regulären Tetraeders einnehmen, völlig aufgehoben ist. Allerdings ist es dann schwer verständlich, warum bei $C(OCH_3)_4$ und $C(OC_2H_5)_4$ das Moment von Null verschieden ist, die Arme also offenbar nicht ganz fest liegen. Da unsere Kenntnisse innermolekularer Kräfte noch sehr dürftig sind, kann eine befriedigende Antwort vorläufig nicht gegeben werden.

Auch hier würden genauere Untersuchungen des elektrischen Moments vor allem in Hinblick auf eine etwaige Temperaturabhängigkeit desselben, ferner Messungen der optischen Anisotropie, sowie Untersuchungen mittels Röntgen- oder Elektroneninterferenzen unsere Kenntnisse der innermolekularen Kräfte sehr erweitern können.

Schließlich sind hier noch Derivate des vierwertigen Zinn und Titan, wie $SnCl_4$, $Sn(C_2H_5)_4$ und $TiCl_4$ zu nennen. Messungen von ULICH, HERTEL und NESPITAL[2] sowie von SPAGHT, HEIN und

---

[1] WEISSBERGER, A. u. R. SÄNGEWALD: Chem. Ber. Bd. 65 (1932) S. 701.
[2] ULICH, W., E. HERTEL u. W. NESPITAL: Z. physik. Chem. Abt. B Bd. 17 (1932) S. 369.

Tabelle 43. Elektrische Momente von Molekülen[1].
(Weitere Momente in den Tabellen 30—34; 36—42.)

Stoff	Formel	$\mu \cdot 10^{18}$
Elemente und anorganische Verbindungen		
Helium	He	0,0
Argon	Ar	0,0
Krypton	Kr	0,0
Xenon	Xe	0,0
Wasserstoff	H_2	0,0
Stickstoff	N_2	0,0
Sauerstoff	O_2	0,0
Chlor	Cl_2	0,0
Brom	Br_2	0,0
Jod	J_2	0,0
Kohlenoxyd	CO	0,11
Stickoxyd	NO	0,1[2]
Chlorwasserstoff	HCl	1,03
Bromwasserstoff	HBr	0,79
Jodwasserstoff	HJ	0,38
Kohlensäure	CO_2	$0,0 \pm 0,02$
Schwefelkohlenstoff	CS_2	0,0
Quecksilberchlorid	$HgCl_2$	0,0
Quecksilberbromid	$HgBr_2$	0,0
Quecksilberjodid	HgJ_2	0,0
Stickoxydul	N_2O	$0,14 \pm 0,02$[3]
Kohlenoxysulfid	COS	0,65
Wasserdampf	H_2O	1,79
Wasserstoffsuperoxyd	H_2O_2	2,1
Schwefelwasserstoff	H_2S	0,93
Schwefeldioxyd	SO_2	1,61
Ammoniak	NH_3	1,46
Phosphorwasserstoff	PH_3	0,55
Arsenwasserstoff	AsH_3	0,16
Methylamin	$NH_2 \cdot CH_3$	1,23
Dimethylamin	$NH \cdot (CH_3)_2$	0,96
Trimethylamin	$N \cdot (CH_3)_3$	0,6 u. 0,82
Äthylamin	$NH_2 \cdot (C_2H_5)$	0,92
Methan	CH_4	0,0
Tetrachlorkohlenstoff	CCl_4	0,0
Zinntetrachlorid	$SnCl_4$	0,0
Weitere Tetraeder-Moleküle in Tabelle 42		
Organische Verbindungen		
Methan	CH_4	0,0
Äthan	C_2H_6	0,0

---

[1] Entnommen dem Tabellenwerk von LANDOLT-BÖRNSTEIN, II. Ergänzungsband 1931; ferner dem Artikel von K. L. WOLF u. O. FUCHS: Handbuch der Stereochemie. Wien 1932; dort auch weitere Daten.

[2] SMYTH, C. P. u. McALPINE: J. chem. Phys. Bd. 1 (1933) S. 60.

[3] CZERLINSKY, G.: Z. Physik Bd. 88 (1934) S. 515.

Tabelle 43 (Fortsetzung).

Stoff	Formel	$\mu \cdot 10^{18}$
Organische Verbindungen (Fortsetzung)		
Propan	C_3H_8	0,0
n-Heptan	C_7H_{16}	0,0
alle Isomeren des Heptan	C_7H_{16}	0,0
Zyklohexan	C_6H_{12}	0,0
Äthylen	C_2H_4	0,0
Propylen	C_3H_6	0,35[1]
Azetylen	C_2H_2	0,0
s-Diphenylazetylen	$C_6H_5\!-\!C\!\equiv\!C\!-\!C_6H_5$	0,0
Methylchlorid	CH_3Cl	1,86
Methylenchlorid	CH_2Cl_2	1,57
Chloroform	$CHCl_3$	1,05
Methylbromid	CH_3Br	1,80
Äthylchlorid	C_2H_5Cl	2,05
n-Propylchlorid	C_3H_7Cl	2,04
n-Butylchlorid	C_4H_9Cl	2,02
Dichloräthylen cis	$ClHC\!=\!CHCl$	2,5
Dichloräthylen trans	$ClHC\!=\!CHCl$	0,0
Weitere Äthylenderivate s. Tabelle 39		
Nitromethan	$CH_3 \cdot NO_2$	3,8
Nitroäthan	$C_2H_5 \cdot NO_2$	4,03
Äthylnitrit	$C_2H_5 \cdot ON\!=\!O$	2,38[2]
Cyanwasserstoff	HCN	2,6
Azetonitril	CH_3CN	3,4
Propionnitril	C_2H_5CN	3,4
Dimethyläther	$O(CH_3)_2$	1,32
Diäthyläther	$O(C_2H_5)_2$	1,14
Di-n-Propyläther	$O(C_3H_7)_2$	1,16[3]
Diphenyläther	$O(C_6H_5)_2$	1,12
Azeton	$CH \cdot CO \cdot CH_3$	2,73
Ketone s. Tabelle 30		
Methylalkohol	CH_3OH	1,68
Weitere Alkohole s. Tabelle 30		
Ameisensäure	$H \cdot COOH$	1,51
Essigsäure	$CH_3 \cdot COOH$	1,73
Propionsäure	$C_2H_5 \cdot COOH$	1,74
Benzol	C_6H_6	0,0
Toluol	$C_6H_5 \cdot CH_3$	0,35[4]
Chlorbenzol	$C_6H_5 \cdot Cl$	1,5
Nitrobenzol	$C_6H_5 \cdot NO_2$	3,8
Weitere Benzolderivate in den Tabellen 31 bis 34; 36; 40 und 41.		

[1] Smyth, C. P. u. McAlpine: J. Amer. chem. Soc. Bd. 55 (1933) S. 453.

[2] Czerlinsky, Z. Physik Bd. 88 (1934) S. 515.

[3] Meyer, L. u. A. Büchner: Physik. Z. Bd. 33 (1932) S. 390.

[4] Smyth, C. P. u. McAlpine: l. c.

Pauling[1] ergeben, daß beide Molekülarten das Moment Null[2] haben, so daß wir auch hier Tetraedersymmetrie annehmen dürfen. Speziell bei $SnCl_4$ ist die Tetraedersymmetrie durch Messungen der Kerr-Konstanten nachgewiesen worden (vgl. § 29). Auch die Röntgen- und Elektroneninterferenzen ergeben die Tetraedersymmetrie (s. § 10).

Wir können im Rahmen dieser Monographie nur die wichtigsten Strukturbestimmungen behandeln und müssen deshalb die zahlreichen Untersuchungen an komplizierteren organischen Molekülen und die damit zusammenhängenden Fragen übergehen. Wegen der Literatur bis zum Anfang des Jahres 1932 sei auf den Artikel von Wolf und Fuchs im Handbuch der Stereochemie verwiesen. An neueren Arbeiten seien noch folgende erwähnt:

Oxychloride des Schwefels. Smyth, J. W.: Proc. Roy. Soc., Lond. A Bd. 138 (1932) S. 154.

Organische Azide. Sidgwick, Sutton u. Thomas: J. chem. Soc. 1933 S. 4.

Einige *Merkaptane* und *Sulfide.* Smyth, C. P. u. Walls: J. chem. Phys. Bd. 1 (1933) S. 337.

Einige *Zyklohexanderivate.* Hassel, O. u. E. Naeshagen: Z. physik. Chem. Abt. B Bd. 19 (1932) S. 434.

Struktur der Isonitrile oder Isozyanide, Nachweis, daß die $-N{=}C$-Gruppe ungewinkelt ist. New, R. G. A. u. L. F. Sutton: J. chem. Soc. 1932 S. 1415.

Einige gemischte *Tetrahalogenderivate* des Methan sowie einige Chloräthane. Arkel, A. E. v. u. J. L. Snoek: Z. physik. Chem. Abt. B Bd. 18 (1932) S. 159.

Organische Kettenmoleküle. Smyth, C. P. u. W. S. Walls: J. chem. Phys. Bd. 1 (1933) S. 200.

Sechstes Kapitel.

Polarisierbarkeit und Molekülstruktur.

Aus der Anisotropie der Polarisierbarkeit eines Moleküls, die heute mit Hilfe des Kerr-Effekts in vielen Fällen quantitativ bestimmt werden kann, lassen sich weitgehende Schlüsse auf die geometrische Symmetrie und damit auf die Anordnung der Atome

---

[1] Spaght, M. E., Fr. Hein u. H. Pauling: Physik. Z. Bd. 34 (1933) S. 212.

[2] Diese Messungen sind insofern etwas unsicher, als der Betrag der Ultrarotpolarisation nur roh abgeschätzt werden kann. Bergmann und Engel [Z. physik. Chem. Abt. B Bd. 13 (1931) S. 232], die ihn einfach gleich Null gesetzt hatten, was natürlich unzulässig ist, berechneten ein endliches Moment.

im Molekül ziehen. Besonders geeignet ist die Diskussion der optischen Anisotropie bei Fragen nach der Valenzwinkelung und der freien Drehbarkeit, insbesondere von Alkylen, sowie bei der Unterscheidung von Isomeren auch in komplizierteren Fällen, wo die übrigen physikalischen Methoden bis heute versagen (vgl. § 29).

A. Optische Anisotropie und Lichtzerstreuung.

§ 21. Depolarisationsgrad der Tyndall-Strahlung an Gasen und optische Anisotropie[1].

Schickt man durch irgendein Medium eine Lichtwelle, so werden in den einzelnen Molekülen periodisch sich ändernde elektrische Momente induziert, die ihrerseits wieder Zentren neuer miteinander interferierender Kugelwellen werden. Infolge der nie streng regelmäßigen Anordnung der Moleküle und ihrer Temperaturbewegung ist die Auslöschung nicht vollkommen und man erhält eine endliche seitliche Ausstrahlung, das bekannte Tyndall-*Licht*. Diese Streustrahlung setzt sich, wie wir heute wissen, aus zwei Anteilen zusammen, nämlich aus einer wesentlich *kohärenten*[2], mit der Frequenz des erregenden Lichts gestreuten Strahlung, die wir als Rayleigh-Strahlung bezeichnen, und einer *inkohärenten*, mit verschobenen Frequenzen gestreuten Strahlung, der Raman-Strahlung. Bei Gasen überwiegt bei weitem die Intensität der Rayleigh-Strahlung. Den Einfluß der Raman-Strahlung, die auf den Eigenschwingungen und der Rotation der Moleküle beruht, werden wir im nächsten Paragraphen behandeln und wollen hier nur vorwegnehmend bemerken, daß bei Gasen durch die Berücksichtigung des Raman-Effekts an den Ergebnissen der älteren klassischen Theorie der Tyndall-Strahlung nichts geändert wird, obwohl diese die Eigenschwingungen und Rotationen der Moleküle vernachlässigt.

Das Rayleigh-Licht ist kohärent, seine Intensität hängt deshalb nicht nur von der Größe der in den einzelnen Molekülen induzierten Momente $\mu_i = \alpha \cdot \mathfrak{E}$ [s. Kap. 5, Gleichung (1)], d. h. von der Polarisierbarkeit α, sondern außerdem vom Ordnungszustand der

---

[1] Vgl. dazu auch den Artikel von R. Gans [Handbuch der Experimentalphysik, Bd. 19 (1928) S. 363f.], ferner M. Born (Lehrbuch der elektromagnetischen Lichttheorie. Berlin 1933), sowie die Monographie von J. Cabannes (La diffusion moléculaire de la lumière. Paris 1929); ferner die von C. V. Raman (Molecular diffraction of light. Calcutta 1923).

[2] Kohärent mit dem erregenden Lichte.

streuenden Moleküle ab. Sind, wie bei einem idealen Kristall bei
der Temperatur 0^0 abs., in jedem Volumelement immer gleich
viel Moleküle enthalten, so werden die seitlich ausgestrahlten Wellen
durch Interferenz vollständig vernichtet. Mit wachsender Temperatur kommen infolge der ungeordneten Temperaturschwingungen
der Gitterteilchen Schwankungen der Dichte vor, die eine seitliche
Ausstrahlung ergeben. Bei Flüssigkeiten, wo die Anordnung der
Moleküle schon ohne die Temperaturbewegung nicht mehr regelmäßig ist, sind diese Schwankungen und damit die Intensität der
Streustrahlung schon größer. Bei einem idealen Gase endlich, wo
die Ordnung der Moleküle völlig verschwunden[1] ist, sind die
Schwankungen am größten. Der für die Ausstrahlung maßgebende
Schwankungsbetrag der induzierten Momente ist hier der Zahl der
Moleküle pro Kubikzentimeter direkt proportional, so daß man
mittels der Theorie des elektrischen Dipols die Ausstrahlung eines
einzelnen Moleküls berechnen und über alle Teilchen summieren
kann.

Uns interessieren besonders die Polarisationsverhältnisse der
Streustrahlung. Die Beobachtungen zeigen nämlich, daß das senkrecht zum einfallenden Lichte ausgesandte Streulicht im allgemeinen nicht linear polarisiert ist, wie es der Fall sein müßte,
wenn die Moleküle hinsichtlich ihrer Polarisierbarkeit α isotrop
wären[2]. Vielmehr ist das Streulicht eine Mischung aus linear
polarisiertem und natürlichem Lichte. Diese Polarisationsverhältnisse charakterisieren wir am besten durch den *Depolarisationsgrad* Δ, d. h. durch das Verhältnis der Intensitäten des zur Einfall-
richtung des erregenden Lichtes parallel und senkrecht schwingenden Streulichtes $\frac{J_p}{J_s}$. Wenn also der Depolarisationsgrad im allgemeinen von Null verschieden ist, so kann das nur daher rühren,
daß die Polarisierbarkeit eines Moleküls in den einzelnen Richtungen

---

[1] Damit verschwindet auch jede Phasenbeziehung zwischen den von
den einzelnen Molekülen herrührenden Kugelwellen, das gesamte Streulicht
wird also in sich inkohärent, wenn auch jede einzelne gestreute Welle in
Phase mit dem erregenden Lichte schwingt.

[2] Fällt auf einen isotropen Resonator linear polarisiertes Licht, so
schwingt der Oszillator nur in Richtung des elektrischen Feldes der einfallenden Lichtwelle. Die Strahlung senkrecht zur Schwingungsrichtung ist
also vollständig polarisiert. Ist der Resonator anisotrop, so schwingt er nicht
mehr in der Richtung der erregenden Kraft, so daß die Strahlung auch
Licht enthält, dessen elektrische Schwingungsrichtung senkrecht zum
erregenden Felde steht.

verschieden ist und daß die beobachtete Größe α nur ein Mittelwert ist. Messungen des Depolarisationsgrades geben uns also die Möglichkeit, diese *Anisotropie* der *Polarisierbarkeit* zu bestimmen.

Die klassische Theorie der molekularen Lichtzerstreuung[1], die von Gans[2], Born[3], sowie Rayleigh[4] für Gase entwickelt worden ist (eine Erweiterung auf Flüssigkeiten ist noch nicht gelungen), vermag diese und andere optische Erscheinungen dadurch befriedigend zu erklären, daß sie das im Molekül induzierte elektrische Moment als lineare Vektorfunktion der am Molekül angreifenden Feldstärke ansetzt. Die auf ein beliebiges Koordinatensystem ξ, η, ζ bezogenen Komponenten des induzierten Moments sind dann mit den Komponenten des elektrischen Felds durch ein Gleichungssystem folgender Art verknüpft

$$\left.\begin{aligned}
\mu_{i\xi} &= b_{11}\,\mathfrak{E}_\xi + b_{12}\,\mathfrak{E}_\eta + b_{13}\,\mathfrak{E}_\zeta \\
\mu_{i\eta} &= b_{21}\,\mathfrak{E}_\xi + b_{22}\,\mathfrak{E}_\eta + b_{23}\,\mathfrak{E}_\zeta \\
\mu_{i\zeta} &= b_{31}\,\mathfrak{E}_\xi + b_{32}\,\mathfrak{E}_\eta + b_{33}\,\mathfrak{E}_\zeta
\end{aligned}\right\} \tag{1}$$

Der Polarisierbarkeit werden also die Eigenschaften eines *Tensors* zugeschrieben mit den Tensorkomponenten b_{11}, $b_{12}\ldots$. Beschränken wir uns auf optisch inaktive Moleküle (die Erweiterung werden wir im § 30 vornehmen), so ist $b_{12} = b_{21}$, $b_{23} = b_{32}$, $\ldots$, so daß wir es mit einem *symmetrischen* Tensor zu tun haben. Für einen solchen läßt sich immer ein orthogonales Achsensystem 1, 2, 3 derart angeben, daß die Tensorkomponenten zweiter Art b_{12}, b_{13}, $b_{23}\ldots$ verschwinden, so daß für dieses Achsensystem, das wir als das *Hauptachsensystem* des Moleküls bezeichnen, die einfachen Gleichungen gelten:

$$\left.\begin{aligned}
\mu_{i1} &= b_1 \cdot \mathfrak{E}_1 \\
\mu_{i2} &= b_2 \cdot \mathfrak{E}_2 \\
\mu_{i3} &= b_3 \cdot \mathfrak{E}_3
\end{aligned}\right\} \tag{2}$$

b_1, b_2, b_3 die sog. Hauptwerte unseres Tensors, bedeuten also die von dem in Richtung einer der drei Hauptachsen wirkenden Felde

---

[1] Die Quantentheorie der Lichtzerstreuung und der optischen Anisotropie führt zum selben Ergebnis wie die klassische Theorie; vgl. R. Serber: Physic. Rev. Bd. 43 (1933) S. 1003.

[2] Gans, R.: Ann. Physik Bd. 37 (1912) S. 881, Bd. 62 (1920) S. 331, Bd. 65 (1921) S. 97.

[3] Born, M.: Verh. dtsch. physik. Ges. 1917 S. 243, 1918 S. 16; Ann. Physik Bd. 55 (1918) S. 177.

[4] Rayleigh: Scientific Papers. Bd. 6 S. 540.

eins induzierten Momente oder die *Hauptpolarisierbarkeiten* des Moleküls. Die mittlere Polarisierbarkeit α ist gegeben durch

$$\alpha = \frac{b_1 + b_2 + b_3}{3} = \frac{n^2 - 1}{n^2 + 2} \frac{M}{\varrho} \frac{3}{4 \pi N_L} = \frac{n - 1}{2 \pi N}. \tag{3}$$

N die Zahl der Moleküle pro Kubikzentimeter. Im allgemeinen ist das induzierte Moment gegen die Richtung des erregenden Feldes geneigt; nur wenn $\mathfrak{E}$ in Richtung einer der drei Hauptachsen angreift, fällt das Moment in dieselbe Richtung. Durch das obige Gleichungstripel (2) schreiben wir jedem optisch inaktiven Molekül hinsichtlich seiner Polarisierbarkeit die Symmetrie eines *dreiachsigen Ellipsoids* zu[1] (über die genauere Definition vgl. § 27). Die Lage dieses Ellipsoids ergibt sich häufig ohne weiteres aus der geometrischen Symmetrie des Moleküls (vgl. §§ 27 und 28). Auf die Frage, wie weit man berechtigt ist, jedem nicht inaktiven Molekül ohne Rücksicht auf seine sonstigen Symmetrieeigenschaften optisch die Symmetrie eines dreiachsigen Ellipsoids zuzuschreiben, gehen wir in § 30 ein.

Zur Berechnung der Streustrahlung eines *Gases* können wir für das einzelne Molekül die Streumomente μ_i parallel und senkrecht zum erregenden Felde berechnen. Quadrieren wir die Momente und mitteln wir über alle Lagen der Moleküle, wobei deren Achsen im Raume als völlig regellos verteilt, aber feststehend angenommen werden, so erhalten wir die Intensitäten und daraus den Depolarisationsgrad[2]. In der älteren Theorie der TYNDALL-Strahlung wird also die Rotation der Moleküle vernachlässigt.

Zur Berechnung der Intensitäten des Streulichtes führen wir ein raumfestes Koordinatensystem x, y, z und ein molekülfestes System ξ, η, ζ ein. Die Richtungskosinus der beiden Bezugssysteme mögen durch nebenstehende Tabelle gegeben sein. Ferner sollen die Achsen ξ, η, ζ mit den Richtungen der Hauptpolarisierbarkeiten des Moleküls b_1, b_2, b_3 zusammenfallen. Das in der x-Richtung einfallende Licht möge linear polarisiert sein

Tabelle 44[3].

	x	y	z
ξ	α_1	α_2	α_3
η	β_1	β_2	β_3
ζ	γ_1	γ_2	γ_3

---

[1] In Analogie zum Fall in der Mechanik, wo jedem starren Körper beliebiger Form ein dreiachsiges Trägheitsellipsoid zugeordnet werden kann.

[2] Bei Gasen, wo die Intensität der Streustrahlung der Zahl der Moleküle pro Kubikzentimeter proportional wird, ist es gleichgültig, ob wir, wie bei einer kohärenten Strahlung, zuerst mitteln und dann quadrieren oder umgekehrt.

[3] Die α_1, β_1.. lassen sich etwa als Funktionen der EULERschen Winkel ausdrücken.

und sein elektrischer Vektor in der z-Richtung schwingen, also $\mathfrak{E} = \mathfrak{E}_z$. Die y-Richtung sei die Beobachtungsrichtung. Die in der ξ-, η-, ζ-Richtung induzierten Momente sind dann

$$\left.\begin{aligned}
\mu_{i1} &= \mu_{i\xi} = b_1 \cdot \mathfrak{E} \cdot \alpha_3 \\
\mu_{i2} &= \mu_{i\eta} = b_2 \cdot \mathfrak{E} \cdot \beta_3 \\
\mu_{i3} &= \mu_{i\zeta} = b_3 \cdot \mathfrak{E} \cdot \gamma_3
\end{aligned}\right\} \tag{4}$$

Für $\mathfrak{E}$ können wir setzen $\mathfrak{E} = \mathfrak{E}_0 \cos 2\pi\nu t$, so daß wir für die Momente in der z- und x-Richtung erhalten

$$\left.\begin{aligned}
\mu_{iz} &= [b_1 \cdot \alpha_3 \cdot \alpha_3 + b_2 \cdot \beta_3 \cdot \beta_3 + b_3 \cdot \gamma_3 \cdot \gamma_3]\, \mathfrak{E}_0 \cos 2\pi\nu t \\
\mu_{ix} &= [b_1 \cdot \alpha_3 \cdot \alpha_1 + b_2 \cdot \beta_3 \cdot \beta_1 + b_3 \cdot \gamma_3 \cdot \gamma_1]\, \mathfrak{E}_0 \cos 2\pi\nu t
\end{aligned}\right\} \tag{5}$$

Wir wollen uns zunächst auf Moleküle mit einer Symmetrieachse beschränken, weil nur für solche die Intensitäten mit Berücksichtigung der Raman-Strahlung (s. § 22) im einzelnen ausgerechnet vorliegen. Ohne Einschränkung der Allgemeinheit können wir das molekülfeste System so legen, daß η in die $x\,y$-Ebene fällt (s. Abb. 69). Den Winkel der z- und ζ-Achse

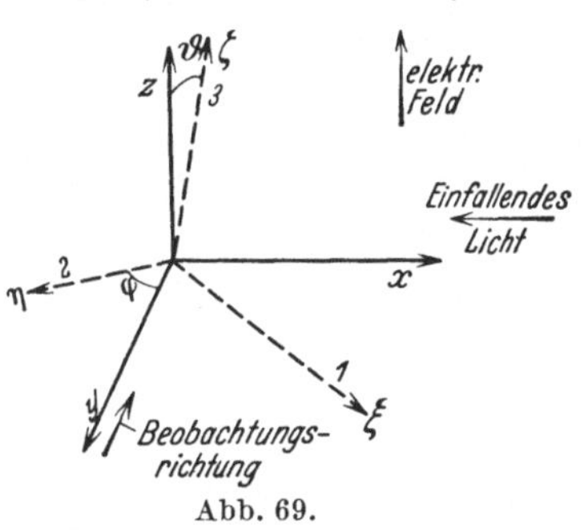

Abb. 69.

bezeichnen wir mit ϑ, den zwischen der y- und η-Achse mit φ. Die Polarisierbarkeiten in der ζ-, ξ- und η-Richtung seien b_1 bzw. $b_2 = b_3$, also $\alpha = \dfrac{b_1 + 2\,b_2}{3}$. Für die Momente in der z- und x-Richtung finden wir dann

$$\left.\begin{aligned}
\mu_{iz} &= [b_1 \sin^2\vartheta + b_2 \cos^2\vartheta] \cdot \mathfrak{E}_0 \cos 2\pi\nu t = \\
&= \left[\alpha + (b_1 - b_2)\left(\cos^2\vartheta - \frac{1}{3}\right)\right] \mathfrak{E}_0 \cos 2\pi\nu t \\
\mu_{ix} &= (b_1 - b_2) \sin\vartheta \cos\vartheta \cos\varphi \cdot \mathfrak{E}_0 \cos 2\pi\nu t
\end{aligned}\right\} \tag{6}$$

Die mittlere Intensität des in der z-Richtung schwingenden Streulichtes ist dann bestimmt durch

$$\frac{\displaystyle\int_0^{\pi/2} \left[\alpha + (b_1 - b_2)\cos^2\vartheta - \frac{1}{3}\right]^2 \sin\vartheta\, d\vartheta}{\displaystyle\int_0^{\pi/2} \sin\vartheta\, d\vartheta}$$

oder

$$\overline{\mu_{iz}^2} \sim J'_z = \mathrm{const}\,\frac{1}{15}(3\,b_1^2 + 8\,b_2^2 + 4\,b_1 b_2) = \mathrm{const}\left[\alpha^2 + \frac{4}{45}(b_1 - b_2)^2\right] \tag{7}$$

Für die Intensität in der x-Richtung findet man entsprechend

$$\overline{\mu_{ix}^2} \sim J_x' = \text{const}\,\frac{1}{15}\,(b_1 - b_2)^2 . \tag{8}$$

Wir sehen, daß für das isotrope Molekül J_x' verschwindet und daß das parallel zum erregenden Feld schwingende Streulicht J_z' vor allem durch die mittlere Polarisierbarkeit α bestimmt wird. Für den Depolarisationsgrad $\varDelta'$ ergibt sich

$$\varDelta' = \frac{J_x'}{J_z'} = \frac{(b_1 - b_2)^2}{3\,b_1^2 + 4\,b_1 \cdot b_2 + 8\,b_2^2} \tag{9}$$

für *linear polarisiertes Licht*. Wird mit *natürlichem* Licht eingestrahlt, so wird der Depolarisationsgrad $\varDelta$ größer, nämlich

$$\varDelta = \frac{J_x}{J_z} = \frac{2\,J_x'}{J_x' + J_z'} = \frac{2\,(b_1 - b_2)^2}{4\,b_1^2 + 9\,b_2^2 + 2\,b_1\,b_2} . \tag{10}$$

Für ein Molekül ohne Symmetrieachse erhält man in der entsprechenden Weise

$$\left.\begin{array}{l}
\overline{\mu_{iz}^2} \sim J_z' = \text{const}\,\dfrac{1}{15}\,[3\,(b_1^2 + b_2^2 + b_3^2) + 2\,(b_1 \cdot b_2 + b_2 \cdot b_3 + b_3 \cdot b_1)] \\[3mm]
\overline{\mu_{ix}^2} \sim J_x' = \text{const}\,\dfrac{1}{15}\,[b_1^2 + b_2^2 + b_3^2 - b_1 \cdot b_2 - b_2 \cdot b_3 - b_3 \cdot b_1]
\end{array}\right\} \tag{11}$$

und für den Depolarisationsgrad bei *linear polarisiertem* Einfallslicht

$$\varDelta' = \frac{J_x'}{J_z'} = \frac{b_1^2 + b_2^2 + b_3^2 - b_1 \cdot b_2 - b_2 \cdot b_3 - b_3 \cdot b_1}{3\,(b_1^2 + b_2^2 + b_3^2) + 2\,(b_1\,b_2 + b_2 \cdot b_3 + b_3 \cdot b_1)} \tag{12}$$

oder

$$\varDelta' = \frac{A^2 - 3\,B}{3\,A^2 - 4\,B}, \tag{13}$$

wenn wir unter $A = b_1 + b_2 + b_3$ und $B = b_1 \cdot b_2 + b_2 \cdot b_3 + b_3 \cdot b_1$ die beiden ersten Invarianten unseres Polarisierbarkeitstensors verstehen. Für *natürliches* Einfallslicht erhält man

$$\varDelta = \frac{J_x}{J_z} = \frac{2\,J_x'}{J_x' + J_z'} = \frac{2\,(b_1^2 + b_2^2 + b_3^2 - b_1 \cdot b_2 - b_2 \cdot b_3 - b_3 \cdot b_1)}{4\,(b_1^2 + b_2^2 + b_3^2) + b_1 \cdot b_2 + b_2 \cdot b_3 + b_3 \cdot b_1} . \tag{14}$$

Aus den Gleichungen (12) und (14) ergibt sich für den Depolarisationsgrad im Falle eines völlig anisotropen Moleküls, $b_2 = b_3 = 0$, $\alpha = \dfrac{b_1}{3}$, als obere Grenze $\varDelta' = \dfrac{1}{3}$ für linear polarisiertes bzw. $\varDelta = \dfrac{1}{2}$ für natürliches Einfallslicht.

Gleichung (14) läßt sich auch in folgender Weise[1] schreiben

$$\frac{10 \cdot \varDelta}{6 - 7 \cdot \varDelta} = \frac{(b_1 - b_2)^2 + (b_2 - b_3)^2 + (b_3 - b_1)^2}{[b_1 + b_2 + b_3]^2} = \delta^2 . \tag{15}$$

---

[1] Siehe P. Debye: Handbuch der Radiologie, Bd. 6. Leipzig 1925.

δ^2 können wir als ein Maß für die optische Anisotropie eines Moleküls ansehen. Aus den beiden Gleichungen (15) und (3) finden wir als obere Grenze für die Differenz zweier Hauptpolarisierbarkeiten $b_i - b_k$

$$(b_i - b_k)^2 < 6 \cdot \delta^2 \cdot \alpha^2 \quad \text{oder} \quad |\, b_i - b_k\,| < \sqrt{6} \cdot \delta \cdot \alpha. \qquad (16)$$

Die Polarisierbarkeiten selbst lassen sich erst mit Hilfe des Kerr-Effekts, der uns die nötige erforderliche dritte Gleichung liefert, berechnen (vgl. §§ 24 u. 27).

Nur wenn das Molekül eine Symmetrieachse besitzt, kann man, wie zuerst Gans[1] gezeigt hat, aus dem Depolarisationsgrad und dem Brechungsindex allein die Polarisierbarkeiten erhalten. Ist etwa $b_2 = b_3$, so erhalten wir aus (3) und (15)

$$(b_1 - b_2)^2 = \frac{45 \cdot \Delta}{6 - 7\,\Delta} \cdot \alpha^2 = \frac{45 \cdot \Delta}{6 - 7\,\Delta} \cdot \frac{(n-1)^2}{4\,\pi^2\,N^2}, \qquad (17)$$

$$b_1 + 2\,b_2 = \frac{3\,(n-1)}{2\,\pi\,N}. \qquad (18)$$

Da die eine Gleichung vom zweiten Grade ist, erhalten wir für b_1 und b_2 allerdings zwei Lösungen, von denen die eine, $b_1 > b_2$,

Tabelle 45.

Substanz	$100 \cdot \Delta^*$	$\dfrac{(n_D - 1)}{\cdot 10^4}$	$\alpha \cdot 10^{25}$	$\dfrac{(b_1 - b_2)}{\cdot 10^{25}}$	$b_1 \cdot 10^{25}$	$\dfrac{b_2 = b_3}{\cdot 10^{25}}$
Wasserstoff H_2	1,7	1,4	7,9	3,63	5,53	9,6[2]
Stickstoff N_2.	3,6	3,01	17,6	9,3	23,8	14,5
Sauerstoff O_2.	6,4	2,74	16,0	11,4	23,5	12,1
Chlor[3] Cl_2	4,3	7,82	46,1	29,8	66,0	36,2
Kohlenoxyd CO . . .	3,2	3,38	19,5	9,73	26,0	16,25
Kohlensäure[3] CO_2. . .	7,8—9,8	4,99	26,5	21,7	41,0	19,3
Stickoxydul[3] N_2O. . .	12,5	5,07	30,0	33	52	19
Azetylen[3] C_2H_2. . . .	4,5	5,65	33,3	26,9	51,2	24,3
Äthylen C_2H_4	2,9	7,25	42,6	20,2	56,1	35,9
Äthan C_2H_6	1,6	7,53	45,3	16,0	56	40
Benzol[3] C_6H_6	4,6	18,2	103,2	59,6	63,5	123,1
Zyklohexan C_6H_{12}. . .	1,6	—	109	30	89	119

[1] Gans, R.: Ann. Physik Bd. 65 (1921) S. 97.

* Sicherste Werte aus Landolt-Börnstein (1931). Erg.-Bd. 2.

[2] Auf das H_2-Molekül kann die Silbersteinsche Theorie nicht angewandt werden (s. § 23). Die Zuordnung der Werte ist entsprechend der wellenmechanischen Berechnung der Polarisierbarkeiten nach B. Mrowka (s. § 23) vorgenommen worden.

[3] Die Polarisierbarkeiten sind aus den Kerr-Konstanten berechnet, da diese genauere Werte geben (vgl. § 27).

einem verlängertem, die andere, $b_1 < b_2$, einem abgeplatteten Rotationsellipsoide entspricht. Nur der absolute Betrag von $b_1 - b_2$ ergibt sich eindeutig. Zwischen beiden Lösungen für b_1 und b_2 läßt sich aber immer (mit Ausnahme von H_2) mit Hilfe der SILBERSTEINschen Theorie der atomaren Dipole, die den Zusammenhang zwischen der geometrischen Form des Moleküls und dem Polarisationsellipsoid erklärt und die im § 23 eingehend behandelt werden wird, entscheiden. In der Tabelle 45 (S. 173) sind für einige rotationssymmetrische Moleküle die so berechneten Werte für die Anisotropie $b_1 - b_2$ und für die einzelnen Polarisierbarkeiten zusammengestellt.

Weitere Werte, auch für Moleküle ohne Rotationssymmetrie, die aus Messungen des KERR-Effekts berechnet sind, finden sich in Tabelle 59 (§ 27).

Meßmethode. Zur Messung des Depolarisationsgrades bei der molekularen Lichtzerstreuung dient fast immer folgende Versuchsanordnung.

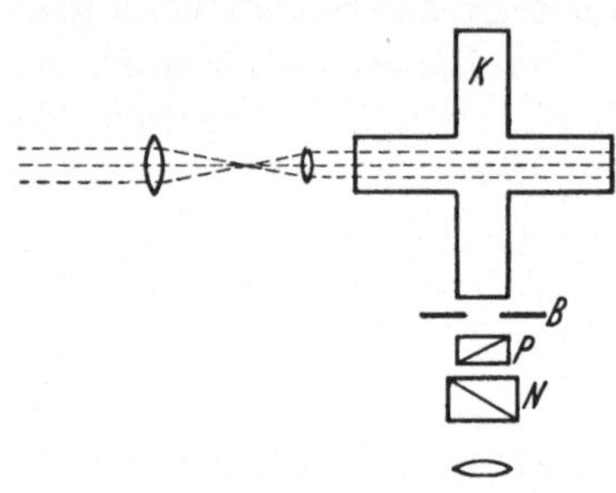

Abb. 70. Versuchsanordnung zur Messung des Depolarisationsgrades bei der molekularen Lichtzerstreuung.

Das von einem möglichst lichtstarken Heliostaten kommende Sonnenlicht wird als paralleles enges Strahlenbündel durch das Beobachtungsrohr K gesandt (s. Abb. 70). Künstliche Lichtquellen sind bei Messungen an Gasen immer nur ein Notbehelf. Durch den seitlichen Ansatz kann das Streulicht subjektiv oder photographisch beobachtet werden. Um den Depolarisationsgrad zu messen, begrenzt man das Strahlenbündel durch eine rechteckige Blende B und setzt dahinter ein doppelbrechendes achromatisiertes Prisma P, dessen Schwingungsrichtungen horizontal und vertikal orientiert sind und dessen Abstand so gewählt wird, daß die beiden Bilder sich gerade berühren. Mit Hilfe eines drehbaren Nikols N kann man diese auf gleiche Helligkeit bringen und aus der Stellung des Analysators das Verhältnis der Intensitäten des parallel und senkrecht zum einfallenden Strahle schwingenden Streulichtes berechnen. Bildet bei der Halbschattenstellung die elektrische Schwingungsrichtung des Analysators mit der Horizontalen den Winkel φ, so ist der Depolarisationsgrad gegeben durch

$$\Delta = \frac{J_p}{J_s} = \operatorname{tg}^2 \varphi.$$

Tabelle 46. Depolarisationsgrade von Gasen und Dämpfen[1].

Substanz	Formel	$100 \cdot \Delta$	Substanz	Formel	$100 \cdot \Delta$

Anorganische Moleküle.
(Edelgase s. Tabelle 51.)

H_2, N_2, O_2, Cl_2, CO, NO, CO_2, CS_2, N_2O (s. Tabelle 45).
HCl, HBr, HJ, H_2O, H_2S, NH_3 (s. Tabelle 50).

Organische Moleküle.

Kohlenwasserstoffe, auch zyklische.			*Fettsäuren.*		
Methan	CH_4	1,5	Ameisensäure	CH_2O_2	3,82
Äthan	C_2H_6	1,6	Essigsäure	$C_2H_4O_2$	2,83
Propan	C_3H_8	1,6	Propionsäure	$C_3H_6O_2$	2,56
n-Butan	C_4H_{10}	1,7 1,5[2]	*Äther.*		
n-Pentan	C_5H_{12}	1,28			
n-Hexan	C_6H_{14}	1,56 1,21	Dimethyläther	C_2H_6O	1,56[2]
			Diäthyläther	$C_4H_{10}O$	2,56 2,51[2]
n-Heptan	C_7H_{16}	1,40			
n-Oktan	C_8H_{18}	1,66			
Zyklohexan	C_6H_{12}	1,26	*Aldehyde und Ketone.*		
Äthylen	C_2H_4	2,92[2]			
Azetylen	C_2H_2	4,52[2]	Formaldehyd	CH_2O	1,88[2]
			Azetaldehyd	C_2H_4O	2,68[2]
			Azeton	C_3H_6O	1,73 1,62[2]
Halogenverbindungen.			Methyläthylketon	C_4H_8O	2,22
Methylchlorid	CH_3Cl	1,52 2,04[2]	Methylpropyl-keton	$C_5H_{10}O$	2,03
Äthylchlorid	C_2H_5Cl	1,63	Diäthylketon	$C_5H_{10}O$	3,18
Propylchlorid	C_3H_7Cl	1,49			
i-Butylchlorid	C_4H_9Cl	1,69	*Aromatische Verbindungen.*		
Äthylenchlorid	$C_2H_4Cl_2$	3,27	*Benzol und seine Derivate usw.*		
Chloroform	$CHCl_3$	1,58			
Tetrachlor-kohlenstoff	CCl_4	$0,50 \pm 0,04$ 0,62[2]	Benzol	C_6H_6	4,2
			Toluol	C_7H_8	4,6
Äthylbromid	C_2H_5Br	2,23	Äthylbenzol	C_8H_{10}	4,3
Propylbromid	C_3H_7Br	2,03	m-Xylol	C_8H_{10}	4,6
			Chlorbenzol	C_6H_5Cl	4,58
			Brombenzol	C_6H_5Br	4,83
Alkohole.			Nitrobenzol	$C_6H_5NO_2$	5,60
Methylalkohol	CH_4O	1,64	Anilin	C_6H_7N	5,63
Äthylalkohol	C_2H_6O	0,88	o-Nitrotoluol	$C_7H_7NO_2$	4,80
Propylalkohol	C_3H_8O	1,19	m-Nitrotoluol	$C_7H_7NO_2$	5,25
Butylalkohol	$C_4H_{10}O$	1,62	Naphthalin	$C_{10}H_8$	10,0 7,9
i-Butylalkohol	$C_4H_{10}O$	0,8			
Amylalkohol	$C_5H_{12}O$	1,3	Pyridin	C_5H_5N	4,5

[1] Sicherste Werte, vgl. das Tabellenwerk von LANDOLT-BÖRNSTEIN, Erg.-Bd. 2 (1931), dort auch weitere Daten.

[2] PARTHASARATHY, S.: Indian J. Phys. Bd. 7 (1932) S. 139.

Bei Gasen, besonders bei solchen mit sehr kleinem Depolarisationsgrad und kleinem Brechungsindex sind die Messungen mit sehr
großen Fehlern behaftet. Die Hauptfehlerquelle ist meist durch
die Unvollkommenheit des schwarzen Hintergrundes gegeben. Es
muß daher ein Kreuzrohr gewählt werden, in dessen einem, der
Beobachtungsseite gegenüberliegendem Arm sich alles falsche
Licht totläuft. Auch Fehler in der Justierung oder ungenügende
Parallelität des einfallenden Lichtes, Doppelbrechung der Gläser
des Kreuzrohres, unvollkommene Polarisatoren usw. ergeben leicht
einen zu hohen Depolarisationsgrad[1]. Aus diesen Unsicherheiten
bei der Messung erklären sich auch die großen Unterschiede in
den Ergebnissen der einzelnen Autoren[2].

In der Tabelle 46 finden sich die Depolarisationsgrade der
wichtigsten organischen Dämpfe, und zwar die Mittelwerte aus den
Beobachtungen der einzelnen Autoren. Weitere Daten sind in den
Tabellen 50 (Hydridmoleküle) und 51 (Edelgase) aufgeführt.

§ 22. Raman-Strahlung und optische Anisotropie[3].

Mit der Entdeckung des Raman-Effekts (vgl. § 34) und mit der
rasch sich entwickelnden Theorie dieses Effektes erhob sich die
Frage nach der Gültigkeit der Ergebnisse der älteren Theorie der
Lichtzerstreuung (§ 21). Diese hatte die Moleküle als im Raume
ruhend angenommen, während sie in Wirklichkeit über alle möglichen Rotationszustände verteilt sind. Außerdem sind die Kerne
der Moleküle relativ zueinander nicht in Ruhe, sondern führen
Eigenschwingungen ganz bestimmter Frequenzen aus (s. Kap. 7).
Sowohl die Frequenzen dieser Kernschwingungen ν_s, wie die der
Rotationen ν_r machen sich in dem für die Ausstrahlung maßgebenden induzierten elektrischen Moment bemerkbar, und zwar
läßt sich dessen Schwingungsfrequenz als Superposition von einfachen harmonischen Schwingungen mit den Frequenzen

$$\nu = \nu_0 \pm \nu_s \pm \nu_r$$

---

[1] Eine systematische Untersuchung all dieser Einflüsse hat Volkmann
durchgeführt. Erscheint demnächst in den Annalen der Physik.

[2] Vgl. die Zusammenstellung in Landolt-Börnstein oder bei R. Gans:
Handbuch der Experimentalphysik, Bd. 19. Leipzig 1928.

[3] Vgl. dazu den Bericht von G. Placzek: Handbuch der Radiologie,
2. Aufl. Bd. 6/2 Kap. 3. Leipzig 1934; ferner J. Weiler: Physik. Z. Bd. 33
(1932) S. 489 sowie J. Cabannes: Anisotropie moléculaire et effet Raman.
Paris 1930; ferner M. Born, Lehrbuch der elektromagnetischen Lichttheorie.
Berlin 1933.

darstellen. Außerdem kommen im Streulicht sowohl die Frequenzen des erregenden Lichtes, v_0 allein, die Rayleigh-Linie, als auch reine *Rotationsramanlinien* $v_0 \pm v_r$ bzw. reine Raman-*Schwingungslinien* $v_0 \pm v_s$ vor. Solange man nicht mit hoch auflösenden Spektralapparaten arbeitet, erscheinen die einzelnen Rotationslinien nicht getrennt und ergeben nur eine Verbreiterung der Rayleigh- bzw. der Raman-Schwingungslinien. Wir verstehen, wenn nichts Besonderes gesagt ist, unter Raman-Schwingungslinien die Schwingungslinie einschließlich ihrer Rotationsfeinstruktur.

Das Licht der Rayleigh-Linie, das in Phase mit dem einfallenden Lichte schwingt, ist kohärent und daher durch die Dichteschwankungen innerhalb des Mediums bestimmt. Seine Intensität hängt daher vom Aggregatzustand ab (s. § 21). Die Raman-Strahlung dagegen ist inkohärent, weil die Phasen der Kernschwingungen und Rotationen und damit auch die der induzierten schwingenden Momente von Molekül zu Molekül dem Zufall folgend verschieden sind. Aus diesem Grund ist die Raman-Strahlung im wesentlichen der Zahl der Moleküle in der Volumeinheit proportional. Man versteht so, daß in Kristallen die Intensität aller Raman-Schwingungslinien etwa die Hälfte, in Flüssigkeiten nicht mehr als einige Prozente und in Gasen nur noch wenige Tausendstel der gesamten Streustrahlung ausmacht[1]. Die Schwingungslinien werden also, auch wenn sie stark depolarisiert sind, bei Gasen den Depolarisationsgrad der Gesamtstrahlung im allgemeinen nicht merklich beeinflussen. Nur bei hochsymmetrischen Molekülen wie CH_4 oder CCl_4 kann der Einfluß merklich werden, und darauf ist wohl zum Teil der bei diesen Molekülen beobachtete endliche Depolarisationsgrad zurückzuführen (vgl. § 23).

Anders ist es mit dem Einfluß der reinen Rotationslinien. Raman und Krishnan[2] haben schon sehr bald festgestellt, daß die Verbreiterung der Rayleigh-Linie, also, wie wir heute wissen, die Intensität der unaufgelösten Rotationsfeinstruktur, mit der Anisotropie der streuenden Moleküle zunimmt und daß die Ränder im Gegensatz zur Linienmitte unpolarisiert sind. Die Intensität aller Rotationslinien kann also bei stark anisotropen Molekülen einen merklichen Beitrag zur Gesamtstrahlung liefern und somit

---

[1] Vgl. K. W. F. Kohlrausch: Der Smekal-Raman-Effekt. Diese Sammlung Bd. 12, §§ 37 u. 38.

[2] Raman, C. V. u. K. S. Krishnan: Proc. Roy. Soc., Lond. Bd. 122 (1928) S. 23.

den beobachteten Depolarisationsgrad wesentlich beeinflussen. Man könnte daher zunächst befürchten, daß alle bisherigen Messungen des Depolarisationsgrades gefälscht und wertlos sind. Die nähere theoretische Untersuchung ergibt jedoch, wie wir sehen werden, daß der früher abgeleitete Zusammenhang zwischen der optischen Anisotropie und dem unter den üblichen Versuchsbedingungen beobachteten Depolarisationsgrade auch bei Berücksichtigung der Rotation der Moleküle erhalten bleibt.

MANNEBACK[1] hat mit Hilfe der KRAMERS-HEISENBERGschen Dispersionstheorie für den einfachen Fall eines zweiatomigen Moleküls die Intensitäts- und Polarisationsverhältnisse der Rotations- und Schwingungslinien erschöpfend berechnet. Da wir hier aber nur den Depolarisationsgrad und die Intensität aller Rotationslinien zusammen im Verhältnis zur unverschobenen Linie zu kennen brauchen, können wir uns mit der einfacheren klassischen Behandlung im Anschluß an die Berechnungsweise des § 21 begnügen[2], die allerdings nur für Gase gültig ist, da nur bei solchen auch die Intensität der RAYLEIGH-Strahlung der Zahl der Moleküle in Kubikzentimeter proportional ist.

Wir beschränken uns auf den von CABANNES und ROCARD[3], sowie später von BHAGAVANTAM[4] behandelten Fall eines zwei- oder mehratomigen gestreckten Moleküls, d. h. auf den Fall des Rotators, der um eine Achse senkrecht zur Figurenachse mit der Frequenz ν_r rotiert. Führen wir wieder das molekülfeste System ξ, η, ζ — ζ die Symmetrieachse — und das raumfeste System x, y, z ein, so können wir ohne Einschränkung der Allgemeinheit die ξ-Achse zur Rotationsachse wählen (s. Abb. 69). Die Rotation um die Symmetrieachse ist natürlich ohne Einfluß auf das Streumoment, braucht also nicht berücksichtigt zu werden[5]. Die in Frage kommenden Richtungskosinusse werden dann Funktionen der Zeit, nämlich

$$\left.\begin{aligned}
\cos z\,\zeta &= \cos\vartheta\,\cos\left(2\,\pi\,\nu_r\,t + \delta\right)\\
\cos x\,\zeta &= \sin\vartheta\,\cos\varphi\,\cos\left(2\,\pi\,\nu_r\,t + \delta\right) - \sin\varphi\,\sin\left(2\,\pi\,\nu_r\,t + \delta\right)
\end{aligned}\right\} \quad (19)$$

---

[1] MANNEBACK, C.: Z. Physik Bd. 62 (1930) S. 224, Bd. 65 (1930) S. 574; vgl. auch die Monographie von KOHLRAUSCH § 72.

[2] Die quantitative Berechnung der Intensitäten und Lagen der einzelnen Rotationslinien ist natürlich nur auf quantentheoretischer Grundlage möglich (s. weiter unten).

[3] CABANNES, J. u. J. ROCARD: J. Physique Radium Bd. 10 (1929) S. 52.

[4] BHAGAVANTAN, S.: Indian J. Bd. 6 (1931) S. 19.

[5] Nach der Quantentheorie ist die Rotation um die Symmetrieachse, die Kernverbindungslinie, überhaupt nicht angeregt.

und wir erhalten für die vom Felde $\mathfrak{E}_0 \cos \cdot 2\pi\nu t$, $\mathfrak{E}_0 = \mathfrak{E}_z$, in der
z- und x-Richtung induzierten Momente an Stelle der Gleichung (6)
des vorhergehenden Paragraphen jetzt die Ausdrücke

$$\left.\begin{aligned}
\mu_{iz} &= \left\{\alpha + (b_1 - b_2)\left(\cos^2\vartheta \cos^2[2\pi\nu_r t + \delta] - \frac{1}{3}\right)\right\}\mathfrak{E}_0 \cos 2\pi\nu t \\
\mu_{ix} &= \{(b_1 - b_2)(\cos\vartheta \sin\varphi \cos[2\pi\nu_r t + \delta]\sin[2\pi\nu_r t + \delta] - \\
&\quad - \sin\vartheta \cos\vartheta \cos\varphi \cos^2[2\pi\nu_r t + \delta])\}\mathfrak{E}_0 \cos 2\pi\nu t
\end{aligned}\right\} \quad (20)$$

oder

$$\left.\begin{aligned}
\mu_{iz} &= \left[\alpha + (b_1 - b_2)\left(\frac{\cos^2\vartheta}{2} - \frac{1}{3}\right)\right]\cdot \mathfrak{E}_0 \cos 2\pi\nu t \\
&\quad + \frac{(b_1 - b_2)\cos^2\vartheta}{4}\cdot \mathfrak{E}_0\{\cos[2\pi(\nu + 2\nu_r)t + \delta] + \\
&\qquad\qquad + \cos[2\pi(\nu - 2\nu_r)t + \delta]\} \\
\mu_{ix} &= \frac{b_1 - b_2}{2}\sin\vartheta \cos\vartheta \cos\varphi \cdot \mathfrak{E}_0 \cos 2\pi\nu t \\
&\quad + \frac{b_1 - b_2}{4}\sin\vartheta \cos\vartheta \cos\varphi\, \mathfrak{E}_0\{\cos[2\pi(\nu + 2\nu_r)t + \delta] + \\
&\qquad\qquad + \cos[2\pi(\nu - 2\nu_r)t - \delta]\} \\
&\quad - \frac{b_1 - b_2}{4}\cos\vartheta \sin\varphi\, \mathfrak{E}_0\{\sin[2\pi(\nu + 2\nu_r)t + \delta] - \\
&\qquad\qquad - \sin[2\pi(\nu - 2\nu_r)t - \delta]\}
\end{aligned}\right\} \quad (21)$$

Es treten im Streulicht also neben der Frequenz des erregenden
Lichtes noch die um $\pm 2\nu_r$* verschobenen Rotationsfrequenzen
auf, deren Strahlung natürlich inkohärent ist. Summieren wir
über alle Orientierungen der Rotationsachsen im Raume und bezeichnen wir den Bruchteil der Moleküle mit Rotationsfrequenzen
zwischen ν_r und $\nu_r + d\nu_r$ mit dN, so ergeben sich für die Intensitäten der Rayleigh-Linie und der nach Rot und Violett verschobenen Rotationsramanlinien die Ausdrücke[1]

---

* Das Auftreten von um $2\nu_r$ und nicht, wie man vielleicht zuerst
erwarten würde, um $1\nu_r$ verschobenen Linien ergibt sich anschaulich daraus,
daß bereits nach einer halben Umdrehung des Moleküls das Polarisationsellipsoid wegen der Gleichheit der Polarisierbarkeiten in entgegengesetzten
Richtungen wieder die ursprüngliche Lage zum erregenden Feld einnimmt.

[1] Um die Frequenzen und die Intensitäten der einzelnen Linien, sowie
das Intensitätsverhältnis der beiden Flügel, das klassisch gleich 1 ist, richtig
zu erhalten, muß man von der Kramers-Heisenbergschen Dispersionstheorie ausgehen und die quantentheoretische Verteilung über die einzelnen
Rotationszustände berücksichtigen [Gleichung (11), § 32], wobei noch zu
beachten ist, daß bei symmetrischen Molekülen wie H_2 oder N_2 die geraden
und ungeraden Rotationszustände verschiedenes statistisches Gewicht besitzen (vgl. § 32, Abschnitt 3). Die Gesamtintensität beider Flügel ist dagegen
von der Art der Verteilung unabhängig, so daß Gleichung (23) auch bei

RAYLEIGH-Linie

$$J'_z = C \left[\alpha^2 + \frac{(b_1 - b_2)^2}{45} \right]$$

$$J'_x = C \frac{(b_1 - b_2)^2}{60}$$

RAMAN-Linie rot und violett

$$J'_z = C \frac{(b_1 - b_2)^2}{30}\, d\,N \left(1 \mp \frac{2\,v_r}{v} \right)^4$$

$$J'_x = C \frac{(b_1 - b_2)^2}{40}\, d\,N \left(1 \mp \frac{2\,v_r}{v} \right)^4$$

$$(22)$$

Um die Gesamtintensität aller Rotationslinien zu beiden Seiten der RAYLEIGH-Linie oder die Intensität der „Flügel", zu erhalten, hat man nach dem MAXWELL-BOLTZMANNschen Verteilungssatz über alle Rotationsfrequenzen zu mitteln und erhält dann folgende Werte für die RAYLEIGH-Linie und beide Flügel zusammen

RAYLEIGH-Linie

$$J'_z = C \left[\alpha^2 + \frac{(b_1 - b_2)^2}{45} \right]$$

$$J'_x = C \frac{(b_1 - b_2)^2}{60}$$

beide Flügel zusammen

$$J'_z = C \frac{(b_1 - b_2)^2}{15}$$

$$J'_x = C \frac{(b_1 - b_2)^2}{20}$$

$$(23)$$

Aus den Gleichungen ergibt sich, daß die Intensität der RAYLEIGH-Linie vor allem durch die mittlere Polarisierbarkeit bestimmt ist, während die der Rotationslinien und damit auch die der Flügel in Übereinstimmung mit den oben erwähnten Beobachtungen von RAMAN und KRISHNAN nur von den *Differenzen* der Polarisierbarkeiten abhängt. Ein optisch isotropes Molekül besitzt überhaupt keine Rotationsfeinstrukturen, was sich schon anschaulich daraus ergibt, daß bei allen Stellungen des Moleküls zum erregenden Felde das induzierte Moment unverändert bleibt, also keine von der Rotation des Moleküls abhängige Periode enthalten kann.

Wie ein Vergleich mit Gleichung (7) und (8) des vorigen Paragraphen zeigt, bleibt aber die Intensität der Gesamtstrahlung, und das gilt auch für Moleküle ohne Symmetrieachse, dieselbe, wie wenn das Molekül nicht rotieren würde.

Molekülen mit kleinem Trägheitsmoment, wie H_2 bzw. bei sehr tiefen Temperaturen, wo die quantentheoretische Verteilung eine ganz andere als die klassische ist, in aller Strenge gilt; vgl. B. MROWKA: Z. Physik Bd. 84 (1933) S. 448.

Für den Depolarisationsgrad der Rayleigh-Linie finden wir

$$\Delta'_{\text{Rayl.}} = \frac{J'_x}{J'_z} = \frac{\dfrac{1}{60}(b_1 - b_2)^2}{a^2 + \dfrac{1}{45}(b_1 - b_2)^2}. \tag{24}$$

Ferner ergibt sich, daß jede einzelne Rotationslinie und damit auch die Flügel denselben hohen Depolarisationsgrad besitzen, nämlich $\Delta' = \dfrac{3}{4}$ für linear polarisiertes bzw. $\Delta = \dfrac{6}{7}$ für natürliches Einfallslicht.

Für den Depolarisationsgrad der *Gesamtstrahlung* erhalten wir für linear polarisiertes Einfallslicht

$$\Delta' = \frac{J'_{x\,\text{Rayl.}} + J'_{x\,\text{Fl.}}}{J'_{z\,\text{Rayl.}} + J'_{z\,\text{Fl.}}} = \frac{\dfrac{1}{15}(b_1 - b_2)^2}{a^2 + \dfrac{4}{45}(b_1 - b_2)^2} = \frac{(b_1 - b_2)^2}{3\,b_1^2 + 4\,b_1 b_2 + 8\,b_2^2} \tag{25}$$

d. h. genau denselben Depolarisationsgrad, wie ihn die ältere Theorie [Gleichung (9) § 21] ergeben hatte[1]. Die Rotation der Moleküle ist also bei Gasen auf die Intensität und den Depolarisationsgrad der gesamten Streustrahlung, Rayleigh-Linie einschließlich der reinen Rotationslinien, ohne Einfluß, so daß also der früher abgeleitete Zusammenhang zwischen dem ohne spektrale Zerlegung gemessenen Depolarisationsgrad des Streulichtes und der Anisotropie des Moleküls erhalten bleibt[2].

Diese Identität gilt ganz allgemein, also auch für Moleküle ohne Symmetrieachse. Einen Beweis hat Born[3] gegeben.

Es sei noch bemerkt, daß bei Flüssigkeiten die Verhältnisse verwickelter liegen, vor allem deshalb, weil die auf den Schwankungen

---

[1] Dieses Ergebnis haben zuerst Cabannes und Rocard (l. c.) abgeleitet.

[2] Der Grund dieser Übereinstimmung ist anschaulich folgender: Die klassische Theorie der Lichtzerstreuung hatte die Rotation der Moleküle vernachlässigt, die Moleküle also gewissermaßen mit unendlich großen Trägheitsmomenten versehen und über sämtliche Lagen relativ zum einfallenden Strahl gemittelt. Läßt man andererseits in der *neuen* Theorie das Trägheitsmoment I immer mehr und mehr anwachsen, so werden die Rotationsfrequenzen immer niedriger und die Rotationslinien rücken immer mehr in die erregende Linie hinein. Wegen ihres konstanten Depolarisationsgrades, $\Delta = \dfrac{3}{4}$, liefern sie aber immer denselben Beitrag zum Gesamtdepolarisationsgrad, auch wenn im Grenzfalle $I = \infty$ die Rotationsfeinstruktur völlig verschwindet. Dann haben wir aber, wie es die klassische Theorie annimmt, ruhende Moleküle mit allen möglichen Orientierungen vor uns.

[3] Born, M.: Lehrbuch der elektromagnetischen Lichttheorie. Berlin 1933.

der Dichte beruhende unverschobene Strahlung nicht mehr, wie
bei Gasen, der Zahl der streuenden Moleküle proportional ist.
So kommt es, daß der mit weißem Licht beobachtete Depolarisationsgrad der Gesamtstrahlung erheblich größer als der nach
der älteren Theorie der Lichtzerstreuung berechnete ist[1].

Da die Flügel einen hohen Depolarisationsgrad besitzen, muß
bei Gasen die RAYLEIGH-Linie einen geringeren Depolarisationsgrad als die Gesamtstrahlung besitzen [vgl. Gleichung (24) und (25)].
Diesbezügliche Untersuchungen an CO_2 und N_2O haben RAMAN
und BHAGAVANTAM[2] angestellt, indem sie mit einem Spektral-
apparat genügender Dispersion das Streulicht zerlegten und einmal
mit weitem Spalt, einmal mit engem Spalt den Depolarisationsgrad
bestimmten. So konnten sie den Depolarisationsgrad der RAYLEIGH-
Linie einschließlich ihrer Flügel und den der RAYLEIGH-Linie
allein bestimmen. Es zeigte sich, daß der Depolarisationsgrad der
RAYLEIGH-Linie allein ungefähr doppelt so groß war als der nach
der älteren klassischen Theorie berechnete.

Aus der Tatsache, daß die Intensität der Flügel von der Aniso-
tropie des Moleküls abhängt, ergibt sich nach STUART[3] eine weitere
Methode, die optische Anisotropie eines Moleküls zu bestimmen.
Quantitative Messungen des Intensitätsverhältnisses der Flügel zur
RAYLEIGH-Linie

$$\frac{J'_{\text{Rayl.}}}{J'_{\text{Fl.}}} = \frac{\frac{7}{60}(b_1 - b_2)^2}{\alpha^2 + \frac{7}{180}(b_1 - b_2)^2} = \frac{21(b_1 - b_2)^2}{180\,\alpha^2 + 7(b_1 - b_2)^2}$$

werden allerdings so schwierig sein, daß sie kaum praktisch neben
den üblichen Messungen des Depolarisationsgrads oder des KERR-
Effekts eine Rolle spielen werden. Auch Messungen an einzelnen
Rotationslinien wären prinzipiell geeignet, da deren Intensität
quantentheoretisch eindeutig berechenbar ist[4]. Nur bei hoch-

---

[1] VENKATESWARAN, S.: Philos. Mag. Bd. 14 (1932) S. 258. — RAN-
GANADHAM, S. P.: Indian J. Bd. 7 (1932) S. 353. — GANS, R. u. H. A. STUART:
Z. Physik Bd. 86 (1933) S. 765.

[2] RAMAN, C. V. u. S. BHAGAVANTAM: Indian J. Bd. 6 (1931) S. 353.
Diese Untersuchungen haben nur qualitativen Wert, so daß die dort
gezogenen theoretischen Schlüsse bezüglich des Spins des Lichtquants völlig
unsicher sind.

[3] STUART, H. A.: Erg. exakt. Naturwiss. Bd. 10 (1931) S. 159.

[4] Vgl. C. MANNEBACK: Z. Physik Bd. 65 (1930) S. 574 oder das Beispiel
des H_2. — MROWKA, B.: Z. Physik Bd. 84 (1933) S. 448.

symmetrischen Molekülen wie CH_4, wo sich die Frage erhebt, ob diese völlig oder nur genähert isotrop sind, kann diese Methode entscheidend werden. Denn es dürfte leichter sein, qualitativ festzustellen, ob eine Rotationsfeinstruktur da ist oder nicht, als einwandfrei zu entscheiden, ob der Depolarisationsgrad der Gesamtstrahlung Null bzw. nur sehr klein ist (vgl. die Ausführungen über CH_4 oder CCl_4 im nächsten Paragraphen).

Bei den optisch isotropen Molekülen verschwindet übrigens die Rotationsfeinstruktur nicht nur bei der RAYLEIGH-Linie, sondern auch bei denjenigen RAMAN-Linien, die zu den die Symmetrie des Moleküls nicht störenden Grundschwingungen gehören (vgl. § 34).

§ 23. Depolarisationsgrad, optische Anisotropie und geometrische Struktur der Moleküle[1].

Uns interessiert vor allem die Frage nach dem Zusammenhang zwischen der optischen Anisotropie und der geometrischen Struktur eines Moleküls. Schon mit Hilfe der alten Theorie von CLAUSIUS-MOSOTTI (s. § 15), die die Moleküle als vollkommen leitende Kugeln betrachtet, kann man auf diese Frage eine Antwort geben. Ersetzt man nämlich die Kugeln durch Rotationsellipsoide, so ist im Sinne dieser Theorie das Achsenverhältnis, also die Form des Moleküls, durch den Depolarisationsgrad und die Größe durch den Brechungsindex bestimmt. Da sich aber, wie wir im vorhergehenden Paragraphen gesehen haben, aus den Messungen von Δ nur die Differenz $b_2 - b_1$ ergibt, gehören zu jedem Δ zwei Molekülformen, ein verlängertes und ein abgeplattetes Rotationsellipsoid. Diese Vorstellung von einem leitenden homogenen Teilchen trifft auf Metallkolloide subultramikroskopischer Größe zu, und für solche hat GANS[2] mit Hilfe der von ihm erweiterten Theorie der Lichtzerstreuung die Form bestimmt. Von GANS[3] ist ferner gezeigt worden, daß, wenn man in derselben Weise bei Molekülen Form und Größe im Sinne der alten CLAUSIUS-MOSOTTIschen Theorie bestimmt, man Werte erhält, die, soweit man erwarten darf, zu den gaskinetisch berechneten passen und die der wirklichen Form des Moleküls einigermaßen entsprechen.

---

[1] Vgl. dazu auch H. A. STUART: Erg. exakt. Naturwiss. Bd. 10 (1931) S. 159. — BRIEGLEB, G. u. K. L. WOLF: Fortschr. chem. Physik u. physik. Chem. Bd. 21 (1931) Nr. 3.

[2] GANS, R.: Ann. Physik Bd. 37 (1912) S. 881, Bd. 47 (1915) S. 270, Bd. 62 (1920) S. 331.

[3] GANS, R.: Ann. Physik Bd. 65 (1921) S. 97.

Da wir uns aber heute das Molekül nicht mehr als ein leitendes homogenes Teilchen vorstellen, wollen wir uns mit einer anderen Theorie der optischen Anisotropie des Moleküls beschäftigen, die sich bei vielen Fragen der Molekülstruktur und der freien Drehbarkeit, sowie bei Fragen nach der Stärke und Reichweite der innermolekularen Kräfte mit großem Erfolg anwenden läßt. Es

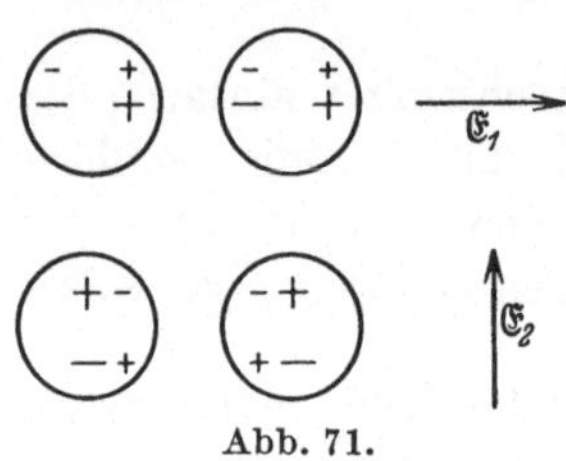

Abb. 71.

ist das die von SILBERSTEIN[1] eingeführte *Theorie der induzierten atomaren Dipole*, welche die optische Anisotropie eines Moleküls auf klassischer Grundlage sehr einfach und anschaulich erklärt. Der Gedankengang dieser Theorie ist folgender:

Wir denken uns im Falle eines zweiatomigen Moleküls, dessen Atome genähert isotrop sein mögen, die Polarisationswirkung eines äußeren elektrischen Feldes $\mathfrak{E}$ durch zwei im Mittelpunkt der beiden Atome induzierte punktförmige Dipole ersetzt. Diese vom Felde $\mathfrak{E}$ induzierten Momente induzieren ihrerseits wieder im anderen Atom

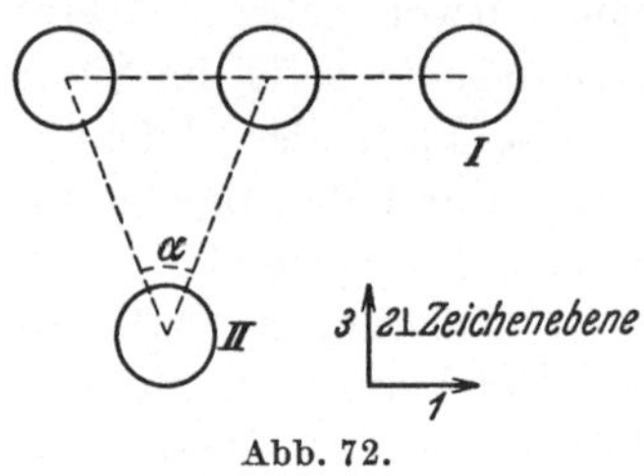

Abb. 72.

sekundäre Momente[2]. Man erkennt (s. Abb. 71), daß sich bei Polarisation in Richtung 1 infolge dieser wechselseitigen Influenz eine Verstärkung und in Richtung 3 eine Abschwächung der primär induzierten Momente ergibt, so daß dasselbe elektrische Feld in Richtung 1 eine stärkere Polarisation als in Richtung 3 hervorruft. Das Molekül ist also erst infolge der Wechselwirkung der induzierten Momente optisch anisotrop geworden. Seine optische Symmetrie ist die eines Rotationsellipsoids. Fügen wir jetzt noch ein drittes Atom oder eine neue Atomgruppe (Abb. 72) von ähnlicher Polarisierbarkeit hinzu, so wächst beim Einbau in Stellung *I* die Polarisierbarkeit in Richtung 1 wegen der Wechselwirkung um einen Betrag Δb_1 an, der größer ist als die Polarisierbarkeit der neuen Gruppe allein, und in Richtung 2 und 3 um einen Betrag, der kleiner ist. Bauen wir dagegen die

---

[1] SILBERSTEIN, L.: Philos. Mag. Bd. 33 (1927) S. 92, 215, 521.

[2] $+-$ bedeuten die vom Lichtfeld direkt induzierten Momente, $+-$ bedeuten die durch diese Momente sekundär in den Nachbaratomen induzierten Momente.

Gruppe in *II* ein, so wird, falls der Winkel α nicht zu stumpf ist, die Polarisierbarkeit in Richtung 3 mehr als in Richtung 1 und in der zur Zeichenebene senkrechten Richtung 2 am wenigsten zunehmen; 2 würde also die Richtung der kleinsten Polarisierbarkeit sein. Das gewinkelte Molekül besitzt also optisch die Symmetrie eines dreiachsigen Ellipsoids.

Auf Grund dieser Vorstellungen sind von SILBERSTEIN, RAMANATHAN[1], HAVELOCK[2] und CABANNES[3] quantitative Berechnungen der Anisotropie durchgeführt worden. Bezeichnen wir mit α_1 und α_2 die Polarisierbarkeiten der isolierten Atome, wie sie den Atomrefraktionen entnommen werden können, und mit r den Abstand der Atommittelpunkte, so wird das in Richtung 1 wirkende elektrische Feld $\mathfrak{E}$ in den Atomen 1 und 2 die Momente μ_1 und μ_2 erzeugen:

$$\left.\begin{aligned} \mu_1 &= \alpha_1 \cdot \left(\mathfrak{E} + \frac{2\,\mu_2}{r^3}\right) \\[1ex] \mu_2 &= \alpha_2 \left(\mathfrak{E} + \frac{2\,\mu_1}{r^3}\right) \end{aligned}\right\} \tag{26}$$

$\dfrac{2 \cdot \alpha_1 \mu_2}{r^3}$ bedeutet dabei das vom polarisierten Atom 2 im Atom 1 induzierte Moment. In Richtung 2 werden dagegen folgende Momente induziert:

$$\left.\begin{aligned} \mu_1' &= \alpha_1 \left(\mathfrak{E} - \frac{\mu_2'}{r^3}\right) \\[1ex] \mu_2' &= \alpha_2 \left(\mathfrak{E} - \frac{\mu_1'}{r^3}\right) \end{aligned}\right\} \tag{26'}$$

Da ferner $\mu_1 + \mu_2 = b_1 \cdot \mathfrak{E}$ und $\mu_1' + \mu_2' = b_2 \cdot \mathfrak{E} = b_3 \cdot \mathfrak{E}$ ist, finden wir für die Hauptpolarisierbarkeiten b_1 und b_2

$$\left.\begin{aligned} b_1 &= \frac{\alpha_1 + \alpha_2 + \dfrac{4 \cdot \alpha_1 \cdot \alpha_2}{r^3}}{1 - \dfrac{4\,\alpha_1 \cdot \alpha_2}{r^6}} \\[3ex] b_2 &= \frac{\alpha_1 + \alpha_2 - \dfrac{2\,\alpha_1 \cdot \alpha_2}{r^3}}{1 - \dfrac{\alpha_1 \cdot \alpha_2}{r^6}} \end{aligned}\right\} \tag{27}$$

Zusammen mit den Gleichungen (15) und (3) des § 21 haben wir also vier Gleichungen für die fünf Größen α_1, α_2, b_1, b_2 und r.

---

[1] RAMANATHAN, K. R.: Proc. Roy. Soc. A, Lond. Bd. 107 (1925) S. 684, Bd. 110 (1926) S. 123.

[2] HAVELOCK, T. H.: Philos. Mag. Bd. 3 (1927) S. 158, 433.

[3] CABANNES, J.: La diffusion moléculaire de la Lumière. Paris 1929.

aus denen wir, wenn eine der Unbekannten etwa r aus sonstigen Daten bekannt ist, die anderen vier berechnen können.

Für den Fall eines aus zwei gleichen Atomen, $\alpha_1 = \alpha_2$, bestehenden Moleküls vereinfachen sich die Formeln zu

$$b_1 = \frac{2\,\alpha_1}{1 - \dfrac{2\,\alpha_1}{r^3}} \quad \text{und} \quad b_2 = b_3 = \frac{2\,\alpha_1}{1 + \dfrac{\alpha_1}{r^3}}. \tag{28}$$

Man kann aus diesen Gleichungen entweder, wenn b_1 und b_2 aus Δ und n berechnet werden können, α_1 und r oder umgekehrt, wenn r bekannt ist, den Depolarisationsgrad bestimmen.

Wir wollen zunächst die Theorie durch eine Überschlagsrechnung prüfen. Berechnen wir etwa für Cl_2 das Verhältnis der Hauptpolarisierbarkeiten $b_1 : b_2$, so finden wir mittels Gleichung (28) mit $\alpha_1 \sim 20 \cdot 10^{-25}$ und $r = 2 \cdot 10^{-8}$ $b_1 : b_2 = 2{,}5 : 1$, während (s. Tabelle 45) $66{,}0 : 36{,}2 = 1{,}82 : 1$ beobachtet ist. Wir sehen also, daß diese einfache und rohe Theorie die beobachtete Anisotropie mit ihren großen Unterschieden in den einzelnen Polarisierbarkeiten genähert richtig wiederzugeben vermag.

Tabelle 47.

Substanz	$100 \cdot \Delta$ beobachtet	$r \cdot$ berechnet in Å	$r \cdot$ nach anderen Methoden in Å			
			I aus innerer Reibung	II aus kritischen Daten	III Molekularvolumen in flüssigem Zustand	IV aus Bandenspektren
H_2	(2,7)	(1,44)	1,22	1,38	1,97	0,75
N_2	3,6	1,61	1,58	1,59	2,15	1,10
O_2	6,4	1,56	1,48	1,45	1,94	1,22
Cl_2	4,3	2,35	1,85	1,65	1,84	1,98

Um ihre Brauchbarkeit an einem umfangreicheren Beobachtungsmaterial zu prüfen, stellen wir in Tabelle 47 einige der von CABANNES mittels der obigen Formeln berechneten Atomabstände mit den aus anderen physikalischen Daten abgeleiteten r-Werten zusammen. Die letzte Spalte enthält den aus spektroskopischen Daten berechneten Kernabstand, während die übrigen Methoden, 1 bis 111, den mittleren Radius der Wirkungssphäre d_T bzw. d_{min} (s. §§ 4 u. 5) ergeben.

Dem Atomabstand r im Sinne der SILBERSTEINschen Theorie entspricht wohl noch am besten der Abstand der Schwerpunkte der den einzelnen Atomen zuzuordnenden Elektronenwolken. Diesen erhalten wir, wenn wir bei einem zweiatomigen Molekül die Ladungswolke durch die zur Kernverbindungslinie senkrechte Symmetrieebene in zwei Teile teilen und die Schwerpunkte der beiden Hälften bestimmen. Es zeigt sich dabei, daß schon beim H_2 die Schwerpunkte nicht zwischen den Kernen, sondern außerhalb derselben, nämlich um 1,0 Å[1] auseinander liegen, während der Kernabstand 0,75 Å beträgt. Bei Molekülen, bei denen nur ein Teil der Elektronen der äußeren Schale an der Bindung beteiligt ist, wird das in demselben, wenn nicht in noch stärkerem Maße, der Fall sein.

Wie ein Blick auf Tabelle 47 zeigt, sind die aus dem Depolarisationsgrad berechneten r-Werte tatsächlich größer als die Kernabstände und ungefähr gleich den nach *I* bis *III* bestimmten Werten. Wir erhalten also aus rein optischen Daten ungefähr die richtige Größe der Moleküle.

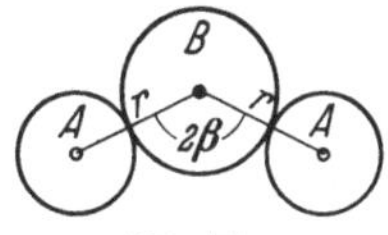

HAVELOCK hat die Rechnungen auf dreiatomige Moleküle vom Typus *A B A* (s. Abb. 73) ausgedehnt. Dabei spielt natürlich der Winkel 2β am Zentralatom eine maßgebende Rolle. Der Zusammenhang zwischen den drei Polarisierbarkeiten b_1, b_2, b_3 des Moleküls und den Atompolarisierbarkeiten α_1 und α_2, dem Abstand r und dem Winkel β stellt sich so dar:

Abb. 73.

$$b_1 = \frac{\left(1-\dfrac{\alpha_1}{8\,r^3\sin^3\beta}\right)\left\{2\,\alpha_1+\alpha_2-\dfrac{\alpha_1\,\alpha_2}{r^3}\left(\dfrac{1}{4\sin^3\beta}+4-12\sin^2\beta\right)\right\}}{\dfrac{\left(1-\dfrac{\alpha_1}{8\,r^3\sin^3\beta}\right)\left\{1-\dfrac{\alpha_1}{4\,r^3\sin^3\beta}-\dfrac{\alpha_1\,\alpha_2}{r^6}(1-3\sin^2\beta)^2\right\}-36\,\dfrac{\alpha_1^2\,\alpha_2}{r^6}\sin^2\beta\cos^2\beta}{-18\,\dfrac{\alpha_1\,\alpha_2}{r^6}\left(1-\dfrac{\alpha_1}{4\,r^3\sin^3\beta}\right)\sin^2\beta\cos^2\beta}}$$

$$b_2 = \frac{\left(1+\dfrac{\alpha_1}{4\,r^3\sin^3\beta}\right)\left\{2\,\alpha_1+\alpha_2+\dfrac{\alpha_1\,\alpha_2}{r^3}\left(\dfrac{1}{8\sin^3\beta}-4+12\cos^2\beta\right)\right\}}{\dfrac{\left(1+\dfrac{\alpha_1}{4\,r^3\sin^3\beta}\right)\left\{1+\dfrac{\alpha_1}{8\,r^3\sin^3\beta}-\dfrac{\alpha_1\,\alpha_2}{r^6}(1-3\sin^2\beta)^2\right\}-36\,\dfrac{\alpha_1^2\,\alpha_2}{r^6}\sin^2\beta\cos^2\beta}{-18\,\dfrac{\alpha_1\,\alpha_2}{r^6}\left(1+\dfrac{\alpha_1}{8\,r^3\sin^3\beta}\right)\sin^2\beta\cos^2\beta}}$$

$$b_3 = \frac{2\,\alpha_1+\alpha_2+\dfrac{\alpha_1\,\alpha_2}{r^3}\left(\dfrac{1}{8\sin^3\beta}-4\right)}{1+\dfrac{\alpha_1}{8\,r^3\sin^3\beta}-2\,\dfrac{\alpha_1\,\alpha_2}{r^6}}.$$

[1] Mündliche Mitteilung von Herrn Dr. MROWKA.

Es eröffnet sich hier also prinzipiell die Möglichkeit, den Winkel β zu berechnen, nur ist vorläufig wegen des unbekannten Einflusses der Bindungselektronen und wegen sonstiger Vernachlässigungen bei der SILBERSTEINschen Theorie (s. weiter unten) eine quantitative Berechnung unmöglich. HAVELOCK hat auf Grund dieser Beziehungen beim H_2O-Molekül auf die gewinkelte Struktur geschlossen. Wenn auch sein Ergebnis richtig ist, muß doch betont werden, daß gerade bei einem Hydridmolekül wie H_2O die SILBERSTEINsche Theorie nicht angewandt werden darf (vgl. weiter unten).

Bei wasserstofffreien Molekülen wie N_2O, CO_2 und CS_2 ist das dagegen ohne weiteres möglich. Die Berechnungen des Depolarisationsgrades nach CABANNES und RAMANATHAN ergeben, wie Tabelle 48 zeigt, befriedigende Übereinstimmung mit den Beobachtungen.

Die Berechnungen sind unter der Annahme einer gestreckten

Tabelle 48.

	Δ berechnet CABANNES	Δ berechnet RAMANATHAN	Δ experimentell
N_2O	0,133	0,157	0,125
CO_2	0,094	0,108	0,098
CS_2	0,125	0,125	0,115

Molekülform durchgeführt, die für alle drei Moleküle durch andere Erfahrungen nachgewiesen ist.

Die recht gute Übereinstimmung[1] all dieser Berechnungen mit der Erfahrung ist ein Beweis dafür, daß die optische Anisotropie der Moleküle zu einem wesentlichen Teil auf dem rein klassischen Effekt der wechselseitigen Induktion beruht. Daneben ist sicher noch ein anderer, die Anisotropie mitbestimmender Effekt vorhanden, der auf der Störung der Elektronenwolken beruht, wenn zwei Atome eine chemische Bindung eingehen und durch den ein isotropes Atom wie ein Wasserstoff- oder ein Alkaliatom[2] merklich anisotrop werden kann. Dieser Effekt ist natürlich nur wellenmechanisch zu behandeln, doch ist leider von theoretischer Seite noch fast gar nicht darüber gearbeitet worden. Nur MROWKA[3] hat neuerdings für den einfachsten Fall des Wasserstoffmoleküls die Polarisierbarkeiten und deren Anisotropie nach der Wellen-

---

[1] Bei der Beurteilung dieser Übereinstimmung ist auch zu beachten, daß man das Feld eines polarisierten Atoms in Abständen, die mit dem Atomdurchmesser vergleichbar sind, nur genähert durch das Feld eines im Mittelpunkt lokalisierten punktförmigen Dipols ersetzen kann.

[2] Das H-Atom sowie die Atome der Alkalien haben ein s-Elektron in der äußeren Schale, besitzen also eine kugelsymmetrische Ladungsverteilung.

[3] MROWKA, B.: Z. Physik Bd. 76 (1932) S. 300, Bd. 84 (1933) S. 448.

mechanik ohne Benutzung anderer empirischer Konstanten als der universellen e, m und h berechnet. Die theoretisch gefundenen Werte sind mit den beobachteten in Tabelle 49 zusammengestellt.

Tabelle 49. Die Polarisierbarkeit[1] des Wasserstoffmoleküls nach der Wellenmechanik.

	berechnet	beobachtet
Polarisierbarkeit $/\!/$ zur Kernverbindungs- linie b_1	6,14	5,53
Polarisierbarkeit $\perp$ zur Kernverbindungs- linie $b_2 = b_3$	8,49	9,16[2]
Mittlere Polarisierbarkeit γ	7,71	7,95
Anisotropie $b_2 - b_1$	2,35	3,63
Depolarisationsgrad	0,0134[3]	0,017[4]

Die mittleren Polarisierbarkeiten stimmen ausgezeichnet, nämlich auf wenige Prozent überein, während die berechnete Anisotropie viel kleiner als die beobachtete ist. Angesichts der großen Fehler bei der Messung von kleinen Depolarisationsgraden, vor allem bei Stoffen mit kleinem Brechungsindex, dürfte der theoretische Wert der zuverlässigere sein. Wir erkennen ferner, daß die Polarisierbarkeit senkrecht zur Verbindungslinie am größten ist, d. h. daß die bindenden Elektronen stark anisotrop gebunden sind[5]. Dieses Ergebnis zeigt klar die Gültigkeitsgrenzen der SILBERSTEINschen Theorie. Diese darf nämlich nicht auf Moleküle angewandt werden, bei denen, wie beim H_2 alle Elektronen bzw. wie z. B. bei den Molekülen H_2O, NH_3 der größere Teil der zur optischen Polarisierbarkeit beitragenden Elektronen an einer Bindung beteiligt sind. Da anderseits die nicht an einer Bindung beteiligten Elektronen

---

[1] Die Polarisierbarkeiten sind für unendlich lange Wellen angegeben.

[2] Aus den Beobachtungen ergibt sich nur die Anisotropie eindeutig, während sich für die Polarisierbarkeiten zunächst zwei Wertepaare ergeben [Gleichung (17) und (18)], von denen das mit $b_2 > b_1$ in der Tabelle aufgeführt ist.

[3] 0,0134 bedeutet den unter Berücksichtigung des RAMAN-Effekts berechneten Depolarisationsgrad.

[4] Kleinster und daher wohl zuverlässigster der beobachteten Werte.

[5] Würden diese Rechnungen ergeben, daß die Polarisierbarkeit in der Kernverbindungslinie am größten ist, so würde man nicht entscheiden können, ob neben dem klassischen Effekt der wechselseitigen Induktion, der immer da ist und der bei der wellenmechanischen Behandlung des Problems implizit mit berücksichtigt wird, noch eine Anisotropie der Bindungselektronen vorhanden ist.

beim Einbau in das Molekül nur wenig gestört werden dürften, werden wir erwarten, daß die SILBERSTEINsche Theorie, die sich das Molekül in gegeneinander abgegrenzte, genähert isotrope Atombezirke zerlegt denkt, um so mehr der Wirklichkeit entspricht, je weniger die mehreren Atomen gleichzeitig zugehörenden Bindungselektronen zur Gesamtpolarisation beitragen, so daß wir sie auf Moleküle mit einfachen Bindungen zwischen Atomen und Atomgruppen wie z. B. Cl bzw. CH_3 und C_6H_5 unbedenklich anwenden können. Wir werden im § 28 zeigen, wie die Messungen an solchen Molekülen die SILBERSTEINsche Theorie tatsächlich glänzend bestätigen.

An dieser Stelle sei auch darauf hingewiesen, daß die Hydridmoleküle HCl, H_2O, H_2S und NH_3, die wir als Pseudoedelgase mit mehreren unpolarisierbaren H-Kernen in einer gemeinsamen Elektronenwolke auffassen können, trotzdem sie elektrisch unsymmetrisch sind, d. h. ein elektrisches Moment besitzen, einen sehr hohen optischen Symmetriegrad haben (s. Tabelle 50).

Tabelle 50.

Substanz	Formel	$100 \cdot \Delta$
Chlorwasserstoff .	HCl	0,71[1]
Bromwasserstoff .	HBr	0,84[1]
Jodwasserstoff . .	HJ	1,27[1]
Wasserdampf . .	H_2O	1,99[2]
Schwefelwasserstoff	H_2S	0,93[1]
Ammoniak . . .	NH_3	0,98[1]

Auch über die Reichweite der Polarisationswirkungen innerhalb der Moleküle sagen uns die Messungen des Depolarisationsgrades etwas aus. Würde sich nämlich die gegenseitige Beeinflussung der Atome auf das ganze Molekül erstrecken, so würde der Depolarisationsgrad mit länger werdendem Molekül zunehmen, während wir bei den höheren Kohlenwasserstoffen (s. Tabelle 46) praktisch Konstanz des Depolarisationsgrades finden. Dazu kommt die Tatsache, daß die beobachteten Depolarisationsgrade nie über 0,15 hinausgehen, während sie theoretisch für den Fall vollkommener Anisotropie $b_2 = b_3 = 0$ den Wert 0,5 erreichen würden. Das ist nur verständlich, wenn die Polarisationswirkung auf die unmittelbar benachbarten Gruppen beschränkt bleibt. Analoge Schlüsse auf die Stärke und Reichweite der gegenseitigen Beeinflussung induzierter oder permanenter Dipole lassen sich nach STUART aus dem Verlauf der elektrischen Momente in homologen Reihen (vgl. § 18) sowie aus den Unterschieden zwischen der inneren

---

[1] PARTHASARATHY, S.: Indian J. Phys. Bd. 7 (1932) S. 139.
[2] Entnommen dem Tabellenwerk von LANDOLT-BÖRNSTEIN, Erg.-Bd. 2.

Energie von isomeren disubstituierten Benzolen ziehen. Auch Absorptionsmessungen zeigen, daß ein Einfluß über die —CH_2—CH_2-Gruppe hinaus praktisch nicht vorhanden ist[1]. Sobald dagegen ungesättigte Gruppen, einfache oder konjugierte Doppelbindungen auftreten, steigt, wie chemische und physikalische Erfahrungen zeigen, die Reichweite beträchtlich an, sicher zum Teil infolge der größeren Polarisierbarkeit dieser Systeme.

Wir wollen nun im folgenden die wichtigsten Ergebnisse bei den Messungen von Depolarisationsgraden besprechen. Wie sich aus den vorhergehenden Ausführungen ergibt, werden wir uns aber dabei auf qualitative Schlüsse an Gasen und Dämpfen beschränken müssen.

Die Edelgase. Bei den Edelgasen (s. Tabelle 51) findet sich durchweg ein sehr kleiner Depolarisationsgrad, die Zahlen für Helium und Neon sind zu unsicher, um diskutiert werden zu können.

CABANNES[8] glaubt mit Sicherheit bei Argon, Krypton und Xenon einen endlichen Depolarisationsgrad nachgewiesen zu haben. Dieser endliche Depolarisations-grad, dem immer noch eine ganz beträchtliche Anisotropie, nämlich

Tabelle 51.

Substanz	Δ beobachtet
Helium	$< 0,030$[2]
Neon	$< 0,01$[3]
Argon	$0,0055$[4]
	$0,0056$[2]
Krypton	$0,0055$[4]
Xenon	$0,0055$[4]
Methan CH_4	$0,015$[5]
Tetrachlorkohlenstoff CCl_4	$0,0077$[6]
	$0,0050$[7]
	$0,0062$[2]
Siliciumtetrachlorid $SiCl_4$	$0,064$[2]
Siliciumtetrafluorid SiF_4	$0,031$[2]

$$\frac{b_1 - b_2}{\alpha} \sim 0,2$$ entsprechen würde, ist aber mit den Vorstellungen

---

[1] Vgl. z. B. V. HENRI: Etudes de photochemie. — WOLF, K. L.: Z. physik. Chem. Abt. B Bd. 2 (1928) S. 39. — WOLF, K. L., G. BRIEGLEB u. H. A. STUART: Z. physik. Chem. Abt. B Bd. 6 (1930) S. 163. — BRIEGLEB, G. u. K. L. WOLF: Fortschr. chem. Physik u. physik. Chem. Bd. 21 (1931) Nr. 3.

[2] PARTHASARATHY, S.: Indian J. Physik Bd. 7 (1932) S. 132.

[3] CABANNES, J. u. GRANIER: C. R. Acad. Sci., Paris Bd. 182 (1926) S. 885.

[4] CABANNES, J. u. GRANIER: J. de Physic. Bd. 4 (1923) S. 429.

[5] CABANNES, J. u. A. LEPAPE: C. R. Acad. Sci., Paris Bd. 179 (1924) S. 325.

[6] CABANNES, J. u. J. GAUZIT: J. Physic. Bd. 6 (1925) S. 182.

[7] RAMAKRISHNA RAO, J.: Indian J. Physic. Bd. 2 (1927) S. 61.

[8] Vgl. auch J. CABANNES: La diffusion moléculaire de la Lumière. Paris 1929.

der Wellenmechanik und unseren Kenntnissen von der kugelsymmetrischen Ladungsverteilung von Atomen mit abgeschlossenen Schalen ganz unverträglich. Dazu kommt als Einwand von experimenteller Seite, daß bei anderen hochsymmetrischen Stoffen, wie CH_4 und CCl_4, bei denen eine unabhängige Prüfung möglich ist (s. weiter unten), die gemessenen Depolarisationsgrade sicher viel zu groß sind, so daß die Frage nach der Symmetrie der Edelgase als experimentell unentschieden angesehen werden muß. Aus theoretischen Gründen jedoch werden wir den Edelgasen auch hinsichtlich ihrer Polarisierbarkeit Kugelsymmetrie zuschreiben müssen.

Tetraedermoleküle. Methan CH_4. Wie bei den Edelgasen und beim CCl_4 ergeben auch beim Methan die Messungen des Depolarisationsgrades einen endlichen Wert, $\Delta = 0,015$ (s. Tabelle 51). Im Gegensatz dazu findet BHAGAVANTAM[1] trotz aller Bemühungen (Belichtungszeiten bis zu einer Woche) bei der RAYLEIGH-Linie *keine* Rotationsfeinstruktur. Dieses Ergebnis wird von LEWIS und HOUSTON[2] bestätigt. In Übereinstimmung damit — und nicht im Widerspruch damit, wie BHAGAVANTAM meint — zeigt auch die zur totalsymmetrischen (s. §§ 34 u. 39) Normalschwingung gehörige RAMAN-Schwingungslinie keine Rotationsfeinstruktur[3]. Damit ist unseres Erachtens die Kugelsymmetrie des CH_4-Moleküls experimentell bewiesen, da das Fehlen einer Rotationsfeinstruktur einen viel empfindlicheren Nachweis der optischen Kugelsymmetrie darstellt als eine mit vielen kaum zu vermeidenden Fehlern behaftete Messung des Depolarisationsgrades. Dieses Ergebnis entspricht auch unseren theoretischen Vorstellungen von der Tetraedersymmetrie des Kohlenstoffatoms.

Im übrigen wird ein kleiner Depolarisationsgrad von der Größe 0,001 bis 0,005, aber nicht ein solcher von 0,015, durch die stark depolarisierten RAMAN-Schwingungslinien vorgetäuscht, deren Intensität einige Promille der RAYLEIGH-Linie ausmacht[4].

---

[1] BHAGAVANTAM, S.: Nature, Lond. Bd. 130 (1932) S. 740.

[2] LEWIS, CH. M. u. W. V. HOUSTON: Physic. Rev. Bd. 44 (1933) S. 903; ferner CH. M. LEWIS: Physic. Rev. Bd. 41 (1932) S. 389.

[3] DICKINSON, R. G., R. T. DILLON u. F. RASETTI: Physic. Rev. Bd. 34 (1929) S. 582. — BHAGAVANTAM, S.: Nature, Lond. Bd. 129 (1932) S. 830.

[4] Beim H_2 beträgt nach den Rechnungen von MROWKA [Z. Physik Bd. 84 (1933) S. 448] die Intensität der RAMAN-Schwingungslinie einschließlich der Rotationslinien etwa 0,3% von der der RAYLEIGH-Linie einschließlich Rotationslinien.

Man könnte vielleicht auch daran denken, daß die wellenmechanische Unbestimmtheit der Kernlagen im Grundzustand (Kernverschmierung[1]) einen endlichen Depolarisationsgrad bewirkt. Bei einer solchen Störung der Isotropie müßte aber auch eine Verbreiterung der RAYLEIGH-Linie auftreten. Die Tatsache, daß das nicht der Fall ist, beweist die Richtigkeit der wellenmechanischen Vorstellung, nach der die Verschmierung der Kerne, die Unbestimmbarkeit ihrer Lage im Sinne der HEISENBERGschen Unschärferelation, die Symmetrie des Kerngerüstes nicht beeinflußt.

Ebensowenig kommt im Gegensatz zum CCl_4 eine Isotopeneffekt in Frage, da das Verhältnis der Wasserstoffisotopen $H^{(1)}:H^{(2)}$ $\sim 4000:1$, also viel zu klein ist. Außerdem müßte auch dieser Effekt eine Rotationsfeinstruktur der RAYLEIGH-Linie ergeben.

Diese optische Kugelsymmetrie ist natürlich nur im Grundzustande vorhanden. Sobald die Kernschwingungen, abgesehen von der totalsymmetrischen (vgl. § 39), angeregt sind, wird die Symmetrie gestört und das Molekül anisotrop. In Anbetracht der hohen Eigenfrequenzen wird beim CH_4 im Gegensatz zum CCl_4 (s. weiter unten) dieser Effekt aber erst bei sehr hohen Temperaturen merklich werden.

Tetrachlorkohlenstoff. Auch hier ist ein von Null verschiedener Depolarisationsgrad (s. Tabelle 51) beobachtet, der aber sicher viel zu groß ist. Denn aus STUARTs[2] Messungen der KERR-Konstante von CCl_4, die wegen der großen Polarisierbarkeit des CCl_4 sehr genau sind, ergibt sich eine viel kleinere Anisotropie, die aber von der vollkommenen Kugelsymmetrie nicht mehr unterschieden werden kann, und der ein Depolarisationsgrad zwischen 0 und 0,0015 entsprechen würde. Ferner ergibt sich bei den Untersuchungen des Depolarisationsgrades der totalsymmetrischen RAMAN-Schwingungslinie ein merklich von Null verschiedener Depolarisationsgrad, und zwar findet BHAGAVANTAM[3] für die Tetrachloride des Kohlenstoffs, Siliziums, Titans und

Tabelle 52.

Substanz	$\varDelta$ BHAGAVANTAM	$\varDelta$ CABANNES und ROUSSET
CCl_4	0,04	0,05
$SiCl_4$	0,11	0,05
$TiCl_4$	0,12	0,05
$SnCl_4$	0,16	0,05

---

[1] Die irreführende Bezeichnung „Nullpunktsschwingung" haben wir durchweg vermieden, da sie leicht den Eindruck erweckt, daß es im Grundzustande eine physikalisch nachweisbare Kernbewegung gibt.

[2] STUART, H. A.: Z. Physik Bd. 63 (1930) S. 533.

[3] BHAGAVANTAM, S.: Indian J. Physic. Bd. 7 (1932) S. 79.

Zinns die in der Tabelle aufgeführten recht großen Werte, während CABANNES und ROUSSET[1] viel kleinere Werte erhalten. Wir werden die letzteren für die zuverlässigeren ansehen dürfen, da ja alle Fehler sich im Sinne einer Vergrößerung des Depolarisationsgrades auswirken.

Schließlich hat BHAGAVANTAM[2] gefunden, daß in Flüssigkeiten die RAYLEIGH-Linie depolarisierte Ränder zeigt.

Diese verschiedenen Erfahrungen, sowie der verhältnismäßig große Depolarisationsgrad bei der gewöhnlichen Lichtzerstreuung in Flüssigkeiten, $\Delta = 0,055$, werden von den meisten Autoren als ein Beweis für die optische Anisotropie des CCl_4-Moleküls angesehen. An Flüssigkeiten gewonnene Ergebnisse sind aber unseres Erachtens nicht beweisend, da hier die molekularen Felder (vor allem ist dabei an die Wechselwirkung der induzierten Dipole zu denken)[3] auch bei völlig isotropen Molekülen eine merkliche Depolarisation und eine Verbreiterung der RAYLEIGH-Linie, sowie einen endlichen Depolarisationsgrad auch bei der totalsymmetrischen RAMAN-Schwingungslinie ergeben. Aus diesem Grunde läßt sich die Frage nach der optischen Symmetrie nur durch entsprechende Untersuchungen der Feinstruktur der RAYLEIGH-Linie und der totalsymmetrischen RAMAN-Schwingungslinie am Dampf beantworten. Solange solche Messungen fehlen, muß die Frage nach der Anisotropie als experimentell unentschieden angesehen werden.

Im Gegensatz zum CH_4 erscheint uns beim CCl_4, $SnCl_4$ usw. eine geringe Anisotropie nicht ausgeschlossen, und zwar aus folgenden Gründen. Einmal könnte eine solche auf dem Vorhandensein von Chloratomen verschiedener Masse $Cl^{(35)}$ und $Cl^{(37)}$ in ein und demselben Molekül beruhen. Allerdings ist es in Anbetracht der physikalischen Ähnlichkeit von Isotopen mit wenig verschiedener Masse sehr unwahrscheinlich, daß diese Anisotropie schon im Grundzustande merklich wird. (Dagegen würde ein CH_4-Molekül mit verschiedenen H-Kernen schon im Grundzustande anisotrop sein, wie sich aus den großen Unterschieden im physikalischen und chemischen Verhalten von $H^{(1)}$ und $H^{(2)}$ ergibt[4]. In diesem Zusammen-

---

[1] CABANNES, J. u. ROUSSET: Ann. Physik Bd. 19 (1933) S. 229.

[2] BHAGAVANTAM, S.: l. c.

[3] Der Einfluß dieses Effekts auf den Depolarisationsgrad bei der molekularen Lichtzerstreuung ist von GANS [Ann. Physik Bd. 62 (1920) S. 331] theoretisch behandelt worden. Über seine Größe vgl. STUART u. VOLKMANN: Z. Physik Bd. 83 (1933) S. 476.

[4] Vgl. z. B. R. FRERICHS: Naturwiss. Bd. 22 (1934) S. 113.

hange wären Untersuchungen am Tetrabromkohlenstoff CBr_4, auch am flüssigen, dessen Normalschwingungen keinen Isotopieeffekt zeigen, sehr aufschlußreich (vgl. dazu die Ausführungen in § 39).

Vor allem ist aber zu beachten, daß beim CCl_4 infolge der sehr niederen Eigenfrequenzen der Kerne (s. § 39) schon bei Zimmertemperatur bei ungefähr der Hälfte der Moleküle die Kernschwingungen angeregt sind und daß damit die Moleküle merklich anisotrop geworden sein können.

Weitere organische Verbindungen. Das ziemlich reichhaltige Material bei organischen Dämpfen ist vor allem von CABANNES[1] diskutiert worden, der auch in einigen Fällen die Valenzwinkelung am C-Atom nachweisen konnte. Eine Diskussion des gesamten Materials führt aber zu Widersprüchen, vor allem wegen der Unsicherheit der Messungen. Außerdem diskutiert CABANNES bei Molekülen mit freier Drehbarkeit nur die ebenen Konfigurationen. Wir gehen daher auf seine Überlegungen bei gesättigten normalen Kohlenwasserstoffen und bei Alkoholen nicht näher ein. Auf Grund verbesserter Messungen wird aber gerade bei diesen Molekülen noch manche interessante Frage beantwortet werden können.

Sehr schön läßt sich die Abnahme des Depolarisationsgrades mit zunehmender geometrischer Symmetrie des Moleküls nach WOLF, BRIEGLEB und STUART[2] bei einigen isomeren, normalen und verzweigten Alkoholen zeigen (vgl. Tabelle 53). Die verzweigten Verbindungen sind also, wie im Sinne der Theorie der induzierten Dipole zu erwarten ist, auch optisch symmetrischer.

Tabelle 53.

Stoff	Formel	$100 \cdot \varDelta$
Butylalkohol	$H_3C\!-\!CH_2 \cdot CH_2 \cdot CH_2OH$	1,7
Isobutylalkohol . . .	$\genfrac{}{}{0pt}{}{H_3C}{H_3C}\!\!\diagdown\!\!\diagup CH \cdot CH_2OH$	0,8
Tertiärbutylalkohol .	$H_3C\!-\!COH$ (mit H_3C oben und H_3C unten)	0,7
Amylalkohol	$H_3C \cdot CH_2 \cdot CH_2 \cdot CH_2 \cdot CH_2OH$	1,3
Isoamylalkohol . . .	$\genfrac{}{}{0pt}{}{H_3C}{H_3C}\!\!\diagdown\!\!\diagup CH \cdot CH_2 \cdot CH_2OH$	1,1

---

[1] CABANNES, J.: La diffusion moléculaire de la Lumière. Paris 1929.
[2] WOLF, K. L., G. BRIEGLEB u. H. A. STUART: Z. physik. Chem. Abt. B Bd. 6 (1929) S. 163.

Da mit wachsender Symmetrie isomerer Verbindungen die VAN DER WAALSschen Kräfte abnehmen, wie sich z. B. aus dem Gang der Siedepunkte ergibt, wird man versuchen, bei einer verfeinerten Theorie der VAN DER WAALSschen Kräfte diese nicht nur mit der mittleren Polarisierbarkeit, sondern auch mit deren Anisotropie in Verbindung zu setzen.

Ungesättigte Verbindungen haben immer einen viel größeren Depolarisationsgrad als die gesättigten. Diese Zunahme (s. Tabelle 54) erklärt sich schon aus dem Anwachsen der Polarisierbarkeit der C=C- und C≡C-Bindung und der daraus resultierenden größeren Wechselwirkung. Wie weit daneben noch die diesen Bindungen zugehörenden Elektronen selbst anisotrop polarisierbar sind, ist nicht bekannt. Man wird jedenfalls hier mit der Anwendung der SILBERSTEINschen Theorie etwas vorsichtig sein müssen.

Tabelle 54. $100 \cdot \Delta$.

Äthan, C_2H_6 1,3 Isopentan, C_5H_{12} 1,3 Zyklohexan, C_6H_{12} 1,0	Äthylen, C_2H_4 2,9 Isoamylen, C_5H_{10} 2,4 Zyklohexen, C_6H_{10} 2,2 Methylzyklohexan, $C_6H_9 \cdot CH_3$ 2,2	Azetylen, C_2H_2 4,5 Benzol, C_6H_6 4,2 Toluol, $C_6H_5 \cdot CH_3$ 4,6

Schließlich sei noch auf ein interessantes Ergebnis hingewiesen, das CABANNES bei der Reihe Zyklohexylpropan, -butan, -pentan und -hexan erhalten hat. Die Messungen, die allerdings an Flüssigkeiten gemacht worden sind, was aber für das hier zu diskutierende Ergebnis belanglos ist, ergeben für den Depolarisationsgrad bei 12⁰ und mit weißem Licht folgende Werte:

Zyklohexylpropan. . . . 0,51   Zyklohexylpentan . . . 0,51
Zyklohexylbutan 0,32   Zyklohexylhexan 0,32

Es unterscheiden sich also deutlich die gerad- und ungeradzahligen Ketten, eine Tatsache, die hier und bei anderen homologen Reihen den Chemikern längst bekannt ist. Daß ein entsprechender Effekt bei den Alkoholen oder gesättigten Kohlenwasserstoffen nicht auftritt, läßt sich vorläufig nicht erklären.

Eine sorgfältige Wiederholung und Erweiterung der bisherigen Beobachtungen an organischen Molekülen wäre sehr wünschenswert, da hier zweifellos viele feinere Fragen nach der Struktur und der intramolekularen Wechselwirkung, vor allem im Zusammenhang mit Kerr-Effektmessungen beantwortet werden könnten.

B. Optische Anisotropie und elektrischer Kerr-Effekt[1].

§ 24. Theorie des Kerr-Effekts bei Gasen.

Von I. Kerr[2] ist 1875 nachgewiesen worden, daß durchsichtige isotrope Körper im elektrischen Felde anisotrop, d. h. doppelbrechend werden. Schickt man durch ein Medium linear polarisiertes Licht senkrecht zur Richtung eines angelegten homogenen elektrischen Feldes hindurch, so ist die Fortpflanzungsgeschwindigkeit für Licht, dessen elektrischer Vektor parallel bzw. senkrecht zum elektrischen Felde schwingt, verschieden, so daß beide Komponenten nach Durchlaufen einer vom Felde E beeinflußten Wegstrecke l einen Gangunterschied Δ_λ erhalten, der, in Wellenlängen λ ausgedrückt, durch das Kerrsche Gesetz gegeben ist.

$$\Delta_\lambda = B \cdot l \cdot E^2. \tag{29}$$

Es ist üblich, l in Zentimetern und E in elektrostatischen Einheiten zu messen. B ist eine für die Substanz charakteristische, von der Wellenlänge, der Dichte und der Temperatur abhängige Konstante, die sog. Kerr-Konstante. Andererseits ist

$$\Delta_\lambda = \frac{l}{\lambda} \left(n_p - n_s \right), \tag{30}$$

wenn n_p und n_s die Brechungsindizes für Licht, dessen elektrischer Vektor $\parallel$ bzw. $\perp$ zum elektrischen Feld schwingt, und λ die Wellenlänge im Vakuum bedeuten, so daß wir erhalten

$$B = \frac{n_p - n_s}{\lambda} \cdot \frac{1}{E^2} = \frac{n_p - n_s}{\lambda_0 \cdot n} \cdot \frac{1}{E^2} \tag{31}$$

λ_0 und n beziehen sich auf das feldfreie Medium.

Eine oft gebrauchte und für unsere Zwecke geeignetere Definition der Kerr-Konstante ist die folgende:

$$K = \frac{B \cdot \lambda}{n} = \frac{n_p - n_s}{n} \cdot \frac{1}{E^2}, \tag{32}$$

da K bei Gasen von der Wellenlänge praktisch unabhängig wird.

Zur Erklärung der elektrischen Doppelbrechung sind verschiedene Theorien aufgestellt worden. Zu einer allgemeinen

---

[1] Vgl. dazu auch H. A. Stuart: Erg. exakt. Naturwiss. Bd. 10 (1931) S. 159; ferner G. Briegleb u. K. L. Wolf: Fortschr. chem. Physik u. physik. Chem. Bd. 21 (1931) Nr. 3; ferner M. Born: Lehrbuch der elektromagnetischen Lichttheorie. Berlin 1933.

[2] Kerr, I.: Philos. Mag. (4) Bd. 50 (1875) S. 337.

Darstellung kommt man am besten, wenn man nach HERZFELD[1] von der Dispersionsgleichung

$$\frac{n^2-1}{n^2+2}\cdot\frac{M}{\varrho}=\sum\frac{A_i}{v_i^2-v^2}=\frac{4\pi}{3}N_L\gamma=\frac{4\pi}{3}N_L\cdot\frac{b_1+b_2+b_3}{3} \qquad (33)$$

ausgeht, wo v_i die Schwingungszahl und A_i die Stärke des i-ten Absorptionsstreifens bedeuten. Jede im elektrischen Felde beobachtete Änderung des Brechungsindex muß durch eine Einwirkung dieses Feldes auf die *Lage* oder auf die *Stärke* der Absorptionsstreifen hervorgerufen sein, und zwar muß der Einfluß des Felds von der Richtung des Moleküls zum Felde abhängen, da ja die Brechungsindizes für parallel und senkrecht zum Felde schwingendes Licht verschieden beeinflußt werden. Die verschiedenen Theorien des KERR-Effekts unterschieden sich nun dadurch, daß die eine, die auf dem Boden der klassischen Licht- und Elektronentheorie stehende VOIGTsche[2] Theorie, eine Beeinflussung der Lage der Absorptionsstreifen, die andere, die LANGEVIN[3]-BORNsche[4] *Orientierungstheorie*, nur eine Änderung in der Stärke, der Absorptionsstreifen annimmt.

Die VOIGTsche Theorie nimmt an, daß im elektrischen Felde die für die Absorptionsfrequenzen maßgebende Bindefestigkeit der Dispersionselektronen beeinflußt wird, und zwar senkrecht zum Felde anders als in Richtung desselben[5]. Das bedeutet also, daß die Polarisierbarkeiten, der Polarisierbarkeitstensor selbst, direkt vom äußeren Felde verändert wird[6].

Die LANGEVINsche Theorie berücksichtigt die Orientierung der Moleküle im elektrischen Felde (s. weiter unten). Um deren Einfluß auf die Absorptionsstärke zu übersehen, schreiben wir die Gleichung (33) in der Form

$$\frac{n^2-1}{n^2+2}\cdot\frac{M}{\varrho}=\frac{1}{3}\left(\sum\frac{A_{i1}}{v_{i_1}^2-v^2}+\sum\frac{A_{i2}}{v_{i_2}^2-v^2}+\sum\frac{A_{i3}}{v_{i_3}^2-v^2}\right), \qquad (34)$$

---

[1] HERZFELD, K. F.: Ann. Physik Bd. 69 (1922) S. 369.

[2] VOIGT, W.: Ann. Physik Bd. 4 (1901) S. 197.

[3] LANGEVIN, P.: Radium Bd. 7 (1910) S. 249.

[4] BORN, M.: Ann. Physik Bd. 55 (1918) S. 177.

[5] Dieser Effekt äußert sich also in einer Aufspaltung der Absorptionslinien in eine senkrecht und parallel zum Felde schwingende Komponente quadratischer Starkeffekt. Sie kann aber nur in unmittelbarer Nähe einer Absorptionslinie groß werden. R. LADENBURG und A. KOPFERMANN [Ann. Physik Bd. 78 (1925) S. 659] ist es gelungen, sie in äußerst verdünntem Natriumdampf an der D_2-Linie nachzuweisen.

[6] Das Feld erzeugt eine Anisotropie, gleichgültig, ob das Molekül ursprünglich isotrop oder anisotrop ist.

wo die A_{in} sich auf die drei Hauptsachen des Moleküls beziehen mögen[1]. Ohne äußeres Feld ist das Verhältnis der für die Stärke der Absorption maßgebenden Konstanten A_{i1} A_{i2}, A_{i3} in allen Richtungen gleich. Tritt beim Einschalten eines Feldes dagegen eine Orientierung ein, etwa so, daß sich die Moleküle mit der Achse größter Polarisierbarkeit, etwa b_3, in die Feldrichtung einzustellen suchen, so wird das Verhältnis der Absorptionsstärken in verschiedenen Richtungen zum Felde verschieden sein, derart, daß Licht, dessen elektrischer Vektor parallel zum Felde schwingt, vorwiegend von den durch A_{i3} charakterisierten Schwingungen, das senkrecht dazu schwingende Licht dagegen vorwiegend von den durch A_{i1} und A_{i2} bestimmten Frequenzen beeinflußt wird. Die Brechungsindizes n_p und n_s werden also verschieden.

Zur elektrischen Doppelbrechung tragen beide Effekte bei, sowohl der von VOIGT behandelte, wie der LANGEVIN-BORNsche Orientierungseffekt. Doch ist der VOIGTsche Effekt so klein, daß er, außer in unmittelbarer Nähe einer Absorptionslinie, immer vernachlässigt werden kann, so ist z. B. nach LANGEVIN die bei Schwefelkohlenstoff beobachtete KERR-Konstante ungefähr 1000mal größer als der nach VOIGT allein berechnete Beitrag. Außerdem vermag die VOIGTsche Theorie nicht die beobachtete starke Temperaturabhängigkeit der KERR-Konstanten zu erklären, während die Orientierungstheorie alle Beobachtungen richtig wiedergibt. So ist vor allem die von ihr geforderte Temperaturabhängigkeit durch STUARTs[2] Messungen der KERR-Konstanten an Gasen bei verschiedenen Temperaturen (s. § 26) sichergestellt worden. Wir werden uns daher im folgenden nur mit dieser Theorie beschäftigen und uns wieder auf Moleküle mit mindestens rhombischer Symmetrie, d. h. auf optisch nicht aktive Moleküle beschränken.

Das einzelne Molekül ist optisch anisotrop, beeinflußt also die einfallende Lichtwelle verschieden, je nachdem wie der erregende elektrische Vektor zu den optischen Achsen des Moleküls orientiert ist. Da alle Richtungen gleich wahrscheinlich sind, macht sich diese Anisotropie des Einzelmoleküls ohne Feld nicht bemerkbar, d. h. das Medium ist isotrop. Erst in einem äußeren elektrischen Felde werden die Moleküle ausgerichtet und es resultiert eine

---

[1] Es ist also $\sum \dfrac{A_{i1}}{\nu_{i_1}^2 - \nu^2} = \dfrac{4\pi}{3} N_L b_1;$ $\sum \dfrac{A_{i2}}{\nu_{i_2}^2 - \nu^2} = \dfrac{4\pi}{3} N_L b_2;$ usw.

[2] STUART, H. A.: Z. Physik Bd. 63 (1933) S. 533. — STUART, H. A. u. H. VOLKMANN: Ann. Physik Bd. 18 (1933) S. 121.

Anisotropie des Mediums. Die Einstellung erfolgt aus zwei Gründen. Einmal werden sich anisotrope Moleküle ohne ein permamentes elektrisches Moment in die Lage kleinster potentieller Energie einzustellen suchen, d. h. so, daß die Achse größter Polarisierbarkeit möglichst in die Feldrichtung zu liegen kommt. Sind außerdem noch feste Dipole vorhanden, so werden sich diese ebenfalls in die Feldrichtung einzustellen suchen. Dieser Ausrichtung der Moleküle wirkt die Temperaturbewegung entgegen, so daß ein statistisches, temperaturabhängiges Gleichgewicht entsteht.

Der Einfluß der Anisotropie der Polarisierbarkeit ist von LANGEVIN[1], der der permanenten Momente von BORN[2] und in erweiterter Form von GANS[3] behandelt worden, und zwar für Moleküle, die hinsichtlich ihrer Polarisierbarkeit mindestens die Symmetrie eines dreiachsigen Ellipsoides besitzen. Für den allgemeinsten Fall, nämlich den, daß das Molekül hinsichtlich seiner Polarisierbarkeit keinerlei Symmetrieelemente besitzt, also für den Fall optisch aktiver Moleküle ist die Theorie von MALLEMANN[4] entwickelt worden.

Wir geben im folgenden kurz den Gedankengang der LANGEVIN-BORNschen Theorie wieder, und zwar in der von DEBYE[5] gegebenen, nur für den gasförmigen Zustand gültigen Formulierung. (Eine Erweiterung der Theorie auf Flüssigkeiten ist noch nicht gelungen.)

Wir führen, wie in § 21, wieder ein molekülfestes Koordinatensystem ξ, η, ζ ein, dessen Lage in bezug auf das raumfeste Koordinatensystem x, y, z etwa durch die EULERschen Winkel ϑ, φ, ψ gegeben sein möge. Die ξ-, η-, ζ-Achsen sollen mit den Richtungen der optischen Hauptpolarisierbarkeiten b_1, b_2, b_3 zusammenfallen. Ferner führen wir die in diesen Richtungen durch das statische Feld der Stärke eins induzierten Momente a_1, a_2, a_3 ein. Der Übergang von einem System zum anderen erfolgt mit Hilfe der in Tabelle 44 aufgeführten Richtungskosinusse.

---

[1] LANGEVIN, P.: Radium Bd. 7 (1910) S. 249.

[2] BORN, M.: Berl. Ber. 1916 S. 611, 647; Ann. Physik Bd. 55 (1918) S. 177.

[3] GANS, R.: Ann. Physik Bd. 64 (1921) S. 481.

[4] MALLEMANN, R. DE: Ann. Physique Bd. 2 (1924) S. 187; vgl. auch G. SZIVESSY: Handbuch der Physik, Bd. 21 (1929) S. 724; ferner G. BRIEGLEB u. K. L. WOLF: Fortschr. Chem. u. Physik Bd. 21 (1931) Heft 3.

[5] DEBYE, P. u. H. SACK: Handbuch der Radiologie, Bd. 6/2. S. 69 f. Leipzig 1934.

Die z-Achse soll immer mit der Richtung des äußeren Feldes E_0 zusammenfallen, also $E_0 = E_{0z}$.

Die potentielle Energie U eines Moleküls im elektrischen Felde E_0 ist gegeben durch

$$U = -(\mu_1 E_{0\xi} + \mu_2 E_{0\eta} + \mu_3 E_{0\zeta}) - \frac{1}{2}(a_1 E_{0\xi}^2, + a_2 E_{0\eta}^2, + a_3 E_{0\zeta}^2, \tag{35}$$

wo $E_{0\xi}$, $E_{0\eta}$, $E_{0\zeta}$ die Komponenten des äußeren elektrischen Feldes E_{0z} und μ_1, μ_2, μ_3 die des festen elektrischen Moments in bezug auf das molekülfeste System sind.

Drücken wir mit Hilfe der Tabelle auf S. 170 die Energie in E_{0z} aus, so wird

$$U = -A_1 E_{0z} - \frac{A_2 E_{0z}^2}{2}, \tag{36}$$

wo A_1 und A_2 Abkürzungen für folgende Ausdrücke sind:

$$\left.\begin{array}{l} A_1 = \mu_1 \cdot \alpha_3 + \mu_2 \cdot \beta_3 + \mu_3 \cdot \gamma_3 \\ A_2 = a_1 \cdot \alpha_3^2 + a_2 \cdot \beta_3^2 + a_3 \cdot \gamma_3^2 \end{array}\right\} \tag{37}$$

Damit ist die Wahrscheinlichkeit, das Molekül im Element $d\Omega = \sin\vartheta\, d\vartheta \cdot d\varphi \cdot d\psi$ anzutreffen, gegeben durch

$$C \cdot e^{\frac{-U}{kT}} \cdot \sin\vartheta \cdot d\vartheta \cdot d\varphi \cdot d\psi = C \cdot e^{\frac{1}{kT}\left[A_1 \cdot E_{0z} + \frac{A_2}{2} E_{0z}^2\right]} \cdot \sin\vartheta\, d\vartheta\, d\varphi\, d\psi \cdot \tag{38}$$

Das vom Felde einer Lichtwelle in einem *beliebig* orientierten Molekül induzierte Moment ist durch folgende Komponenten in Richtung der drei Hauptachsen des Moleküls gegeben

$$\left.\begin{array}{l} \mu_{i\xi} = b_1 E_\xi \\ \mu_{i\eta} = b_2 E_\eta \\ \mu_{i\zeta} = b_3 E_\zeta \end{array}\right\} \tag{39}$$

Schwingt der elektrische Vektor des einfallenden Lichtes parallel zum äußeren Feld E_{0z}, ist also $E = E_z$ und $E_x = E_y = 0$, so folgt für die Komponente des induzierten Moments in Richtung des erregenden Feldes, also parallel zum äußeren Felde E_{0z}

$$m_z = (b_1 \cdot \alpha_3^2 + b_2 \cdot \beta_3^2 + b_3 \cdot \gamma_3^2) E_z = B_z \cdot E_z. \tag{40}$$

Schwingt dagegen der Vektor senkrecht zum Felde, so folgt für diese Komponente wieder in Richtung des erregenden Feldes, also senkrecht zum äußeren Felde

$$m_x = (b_1 \cdot \alpha_1^2 + b_2 \beta_1^2 + b_3 \cdot \gamma_1^2) E_x = B_x \cdot E_x. \tag{41}$$

Die von den Komponenten des einfallendes Lichtes E_z und E_x im *Mittel* induzierten Momente seien $\overline{\mu}_{1z}$ bzw. $\overline{\mu}_{1x}$. Sie ergeben sich mit Hilfe von Gleichung (36) zu

$$\overline{\mu}_{iz} = \frac{\int e^{\frac{1}{kT}\left[A_1 E_{0_z} + \frac{A_2}{2} E_{0}^2{}_z\right]} \cdot B_z \cdot E_z \cdot \sin\vartheta \cdot d\vartheta \cdot d\varphi \cdot d\psi}{\int e^{\frac{1}{kT}\left[A_1 E_{0_z} + \frac{A_2}{2} E_{0}^2 z\right]} \cdot \sin\vartheta\, d\vartheta \cdot d\varphi \cdot d\psi}$$

$$\overline{\mu}_{ix} = \frac{\int e^{\frac{1}{kT}\left[A_1 E_{0_z} + \frac{A_2}{2} E_0^2 z\right]} \cdot B_x \cdot E_x \cdot \sin\vartheta\, d\vartheta\, d\varphi \cdot d\psi}{\int e^{\frac{1}{kT}\left[A_1 E_{0_z} + \frac{A_2}{2} E_0^2 z\right]} \cdot \sin\vartheta\, d\vartheta\, d\varphi\, d\psi}$$

$$(42)$$

Die Integration ergibt mit ausreichender Genauigkeit, wenn wir

$$\overline{\mu}_{iz} = \alpha_z \cdot E_z \quad \text{und} \quad \overline{\mu}_{ix} = \alpha_x \cdot E_x$$

setzen, für die mittleren Polarisierbarkeiten α_z und α_x beim Vorhandensein eines äußeren Feldes E_{0z}

$$\alpha_z = \frac{b_1 + b_2 + b_3}{3} + \frac{E_0^2{}_z}{2}\left\{ \frac{2}{45 \cdot kT}\left[(a_1 - a_2)(b_1 - b_2) + (a_2 - a_3)(b_2 - b_3) + (a_3 - a_1)(b_3 - b_1)\right]\right\} \quad (43)$$

und ferner

$$\alpha_x = \frac{b_1 + b_2 + b_3}{3} - \frac{E_0^2{}_z}{2}\left\{ \frac{1}{45 \cdot k^2 \cdot T^2}\left[(\mu_1^2 - \mu_2^2)(b_1 - b_2) + (\mu_2^2 - \mu_3^2)(b_2 - b_3) + (\mu_3^2 - \mu_1^2)(b_3 - b_1)\right]\right\} \quad (44)$$

Zwischen den Größen α_z und α_x und den Brechnungsindizes n_p bzw. n_s bestehen die Beziehungen

$$\frac{n_p^2 - 1}{n_p^2 + 2} = \frac{4\pi}{3} N' \alpha_z \quad \text{und} \quad \frac{n_s^2 - 1}{n_s^2 + 2} = \frac{4\pi}{3} N' \alpha_x. \quad (45)$$

N', die Anzahl der Moleküle pro Kubikzentimeter bei angelegtem Felde, ist dabei wegen der Elektrostriktion von der Zahl pro Kubikzentimeter im feldfreien Zustande verschieden. Dieser Unterschied fällt aber bei der Differenzbildung $n_p - n_s$ heraus. Beachtet man ferner, daß das am Molekül angreifende Feld, ungeordnete Verteilung vorausgesetzt, durch $E_{0z} = E \dfrac{\varepsilon + 2}{3}$ gegeben ist, wobei E das äußere Feld ist, so folgt schließlich durch Differentiation von Gleichung (45) für die KERR-Konstante[1] K

---

[1] Die Ableitung nach der Quantenmechanik führt zu demselben Ausdruck für die KERR-Konstante, da die Summierung über alle möglichen diskreten Lagen das gleiche Ergebnis wie die Integration nach der klassischen Statistik ergibt, vgl. M. BORN und P. JORDAN: Elementare Quantenmechanik, Kap. 5 § 48. Berlin 1930. Ferner sei erwähnt, daß R. DE L. KRONIG, von der KRAMERS-HEISENBERGschen Dispersionstheorie ausgehend, eine Theorie des KERR-Effekts zunächst für zweiatomige Dipolgase entwickelt hat [Z. Physik

$$K = \frac{n_p - n_s}{n} \cdot \frac{1}{E^2} = \frac{(n^2 - 1)\,(n^2 + 2)}{4 \cdot n^2} \cdot \frac{\Theta_1 + \Theta_2}{\alpha} \cdot \left(\frac{\varepsilon + 2}{3}\right)^2 \quad (46)$$

dabei ist

$$
\begin{aligned}
\Theta_1 &= \frac{1}{45 \cdot k \cdot T}\,[(a_1 - a_2)\,(b_1 - b_2) + (a_2 - a_3)\,(b_2 - b_3) + \\
&\qquad\qquad\qquad + (a_3 - a_1)\,(b_3 - b_1)] \\
\Theta_2 &= \frac{1}{45 \cdot k^2 T^2}\,[(\mu_1^2 - \mu_2^2)\,(b_1 - b_2) + (\mu_2^2 - \mu_3^2)\,(b_2 - b_3) + \\
&\qquad\qquad\qquad + (\mu_3^2 - \mu_1^2)\,(b_3 - b_1)]
\end{aligned}
\qquad (47)
$$

Es ist weiter angenommen, daß die Moleküle ungeordnet verteilt sind, Faktor $\left(\dfrac{\varepsilon + 2}{3}\right)^2$, daß also keine Assoziation vorliegt. Diese Annahme trifft aber, wie wir heute wissen (vgl. § 16), nicht einmal bei dipollosen Flüssigkeiten oder bei *verdünnten* Lösungen zu, so daß Formel (46) nur für Gase und Dämpfe richtig ist. Wir können also, solange uns die Berechnung des inneren Feldes in Flüssigkeiten nicht gelingt, nur Beobachtungen an Gasen und Dämpfen molekulartheoretisch verwerten [1]. Für den Dampfzustand, auf den wir uns daher im folgenden beschränken wollen, vereinfacht sich dann Formel (46) unter Benutzung von (3) wie folgt:

$$K = 3 \cdot \pi \cdot N\,(\Theta_1 + \Theta_2) = K_1 + K_2. \qquad (48)$$

N bedeutet die Zahl der Moleküle pro Kubikzentimeter. Bei Gasen ist also die Kerr-Konstante K von der Wellenlänge fast unabhängig und ändert sich nur insofern, als die Differenzen der Polarisierbarkeiten etwas von λ abhängen.

Wir sehen ferner, daß in die Kerr-Konstante zwei Glieder [2] eingehen, eines von der Anisotropie der optischen und elektrostatischen

---

Bd. 45 (1927) S. 458, Bd. 47 (1928) S. 702]. Schließlich hat Th. Neugebauer [Z. Physik Bd. 73 (1932) S. 386, Bd. 80 (1933) S. 660, Bd. 86 (1933) S. 392] gezeigt, daß auch die wellenmechanische Behandlung des Kerr-Effekts zum gleichen Ergebnis führt, vgl. auch R. Serber: Physic. Rev. Bd. 43 (1933) S. 1003.

[1] Über den Stand der Theorie bei Flüssigkeiten vgl. z. B. H. A. Stuart u. H. Volkmann: Z. Physik Bd. 83 (1933) S. 461.

[2] Streng genommen stellt sich die Kerr-Konstante K so dar:

$$K = K_0 + K_1 + K_2,$$

wo K_0 das Voigtsche Glied, das auf der direkten Beeinflussung der Polarisierbarkeiten durch das elektrische Feld beruht, und K_1 und K_2 die von der Orientierung der Moleküle herrührenden, *temperaturabhängigen* Glieder darstellen. K_0 ist aber, wie schon erwähnt, immer verschwindend klein gegen die anderen Glieder.

Polarisierbarkeit herrührend, das wir als das *Anisotropieglied* K_1 bezeichnen wollen, und ein zweites, das *Dipolglied* K_2, in das neben der optischen Anisotropie noch das feste elektrische Moment eingeht. Beide Glieder unterscheiden sich ferner durch ihre Temperaturabhängigkeit, und zwar geben dipollose Moleküle einen KERR-Effekt proportional $\dfrac{1}{T}$ und Dipolmoleküle einen solchen proportional $\dfrac{1}{T^2}$*.

Das Anisotropieglied. Betrachten wir zunächst nur dipolfreie Moleküle, bei denen also $\Theta_2 = 0$ wird. Hier läßt sich Θ_1 direkt aus der Messung der KERR-Konstanten entnehmen. Bei Dipolmolekülen ist es prinzipiell möglich, Θ_1 und Θ_2 aus Messungen der Temperaturabhängigkeit der KERR-Konstanten zu bestimmen. Erfahrungsgemäß ist aber Θ_2 meist viel größer als Θ_1, so daß es im allgemeinen zweckmäßiger ist, Θ_1 aus Messungen des Depolarisationsgrades zu berechnen. Wir setzen dabei nach dem Vorgang von GANS[1], der zuerst den Zusammenhang zwischen der KERR-Konstanten und dem Depolarisationsgrad bei der molekularen Lichtzerstreuung erkannt hat,

---

* Diese verschiedene Temperaturabhängigkeit kann man nach HERZFELD [Ann. Physik Bd. 69 (1922) S. 369] so einsehen: Für die Einstellung ist das Verhältnis $\dfrac{U}{kT}$ maßgebend. Nun ist bei Dipolmolekülen durch $\dfrac{U}{kT} \sim \dfrac{\mu \cdot E}{kT}$ nur der Überschuß der Dipole bestimmt, die etwa der positiven Kondensatorplatte ihr negatives Ende zukehren, über diejenigen, die der Platte das positive Ende zukehren. Dieser Effekt ist also nur für die polaren Eigenschaften des Mediums wie Dielektrizitätskonstante und Paramagnetismus maßgebend, während es für die Beeinflussung einer Lichtquelle gleichgültig ist, ob ein Dipol parallel oder antiparallel zum Felde liegt. Maßgebend ist dafür nur der Überschuß der Moleküle, deren Moment parallel zum Felde liegt, über diejenigen, deren Moment senkrecht zum Felde steht, und dieser ist durch das Quadrat $\left(\dfrac{\mu \cdot E}{kT}\right)^2$ bestimmt.

Bei einem dipollosen Molekül ist dagegen die potentielle Energie von vornherein $\sim \alpha E^2$, und da hier kein Molekül „falsch" liegen kann, werden die mit der Achse größter Polarisierbarkeit in die Feldrichtung fallenden Moleküle ausschließlich den dazu senkrecht gerichteten entnommen, so daß für die Anisotropie des Mediums jetzt $\dfrac{\alpha \cdot E^2}{kT}$ maßgebend ist, d. h. dipollose Moleküle geben einen KERR-Effekt proportional $\dfrac{1}{T}$ und Dipolmoleküle einen solchen proportional $\dfrac{1}{T^2}$.

[1] GANS, R.: Ann. Physik Bd. 63 (1921) S. 97.

$$\frac{a_1}{b_1} = \frac{a_2}{b_2} = \frac{a_3}{b_3} = \frac{n_\infty^2 - 1}{n^2 - 1} = \frac{n_\infty - 1}{n - 1} \qquad (49)$$

(n_∞ der Brechungsindex für unendlich lange Wellen, also einschließlich des Beitrages der ultraroten Eigenschwingungen) oder bei dipolfreien Substanzen $\dfrac{a_1}{b_1} \ldots = \dfrac{\varepsilon - 1}{n^2 - 1}$.

Dieses Verfahren ist natürlich nur angenähert richtig, aber wegen des kleinen Ultrarotbeitrages wird der Fehler im allgemeinen ein paar Prozent nicht übersteigen[1].

Wir erhalten somit aus (47)

$$\Theta_1 = \frac{1}{45 \cdot k \cdot T} \cdot \frac{n_\infty - 1}{n - 1} \left[(b_1 - b_2)^2 + (b_2 - b_3)^2 + (b_3 - b_1)^2 \right] \qquad (50)$$

und im Verein mit Gleichung (15)

$$\Theta_1 = \frac{1}{2 \cdot k \cdot T} \cdot \frac{(n_\infty - 1) \cdot (n - 1)}{\pi^2 \cdot N^2} \cdot \frac{\Delta}{6 - 7\Delta} \qquad (51)$$

oder

$$K_1 = 3\pi N \Theta_1 = \frac{3}{2 \cdot k \cdot T} \frac{(n_\infty - 1)(n - 1)}{\pi \cdot N} \cdot \frac{\Delta}{6 - 7\Delta} \qquad (52)$$

Daraus folgt für die KERR-Konstante eines idealen Gases bei $p = 760$ mm und bei beliebiger Temperatur

$$K_1 = 4{,}72 \cdot 10^{-7} \cdot (n_\infty - 1) \cdot (n - 1) \cdot \frac{\Delta}{6 - 7\Delta}, \qquad (53)$$

wenn n_∞ und n die Brechungsindizes bei der betreffenden Temperatur bedeuten.

Bei dipollosen Molekülen läßt sich mittels der aus den Formeln (15) und (52) folgenden Beziehung

$$K = K_1 = \frac{3}{20 \cdot k \cdot T} \cdot \frac{(n_\infty - 1)(n - 1)}{\pi \cdot N} \cdot \delta^2 \qquad (54)$$

die Anisotropie eines Moleküls definiert als

$$\delta^2 = \frac{(b_1 - b_2)^2 + (b_2 - b_3)^2 + (b_3 - b_1)^2}{[b_1 + b_2 + b_3]^2}, \qquad (55)$$

unabhängig von der Methode der Lichtzerstreuung aus dem KERR-Effekt bestimmen, so daß wir hier eine weitere, und zwar genauere Methode zur Bestimmung der optischen Anisotropie eines Moleküls erhalten (vgl. GANS[2] und STUART[3]).

---

[1] Der Fehler wird größer, wenn, wie im Falle des HCl (s. § 27), nur eine einzige, relativ sehr starke, vollkommen anisotrope Kernschwingung vorhanden ist.

[2] GANS, R.: Ann. Physik Bd. 65 (1931) S. 111.

[3] STUART, H. A.: Z. Physik Bd. 55 (1929) S. 358.

Das Dipolglied. Besitzt das Molekül ein elektrisches Moment normaler Größe, so ist fast immer Θ_1 klein gegen Θ_2, so daß für die Berechnung von Θ_2 aus der KERR-Konstanten die Unsicherheit in Θ_1, die oft mehr durch die Ungenauigkeit der Messungen von Δ als durch die nicht streng richtige Beziehung (49) bedingt ist, praktisch keine Rolle spielt. Sind Θ_1 und Θ_2 von derselben Größenordnung, so kann man sie beide aus der Temperaturabhängigkeit von K erhalten.

Fällt wie bei einem ebenen Molekül das elektrische Moment in die von zwei Hauptachsen gebildete Ebene und ist α der Winkel zwischen μ und b_3, also $\mu_1 = \mu \cdot \sin\alpha$, $\mu_3 = \mu \cdot \cos\alpha$ und $\mu_2 = 0$, so vereinfacht sich die Formel (47) zu

$$\Theta_2 = \frac{1}{45\,k^2\,T^2}\,\mu^2\,[3\cos^2\alpha\,(b_3 - b_1) + 2\,b_1 - b_2 - b_3]\,. \qquad (56)$$

Für den besonderen Fall, daß das Moment in die Richtung einer der drei Hauptachsen zeigt, $\mu_3 = \mu$; $\mu_1 = \mu_2 = 0$, erhalten wir

$$\Theta_2 = \frac{1}{45\,k^2\,T^2}\,\mu^2\,[2\,b_3 - b_2 - b_1]\,. \qquad (57)$$

Bei Dipolmolekülen mit einer Symmetrieachse kann man also mittels (3) und (57) und (50) ohne Kenntnis des Depolarisationsgrades die optischen Polarisierbarkeiten bestimmen (vgl. auch das Beispiel des HCl in § 27).

Das Vorzeichen der KERR-*Konstante.* Die Beobachtungen zeigen, daß die KERR-Konstante von Substanz zu Substanz nicht nur ganz erheblich ihren absoluten Betrag, sondern auch das Vorzeichen ändert. Das Anisotropieglied ist notwendig positiv, es sei denn, daß in einem Molekül die Achsen der maximalen elektrostatischen und optischen Polarisierbarkeit aufeinander senkrecht stehen oder wenigstens einen großen Winkel miteinander bilden, was ganz unwahrscheinlich und noch nie beobachtet worden ist[1]. Das negative Vorzeichen kann also seine Ursache nur im Dipolglied haben, d. h. nur bei Vorhandensein eines elektrischen Moments auftreten, was durch das gesamte Beobachtungsmaterial, auch an Flüssigkeiten, bestätigt wird. Negativ kann aber Θ_2 nur dann werden, wenn z. B. bei einem ebenen Molekül mit $\mu_3 = \mu$; $\mu_1 = \mu_2 = 0$ [s. Gleichung (57)] $[2\,b_3 - b_2 - b_1]$ negativ wird.

---

[1] Ein derartiges Beispiel ist nach R. GANS [Z. Physik Bd. 9 (1922) S. 81] das alte BOHR-DEBYEsche Modell des Wasserstoffmoleküls.

Besonders einfach übersehen läßt sich der Fall, daß das Molekül eine Symmetrieachse hinsichtlich seiner Polarisierbarkeit besitzt, d. h., daß etwa $b_1 = b_2$ und $a_1 = a_2$ wird. Ist dabei das elektrische Moment um den Winkel α gegen die Symmetrieachse b_3 geneigt (s. Abb. 74), so können wir wegen der Rotationssymmetrie die Achsen b_1 und b_2 immer so legen, daß $\mu_3 = \mu \cos \alpha$, $\mu_1 = \mu \sin \alpha$ und $\mu_2 = 0$ wird und erhalten dann

$$\Theta_2 = \frac{1}{45 \cdot k^2 \, T^2} \, \mu^2 \, [(3 \cos^2 \alpha - 1) \, (b_3 - b_1)] \, . \tag{58}$$

Aus (58) ergeben sich dann folgende Grenzfälle:

$$\Theta_2 \cdot 45 \cdot k^2 \cdot T^2 = \begin{cases} + 2 \, \mu^2 \cdot (b_3 - b_1) & \text{für } \alpha = 0^0 \text{ oder } \mu \, // \, b_3 \\ - \mu^2 \, (b_3 - b_1) & \text{für } \alpha = 90^0 \text{ oder } \mu \perp b_3 \end{cases}$$

d. h. die KERR-Konstante ist *positiv*, wenn das Moment *in* die Richtung der größten Polarisierbarkeit fällt, *negativ*, wenn es auf dieser Richtung *senkrecht* steht[1] (vgl. auch das Beispiel Methylchlorid und Chloroform, § 28).

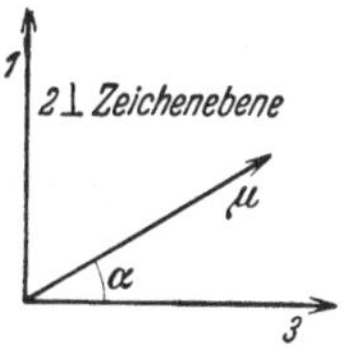

Der Winkel, bei dem Θ_2 das Vorzeichen wechselt, ergibt sich aus der Bedingung $3 \cos^2 \alpha - 1 = 0$ zu $55^0 \, 44'$. Gleichzeitig wird das Dipolglied gleich Null. Damit erklären sich die großen Schwankungen in der Größe der KERR-Konstante; so hat bei ungefähr gleichem elektrischen Moment im gasförmigen Zustand z. B. Äthylchlorid eine mehr als hundertmal größere KERR-Konstante als Methylalkohol.

Abb. 74.

Im allgemeinen wird, wenn das Moment eine Zwischenlage $0^0 < \alpha < 90^0$ einnimmt, die Rotationssymmetrie des Moleküls verloren gehen und die Formeln werden unübersichtlicher.

Wenn das Vorzeichen von K_2 negativ ist, wird die Temperaturabhängigkeit von $K = K_1 + K_2$ recht kompliziert. So kann ein und derselbe Stoff bei einer bestimmten Temperatur, wo sich

---

[1] Anschaulich erklärt sich die Verschiedenheit des Vorzeichens des Dipolgliedes in folgender Weise: Bringen wir ein Dipolmolekül in ein elektrisches Feld, so wird es sich mit der Richtung seines Moments parallel zu den Kraftlinien einzustellen suchen. Fällt nun die Achse größter Polarisierbarkeit in die Momentrichtung, so wird Licht, dessen elektrischer Vektor parallel zum Felde schwingt, stärker beeinflußt, also $n_p - n_s$, d. h. K_2 positiv werden, steht $b_{\max}$ senkrecht auf μ, so wird $n_p - n_s$ und damit K_2 negativ. Bei einem dipollosen Molekül wird dagegen immer die Achse größter Polarisierbarkeit in die Feldrichtung fallen, K oder $n_p - n_s$ also immer positiv werden.

gerade Θ_1 und Θ_2 kompensieren, das Vorzeichen wechseln. Ein solcher Fall liegt z. B. beim Äthylalkohol vor.

§ 25. Meßmethodik und Ergebnisse der Messungen.

Die bei Gasen beobachteten elektrischen Doppelbrechungen sind außerordentlich klein, bei den üblichen Versuchsbedingungen ist Δ_λ von der Größenordnung 10^{-3}—10^{-5}, was einer Differenz Δn in den Brechungsindizes für parallel und senkrecht zur Feldrichtung schwingendes Licht von der Größenordnung 10^{-9}—10^{-11} entspricht. Die absolute Messung solch kleiner Doppelbrechungen gelingt nur mit Hilfe eines besonders empfindlichen Kompensators[1], etwa des BRACEschen, der von SZIVESSY[1] zu einem höchst empfindlichen und verhältnismäßig einfach zu handhabenden Instrument entwickelt worden ist[2].

Die ersten orientierenden Beobachtungen der elektrischen Doppelbrechung von Gasen haben LEISER[3] und HANSEN[4] angestellt. Da sie noch ein relatives Meßverfahren, die Methode von DES COUDRES benutzen und außerdem mit weißem Licht arbeiten, erhalten sie nur relative, auf Schwefelkohlenstoff als Vergleichssubstanz bezogene, und wegen der verschiedenen Dispersion der verglichenen Substanzen ungenügend definierte Werte. Die ersten genauen absoluten Messungen der KERR-Konstante von Gasen (NH_3, SO_2 und CO_2) bei Zimmertemperatur hat SZIVESSY[5] durchgeführt.

Um möglichst viele strukturtheoretisch interessante Stoffe untersuchen zu können, hat STUART[6] eine Versuchsanordnung für die Messung der KERR-Konstante bei höheren Temperaturen ausgearbeitet, die es ermöglicht, auch hochsiedende organische Substanzen im Dampfzustand zu messen, was um so wichtiger ist, da, wie schon erwähnt, Beobachtungen an Flüssigkeiten vorläufig kaum bei Strukturdiskussionen verwertet werden können. Diese Messungen wurden erst möglich, als es gelang, den Kondensator in ein Glasrohr mit aufgeschmolzenen Endglasplatten einzusetzen,

---

[1] Vgl. etwa KOHLRAUSCH: Prakt. Physik, 19. Aufl. (1932).

[2] Vgl. auch die Methode von SZIVESSY und DIERKESMANN: Ann. Physik Bd. 11 (1931) S. 971.

[3] LEISER, R.: Physik. Z. Bd. 12 (1911) S. 955.

[4] HANSEN, R.: Diss. Karlsruhe 1912.

[5] SZIVESSY, G.: Z. Physik Bd. 26 (1924) S. 323.

[6] STUART, H. A.: Z. Physik Bd. 59 (1929) S. 13, Bd. 63 (1930) S. 533.

die nur ganz geringe und vor allem im ganzen Gesichtsfeld völlig gleichmäßige Doppelbrechung zeigen. Dazu ist es nötig, die Rohre nach dem Aufschmelzen der Platten einer wochenlangen Präzisionskühlung zu unterwerfen, andernfalls besitzen die Endplatten eine ganz unregelmäßige Doppelbrechung, die jede Messung illusorisch macht[1].

Diese Versuchsanordnung ist von STUART und VOLKMANN[2] stetig verbessert worden und ermöglicht jetzt Messungen bis zu 250⁰ C. Da der Druck des untersuchten Dampfes etwa 2 Atmosphären betragen muß — sonst wird das maximal anwendbare elektrische Feld und damit der beobachtete Gangunterschied zu klein —, sind

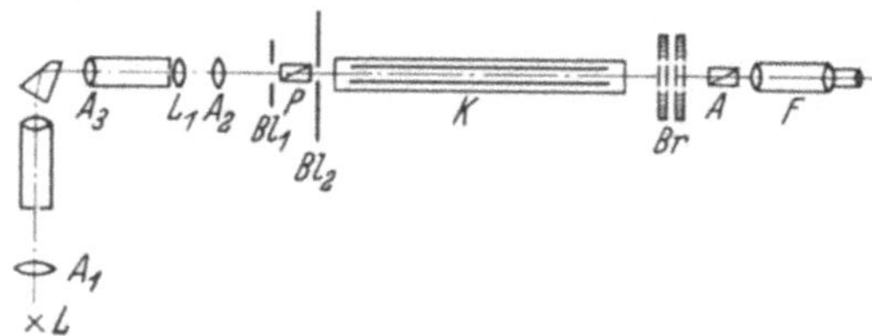

Abb. 75. Versuchsanordnung zur Messung des elektro-optischen KERR-Effekts an Gasen.

alle Substanzen, deren Siedepunkt etwa 220⁰ nicht übersteigt, also auch die wichtigsten Benzolderivate, der KERR-Effektmethode zugänglich geworden.

Wir geben in Abb. 75 den bei all diesen Untersuchungen benutzten optischen Teil der Versuchsanordnung, der schon von SZIVESSY angegeben ist, wieder. L ist eine möglichst intensive Lichtquelle (Bogenlampe mit Kupfermantelkohlen). Zur Zerlegung des Lichtes dient ein lichtstarker Monochromator, dessen Austrittsspalt durch den Achromaten A_2 auf die Ebene eines BRACEschen Kompensators mit veränderlicher Empfindlichkeit Br nach SZIVESSY abgebildet wird. Vorher geht das Licht durch den Polarisator P und den langen Gaskondensator K. A ist der Analysator und F ein Nahfernrohr.

Bei den neueren Untersuchungen von STUART und VOLKMANN ist der 50 cm lange vergoldete Kondensator in ein Rohr aus Supremaxglas eingeschmolzen, da nur dieses Glas bei den hohen Temperaturen die auf 15000—20000 Volt aufgeladenen Platten und

<hr>

[1] Solche Rohre aus Duran- bzw. Supremaxglas liefert die Firma Schott u. Gen. in Jena.

[2] STUART, H. u. H. VOLKMANN: Ann. Physik Bd. 18 (1933) S. 121.

Tabelle 55. KERR-Konstanten von Gasen und Dämpfen[1].

Stoff	Formel	$K \cdot 10^{15}$ beobachtet bei 760 mm und 546 $\mu\mu$	Beob-achtungs-tem-peratur in $^\circ$ C	$K_1 \cdot 10^{15}$	$K_2 \cdot 10^{15}$	$\varDelta \cdot 10^2$	$\mu \cdot 10^{18}$
		Anorganische Verbindungen.					
Wasserstoff[2]	H_2	$< 0{,}04_5$	34,6	$< 0{,}04_5$	0	1,7	0
Stickstoff[2]	N_2	0,26	34,6	0,26	0	3,6	0
Chlor	Cl_2	2,3	24	2,3	0	4,3	0
Kohlensäure	CO_2	1,42	18	1,42	0	8,0	0
Schwefelkohlenstoff	CS_2	21,0	56,7	21,0	0	14,3	0
Stickoxydul	N_2O	3,08	26	2,68	0,4	12,5	0,14
Cyan	$(CN)_2$	4,3	25	4,3	0	—	0
Zinntretrachlorid	$SnCl_4$	$< 0{,}5$	144	$< 0{,}5$	0	—	0
Salzsäure	HCl	5,75	18	0,44	5,31	1,0	1,03
Cyanwasserstoff	HCN	93,0	20	1,08	92	—	2,65
Schwefelwasserstoff	H_2S	1,59	18	0,28	1,31	1,0	0,93
Schwefeldioxyd	SO_2	$-9{,}2$	18,0	1,75	$-10{,}95$	5,2	1,61
Ammoniak	NH_3	3,48	17,5	0,03	3,45	1,0	1,44
		Organische Verbindungen.					
n-Hexan	C_6H_{14}	2,5	110	2,5	0	1,3	0
n-Heptan	C_7H_{16}	2,3	155	2,3	0	1,4	0
n-Oktan	C_8H_{18}	3,0	175	3,0	0	1,66	0
2,2,4-Trimethylpentan.	C_8H_{18}	2,0	138	2,0	0	—	0
Azetylen	C_2H_2	1,85	25	1,85	0	4,5	0
Methylchlorid	CH_3Cl	36,5	18	0,8	35,7	2,0	1,86
Äthylchlorid	C_2H_5Cl	55,2	18	1,63	53,6	1,6	2,05
n-Propylchlorid	C_3H_7Cl	38,0	69,2	1,64	36,4	1,49	2,04
Chloroform	$CHCl_3$	$-7{,}5$	89,5	1,1	$-8{,}6$	1,5	1,05

Tetrachlorkohlenstoff	CCl_4	< 0,2	99,4	< 0,2	0	0,5	0
Dichloräthan	$Cl \cdot H_2C\text{—}C \cdot H_2Cl$	4,7	108,5	2,8	1,9	3,3	1,48
cis-Dichloräthylen	$ClHC{=}CHCl$	3,4	82	—	—	3,3	1,84
trans-Dichloräthylen	$ClHC{=}CHCl$	8,6	72,5	8,6	0	—	0
Phosgen	$COCl_2$	8,6	20	—	—	—	—
Methylbromid	CH_3Br	45,5	18	1,2	44,3	—	1,82
Äthylnitrit	$C_2H_5 \cdot ON{=}O$	80,0	45,5	(2,8)	(77,2)	—	2,38
Dimethyläther	$CH_3 \cdot O \cdot CH_3$	—5,0	18	0,9	—5,9	1,6	1,29
Diäthyläther	$C_2H_5 \cdot O \cdot C_2H_5$	—3,9	62,7	3,7	—7,6	2,5	1,14
Di-n-Propyläther	$C_3H_7 \cdot O \cdot C_3H_7$	—2,3	123,9	—	—	—	1,16
Äthylenoxyd	C_2H_4O	—10,2	19,5	—	—	—	1,33
Methylalkohol	$CH_3 \cdot OH$	<± 0,4	98,8	0,3	0,1 bis — 0,7	1,6	1,68
Äthylalkohol	$C_2H_5 \cdot OH$	<± 0,5	102	0,3	0,2 bis — 0,8	0,8	1,69
Azetaldehyd	$H_3C \cdot CO \cdot H$	59,3	20	—	—	—	—
Azeton	$CH_3 \cdot CO \cdot CH_3$	32,1	83,1	1,0	31,1	1,7	2,7
Methyläthylketon	$CH_3 \cdot CO \cdot C_2H_5$	16,0	104,3	1,8	14,2	2,2	2,7
Diäthylketon	$C_2H_5 \cdot CO \cdot C_2H_5$	5,2	134,7	3,2	2,0	3	2,7
Methylpropylketon	$CH_3 \cdot CO \cdot C_3H_7$	7,8	129,7	2,1	5,7	2	2,7
Di-iso-Propylketon	$(CH_3)_2CH \cdot CO \cdot CH \cdot (CH_3)_2$	—15,3	179	(3,1)	(— 18,4)	(2)	2,7
Benzol	C_6H_6	5,56	113,6	5,56	0	4,2	0
Toluol	$C_6H_5 \cdot CH_3$	9,0	137,7	7,6	1,4	4,6	0,34
p-Xylol	$C_6H_4 \cdot (CH_3)_2$	7,9	179	7,9	0	—	0
m-Xylol	$C_6H_4 \cdot (CH_3)_2$	9,2	177	8,6	0,6	4,6	0,34
o-Xylol	$C_6H_4 \cdot (CH_3)_2$	10,7	185,5	8,3	2,4	4,6	0,44
Chlorbenzol	$C_6H_5 \cdot Cl$	37,2	153,7	7,5	29,7	4,6	1,6
Nitrobenzol	$C_6H_5 \cdot NO_2$	146	235,5	7	139	5,6	3,9
Pyridin	C_5H_5N	25,7	146,3	4,1	21,6	4,5	2,2

14*

[1] Messungen von LEISER, HANSEN, SZIVESSY, STUART, STUART und VOLKMANN l. c.; vgl. auch die Zusammenstellung von STUART u. VOLKMANN: Z. physik. Chem. Bd. 17 (1932) S. 429; Ann. Physik Bd. 18 (1933) S. 121.

[2] BRUCE, C. W.: Physic. Rev. Bd. 44 (1933) S. 682.

Zuleitungen noch genügend isoliert. Die Kondensatorplatten selbst sind an Quarzisolatoren befestigt, da Porzellan bei diesen Temperaturen nicht mehr ausreicht.

Der Glasapparat selbst befindet sich in einem langen elektrischen Ofen. Da mit Überdruck gearbeitet wird, gelangen statt gewöhnlicher Hähne Quecksilberventile nach STOCK zur Verwendung. Das elektrische Feld, 40 000—50 000 Volt/cm Gleichspannung, wird mit einer Starkstrominfluenzmaschine erzeugt und mittels eines Hochspannungsvoltmeters gemessen. Wegen der vielen technischen Einzelheiten bei der Justierung, Eichung und Handhabung der Apparatur muß auf die genannten Arbeiten von STUART sowie von STUART und VOLKMANN verwiesen werden.

Bei einiger Sorgfalt und mit ausgesuchten Polarisatoren läßt sich ein Gangunterschied von etwa $1 \cdot 10^{-4}$ auf 5% oder auf $5 \cdot 10^{-6}$ genau messen (das entspricht einem Unterschied in den Brechungsindizes von $5 \cdot 10^{-12}$), so daß KERR-Konstanten von der Größe $K \sim 10 \cdot 10^{-15}$ bei 760 mm auf wenige Prozent sicher sind, die relative Genauigkeit ist noch größer.

Neuerdings haben STEVENSON und BEAMS[1] eine Meßmethode entwickelt, bei der die Polarisatoren und die KERR-Zelle sich in einer gemeinsamen Druckkammer befinden. Auf diese Weise werden alle Fehler infolge von Spannungen in den Gläsern vermieden, so daß sich diese Methode besonders zur Untersuchung bei hohen Drucken eignet.

Wir geben in Tabelle 55 eine Zusammenstellung aller bisher an Gasen und Dämpfen meist von STUART und VOLKMANN gemessenen KERR-Konstanten. Die bei höheren Drucken beobachteten KERR-Konstanten sind bereits auf 760 mm umgerechnet, und zwar unter Berücksichtigung der Abweichungen von den idealen Gasgesetzen, so daß die in der Tabelle aufgeführten K-Werte die KERR-Konstanten des realen Gases bei 760 mm und der Beobachtungstemperatur darstellen, und zwar streng für 546 $\mu\mu$; wie schon erwähnt, ändert sich aber die KERR-Konstante bei Gasen nur ganz wenig mit der Wellenlänge, die Änderungen liegen meist innerhalb der Beobachtungsfehler. Ferner sind in den Spalten 7—8 der Depolarisationsgrad und das elektrische Moment aufgeführt und schließlich finden sich in den Spalten 5 und 6 das Anisotropieglied K_1 und das Dipolglied K_2.

---

[1] STEVENSON, E. C. u. I. W. BEAMS: Physic. Rev. Bd. 38 (1931) S. 133; ferner C. W. BRUCE: Physic. Rev. Bd. 44 (1933) S. 682.

§ 26. Vergleich der Theorie des Kerr-Effekts mit der Erfahrung; Zusammenhang mit dem Depolarisationsgrad.

In Anbetracht der Tatsache, daß in die Kerr-Konstante eine ganze Reihe von für das Molekül charakteristischen Konstanten eingehen und daß sich aus der Größe der Kerr-Konstante weitgehende Schlüsse auf die Struktur eines Moleküls ziehen lassen (vgl. § 29), ist ein Vergleich der Orientierungstheorie mit der Erfahrung wohl von einigem Interesse. Die Möglichkeit einer mehr qualitativen Prüfung ist durch den Zusammenhang mit dem Depolarisationsgrade bei der molekularen Lichtzerstreuung, wie er durch die Gleichungen (50), (51) usw. gefordert wird, gegeben. So hat Gans[1] die optische Anisotropie der Kohlensäure (dipolloses Molekül) sowohl aus der Kerr-Konstante wie aus dem Depolarisationsgrad berechnet und innerhalb der Beobachtungsfehler völlige Übereinstimmung gefunden. Später haben Raman und Krishnan[2] sowie Stuart[3] Kerr-Konstanten von dipollosen Substanzen aus dem Depolarisationsgrad berechnet und mit der Erfahrung verglichen. Wir geben in Tabelle 56 die bis heute bei dipollosen Stoffen beobachteten Kerr-Konstanten zusammen mit den von Stuart aus dem Depolarisationsgrade berechneten [Formel (53)] wieder.

Tabelle 56.

Substanz	$100 \cdot \Delta$ beobachtet von — bis	$K \cdot 10^{15}$ berechnet für 760 mm von — bis	$K \cdot 10^{15}$ beobachtet bei 760 mm	Temperatur zu K berechnet und beobachtet in °C
Wasserstoff H_2	1,7—3,6	0,024—0,051	< 0,045	34,6
Stickstoff N_2	3,6	0,24	0,26	34,6
Chlor Cl_2	4,2—4,4	1,9—2	2,3	24
Kohlensäure CO_2	8—9,8	1,36—1,6	1,42	18
Schwefelkohlenstoff CS_2 .	11,1—14,3	15,1—20,2	21,0	56,7
Azetylen C_2H_2	4,52—12	1,2—3,4	1,85	25
Benzol C_6H_6	4,2	5,95	5,56	105
Tetrachlorkohlenstoff CCl_4	0,50—0,77	0,67—1,0	< 0,2	99,4

Bei der Berechnung von K wurden, soweit die Beobachtungen nicht offensichtlich falsch sind, sowohl der kleinste wie der größte der von den verschiedenen Beobachtern mitgeteilten Δ-Werte[4] berücksichtigt. Wie man sieht, liegen die Abweichungen durchaus

---

[1] Gans, R.: Ann. Physik Bd. 65 (1921) S. 97.
[2] Raman, C. V. u. K. S. Krishnan: Philos. Mag. Bd. 3 (1927) S. 713, 729.
[3] Stuart, H. A.: Z. Physik Bd. 55 (1929) S. 358.
[4] Siehe Landolt-Börnstein, Erg.-Bd. 2 (1930).

innerhalb der Meßfehler. Auch bei Dipolmolekülen mit Rotationssymmetrie, bei denen die Richtung und die Größe des elektrischen Moments ja immer bekannt sind, lassen sich die KERR-Konstanten K_1 und K_2 aus dem Depolarisationsgrad, dem Brechungsindex und dem elektrischen Moment mittels der Gleichungen (17), (18), (47) und (53) berechnen und mit den gemessenen Werten vergleichen (s. Tabelle 57).

Tabelle 57.

	$100 \cdot \varDelta$	$\mu \cdot 10^{18}$	$K_1 \cdot 10^{15}$ berechnet aus $\varDelta$ und n	$K_2 \cdot 10^{15}$ berechnet aus $\varDelta$, μ und n	$K \cdot 10^{15}$ berechnet	$K \cdot 10^{15}$ beobachtet	Temperatur zu K berechnet und beobachtet in °C
Salzsäure HCl .	1,0	1,03	0,16	4,9	5,06	5,75	24
Methylchlorid CH_3Cl	1,5	1,89	0,83	38,9	39,7	35,6	18
Chloroform $CHCl_3$ . . .	1,7	0,95	1,65	—9,55	—7,9	—7,5	89,5

Wie sich aus der obigen Tabelle ergibt, stimmen auch hier, soweit wir erwarten dürfen, Theorie und Erfahrung überein.

Für die Richtigkeit der Orientierungstheorie spricht weiter die Tatsache, daß der KERR-Effekt in Übereinstimmung mit den Vorstellungen dieser Theorie eine merkliche Trägheit besitzt[1]. Ferner ist das von der Theorie geforderte Verhältnis der absoluten Änderungen des Brechungsindex $\dfrac{n_p - n}{n_s - n} = -2$ durch Messungen von PAUTHENIER[2] bestätigt worden.

Am direktesten und genauesten läßt sich die Orientierungstheorie des KERR-Effekts durch Messungen der Temperaturabhängigkeit der KERR-Konstante prüfen. Die wenigen diesbezüglichen an Flüssigkeiten wie Schwefelkohlenstoff, Äther, Heptan und Benzol von BERGHOLM[3], LYON und WOLFRAM[4] sowie von STUART und VOLKMANN[5] durchgeführten Messungen zeigen nur ungefähr den nach der Orientierungstheorie zu erwartenden Verlauf. Da aber die Voraussssetzungen für die Anwendbarkeit der Theorie bei Flüssigkeiten im allgemeinen nicht erfüllt sind[6], können nur Messungen an Dämpfen etwas über die Richtigkeit der Theorie aussagen.

---

[1] Vgl. SZIVESSY: Handbuch der Physik, Bd. 21 (1929) S. 763.

[2] PAUTHENIER: Ann. Physique Bd. 14 (1920) S. 239.

[3] BERGHOLM, C.: Ann. Physik Bd. 65 (1921) S. 128.

[4] LYON, A. u. F. WOLFRAM: Ann. Physik Bd. 63 (1920) S. 739.

[5] STUART, H. A. u. H. VOLKMANN: Z. Physik Bd. 83 (1933) S. 444.

[6] Vgl. H. A. STUART u. H. VOLKMANN: Z. Physik Bd. 83 (1933) S. 461.

Aus diesem Grunde ist von Stuart[1] bei einigen geeigneten organischen Dämpfen die Temperaturabhängigkeit der Kerr-Konstanten zwischen Zimmertemperatur und etwa 100^0 eingehend untersucht worden. Bei Äthylchlorid ist dann von Stuart und Volkmann[2] die Temperaturabhängigkeit bis 180^0 gemessen worden. Untersucht wurden einmal ein dipolfreies Gas, nämlich Schwefelkohlenstoff, und dann als typische Dipolgase Äthylchlorid und Methylbromid. Die Ergebnisse dieser Messungen sind in Tabelle 58 zusammengestellt. In Spalte 2 stehen die beobachteten und unter Berücksichtigung der Abweichungen von den idealen Gasgesetzen auf 760 mm umgerechneten Kerr-Konstanten und in Spalte 3 die nach Langevin-Born berechneten, wobei der bei der tiefsten Temperatur beobachtete Wert zugrunde gelegt wurde. Wie man aus Tabelle 58 erkennt, ist die Übereinstimmung zwischen den beobachteten und berechneten

Tabelle 58.

Absolute Temperatur	$K \cdot 10^{15}$ beobachtet bei 760 mm und 589 $\mu\mu$	$K \cdot 10^{15}$ berechnet
	Schwefelkohlenstoff.	
329,7	21,6	21,6
379,7	15,5	15,9
	Äthylchlorid.	
291	56,3	56,3
328,7	42,6	43,0
377	26,0	25,9
452,5	15,1	15,4
	Methylbromid.	
293	45,5	45,5
368	22,9	22,6

Werten vorzüglich. Die Messungen bestätigen also quantitativ bei allen drei Gasen die von der Langevin-Bornschen Orientierungstheorie geforderte Temperaturabhängigkeit der Kerr-Konstante, so daß wir diese Theorie als Grundlage für molekulartheoretische Diskussionen verwenden dürfen[3].

§ 27. Berechnung des optischen Polarisationsellipsoids eines Moleküls und Ergebnisse.

Die hauptsächliche Bedeutung von Kerr-Effektmessungen für Fragen der Molekülstruktur liegt, wie Stuart[4] gezeigt hat, darin, daß sie eine Berechnung des optischen Polarisationsellipsoids

[1] Stuart, H. A.: Z. Physik Bd. 63 (1931) S. 533.
[2] Stuart, H. A. u. H. Volkmann: Ann. Physik Bd. 18 (1933) S. 121.
[3] Über weitere Messungen der Temperaturabhängigkeit an CO_2 vgl. C. W. Bruce: Physic. Rev. Bd. 44 (1933) S. 682.
[4] Stuart, H. A.: Z. Physik Bd. 55 (1929) S. 358, Bd. 63 (1930) S. 533.

ermöglichen. Aus dieser Größe lassen sich dann häufig weitere Schlüsse auf die Struktur und sonstige Eigenschaften des Moleküls ziehen. So stellt das optische Polarisationsellipsoid neben dem elektrischen Moment, dem Trägheitsmoment usw. eine weitere experimentell bestimmbare charakteristische Konstante des Moleküls dar.

Wir geben zunächst die von STUART und VOLKMANN[1] vorgeschlagene Definition des optischen Polarisationsellipsoids wieder, die von dem häufig benutzten Begriff „Ellipsoid konstanter Energie" abweicht, aber den Vorteil besitzt, die optische Anisotropie eines Moleküls, seine Polarisierbarkeit in beliebiger Richtung, sehr anschaulich wiederzugeben und die außerdem für die Betrachtung des Zusammenhangs zwischen der optischen Anisotropie und der geometrischen Struktur eines Moleküls viel geeigneter ist.

Wir nehmen in einem Molekül ein x-, y-, z-Koordinatensystem so an, daß die x-, y-, z-Richtungen mit den optischen Hauptachsen des Moleküls b_1, b_2, b_3 zusammenfallen. Lassen wir jetzt das elektrische Feld $\mathfrak{E} = 1$ einwirken, so besteht zwischen dessen Komponenten $\mathfrak{E}_x$, $\mathfrak{E}_y$, $\mathfrak{E}_z$ die Beziehung

$$\mathfrak{E}_x^2 + \mathfrak{E}_y^2 + \mathfrak{E}_z^2 = 1\,.$$

Die von diesen Komponenten in den drei Hauptachsen induzierten Momenten sind

$$\mu_x = b_1 \cdot \mathfrak{E}_x; \quad \mu_y = b_2 \cdot \mathfrak{E}_y; \quad \mu_z = b_3 \cdot \mathfrak{E}_z\,.$$

Nennen wir diese Momente x, y, z, so folgt

$$\frac{x^2}{b_1^2} + \frac{y^2}{b_2^2} + \frac{z^2}{b_3^2} = 1\,. \tag{59}$$

Wir erhalten also die Gleichung eines Ellipsoids mit den Halbachsen b_1, b_2, b_3, das wir als das *optische Polarisationsellipsoid* eines Moleküls bezeichnen wollen. Seine durch die obige Gleichung dargestellte Fläche ist dann der geometrische Ort für den Endpunkt des Vektors b, der das vom Feld 1 in der betreffenden Richtung induzierte Moment darstellt (s. Abb. 76, in der der ebene Fall[2]

---

[1] STUART, H. A. u. H. VOLKMANN: Z. Physik Bd. 80 (1933) S. 107.

[2] Lassen wir das elektrische Feld 1 etwa unter einem Winkel α zur x-Richtung in der xy-Ebene einwirken, so sind die Feldkomponenten in Richtung x und y $\mathfrak{E}_x = \cos \alpha$ und $\mathfrak{E}_y = \sin \alpha$, die von diesen induzierten Momente $x = b_1 \cdot \cos \alpha$ und $y = b_2 \cdot \sin \alpha$. Das resultierende Moment ist $b = \sqrt{b_1^2 \cdot \cos^2 \alpha + b_2^2 \cdot \sin^2 \alpha}$. Seine Richtung weicht natürlich im allgemeinen von der des erregenden Feldes $\mathfrak{E}$ ab. Bezeichnen wir den Winkel zwischen b und b_1 mit β, so gilt die Beziehung $\operatorname{tg} \beta = \dfrac{b_2}{b_1} \cdot \operatorname{tg} \alpha$.

gezeichnet ist) und aus der sich sofort die Polarisierbarkeit des Moleküls in irgendeiner Richtung entnehmen läßt.

Unser so definiertes Polarisationsellipsoid ist also nicht mit dem bekannten Ellipsoid konstanter Energie

$$b_1\, x'^2 + b_2\, y'^2 + b_3\, z'^2 = 2\, U \tag{60}$$

zu verwechseln, wo x', y', z' die Komponenten des elektrischen Feldes nach den drei Hauptachsen und $2\,U$ die Deformationsenergie bedeuten. Die so definierte Fläche ist der geometrische Ort für die Spitze des Vektors des elektrischen Feldes, das die konstante Deformationsenergie $2\,U$ erzeugt. Beide Ellipsoide sind natürlich durch dieselben Konstanten b_1, b_2, b_3

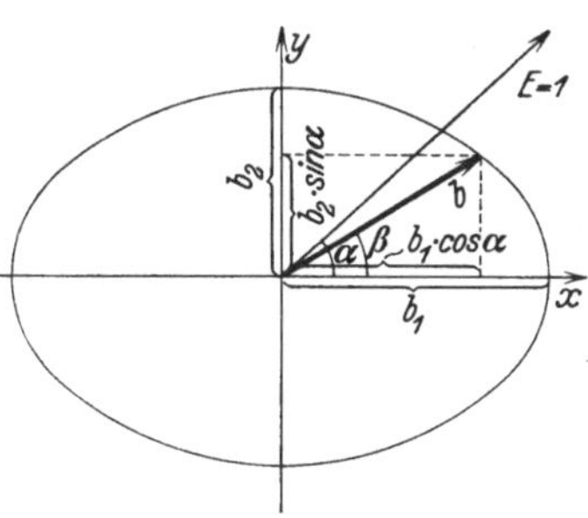

Abb. 76. Polarisationsellipsoid eines Moleküls.

charakterisiert; ebenso fallen die Hauptachsen zusammen, nur sind in unserem Fall die Halbachsen gleich b_1, b_2 und b_3, beim Ellipsoid konstanter Energie dagegen gleich

$$\sqrt{\frac{2\,U}{b_1}}\,; \quad \sqrt{\frac{2\,U}{b_2}}\,; \quad \sqrt{\frac{2\,U}{b_3}}\,.$$

Berechnung des Polarisationsellipdoids.

Dipollose Moleküle. Besitzt das Molekül eine Symmetrieachse, etwa $b_2 = b_3$, so lassen sich die optischen Polarisierbarkeiten aus der KERR-Konstante und dem Berechnungsindex mittels der aus (47) folgenden Beziehung

$$(b_1 - b_2)^2 = \frac{15 \cdot k \cdot T}{2\,\pi\,N} \cdot \frac{n-1}{\varepsilon - 1} \cdot K\,, \tag{61}$$

sowie der Gleichung (18)

$$b_1 + 2\,b_2 = \frac{3}{2\,\pi\,N}\,(n-1)$$

berechnen, und zwar eindeutig, da sich $b_{\max}$ immer (mit Ausnahme von H_2) mit Hilfe der SILBERSTEINschen Theorie angeben läßt. Würden genaue Messungen für den Depolarisationsgrad vorliegen, so würde man mittels (17), (18) und (47) auch die elektrostatischen Polarisierbarkeiten bestimmen können. Ist keine Rotationssymmetrie vorhanden, so läßt sich mittels (54) nur die

Anisotropie δ^2 bestimmen. In dieser Weise sind die in Tabelle 59 aufgeführten Polarisierbarkeiten der rotationssymmetrischen Moleküle Cl_2, C_2H_2, CS_2, C_6H_6, C_6H_{12} und CO_2 berechnet worden.

Dipolmoleküle. Auch bei Dipolmolekülen lassen sich, falls eine Symmetrieachse vorhanden ist, aus der KERR-Konstante und dem Brechungsindex allein die optischen Polarisierbarkeiten bestimmen. Ist außerdem noch der Brechungsindex für unendlich lange Wellen bekannt, so läßt sich in geeigneten Fällen auch das elektrostatische Polarisationsellipsoid angeben, wie von STUART[1] am Beispiel des HCl gezeigt worden ist.

HCl. Bekannt sind $K = 5{,}75 \cdot 10^{-15}$, μ, n und $n_\infty = 1{,}00052$[2] sowie Δ. Wir legen b_1 und a_1 in die Verbindungslinie H—Cl. Dann wird $b_2 = b_3$ und $a_2 = a_3$. Da das HCl-Molekül nur eine einzige ultrarote Eigenschwingung, nämlich die der beiden Kerne gegeneinander besitzt, enthält nur a_1, nicht aber a_2 und a_3 einen ultraroten Beitrag. Es sind also senkrecht zur Symmetrieachse die elektrostatischen Polarisierbarkeiten gleich den optischen, also $a_2 = b_2$ und $a_3 = b_3$. Die Differenz $a_1 - b_1$ erhalten wir aus der Gleichung

$$a_1 + 2\,a_2 - (b_1 + 2\,b_2) = a_1 - b_1 = \frac{3}{2\,\pi\,N}\,(n_\infty - n) = 12{,}9 \cdot 10^{-25}\,.$$

Da K_1 klein gegen K_2 ist, berechnen wir zunächst K_1 aus $\Delta = 0{,}0066$ mittels der Näherungsformel[3] (53) zu $0{,}108 \cdot 10^{-15}$, so daß $K_2 = 5{,}64 \cdot 10^{-15}$ oder $\Theta_2 = + 2{,}35 \cdot 10^{-35}$ wird. Aus dem positiven Θ_2 folgt dann, daß die Achse größter Polarisierbarkeit in die Richtung des elektrischen Moments, also in die Längsrichtung des Moleküls fällt. Mittels (58) finden wir für die Anisotropie $b_1 - b_2$ zunächst den Näherungswert $7{,}8 \cdot 10^{-25}$ und $a_1 - a_2 = a_1 - b_2 = 21{,}2 \cdot 10^{-25}$. Damit können wir jetzt mit den streng richtigen Formeln (46) und (47) K_1 zu $0{,}44 \cdot 10^{-15}$ berechnen und erhalten weiter $K_2 = 5{,}3 \cdot 10^{-15}$ $b_1 - b_2 = 7{,}4 \cdot 10^{-25}$ und $a_1 - a_2 = 20{,}3 \cdot 10^{-25}$. Die optischen Polarisierbarkeiten sind dann $b_1 = 31{,}3$, $b_2 = 23{,}9 \cdot 10^{-25}$, die elektrostatischen $a_1 = 44{,}2$ und $a_2 = 23{,}9 \cdot 10^{-25}$. Für den Depolarisationsgrad würde sich daraus $0{,}011$ ergeben (beobachtet sind die Werte $0{,}0066$ und $0{,}01$).

---

[1] STUART, H. A.: Erg. exakt. Naturwiss. Bd. 10 (1931) S. 159.

[2] Aus Messungen der Temperaturabhängigkeit von ε nach C. T. ZAHN: Physic. Rev. Bd. 24 (1924) S. 400.

[3] Die Berechnung der einzelnen Polarisierbarkeiten wäre auch ohne Benutzung von Δ möglich, aber umständlicher.

Wir haben hier einen der wenigen Fälle vor uns, wo wegen der vollkommenen Anisotropie des ultraroten Beitrages zur Gesamtpolisierbarkeit die elektrostatische Anisotropie von der optischen gänzlich verschieden ist. In diesem Falle ist natürlich die Beziehung

$$(49) \quad \frac{a_1}{b_1} = \frac{a_2}{b_2} = \frac{a_3}{b_3} \quad \text{auch nicht angenähert mehr gültig.}$$

Ähnlich wie bei HCl sind die in Tabelle 59 aufgeführten optischen Polarisationsellipsoide von HCN, CH_3Cl, CH_3Br und $CHCl_3$ berechnet worden. Da wir für diese Moleküle den Ultrarotbeitrag nicht genau kennen, läßt sich über die elektrostatischen Polarisierbarkeiten nichts Näheres aussagen.

Besitzt ein Dipolmolekül keine Symmetrieachse, ist aber die Lage des elektrischen Moments in bezug auf die optischen Hauptsachen bekannt, so läßt sich das vollständige Polarisationsellipsoid nach STUART[1] immer in folgender Weise aus drei Gleichungen berechnen:

Als erste Gleichung benutzen wir die Beziehung (62 a) für die Molekularrefraktion, als zweite den Ausdruck (62 b) für das Dipolglied der KERR-Konstante und als dritte die den Depolarisationsgrad und die optische Anisotropie verknüpfende Gleichung (62 c). Betrachten wir den besonderen Fall, daß das elektrische Moment in die Richtung einer der drei Hauptachsen, etwa b_3, fällt, daß also $\mu = \mu_3$ und $\mu_1 = \mu_2 = 0$ ist, so wird (62 b) besonders einfach und wir erhalten das folgende Gleichungstripel

$$b_3 + b_2 + b_1 = 3\,\alpha = \frac{3\,(n-1)}{2\,\pi\,N} = A \quad \text{(Molekularrefraktion)}. \quad (62\,\text{a})$$

$$(2\,b_3 - b_2 - b_1) = \frac{45 \cdot k^2 \cdot T^2 \cdot \Theta_2}{\mu^2} = B \quad \text{(KERR-Effekt)}. \quad (62\,\text{b})$$

$$(b_1 - b_2)^2 + (b_2 - b_3)^2 + (b_3 - b_1)^2 = \frac{90 \cdot \varDelta}{6 - 7\,\varDelta} \cdot \left(\frac{n-1}{2\,\pi\,N}\right)^2 = C \quad (62\,\text{c})$$

$$\text{(Depolarisationsgrad)}.$$

Aus diesen drei Gleichungen finden wir

$$\left.\begin{aligned} b_3 &= \frac{A+B}{3} \\[4pt] b_2 &= \frac{A}{3} - \frac{B}{6} \pm \frac{1}{6}\sqrt{6\,C - 3\,B^2} \\[4pt] b_1 &= \frac{A}{3} - \frac{B}{6} \mp \frac{1}{6}\sqrt{6\,C - 3\,B^2} \end{aligned}\right\} \qquad (63)$$

---

[1] STUART, H. A.: Z. Physik Bd. 55 (1929) S. 358; s. auch Erg. exakt. Naturwiss. Bd. 10 (1931) S. 159.

Die Polarisierbarkeit in Richtung des elektrischen Moments b_3 ergibt sich also immer eindeutig aus Gleichung (62a) und (62b), also ohne daß der Depolarisationsgrad bekannt zu sein braucht. Für die beiden anderen Hauptpolarisierbarkeiten erhalten wir zwar nur *ein* Wertepaar, aber seine Zuordnung ist wegen der quadratischen Form der Gleichung (62c) zweideutig. Es ist aber immer möglich (s. § 28), durch Symmetriebetrachtungen oder mit Hilfe der SILBERSTEINschen Theorie zwischen beiden Lösungen zu entscheiden (vgl. auch die Beispiele des SO_2 und H_2S in § 29).

Fällt das Moment nicht mehr in die Richtung einer Hauptachse, liegt es aber noch in einer von zwei Achsen gebildeten Ebene, ist also etwa $\mu_2 = 0$; $\mu_1 = \mu \cdot \sin \alpha$ und $\mu_3 = \mu \cdot \cos \alpha$, so erhalten wir als Gleichung (62b) die Beziehung

$$[3 \cdot \cos^2 \alpha \,(b_3 - b_1) + 2\,b_1 - b_2 - b_3] = \frac{45 \cdot k^2 \cdot T^2 \cdot \Theta_2}{\mu^2} = B,$$

die mit (62a) und (62c) zu zwei Lösungen mit durchweg *verschiedenen* b-Werten führt. Die Zuordnung ist (vgl. die Beispiele in §§ 28 und 29) wieder eindeutig möglich.

Auch im allgemeinsten Fall, daß das Moment beliebig gegen die Hauptachsen geneigt ist, lassen sich die Hauptpolarisierbarkeiten berechnen und den einzelnen Achsen zuordnen.

Schließlich stellen wir in Tabelle 59 die bisher, meist von STUART bzw. STUART und VOLKMANN[1] berechneten Polarisationsellipsoide zusammen. Weitere, nur aus dem Depolarisationsgrade berechnete Polarisationsellipsoide stehen in Tabelle 45 des § 21. Die in den Spalten 3 bis 7 verzeichnete mittlere Polarisierbarkeit und die Polarisierbarkeiten in den drei Hauptachsen b_1, b_2, b_3 bedeuten dabei die Polarisierbarkeiten des Moleküls im Grundzustand, und zwar streng genommen für gelbes Licht, da der Berechnung der Brechnungsindex für Natriumlicht und die mit grüngelbem Licht (546 $\mu\mu$) gemessene KERR-Konstante zugrunde gelegt sind. Doch sind die Änderungen mit der Wellenlänge so gering, daß wir davon absehen und die b_i ganz allgemein als die Polarisierbarkeiten im *Sichtbaren* bezeichnen wollen, die b_i sind also nicht die Elektronenpolarisierbarkeiten für unendlich lange Wellen. Die KERR-Konstanten, Depolarisationsgrade und Brechungsindizes sind durchweg bei Temperaturen, bei denen die Zahl der in den

---

[1] Vgl. H. A. STUART u. H. VOLKMANN: Z. physik. Chem. Abt. B Bd. 17 (1932) S. 429; Ann. Physik Bd. 18 (1933) S. 121.

Tabelle 59. Polarisationsellipsoide von Molekülen[1].

Stoff	Formel	$3\,\alpha \cdot 10^{25} =$ $(b_1 + b_2 + b_3)$ $\cdot 10^{25}$	$b_1 \cdot 10^{25}$	$b_2 \cdot 10^{25}$	$b_3 \cdot 10^{25}$	Lage der optischen Achsen und des elektrischen Moments; Struktur des Moleküls
Chlor	Cl_2	138,4	66,0	36,2	36,2	b_1 Symmetrieachse; Molekül gestreckt
Kohlensäure	CO_2	79,5	41,0	19,3	19,3	
Schwefelkohlenstoff .	CS_2	262,2	151,4	55,4	55,4	
Azetylen	C_2H_2	99,9	51,2	24,3	24,3	
Stickoxydul	N_2O	89,8	53,2	18,3	18,3	b_1 Symmetrieachse; Molekühl gestreckt, un-symmetrisch, $N \equiv N = O$
Cyan	$(CN)_2$	150,4	77,6	36,4	36,4	b_1 Symmetrieachse
Methan[2]	CH_4	78,3	26,1	26,1	26,1	
Tetrachlorkohlenstoff .	CCl_4	315	105	105	105	reguläres Tetraeder
Zinntetrachlorid . . .	$SnCl_4$	413	137,7	137,7	137,7	
Salzsäure	HCl	79,0	31,3	23,9	23,9	b_1 Symmetrieachse; $\mu = \mu_1$
Cyanwasserstoff . . .	HCN	77,6	39,2	19,2	19,2	
Schwefelwasserstoff .	H_2S	113,5	42,1	32,1	39,3	$\mu = \mu_3$; $b_2 \perp$ Ebene HSH bzw. OSO; gewinkelt
Schwefeldioxyd . . .	SO_2	111,7	54,9	27,2	34,9	
Ammoniak	NH_3	67,8	24,2	21,8	21,8	b_1 Symmetrieachse; $\mu = \mu_1$; Pyramide
Methylchlorid	CH_3Cl	137	54,2	41,4	41,4	b_1 Symmetrieachse
Äthylchlorid	C_2H_5Cl	192	66,0	50,1	75,9	gewinkelte Moleküle; wegen der Lage der Achsen vgl. § 29
Propylchlorid	C_3H_7Cl	246	—	—	—	

[1] Weitere Polarisationsellipsoide von rotationssymmetrischen Molekülen finden sich in Tabelle 45.
[2] Berechnet für völlige Kugelsymmetrie (vgl. § 23), die KERR-Konstante ist noch nicht gemessen.

Tabelle 59. (Fortsetzung.)

Stoff	Formel	$3\,\alpha \cdot 10^{25} =$ $(b_1 + b_2 + b_3)$ $\cdot\, 10^{25}$	$b_1 \cdot 10^{25}$	$b_2 \cdot 10^{25}$	$b_3 \cdot 10^{25}$	Lage der optischen Achsen und des elektrischen Moments; Struktur des Moleküls
Methylbromid	CH_3Br	166,5	68,5	49	49	b_1 Symmetrieachse;
Chloroform	$CHCl_3$	247	66,8	90,1	90,1	$\mu = \mu_1$
Äthylnitrit.	$C_2H_5 \cdot ON=O$	210	80—85	50—55	75—70	wegen der Achsenlage vgl. § 29
Methylalkohol[1] . . .	$CH_3 \cdot OH$	97	40	25,6	31,4	berechnet für $\mu \perp OC$; $\sphericalangle\,(b_1\mu) = 70^0$; Molekül gewinkelt
Dimethyläther	$CH_3 \cdot O \cdot CH_3$	154,7	63,0	43,1	48,6	
Diäthyläther	$C_2H_5 \cdot O \cdot C_2H_5$	262	112,6	70,7	78,7	
Azeton	$CH_3 \cdot CO \cdot CH_3$	190	71,0	48,2	70,8	$\mu = \mu_3$;
Methyläthylketon . .	$CH_3 \cdot CO \cdot C_2H_5$	244	98,3	60,2	85,5	$b_2 \perp$ Ebene COC;
Diäthylketon	$C_2H_5 \cdot CO \cdot C_2H_5$	298	126,4	71,5	100,1	Moleküle gewinkelt
Methylpropylketon . .	$CH_3 \cdot CO \cdot C_3H_7$	298	120,6	76	101,4	vgl. Abb. 87
Di-iso-Propylketon[2] . .	$(CH_3)_2CH \cdot CO \cdot CH \cdot (CH_3)_2$	406	(170)	(110)	(126)	
Benzol	C_6H_6	309,6	123,1	63,5	123,1	b_2 Symmetrieachse
Toluol	$C_6H_5 \cdot CH_3$	367,8	136,6	74,8	156,4	
p-Xylol[2]	$C_6H_4 \cdot (CH_3)_2$	426	(156)	(88)	(182)	
m-Xylol	$C_6H_4 \cdot (CH_3)_2$	425,4	178,3	85,5	161,6	ebene Moleküle;
o-Xylol[2].	$C_6H_4 \cdot (CH_3)_2$	423	(153,7)	(86)	(183,6)	$\mu = \mu_3$;
Chlorbenzol	$C_6H_5 \cdot Cl$	367,5	132,4	75,8	159,3	$b_2 \perp$ zur Molekülebene
Nitrobenzol	$C_6H_5 \cdot NO_2$	387,6	132,5	77,5	177,6	vgl. § 28
Pyridin	C_5H_5N	285	118,8	57,8	108,4	

[1] Wegen der Lage der Achsen vgl. H. A. Stuart: Z. Physik Bd. 63 (1930) S. 533.

[2] Der Depolarisationsgrad ist nicht direkt gemessen. Wir können den Wert von $\varDelta$ aber abschätzen und so die Polarisierbarkeiten b_1, b_2 und b_3 genähert bestimmen.

Kernschwingungen angeregten Moleküle noch nicht merklich ist[1], beobachtet, so daß wir sie unbedenklich zur Berechnung der Polarisierbarkeiten des unangeregten Moleküls benutzen können. Die Abhängigkeit der Polarisierbarkeiten von den Kernschwingungen würde bei hohen Temperaturen wegen der größeren Genauigkeit der Messungen vor allem als Temperaturabhängigkeit der Molekularrefraktion in Erscheinung treten und weniger als eine anomale Temperaturabhängigkeit der KERR-Konstante oder des Depolarisationsgrades. Eine Ausnahme bilden möglicherweise die optisch beinahe bzw. völlig isotropen Moleküle CCl_4 und CH_4, da die Symmetrie dieser Moleküls bei endlichen Amplituden der Kernschwingungen gestört wird (vgl. § 23).

Es sei ferner bemerkt, daß sich bei Molekülen mit beschränkt drehbaren Gruppen, deren Schwingungsamplituden von der Temperatur abhängen, die Form und Lage des mittleren Polarisationsellipsoides mit der Amplitude, also mit der Temperatur ändern können, was sich in einer Abweichung der Temperaturabhängigkeit der KERR-Konstante von der durch die LANGEVIN-BORNsche Orientierungstheorie geforderten, sowie in einer Temperaturabhängigkeit des Depolarisationsgrades und prinzipiell auch der Molekularrefraktion äußern würde.

§ 28. Empirische Zusammenhänge zwischen dem optischen Polarisationsellipsoid und der geometrischen Struktur eines Moleküls.

Ehe wir daran gehen, aus dem optischen Polarisationsellipsoid eines Moleküls, d. h. aus seiner optischen Form auf die Struktur zu schließen, wollen wir in diesem Paragraphen bei einer Reihe von Molekülen mit bekannter Struktur den Zusammenhang zwischen der geometrischen und der optischen Form näher betrachten. Wir werden dabei zu denselben einfachen und anschaulichen Beziehungen gelangen, wie sie die schon früher besprochene SILBERSTEINsche Theorie (vgl. § 23) ergibt.

Methylchlorid und Chloroform. Beide Moleküle besitzen Rotationssymmetrie und das elektrische Moment fällt bei beiden in die Richtung der Symmetrieachse b_1, d. h. in die Richtung C—Cl bzw. C—H (s. Abb. 77). CH_3Cl besitzt eine positive KERR-Konstante und ein positives Dipolglied, $K = 36,5 \cdot 10^{-15}$; $K_2 = 35,7 \cdot 10^{-15}$,

---

[1] Eine Ausnahme bilden wegen der zum Teil sehr niederen Eigenfrequenzen Halogenverbindungen wie CCl_4 usw.

die Achse größter Polarisierbarkeit fällt also in die Moment-, d. h. in die C—Cl-Richtung, während beim $CHCl_3$ aus dem negativen Dipolgliede, $K = -7,5 \cdot 10^{-15}$; $K_2 = -8,6 \cdot 10^{-15}$, folgt, daß die Achse maximaler Polarisierbarkeit senkrecht zur Symmetrieachse steht. Gerade das müssen wir nach der SILBERSTEINschen Theorie erwarten, da beim Methylchlorid die Wechselwirkung der induzierten Dipole praktisch auf das Cl- und C-Atom beschränkt ist[1], also b_{max} in deren Verbindungslinie fällt, während beim Chloroform wegen der überwiegenden Wechselwirkung der drei Cl-Atome b_{max} in der von den drei Cl-Atomen gebildeten Ebene liegt.

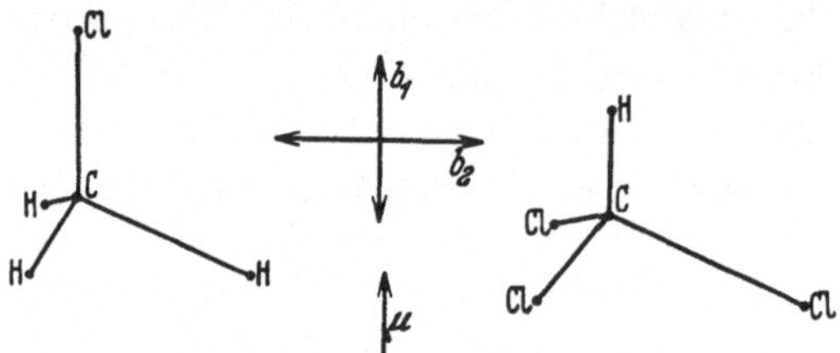

Abb. 77. Methylchlorid: $b_1 > b_2$, $\mu \parallel b_{max}$; $\Theta_2 > 0$;
Chloroform: $b_1 < b_2$; $\mu \perp b_{max}$; $\Theta_2 < 0$.

Benzol und Pyridin. Bei Benzol, das Rotationssymmetrie besitzt, ergibt die Rechnung zwei verschiedene Wertepaare für die Polarisierbarkeiten in der Ebene $b_1 = b_3$ und senkrecht zur Ebene des Ringes b_2 (s. Tabelle 60 u. Abb. 78). Lösung I besagt, daß die Polarisierbarkeit *in* der Ringebene, Lösung II dagegen, daß sie *senkrecht* zum Ring am größten ist (s. Tabelle 60). STUART und VOLKMANN[2] haben nun gezeigt, wie sich unabhängig von der SILBERSTEINschen Theorie durch Vergleichen des Polarisationsellipsoides des Benzols mit dem des ihm geometrisch ähnlichen Pyridins zwischen beiden Möglichkeiten entscheiden läßt. Das ist dadurch möglich, daß das letztere Molekül ein elektrisches Moment besitzt, die Polarisierbarkeit in dessen Richtung sich also mit Hilfe von Gleichung (62) eindeutig berechnen läßt.

Da wir Pyridin erhalten, wenn wir im Benzol eines der 6 C-Atome mit dem dazugehörigen H-Atom durch ein N-Atom ersetzen, ist hier von vornherein zu erwarten, daß es optisch noch ziemlich rotationssymmetrisch ist (Δ Benzol $\sim \Delta$ Pyridin). Das bedeutet, daß

---

[1] Die Wechselwirkung mit den H-Atomen kann wegen ihrer kleinen Polarisierbarkeit vernachlässigt werden (α des H-Atom $\sim 4 \cdot 10^{-25}$; α des Cl-Atoms $\sim 23 \cdot 10^{-25}$).

[2] STUART, H. A. u. H. VOLKMANN: Z. Physik Bd. 80 (1933) S. 107.

b_1 genähert gleich b_3 und daß b_2 ganz verschieden von b_3 sein muß[1]. So müssen wir Lösung I (s. Tab. 60) als die richtige ansehen.

Das Pyridinmolekül ist also senkrecht zur Ringebene viel weniger, nämlich ungefähr nur halb so stark polarisierbar, wie in der Ringebene.

Abb. 78.

Tabelle 60.

	Benzol C_6H_6		Pyridin C_5H_5N		Änderung der Polarisierbarkeiten	
	Lösung I	Lösung II	Lösung I	Lösung II		
b_1	123,1	83,3	118,8	57,8	$\Delta b_1 = -\ \ 4,3$	
b_2	63,5	142,9	57,8	118,8	$\Delta b_2 = -\ \ 5,7$	
b_3	123,1	83,3	108,4	108,4	$\Delta b_3 = - 14,7$	
α	$= 103{,}2$		$= 95{,}0$		$\Delta \alpha = -\ \ 8,2$	

(Benzol und Pyridin $\cdot 10^{-25}$; Änderung $\cdot 10^{-25}$)

Betrachten wir jetzt Benzol, so muß für dieses Molekül wegen der großen Ähnlichkeit mit Pyridin die Achse kleinster Polarisierbarkeit b_2 sein. Ferner können die Änderungen in den Polarisierbarkeiten beim Ersatz des N-Atoms durch die C—H-Gruppe nur klein und nur von der Größenordnung der Änderung der mittleren Polarisierbarkeit $\Delta \alpha = 8{,}2 \cdot 10^{-25}$ sein (s. Tabelle 60, letzte Spalte). Eine Änderung von b_2 von 57,8 auf $142{,}9 \cdot 10^{-25}$ und entsprechende Änderungen von b_1 und b_3 sind natürlich völlig unmöglich, so daß wir zwangsläufig ohne weitere theoretische Annahmen zur Lösung I kommen. Wir erhalten also sowohl für Benzol wie auch für Pyridin lediglich aus Symmetriebetrachtungen anschaulich dasselbe Resultat wie nach der SILBERSTEINschen Theorie, also wieder ein Beweis für deren Brauchbarkeit.

Benzolderivate mit einem Substituenten[2], $C_6H_5 \cdot CH_3$; $C_6H_5 \cdot Cl$; $C_6H_5 \cdot Br$; $C_6H_5 \cdot NO_2$ (Abb. 79). Die Polarisierbarkeit b_3 in Richtung des elektrischen Moments, d. h. in der des Substituenten erhalten wir in allen Fällen direkt und eindeutig. Die Zuordnung

---

[1] Lösung II, bei der b_3 beinahe doppelt so groß wie b_1 ist, kann unmöglich richtig sein.

[2] STUART, H. A. u. H. VOLKMANN: Z. Physik Bd. 80 (1933) S. 107.

der beiden anderen Werte zu b_1 und b_2 ist in derselben Weise wie beim Pyridin möglich.

Aus den in Tabelle 61 aufgeführten Zahlen für die einzelnen Polarisierbarkeiten erhalten wir als erstes und wichtigstes Ergebnis, daß für alle Derivate beim Einbau einer Gruppe in den Ring die Polarisierbarkeit in Richtung der neuen Gruppe weitaus am stärksten zunimmt, so daß b_3 die Achse größter Polarisierbarkeit wird, also genau das, was nach der SILBERSTEINschen Theorie zu erwarten ist.

Abb. 79 und Tabelle 61.

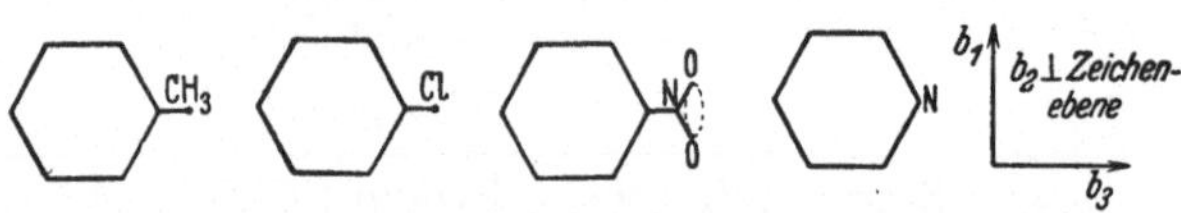

	Benzol	Toluol	Chlorbenzol	Nitrobenzol	Pyridin	
b_1	123,1	136,6	132,4	132,5	118,8	
b_2	63,5	74,8	75,8	77,5	57,8	
b_3	123,1	156,4	159,3	177,6	108,4	
α	103,2	122,6	122,5	129,2	95,0	$\cdot\,10^{-25}$
$\varDelta\,b_1$	—	13,5	9,3	9,4	— 4,3	
$\varDelta\,b_2$	—	11,3	12,3	14	— 5,7	
$\varDelta\,b_3$	—	33,3	36,2	54,5	— 14,7	

Beim *Pyridin* dagegen, wo ein H-Atom weggenommen ist, nimmt die Polarisierbarkeit in Richtung 3 mehr als in Richtung 1 ab und 1 wird die Richtung größter Polarisierbarkeit[1], was wieder im Sinne der SILBERSTEINschen Theorie ist.

Die Zahlen für Toluol und Chlorbenzol zeigen ferner, daß beide Moleküle optisch sehr ähnlich sind. Das ist zu erwarten, da —Cl und —CH₃ genähert dieselbe Oktettrefraktion oder dieselbe mittlere Polarisierbarkeit besitzen. Der Ersatz einer CH₃-Gruppe durch ein Cl-Atom verändert also die optische Anisotropie der Polarisierbarkeit eines Moleküls nicht wesentlich[2].

Man würde im Sinne der SILBERSTEINschen Theorie erwarten, daß bei Toluol oder Chlorbenzol b_2 etwas weniger als b_1 zunimmt.

---

[1] Die Richtigkeit dieser Überlegung ist vielleicht umgekehrt leichter einzusehen. Ersetzen wir ein N-Atom durch ein C-Atom, das ziemlich gleiche Polarisierbarkeit besitzt, und bauen ein weiteres Atom, das H-Atom ein, so muß beim Übergang Pyridin—Benzol b_3 mehr als b_1 zunehmen, was auch tatsächlich beobachtet ist.

[2] Das kommt auch in der Gleichheit der Depolarisationsgrade von Toluol und Chlorbenzol zum Ausdruck.

Das ist nicht der Fall, es sind vielmehr die Änderungen b_1 und b_2 innerhalb der Fehlergrenze ungefähr gleich. Vermutlich hängt das damit zusammen, daß der Substituent einen beträchtlich größeren Durchmesser als die Atome des Ringes hat, so daß bei Polarisation senkrecht zur Ringebene die induzierten Momente sich gegenseitig nicht nur abschwächen, wie es der Fall wäre, wenn die Atome des Ringes und des Substituenten punktförmige polarisierbare Kugeln in einer Ebene wären. Es ist vielleicht auch ein Hinweis darauf, daß die einzelnen Bindungen, Atome und Atomgruppen merklich anisotrop polarisierbar sind. Das experimentelle Material ist vorläufig noch zu gering, um bestimmte Aussagen machen zu können.

Bei Nitrobenzol ist es möglich, daß die freie Drehbarkeit der NO_2-Gruppe um die C—N-Richtung als Achse sehr stark zugunsten einer Stellung aufgehoben ist, bei der die Verbindungslinie der O-Atome senkrecht zur Ringebene steht (s. Abb. 79).

Das optische Polarisationsellipsoid der Xylole (s. Abb. 81). Bei disubstituierten Derivaten interessiert vor allem die Frage, ob es möglich ist, das Polarisationsellipsoid aus Beträgen, die für den Ring und die einzelnen Substituenten charakteristisch sind, additiv, und zwar durch eine Tensoraddition zu berechnen, so wie sich z. B. das resultierende elektrische Moment, die innere Energie, die Verbrennungswärmen und dergleichen vektoriell bzw. additiv zusammensetzen lassen.

Einen Versuch in dieser Richtung haben MEYER und OTTERBEIN[1] angestellt. Sie schreiben dabei dem C_6H_5 und den einzelnen Substituenten, etwa dem Cl, je ein eigenes Ellipsoid mit charakteristischen Polarisierbarkeiten b_1, b_2 und b_3 zu und addieren dann diese Werte.

Demgegenüber weisen STUART und VOLKMANN[2] darauf hin, daß es physikalisch keinen rechten Sinn hat, einer Gruppe oder einer Bindung eine charakteristische Anisotropie der Polarisierbarkeit zuzuschreiben. Das ist zwar möglich beim elektrischen Moment, das durch die Wechselwirkung mit den am gemeinsamen Atom angreifenden Bindungsmomenten nur gestört wird. Bei der

---

[1] MEYER, E. H. u. G. OTTERBEIN: Physik. Z. Bd. 32 (1931) S. 290, ferner G. OTTERBEIN: Physik. Z. Bd. 34 (1933) S. 645 und Bd. 35 (1934) S. 249.

[2] STUART, H. A. u. H. VOLKMANN: Z. Physik Bd. 80 (1933) S. 107; Bd. 35 (1934) S. 249.

Polarisierbarkeit dagegen kann man nicht mehr von einer *Störung* reden, weil die Wechselwirkung so große Änderungen gibt, daß die resultierende Polarisierbarkeit auch nicht ungefähr als Summe der Polarisierbarkeiten der einzelnen Partner, etwa Ring und Substituent, aufgefaßt werden kann. Man sehe sich einmal die ganz außerordentlich verschiedenen Änderungen der Polarisierbarkeiten Δb_1, Δb_2, Δb_3 beim Einbau einer Cl-, CH_3- oder NO_2-Gruppe an (s. Tabelle 61). Es ist gänzlich unwahrscheinlich, daß das Cl-Atom oder die CH_3-Gruppe in Richtung der Bindung mehrere Male stärker polarisierbar sind als in einer dazu senkrechten Richtung[1].

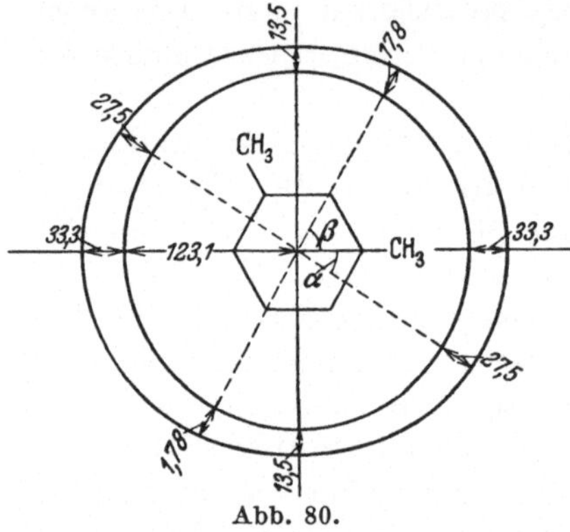

Abb. 80.

Es kommt also nur ein Additionsverfahren von Tensorkomponenten in Frage, bei dem die Wechselwirkung mit berücksichtigt ist, d. h. bei dem Beträge, die nicht für den isolierten Substituenten, sondern die für den Übergang Ring–Monoderivat charakteristisch sind, addiert werden. Vorausgesetzt, daß jeder Substituent nur mit dem Ring in Wechselwirkung steht, und daß diese Wechselwirkung von der Gegenwart weiterer Substituenten unabhängig ist, läßt sich bei Diderivaten ein solches sinngemäßes Additionsverfahren angeben, das, wie wir sehen werden, im Falle der Xylole mit den Beobachtungen im Einklang steht.

Die Berechnung führen STUART und VOLKMANN in folgender Weise durch. Zeichnen wir uns die Polarisationsellipsoide von Benzol und Toluol für eine Polarisation in der Ringebene auf, so erkennen wir (s. Abb. 80), daß die Einführung einer CH_3-Gruppe in Richtung 3 eine Zunahme von $33,3 \cdot 10^{-25}$, in einer um $\alpha = 30^0$ dazu geneigten Richtung eine solche von $27,5 \cdot 10^{-25}$ und in der dazu senkrechten Richtung ($\beta = 60^0$) eine Zunahme von $17,8 \cdot 10^{-25}$ ergibt. Bauen wir jetzt eine zweite CH_3-Gruppe, etwa in m-Stellung ein, so müssen die Polarisierbarkeiten in den durch α und β gegebenen

---

[1] Cl mit 7 Außenelektronen, von denen nur eines ein Bindungselektron ist, ist sicher nur sehr wenig anisotrop [vgl. H. A. STUART: Erg. exakt. Naturwiss. Bd. 10 (1931) S. 159].

Richtungen der neuen Hauptachsen nochmals um 27,5 bzw. 17,8 · 10^{-25} zunehmen. In dieser Weise können wir die Polarisierbarkeiten in den drei Hauptachsen für Diderivate tensoriell berechnen[1].

Ein quantitativer Vergleich mit den beobachteten Werten läßt sich nur beim m-Xylol durchführen. Wie ein Blick auf Tabelle 62 zeigt, ist die Übereinstimmung überraschend gut. Beim p-Xylol lassen sich, wie schon erwähnt, wegen des fehlenden elektrischen Moments die drei Polarisierbarkeiten nicht einzeln eindeutig ausrechnen. Man kann daher nur feststellen, daß ein Wertetripel, das in der Nähe des additiv berechneten liegt, mit den Beobachtungen

Abb. 81 und Tabelle 62.

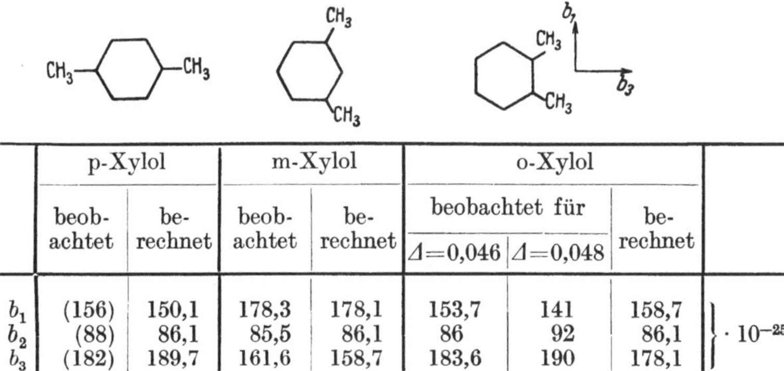

	p-Xylol		m-Xylol		o-Xylol			
	beobachtet	berechnet	beobachtet	berechnet	beobachtet für		berechnet	
					$\Delta=0{,}046$	$\Delta=0{,}048$		
b_1	(156)	150,1	178,3	178,1	153,7	141	158,7	
b_2	(88)	86,1	85,5	86,1	86	92	86,1	$\left.\right\}\cdot 10^{-25}$
b_3	(182)	189,7	161,6	158,7	183,6	190	178,1	

der KERR-Konstante verträglich ist. Das additiv berechnete Polarisationsellipsoid steht also mit der Erfahrung sicher nicht im Widerspruch. Bei o-Xylol ist wegen des nicht genau bekannten Depolarisationsgrades am Dampf nur ein qualitativer Vergleich möglich. Trotz dieser Unsicherheit im Δ-Wert steht folgendes wesentliche Ergebnis fest. Beobachtung und Rechnung ergeben übereinstimmend, daß bei m-Xylol (s. Abb. 81) die Achse größter Polarisierbarkeit senkrecht zum elektrischen Moment und beim o-Xylol parellel zum elektrischen Moment liegt, also in beiden Fällen in die Richtung der größten Ausdehnung des Moleküls fällt. Beobachtung und Rechnung ergeben also übereinstimmend gerade das, was nach der SILBERSTEINschen Theorie zu erwarten ist.

---

[1] Die Lage der Hauptachsen folgt bei m-, p- und o-Xylol eindeutig aus der geometrischen Symmetrie.

Chlor und die CH_3*-Gruppe als Substituenten in* CH_4, C_2H_6 *und* C_6H_6. Führt man ein Cl-Atom bzw. einen CH_3-Gruppe nacheinander in CH_4, C_2H_6 oder C_6H_6 ein, so findet man aus den schon früher berechneten Polarisationsellipsoiden dieser Moleküle (siehe Tabelle 59) folgende Werte für die Änderungen der Polarisierbarkeiten in der Richtung C—Subst. bzw. in den dazu senkrechten Richtungen, nämlich erstens senkrecht zur Ebene des Moleküls, also senkrecht zum Ring bei Benzol mit seinen Derivaten bzw. senkrecht zu der aus den drei Atomen Cl, C_1 und C_2 gebildeten Ebene bei C_2H_5Cl und zweitens in der Ebene dieser Moleküle[1] (s. Tabelle 63).

Tabelle 63.

	Änderungen der Polarisierbarkeit $\Delta b \cdot 10^{25}$			
	in Richtung C—Subst.	$\perp$ C—Subst. $\perp$ zur Ebene des Moleküls	$\perp$ C—Subst. in der Ebene des Moleküls	im Mittel $= \Delta \alpha$
Methan—Äthan[2] . . .	29,9	13,9	13,9	19,2
Benzol—Toluol	33,3	11,3	13,5	19,4
Methan—Methylchlorid[2]	29,2	14,7	14,7	19,6
Äthan—Äthylchlorid . .	32	10,1	14,5	18,7
Benzol—Chlorbenzol . .	36,2	12,3	9,3	19,3

Aus diesen Änderungen lesen wir folgendes ab: Immer ist die Änderung in der Richtung C—Subst. um ein Mehrfaches größer als in den dazu senkrechten Richtungen. Ferner werden sowohl bei CH_3 wie bei Cl als Substituent die Änderungen in Richtung C—Subst. mit der Polarisierbarkeit des Restmoleküls größer, während sie in den dazu senkrechten Richtungen fast durchweg abnehmen, also wieder, wie es wegen der Wechselwirkung der induzierten Dipole nach der SILBERSTEINschen Theorie zu erwarten ist. Auf Grund dieser Gesetzmäßigkeiten wird es möglich sein, in Fällen, wo mehrere Strukturen zur Diskussion stehen, die zugehörigen Polarisationsellipsoide genähert vorauszuberechnen und durch Vergleich mit den Beobachtungen zu einer Entscheidung zwischen den verschiedenen Konfigurationen zu kommen.

Aus den eben besprochenen Beispielen folgt, daß zwischen dem optischen Polarisationsellipsoid eines Moleküls und seiner Struktur

---

[1] Die Polarisierbarkeiten $\parallel$ und $\perp$ C—H und C—Cl bei C_2H_6 bzw. C_2H_5Cl lassen sich aus den Hauptpolarisierbarkeiten dieser Moleküle berechnen.

[2] Wegen der Rotationssymmetrie von C_2H_6 und CH_3Cl sind die Änderungen senkrecht C—Subst. gleich.

sehr einfache, anschauliche und quantitative Beziehungen bestehen, und zwar genau diejenigen, die sich aus der SILBERSTEINschen Theorie der atomaren Dipole ergeben. Damit ist bewiesen, daß unabhängig davon, wieweit ihre Voraussetzungen wirklich erfüllt sind bzw. wie weit noch andere Ursachen, wie eine geringe Anisotropie der einzelnen Atome, eine größere Anisotropie der Bindungselektronen (s. § 23), oder die gegenseitige Durchdringung der Ladungswolken eine Rolle spielen, die SILBERSTEINsche Theorie den Zusammenhang zwischen der Struktur und der optischen Anisotropie eines Moleküls qualitativ richtig wiedergibt. Sie stellt daher bei allen Strukturbestimmungen, die auf Messungen der optischen Anisotropie beruhen, zumindest eine brauchbare und empirisch gut gesicherte Arbeitshypothese dar.

§ 29. Bestimmung von Strukturen.

Anorganische Moleküle.

Schwefeldioxyd[1] SO_2. Aus dem Vorhandensein eines elektrischen Moments folgt, daß zwei Strukturen möglich sind, entweder die gewinkelte oder die wiederholt vorgeschlagene[2] un-
symmetrische Stabform
$O=S—O$ (s. Abb. 82). In
beiden Fällen liegt das

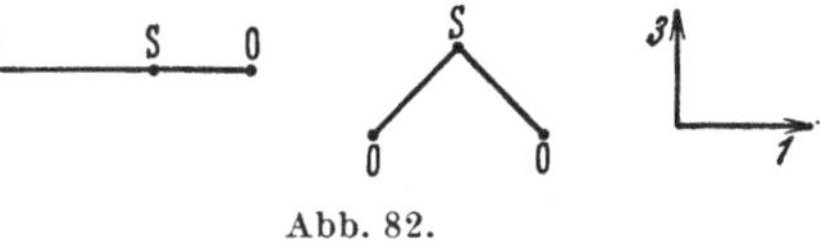

Abb. 82.

Moment in der Richtung einer der drei Hauptachsen, nämlich beim gestreckten Modell in der Richtung OSO, beim gewinkelten Modell in der der Winkelhalbierenden, so daß wir mittels der drei Gleichungen (62) des § 27 die Polarisierbarkeiten berechnen können. Die beiden Lösungen sind:

$$
\begin{array}{cc}
\text{I} & \text{II} \\
\left.\begin{array}{l} b_1 = 54{,}9 \\ b_2 = 27{,}2 \\ b_3 = 34{,}9 \end{array}\right\} \cdot 10^{-25} &
\left.\begin{array}{l} b_1 = 27{,}2 \\ b_2 = 54{,}9 \\ b_3 = 34{,}9 \end{array}\right\} \cdot 10^{-25}
\end{array}
$$

Da $b_1 \neq b_2 \neq b_3$ ist, besitzt das Molekül keine Rotationssymmetrie, es muß also gewinkelt sein. Wir sehen weiter, daß sich die Polarisierbarkeit in der Richtung des elektrischen Moments eindeutig zu $b_3 = 34{,}9 \cdot 10^{-25}$ ergibt, während für die beiden anderen Richtungen zwar nur ein Wertepaar auftritt, seine Zuordnung zu b_1 und b_2

---

[1] STUART, H. A.: Z. Physik Bd. 55 (1929) S. 358.
[2] Z. B. SIDGWICK: Ann. Rep. chem. Soc. 1931 S. 400.

aber auf zwei Arten möglich ist. Nun wissen wir, daß wegen der wechselseitigen Induktion (SILBERSTEINsche Theorie) die Achse kleinster Polarisierbarkeit senkrecht zur Ebene OSO stehen muß (vgl. § 28). Es ist also Lösung 1 mit $b_1 > b_2$ als die richtige anzusehen.

Die Winkelung folgt übrigens in diesem Falle bereits ohne Berechnung des Polarisationsellipsoides aus der negativen KERR-Konstanten, $K = -9{,}2 \cdot 10^{-15}$, da beim gestreckten unsymmetrischen Molekül das Moment und die Achse größter Polarisierbarkeit in die Längsrichtung des Moleküls fallen würden, die KERR-Konstante also positiv sein müßte.

Schwefelwasserstoff. H_2S dagegen besitzt eine positive KERR-Konstante[1], so daß wir erst aus den Achsenwerten des Polarisationsellipsoides

$b_1 = 42{,}0 \cdot 10^{-25}$ in Richtung H—H,
$b_2 = 32{,}1 \cdot 10^{-25}$ in Richtung der Normalen zur Ebene H—S—H,
$b_3 = 39{,}3 \cdot 10^{-25}$ in Richtung der Winkelhalbierenden

die gewinkelte Gestalt des Moleküls erkennen können[2].

Kohlensäure CO_2 und *Schwefelkohlenstoff* CS_2. In beiden Fällen läßt sich vor allem wegen der Unsicherheit im Werte des Depolarisationsgrades nicht erkennen, ob ein kleines Dipolglied vorhanden ist oder nicht, d. h. wir können auf diesem Wege nicht zwischen dem gestreckten oder schwach gewinkelten Moleküle entscheiden. Wir stellen nur fest, daß die beobachteten KERR-Konstanten der gestreckten Gestalt, wie sie bei beiden Molekülen nach anderen Methoden (vgl. §§ 20 u. 36) gefunden wird, nicht widersprechen.

Stickoxydul N_2O. Die KERR-Konstante ist $3{,}08 \cdot 10^{-15}$ bei 760 mm und 26^0. Aus den Beobachtungen des Depolarisationsgrades und des Brechungsindex berechnet sich nach STUART und VOLKMANN[3] $K_1 = 2{,}68 \cdot 10^{-15}$ und damit $K_2 = 0{,}4 \cdot 10^{-15}$. Daraus folgt als obere Grenze für das elektrische Moment $\mu = 0{,}14 \cdot 10^{-18}$. Wegen der Unsicherheit in der Ultrarotpolarisation und in der Anisotropie der elektrostatischen Polarisierbarkeit kann aber das Dipolglied K_2 und damit das elektrische Moment von Null nicht

---

[1] Bei einem Molekül ohne Symmetrieachse hängt das Vorzeichen des Dipolgliedes davon ab, ob der Ausdruck $[2 b_3 - b_2 - b_1]$ [Gleichung (57), § 24] größer oder kleiner als Null ist.

[2] WOLF, K. L., G. BRIEGLEB u. H. A. STUART: Z. physik. Chem. Abt. B Bd. 6 (1929) S. 163.

[3] STUART, H. A. u. H. VOLKMANN: Z. physik. Chem. Abt. B Bd. 17 (1932) S. 429.

mit Sicherheit unterschieden werden. Auf Grund dieser Daten können wir eine gewinkelte Konfiguration, also etwa die oft von chemischer Seite vorgeschlagene ringförmige Struktur $\overset{\text{O}}{\underset{\text{N}=\text{N}}{\bigwedge}}$, die ein negatives Dipolglied ergeben würde, mit Sicherheit ausschließen[1]. Auch der ungewöhnlich große Depolarisationsgrad, $\varDelta = 0{,}125$, ist mit der gewinkelten Gestalt unvereinbar.

Dagegen können wir aus dem KERR-Effekt allein nicht zwischen dem unsymmetrischen stabförmigen Molekül $N\equiv N=O$ mit $K_2 > 0$ und dem symmetrisch gestreckten Molekül $N=O=N$ mit $K_2 = 0$ unterscheiden. Erst die Analyse des ultraroten und des RAMAN-Spektrums (s. § 36), sowie neue direkte Messungen des elektrischen Moments, die $\mu = 0{,}14 \cdot 10^{-18}$ ergeben (s. § 20), beweisen eindeutig die unsymmetrische Form.

Tetrachlorkohlenstoff[2] CCl_4 und *Zinntetrachlorid*[3] $SnCl_4$. Die KERR-Konstanten dieser beiden Moleküle sind außerordentlich klein und lassen sich daher nicht mehr mit Sicherheit von Null unterscheiden, $K_{CCl_4} < \pm\, 0{,}2$ bzw. $K_{SnCl_4} < \pm\, 0{,}5 \cdot 10^{-15}$ bei $99{,}4^0$ bzw. 144^0 und 760 mm. Daraus folgt, daß die Moleküle reguläre oder nur ganz schwach deformierte Tetraeder sind, da jede andere Anordnung wegen der starken Polarisierbarkeit der Cl-Atome eine beträchtliche Anisotropie ergeben würde. Wie in § 23 ausgeführt worden ist, beruhen die Abweichungen von der Kugelsymmetrie höchstwahrscheinlich darauf, daß schon bei gewöhnlicher Temperatur bei einer großen Zahl von Molekülen die unsymmetrischen Kernschwingungen angeregt sind.

Organische Moleküle.

Methylalkohol CH_3OH. $K < \pm\, 0{,}4 \cdot 10^{-15}$ bei 760 mm und $98{,}8^0$. Aus der außerordentlich kleinen KERR-Konstante, $K_1 = 0{,}3 \cdot 10^{-15}$, $K_2 = +\, 0{,}1$ bis $-\, 0{,}7 \cdot 10^{-15}$ läßt sich nach STUART[2] folgendes schließen: Das gestreckte Molekülmodell, d. h. der H-Kern in der

---

[1] Erst wenn der Winkel sehr klein würde, könnte die Achse maximaler Polarisierbarkeit in die Richtung der Winkelhalbierenden, d. h. in die Richtung des elektrischen Moments fallen und somit K_2 positiv werden. In diesem Falle müßte aber ein großes elektrisches Moment vorhanden sein, was ja nicht der Fall ist.

[2] STUART, H. A.: Z. Physik Bd. 63 (1930) S. 533.

[3] STUART, H. A. u. H. VOLKMANN: Z. physik. Chem. Abt. B Bd. 17 (1932) S. 429.

Verlängerung von CO liegend, ist auszuschließen (s. Abb. 83). Denn in diesem Falle würde die Linie COH Symmetrieachse und Richtung größter Polarisierbarkeit werden; das elektrische Moment würde in dieselbe Richtung fallen und K_2, wie eine einfache Rechnung zeigt, groß und positiv, nämlich gleich $11{,}4 \cdot 10^{-15}$ bei $98{,}8^0$,

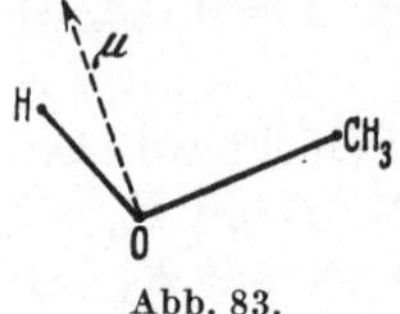

Abb. 83.
Methylalkohol.

werden. Das Molekül ist also am O-Atom gewinkelt. Über die Größe dieses Winkels sagt uns die KERR-Konstante nichts aus, zumal wir nicht angeben können, wie die optischen Achsen liegen. Aus der weiteren Diskussion folgt, daß durch den seitlich sitzenden H-Kern die optische Symmetrie um die C—O-Richtung sehr stark gestört wird, d. h., daß die Elektronenhülle des Pseudoatoms OH auch nicht annähernd mehr symmetrisch um OC verteilt ist.

Äthylalkohol C_2H_5OH. Beobachtet[1] ist wieder eine ganz kleine von Null nicht unterscheidbare KERR-Konstante $K < \pm\, 0{,}5 \cdot 10^{-15}$

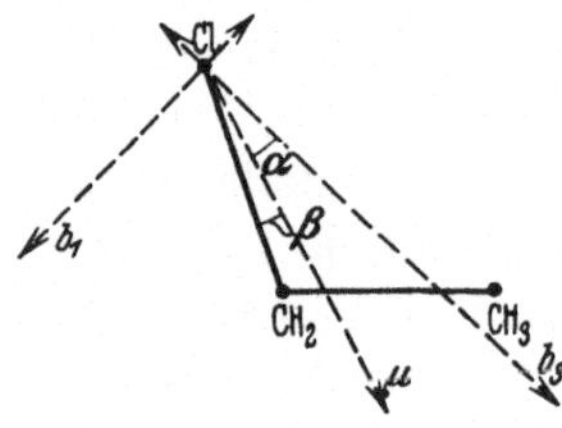

Abb. 84. Äthylchlorid.

bei 760 mm und 102^0. In derselben Weise wie beim Methylalkohol folgt auch hier die Winkelung am O-Atom und die Unsymmetrie des Moleküls[1]. Die neu hinzukommende CH_3-Gruppe ist als praktisch frei drehbar anzusehen, da merkliche Potentialunterschiede bei den einzelnen Stellungen nicht da sind. Infolge dieser Rotation ändert sich dauernd die Größe und vor allem die Orientierung des Polarisationsellipsoides, so daß eine numerische Berechnung desselben nicht möglich ist.

Äthylchlorid C_2H_5Cl. $K = 55{,}2 \cdot 10^{-15}$ bei 18^0 und 760 mm. Zunächst kann man nach STUART[2] zeigen, daß das gestreckte Molekül, das Cl-Atom auf der Verlängerung von C_2—C_1, mit den Beobachtungen unverträglich ist, da man aus der KERR-Konstante eine für diese Struktur viel zu kleine Anisotropie erhält[3], die außerdem mit dem beobachteten Depolarisationsgrad unvereinbar ist. Das Molekül ist also gewinkelt (s. Abb. 84).

---

[1] STUART, H. A.: Z. Physik Bd. 63 (1930) S. 533.

[2] STUART, H. A.: Z. Physik Bd. 59 (1929) S. 13; ferner Erg. exakt. Naturwiss. Bd. 10 (1931) S. 159.

[3] Legt man den Berechnungen dieses rotationssymmetrische Modell zugrunde, so erhält man für die Polarisierbarkeiten die unten aufgeführten Werte. Vergleicht man diese mit denen von Äthan, Methan und Methylchlorid, so sieht man, daß die Polarisierbarkeit in der Richtung C—Cl beim

Die weitere Diskussion ergibt, daß der Winkel α zwischen dem elektrischen Moment und der Achse maximaler Polarisierbarkeit zwischen 0^0 und etwa 17^0 liegen muß, da in jedem anderen Falle die drei Bestimmungsgleichungen für die Polarisierbarkeiten keine reellen Lösungen ergeben. Dieses Ergebnis ist natürlich von der Lage der Achsen innerhalb des Moleküls unabhängig.

Die Lage des elektrischen Moments und der optischen Achsen finden wir durch folgende Überlegung: Für den Winkel am C-Atom nehmen wir den Tetraederwinkel von 110^0 an. Da das Cl-Atom und die CH_3-Gruppe genähert die gleiche Oktettrefraktion (6,57 und 6,32 ccm) besitzen, dürfen wir das Äthylchlorid hinsichtlich seines optischen Polarisationsellipsoides als dem Propan ähnlich behandeln — damit steht in Einklang die Gleichheit des Depolarisationsgrades der beiden Moleküle sowie auch die Ähnlichkeit der Polarisationsellipsoide von Toluol und Chlorbenzol. — Dann muß die Achse maximaler Polarisierbarkeit b_3 genähert in die Richtung Cl—C (C der CH_3-Gruppe) fallen. Daraus folgt weiter, da der Winkel α nicht größer als 17^0 sein kann, daß das resultierende elektrische Moment nicht in die Valenzrichtung Cl—C fällt, wie man es nach der einfachen Vektoraddition der Bindungsmomente Cl—C und der drei C—H-Momente erwarten würde, sondern mit dem Moment $\overset{-}{\text{Cl}}$—$\overset{+}{\text{C}}$ den Winkel β einschließt. Diese Abweichung erklärt sich, wie schon in § 18 ausgeführt worden ist, durch das von dem Feld des $\overset{+}{\text{C}}$—$\overset{-}{\text{Cl}}$-Moments in der CH_3-Gruppe induzierte Moment, und zwar ergibt die Rechnung (s. S. 132, Anmerkung 1) für 10—14^0. Daraus folgt wegen $0 < \alpha < 17^0$, daß die Achse maximaler Polarisierbarkeit nicht genau in die Richtung Cl—C fällt, sondern etwas davon abweicht (s. Abb. 84), was verständlich ist, da das Chloratom eine etwas größere Oktettrefraktion als die CH_3-Gruppe besitzt. Man sieht also, daß sich bei Äthylchlorid nicht präzisierte Angaben über die Lage des Moments und der

Übergang Äthan—Äthylchlorid viel weniger zunimmt, als beim Übergang Methan—Methylchlorid, was nach allen sonstigen Erfahrungen, die wir in SILBERSTEINschen Theorie zusammenfassen können, unmöglich ist.

	Äthan	Äthylchlorid	Methan	Methylchlorid	
b_1	56	75,5	26,1	54,5	
b_2	40	58,3	26,1	41,4	$\Big\} \cdot 10^{-25}$
b_3	40	58,3	26,1	41,4	

optischen Hauptachsen machen lassen. Die Werte für die Polarisierbarkeiten stehen in Tabelle 59.

Methyläther $CH_3 \cdot O \cdot CH_3$. $K = -5,0 \cdot 10^{-15}$ bei 18^0 und 760 mm. Aus der negativen KERR-Konstante, sowie aus der Verschiedenheit der drei Hauptpolarisierbarkeiten (s. Tabelle 64) folgt, wie beim SO_2, die gewinkelte Struktur[1] (s. Abb. 85a).

Diäthyläther $C_2H_5 \cdot O \cdot C_2H_5$. $K = -3,9 \cdot 10^{-15}$ bei $62,7^0$ und 760 mm. Hier interessiert besonders die Frage nach der Drehbarkeit der CH_3-Arme, die von STUART[2] diskutiert worden ist. Wir legen die Achsen so, wie in Abb. 85b und berechnen für diesen

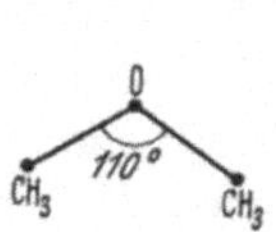 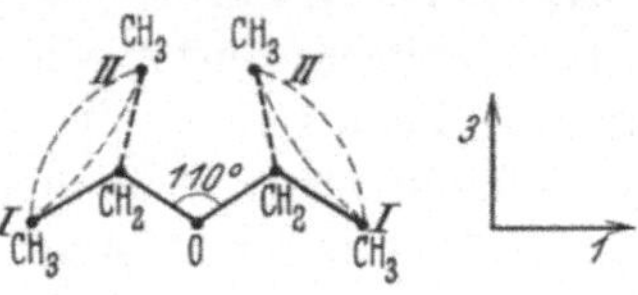

Abb. 85a Methyläther.   Abb. 85b. Äthyläther.

Fall das Polarisationsellipsoid. Man erkennt (s. Tabelle 64), daß b_1 die bei weitem größte Polarisierbarkeit aufweist, während b_2 am kleinsten und b_3 etwas größer ist, so daß das Molekül genähert Rotationssymmetrie besitzt. Das ist nun genau das, was man erwarten würde, wenn I eine ausgezeichnete Konfiguration mit kleinen Oszillationen der CH_3-Gruppen um die Gleichgewichtslage wäre; dabei muß b_2 notwendig etwas kleiner als b_3 sein. Wäre II die allein vorkommende Konfiguration, so müßte b_2 Symmetrieachse und b_3 ähnlich b_1 sein, sowie K_2 positiv werden. Wäre freie Drehbarkeit der CH_3-Arme vorhanden, so wäre die beobachtete KERR-Konstante ein sehr komplizierter Mittelwert aus allen möglichen Polarisationsellipsoiden mit verschiedenen b-Werten und verschiedenen Achsenlagen, dabei wären die zu I und II gehörigen Ellipsoide Extremwerte. Wir sehen nun, daß die beob-

Tabelle 64. Polarisationsellipsoide von Methyl-, Äthyl- und Propyläther.

	Dimethyläther beobachtet	Diäthyläther beobachtet	Δb	Di-n-Propyläther vorausberechnet	
$b_1 =$	63,0	112,6	49,6	(165)	
$b_2 =$	43,1	70,7	27,6	(99)	$\cdot 10^{-25}$
$b_3 =$	48,6	78,7	30,1	(111)	

[1] STUART, H. A.: Z. Physik Bd. 59 (1929) S. 13.
[2] STUART, H. A.: Z. Physik Bd. 63 (1930) S. 533.

achtete KERR-Konstante gerade den für *I* zu erwartenden Extremwert ergibt, es müssen also Stellungen mit diesem Polarisationsellipsoid besonders stark zur KERR-Konstante beitragen, d. h. besonders häufig sein. Zum gleichen Schluß kommt man, wenn man die Änderungen des Polarisationsellipsoides beim Übergang Methyläther—Äthyläther betrachtet, wo sich besonders starke Zunahme von b_1 (s. Spalte 3) ergibt, d. h. die neuen CH_3-Gruppen liegen praktisch auf der Verlängerung der Verbindungslinie von C—C im Methyläther. Dieses Resultat ist in bester Übereinstimmung mit den aus dem Gange des elektrischen Moments in der Ätherreihe

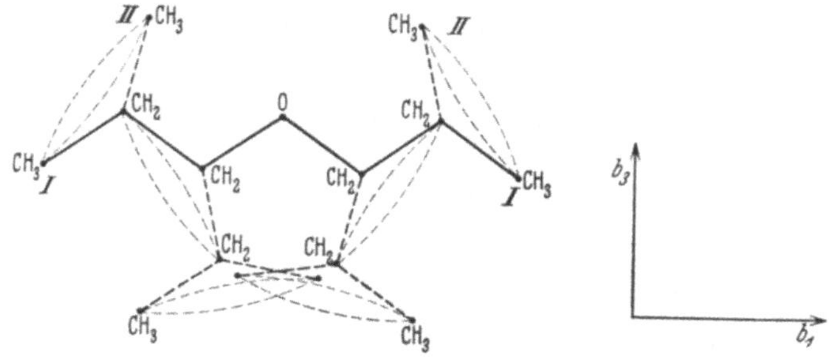

Abb. 86. Di-n-Propyläther.

(s. § 18) und den aus der Größe des Durchmessers der CH_3-Gruppe gezogenen Schlüssen (s. § 14), daß nämlich Konfiguration *II* wegen sterischer Behinderung ganz unmöglich ist, und daß die CH_3-Arme um die besonders stabile Gleichgewichtslage *I* kleine Drehschwingungen ausführen.

Di-n-Propyläther[1] $C_3H_7 \cdot O \cdot C_3H_7$. $K = -2{,}3 \cdot 10^{-15}$ bei $123{,}9^0$ und 760 mm. Sind die CH_3- bzw. C_2H_5-Gruppen um die Valenzrichtungen stark drehbar, so wird die KERR-Konstante ein sehr komplizierter Mittelwert. Dabei sind wieder die zur Konfiguration *I* und *II* (s. Abb. 86)[2] gehörigen Ellipsoide Extremwerte. Für

---

[1] STUART, H. A. u. H. VOLKMANN: Erscheint demnächst in der Z. physik. Chem. Abt. B.

[2] Von den auf Grund des Prinzips der freien Drehbarkeit möglichen Konfigurationen haben wir immer nur *einen* ebenen Sonderfall, nämlich die gestreckte Zickzackform, in der Figur ausgezogen gezeichnet. Die übrigen möglichen ebenen Fälle sind quergestrichelt gezeichnet. Damit soll nicht gesagt sein, daß alle quergestrichelten Konfigurationen, sowie die räumlichen ausgeschlossen sind. Ein Teil der ebenen quergestrichelten Stellungen ist allerdings wegen sterischer Behinderung unmöglich.

die ausgezeichnete Form I läßt sich das Polarisationsellipsoid
auf Grund der bei Methyl-Äthyläther, den Ketonen und Benzol
derivaten gewonnenen Erfahrungen vorausberechnen. Diese Werte
sind in der letzten Spalte von Tabelle 64 aufgeführt. Bei der
Konfiguration II können wir mangels geeigneter Erfahrung bei
anderen Molekülen nur sagen, daß b_1 etwas größer als b_3 und
daß b_2 viel kleiner als b_1 und b_3 sein muß. Das Dipolglied K_2

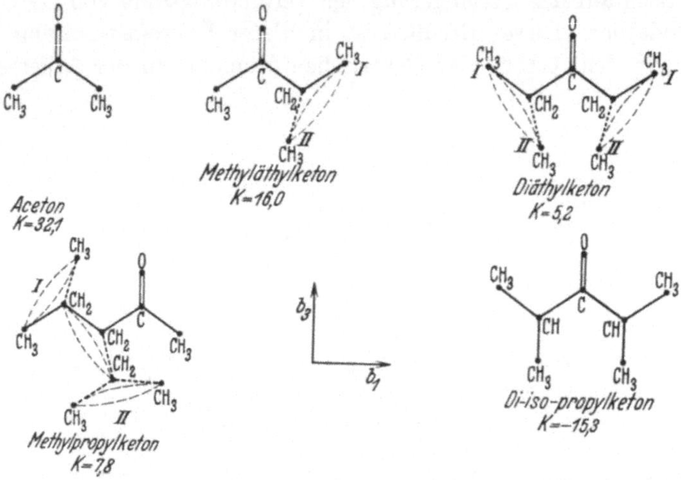

Abb. 87. Die Ketone; KERR-Konstanten $K \cdot 10^{15}$.

dürfte positiv werden. Da Messungen des Depolarisationsgrades
noch fehlen, ist ein quantitativer Vergleich mit den Beobachtungen
nicht möglich. Man kann nur sagen, daß Konfiguration II sicher
nicht besonders ausgezeichnet ist und daß wahrscheinlich Stellung I
und benachbarte Lagen besonders häufig sind.

Die Ketone. Bisher sind fünf Moleküle dieser Reihe von STUART
und VOLKMANN[1] untersucht und diskutiert worden (vgl. Abb. 87[2]
und Tabelle 65). Wie man am Beispiel der Ketone sieht, kann die
KERR-Konstante innerhalb einer homologen Reihe ganz verschiedene
Werte annehmen, ja sogar das Vorzeichen wechseln. Besonders
instruktiv ist auch das Beispiel der beiden Isomeren, Methyl-

---

[1] STUART, H. A. u. H. VOLKMANN: Ann. Physik Bd. 18 (1933) S. 121.
[2] Wegen der Berücksichtigung der freien Drehbarkeit in den Abbildungen
vgl. die Anmerkung 1 auf der S. 237. Beim Di-iso-Propylketon, wo an den
CH-Gruppen je zwei CH₃-Gruppen angreifen, ist um die Abbildung nicht zu
verwirren, nur eine einzige, ebene Konfiguration eingezeichnet.

Tabelle 65. Die Polarisierbarkeiten der Ketone.

	Azeton	Methyläthylketon		Diäthylketon	
	$b \cdot 10^{25}$	$b \cdot 10^{25}$	$\varDelta b \cdot 10^{25}$	$b \cdot 10^{25}$	$\varDelta b \cdot 10^{25}$
b_1	71	98,3	27,3	126,4	55,4
b_2	48,2	60,2	12,0	71,5	23,3
b_2	70,8	85,5	14,7	100,1	29,3
$3\,\alpha \cdot 10^{25}$	190,0	244	—	298	—
$(2\,b_3 - b_2 - b_1) \cdot 10^{25}$	22,4	12,5	—	+2,2	—

	Methylpropylketon		Di-iso-Propylketon			
			$\varDelta = 0,02$		$\varDelta = 0,03$	
	$b \cdot 10^{25}$	$\varDelta b \cdot 10^{25}$	$b \cdot 10^{25}$	$\varDelta b \cdot 10^{25}$	$b \cdot 10^{25}$	$\varDelta b \cdot 10^{25}$
b_1	120,6	49,6	170	43,6	176,8	50,4
b_2	76	27,8	110	38,5	103,9	32,4
b_3	101,4	30,6	126	25,9	125,3	25,2
$3\,\alpha \cdot 10^{25}$	298	—	406	—	406	—
$(2\,b_3 - b_1 - b_2) \cdot 10^{25}$	5,9	—	−18,4	—	−20	—

propylketon und Diäthylketon, wo infolge der Verschiedenheit der Lage der Gruppen die Dipolglieder K_2 sich fast um den Faktor 3 unterscheiden. Die KERR-Konstante ist somit gegen Strukturänderungen viel empfindlicher als andere Molekülkonstanten, wie etwa das elektrische Moment, das bei allen Ketonen praktisch denselben Wert $2,7 \cdot 10^{-18}$ besitzt. Insbesondere ist die Untersuchung des KERR-Effekts zur Bestimmung der gegenseitigen Anordnung und Drehbarkeit von CH_3-Gruppen bzw. zur Unterscheidung von Isomeren das gegebene Mittel, dessen Empfindlichkeit bisher von keiner anderen physikalischen Untersuchungsmethode erreicht worden ist, da Röntgen- und Elektroneninterferenzen, Ultrarotspektrum und RAMAN-Effekt bei so kompliziert gebauten Molekülen bisher zu keinem eindeutigen Ergebnis führen konnten[1].

Das Auftreten einer negativen KERR-Konstante bei den höheren Ketonen ist zu erwarten. Das Azetonmolekül besitzt optisch fast Rotationssymmetrie (s. Tabelle 65). Ersetzen wir im Azeton die CH_3-Gruppen durch längere Alkyle — gehen also zu höheren Ketonen über — so muß im Sinne der SILBERSTEINschen Theorie die

---

[1] Mit Hilfe von Elektronen- und Röntgeninterferenzen würde man eindeutige Ergebnisse erzielen, wenn ein endständiges H-Atom durch ein schwereres, etwa ein Cl- oder Br-Atom, ersetzt würde.

Polarisierbarkeit in der Richtung b_1 mehr zunehmen als in Richtung b_2 und b_3. Wenn diese Zunahme von b_1 sehr groß ist, kann es dabei geschehen, daß der Ausdruck $[2\,b_3 - b_2 - b_1]$, der bekanntlich das Vorzeichen der KERR-Konstante bestimmt, < 0 und dadurch auch die KERR-Konstante negativ wird, ein Fall, der also beim Di-iso-Propylketon bereits verwirklicht ist.

Zur Berechnung der b_1, b_2, b_3 der verschiedenen Ketone legen wir die Achsen, so wie es in der Abb. 87 angedeutet ist. Das ist natürlich nicht immer ganz richtig, da bei Molekülen mit drehbaren Gruppen die Lage des Achsensystems vom Azimut der drehbaren Gruppe abhängt. Abgesehen von Methylpropyl- und Methyläthylketon fallen aber wenigstens die mittleren Achsenlagen mit den in der Abb. 87 angegebenen zusammen. Bei dem letzteren Molekül wird man jedoch die Unsymmetrie im Bau wegen der Kürze des drehbaren Armes und wegen der im Vergleich zum Gesamtmolekül kleinen Polarisierbarkeit des CH_3-Armes noch vernachlässigen dürfen.

Diäthylketon $C_2H_5 \cdot CO \cdot C_2H_5$. Aus den in Tabelle 65 zusammengestellten Hauptpolarisierbarkeiten ergibt sich, daß beim Übergang vom Azeton zum Diäthylketon die Änderungen der Polarisierbarkeit $\varDelta\,b$ fast doppelt so groß sind, wie beim Übergang Azeton—Methyläthylketon. Die Abweichungen liegen noch gerade innerhalb der Meßfehler. Die Änderungen der b_1, b_2, b_3 sind ferner denen sehr ähnlich, die beim Übergang von Dimethyl- zu Diäthyläther beobachtet sind, und ferner etwa doppelt so groß wie die beim Übergang von Methan zu Äthan (s. Anmerkung 3, S. 234/35) auftretenden Differenzen. Das ist nur so zu erklären, daß, wie beim Diäthyläther Konfiguration I besonders häufig ist, da sonst b_3 und b_2 auf Kosten von b_1 verhältnismäßig mehr zunehmen müßten. Stellung I ist übrigens wegen der elektrostatischen Anziehung zwischen den $\overset{+}{C}=\overset{-}{O}$ und $\overset{-}{C}-\overset{+}{H}$-Momenten eine Lage kleinster potentieller Energie, so daß ähnlich wie beim Äthyläther die CH_3-Arme mit kleinen Amplituden um die Stellung I als Gleichgewichtslage schwingen. Stellung II ist dagegen aus räumlichen Gründen ganz ausgeschlossen.

Beim *Di-iso-Propylketon* $(CH_3)_2CH \cdot CO \cdot CH \cdot (CH_3)_2$ ist der Depolarisationsgrad noch nicht gemessen, so daß wir die Polarisierbarkeiten nur für die beiden äußersten möglichen Werte $\varDelta = 0{,}02$ und $0{,}03$ angeben können. Dabei ergibt sich, daß die Polarisierbarkeit unabhängig von $\varDelta$ beim Übergang von Diäthylketon zum Di-iso-Propylketon in Richtung II mehr ansteigt als beim Übergang

Azeton—Diäthylketon. Das bedeutet im Sinne der SILBERSTEINschen Theorie, daß die endständigen CH_3-Gruppen nicht nur in der Zeichenebene liegen. Die nähere Betrachtung der Durchmesser der CH_3-Gruppen zeigt, daß die freie Drehbarkeit weitgehend zugunsten einer bestimmten räumlichen Konfiguration eingeschränkt sein muß, bei der die Verbindungslinie der C-Atome je zweier an dasselbe C-Atom gebundener CH_3-Gruppen ungefähr senkrecht zur Zeichenebene steht.

Methylpropylketon $CH_3 \cdot CO \cdot C_3H_7$. Vergleichen wir die $\varDelta b_1$, $\varDelta b_2$, $\varDelta b_3$ beim Übergang vom Azeton zu den beiden Isomeren Methylpropylketon und Diäthylketon, so zeigt sich, daß diese bei dem ersteren durchaus nicht mehr gleich dem Doppelten der $\varDelta b$ beim Übergang Azeton—Methyläthylketon sind, wie wir es vorher beim Diäthylketon gefunden hatten.

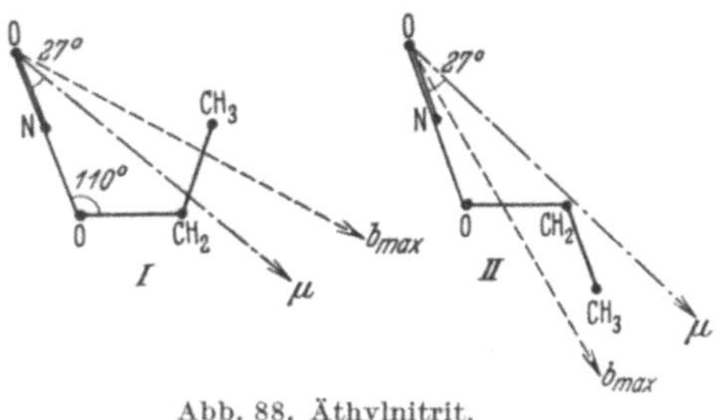

Abb. 88. Äthylnitrit.

Auch hier deutet das stärkere Anwachsen von b_2 auf Kosten von b_1 darauf hin, daß die C_2H_5-Gruppe, insbesondere die endständige CH_3-Gruppe, schon beträchtlich aus der Zeichenebene herausgedreht werden kann.

An dem Beispiel Diäthyl- und Methylpropylketon wird übrigens sehr klar, wie empfindlich die KERR-Konstante gegen die kleinsten Änderungen der Polarisierbarkeiten ist. Obwohl diese selbst sich bei den beiden Ketonen um höchstens 6% unterscheiden, sind die KERR-Konstanten K um 50%, die Dipolglieder K_2 bzw. die ihnen proportionalen Ausdrücke ($2 b_3 - b_2 - b_1$) um den Faktor 3 verschieden. Auf dieser Empfindlichkeit beruht der Wert der KERR-Effektmethode bei der Untersuchung von *isomeren* Molekülen.

Das interessanteste Molekül der Reihe ist das *Di-n-Propylketon*, seine Messung steht noch aus.

Äthylnitrit $C_2H_5O-N=O$. Die von STUART und VOLKMANN[1] durchgeführte Diskussion ergibt, daß die Daten für das Polarisationsellipsoid mit der ebenen Zickzackform *II* (s. Abb. 88) unvereinbar sind. Dagegen läßt sich nicht sicher sagen, ob Stellung *I* ganz besonders stabil ist und ob große oder kleine Drehwinkel um diese Lage vorkommen.

---

[1] STUART, H. A. u. H. VOLKMANN: Ann. Physik Bd. 18 (1933) S. 121.

An Flüssigkeiten gewonnene Ergebnisse.

An Flüssigkeiten liegt ein sehr umfangreiches Material vor, teils an homogenen Flüssigkeiten (LEISER[1]), teils an verdünnten Lösungen (LIPPMANN[2]), BRIEGLEB[3], STUART und VOLKMANN[4], MEYER[5] und OTTERBEIN[6], SOLOMOS[7]). Leider versagt bei Flüssigkeiten die molekulare Theorie des KERR-Effekts vollständig, und alle theoretischen Ansätze zu ihrer Verbesserung sind bis heute vergeblich gewesen. Dieses Versagen ist nach STUART[8] weitgehend auf die Assoziation, den Ordnungszustand, wie wir ihn schon in in dipollosen Flüssigkeiten anzunehmen haben, zurückzuführen. Man muß daher mit Schlüssen auf die Struktur sehr zurückhaltend sein.

Nun ist bei Flüssigkeiten wie bei Gasen im allgemeinen $|K_1| \ll |K_2|$ (wenn nicht gerade μ oder der Ausdruck $|2\,b_3 - b_2 - b_1|$ sehr klein wird), so daß wir häufig bereits aus dem Vorzeichen und der Größe der KERR-Konstante, die dann im wesentlichen durch K_2 bestimmt ist, qualitative Schlüsse auf die Lage des elektrischen Moments relativ zu den optischen Achsen und damit auch auf die Struktur des Moleküls ziehen können.

Betrachten wir z. B. die in Tabelle 66 aufgeführten mono- und disubstituierten Benzolderivate, bei denen wir ziemlich übereinstimmende optische Symmetrie erwarten dürfen, wie die nur wenig abweichenden Werte des am Dampf beobachteten Depolarisationsgrades zeigen. Die Achse größter Polarisierbarkeit wird immer in der Ebene des Ringes liegen und von der Mitte nach dem stärkst polarisierbaren Substituenten gerichtet sein. Die nur bei NH_2 auftretende negative KERR-Konstante beweist nach WOLF[9], daß das Moment dieser Gruppe gegen die Ebene des Benzolringes geneigt ist. Die kleinen KERR-Konstanten von $C_6H_5 \cdot OCH_3$ und $C_6H_5 \cdot OC_2H_5$ deuten ebenfalls auf die Valenzwinkelung am O-Atom hin.

---

[1] LEISER, R.: Abh. Bunsenges. 1910 Nr. 4.

[2] LIPPMANN: Z. Elektrochem. Bd. 17 (1911) S. 15.

[3] BRIEGLEB, G.: Z. physik. Chem. Abt. B Bd. 14 (1931) S. 97, Bd. 16 (1932) S. 249.

[4] STUART, H. A. u. H. VOLKMANN: Z. Physik Bd. 83 (1933) S. 444, 461.

[5] MEYER, E. H. L. u. G. OTTERBEIN: Physik. Z. Bd. 32 (1931) S. 290.

[6] OTTERBEIN, G.: Physik. Z. Bd. 34 (1933) S. 645; Bd. 35 (1934) S. 249.

[7] SOLOMOS, D.: Diss. Leipzig 1930.

[8] STUART, H. A.: Z. Physik Bd. 63 (1930) S. 533; ferner Erg. exakt. Naturwiss. Bd. 10 (1931) S. 159.

[9] WOLF, K. L.: Leipziger Vorträge, 1929.

Tabelle 66. KERR-Konstanten von Flüssigkeiten.

Stoff	$\mu \cdot 10^{18}$	$\dfrac{B}{B_s}$ *	Stoff	$\mu \cdot 10^{18}$	$\dfrac{B}{B_s}$
$C_6H_5 \cdot F$	1,39	1,91	$p\text{-}C_6H_4 \cdot CH_3 \cdot NO_2$	4,50	64,00
$C_6H_5 \cdot Cl$	1,55	3,85	$C_6H_5 \cdot OCH_3$	1,2	0,35
$C_6H_5 \cdot Br$	1,50	3,74	$C_6H_5 \cdot O \cdot C_2H_5$	1,2	0,408
$C_6H_5 \cdot J$	1,25	2,88	$o\text{-}C_6H_4 \cdot Cl \cdot OH$	1,30	189
$o\text{-}C_6H_4 \cdot CH_3 \cdot Cl$	1,39	2,70	$C_6H_3 \cdot CH_3 \cdot C_3H_7 \cdot$	1—2	0,826
$p\text{-}C_6H_4 \cdot CH_3 \cdot Cl$	1,74	7,11	OH (1, 4, 2)		
$C_6H_5 \cdot NO_2$	3,89	60,00	$C_6H_5NH_2$	1,51	—0,38
$o\text{-}C_6H_4 \cdot CH_3 \cdot NO_2$	3,75	33,00	$o\text{-}C_6H_4 \cdot CH_3 \cdot NH_2$	1,5—2,0	—0,73
$m\text{-}_6CH_4 \cdot CH_3 \cdot NO_5$	4,20	34,00	$m\text{-}C_6H_4 \cdot CH_3 \cdot NH_2$	etwa 1,5	—1,28

Dieser Einfluß wird bei $C_6H_4 \cdot Cl \cdot OH$ wegen des starken C—Cl-Moments verdeckt. Wir finden auch also hier die Valenzwinkelung am N- und O-Atom.

Die aliphatischen Alkohole haben eine negative oder bei verzweigten Verbindungen eine kleine positive KERR-Konstante, was wegen der Winkelung am O-Atom ($\mu \perp b_{max}$), auch bei Assoziation, gut verständlich ist. Tertiärbutylalkohol, bei dem $\mu \parallel b_{max}$ wird, hat als einzige Ausnahme eine große positive KERR-Konstante, beweist also sehr schön nach WOLF[1] die Winkelung am O-Atom (s. Abb. 89).

Abb. 89.
Tertiärbutylalkohol.

Leider erscheint es bei dem heutigen Stande unseres Wissens ausgeschlossen, aus dem großen Beobachtungsmaterial noch weitere Schlüsse zu ziehen. Somit ergibt sich als besonders dringliche Aufgabe die Untersuchung der Assoziation und des inneren Feldes in Flüssigkeiten[2].

C. (§ 30) Polarisierbarkeit und Modell des optisch aktiven Moleküls[3].

1. Der Tensor der Polarisierbarkeit. Wir haben uns bisher auf die Betrachtung von Molekülen mit mindestens rhombischer

---

* B_s bedeutet dabei die KERR-Konstante des Schwefelkohlenstoffs.

[1] WOLF, K. L.: Leipziger Vorträge, 1929.

[2] Über Arbeiten in dieser Richtung vgl. H. A. STUART u. H. VOLKMANN: Z. Physik Bd. 83 (1933) S. 444, 461.

[3] Vgl. dazu auch W. KUHN: Handbuch der Stereochemie, Bd. 1 S. 319f. Wien 1932; ferner W. KUHN u. K. FREUDENBERG: Hand- und Jahrbuch der chemischen Physik, Bd. 8 Abschn. III. Leipzig 1932; dort auch weitere Literatur; ferner W. KUHN: Naturwiss. Bd. 19 (1931) S. 854; ferner M. BORN: Lehrbuch der elektromagnetischen Lichttheorie. Berlin 1933.

Symmetrie beschränkt und wollen jetzt auch Moleküle von niedrigerer Symmetrie, d. h. die optisch aktiven Moleküle mit in die Betrachtung einbeziehen. Das bekannteste Beispiel sind die organischen Verbindungen mit einem asymmetrischen Kohlenstoffatom[1]. Vertauscht man in einer solchen Verbindung zwei Substituenten, so erhält man das Spiegelbild zur ursprünglichen Konfiguration. Die beiden Molekülsorten, die physikalisch und chemisch identisch sind, also auch dasselbe absolute Drehvermögen zeigen, unterscheiden sich nur durch den Sinn der Drehung der Polarisationsebene. Man bezeichnet sie als optische *Isomere*. Die Theorie der optischen Aktivität, die von BORN[2] und gleichzeitig von OSEEN[3] angegeben und später von LANDÉ[4], GANS[5] u. a. weiter entwickelt worden ist, ergibt, daß jedes Molekül, das kein Symmetriezentrum, keine Symmetriebene und keine Drehspiegelachse besitzt, optisch aktiv ist.

Uns interessiert hier vor allem die modellmäßige Deutung des Zusammenhangs zwischen dem induzierten elektrischen Moment und dem elektrischen Felde

Wie gleichzeitig BORN und OSEEN gezeigt haben, kann man bei der Erklärung der optischen Aktivität das bisherige Modell für das optisch anisotrope Molekül, also ein System von gekoppelten Oszillatoren, schwingenden Elektronen, zugrunde legen. Man hat nur zu beachten, daß die Dimensionen des Moleküls gegen die Wellenlänge des einfallenden Lichtes nicht mehr unendlich klein sind, so daß die Oszillatoren mit verschiedenen Phasen der einfallenden Lichtwelle erregt werden. Bei Berücksichtigung der Koppelung und der endlichen Abstände der Elektronen können wir die Polarisierbarkeit des Moleküls nicht mehr ohne weiteres durch einen symmetrischen Tensor oder durch ein dreiachsiges, auf ein ausgezeichnetes, molekülfestes Achsensystem bezogenes Polarisationsellipsoid beschreiben, sondern müssen zur Darstellung

---

[1] Daneben sind noch zahlreiche andere optisch aktive Substanzen ohne ein asymmetrisches Kohlenstoffatom bekannt, wie die Spirane, bestimmte Diphenylverbindungen, anorganische Komplexverbindungen usw.; vgl. den in Anmerkung 3, S. 243, zitierten Artikel von KUHN-FREUDENBERG.

[2] BORN, M.: Physik. Z. Bd. 16 (1915) S. 251, 437; Ann. Physik Bd. 55 (1917) S. 177; vgl. auch M. BORN: Optik. Ein Lehrbuch der elektromagnetischen Lichttheorie. Berlin 1933.

[3] OSEEN, C. W.: Ann. Physik Bd. 48 (1915) S. 1.

[4] LANDÉ, A.: Ann. Physik Bd. 56 (1918) S. 225.

[5] GANS, R.: Z. Physik Bd. 17 (1923) S. 353, Bd. 27 (1924) S.164 ; Ann. Physik Bd. 9 (1926) S. 548.

des Zusammenhanges zwischen μ_i und $\mathfrak{E}$ auf die Gleichung (1) des § 21 zurückgehen. Der durch diese Gleichung dargestellte Tensor läßt sich immer in zwei Teile, nämlich in einen *symmetrischen* Tensor

$$\left.\begin{aligned}
\mu_{ix}^{s} &= b_{11}\,\mathfrak{E}_x + \frac{b_{12}+b_{21}}{2}\,\mathfrak{E}_y + \frac{b_{13}+b_{31}}{2}\,\mathfrak{E}_z \\[2mm]
\mu_{iy}^{s} &= \frac{b_{12}+b_{21}}{2}\,\mathfrak{E}_x + b_{22}\,\mathfrak{E}_y + \frac{b_{23}+b_{32}}{2}\,\mathfrak{E}_z \\[2mm]
\mu_{iz}^{s} &= \frac{b_{13}+b_{31}}{2}\,\mathfrak{E}_x + \frac{b_{23}+b_{32}}{2}\,\mathfrak{E}_y + b_{33}\,\mathfrak{E}_z
\end{aligned}\right\} \qquad (64)$$

und in einen *antisymmetrischen* Tensor

$$\left.\begin{aligned}
\mu_{ix}^{a} &= 0 + \frac{b_{12}-b_{21}}{2}\,\mathfrak{E}_y + \frac{b_{13}-b_{31}}{2}\,\mathfrak{E}_z \\[2mm]
\mu_{iy}^{a} &= -\frac{b_{12}-b_{21}}{2}\,\mathfrak{E}_x + 0 + \frac{b_{23}-b_{32}}{2}\,\mathfrak{E}_z \\[2mm]
\mu_{iz}^{a} &= \frac{b_{13}-b_{31}}{2}\,\mathfrak{E}_x - \frac{b_{23}-b_{32}}{2}\,\mathfrak{E}_y + 0
\end{aligned}\right\} \qquad (65)$$

zerlegen. Für die Drehung ist nach BORN ausschließlich der antisymmetrische Tensor maßgebend.

Es erhebt sich nun an dieser Stelle die Frage, wie weit kann man einem beliebigen Molekül, insbesondere einem optisch aktiven Molekül ein dreiachsiges Polarisationsellipsoid zuschreiben. Da bei der BORNschen Ableitung die quasielastische Bindung der einzelnen Elektronen von vornherein als *anisotrop* angesetzt wird, gilt die obige Tensoreinteilung für jedes Molekül, dessen Ladungen durch quasielastische und *symmetrische* Kräfte an ihre Ruhelagen gebunden sind. Eine *Asymmetrie* der Kräfte und damit der Polarisierbarkeit, d. h. eine Verschiedenheit der Polarisierbarkeit für zwei genau entgegengesetzte Richtungen ist noch nicht beobachtet worden und bei den kleinen Verrückungen aus der Ruhelage, um die es sich bei der Erregung durch Licht handelt, auch theoretisch ganz unwahrscheinlich[1], so daß wir die Darstellung der Polarisierbarkeit durch die obige unsymmetrische lineare Vektorfunktion, Gleichung (64) und (65), als allgemein gültig ansehen dürfen. Da

---

[1] Erst wenn die Verschiebungen der Ladungen aus der Ruhelage mit den Kernabständen vergleichbar werden, wird bei einem unsymmetrischen Molekül, wie etwa dem HCl-Molekül die Polarisierbarkeit in der Richtung vom Cl- zum H-Atom anders als in der entgegengesetzten Richtung sein. Dieser Effekt dürfte erst bei Feldern von 10^4 und mehr e. s. E., wo die induzierten Momente in die Größenordnung von 10^{-19} e. s. E. kommen, merklich werden.

ferner beim Vorhandensein eines der oben genannten Symmetrie-elemente der antisymmetrische Tensor verschwindet, und da sich der symmetrische immer derart auf Hauptsachen transformieren läßt, daß die Tensorkomponenten zweiter Art b_{12}, b_{13}, b_{23}, ... (vgl. § 21), verschwinden, kann man die Polarisierbarkeit eines optisch *inaktiven* Moleküls, auch bei anisotroper Bindung der Elektronen, immer durch ein dreiachsiges Ellipsoid darstellen.

Im Falle eines optisch *aktiven* Moleküls spielt bei der Berechnung der Molekularrefraktion, der molekularen Lichtzerstreuung und des KERR-Effekts der antisymmetrische Tensor nur die Rolle eines Korrektionsgliedes von der Größenordnung d/λ, welches also ver-schwindet, sobald wir den Abstand d der Oszillatoren gegen die Wellenlänge des erregenden Lichtes vernachlässigen. Dieser unter-geordnete Einfluß kommt auch darin zum Ausdruck, daß die für die Drehung maßgebende Differenz $n_l - n_r$ von der Größen-ordnung 10^{-6}, also sehr klein ist, während der mittlere Brechungs-index bei 1,5 liegt. Da also die optische Drehung die gewöhnliche Lichtbrechung und Lichtzerstreuung nur ganz wenig stört, dürfen wir mit sehr großer Annäherung an die wirklichen Verhältnisse auch dem optisch aktiven Molekül ein dreiachsiges Polarisations-ellipsoid zuschreiben.

2. Modell des optisch aktiven Moleküls. Die Entstehung der optischen Aktivität kann man sich nach KUHN[1] in folgender Weise veranschaulichen: Das einfachste Modell des optisch aktiven Mole-küls enthält zwei anisotrop gebundene, gekoppelte und in einem gegen die Wellenlänge nicht verschwindenden Abstand befindliche Oszillatoren (über die Art der Koppelung s. weiter unten). Falls die beiden Oszillatoren nicht gekoppelt sind, schwingt jeder mit der ihm zukommenden Eigenfrequenz und wir erhalten die Schwin-gungen ξ_1 und ξ_2 (vgl. das Schwingungsbild in Abb. 90 A und B)[2]. Ist eine Koppelung vorhanden, so wird bei der Schwingung ξ_1 das Teilchen *2* etwas von *1* mitgenommen und entsprechend bei der Schwingung ξ_2 das Teilchen *1* von *2*. Dabei ist aber folgender wesentliche Unterschied vorhanden. Bei ξ_2 ist die Elongation der beiden Teilchen stets vom gleichen Vorzeichen, d. h. wenn *1* nach $+ x$ schwingt, so schwingt *2* nach $+ y$. Bei der Schwingung ξ_1

---

[1] Vgl. auch W. KUHN: Z. physik. Chem. Abt. B Bd. 4 (1929) S. 14.

[2] Es ist hier der besondere Fall vollkommener Anisotropie angenommen, derart, daß Teilchen *1* sich nur in der x-Richtung und *2* nur in der y-Richtung bewegen kann.

schwingen die Teilchen dagegen um 180° phasenverschoben, also gerade umgekehrt (s. Abb. 90 A und B). Nun läßt sich sehr einfach zeigen, daß diese beiden Schwingungen auf links- und rechtszirkulares Licht verschieden stark ansprechen. Wir betrachten dazu den besonderen Fall, daß der Abstand der beiden Teilchen d gleich $^1/_4$ der Wellenlänge des einfallenden Lichtes ist und daß dessen Fortpflanzungsrichtung mit der Verbindungslinie 1—2 zusammenfällt.

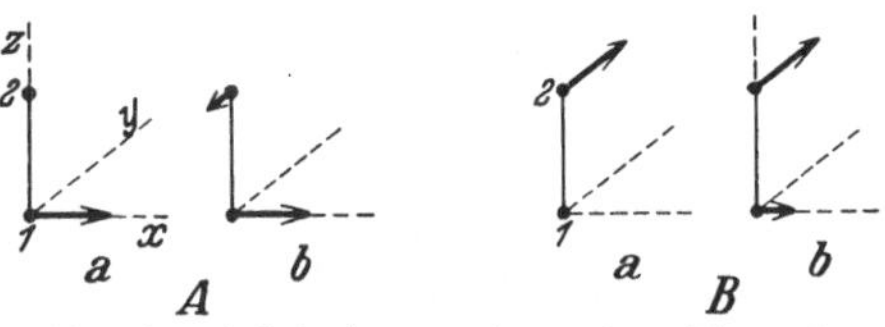

Abb. 90. A Schwingung ξ_1, a ohne Koppelung, b mit Koppelung. B Schwingung ξ_2, a ohne Koppelung, b mit Koppelung.

Die Richtungsverteilung des elektrischen Vektors für einen gegebenen Zeitpunkt ist durch eine rechts- und linksumlaufende Schraubenlinie dargestellt (s. Abb. 91 a und b). Dann sind bei der Einwirkung, etwa von rechtszirkularem Licht auf das Oszillatorenpaar bei der Schwingung ξ_2, die Bewegungsrichtung der Teilchen und die elektrische Feldstärke stets gleichgerichtet, während das bei der Einwirkung von linkszirkularem Licht nur teilweise der Fall ist. Die

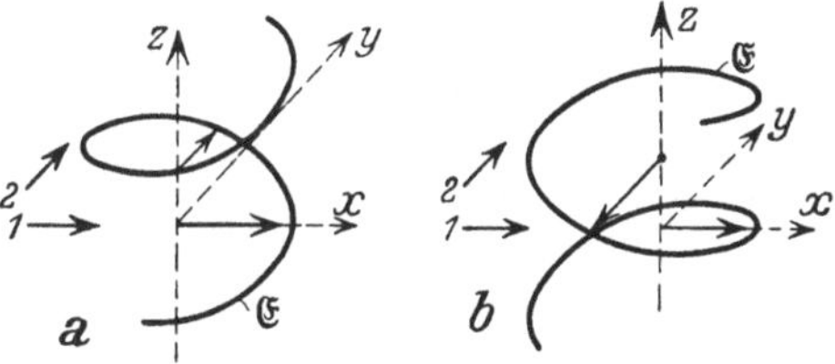

Abb. 91. Einwirkung von rechtszirkularem (a) und linkszirkularem Licht (b) auf die Schwingung ξ_2.

Arbeitsleistung oder die Größe des induzierten Moments ist also in beiden Fällen verschieden, so daß im Resonanzfalle $v = v_2$ das Absorptionsvermögen, und im Falle $v \neq v_2$ der Brechungsindex für links- und rechtszirkulares Licht verschieden sind und wir eine Drehung von der Größe

$$\alpha = \frac{\pi l}{\lambda_0}\,(n_l - n_r) \tag{66}$$

erhalten, wo l die Länge der drehenden Schicht und λ_0 die Wellenlänge im Vakuum bedeuten. Auch im allgemeinen Fall, wo d nicht mehr gleich $^1/_4$ der Wellenlänge und die Fortpflanzungsrichtung des erregenden Lichtes eine andere ist, spricht das Oszillatorenpaar auf links- und rechtszirkular polarisiertes Licht verschieden an. Die obige Betrachtung zeigt im übrigen sehr anschaulich, daß, sobald $d/\lambda = 0$ wird, rechts- und linkszirkulares Licht in gleicher Weise beeinflußt werden, die Drehung also verschwindet.

Aus dem obigen Modell darf man nicht schließen, daß bereits ein zweiatomiges Molekül optisch aktiv sein kann. Denn die Voraussetzung für die Entstehung der Asymmetrie ist ja, daß etwa für den Oszillator *1* die x-Richtung und für den Oszillator *2* die y-Richtung ausgezeichnet sind. Das ist natürlich bei einem Molekül, das wie ein zweiatomiges Rotationssymmetrie besitzt, gar nicht möglich. Um die x-Richtung für das eine bzw. die y-Richtung für das andere Teilchen auszuzeichnen, müssen wir mindestens zwei weitere Oszillatoren *3* und *4* einführen (s. Abb. 92). Ein optisch aktives Molekül enthält also mindestens vier Atome.

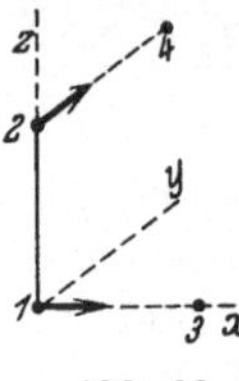

Abb. 92.

Über die Art der Kopplungskräfte läßt sich noch nichts Endgültiges sagen. Es ist jedenfalls nicht möglich, durch eine elektrodynamische Kopplung zwischen schwingenden Oszillatoren mit reinem Dipolcharakter die Verhältnisse darzustellen, wohl aber scheint die Berücksichtigung der Quadrupolmomente zum Ziel zu führen[1].

3. Der Anisotropiefaktor. Bei der modellmäßigen Deutung der optischen Aktivität ist der sog. *Anisotropiefaktor g* von besonderer Wichtigkeit. Man versteht darunter nach KUHN den relativen Unterschied im Absorptionsvermögen ε für links- und rechtszirkulares Licht, g ist also definiert als

$$ g = \frac{\varepsilon_l - \varepsilon_r}{\frac{1}{2}\left(\varepsilon_l + \varepsilon_r\right)}. $$

Der Anisotropiefaktor läßt sich aus den Konstanten des Oszillatorenpaares, das sind die Oszillatorenstärken f_i (Größe der schwingenden Ladungen), dem Abstande d, den Konstanten der Bindung und der Kopplung berechnen. Umgekehrt kann man aus Messungen von g auf den Abstand d, also auf die räumliche Verteilung der schwingenden Ladungen schließen. Es hat sich dabei aber gezeigt, daß das Modell der Abb. 90 und 92, das ja reinen Dipolcharakter besitzt, häufig unmöglich große d-Werte (bis zu 80 Å) ergibt, die den Moleküldurchmesser um ein Vielfaches überschreiten. Aus diesem Grunde haben KUHN und BEIN[1] die Betrachtungen auf den Fall ausgedehnt, daß das zu einer bestimmten Schwingung gehörige Moment im wesentlichen nicht Dipolcharakter, sondern ganz oder teilweise Quadrupolcharakter besitzt. Die nähere Diskussion, auf

---

[1] KUHN, W. u. K. BEIN: Z. physik. Chem. Abt. B Bd. 22 (1933) S. 406.

die wir hier nicht weiter eingehen, führt zu folgender Beziehung
für d

$$d \geqq g \,\frac{\lambda}{2\,\pi}\,\frac{\sqrt{3}}{2}\,\sqrt{f}. \tag{67}$$

Die daraus berechneten d-Werte liegen in der richtigen Größenordnung. Damit ist man dem Ziele, das Drehungsvermögen auf
Molekülkonstanten zurückzuführen bzw. umgekehrt aus der
Drehung die absolute Konfiguration zu berechnen, ein wesentliches
Stück näher gekommen[1].

Auf das bis heute vorliegende Beobachtungsmaterial über den
Zusammenhang zwischen Drehung und chemischer Konstitution,
das sich zum Teil durch die KUHNsche *Vizinalregel* zusammenfassen läßt, können wir hier nicht näher eingehen[2].

Siebentes Kapitel.

Die Eigenschwingungen der Moleküle.

Die Untersuchung der Eigenschwingungen der Moleküle, wie
sie sich in dem Ultrarot-, RAMAN-, und Elektronenbandenspektrum,
sowie in den spezifischen Wärmen äußern, gestattet in einfachen
Fällen eine ganze Reihe von Eigenschaften und Konstanten der
Moleküle zu ermitteln. Es handelt sich dabei um Schlüsse 1. auf
die geometrische Anordnung der Atome, Kernabstände, Valenzwinkel und Trägheitsmomente; 2. auf die Kräfte in der Nähe
der Gleichgewichtslage und auf den gesamten Potentialverlauf bei
Entfernung der Atome auf unendliche Abstände, also auf die
Stabilität des Moleküls (vgl. auch § 13); 3. auf die Elektronenzustände (vgl. § 32). Auf die unter 2. aufgeführten Schlüsse gehen
wir nur wenig, auf die unter 3. aufgeführten fast gar nicht ein.

A. Allgemeiner Teil.

§ 31. Systematik und mechanische Eigenschaften der Normalschwingungen.

Die Aufgabe der theoretischen Bestimmung der Eigenschwingungen eines Moleküls ist ein Problem der klassischen Mechanik.
Wir betrachten dabei das Molekül als ein System von Massen-

---

[1] Vgl. auch die neuerdings erschienene Arbeit von W. KUHN und K. BEIN:
Z. physik. Chem. Abt. B Bd. 24 (1934) S. 335.

[2] Vgl. dazu die oben genannten zusammenfassenden Darstellungen.

punkten, die durch quasielastische Kräfte an ihre Gleichgewichtslagen gebunden sind. Ein solches System von n-Atomkernen besitzt $3\,n$ Freiheitsgrade. Ziehen wir die je drei Freiheitsgrade der
Translation und der Rotation ab, so bleiben $3n-6$ innere Freiheitsgrade bzw. bei einem gestreckten Molekül, wo die Rotation
um die Kernverbindungslinie wegfällt[1], $3n-5$ Freiheitsgrade
übrig. Betrachten wir nur unendlich kleine Verrückungen aus der
Ruhelage, so läßt sich die allgemeinste Bewegung des Systems
immer als die Superposition von $3n-6$ bzw. $3n-5$ voneinander
unabhängigen, also auch einzeln anregbaren Sinusschwingungen
darstellen, die als die *Eigen*- oder *Normal*schwingungen des Moleküls
bezeichnet werden. Ihre Frequenzen lassen sich in folgender Weise
bestimmen:

Sind die Amplituden klein gegen die Abstände der Atomkerne,
so läßt sich die potentielle Energie V immer als homogene quadratische Funktion der Verrückungen aus der Ruhelage r_1, $r_2 \ldots$
und die kinetische Energie E als ebensolche Funktion der Geschwindigkeitskomponenten $\dot r_1 = \dfrac{d r_1}{dt}, \ldots$ darstellen, also

$$\left.\begin{aligned}
E &= \frac{1}{2}\,(a_{11}\,\dot r_1^2 + \ldots a_{nn}\,\dot r_n^2 + 2\,a_{12}\,\dot r_1\cdot\dot r_2 + \ldots)\\[4pt]
V &= \frac{1}{2}\,(b_{11}\,r_1^2 + \ldots b_{nn}\,r_n^2 + 2\,b_{12}\,r_1\cdot r_2 + \ldots)
\end{aligned}\right\} \tag{1}$$

Es lassen sich nun immer durch eine lineare Koordinatentransformation sog. *Normalkoordinaten* derart einführen, daß die
obigen Ausdrücke in Funktionen der Normalkoordinaten q_i bzw.
der zugehörigen Geschwindigkeitskoordinaten $\dot q_i$, die nur noch rein
quadratische Glieder enthalten, umgewandelt werden:

$$\left.\begin{aligned}
E &= \frac{1}{2}\,(\dot q_1^2 + \dot q_2^2 + \ldots)\\[4pt]
V &= \frac{1}{2}\,(\lambda_1\,q_1^2 + \lambda_2\,q_2^2 + \ldots)
\end{aligned}\right\} \tag{2}$$

Die λ_i sind die n ein- oder mehrfachen Wurzeln der Determinante.

$$|\,a_{ik}\,\lambda - b_{ik}\,| = 0. \tag{3}$$

Sie bestimmen die Eigenfrequenzen ν_i der einzelnen voneinander unabhängigen Normalschwingungen nach den Gleichungen

$$\nu_i = \frac{1}{2\,\pi}\,\sqrt{\lambda_i}. \tag{4}$$

---

[1] Wegen des verschwindend kleinen Trägheitsmoments um die Figurenachse ist diese Rotation nicht angeregt.

Jede einzelne Normalschwingung kann durch die Sinusbewegung einer bestimmten Normalkoordinate beschrieben werden, die in der Ruhelage natürlich den Wert Null annimmt. Nur wenn eine mehrfache Wurzel auftritt, d. h. wenn die Schwingung *entartet* ist, wird sie durch eine Linearkombination mehrerer Normalkoordinaten dargestellt.

Dieses im Prinzip sehr einfache Verfahren zur Bestimmung der Normalschwingungen führt schon bei mehr als dreiatomigen Molekülen zu recht umständlichen Rechnungen. Durch geeignete Annahmen über das Potential der Kräfte kann man diese allerdings vereinfachen.

Häufig legt man der Berechnung der Normalschwingungen das sog. *Zentralkraftsystem* zugrunde. Man nimmt dabei an, daß zwischen allen Atomen, auch zwischen solchen, die nicht direkt aneinander gebunden sind, Kräfte wirken, die nur von den Abständen zwischen den einzelnen Atomen abhängen. Die potentielle Energie wird dann als eine rein quadratische Funktion der relativen Verschiebungen der Atome gegeneinander angesetzt[1]. Es ist aber sehr unwahrscheinlich, daß eine so schematische Darstellung der verschiedenen Natur der Bindungskräfte sowie der An- und Abstoßungskräfte zwischen nicht gebundenen Atomen, die in ganz verschiedener Weise von der Entfernung abhängen, gerecht wird. Außerdem fehlt im Potentialansatz ein Glied, das die Stabilität der Valenzwinkel (s. § 13) zum Ausdruck bringt.

Das andere System dagegen, das schon von BJERRUM[2] beim CO_2-Molekül eingeführte *Valenzkraftsystem*, entspricht weit mehr unseren Vorstellungen vom Molekülaufbau, wie sie vor allem durch chemische Erfahrungen nahegelegt werden. Hier werden nur zwischen direkt gebundenen Atomen Zentralkräfte, die also in Richtung der Valenzstriche wirken, angenommen. Ferner werden elastische Kräfte eingeführt, die den Änderungen der Winkel zwischen den Valenzrichtungen entgegenwirken. (BAEYERsche Valenzwinkelspannung, s. § 13.)

---

[1] Das Zentralkraftsystem ist vor allem von D. M. DENNISON bei der Bestimmung der Schwingungsformen und Eigenfrequenzen des NH_3 [Philos. Mag. Bd. 1 (1926) S. 195] und des CH_4 [Astrophys. J. Bd. 62 (1925) S. 84] benutzt worden und ferner von M. RADAKOVIC beim Dreimassenmodell [Wien. Ber. Bd. 139 (1930) S. 107]. Vgl. auch die Monographie „Der SMEKAL-RAMAN-Effekt" von K. W. F. KOHLRAUSCH. Diese Sammlung Bd. 12.

[2] BJERRUM, N.: Verh. dtsch. physik. Ges. Bd. 16 (1914) S. 737.

Man charakterisiert also die Kräfte der chemischen Bindung durch zwei elastische Konstanten, eine Dehnungs- und eine Biegungskonstante, betrachtet also eine Valenzbindung als einen quasielastischen Stab. Diese mechanischen Vorstellungen von der chemischen Bindung sind vor allem von MECKE[1] und von ANDREWS[2] entwickelt worden[3]. Die Biegungsfestigkeit muß nach MECKE genauer durch zwei verschiedene Biegungskonstanten, die der Biegungskraft in Richtung des kleinsten bzw. des größten Zwanges entsprechen, ausgedrückt werden, da die Biegungsschwingung eines solchen Stabes sich im allgemeinen Fall immer aus zwei aufeinander senkrecht stehenden Eigenschwingungen zusammensetzt. Ein nicht ringförmiges Molekül mit n Atomen enthält also $n - 1$ Stäbe und besitzt somit $n - 1$ Dehnungsschwingungen und $2\,n - 5^*$ Biegungsschwingungen[4], die nach MECKE[5] als die *Valenz-* und *Deformationsschwingungen* des Moleküls bezeichnet werden.

Diesen Vorstellungen entspricht folgender Potentialansatz.

$$V = \frac{1}{2} \sum_{i}^{n-1} [k_i\, \Delta\, r_i^2 + b_i\, \Delta\, \varphi_i^2 + b_i'\, \Delta\, \psi_i^2], \qquad (5)$$

wo die k_i die Bindungs- oder Dehnungskonstanten, die b_i und b_i' die Biegungskonstanten, die $\Delta\, r_i$ die Abstandsänderungen je zweier gebundener Atome und die $\Delta\, \varphi_i$ und $\Delta\, \psi_i$ die Winkeländerungen bedeuten.

Die aus diesem Potentialansatz sich ergebenden Eigenfrequenzen sind im allgemeinen Funktionen aller im Molekül vorhandenen Massen und Kernabstände, sowie aller elastischen Konstanten k_i, b_i, b_i'. Die Erfahrung zeigt aber, daß die Dehnungskonstante einer Bindung meist beträchtlich ($\sim$ 10mal) größer als die Biegungskonstante ist. Solange das der Fall ist, kann man die Lösungs-

---

[1] MECKE, R.: Leipziger Vorträge, 1931 S. 23; Z. physik. Chem. Abt. B Bd. 16 (1932) S. 409, 421, Bd. 17 (1932) S. 1.

[2] ANDREWS, D. H.: Physic. Rev. Bd. 36 (1930) S. 544.

[3] Beispiele in der Monographie von KOHLRAUSCH; ferner bei F. LECHNER: Ber. Wien. Akad. Bd. 141 (1932) S. 291, 633.

* Bei einem gestreckten Molekül wie C_2H_2 sind es $2\,n - 4$ Biegungsschwingungen.

[4] Bei diesem Modell sind allerdings Torsionsschwingungen und innere Rotationen, d. h. die Drehbarkeit um die Valenzrichtung nicht berücksichtigt, so daß z. B. beim Äthan oder Äthylen die Zahl der Deformationsschwingungen nur $2\,n - 4$ beträgt.

[5] MECKE, R.: Z. Elektrochem. Bd. 36 (1930) S. 589.

funktion der Eigenfrequenzen in eine Reihe nach Potenzen von $\frac{b_i}{k_i}$ entwickeln, die schon nach dem ersten Gliede abgebrochen werden kann und die $n-1$ Eigenfrequenzen ergibt, die in erster Näherung nur von den k_i abhängen, und ebenso $2n-5$ Eigenfrequenzen, die genähert nur von den b_i und b_i' abhängen. Die ersteren, die Valenzschwingungen, sind also solche Schwingungen, bei denen vorwiegend Valenzkräfte, die anderen, die Deformationsschwingungen solche, bei denen in erster Linie die Biegungskräfte beansprucht werden. Betrachten wir insbesondere endständige Atome, so bewegen sich diese bei einer Valenzschwingung vorwiegend in der Valenzrichtung, bei einer Deformationsschwingung dagegen vor allem senkrecht dazu.

Bei gleichen reduzierten Massen liegen die Valenzschwingungen im allgemeinen bei höheren Frequenzen als die Deformationsschwingungen. Wegen der weiteren Ausführung dieser Überlegungen. sei auf die genannten Arbeiten von MECKE verwiesen.

Sind verschieden schwere Massen an den Schwingungen beteiligt, so können beide Schwingungsarten Frequenzen derselben Größenordnung besitzen. Dann werden sich, wie z. B. BARTHOLOMÉ und TELLER[1] betonen, beide Arten beeinflussen[2] und es können sich bei einer bestimmten Normalschwingung sowohl die Abstände bestimmter Atomgruppen wie auch die Valenzwinkel innerhalb dieser Gruppen ändern und die Unterscheidung zwischen Valenz- und Deformationsschwingungen wird hinfällig.

Das Valenzkraftsystem berücksichtigt nicht die Anziehungs- und Abstoßungskräfte, die VAN DER WAALSschen Kräfte zwischen den nicht direkt aneinander gebundenen Atomen, sowie die Wechselwirkung benachbarter Bindungen. Bei einem gestreckten Molekül ist dieser Einfluß nur gering, so daß das Valenzkraftsystem zu fast quantitativ richtigen Ergebnissen führt. Bei Molekülen wie Ammoniak, Methan oder CCl_4 vermag dagegen das Valenzkraftsystem, so wenig wie das Zentralkraftsystem, allein die Frequenzen der beobachteten Eigenschwingungen richtig wiederzugeben.

---

[1] BARTHOLOMÉ, E. u. E. TELLER: Z. physik. Chem. Abt. B Bd. 19 (1933) S. 366.

[2] Nur für unendlich kleine Verrückungen gibt es Schwingungen, die von den anderen unabhängig sind, die also als Normalschwingungen im eigentlichen Sinne zu bezeichnen sind. Bei endlichen Amplituden treten dagegen Kopplungen auf.

Dagegen kann man, wie Urey und Bradley[1] gezeigt haben, die bei CCl_4, $SiCl_4$ und anderen Tetraedermolekülen beobachteten Eigenschwingungen sehr gut darstellen, wenn man in den Potentialansatz des Valenzkraftsystems noch ein die Abstoßungskräfte zwischen den Chloratomen berücksichtigendes Glied einführt.

Mecke versucht der Wechselwirkung zwischen benachbarten Bindungen durch Einführung von Zusatzgliedern im Potentialausdruck Rechnung zu tragen, doch berücksichtigt er nur Dipolkräfte und Polarisationswirkungen, was aber sicher nicht genügt, da die Wechselwirkung nur auf quantenmechanischer Grundlage ausreichend erfaßt werden kann.

Es ist jedoch immer möglich, unabhängig von bestimmten Annahmen über die Art der Kräfte allein aus der geometrischen Symmetrie des Moleküls zu ganz bestimmten Aussagen über die Form der potentiellen Energie und über die Symmetrieeigenschaften der Normalschwingungen, sowie über ihr Verhalten im ultraroten und im Raman-Spektrum zu gelangen. Überlegungen in dieser Richtung sind zuerst von Brester[2] angestellt und dann vor allem von Placzek[3] weitergeführt worden.

Die Normalschwingungen eines Moleküls lassen sich nach ihrem Symmetriecharakter, d. h. nach ihrem Verhalten gegenüber den Symmetrieoperationen — Spiegelungen, Drehungen und Drehspiegelungen —, die die Symmetrie des unverzerrten Moleküls zuläßt, in drei Gruppen einteilen. Wir unterscheiden *symmetrische, antisymmetrische* und *entartete* Schwingungen. Symmetrisch ist eine Schwingung dann, wenn bei einer Symmetrieoperation die Normalkoordinate sich nicht ändert, q_i in q_i übergeht, antisymmetrisch dann, wenn q_i in $-q_i$ übergeht. Die Schwingung ist entartet, wenn q_i in eine Linearkombination von Normalkoordinaten übergeht[4].

Wir betrachten nun im folgenden die Normalschwingungen einiger Molekülmodelle. Dabei wollen wir einige Bezeichnungen einführen, die die Symmetrieeigenschaften der Schwingungen charakterisieren sollen. Soweit sich die Einteilung in Valenz- und Deformationsschwingungen durchführen läßt, sollen im Anschluß

[1] Urey, H. C. u. C. A. Bradley: Physic. Rev. Bd. 38 (1931) S. 1969.

[2] Brester, C. J.: Kristallsymmetrie und Reststrahlen. Diss. Utrecht 1923.

[3] Placzek, G.: Leipziger Vorträge, 1931 S. 71.

[4] Wenn die Determinante (3) l gleiche Wurzeln hat, ist das System l—1fach entartet, besitzt also l Normalschwingungen derselben Frequenz.

an MECKE[1] die Bezeichnungen ν und δ gebraucht werden, die nach dem Symmetriecharakter der Schwingung noch in s- (symmetrische) und in a- (antisymmetrische) Schwingungen unterteilt werden sollen. Besitzt das Molekül eine Symmetrieachse, so können wir noch von π- und σ-Schwingungen sprechen, je nachdem, ob das mit der Schwingung verbundene elektrische Moment parallel oder senkrecht zur Symmetrieachse schwingt. Wir bemerken noch einmal ausdrücklich, daß diese Einteilung von bestimmten Annahmen über das Kraftfeld unabhängig ist. Nur das genauere Aussehen der Normalschwingungen hängt vom Potential ab.

Das *dreiatomige, gewinkelte* symmetrische Molekül $A - B - A$ besitzt $3n - 6$ Normalschwingungen, deren Schwingungsformen in Abb. 93a, unter der Annahme eines Valenzkraftsystems angegeben sind.

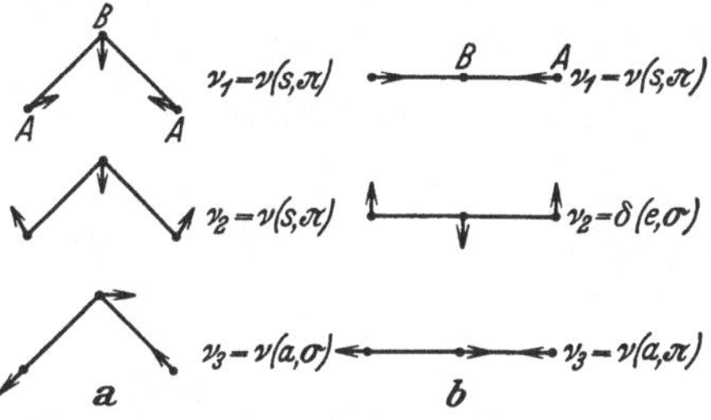

Abb. 93. Normalschwingungen des gewinkelten (*a*) und gestreckten (*b*) symmetrischen Moleküls. $A - B - A$. (Valenzkraftsystem).

Bei der ersten Schwingung $\nu_1 = \nu\,(s\,\pi)$ bewegen sich die beiden Außenatome genähert in den Valenzrichtungen, und zwar symmetrisch. Bei einer Spiegelung des Moleküls an seiner Symmetrieachse, der Winkelhalbierenden, wird das Molekül in sich selbst, also in den Zustand gleicher Phase übergeführt, die Normalkoordinate bleibt erhalten, $q_1 = q_1$, die Schwingung ist also symmetrisch und, da das elektrische Moment in Richtung der Symmetrieachse schwingt, eine π-Schwingung. Bei der Schwingung ν_3 bleibt bei kleinen Amplituden unabhängig vom Kraftgesetz der Abstand der beiden A-Atome erhalten, wir können sie also als die Kippschwingung des starren Stabes $A - A$ gegen den Massenpunkt B auffassen. Bei Spiegelung an der Symmetrieachse geht das Molekül in diejenige Form über, die es nach einer Phasenverschiebung von 180^0 annehmen würde, also $q_3 = - q_3$. Die Schwingung ist also antisymmetrisch und stellt, wie man leicht sieht, eine σ-Schwingung dar. Bei der dritten, der Deformationsschwingung $\nu\,(s\,\pi)$ bewegen sich die Atome, das Valenzkraftsystem vorausgesetzt, genähert senkrecht zur Valenzrichtung. Die Schwingung ist immer eine symmetrische π-Schwingung.

---

[1] MECKE, R.: Leipziger Vorträge, 1931 S. 23.

Betrachten wir das *gestreckte symmetrische* Molekül, so gehen die eben besprochenen Normalschwingungen in die entsprechenden, in Abb. 93b angegebenen, Schwingungsformen über. Die Deformationsschwingung ist beim gestreckten Molekül zweifach entartet, da sie ja ebensogut senkrecht zur Zeichenebene erfolgen kann. Wegen der gestreckten Form des Moleküls sind die beiden Valenzschwingungen π-Schwingungen und die Deformationsschwingung eine σ-Schwingung. Die Deformationsschwingung erfordert eine besondere Betrachtung. Von DENNISON[1] ist darauf hingewiesen worden, daß mit dieser Schwingung ν_2 ein Drehimpuls von der Größe $l \cdot \dfrac{h}{2\pi}$ verbunden ist. Jeder Schwingungszustand ist also durch zwei Quantenzahlen n_2 und l, also durch n_{2l} charakterisiert, wo n_2 den Schwingungszustand und l den Drehimpuls angibt. Im Grundzustande, $n_2 = 0$, ist natürlich auch $l = 0$, für $n_2 = 1$ wird $l = \pm 1$, für $n_2 = 2$ wird $l = 0$ oder ± 2, für $n_2 = 3$ ergibt sich $l = \pm 1$ oder ± 3, also $l = \pm n, \pm (n - 2), \pm (n - 4), \ldots$ Das $\pm$-Zeichen entspricht den beiden Möglichkeiten des Drehsinnes. Die Energie hängt in erster Näherung nur von n_2 ab, so daß jeder Zustand n_2 das statistische Gewicht $n_2 + 1$ besitzt. In Wirklichkeit rücken die Zustände mit verschiedenem Drehimpuls etwas auseinander; nur die Entartung zwischen zwei Zuständen, die sich nur durch das Vorzeichen von l unterscheiden, bleibt bestehen (s. Abb. 94). In den Zuständen $1_1, 2_2, 3_3 \ldots$ bleiben die Abstände der Kerne unverändert, das Molekül ist also nicht mehr gestreckt, sondern bildet ein stumpfwinkeliges Dreieck, das mit der Frequenz $\nu\,(\delta), 2\,\nu\,(\delta) \ldots$ um eine Achse parallel zur Verbindungslinie der beiden Außenatome rotiert.

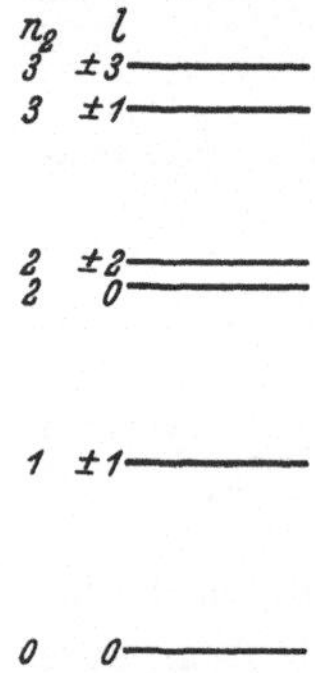

Abb. 94. Energiezustände der Deformationsschwingung des gestreckten dreiatomigen Moleküls.

Die Normalschwingungen weiterer Moleküle, wie des *Azetylen*, *Formaldehyd* und *Äthylen*, sind in §§ 38 u. 40 angegeben.

Die *symmetrische Pyramide* $A\,B_3$, deren bekanntester Vertreter das Ammoniak ist, besitzt vier Grundschwingungen verschiedener Frequenz, zwei symmetrische ν_1 und ν_3, und zwei zweifach entartete ν_2 und ν_4, also insgesamt sechs eigentliche Normalschwingungen. Das genauere Aussehen der Schwingungen hängt

---

[1] DENNISON, D. M.: Rev. Mod. Phys. Bd. 3 (1931) S. 280.

natürlich vom Kraftfelde ab. Die in Abb. 95 angegebenen Formen sind für den Fall des Zentralkraftsystems gezeichnet[1], das allerdings so wenig wie das Valenzkraftsystem die wirklichen Kräfte ganz richtig wiedergeben dürfte.

Bei der Schwingung ν_1 bleiben die drei B-Atome in den Ecken eines gleichseitigen Dreiecks und bewegen sich nur wenig aus der ursprünglichen Ebene heraus. Da das elektrische Moment parallel zur Symmetrieachse schwingt, haben wir es mit einer π-Schwingung zu tun. Bei der Schwingung ν_2 bewegt sich das A-Atom in erster Näherung auf einer Ellipse in einer zur Symmetrieachse senkrechten Ebene. Da in dieser Ebene alle Richtungen gleichberechtigt sind, ist die Schwingung doppelt und außerdem eine σ-Schwingung, da das elektrische Moment senkrecht zur Symmetrieachse schwingt. Bei den Schwingungen ν_3 und ν_4 bewegt sich die B_3-Gruppe genähert wie ein starres Dreieck gegen das Atom an der Spitze. Bei der Schwingung ν_3 schwingen das Dreieck und das A-

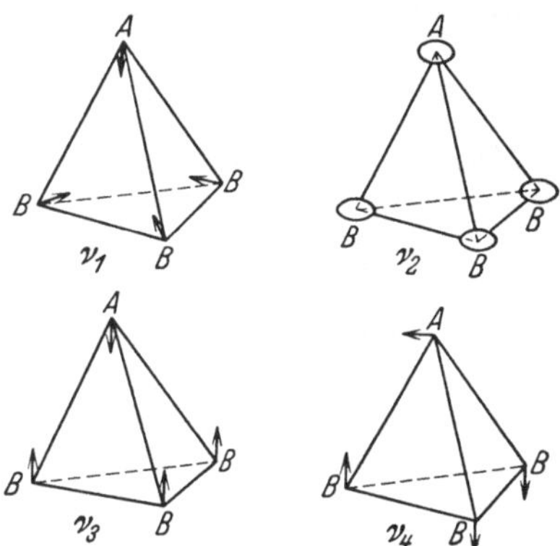

Abb. 95. Normalschwingungen der symmetrischen Pyramide AB_3 (Zentralkraftsystem).

Atom aufeinander zu, wobei die Dreiecksebene immer parallel zu sich selbst bleibt, die Schwingung ist also wieder eine π-Schwingung. Die ν_4-Schwingung endlich kann als Kippschwingung des Dreiecks gegen das A-Atom betrachtet werden. Sie ist eine doppelte σ-Schwingung, da wieder keine Richtung senkrecht zu Symmetrieachse bevorzugt ist.

Die Schwingungsformen der Moleküle vom Tetraedertypus AB_4 sind in § 39 angegeben[2].

Die Schwingungsanalyse von Molekülen mit vielen Atomen ist sehr schwierig und kompliziert, so daß man vorläufig nur versuchen kann, unter Verzicht auf eine vollständige Lösung mit Hilfe von vereinfachten Modellen die wichtigsten Eigenschwingungen zu ermitteln und ihre Eigenschaften, Frequenz, Intensität

---

[1] Vgl. D. M. DENNISON: Rev. Mod. Phys. Bd. 3 (1931) S. 280.

[2] Über die Schwingungsformen der pyramidalen und ebenen Struktur AB_4 vgl. G. PLACZEK u. E. TELLER: Z. Physik Bd. 81 (1933) S. 209.

Stuart, Molekülstruktur.   17

und Polarisation im Zusammenhang mit der Struktur des Moleküls zu betrachten. So kann man z. B. einzelne Atomgruppen wie das Radikal CH_n als eine Einheit auffassen, da wegen der kleinen Masse der H-Atome die letzteren in einem Molekül vom Typus $X—CH_n$ die X—C-Schwingung nur wenig beeinflussen. Ebenso können wir bei der C—H-Schwingung, z. B. im Chloroform, das Molekül als ein „zweiatomiges" Molekül $H—CCl_3$ auffassen. Man kann ferner, wie MECKE[1] ausführt, mehrere gleiche an *ein* Zentralatom gebundene Atome zu einer Gruppe zusammenfassen. So schwingt z. B. ein Molekül vom Typus $Z_n—X—Y_m$ in seinen zwei $\nu(\pi)$-Frequenzen wie ein lineares Z—X—Y-Molekül. Vernachlässigt man die Kräfte zwischen der X- und Y-Gruppe, so kann man aus den elastischen Konstanten der X—Y- und X—Z-Bindung, wenn diese aus Messungen an einfacheren Molekülen bekannt sind, für einen vorgegebenen Valenzwinkel α die beiden $\nu(\pi)$-Frequenzen berechnen. Auf Grund solcher Überlegungen, auf die wir hier nicht näher eingehen können, hat MECKE eine Reihe von Molekülmodellen, die bereits eine recht große Anzahl wichtiger Moleküle umfassen, aufgestellt und mit Hilfe eines anschaulichen, die Winkelstabilität und die elektrostatische Wechselwirkung berücksichtigenden Potentialansatzes die Schwingungstypen angegeben und ihre Frequenzen abgeschätzt. Mit Hilfe dieses Nährungsverfahrens ist es ihm möglich gewesen, für eine Reihe von Molekülen, wie die Halogenderivate des Methans, die Eigenfrequenzen zu identifizieren.

Es muß aber betont werden, daß man auf diesem Wege nicht immer zu einer eindeutigen Zuordnung der beobachteten Frequenzen gelangt, da es vorläufig nicht möglich ist, die Deformationskräfte und die Wechselwirkung zwischen den einzelnen Bindungen theoretisch ausreichend zu erfassen.

Auf die Frage, wie weit es einen Sinn hat, die Valenz- und Deformationsschwingungen eines Moleküls ganz bestimmten Bindungen im Molekül zuzuordnen, gehen wir in § 41 näher ein und stellen hier nur, das Ergebnis vorwegnehmend fest, daß es eine Reihe von charakteristischen Bindungs- und Gruppenfrequenzen gibt, bei denen im wesentlichen nur einzelne Atome oder Gruppen mitschwingen.

---

[1] MECKE, R.: Leipziger Vorträge, 1931 S. 23; Z. physik. Chem. Abt. B Bd. 16 (1932) S. 409 u. 421, Bd. 17 (1932) S. 1.

Schließlich sei noch auf eine sehr originelle und instruktive Methode zur Ermittlung der Eigenschwingungen eines Moleküls hingewiesen. KETTERING, SHUTTS und ANDREWS[1] haben für einige einfachere Moleküle wie CCl_4, C_2H_2, C_2H_6, C_6H_6, $C_6H_5 \cdot CH_3$, usw., mechanische Modelle aus Stahlkugeln und elastischen Federn hergestellt, bei denen die Massen der Kugeln und die Dehnungs- und Biegungskonstanten der Federn möglichst im gleichen Verhältnis stehen wie im wirklichen Molekül[2]. Die elastischen Konstanten der einzelnen Bindungen werden aus Beobachtungen an einfacheren Molekülen bestimmt. Versetzt man nun die Modelle durch eine besondere Vorrichtung in erzwungene Schwingungen und ändert man dabei stetig die Frequenz, so tritt jedesmal, wenn man in die Nähe einer Eigenschwingung kommt, Resonanz auf. Die zugehörige starke Bewegung des Modells wird stroboskopisch festgehalten. Diese Methode ergibt also direkt und anschaulich die möglichen Eigenschwingungen eines Moleküls für ein bestimmtes Kraftsystem. Sie erlaubt ferner, die Eigenfrequenzen ungefähr vorauszuberechnen und ermöglicht so in geeigneten Fällen die Einordnung der beobachteten Frequenzen[3].

§ 32. Eigenschwingungen und ultrarotes Spektrum.

1. Allgemeines. Wir behandeln in diesem Paragraphen die Frage, welche von den mechanisch möglichen Eigenschwingungen eines Moleküls im ultraroten Spektrum auftreten und wie sich die Symmetrieeigenschaften bestimmter Molekülmodelle in der Struktur des ultraroten Spektrums widerspiegeln. Da diese Fragen in der in der gleichen Sammlung erschienenen Monographie „Das ultrarote Spektrum" von SCHAEFER-MATOSSI, Struktur der Materie, Bd. 10, eingehend behandelt werden, können wir uns hier mit einer kurzen Zusammenstellung der für uns wichtigsten Ergebnisse begnügen[4].

---

[1] KETTERING, C. F., L. W. SHUTTS u. D. H. ANDREWS: Physic. Rev. Bd. 36 (1930) S. 531.

[2] Da die Eigenfrequenzen nur vom Verhältnis der Kräfte zu den reduzierten Massen abhängen, sind sie im wirklichen Molekül und im Modell gleich. Eine gewisse Schwierigkeit entsteht allerdings dadurch, daß im Modell die Massen der Federn nicht gegen die der Kugeln vernachlässigt werden können.

[3] Über weitere Einzelheiten vgl. auch K. W. F. KOHLRAUSCH: Der SMEKAL-RAMAN-Effekt. Diese Sammlung, Bd. 12 S. 222.

[4] Vgl. dazu auch die allgemeinen Darstellungen: LECOMTE, J.: Le Spectre infrarouge. Paris 1928. — RAWLINS, F. J. G. u. A. M. TAYLOR: Infrared Analysis of molecular Structure. Cambridge 1929.

Nach der Quantentheorie emittiert oder absorbiert ein Molekül nur dann, wenn es seinen Energiezustand ändert. Die Frequenz der mit dem Übergang von einem Energiezustand E' zum andern E'' verknüpften Strahlung ist durch die BOHRsche Frequenzbedingung festgelegt

$$h\,\nu = E' - E''. \tag{6}$$

Die Energie eines Moleküls setzt sich unter Vernachlässigung der Wechselwirkung der einzelnen Bewegungszustände aus drei Teilen zusammen, der Energie der Elektronenbewegung E_{el}, der Energie der Kernschwingungen E_s und der Rotationsenergie des Moleküls E_r, also

$$E = E_{el} + E_s + E_r, \tag{7}$$

so daß wir erhalten

$$h\,\nu = E'_{el} - E''_{el} + E'_s - E''_s + E'_r - E''_r = \varDelta E_{el} + \varDelta E_s + \varDelta E_r. \tag{8}$$

Im allgemeinen sind die Änderungen der Elektronenenergie groß gegen die der Schwingungsenergie der Kerne und diese wiederum groß gegen die Änderungen der Rotationsenergie, so daß wir zu folgender Systematik der Molekülspektren gelangen:

Ändert sich nur der Rotationszustand des Moleküls, so erhalten wir das im langwelligen Ultrarot gelegene reine *Rotationsspektrum*. Kommt noch eine Änderung der Energie der Kernschwingung hinzu, die meist mit einer Änderung der Rotationsenergie verbunden ist, so erhalten wir das *Rotationsschwingungsspektrum*, das im kurzwelligen Ultrarot gelegen ist. Ändert sich außerdem noch die Energie des Elektronenzustandes, so bekommen wir das im Sichtbaren und Ultravioletten gelegene *Elektronenbandenspektrum* des Moleküls. Wir werden uns hier vor allem mit dem Rotationsschwingungsspektrum zu beschäftigen haben.

Bei der Berechnung der Frequenzen nach Gleichung (8) darf man nicht alle möglichen Energiezustände in beliebiger Weise kombinieren, vielmehr führen nur ganz bestimmte Änderungen der den einzelnen Zuständen zugeordneten Quantenzahlen zu einer Strahlung. Die *Auswahlregeln*, die in der älteren Quantentheorie nur mit Hilfe zusätzlicher klassischer Vorstellungen, nämlich mit Hilfe des *Korrespondenzprinzips* eingeführt werden konnten, lassen sich heute auf quantenmechanischer Grundlage[1] einheitlich begründen und streng ableiten. Da wir aber durch Korrespondenz-

---

[1] Vgl. z. B. D. M. DENNISON: Rev. Mod. Phys. Bd. 3 (1931) S. 280.

betrachtungen die für uns wichtigsten Regeln viel einfacher und anschaulicher gewinnen können, wollen wir das Korrespondenzprinzip benutzen, das uns erlaubt, mit Hilfe der klassischen Strahlungstheorie die Intensität der einzelnen Spektrallinien, wenigstens genähert, zu berechnen[1], indem jeder der nach Gleichung (8) möglichen Linien eine der mechanischen Frequenzen der Schwingungen und Rotationen des Moleküls zugeordnet wird. Die Intensität J der mit der mechanischen Frequenz verbundenen Ausstrahlung ist bekanntlich durch die Gleichung

$$J \sim \frac{\ddot{\mu}^2 \sin^2 \vartheta}{4 \pi c} \tag{9}$$

gegeben, wo $\ddot{\mu}$ die zweite Ableitung des elektrischen Moments nach der Zeit und ϑ den Winkel zwischen Schwingungs- und Beobachtungsrichtung bedeuten. Eine Ausstrahlung ist also nur dann vorhanden, wenn sich mit der mechanischen Schwingung des Moleküls auch das elektrische Moment ändert. Eine solche Schwingung wird als *optisch aktiv* bezeichnet im Gegensatz zu einer *optisch inaktiven* Schwingung, bei der kein veränderliches Dipolmoment auftritt. Nach dem Korrespondenzprinzip treten also im ultraroten Spektrum nur diejenigen mechanisch möglichen Frequenzen der Schwingung und Rotation auf, die von einer Änderung des elektrischen Moments begleitet sind. Daraus ergibt sich z. B., daß dipollose Moleküle wie H_2 weder ein Rotations- noch ein Rotationsschwingungsspektrum besitzen können.

Um die Intensitäten der Oberschwingungen zu finden, entwickelt man die Komponenten des elektrischen Moments, das zu der mechanischen Schwingung mit der Grundfrequenz v gehört, in eine FOURIERsche Reihe

$$\mu_x = \Sigma\, C_n \cdot e^{2 \pi i n v t}\,. \tag{10}$$

Die Quadrate der den einzelnen Obertönen $n v$ zugehörigen Koeffizienten C sind dann nach dem Korrespondenzprinzip ein Maß für die Intensität. Frequenzen, deren Koeffizienten verschwinden, treten im ultraroten Spektrum nicht auf. Daraus ergibt sich z. B. sofort die wichtige Auswahlregel, daß bei Schwingungen, die zu einem Symmetriezentrum antisymmetrisch sind, die ungeraden Obertöne, d. h. die Frequenzen $2\,v$, $4\,v$... im

---

[1] Die Näherung ist bekanntlich um so besser, je höher die die beteiligten Molekülzustände charakterisierenden Quantenzahlen sind.

ultraroten Spektrum nicht vorkommen[1] (s. das Beispiel des CO_2, § 36 und des C_2H_2, § 38). In entsprechender Weise läßt sich auch die Intensität einer Kombinationsschwingung berechnen und feststellen, ob sie im Ultrarot auftritt oder nicht.

Wir behandeln nun nacheinander den Fall des zweiatomigen und des gestreckten mehratomigen Moleküls sowie den des räumlichen Moleküls mit einer Symmetrieachse, d. h. den Fall des symmetrischen Kreisels und schließlich den asymmetrischen Kreisel.

2. Das zweiatomige Molekül. Reine Rotationsbande. Ein solches Molekül besitzt die Eigenschaften eines räumlichen Rotators, der nach den Gesetzen der klassischen Mechanik um eine zur Kernverbindungslinie d. h. zur Figurenachse senkrechte raumfeste Achse rotiert. Quantentheoretisch sind nur bestimmte Zustände möglich, deren Energie E durch

$$E_j = \frac{h^2}{8\,\pi^2\,I}\,j\,(j+1)\,; \quad j = 0, 1, 2, \ldots \tag{11}$$

gegeben ist, wobei j die Totalimpulsquantenzahl und I das Trägheitsmoment bedeuten. Jeder Zustand ist wegen der räumlichen Richtungsquantelung $2\,j + 1$ fach. Für die Anzahl N_j der Moleküle in den einzelnen Rotationszuständen erhalten wir dann nach dem BOLTZMANNschen Verteilungsgesetz

$$N_j \sim (2\,j + 1)\cdot e^{-\frac{E_j}{k\,T}}\,. \tag{12}$$

Nach den Auswahlregeln der Wellenmechanik bzw. nach dem Korrespondenzprinzip (vgl. weiter unten) strahlen nur Übergänge mit $\Delta\,j = \pm\,1$, so daß wir für die Linien des reinen Rotationsspektrums finden

$$\nu = \frac{h}{4\,\pi^2\,I}\,(j+1) = 2\,B\,(j+1), \tag{13}$$

wenn wir zur Abkürzung $B = \dfrac{h}{8\,\pi^2\,I}$ setzen.

Der Abstand zweier aufeinander folgender Linien ist also konstant, nämlich

$$\Delta\,\nu = \frac{h}{4\,\pi^2\,I} = 2\,B\,. \tag{14}$$

---

[1] Da bei einer solchen antisymmetrischen Schwingung alle Komponenten des elektrischen Moments nach einer halben Periode das Vorzeichen wechseln, müssen die Koeffizienten der Glieder mit $2\,\nu$, $4\,\nu\ldots$, die nach einer halben Periode bereits wieder das ursprüngliche Vorzeichen annehmen, Null sein; Beispiel: die Deformationsschwingung des CO_2, aber nicht die des unsymmetrischen N_2O.

Rotationsschwingungsbanden. Ist die Kernschwingung v_s harmonisch, so ist ihre Energie quantentheoretisch durch die Energie des harmonischen Oszillators gegeben als

$$E_v = \left(v + \frac{1}{2}\right) h\, v_s\,; \quad v = 0, 1, 2 \ldots \tag{15}$$

Vernachlässigen wir zunächst die Wechselwirkung zwischen Schwingung und Rotation, so ist die Gesamtenergie einfach gleich der Summe $E_v + E_j$ also

$$E_{vj} = \left(v + \frac{1}{2}\right) h\, v_s + \frac{j\,(j+1)\cdot h^2}{8\,\pi^2\, I}\,. \tag{16}$$

Die Auswahlregel erhalten wir mit Hilfe des Korrespondenzprinzips, indem wir die mit der Bewegung der Kerne verbundenen Änderungen des elektrischen Moments betrachten. Setzen wir für das Moment μ in Abhängigkeit von der Kernschwingung v_s,

$$\mu = \mu^0 + \mu' \cos 2\,\pi\, v_s\, t$$

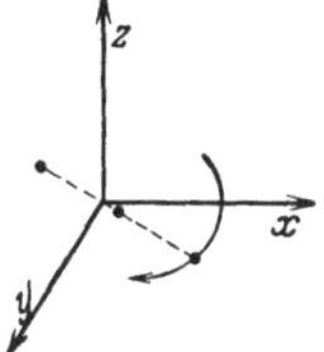

Abb. 96.

und berücksichtigen wir die Rotation mit der Frequenz v_r um die zur Kernverbindungslinie senkrechte raumfeste Achse, die wir zur z-Achse des raumfesten x-, y-, z-Systems machen (s. Abb. 96), so folgt für die Komponenten im raumfesten System

$$\left.\begin{aligned}
\mu_x &= [\mu^0 + \mu' \cos 2\,\pi\, v_s\, t] \cos 2\,\pi\, v_r\, t \\
&= \mu^0 \cos 2\,\pi\, v_r\, t + \frac{\mu'}{2} \{\cos [2\,\pi\,(v_s + v_r)\, t] + \cos [2\,\pi\,(v_s - v_r)\, t]\} \\
\mu_y &= [\mu^0 + \mu' \cos 2\,\pi\, v_s\, t] \sin 2\,\pi\, v_r\, t \\
&= \mu_0 \sin 2\,\pi\, v_r\, t + \frac{\mu'}{3} \{\sin [2\,\pi\,(v_s + v_r)\, t] - \sin 2\,\pi\,(v_s - v_r)\, t]\}
\end{aligned}\right\} \tag{17}$$

Das Moment schwingt also mit drei Frequenzen, von denen die erste, v_r das reine Rotationsspektrum ergibt und die beiden anderen, $v_s + v_r$ und $v_s - v_r$ die Linien des Rotationsschwingungsspektrums bestimmen, in dem, wie wir sehen, die reine Schwingungslinie v_s fehlt.

Das entspricht im Rotationsschwingungsspektrum der quantentheoretischen Auswahlregel $\varDelta\, v = \pm 1$ und $\varDelta\, j = \pm 1$, so daß unser Rotationsschwingungsspektrum aus zwei Systemen, einem positiven oder R-Zweig und einem negativen oder P-Zweig besteht, die sich an die Nullstelle nach beiden Seiten anschließen.

Für die Frequenzen der einzelnen Rotationslinien, die zusammen eine sog. BJERRUMsche Doppelbande bilden, ergibt sich dann

$$\left.\begin{array}{l} \text{Negativer oder } P\text{-Zweig, } j \to j - 1: \nu = \nu_s - \dfrac{h\,j}{4\,\pi^2\,I} \\[2mm] \text{Positiver oder } R\text{-Zweig, } j - 1 \to j: \nu = \nu_s + \dfrac{h\,j}{4\,\pi^2\,I} \end{array}\right\} j = 1, 2, 3 \ldots \quad (18)$$

Die Intensitäten I der Linien sind in beiden Zweigen durch die Verteilung auf die einzelnen Zustände, also durch folgende Ausdrücke gegeben:

$$\left.\begin{array}{l} \text{Negativer Zweig} \quad I \sim j \cdot e^{-\sigma j\,(j+1)} \\[2mm] \text{Positiver Zweig} \quad I \sim j \cdot e^{-\sigma j\,(j-1)} \end{array}\right\} \quad (19)$$

wo $\sigma = \dfrac{h^2}{8\,\pi^2\,I\,k\,T}$ ist.

Ist die Bande in die einzelnen Linien aufgelöst, so ist das Trägheitsmoment I durch den Linienabstand gegeben

$$\varDelta\,\nu = \frac{h}{4\,\pi^2\,I}. \qquad (20)$$

Falls die Bande nicht aufgelöst ist, so kann man näherungsweise aus dem Abstand $\varDelta\nu_{\text{max}}$ der beiden Intensitätsmaxima, die den häufigsten Zuständen entsprechen, das Trägheitsmoment mittels der klassischen Formel

$$\varDelta\nu_{\text{max}} = \frac{1}{\pi}\sqrt{\frac{k\,T}{I}} \qquad (21)$$

berechnen.

Ist die Bindung der Kerne nicht mehr harmonisch, so ist für die Schwingungsenergie die des anharmonischen Oszillators einzusetzen, die in folgender Weise entwickelt werden kann.

$$E_v = \left(v + \frac{1}{2}\right)h\,\nu_0\left[1 - x\left(v + \frac{1}{2}\right) + \ldots\right];\ v = 0, 1, 2 \ldots \qquad (22)$$

ν_0 die Frequenz für unendlich kleine Amplituden.

Die Reihe schreitet nach Potenzen von $x\left(v + \frac{1}{2}\right)$ fort. Die kleine Konstante x ist ein Maß für die Anharmonizität. Bei der FOURIER-Zerlegung des elektrischen Moments treten hier neben der Grundschwingung auch die Oberschwingungen auf. In die Sprache der Quantentheorie übertragen heißt das, daß jetzt beliebige Änderungen der Schwingungsquantenzahl v mit Ausstrahlung verbunden sind. Beachten wir, daß im allgemeinen für den Endzustand der Emmission bzw. für den Anfangszustand der Absorption $v = 0$ ist, so ergibt sich aus (22) für die Grundschwingung und ihre Oberschwingungen die Reihe

$$v = v_0 (1 - 2\,x), \quad 2\,v_0 (1 - 3\,x), \quad 3\,v_0 (1 - 4\,x). \tag{23}$$

Wir erhalten also außer der bisher betrachteten Grundbande (18) eine Reihe von Oberbanden mit den durch (23) angegebenen Nullstellen. Ihre Frequenzen verhalten sich nicht genau wie $1:2:3$, sondern sind entsprechend der Größe x gegeneinander verstimmt, so daß wir aus dieser Verstimmung die Abweichung von der harmonischen Schwingungsform berechnen können. Ebenso ist natürlich auch das Intensitätsverhältnis der Oberbanden zu der Grundbande ein Maß für die Anharmonizität.

Berücksichtigen wir schließlich noch die Wechselwirkung zwischen Rotation und Schwingung, so treten im Ausdruck für die Energie noch weitere Glieder auf, die sich dahin auswirken, daß die Abstände der durch (18) gegebenen Rotationslinien nicht mehr konstant sind, sondern im positiven Zweig mit wachsendem j kleiner und im negativen Zweige größer werden.

Die Auflösung der einzelnen Banden ist bis heute fast nur bei Molekülen mit kleinem Trägheitsmoment erreicht worden, so daß wir meist nur die unaufgelösten Banden vor uns haben, deren Schwerpunkte uns die Grund- und Oberschwingungen (23) geben.

3. Das mehratomige gestreckte Molekül. Auch ein gestrecktes mehratomiges Molekül stellt einen Rotator mit nur einem von Null verschiedenen Trägheitsmoment dar, so daß für die Verteilung über die einzelnen Rotationszustände und für die Energie der Rotation und Schwingung die eben behandelten Formeln des Rotators gültig bleiben. Nur die Rotationsfeinstruktur der den einzelnen Kernschwingungen zugehörigen Banden erfordert eine gesonderte Betrachtung.

Alle Schwingungen in Richtung der Figurenachse, also die Valenzschwingungen, ergeben Banden mit derselben Rotationsfeinstruktur, wie wir sie eben beim zweiatomigen Molekül besprochen hatten und die wir als π-Banden bezeichnen wollen. Bei den σ-Banden[1], die den Deformationsschwingungen entsprechen, tritt dagegen die Nullinie, der Q-Zweig auf. Man sieht das leicht mit Hilfe des Korrespondenzprinzipes ein. Lassen wir wieder (s. Abb. 96), das Molekül in der $x\,y$-Ebene senkrecht um die raumfeste z-Achse rotieren, so besitzt das einer Deformationsschwingung

---

[1] Bei diesen schwingt das Moment senkrecht zur Figurenachse.

zugehörige veränderliche elektrische Moment im allgemeinen eine Komponente in der z-Achse, die also von der Rotation des Moleküls unabhängig ist. Es ist also auch Strahlung von der Frequenz der Deformationsschwingung vorhanden, so daß für deren Rotationsschwingungsspektrum die Auswahlregel lautet: $\Delta j = 0, \pm 1$. Dabei ist die Intensität der Nullinie besonders groß, nämlich gleich der Summe der Intensitäten der beiden Zweige, also gleich der Summe aller Linien mit $\Delta j = \pm 1$. Man kann also aus der Rotationsfeinstruktur der Banden sofort zwischen Valenz- und Deformationsschwingungen unterscheiden. Im übrigen zeigen alle Banden den einfachen Bau eines Spektrums mit äquidistanten Linien $\Delta \nu = \dfrac{h}{4\,\pi^2\,I}$, so daß wir das Trägheitsmoment auf dieselbe einfache Weise wie beim zweiatomigen Molekül erhalten. Benutzt man die klassische Näherungsformel (21), so ist für $\Delta \nu$ der Abstand zwischen den Maxima des P- und R-Zweiges einzusetzen.

Bei symmetrischen Molekülen wie CO_2 oder C_2H_2, aber nicht beim unsymmetrischen $N{\equiv}N{=}O$, besitzen die geraden und ungeraden Rotationszustände verschiedene, von der Größe des Kernspins abhängige statistische Gewichte, was sich in einem Intensitätswechsel der Rotationslinien bzw. wie im CO_2, wo die Außenatome den Kernspin Null besitzen, in einem Ausfallen jeder zweiten Rotationslinie äußert[1]. Diese Erscheinung der alternierenden Intensitäten ist daher immer ein direkter Beweis für die symmetrische Struktur eines Moleküls.

Von großer Bedeutung bei der Analyse des ultraroten Spektrums sind die für das Auftreten der Ober- und Kombinationsschwingungen maßgebenden Auswahlregeln.

Wie schon erwähnt, fallen alle ungeraden Oberbanden $2\,\nu$, $4\,\nu \ldots$ einer zu einem Symmetriezentrum antisymmetrischen Schwingung aus, also z. B. bei der Kohlensäure bzw. beim Azetylen alle ungeraden Obertöne der beiden aktiven Grundschwingungen (s. §§ 36 u. 38).

Aus den Symmetrieeigenschaften des Moleküls lassen sich, wie DENNISON[2] auf wellenmechanischem Wege gezeigt hat, weitere, vor allem für das Auftreten der Kombinationsschwingungen

---

[1] Vgl. D. M. DENNISON: Rev. Mod. Phys. Bd. 3 (1931) S. 280. — PLACZEK, G. u. E. TELLER: Z. Physik Bd. 81 (1933) S. 209; ferner K. F. KOHLRAUSCH: Der SMEKAL-RAMAN-Effekt, diese Sammlung, Bd. 12, § 25; wo die Verhältnisse bei zweiatomigen Molekülen dargestellt sind.

[2] DENNISON, D. M.: Rev. Mod. Phys. Bd. 3 (1931) S. 280.

wichtige Auswahlregeln ableiten. Danach treten bei gestreckten symmetrischen dreiatomigen Molekülen im ultraroten Spektrum nur diejenigen Oberbanden $n_1 v_1 + n_2 v_2 + n_3 v_3$ auf, für die $n_2 + n_3$ eine ungerade ganze Zahl ist[1]. Der Wert von n_1 ist beliebig (0 zählt als gerade Zahl). Diese Regel umfaßt also auch das Verbot der ungeraden Obertöne $2\,v$, $4\,v$. Außerdem gilt noch folgende Regel: Keine der im Ultrarotspektrum auftretenden Banden läßt sich als Summe von zwei anderen beobachteten Banden (Grund-, Ober- oder Kombinationsschwingungen) darstellen. Es sind also im Ultraroten folgende Banden verboten: $2\,v_2$, $2\,v_3$, v_1, $2\,v_1$, $v_2 + v_3$, $v_1 + 2\,v_2$ usw. Bei einem gestreckten, unsymmetrischen Molekül, wie z. B. beim $N\!\equiv\!N\!=\!O$ sind dagegen alle Kombinations- und Obertöne optisch aktiv. Eine entsprechende Auswahlregel gilt für vieratomige Moleküle (vgl. das Beispiel des Azetylen in § 38).

4. Das Kreiselmolekül. Wir betrachten nun den Fall, daß das Trägheitsmoment des Moleküls ein Rotationsellipsoid ist, d. h. den Fall des *symmetrischen Kreisels.* Die allgemeinste kräftefreie Bewegung eines solchen läßt sich in eine Präzession um eine raumfeste Achse, die wir wieder zur z-Achse eines raumfesten Koordinatensystems x, y, z machen wollen und in eine Rotation um die Symmetrieachse des Moleküls zerlegen (s. Abb. 97). Die Frequenzen der Präzession und Rotation seien v_j und v_k. Das Trägheitsmoment um die Symmetrieachse, die Figurenachse, sei mit K, die Trägheitsmomente um die dazu senkrechten, die „Äquatorachsen“, seien mit $I = L$ bezeichnet. Für die Energie eines solchen Kreisels gilt dann die Beziehung[2]

$$E = \frac{j\,(j+1)\cdot h^2}{8\,\pi^2\,I} + \frac{k^2\,h^2}{8\,\pi^2}\left(\frac{1}{K} - \frac{1}{I}\right);\ K \gtrless I, \tag{24}$$

wo j die *Totalimpulsquantenzahl* und k die Quantenzahl für den *Eigenimpuls* um die Figurenachse bedeutet. Dabei gilt natürlich $j \geq k$. Wenn das Trägheitsmoment um die Figurenachse immer kleiner wird, befinden sich mehr und mehr Moleküle im rotationslosen Zustande $k = 0$ und die Rotation um die Figurenachse stirbt ab, $v_k = 0$, so daß wir wieder den Fall des gestreckten Moleküls, den Rotator, haben, der um eine Achse senkrecht zur Figurenachse rotiert, $\sphericalangle\,\vartheta = 90^0$.

---

[1] Über die Zuordnung von v_1, v_2 und v_3 zu den einzelnen Eigenschwingungen vgl. Abb. 93 b.

[2] Vgl. etwa A. SOMMERFELD: Atombau und Spektrallinien, wellenmechanischer Ergänzungsband. Braunschweig 1929.

Für den bezüglich der Figurenachse rotationslosen Zustand $k = 0$ haben wir wieder $2j + 1$ verschiedene Orientierungsmöglichkeiten der Impulsachse, so daß jeder Zustand j für $k = 0$ das statistische Gewicht $2j + 1$ besitzt. Bei angeregter Rotation, $k \neq 0$, dagegen besitzt wegen des unbestimmten Drehsinnes um die Figurenachse jeder durch j und k gegebene Zustand das statistische Gewicht $2(2j + 1)$.

Die Auswahlregeln lassen sich wieder mit Hilfe des BOHRschen Korrespondenzprinzips angeben. Schwingt, wie bei einer π-Schwingung, das elektrische Moment parallel zur Symmetrieachse,

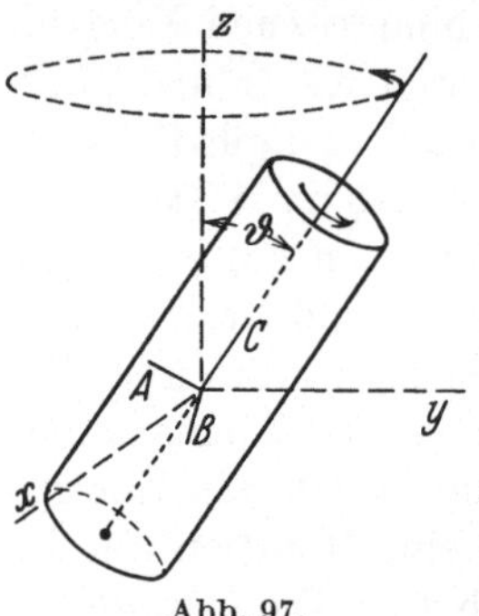

Abb. 97.

so ist (s. Abb. 97)[1] eine konstante, von den den Präzessions- und Rotationsfrequenzen unabhängige Komponente in der z-Richtung vorhanden, während die x- und y-Komponenten mit der Präzessionsfrequenz v_j schwingen, aber von der Rotation um die Figurenachse, also von v_k, k und K unabhängig sind. Es treten also bei einer π-Bande im ultraroten Spektrum nur die reine Schwingungslinie v_s, sowie die Rotationsschwingungslinien $v_s \pm v_j$ auf. Das entspricht den Auswahlregeln $\varDelta j = 0, \pm 1$ und $\varDelta k = 0$. Wir erhalten also bei den π-Schwingungen einfache Banden mit einer Nullinie oder einem Nullzweig[2] sowie einem positiven und negativen Zweig mit äquidistanten Linien. Die Intensität des Nullzweiges[2] hängt vom Verhältnis der Trägheitsmomente ab und verschwindet für $K = 0$[3].

$$\left.\begin{array}{l} \text{Negativer oder } P\text{-Zweig} \quad \begin{matrix} j \to j-1 \\ k \to k \end{matrix} \quad v = v_s - \dfrac{hj}{4\pi^2 I}; \; j = 1, 2, 3 \ldots \\[1.5em] \text{Null- oder } Q\text{-Zweig} \quad \begin{matrix} j \to j \\ k \to k \end{matrix} \quad v = v_s \\[1.5em] \text{Positiver oder } R\text{-Zweig} \quad \begin{matrix} j-1 \to j \\ k \to k \end{matrix} \quad v = v_s + \dfrac{hj}{4\pi^2 I}; \; j = 1, 2, 3 \ldots \end{array}\right\} \quad (25)$$

---

[1] In der Abbildung stehen an Stelle von I, K und L die Buchstaben A, B und C.

[2] Da mit steigender Rotationsfrequenz die Kerne auseinander rücken, ist ihre Gleichgewichtslage und damit auch die Frequenz der Kernschwingung in den einzelnen Rotationszuständen etwas verschieden, so daß wir an Stelle einer scharfen Nullinie einen Nullzweig erhalten.

[3] Da beim Rotator, $K = 0$, der Winkel ϑ 90° beträgt, ist die konstante z-Komponente einer π-Schwingung immer 0, so daß die reine Schwingungslinie verschwindet.

Das Spektrum einer σ-Schwingung, bei der das elektrische Moment *senkrecht* zur Symmetrieachse schwingt, ist viel verwickelter. Die z-Komponente des Moments schwingt mit der Rotationsfrequenz ν_k, während die x- und y-Komponenten sowohl die Frequenzen der Rotation, wie die der Präzession enthalten, also mit $\nu_s \pm \nu_j \pm \nu_k$ schwingen. Eine von ν_j und ν_k unabhängige Komponente fehlt ganz. So erhalten wir die Auswahlregeln $\Delta j = 0, \pm 1$ und $\Delta k = \pm 1$. Das von j und k abhängige Rotationsschwingungsspektrum einer σ-Schwingung können wir als eine Reihe sich überlagernder Einzelbanden auffassen, wobei jede einzelne Bande zu einem bestimmten Übergang $k \to k + 1$ gehört, und selbst wieder einen Nullzweig $\Delta j = 0$, sowie einen positiven und negativen Zweig $\Delta j = \pm 1$ besitzt. Ist $I \gg K$, so wird das Spektrum besonders übersichtlich. Die zu einer bestimmten Bande $k \to k \pm 1$ gehörigen Rotationslinien liegen dann verhältnismäßig dicht zusammen, $\Delta \nu = \dfrac{h}{4 \pi^2 I}$, während die zu den verschiedenen Übergängen $k \to k \pm 1$ gehörenden Banden stark auseinanderrücken, ihre Nullzweige liegen in Abständen

$$\Delta \nu = \frac{h}{4 \pi^2} \left(\frac{1}{K} - \frac{1}{I} \right).$$

Eine Einzelbande, die zu einem Sprunge $k \to k - 1$ gehört und die als $k$te negative Bande bezeichnet wird, umfaßt, wenn wir zur Abkürzung $\beta = \dfrac{I}{K} - 1$ setzen, folgende Linien:

Negativer Zweig:
$$\left.\begin{array}{l} j \to j - 1 \\ k \to k - 1 \end{array}\right. \quad \nu = \nu_s - \frac{h}{4 \pi^2 I} \left[j + \beta \left(k - \frac{1}{2} \right) \right]; \; j = k, k + 1 \ldots$$

Null-Zweig:
$$\left.\begin{array}{l} j \to j \\ k \to k - 1 \end{array}\right. \quad \nu = \nu_s - \frac{h}{4 \pi^2 I} \beta \left(k - \frac{1}{2} \right) \tag{26}$$

Positiver Zweig:
$$\left.\begin{array}{l} j - 1 \to j \\ k \to k - 1 \end{array}\right. \quad \nu = \nu_s - \frac{h}{4 \pi^2 I} \left[-j + \beta \left(k - \frac{1}{2} \right) \right]; \; j = k + 1, k + 2 \ldots$$

Entsprechende Ausdrücke gelten für die $k$te positive Bande $k \to k + 1$. Da $j \geq k$ sein muß, beginnt die Reihe der j-Werte nicht mit 0, sondern mit k bzw. $k + 1$.

Wir geben in Abb. 98 eine schematische Darstellung des Rotationsschwingungsspektrums einer σ-Schwingung beim symmetrischen Kreisel, wie sie von DENNISON unter der Annahme

$\dfrac{I}{K} \sim 5$ und $\dfrac{h^2}{8\,\pi^2\,I\,k\,T} = 0{,}018$ gegeben worden ist. Im oberen Teil der Abbildung sind die 1., 2. und 3. positive und negative Bande zu beiden Seiten von ν_s eingezeichnet; unten ist das aus

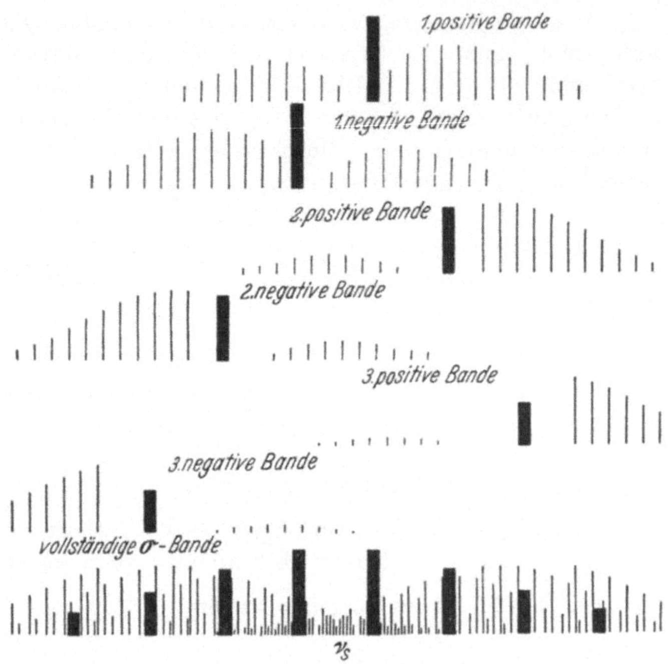

Abb. 98. Schema des Rotationsschwingungsspektrums einer σ-Schwingung beim symmetrischen Kreisel.

der Überlagerung all dieser Einzelbanden resultierende Spektrum wiedergegeben.

Für eine solche σ-Bande ist charakteristisch, daß bei geringer Auflösung die Nullzweige als besonders starke äquidistande Linien, $\varDelta \nu = \dfrac{h}{4\,\pi^2}\left(\dfrac{1}{K} - \dfrac{1}{I}\right)$, auf einem kontinuierlichen Untergrunde erscheinen, wobei das Intensitätsmaximum in der *Mitte* liegt, während die π-Banden BJERRUMsche Doppelbanden mit einer Nullinie darstellen, also drei Maxima aufweisen.

Die Störungen zwischen Rotation und Schwingung bewirken, daß jeder Nullzweig in eine Reihe dicht benachbarter Linien aufspaltet, die, wenn sie nicht aufgelöst werden können, nur eine

Verbreiterung der ursprünglichen Nullinie ergeben. Die Unschärfe der Nullinien ist also ein Maß für die Störung.

Die Trägheitsmomente des symmetrischen Kreisels. Das Trägheitsmoment senkrecht zur Symmetrieachse I ergibt sich am einfachsten aus dem Linienabstand innerhalb einer π-Bande

$$\Delta \nu = \frac{h}{4\,\pi^2 I}\,. \tag{27}$$

Die Bestimmung des Trägheitsmoments um die Figurenachse K ist meist schwieriger. Einmal läßt sich K aus dem aus (26) folgenden Abstand der Nullzweige einer σ-Bande mittels der Beziehung

$$\Delta \nu = \frac{h}{4\,\pi^2}\left(\frac{I}{K} - \frac{1}{I}\right) \tag{28}$$

berechnen. Zu jedem Absolutwert $\left|\frac{1}{K} - \frac{1}{I}\right|$ gehören aber zwei Lösungen, eine mit $K > I$ und eine mit $K < I$, zwischen denen man nur durch Intensitätsbetrachtungen entscheiden kann. Prinzipiell würde man allein schon aus der Intensitätsverteilung entweder innerhalb einer π- oder innerhalb einer σ-Bande I und K einzeln bestimmen können[1], da ja die Verteilung über die einzelnen Zustände von beiden Trägheitsmomenten abhängt. Nur ist dieses Verfahren sehr kompliziert und außerdem fehlen fast immer die dazu nötigen genaueren Daten.

Man kann aber, wie GERHARD und DENNISON[2] gezeigt haben, verhältnismäßig einfach direkt aus den Konstanten der *Enveloppe* einer π-Bande, nämlich aus dem Verhältnis der Intensität des Nullzweiges zur Gesamtintensität der Bande sowie aus dem Abstand der Intensitätsmaxima des positiven und negativen Zweiges K und I berechnen. Wenn I etwa aus dem Abstand der einzelnen Rotationslinien schon bekannt ist, so genügt eine Messung des Abstands der Intensitätsmaxima, um auch K zu erhalten. Ebenso lassen sich aus der Enveloppe einer σ-Bande Schlüsse auf das Verhältnis $\frac{K}{I}$ ziehen.

Die Bestimmung des zweiten Trägheitsmoments wird häufig noch dadurch erschwert, daß der Abstand der Rotationslinien bei

---

[1] Die nötigen quantentheoretischen Formeln sind von H. RADEMACHER und F. REICHE [Z. Physik Bd. 41 (1927) S. 453] angegeben worden; vgl. auch DENNISON: Rev. Mod. Phys. Bd. 3 (1931) S. 280.

[2] GERHARD, SH. L. u. D. M. DENNISON: Physic. Rev. Bd. 43 (1933) S. 197.

den einzelnen σ-Banden sehr verschieden ist. TELLER und TISZA[1] haben die Theorie dieses Effektes, der auf der Wechselwirkung zwischen Rotation und Schwingung beruht, entwickelt.

5. Der asymmetrische Kreisel. Im Falle des asymmetrischen Kreisels oder des unsymmetrischen Rotators wird die kräftefreie Bewegung wesentlich komplizierter. Sie läßt sich klassisch in eine Rotation um die Achse des größten oder kleinsten Trägheitsmoments und in eine Präzession und Nutation dieser Achse um die Richtung des Gesamtimpulses zerlegen. Die Energie und die Besetzungszahlen der einzelnen Rotationszustände eines solchen unsymmetrischen Rotators hängen in sehr komplizierter Weise von den drei verschiedenen Trägheitsmomenten I, K und L ab, so daß man hinsichtlich des Linienabstandes und der Intensitätsverteilung sehr unregelmäßig gebaute Banden erhält (vgl. die Arbeiten von KRAMERS und ITTMANN[2], KLEIN[3], WANG[4], DENNISON[5] und RAY[6]), auf die hier nicht näher eingegangen werden kann.

Für den besonderen Fall eines ebenen Moleküls $I + L = K$, wenn wir unter K das Trägheitsmoment bezogen auf die zur Molekülebene senkrechte Achse verstehen, hat DENNISON gezeigt, daß die Form der *Enveloppe* der einzelnen Banden von der Schwingungsrichtung des zugehörigen elektrischen Moments abhängt. Schwingt das Moment in Richtung der Achse des kleinsten Trägheitsmomentes I, so zeigt die zugehörige Bande in der Mitte ein Intensitätsmaximum, also einen *Zentral*zweig, der mit kleiner werdendem Trägheitsmoment I, also mit $\varrho = I/L$ verschwindet[7]. Eine solche Bande, die als Z-Bande bezeichnet wird, besitzt also drei Maxima. Schwingt dagegen das Moment in Richtung der Achse des mittleren Trägheitsmoments, so tritt in der Mitte der Bande ein Minimum der Intensität auf, wir erhalten also den Typus einer Doppelbande, eine sog. D-Bande. Diese Betrachtungen hat NIELSEN[8] erweitert und die für wenig unsymmetrische Moleküle, $\varrho < 0{,}2$ auftretenden

---

[1] TELLER, E. u. L. TISZA: Z. Physik Bd. 73 (1932) S. 791.

[2] KRAMERS, H. A. u. G. P. ITTMANN: Z. Physik Bd. 53 (1929) S. 553, Bd. 58 (1929) S. 217, Bd. 60 (1930) S. 663.

[3] KLEIN, O.: Z. Physik Bd. 58 (1929) S. 730.

[4] WANG, S. C.: Physic. Rev. Bd. 34 (1929) S. 243.

[5] DENNISON, D. M.: Rev. Mod. Phys. Bd. 3 (1931) S. 280.

[6] RAY: Z. Physik Bd. 78 (1932) S. 74.

[7] Für $\varrho = 0$ erhalten wir ein gestrecktes Molekül, $I = 0$, $K = L$, dessen Valenzschwingungen keinen Q-Zweig besitzen.

[8] NIELSEN, H. H.: Physic. Rev. Bd. 38 (1931) S. 1432.

Bandentypen diskutiert. Beide Autoren haben ihre Ergebnisse als Funktion des Parameters ϱ und für bestimmte Werte von K in Form von Diagrammen dargestellt, so daß man in geeigneten Fällen die beobachteten Banden direkt mit den so berechneten vergleichen und so wenigstens genähert die Trägheitsmomente und damit die geometrische Struktur des Moleküls bestimmen kann (vgl. die Ausführungen bei Ozon und Äthylen, s. §§ 37 u. 40).

Bei der Analyse eines *dreiatomigen* gewinkelten Moleküls können noch folgende, ebenfalls von Dennison angegebene Regeln, die die Einteilung in π- und σ-Schwingungen betreffen, nützlich sein. Von den Grundschwingungen eines gleichschenkeligen Dreiecks (s. Abb. 93), sind die Schwingungen ν_1 und ν_2 π-Schwingungen, d. h. ihr elektrisches Moment schwingt parallel zur Winkelhalbierenden. Sie besitzen daher eine ähnliche Feinstruktur und Enveloppenform. Die Schwingung ν_3 ist dagegen eine σ-Schwingung. Die Kombinationsschwingung $n_1\,\nu_1 + n_2\,\nu_2 + n_3\,\nu_3$ ist für $n_3 = 0,2,4\ldots$, eine π-Schwingung bzw. für $n_3 = 1, 3, 5, \ldots$ eine σ-Schwingung. Bildet das Molekül ein gleichseitiges Dreieck, so wird ν_1 inaktiv und an Stelle von ν_2 und ν_3 tritt eine doppelt entartete, aktive Schwingung.

§ 33. Eigenschwingungen und Elektronenbandenspektrum.

Die Deutung des *Elektronenbandenspektrums* eines zweiatomigen Moleküls ist heute quantitativ möglich, so daß wir hier eine Methode haben, die Kernschwingungen mit ihren Oberschwingungen, also die ganze Reihe der Schwingungszustände sowie die Trägheitsmomente, vor allem von unpolaren Molekülen, die ja kein ultrarotes Spektrum besitzen, zu bestimmen. Darüber hinaus lassen sich auch die Eigenfrequenzen und Kernabstände in den angeregten Zuständen ermitteln, was für das Verständnis mancher Erscheinungen, z. B. die Dissoziation durch Einstrahlung, von Bedeutung ist (vgl. §§ 42 u. 43). Die Struktur des Spektrums mehratomiger Moleküle ist dagegen außerordentlich verwickelt, die Auswahlregeln noch wenig erkannt, so daß das Bandenspektrum vorläufig nur in ganz wenigen Fällen, CO_2 und $O=CH_2$ (s. § 36 bzw. 38), zu Strukturfragen herangezogen werden kann[1] und wir uns daher im folgenden auf zweiatomige Moleküle beschränken wollen. Wir geben

---

[1] An Arbeiten, die sich in dieser Richtung bewegen, nennen wir G. Herzberg u. E. Teller: Z. physik. Chem. Abt. B Bd. 21 (1933) S. 410; vgl. ferner den Bericht von Weizel: erscheint in der Physik. Z. Bd. 35 (1934).

hier nur einen kurzen Überblick über die Bestimmung von Eigenschwingungen und Trägheitsmomenten aus dem Bandenspektrum eines Moleküls und verweisen im übrigen auf die zusammenfassenden Darstellungen von Joos, Mecke, Sponer, Weizel u. a.[1]. Ebensowenig können wir im Rahmen dieser Monographie auf den Zusammenhang zwischen der Bandenstruktur und den Elektronenzuständen eines Moleküls (resultierender Drehimpuls der Elektronenbahnen, Elektronenspin, Zustand der einzelnen Elektronen, Kernspin) eingehen.

Bestimmung von Eigenschwingungen. Tritt zu den in dem letzten Paragraphen besprochenen Änderungen der Schwingungs- und Rotationsenergie eines Moleküls noch ein Elektronensprung hinzu, so rücken die entsprechenden Spektrallinien, Gleichung (8), vom Ultraroten ins Sichtbare bzw. ins Ultraviolette. Dabei handelt es sich aber nicht um eine einfache Projektion des Rotationsschwingungspektrums in ein Gebiet kürzerer Wellenlängen. Vielmehr besitzt schon das Elektronenbandenspektrum eines zweiatomigen Moleküls aus folgendem Grunde eine viel verwickeltere Struktur: Bei einem harmonischen Oszillator sind nur Übergänge mit einer Änderung der Schwingungsquantenzahl $\Delta v = \pm 1$ mit Strahlung verbunden (s. § 32), das Spektrum besteht also aus einer einzigen Grundbande. Ist die Bindung anharmonisch, so treten allerdings noch die Oberbanden auf, doch nimmt ihre Intensität außerordentlich rasch ab. Sobald sich aber gleichzeitig mit dem Schwingungszustand die Elektronenkonfiguration ändert, werden alle Übergänge Δv optisch wirksam, und wir erhalten lange Reihen von Einzelbanden, die sehr großen Änderungen der Schwingungsquantenzahl entsprechen können. Ferner ergeben sich, je nachdem, ob die Bindungsfestigkeiten in den beiden Elektronenzuständen ähnlich sind oder nicht, verschiedene Anordnungen der Banden. Alle zu einem bestimmten Elektronensprung gehörigen Einzelbanden fassen wir als ein *Bandensystem* zusammen.

Vernachlässigen wir zunächst die Rotationsfeinstruktur der einzelnen Banden, so erhalten wir die *Grobstruktur* der Elektronenbanden, die wir jetzt näher betrachten wollen. Die Tatsache, daß

---

[1] Joos, G.: Handbuch der Experimentalphysik, Bd. 21 (1929) S. 1, Bd. 22 (1929) S. 195. — Mecke, R.: Handbuch der Physik, Bd. 21 (1929) S. 493. — Weitzel: Handbuch der Experimentalphysik, Erg.-Bd. 1. Leipzig 1931. — Mulliken, R. S.: Rev. Mod. Phys. Bd. 2 (1930) S. 60 u. 506, Bd. 3 (1931) S. 90, Bd. 4 (1932) S. 1.

sich jedes Molekül durch Energiezufuhr in seine Atome zerlegen läßt, lehrt, daß die Bindung nicht harmonisch ist, so daß der einfache Ansatz für die rücktreibende Kraft $K = -az$ etwa in folgender Weise zu erweitern ist.

$$K = -az + bz^2 + cz^3 \ldots \tag{29}$$

Die Schwingungsenergie eines solchen *anharmonischen* Oszillators läßt sich dann schreiben [vgl. Gleichung (22)],

$$E_v = \left(v + \frac{1}{2}\right) h\nu_0 - \left(v + \frac{1}{2}\right)^2 \cdot x \cdot h\nu_0, \tag{30}$$

wo ν_0 die Eigenfrequenz für unendlich kleine Amplituden bedeutet und x ein Maß für die Anharmonizität der Bindung ist. Daraus ergibt sich für die Differenz zweier aufeinanderfolgender Energiezustände

$$\Delta E_v = h\nu_0 - 2vx h\nu_0, \tag{31}$$

d. h. die einzelnen Energieniveaus rücken immer dichter zusammen. Dem Anfangs- und Endzustande entspricht je ein Schwingungsquantensystem mit verschiedenen ν_0 und x, so daß die Grobstruktur, d. h. die Anordnung aller zu einem bestimmten Elektronensprung gehörigen Einzelbanden durch folgende Gleichung wiedergegeben wird.

$$\left.\begin{aligned}\nu = \nu_{el} &+ \left[\left(v' + \frac{1}{2}\right)\nu_0' - \left(v' + \frac{1}{2}\right)^2 x' \nu_0'\right] \\ &- \left[\left(v'' + \frac{1}{2}\right)\nu_0'' - \left(v'' + \frac{1}{2}\right)^2 x'' \nu_0''\right]\end{aligned}\right\} \tag{32}$$

ν_{el} stellt die dem reinen Elektronensprung entsprechende Frequenz dar, ν' und ν' beziehen sich auf den oberen, energiereicheren, ν'' und ν'' auf den unteren Zustand. Gleichung (32) gilt streng genommen nur für die Nullinien der Einzelbanden, d. h. für die Übergänge zwischen rotationslosen Zuständen (über das Ausfallen dieser Nullinien siehe weiter unten). Da wo die Analyse der Einzelbanden noch aussteht, pflegt man die Wellenzahlen der Bandenkanten, die aber keine größere physikalische Bedeutung haben, einzusetzen (Kantenformel). Da die Kanten aller Banden eines Systems ungefähr gleich weit von der Nullinie liegen, bleiben die Schwingungsquanten praktisch gleich. Auf die Analyse eines solchen Bandensystems gehen wir nicht näher ein, und bemerken nur, daß die Einordnung[1] unmittelbar die Schwingungsquanten und

---

[1] Vgl. z. B. G. Joos: Handbuch der Experimentalphysik, Bd. 22 (1929) S. 606.

aus ihrem Gang den Anharmonizitätsfaktor x ergibt, daß aber die absolute Numerierung der einzelnen Schwingungszustände und damit die Bestimmung von ν_0 nicht immer einfach ist.

Bestimmung von Trägheitsmomenten zweiatomiger Moleküle. Wie beim Rotationsschwingungsspektrum hängt die Feinstruktur von den Änderungen der Rotationsenergie

$$E_j = \frac{h^2}{8\,\pi^2\,I}\,j\,(j+1); \quad j = 0,\ 1,\ 2\cdots\cdots \tag{11}$$

ab. Im Spektrum treten nur Übergänge mit $\Delta j = 0, \pm 1$ auf. Da die Kernabstände in der Gleichgewichtslage und damit auch die Trägheitsmomente in den einzelnen Elektronenzuständen verschieden sind, haben wir für den oberen und unteren Zustand die Trägheitsmomente I' und I'' einzusetzen, so daß wir für die Linien einer Einzelbande in Erweiterung der Gleichungen (18) folgenden Ausdruck erhalten.

Positiver oder R-Zweig: $\nu = A + 2\,\overline{B}\,(j+1) + C\,(j+1)^2$
Negativer oder P-Zweig: $\nu = A - 2\,\overline{B}\,j + C\,j^2$ $\tag{33}$
0- oder Q-Zweig: $\quad\quad\ \nu = A + C\,j + C\,j^2$

wo die Konstanten A, $\overline{B}$ und C folgende Bedeutung haben:

$$A = \nu_s + \nu_{el} + \frac{1}{4}\,C; \quad 2\,\overline{B} = \frac{h}{8\,\pi^2}\Big(\frac{1}{I'} + \frac{1}{I''}\Big); \quad C = \frac{h}{8\,\pi^2}\Big(\frac{1}{I'} - \frac{1}{I''}\Big).$$

Von den Linien des Nullzweiges, die Übergängen zwischen Zuständen gleicher Rotationsquantenzahl entsprechen, fällt die erste Linie, die Nullinie, die zum Übergang zwischen den Zuständen $j = 0$ gehört, aus. Dieser Umstand, sowie die ungefähr symmetrische Intensitätsverteilung sind bei der Einordnung der Linien einer Bande von großem Nutzen. Auf die Durchführung einer solchen Analyse gehen wir nicht ein und verweisen auf die zusammenfassenden Berichte[1].

Wir geben schließlich in Tabelle 67 noch die Trägheitsmomente und Kernabstände sowie die Eigenfrequenzen ν_0 einiger zweiatomiger Moleküle im Grundzustand und in einem angeregten Zustand wieder.

Wie man sieht, sind im allgemeinen in einem angeregten Zustand die Kernabstände größer, die Eigenfrequenzen niedriger, d. h. die Bindungen lockerer. Eine Zusammenstellung von Trägheitsmomenten im Grundzustand findet sich in Tabelle 12 des § 11.

---

[1] Vgl. z. B. G. Joos: Handbuch der Experimentalphysik, Bd. 22 (1929) S. 205 oder Sommerfeld: Atombau und Spektrallinien, 5. Aufl. 1931.

Tabelle 67. Trägheitsmomente und Eigenfrequenzen im Grund-
und angeregten Zustand[1].

Molekül	Trägheitsmoment $I \cdot 10^{40}$		Kernabstand $r \cdot 10^8$		Eigenfrequenz in cm^{-1}	
	Grund-zustand	angeregter Zustand	Grund-zustand	angeregter Zustand	Grund-zustand	angeregter Zustand
H_2	0,467	0,92	0,75	1,06	4264	2374
O_2	19,2	34,22	1,2	1,609	1565	708
J_2	742	951	2,66	3,0	213,7	127,5
He_2	3,78	3,84	1,07	1,078		

§ 34. Eigenschwingungen und RAMAN-Spektrum[2].

1. Theorie des RAMAN-Effektes; Auswahlregeln. 1928 entdeckten
unabhängig voneinander RAMAN[3] sowie LANDSBERG und MANDEL-
STAM[4], daß im Streulicht, dem TYNDALL-Lichte, eines Körpers
neben den Frequenzen des erregenden Lichtes noch Frequenzen auftreten, die im einfallenden Lichte nicht enthalten sind. Strahlt
man im besonderen mit monochromatischem Lichte ein, so erscheinen im Streuspektrum eine Reihe von neuen Linien, die
RAMAN-Linien, deren Frequenzen ν_R gegen die der einfallenden
Linie ν_0 um bestimmte, für die streuende Substanz charakteristische
Beträge $\Delta \nu$ verschoben sind. Die Verschiebung einer bestimmten
RAMAN-Linie ist von der Frequenz des einfallenden Lichtes unabhängig und durch die Gleichung

$$\nu_R = \nu_0 \mp \Delta \nu = \nu_0 \mp \nu_s \qquad (34)$$

gegeben, wo ν_s eine der Kernschwingungsfrequenzen des streuenden
Moleküls ist. Der Einfluß der Rotation des Moleküls auf die
RAMAN-Strahlung soll zunächst vernachlässigt werden, da diese
nur zu einer Verbreiterung der RAMAN-Schwingungslinie führt
(s. weiter unten), die erst durch hoch auflösende Apparate in die
einzelnen Rotationslinien aufgelöst werden kann (über die reine
Rotationsramanstrahlung vgl. § 22).

---

[1] Entnommen dem Artikel von G. JOOS: Handbuch der Experimentalphysik, Bd. 22 S. 298f.

[2] Vgl. dazu auch den Bericht von G. PLACZEK: „RAYLEIGH-Strahlung
und RAMAN-Effekt": Handbuch der Radiologie, 2. Aufl. Bd. 6/2 Kap. 3.
Leipzig 1934.

[3] RAMAN, C. V.: Indian J. Phys. Bd. 2 (1928) S. 387.

[4] LANDSBERG, G. u. L. MANDELSTAM: Naturwiss. Bd. 16 (1928) S. 357
u. 772.

In den wenigen Jahren seit der Entdeckung des RAMAN-Effektes ist die Theorie in ihren wichtigsten Zügen erschöpfend entwickelt und ein gewaltiges Beobachtungsmaterial zusammengetragen worden. Es hat sich gezeigt, daß wir im RAMAN-Effekt eine der leistungsfähigsten Methoden zur Erforschung der Eigenschwingungen und damit der Struktur der Moleküle besitzen.

Mit Rücksicht auf die in dieser Sammlung erschienene Monographie „Der SMEKAL-RAMAN-Effekt" von K. W. F. KOHLRAUSCH, „Struktur der Materie, Bd. 12", in der alle Arbeiten bis Anfang 1931 verwertet sind, werden wir uns im folgenden kurz fassen. Die Theorie soll nur soweit behandelt werden, als es für das Verständnis der erst später bekannt gewordenen Auswahlregeln und Polarisationsverhältnisse, die bei der Einordnung des Schwingungsspektrums eines Moleküls von größter Bedeutung sind, erforderlich ist. Von den zahlreichen neueren Arbeiten werden wir im allgemeinen nur diejenigen besprechen[1], die für die Fragen der Molekülstruktur von Wichtigkeit geworden sind.

Die Theorie des RAMAN-Effektes ist von MANNEBACK[2] und von VAN VLECK[3] aus der quantentheoretischen, der KRAMERS-HEISENBERGschen Dispersionstheorie entwickelt worden. Andererseits haben CABANNES und ROCARD[4] sowie PLACZEK[5] gezeigt, daß man auch mittels klassischer Vorstellungen die wichtigsten Eigenschaften der RAMAN-Strahlung erklären kann. Da die klassische Theorie den Vorteil der größeren Anschaulichkeit besitzt und da sich aus ihr, wie PLACZEK gezeigt hat, die wichtigsten Auswahlregeln besonders einfach ergeben, hat sie sich bei der praktischen Anwendung des RAMAN-Effektes auf Molekülbaufragen als besonders fruchtbringend erwiesen, so daß wir uns im folgenden ausschließlich der klassischen Darstellung bedienen werden.

Wir gehen dabei von folgender Überlegung[6] aus. Für die Streustrahlung sind im wesentlichen die *Elektronen*, d. h. deren

---

[1] Vgl. dazu K. W. F. KOHLRAUSCH: Naturwiss. Bd. 22 (1934) S. 161, 181 u. 196.

[2] MANNEBACK, C.: Z. Physik Bd. 62 (1930) S. 224, Bd. 65 (1930) S. 574.

[3] VLECK, I. H. VAN: Proc. nat. Acad. Sci. Bd. 15 (1929) S. 754.

[4] CABANNES, I. u. ROCARD: J. Physique Radium Bd. 10 (1929) S. 52. — CABANNES, I.: C. R. Acad. Sci., Paris Bd. 186 (1928) S. 1714.

[5] PLACZEK, G.: Z. Physik Bd. 70 (1931) S. 84; Leipziger Vorträge, 1931 S. 71.

[6] Die folgende Darstellung lehnt sich besonders an die Arbeiten von PLACZEK an.

Polarisierbarkeit maßgebend. Wenn sich also die Eigenschwingungen der *Kerne* in der Strahlung bemerkbar machen, so muß die Polarisierbarkeit der Elektronen von der Bewegung der Kerne abhängen. Setzt man nun voraus, was ja den tatsächlichen Verhältnissen durchaus entspricht, daß die Frequenzen der Kerne klein gegen die Frequenzen der Elektronen, sowie gegen die des einfallenden Lichtes sind, so ist die Elektronenkonfiguration des Moleküls und damit seine Polarisierbarkeit in jeder Phase der Bewegung so beschaffen, als ob die Kerne in der augenblicklichen Lage *ruhen* würden, d. h. die Polarisierbarkeit hängt nur von der Lage der Kerne und nicht von ihrer Geschwindigkeit ab. Setzen wir also die Polarisierbarkeit eines Moleküls α als Funktion der Normalkoordinaten q_i der Kerne an, so können wir, von der Gleichgewichtslage ausgehend, die Polarisierbarkeit nach den Kernkoordinaten entwickeln

$$\alpha = \alpha^0 + \sum\nolimits_i \left(\frac{\partial \alpha}{\partial q_i}\right)_0 q_i + \ldots \ldots \tag{35}$$

dabei bedeutet α^0 die Polarisierbarkeit in der Gleichgewichtslage, für die die q_i verschwinden. Betrachten wir nur eine einzige, nicht entartete, harmonische Eigenschwingung der Kerne ν_s, so läßt sich die Abhängigkeit der Polarisierbarkeit von der Kernschwingung, wenn wir die höheren Ableitungen vernachlässigen, so schreiben

$$\alpha = \alpha^0 + \frac{\partial \alpha}{\partial q} \cdot q \cos (2\pi \nu_s t + \delta) = \alpha^0 + \alpha' q \cos (2\pi \nu_s t + \delta). \tag{36}$$

Für das vom Felde der einfallenden Lichtwelle $\mathfrak{E} = \mathfrak{E} \cos 2\pi\nu t$ induzierte elektrische Moment erhalten wir

$$\mu_i = \alpha \mathfrak{E} = [\alpha^0 + \alpha' q \cos (2\pi \nu_s t + \delta)]\, \mathfrak{E} \cos 2\pi\nu t$$

oder

$$\mu_i = \alpha^0 \mathfrak{E} \cos 2\pi\nu t + \alpha' \frac{q}{2} \mathfrak{E} \left\{ \cos [2\pi(\nu + \nu_s)t + \delta] + \\ + \cos [2\pi(\nu - \nu_s)t - \delta] \right\} \tag{37}$$

Es treten also im Streulicht neben der Frequenz des erregenden Lichtes noch zwei weitere Frequenzen $\nu + \nu_s$ und $\nu - \nu_s$, die Raman-Schwingungslinien, auf. Während die unverschobene Strahlung, die Rayleigh-Strahlung in Phase mit dem einfallenden Licht schwingt, also kohärent ist, ist das Raman-Licht wegen der von Molekül zu Molekül verschiedenen unbestimmten Schwingungsphase δ der Kerne inkohärent.

Die Intensität der Raman-Linien hängt im wesentlichen vom Faktor $\frac{\partial \alpha}{\partial q}$, also von der *Änderung* der Polarisierbarkeit mit dem

Kernabstande ab. Der charakteristische Unterschied in den Auswahlregeln für die Linien des ultraroten- bzw. des RAMAN-Spektrums ist also folgender: Im ultraroten Spektrum wird eine Schwingung nur dann aktiv, wenn sie mit einer Veränderung des *festen elektrischen* Moments verbunden ist. Für das Auftreten im RAMAN-Spektrum ist dagegen die Veränderung des *induzierten* Moments maßgebend.

Im allgemeinen Fall eines anisotropen Moleküls muß man auf die Tensorgleichung (1) des § 21 zurückgehen und erhält dann für die in den ξ-, η-, ζ-Richtungen des molekülfesten Systems induzierten Momente

$$\mu_{i\xi} = [b_{11}\,\mathfrak{E}_\xi + b_{12}\,\mathfrak{E}_\eta + b_{13}\,\mathfrak{E}_\zeta]\cos 2\,\pi\,\nu\,t$$

oder

$$\left.\begin{aligned}
\mu_{i\xi} &= [b_{11}^0\,\mathfrak{E}_\xi + b_{12}^0\,\mathfrak{E}_\eta + b_{13}^0\,\mathfrak{E}_\zeta]\cos 2\,\pi\,\nu\,t + \\
&\quad + [b_{11}'\,\mathfrak{E}_\xi + b_{12}'\,\mathfrak{E}_\eta + b_{13}'\,\mathfrak{E}_\zeta]\frac{q}{2}\cos\left[2\,\pi\,(\nu + \nu_s)\,t + \delta\right] + \\
&\quad + \cos\left[2\,\pi\,(\nu - \nu_s)\,t + \delta\right]
\end{aligned}\right\} \tag{38}$$

und zwei entsprechende Gleichungen für $\mu_{i\eta}$ und $\mu_{i\zeta}$, wo $b_{11}' = \dfrac{\partial b_{11}}{\partial q}$, $b_{12}' = \dfrac{\partial b_{12}}{\partial q}$ usw. ist. Wählen wir die Achsen ξ, η, ζ so, daß sie mit den optischen Hauptachsen des Moleküls zusammenfallen, so verschwinden in der Ruhelage die Tensorkomponenten zweiter Art, also $b_{12} = b_{13} = b_{23} \ldots = 0$, dagegen im allgemeinen nicht ihre Ableitungen. An Stelle der Komponenten erster Art b_{11}, b_{22}, b_{33}, erhalten wir dann wieder die Hauptpolarisierbarkeiten b_1, b_2, b_3. Aus Gleichung (38) folgt, daß im RAMAN-Spektrum die Grundtöne aller Schwingungen fehlen, die den Bedingungen genügen:

$$\left(\frac{\partial b_1}{\partial q}\right)_0 = \left(\frac{\partial b_2}{\partial q}\right)_0 = \left(\frac{\partial b_3}{\partial q}\right)_0 = b_1' = b_2' = b_3' = 0. \tag{39a}$$

$$\left(\frac{\partial b_{12}}{\partial q}\right)_0 = \left(\frac{\partial b_{13}}{\partial q}\right)_0 = \left(\frac{\partial b_{23}}{\partial q}\right)_0 = \ldots b_{12}' = b_{13}' = b_{23}' = \ldots = 0. \tag{39b}$$

Bleiben insbesondere die Richtungen der optischen Hauptachsen bei der Schwingung unverändert, so sind die Ableitungen b_{12}', b_{13}', $b_{23}'\ldots$ von vornherein gleich Null. Für das Verschwinden einer RAMAN-Linie genügt dann die Bedingung, daß in der Gleichgewichtslage der Kerne alle drei Hauptpolarisierbarkeiten als Funktion der dazugehörigen Normalkoordinate q einen *Extremwert* besitzen, was z. B. bei den zu einem *Symmetriezentrum*, aber nicht zu einer *Symmetrieebene antisymmetrischen* Schwingungen der Fall ist. Es genügt aber nicht, daß etwa nur eine Ableitung b'_j Null wird oder daß die Summe $b'_1 + b'_2 + b'_3 = 0$ wird. Aus (39) folgt auch, daß eine Schwingung, bei der zwar die Hauptpolarisierbarkeiten unverändert bleiben, bei der aber das Polarisationsellipsoid selbst bei der Schwingung hin- und herpendelt, b'_{11}, $b'_{13} \ldots \neq 0$, im RAMAN-Spektrum auftritt.

Als Beispiel zu dieser Auswahlregel betrachten wir die antisymmetrische Deformationsschwingung der Moleküle CO_2 und N_2O (s. Abb. 99). Beim CO_2 ist $b'_1 = b'_2 = b'_3 = 0$ und, da die Lage der Hauptachsen erhalten bleibt, auch $b'_{12} = b'_{13} = b'_{23} = \ldots = 0$; die Schwingung ist zu einem Symmetriezentrum antisymmetrisch und im RAMAN-Spektrum inaktiv. Beim unsymmetrisch gebauten N_2O sind dagegen nur $b'_3 = b'_2 = 0$, aber nicht b'_1 und ferner sind wegen der Pendelung des Polarisations-

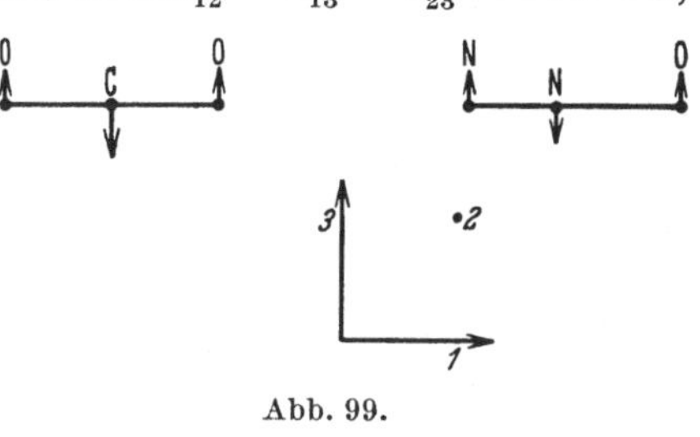

Abb. 99.

ellipsoides auch die Ableitungen b'_{12}, b'_{13}, $b'_{32} \ldots$ von Null verschieden; die Schwingung ist zu einer Symmetrieebene antisymmetrisch und aktiv.

Die stärksten RAMAN-Linien entsprechen meist Grundtönen der totalsymmetrischen Schwingungen (Beispiele CO_2 und CCl_4).

Die Intensitäten der Obertöne hängen in entsprechender Weise von den höheren Ableitungen der Polarisierbarkeiten ab. Die quantitative Berechnung der Intensität einer RAMAN-Linie ist natürlich nur auf quantentheoretischem Wege möglich und ergibt daß die Intensitäten der Obertöne im allgemeinen so klein sind, daß diese nicht mehr beobachtet werden können. Das gilt auch für Kombinationstöne. Diese Tatsache ist bei der Analyse eines Schwingungsspektrums von großem Vorteil, da man die starken RAMAN-Linien ohne weiteres den Grundschwingungen des Moleküls zuordnen darf. Diese Regel kann allerdings in Fällen, wo die Grundlinie verboten ist, durchbrochen werden. Wegen diesbezüglicher weiterer Einzelheiten muß auf die Arbeiten von PLACZEK[1] verwiesen werden.

Eine *Rotationsfeinstruktur* kann bei einer RAMAN-Linie nur dann auftreten, wenn die Änderung der Polarisierbarkeit anisotrop ist.

---

[1] PLACZEK, G.: Z. Physik Bd. 70 (1931) S. 84; Leipziger Vorträge, 1931 S. 71.

In diesem Falle hängt die die RAMAN-Schwingungslinie bestimmende Komponente des induzierten Moments von der Lage des Moleküls zum erregenden Felde, also auch von der Rotationsfrequenz ν_r ab und es treten im Streumoment auch die Frequenzen $\nu \pm \nu_s \pm \nu_r$ auf. Ist $\dfrac{\partial b}{\partial q}$ in allen Richtungen gleich, der Tensor also zum Skalar geworden, so macht sich die Rotation ν_r im Streumoment nicht bemerkbar und es verschwinden die Rotationsschwingungslinien. In diesem Falle wird die RAMAN-Linie also ganz scharf und, wie wir weiter unten sehen werden [Gleichung (40) und (41)], vollkommen polarisiert. Beispiele sind die symmetrischen Schwingungen des CH_4 und CCl_4 (vgl. § 23).

2. **Bestimmung von Trägheitsmomenten.** Für die Bestimmung der Trägheitsmomente kommen in erster Linie Untersuchungen des reinen Rotationsramanspektrums in Frage, da eine Auflösung der Rotationsverbreiterung von RAMAN-Schwingungslinien bisher nur bei CH_4 und H_2 und NH_3 gelungen ist. Da die Untersuchungen an *zweiatomigen* Molekülen eingehend in der Monographie von KOHL-RAUSCH[1] behandelt sind, wollen wir hier nur das Endergebnis mitteilen.

Im RAMAN-Spektrum treten nur Rotationslinien auf, die Änderungen der Rotationsquantenzahl von $\varDelta j = \pm 2$ entsprechen[2,3]. Der Abstand zweier Rotationslinien wird also doppelt so groß als im ultraroten Absorptionsspektrum, so daß wir das Trägheitsmoment aus der Beziehung

$$\varDelta \nu = \frac{h}{2\,\pi^2\,I}$$

erhalten. Bei symmetrischen Molekülen, wie H_2, N_2, O_2 usw., bei denen die geraden und ungeraden Rotationszustände verschiedenes Gewicht haben, tritt wieder die Erscheinung der alternierenden Intensitäten auf (vgl. § 32, Abschnitt 3), die bei KOHLRAUSCH (l. c.) eingehend besprochen ist.

Neuerdings haben PLACZEK und TELLER[4] für *mehratomige* Moleküle die Intensitätsverteilung im reinen Rotationsraman-

---

[1] KOHLRAUSCH, K. W. F.: Der SMEKAL-RAMAN-Effekt, diese Sammlung Bd. 12.

[2] Entsprechend dem Umstand, daß im Streumoment nicht die Rotationsfrequenz ν_r, sondern $2\,\nu_r$ auftritt (vgl. § 22).

[3] Ist der Grundzustand des Moleküls ein π-Zustand, der einen Elektronendrehimpuls besitzt, so sind auch Übergänge mit $\varDelta j = \pm 1$ möglich (Beispiel das NO-Molekül).

[4] PLACZEK, G. u. E. TELLER: Z. Physik Bd. 81 (1933) S. 209; vgl. auch G. PLACZEK: Handbuch der Radiologie, 2. Aufl. Bd. 6/2 Kap. 3. Leipzig 1934.

spektrum und im Rotationsschwingungsspektrum berechnet und
für den symmetrischen und für den Kugelkreisel das Problem
vollständig gelöst. Mit Hilfe ihrer Ergebnisse kann man aus der
Rotationsstruktur auf die Symmetrieeigenschaften einer Schwingung schließen und so diese einordnen. Ebenso lassen sich auch in
komplizierteren Fällen die Trägheitsmomente bestimmen.

3. Polarisation der RAMAN-Linien. a) **Depolarisationsgrad
einer RAMAN-Linie**[1]. Der Polarisationsgrad einer RAMAN-Linie
hängt eng mit dem Symmetriecharakter der entsprechenden Kernschwingung zusammen, so daß es häufig möglich ist, mittels
Polarisationsmessungen RAMAN-Linien bestimmten Normalschwingungen zuzuordnen und so in schwierigeren Fällen zu einer eindeutigen Analyse des Schwingungsspektrums eines Moleküls zu
gelangen.

Um den Depolarisationsgrad (Definition in § 21) einer RAMAN-
Linie einschließlich ihrer Rotationsfeinstruktur zu erhalten, kann
man genau so wie in der Theorie der gewöhnlichen Lichtzerstreuung
verfahren. Man denkt sich also das Molekül während der Schwingung im Raume festgehalten[2] und mittelt dann das Quadrat des
Streumoments über alle Achsenlagen[3]. Man erhält bei Erregung
mit linear polarisiertem Lichte für den Depolarisationsgrad einer
RAMAN-Linie einschließlich ihrer Rotationsfeinstruktur folgende
Beziehung, die der im Falle der RAYLEIGH-Linie, Gleichung (12)
des § 21, völlig entspricht.

$$\Delta_R' = \frac{J_x'}{J_z'} = \frac{b_1'^2 + b_2'^2 + b_3'^2 - b_1' b_2' - b_2' b_3' - b_3' b_1'}{3(b_1'^2 + b_2'^2 + b_3'^2) + 2(b_1' b_2' + b_2' b_3' + b_3' b_1')} \tag{40}$$

oder, wenn wir wieder unter $A' = b_1' + b_2' + b_3'$ und $B' = b_1' \cdot b_2' + b_2' \cdot b_3' + b_3' \cdot b_1'$ die beiden ersten Invarianten des Tensors der
Ableitungen verstehen

$$\Delta_R' = \frac{A'^2 - 3B'}{3A'^2 - 4B'} \quad \text{für linear polarisiertes Einfallslicht.} \tag{41}$$

---

[1] Vgl. dazu G. PLACZEK: Z. Physik Bd. 70 (1931) S. 84; Leipziger Vorträge, 1931 S. 71; ferner J. CABANNES: Ann. Physique Bd. 18 (1932) S. 285,
sowie J. CABANNES u. A. ROUSSET: Ann. Physique Bd. 19 (1933) S. 229.

[2] In § 22 ist darauf hingewiesen worden, daß die Rotation der Moleküle
auf die Intensität und den Depolarisationsgrad der Gesamtstrahlung keinen
Einfluß hat (vgl. insbesondere S. 181, Anmerkung 2).

[3] Bei entarteten Schwingungen ist diese Mittelung nicht mehr zulässig,
da entartete Schwingungen mit einem Sprung der Rotationsquantenzahl
verbunden sind.

Während für den Depolarisationsgrad der RAYLEIGH-Linie einschließlich ihrer Rotationsfeinstruktur die drei Hauptpolarisierbarkeiten maßgebend sind, ist der Depolarisationsgrad einer RAMAN-Linie durch die entsprechenden Hauptwerte b_1', b_2', b_3' des Tensors der Ableitungen bestimmt. Der Depolarisationsgrad einer RAMAN-Schwingungslinie ist also ein Maß für die Anisotropie der Änderung der Polarisierbarkeit bei der zugehörigen Normalschwingung. Dabei besteht aber zwischen der Polarisation der unverschobenen und der verschobenen Linien folgender wesentliche Unterschied. Die Polarisierbarkeiten b_1, b_2, b_3 können naturgemäß nur positive Werte annehmen, so daß wir für den Depolarisationsgrad der TYNDALL-Strahlung maximal (s. S. 172) $\Delta' = 1/3$ bzw. $\Delta = 1/2$ für natürliches Einfallslicht erhalten. Da die Polarisierbarkeiten mit den Verrückungen der Kerne sowohl zu- wie abnehmen können, also die b' sowohl positiv wie negativ sein können, erhalten wir den größten Wert des Depolarisationsgrades, wenn die erste Invariante verschwindet, also für $b_1' + b_2' + b_3' = 0$ oder $b_1' = -(b_2 + b_3)$, nämlich $\Delta_R' = 3/4$ für linear polarisiertes Einfallslicht bzw. $\Delta_R = 6/7$ für natürliches Einfallslicht.

Die nähere Untersuchung des Zusammenhanges zwischen den Größen b_j' und den Symmetrieeigenschaften der Kernschwingungen führt, wie PLACZEK[1] gezeigt hat, zu folgenden wichtigen Ergebnissen. Bei allen *antisymmetrischen* Schwingungen verschwindet für die Grundschwingung und für die geraden Oberschwingungen die erste Invariante, also $A' = b_1' + b_2' + b_3' = 0$, d. h. die einer antisymmetrischen Grundschwingung und ihren geraden Oberschwingungen $2\,\nu\,(a)$, $4\,\nu\,(a)$ entsprechenden RAMAN-Linien haben den Depolarisationsgrad 3/4 für linear polarisiertes bzw. 6/7 für natürliches Einfallslicht. Dasselbe gilt für alle *entarteten* Grundschwingungen. Der Depolarisationsgrad einer *symmetrischen* Schwingung ist nur bei kubischer Symmetrie, also etwa bei CH_4 oder CCl_4 durch die Symmetrie des Moleküls bestimmt, und zwar wird er in diesem Falle Null, während er bei nicht kubischer Symmetrie jeden Wert zwischen 0 und 3/4 annehmen kann.

Mit der theoretischen und experimentellen Untersuchung der Polarisationsverhältnisse bei RAMAN-Linien haben sich vor allem CABANNES[2] und seine Mitarbeiter beschäftigt. Ferner sei hier auf

---

[1] PLACZEK, G.: Leipziger Vorträge, 1931 S. 71.
[2] CABANNES, J. u. A. ROUSSET: Ann. Physique Bd. 19 (1933) S. 229; dort auch weitere Literatur.

eine Arbeit von Simons[1] hingewiesen, der an einer größeren Anzahl organischer Substanzen den Depolarisationsgrad der Raman-Linien gemessen hat.

b) **Umkehrpolarisation.** Von besonderem Interesse ist die zuerst von Hanle[2] und Bär[3] gefundene Umkehrpolarisation. Strahlt man mit zirkularpolarisiertem Lichte ein und beobachtet man die in Richtung des einfallenden Lichtes gestreute Strahlung, so erscheint bei manchen Raman-Linien der Drehsinn des Streulichtes umgekehrt, das Streulicht also linkszirkular, wenn mit rechtszirkularem Lichte eingestrahlt wurde. Diese Erscheinung läßt sich nach Placzek[4] quantitativ erfassen[5], wenn wir die bisher nur für linear polarisiertes bzw. natürliches Licht durchgeführte Mittelung des Streumoments über alle Lagen der Moleküle im Raum auf zirkular polarisiertes Licht übertragen. Strahlen wir mit rechtszirkularem Lichte ein, beobachten in der Fortpflanzungsrichtung und bezeichnen mit J_r die Intensität des „richtig", also rechtszirkular polarisierten Lichtes und mit J_u die des „umgekehrt", also linkszirkular polarisierten Lichtes, so gilt für den *Umkehrkoeffizienten*[6] einer Raman-Linie P

$$P = \frac{J_u}{J_r} = \frac{A'^2 - 3B'}{2A'^2 - B'} = \frac{2\Delta'_R}{1 - \Delta'_R} \qquad (42)$$

---

[1] Simons, L.: Soc. Sci. fenn. Commentat. Bd. 6 (1932) S. 13.

[2] Hanle, W.: Naturwiss. Bd. 19 (1931) S. 375; Physik. Z. Bd. 32 (1931) S. 556; Ann. Physik Bd. 11 (1931) S. 885, Bd. 15 (1932) S. 345.

[3] Bär, R.: Naturwiss. Bd. 19 (1931) S. 463; Helv. phys. Acta Bd. 4 (1931) S. 131.

[4] Placzek, G.: Leipziger Vorträge, 1931 S. 71.

[5] Raman selbst glaubte, diese Umkehr des Drehsinnes nur durch den „Spin" des Lichtquants erklären zu können, vgl. C. V. Raman u. S. Bhagavantam: Indian J. Bd. 6 (1931) S. 353; Nature, Lond. Bd. 128 (1931) S. 727; ferner Bhagavantam: Indian J. Bd. 7 (1932) S. 107. Die in diesen und anderen Arbeiten mitgeteilten Messungen des Depolarisationsgrades der Rayleigh-Linie mit und ohne Flügel sind viel zu ungenau, um die Richtigkeit der Ramanschen Theorie vom Spin des Lichtquants beweisen zu können.

[6] Die Umkehr kann man sich in folgender Weise veranschaulichen: Wir wählen ein einfaches Modell, in dem die Polarisierbarkeit mit der Normalkoordinate der betreffenden Schwingung in der x-Richtung wachsen, in der y-Richtung aber abnehmen möge, also

$$\mu_x = (b^0 + b' \cdot q \cos 2\pi \nu_s t)\,\mathfrak{E}_x$$
$$\mu_y = (b^0 - b' q \cos 2\pi \nu_s t)\,\mathfrak{E}_y .$$

Wenn also der elektrische Vektor in der x-Richtung schwingt, tritt ein ihm gleichgerichtetes zusätzliches Moment $b' q \cos 2\pi \nu_s t\,\mathfrak{E}_x$ auf, wenn er wo Δ_R' den Depolarisationsgrad der betreffenden RAMAN-Linie bei Erregung mit linear polarisiertem Lichte bedeutet. Aus dieser Gleichung ergeben sich folgende Fälle.

Depolarisationsgrad Δ'	Umkehrkoeffizient P
1/3	0
0	1
3/4	6/1

Es ist also für $\Delta' < 1/3$ die Streustrahlung richtig polarisiert, für $\Delta' = 1/3$ natürlich und für $\Delta' > 1/3$ umgekehrt. Bei extremer Anisotropie, also für $b_1' + b_2' + b_3' = 0$, also für entartete oder zu irgendeinem Symmetrielement antisymmetrische Schwingungen wird $P = 6:1$, der Drehsinn also fast ganz umgekehrt. Untersuchen wir den Umkehrkoeffizienten des TYNDALL-Lichtes, so wird bei extremer Anisotropie (s. § 21) $\Delta' = 1/3$ und $P = 1$, wir erhalten also natürliches Licht, aber selbstverständlich keine Umkehrung[1].

§ 35. Eigenschwingungen und spezifische Wärmen.

1. Allgemeines. Die Messung der spezifischen Wärme eines Gases eröffnet eine weitere Möglichkeit, die Eigenschwingungen eines Moleküls zu bestimmen. Die Methode, die besonders von EUCKEN und seinen Schülern entwickelt worden ist, eignet sich besonders, um die Lage der langsamsten Grundschwingung zu finden. Sie ist besonders nützlich in Fällen, wo eine solche Schwingung weder im RAMAN- noch im ultraroten Spektrum direkt auftritt oder wo die Analyse der Kombinations- und Oberschwingungen kein eindeutiges Resultat gibt (vgl. die Beispiele des C_2H_2, C_2H_4 und C_2H_6, in diesem und §§ 38 und 40).

Die auf unendliche Verdünnung reduzierte Molwärme eines Gases setzt sich bekanntlich aus drei Anteilen zusammen, die von der Translation, der Rotation und den innermolekularen Schwingungen, den Eigenschwingungen der Kerne herrühren. Die beiden ersten Anteile sind in dem in Frage kommenden Bereiche temperaturunabhängig; die einzige Ausnahme ist, wegen seines kleinen

---

in der y-Richtung schwingt, ein ihm entgegengesetztes Zusatzmoment $b' q \cos 2\pi v_s t$ auf. Dann aber entspricht der Rechtsrotation des elektrischen Vektors eine Linksrotation des Zusatzmoments. Die von der Kernschwingung unabhängigen Momente b^0 fallen notwendig immer in die Richtung des erregenden Feldes, so daß bei der RAYLEIGH-Strahlung eine solche Umkehr unmöglich ist. Vgl. dazu M. BORN: Optik. Ein Lehrbuch der elektromagnetischen Lichttheorie. Berlin 1933.

[1] Siehe vorstehende Anmerkung.

Trägheitsmomentes, Wasserstoff. Jedem Freiheitsgrad der Translation oder Rotation kommt nach der klassischen Theorie der Beitrag $\frac{R}{2} = 0{,}993$ cal zu.

Die Schwingungswärme C_s läßt sich nach der PLANCK-EINSTEINschen Formel, die die Verteilung über die einzelnen Energiezustände berücksichtigt, berechnen:

$$C_s = \sum \varphi\left(\frac{\Theta}{T}\right) = R \sum \frac{\left(\frac{\Theta}{T}\right)^2 e^{\frac{\Theta}{T}}}{\left(e^{\frac{\Theta}{T}} - 1\right)^2}, \qquad (44)$$

wobei über sämtliche oszillatorischen Freiheitsgrade zu summieren ist. Θ die sog. charakteristische Temperatur, hängt mit der betreffenden Eigenschwingung in folgender Weise zusammen

$$\Theta = \frac{h\nu}{k} = 4{,}78 \cdot 10^{-12}\,\nu,$$

oder wenn wir ν in Wellenzahlen angeben,

$$\Theta = 0{,}1434 \cdot \nu.$$

Θ bedeutet also die Temperatur, bei der das Energiequant $\varepsilon = h\nu = kT$ gleich dem klassischen Wert für die Summe aus der mittleren kinetischen und potentiellen Energie eines Moleküls pro Freiheitsgrad geworden ist.

Im Grenzfall hoher Temperaturen, $h\nu \ll kT$, erreicht $\varphi\left(\frac{\Theta}{T}\right)$ den Wert $R = 1{,}986$ cal, also den klassischen Wert der Molwärme pro Freiheitsgrad.

Die PLANCK-EINSTEINsche[1] Formel gilt streng nur für harmonische Oszillatoren, da nur für solche im Mittel die potentielle Energie gleich der kinetischen gesetzt werden kann. Da die Eigenschwingungen sicher nicht rein harmonisch sind, ist der obige Ausdruck noch einer Korrektur bedürftig, die aber im allgemeinen nicht in Frage kommen wird, da in dem der Untersuchung zugänglichen Temperaturgebiet die höheren, angeregten Zustände unbesetzt bleiben.

---

[1] Die PLANCK-EINSTEINsche Formel ist wiederholt an der Erfahrung geprüft und bestätigt worden, vgl. etwa Handbuch der Experimentalphysik, Bd. 1 S. 443. — EUCKEN u. HOFFMANN: Z. physik. Chem. Abt. B Bd. 5 (1929) S. 442; ferner I. B. AUSTIN: J. Amer. chem. Soc. Bd. 54 (1932) S. 3459. Die früher bei O_2 und N_2 auftretenden Abweichungen konnten von EUCKEN und MÜCKE [Z. physik. Chem. Abt. B Bd. 18 (1932) S. 167] endgültig aufgeklärt werden, indem sie zeigten, daß zur Einstellung des Gleichgewichts der Schwingungswärme eine bestimmte Zeit erforderlich ist, was bei der Messung beachtet werden muß, s. weiter unten.

Es ist ferner zu beachten, daß mit steigender Rotationsfrequenz infolge der Zentrifugalkräfte die Kernabstände etwas vergrößert werden, so daß das Molekül mit steigender Temperatur einen zusätzlichen Betrag an potentieller Energie aufnimmt. In diesem Sinne kommt also auch der Rotation ein kleiner Anteil an potentieller Energie zu. Dieser Effekt liegt offenbar beim Methan vor, wo nach EUCKEN und PARTS[1] die mit den bekannten Eigenfrequenzen (vgl. § 39), berechneten Molwärmen besonders bei höheren Temperaturen merklich kleiner als die beobachteten sind.

Unter Vernachlässigung dieser Effekte erhalten wir bei einem n-atomigen, nicht gestreckten Molekül für die Molwärme des Gases bei konstantem Druck

$$C_p = \frac{8}{2} R + \sum_{1}^{3n-6} {}_i \varphi \left(\frac{\Theta_i}{T}\right). \tag{45}$$

Bei einem gestreckten n-atomigen Molekül, wo wegen des verschwindend kleinen Trägheitsmoments um die Figurenachse die Rotation um diese nicht angeregt ist, geht dieser Ausdruck über in

$$C_p = \frac{7}{2} R + \sum_{1}^{3n-5} {}_i \varphi \left(\frac{\Theta_i}{T}\right). \tag{46}$$

Aus der Temperaturabhängigkeit der Schwingungswärme kann man also auf die Frequenz der beteiligten Normalschwingungen schließen, und zwar um so sicherer, je weniger Schwingungen im untersuchten Temperaturbereiche zur Molwärme beitragen bzw. je besser ein Teil derselben aus anderen Daten bekannt ist. Die Methode eignet sich also besonders, um die langsamste Eigenschwingung zu finden, und zwar am besten in einem Temperaturbereich, wo die anderen Schwingungen noch nicht angeregt sind.

Eine gesonderte Betrachtung erfordert die Molwärme einer sog. *„Drillungsschwingung"*, die mit steigender Temperatur in eine freie Rotation um die Valenzrichtung übergeht. Wir betrachten den einfachsten Fall, nämlich den des *Äthans* (s. Abb. 38, § 14) der zuerst von EBERT[2] und später von WAGNER[3] diskutiert worden ist. Die H-Atome der beiden CH_3-Gruppen üben sicher aufeinander

---

[1] EUCKEN, A. u. A. PARTS: Nachr. Ges. Wiss. Göttingen, Chemie Nr. 21 (1932) S. 274.

[2] EBERT, L.: Leipziger Vorträge, 1929 S. 44.

[3] WAGNER: Z. physik. Chem. Abt. B Bd. 14 (1931) S. 166.

Kräfte aus, so daß das innermolekulare Potential des Äthanmoleküls als Funktion des Azimuts φ drei Minima besitzt (s. Abb. 39). Die Lagen größter potentieller Energie entsprechen (vgl. § 14) denjenigen Stellungen, wo die H-Atome senkrecht übereinander stehen. Bei tiefen Temperaturen $\Delta U > k\,T$ finden *Torsions-* oder *Drillungs*schwingungen um die Gleichgewichtslagen statt. Überschreitet $k\,T$ den Wert ΔU, so wird aus der Schwingung eine ungleichförmige Rotation, die im Grenzfall hoher Temperaturen $\Delta U \ll k\,T$ in eine gleichförmige Rotation übergeht, und wir haben den Fall der freien Drehbarkeit mit der Molwärme $R/2$. Die voll-

ständige Berechnung des Temperaturverlaufes der Molwärme eines solchen gehemmten eindimensionalen Rotators ist von TELLER und WEIGERT[1] durchgeführt worden. Ist bei tiefen Temperaturen $k\,T$ klein gegen die Energiedifferenz der ersten beiden Energieniveaus,

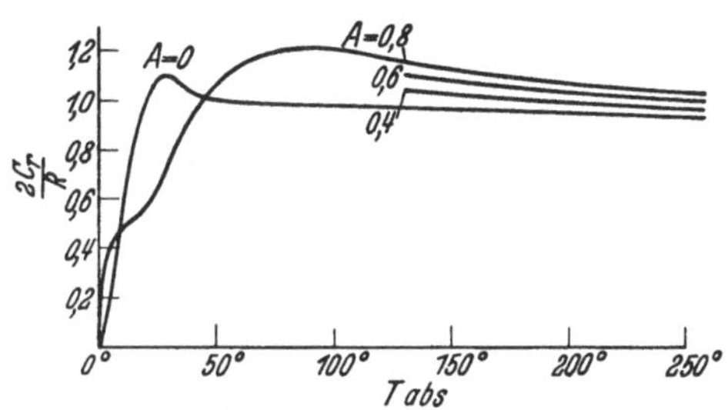

Abb. 100. Theoretischer Temperaturverlauf der Molwärme des gehemmten Rotators für verschiedene Hemmungsgrade nach TELLER und WEIGERT.

so ist, da nur der tiefste Zustand besetzt ist, die spezifische Wärme Null. Wenn mehrere Quanten aufgenommen werden können, ohne die Gruppen in Rotation zu versetzen, so steigt die spezifische Wärme in ähnlicher Weise an, wie bei einem harmonischen Oszillator, PLANCK-EINSTEINsche Formel (44). Sie kann dabei sogar größer werden als der klassische Wert für den Oszillator, R, da bei dem Übergang von der Schwingung in Rotation die Gruppen auf den Potentialschwellen sich langsam bewegen, und der Mittelwert für die potentielle Energie größer wird als bei dem harmonischen Oszillator. Ist schließlich $k\,T$ groß verglichen mit den Schwankungen der potentiellen Energie, so wird nur noch kinetische Energie aufgenommen und die spezifische Wärme sinkt auf $R/2$. Sie durchläuft dabei ein recht hohes Maximum. Dieses wird um so flacher, je kleiner die zur Anregung der Rotation erforderliche Zahl von Energiequanten ist (vgl. Abb. 100), die den Temperaturverlauf für verschiedene Hemmungsgrade zeigt). Der Parameter A der verschiedenen Kurven stellt eine Abkürzung des Ausdruckes

---

[1] TELLER, E. u. K. WEIGERT: Nachr. Ges. Wiss. Göttingen 1933 Nr. 2 S. 218.

$\dfrac{4\,\pi^2\,\varDelta\,U\,I}{h^2}$ dar, wo $\varDelta\,U$ die Tiefe der Potentialmulde und I das Trägheitsmoment bedeutet. Man kann also aus dem Verlauf der spezifischen Wärme auf die Potentialdifferenz schließen.

EUCKEN und PARTS[1] haben versucht, zu entscheiden, ob bei Äthan freie Drehbarkeit oder eine langsame Torsionsschwingung vorhanden ist. Leider ließ sich in dem beobachteten Temperaturgebiet, bis 180⁰ abs., der diesbezügliche Anteil der Molwärme nicht ganz sicher bestimmen, da die tiefste Deformationsschwingung des Moleküls (s. § 40) weder im ultraroten noch im RAMAN-Spektrum direkt beobachtet ist und ihre Frequenz nur roh abgeschätzt werden kann. Neuerdings ist es nun EUCKEN und WEIGERT[2] gelungen, durch Relativmessungen der Wärmeleitfähigkeit gegen Äthylen die Molwärme bis zu 140⁰ abs. zu ermitteln. Die Messungen der Molwärme sind so genau, daß man den von der gehemmten Rotation der beiden CH_3-Gruppen herrührenden Anteil mit ziemlicher Sicherheit festlegen und daraus die Tiefe der Potentialmulde zu 315 cal/Mol $\pm$ 20% bestimmen kann. Dieses Ergebnis ist in guter Übereinstimmung mit den Berechnungen des innermolekularen Potentials durch EYRING[3] (s. S. 84), der die Potentialdifferenz zu 350 cal/Mol geschätzt hatte.

2. Meßmethode[4]. Am einfachsten erfolgt die Bestimmung der spezifischen Wärme eines Gases auf Grund einer Messung der Schallgeschwindigkeit. Doch können die nach diesem Verfahren gewonnenen Werte erheblich gefälscht sein. Das ist, wie gleichzeitig EUCKEN, MÜCKE und BECKER[5] sowie HENRY[6] erkannt haben, darauf zurückzuführen, daß die Einstellung des Gleichgewichts der Schwingungswärme eine endliche Zeit beansprucht, so daß bei zu hohen Frequenzen, d. h. bei zu raschem Wechsel der adiabatischen Erwärmungen und Abkühlungen die Schwingungsfreiheitsgrade am Energieaustausch nur noch unvollkommen teilnehmen, die Schwingungswärme also zu klein ausfällt[7]. Diese Einstellungszeiten sind

---

[1] EUCKEN, A. u. A. PARTS: Z. physik. Chem. Abt. B Bd. 20 (1933) S. 184.

[2] EUCKEN, A. u. K. WEIGERT: Z. physik. Chem. Abt. B Bd. 23 (1933) S. 265.

[3] EYRING, H.: J. Amer. chem. Soc. Bd. 54 (1932) S. 3191.

[4] Vgl. dazu auch Handbuch der Experimentalphysik, Bd. 8/1 S. 424f.

[5] EUCKEN, MÜCKE u. BECKER: Naturwiss. Bd. 20 (1932) S. 85.

[6] HENRY, P. S.: Nature, Lond. Bd. 129 (1932) S. 200.

[7] Auf diesen Effekt haben zuerst HERZFELD und RICE [Physic. Rev. Bd. 3 (1928) S. 691] hingewiesen.

bei den Eigenschwingungen des O_2, N_2 oder bei den Valenzschwingungen des CO_2, sehr groß und laufen bis zu 0,1 sec. Dagegen sind sie z. B. bei der Deformationsschwingung des CO_2 viel kleiner, nämlich nach KNESER[1] von der Größenordnung $1 \cdot 10^{-2}$ sec[2]. Durch diesen Effekt erklärt sich zwanglos, daß die auf Grund von Schallgeschwindigkeitsmessungen bestimmten Molwärmen des O_2, N_2, CO_2 usw. bei mittleren und hohen Temperaturen durchweg kleiner ausfallen, als die nach der PLANCK-EINSTEINschen Formel aus den bekannten Eigenschwingungen berechneten Werte.

Eine Strömungsmethode, die diese Fehlerquelle vermeidet, ist von BLAKETT, HENRY und RIDEAL[3] ausgearbeitet worden.

Zu einwandfreien Werten führt auch das LUMMER-PRINGSHEIMsche[4] Verfahren, das besonders von EUCKEN[5] und seinen Schülern zu einer Präzisionsmethode weiterentwickelt und mit großem Erfolge angewandt worden ist. Bei dieser Methode läßt man das Versuchsgas vom Druck $p_0 + \Delta p$ auf den äußeren Atmosphärendruck p_0 expandieren und mißt die dabei auftretende adiabatische Abkühlung mittels eines empfindlichen Platinwiderstandsthermometers. Wir geben in Abb. 101 die von EUCKEN und LÜDE benutzte Versuchsanordnung wieder. A bedeutet das mit dem Versuchsgas gefüllte Meßgefäß, in dessen Inneren der feine Platindraht ausgespannt ist. Seine Widerstandsänderung wird am besten mit Hilfe eines empfindlichen Saitengalvanometers photographisch registriert. D ist ein großer Thermostat von 14 l Inhalt, R die Rührvorrichtung. F ist eine elektromagnetisch zu betätigende Schlauchklemme, durch die der plötzliche Austritt des Gases bewirkt wird. Für Messungen bis zu 200^0 wird das Temperaturbad

<hr>

[1] KNESER, H. O.: Ann. Physik Bd. 11 (1931) S. 777; ferner Physic. Rev. Bd. 43 (1933) S. 1051. Diese endlichen Einstellungszeiten sind auch die Ursache für die von KNESER bei CO_2 im Gebiete der Ultraschallwellen gefundene Dispersion.

[2] Vgl. dazu auch J. FRANCK u. A. EUCKEN: Z. physik. Chem. Abt. B Bd. 20 (1933) S. 460, sowie A. EUCKEN u. R. BECKER: Z. physik. Chem. Abt. B Bd. 20 (1933) S. 467.

[3] BLAKETT, HENRY u. RIDEAL: Proc. Roy. Soc., Lond. Bd. 126 (1930) S. 319; ferner HENRY: Proc. Roy. Soc., Lond. Bd. 133 (1931) S. 492.

[4] Vorausgesetzt, daß nicht bei zu kleinen Drucken gearbeitet wird; die Einstellzeiten sind ja umgekehrt proportional dem Druck.

[5] EUCKEN, A. u. K. v. LÜDE: Z. physik. Chem. Abt. B Bd. 5 (1929) S. 413. — EUCKEN u. HOFMANN: Z. physik. Chem. Abt. B Bd. 5 (1929) S. 442. — EUCKEN u. D'OR: Nachr. Ges. Wiss. Göttingen, Chemie, Nr. 17. EUCKEN u. MÜCKE: Z. physik. Chem. Abt. B Bd. 18 (1932) S. 167.

mit einem hochsiedenden Öl beschickt. Bei höheren Temperaturen gelangt ein Bleibad zur Verwendung. Ferner ist es bei höheren Temperaturen nötig, mit erhöhtem Druck (bis zu 9 Atmosphären) zu arbeiten und das Gas gegen eine künstliche Atmosphäre expandieren zu lassen[1], da sich sonst in der Umgebung des Meßdrahtes

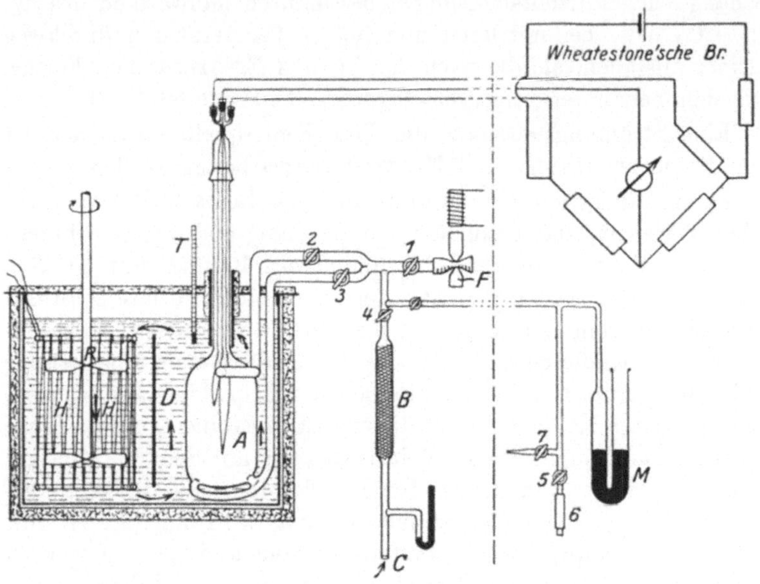

Abb. 101. Versuchsanordnung zur Messung der spezifischen Wärme von Gasen nach EUCKEN und LÜDE.

keine genügend konstante und sicher meßbare Temperatur einstellt. Wegen der vielen und sehr wesentlichen technischen Einzelheiten sowie aller zu beachtenden Vorsichtsmaßregeln und Korrektionen muß auf die genannten Arbeiten verwiesen werden.

Die gesuchte Molwärme ergibt sich aus der für die adiabatische Expansion eines idealen Gases gültigen thermodynamischen Gleichung

$$C'_p = \frac{RT}{p}\frac{\partial p}{\partial T} \tag{47}$$

die integriert für C_p liefert

$$C'_p = R\frac{\ln p_2 - \ln p_1}{\ln T_2 - \ln T_1}. \tag{48}$$

---

[1] EUCKEN u. O. MÜCKE: Z. physik. Chem. Abt. B Bd. 18 (1932) S. 167.

Bei einem realen Gas erhält man aus der nach (48) bestimmten Molwärme die wirkliche Molwärme C_p mittels der Formel

$$C_p = C_p'\left(1 + \frac{p}{R}\frac{dB}{dT}\right), \qquad (49)$$

wo B den in den der abgekürzten Zustandsgleichung $pv = RT + Bp$ auftretenden zweiten Virialkoeffizienten bedeutet. Zu der Molwärme für unendliche Verdünnung $C_{p\infty}$ gelangt man schließlich durch die Formel

$$C_{p\infty} = C_p + T\frac{d^2 B}{dT^2}p. \qquad (50)$$

Es sind also zur genauen Bestimmung der Molwärme noch besondere Messungen der Temperaturabhängigkeit des zweiten Virialkoeffizienten erforderlich.

Ein auf Messungen der Wärmeleitfähigkeit bei sehr kleinen Drucken beruhendes Verfahren ist von SCHREINER[1] ausgearbeitet und von EUCKEN und WEIGERT[2] erheblich verbessert worden. Es eignet sich besonders zur Messung bei sehr tiefen Temperaturen.

3. Beispiele. *Kohlensäure.* Für CO_2, bei dem die Eigenschwingungen und damit auch die charakteristischen Temperaturen gut bekannt sind, geben wir in Tabelle 68 für einige Temperaturen den Beitrag der einzelnen Schwingungen zur Molwärme, sowie den Prozentsatz[3] der hinsichtlich der betreffenden Schwingung im ersten angeregten Zustande befindlichen Moleküle N_i wieder.

Die Molwärme berechnet sich unter Zugrundelegung des linearen Modells nach der Gleichung

$$C_v = \frac{5}{2}R + 2\varphi\left(\frac{960}{T}\right) + \varphi\left(\frac{1830}{T}\right) + \varphi\left(\frac{3280}{T}\right),$$

wobei die entartete Schwingung ν_2 also doppelt zählt.

Wir erkennen, daß bei Zimmertemperatur praktisch nur die Deformationsschwingung zur Molwärme beiträgt. Mit steigender

---

[1] SCHREINER, E.: Z. physik. Chem. Bd. 112 (1924) S. 4.

[2] EUCKEN, A. u. K. WEIGERT: Z. physik. Chem. Abt. B Bd. 23 (1933) S. 265.

[3] Berechnet nach der Gleichung:

$$\frac{N_i}{N} = \frac{e^{-\frac{h\nu_i}{kT}}}{1 + e^{-\frac{h\nu_1}{kT}} + 2e^{-\frac{h\nu_2}{kT}} + e^{-\frac{h\nu_3}{kT}} + \ldots}$$

bei der Schwingung ν_2 ist noch mit dem Faktor 2 zu multiplizieren.

Tabelle 68.

Schwingungs-form			Fre-quenz[1] cm^{-1}	$\Theta = \dfrac{h\nu}{k}$	$T = 300^0$ $\varphi\left(\dfrac{\Theta}{T}\right) N_i$ %		$T = 400^0$ $\varphi\left(\dfrac{\Theta}{T}\right) N_i$ %		$T = 500^0$ $\varphi\left(\dfrac{\Theta}{T}\right) N_i$ %	
ν_1 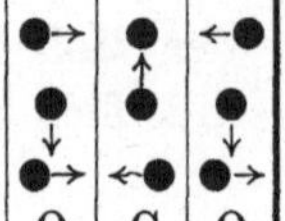	●→ ● ←●		1268	1830^0	$0{,}084\,R$	$0{,}20$	$0{,}220\,R$	$0{,}8$	$0{,}363\,R$	$1{,}9$
ν_2	● ● ●		672	960^0	$\left.\begin{array}{l}0{,}452\,R\\0{,}452\,R\end{array}\right\}\,7{,}5$		$\left.\begin{array}{l}0{,}635\,R\\0{,}635\,R\end{array}\right\}\,15{,}0$		$\left.\begin{array}{l}0{,}743\,R\\0{,}743\,R\end{array}\right\}\,20$	
ν_3	●→ ←● ●→		2352	3280^0	$0{,}002\,R$	$0{,}002$	$0{,}019\,R$	$0{,}03$	$0{,}061\,R$	$0{,}10$
	O　C　O				$\overline{0{,}990\,R}$		$\overline{1{,}509\,R}$		$\overline{1{,}910\,R}$	

Temperatur machen sich aber die anderen Schwingungen sehr rasch bemerkbar.

Vergleicht man die mit dieser Gleichung berechneten Werte mit den Beobachtungen, so ergibt sich nach EUCKEN und LÜDE[2] zwischen Zimmertemperatur und 500^0 abs. eine recht gute Übereinstimmung, die Abweichungen liegen unter 1%. Bei höheren Temperaturen liegen nur Messungen nach der Schallgeschwindigkeitsmethode vor, deren Werte, wie wir oben sahen, zu klein ausfallen. Berücksichtigt man aber bei der Berechnung die endliche Einstellungszeit der Schwingungsenergie, so kann man nach KNESER[3] auch bei höheren Temperaturen die beobachteten Schwingungswärmen befriedigend wiedergeben. Schließlich konvergiert nach EUCKEN[4] auch der Grenzwert der Molwärme C_v bei tiefen Temperaturen gegen 4,90 cal, also gegen den Wert eines gestreckten Moleküls. Das gewinkelte Modell, dessen tiefste Frequenz von SCHAEFER ursprünglich auch zu 672 cm^{-1} angenommen worden war, würde dagegen den Grenzwert 5,9 cal und einen ganz anderen Temperaturverlauf der Molwärme ergeben. Somit können wir die beim gestreckten Modell im gesamten Temperaturverlauf der Molwärme gefundene Übereinstimmung als einen weiteren unabhängigen Beweis für die lineare Gestalt des Kohlensäuremoleküls ansehen.

Stickoxydul N_2O. Hier sind von EUCKEN und LÜDE[2] aus Messungen zwischen 0^0 und 220^0 C unter der Annahme eines

---

[1] Nach ADEL-DENNISON (s. die Ausführungen beim CO_2 in § 36) sind die obigen Frequenzen etwas anders, nämlich $\nu_1 = 1388$, $\nu_2 = 667{,}5$ und $\nu_3 = 2350$. Mit diesen Werten wird die Übereinstimmung noch etwas besser.

[2] EUCKEN, A. u. K. v. LÜDE: Z. physik. Chem. Abt. B Bd. 5 (1929) S. 413.

[3] KNESER, H. O.: Nature, Lond. Bd. 129 (1932) S. 797.

[4] EUCKEN, A.: Z. Physik Bd. 37 (1926) S. 714.

gestreckten Modells die charakteristischen Temperaturen bestimmt worden. Wie sich aus Tabelle 69 ergibt, stimmen diese recht gut mit den aus den heute bekannten ultraroten Eigenschwingungen (s. § 36) berechneten Werten überein.

Tabelle 69.

	Eigen-schwingungen cm^{-1}	Charakteristische Temperaturen Θ	
		berechnet aus Eigen-schwingungen	nach EUCKEN und LÜDE aus spezi-fischen Wärmen
ν_1	1285	1840^0	1920^0
ν_2	589,9	845^0	840^0
ν_3	2224	3190^0	3200^0

Eine ringförmige (N=N mit O oben) oder gewinkelte (N N mit O oben) Struktur ist dagegen wie CLUSIUS, HILLER und VAUGHEN[1] betonen, mit dem Verlauf der Molwärme unvereinbar, so daß wir auch aus der spezifischen Wärme eindeutig die gestreckte Gestalt des N_2O-Moleküls beweisen können. Die Entscheidung zwischen der symmetrischen, N═O═N, und der unsymmetrischen, N═N═O, gestreckten Gestalt ist natürlich erst auf anderem Wege, etwa durch die Analyse des ultraroten Spektrums (vgl. § 36) oder durch Messungen des elektrischen Moments (s. § 20) möglich.

Weitere Beispiele, wie Azetylen, Äthylen usw. sind in §§ 38 und 40 behandelt.

B. Eigenschwingungen und Molekülstruktur.

§ 36. Dreiatomige gestreckte Moleküle: CO_2, CS_2, N_2O, COS, HCN.

Kohlensäure CO_2. Das ultrarote Spektrum der Kohlensäure ist besonders häufig und eingehend untersucht worden. Bis vor kurzem ist es jedoch nicht möglich gewesen, aus dem ultraroten Spektrum allein sicher zu entscheiden, ob das CO_2-Molekül gewinkelte Gestalt, (C oben, O O unten), oder die Form eines symmetrischen, O—C—O, oder unsymmetrischen Stabes, O—O——C, besitzt (vgl. die

---

[1] CLUSIUS, K., K. HILLER u. I. V. VAUGHEN: Z. physik. Chem. Abt. B Bd. 8 (1930) S. 427.

eingehende Diskussion bei SCHAEFER-MATOSSI[1]. Erst die Analyse der Rotationsfeinstruktur einiger Banden, deren Auflösung in jüngster Zeit MARTIN und BARKER[2] gelungen ist, sowie die Erfahrungen des RAMAN-Spektrums[3] und die Analyse der Rotationsfeinstruktur des Elektronenbandenspektrums[4], auf das wir hier nicht näher eingehen, ergeben eindeutig die gestreckte, symmetrische Gestalt, die schon vorher von EUCKEN auf Grund der spezifischen Wärmen vorgeschlagen (s. § 35) und die vor allem durch Messungen des elektrischen Moments, für das STUART den Wert Null gefunden hatte (s. § 20), bewiesen worden war[5, 6].

Aus der Tatsache, daß bei den aufgelösten π- und σ-Banden bei 4,3 und 15 μ die Rotationslinien äquidistant sind, folgt, daß das Molekül nicht gewinkelt, sondern gestreckt ist. Die weitere Tatsache, daß bei diesen Banden jede zweite Rotationslinie fehlt, beweist, daß das Molekül außerdem noch symmetrisch gebaut ist (vgl. § 32, Abschnitt 3). Die symmetrisch gestreckte Form folgt ferner daraus, daß die in diesem Falle für die Ober- und Kombinationstöne geltenden Auswahlregeln nach DENNISON[7] (s. § 32, Abschnitt 3) sehr gut erfüllt sind, d. h. aus dem Fehlen der Banden 2 δ, 2 ν (a), ν (a) + δ …

Bei der Einordnung der Ober- und Kombinationsbanden, sowie der RAMAN-Linien ist zu beachten, daß nach DENNISON[7] die zweidimensionale entartete Schwingung δ (a) oder ν_2 einen Dreh-

---

[1] SCHAEFER-MATOSSI: l. c. S. 225f., dort auch weitere Literatur.

[2] MARTIN, P. E. u. E. F. BARKER: Physic. Rev. Bd. 41 (1932) S. 291.

[3] Vgl. K. W. F. KOHLRAUSCH: Der SMEKAL-RAMAN-Effekt, l. c. S. 178f.

[4] SCHMIDT, R. F.: Physic. Rev. Bd. 41 (1932) S. 732. — MULLIKEN, R. S.: Physic. Rev. Bd. 42 (1932) S. 364.

[5] Die gestreckte Gestalt ist, wie von K. L. WOLF [Z. physik. Chem. Bd. 131 (1927) S. 90] gezeigt worden ist, auch mit den Intensitäten der ultraroten Absorptionsbanden in Einklang. Aus der von FUCHS [Z. Physik. Bd. 46 (1928) S. 519] berechneten vollständigen Dispersionsformel folgt nämlich, daß nur zwei ultrarote Absorptionsbanden zur Brechung beitragen, nämlich die mit den Wellenlängen bei 4,2 μ und 14,7 μ. Dagegen trägt die Bande bei 2,7 μ, die nach der alten Deutung von SCHAEFER eine Grundschwingung des gewinkelten Moleküls sein sollte, überhaupt nicht zur Dispersion bei. Wir können also die größenordnungsmäßig schwächere Bande bei 2,7 μ nicht einer Grundschwingung zuschreiben, so daß das gewinkelte Modell auch hier aufgegeben werden muß.

[6] Vgl. dazu auch die eingehende Diskussion über die Struktur des CO_2 bei F. I. RAWLINS: Trans. Faraday Soc. Sept. 1929 S. 925.

[7] DENNISON, D. M.: Rev. Mod. Phys. Bd. 3 (1931) S. 280.

impuls $\dfrac{l \cdot h}{2\pi}$ besitzt (vgl. das Niveauschema, Abb. 94, § 31), so daß jeder Zustand der v_2-Schwingung durch zwei Quantenzahlen n_{2l} charakterisiert ist.

Der Schwingungszustand des Moleküls ist also insgesamt durch vier Quantenzahlen n_1, n_{2l}, n_3 charakterisiert, wobei n_1, n_2, n_3, die Schwingungsquantenzahlen für v_1, v_2, v_3 bedeuten und wo sich l auf den Drehimpuls bezieht. Hat das Molekül z. B. ein Energiequant hv_2 aufgenommen, so ist es im Zustand 01_10. Die Energie ist vom Vorzeichen von l unabhängig, ändert sich dagegen wegen der Anharmonizität der Bindung etwas mit der absoluten Größe des Drehimpulses. Im Ultrarotspektrum treten nur folgende Übergänge auf[1]: $\varDelta l = 0$, für $\varDelta n_2 = 0, 2, 4, \ldots$ und $\varDelta l = 1$ für $\varDelta n_2 = 1,3 \ldots$

Das symmetrisch gestreckte Modell besitzt drei Grundschwingungen (s. Tabelle 70), eine symmetrische inaktive $v\,(s)$, eine antisymmetrische aktive Valenzschwingung $v\,(a)$ und als dritte die zweifach entartete, antisymmetrische Deformations- oder Knickschwingung $\delta\,(a)$. Zwischen den beiden Valenzschwingungen $v\,(s)$ und $v\,(a)$, die ja in erster Näherung nur von der elastischen Konstanten k der $C\!\equiv\!O$-Bindung abhängen, besteht eine einfache Beziehung, mittels der man die Frequenz der im ultraroten Spektrum nicht direkt beobachtbaren Schwingung $v\,(s)$ abschätzen kann. Je mehr die Kräfte zwischen den beiden Außenatomen gegen die Federkräfte der $C\!\equiv\!O$-Bindung zurücktreten, um so genauer gelten die Gleichungen[2]

$$v\,(s) \cong \frac{1}{2\pi}\sqrt{\frac{k}{m_O}}; \quad v\,(a) \cong \frac{1}{2\pi}\sqrt{\frac{k\,(2\,m_O + m_C)}{m_O \cdot m_C}},$$

wenn $F = -k \cdot x$ die rücktreibende Kraft zwischen einem O- und C-Atom bedeutet, die um x relativ zueinander verschoben sind; m_O und m_C sind die Massen des O- bzw. C-Atoms. Die Frequenzen $v\,(s)$ und $v\,(a)$ stehen also genähert im Verhältnis

$$\frac{v\,(a)}{v\,(s)} \cong \sqrt{\frac{2\,m_O + m_C}{m_C}} = 1{,}91$$

mit $v\,(a) = 2352$ folgt $v\,(s) = 1230$, während $1321{,}7$ beobachtet ist, (s. das weiter unten angegebene Niveauschema). Es zeigt sich

---

[1] DENNISON, D. M.: Rev. Mod. Phys. Bd. 3 (1931) S. 280.
[2] Siehe z. B. E. FERMI: Z. Physik Bd. 71 (1931) S. 250.

also, daß die Kräfte zwischen den Außenatomen gegenüber den Kräften der $C\!\equiv\!O$-Bindung tatsächlich sehr stark zurücktreten.

Die langwelligste und starke Ultrarotbande bei $14{,}78\,\mu$ besitzt einen schmalen und intensiven Q-Zweig[1], kann also nur zur Deformationsschwingung $\delta(a)$ gehören (vgl. § 32). Bei der zweiten starken Bande bei $4{,}3\,\mu$ fehlt dagegen der Q-Zweig, so daß wir diese der aktiven Valenzschwingung $\nu(a)$ zuordnen müssen.

Tabelle 70. Grundschwingungen des CO_2-Moleküls.

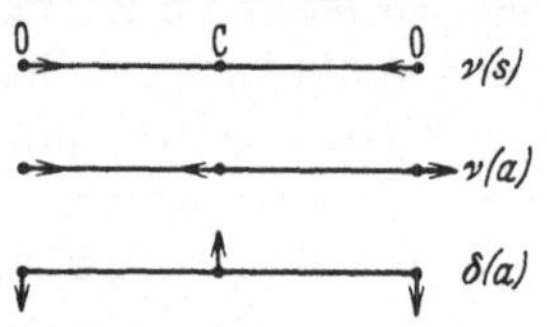

Wellen-länge μ	Frequenz[2] cm^{-1}	Bezeichnung nach DENNISON und Übergang	Symmetrie-charakter	Ultrarot-spektrum	RAMAN-Spektrum
	1322	$\nu_1 = \nu(s)\ 00_00 \rightarrow 10_00$	total-symmetrisch	inaktiv	aktiv
4,267	2363	$\nu_3 = \nu(a)\ 00_00 \rightarrow 00_01$	anti-symmetrisch	aktiv	inaktiv
14,78	667,9	$\nu_2 = \delta(a)\ 00_00 \rightarrow 01_10$	zweifach entartet	aktiv	inaktiv

Das RAMAN-Spektrum zeigt nicht, wie zu erwarten, *eine* intensive, sondern zwei, und zwar ungefähr gleich starke Linien mit 1285,8 und 1388,4 cm^{-1}. Die zweite Linie wurde ursprünglich der Oberschwingung $2\,\delta(a)$ zugeordnet. Diese Deutung, für die sich MECKE[3] einsetzt, läßt sich aber nicht mehr halten, wie vor allem von LANGSETH und NIELSEN[4] betont wird. Einmal ist ihre Intensität viel zu groß, als daß sie einer Oberschwingung zugehören könnte. Ferner müßte sie als entartete Schwingung einen sehr hohen Depolarisationsgrad, $\Delta = 6/7$ besitzen, während die andere Linie, $\nu(s)$ sehr stark polarisiert sein müßte. BHAGAVANTAM[5] hat aber festgestellt, daß beide Linien denselben niederen Depolarisationsgrad $\Delta = 0{,}2$ besitzen.

[1] SLEATOR, W.: Physic. Rev. Bd. 38 (1931) S. 147.

[2] Frequenzen für unendlich kleine Verrückungen nach ADEL-DENNISON: Physic. Rev. Bd. 43 (1933) S. 716.

[3] MECKE, R.: Z. physik. Chem. Abt. B Bd. 16 (1932) S. 421.

[4] LANGSETH, A. u. I. R. NIELSEN: Z. physik. Chem. Abt. B Bd. 19 (1932) S. 427.

[5] BHAGAVANTAM, S.: Indian J. Phys. Bd. 6 (1931) S. 319.

Das Auftreten zweier starker Linien hat FERMI[1] in befriedigender Weise aufgeklärt, indem er darauf hinwies, daß beim CO_2 eine zufällige Entartung, zwischen den zwei Energiezuständen 10_00 und 02_00 besteht, da $v_1 \gtrless 2\, v_2$ ist. Durch diese *Quasientartung*, deren quantitative Theorie vor allem von DENNISON[2] entwickelt worden ist, tritt eine Koppelung auf, die eine Aufspaltung in zwei Zustände ergibt, wobei die Aufspaltung um so größer ist, je dichter die ursprünglichen Zustände zusammenliegen, je schärfer also ihre Resonanz ist. Die aufgespaltenen Zustände liegen beinahe symmetrisch zu ihrer ungestörten Lage, die ungefähr mit der des Zustandes 02_20 zusammenfällt (vgl. auch die Ausführungen beim CS_2). Dieser Zustand bleibt unverändert, da Entartung nur zwischen Zuständen mit gleichem Drehimpuls besteht. Eine ähnliche Entartung tritt auch bei höheren Zuständen auf, so zwischen 11_10 und 03_10 und führt zum Auftreten von zwei weiteren schwachen, von 01_10 ausgehenden RAMAN-Linien (vgl. Abb. 102). Außerdem sind im RAMAN-Spektrum noch die Linien $00_00 \rightarrow 02_20 = 1336\ \mathrm{cm}^{-1}$ und $01_10 \rightarrow 03_30 = 1338\ \mathrm{cm}^{-1}$ zu erwarten, die aber noch nicht mit Sicherheit nachgewiesen werden konnten[3]. Entgegen der Annahme von DENNISON, MARTIN und BARKER u. a. sind diese Linien erlaubt, allerdings nicht als RAMAN-Schwingungslinien, da ja infolge der Starrheit des Moleküls in diesen Zuständen (vgl. § 31) das Polarisationsellipsoid unverändert bleibt. Wohl aber treten sie als Rotationsramanlinien auf und zwar ergibt sich nach dem Korrespondenzprinzip, daß mit der Rotationsfrequenz v_2 im Zustande 01_10 eine RAMAN-Linie mit der *doppelten* Frequenz, $2\, v_2$, verbunden ist (vgl. auch die Ausführungen in § 22).

LANGSETH und NIELSEN[4] haben noch eine Reihe weiterer sehr schwacher Linien beobachtet und ihre Einordnung diskutiert[5].

---

[1] FERMI, E.: Z. Physik Bd. 71 (1931) S. 250.

[2] DENNISON, D. M. u. N. WRIGHT: Physic. Rev. Bd. 38 (1931) S. 2077. — DENNISON: Physic. Rev. Bd. 41 (1932) S. 304. — ADEL, A. u. D. M. DENNISON: Physic. Rev. Bd. 43 (1933) S. 716.

[3] Da das Molekül in diesen Zuständen um eine Achse rotiert, die wegen der geringen Knickung des Moleküls genähert eine Symmetrieachse ist, ändert sich das induzierte Moment nur wenig mit der Drehung, so daß die Linien sehr schwach sind.

[4] LANGSETH, A. u. R. NIELSEN: Z. physik. Chem. Abt. B Bd. 19 (1932) S. 35 u. 427.

[5] Vgl. auch die Intensitätsberechnung der Rotationslinien der Bande $00_00 \rightarrow \cdot 02_0 \pm 2$ durch J. R. NIELSEN: Physic. Rev. Bd. 44 (1933) S. 911.

Schließlich geben wir in Abb. 102 einen Teil des Niveauschemas der Kernschwingungen nach Dennison[1] wieder, zusammen mit den im Ultrarot- und Raman-Spektrum nachgewiesenen Übergängen. Bis auf die Linie $00_00 \to 01_11$ bei 3,27 μ gehorchen alle Linien den Auswahlregeln von Dennison. Auf die Einordnung weiterer Linien

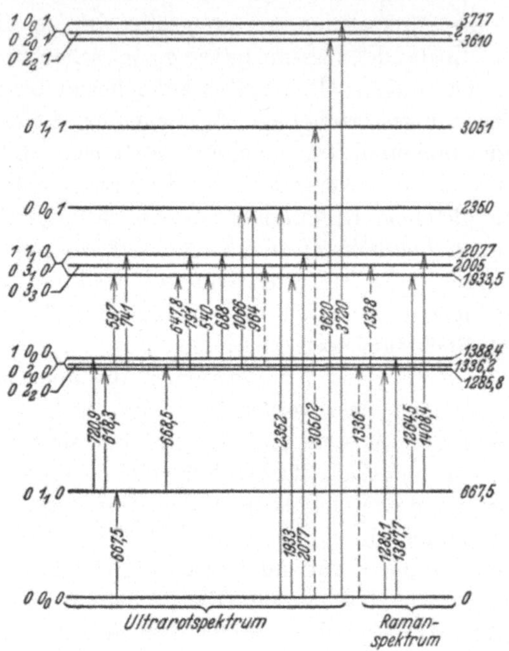

Abb. 102. Energiestufen der Kernschwingungen beim CO_2-Molekül.

und die Untersuchungen der Feinstruktur kann hier nicht eingegangen werden[2].

Neuerdings haben Adel und Dennison[3] die Wechselwirkung zwischen Schwingung und Rotation eingehend untersucht und aus der Konvergenz der Rotationslinien die Anharmonizitätskonstanten abgeleitet und daraus den Potentialverlauf ermittelt.

[1] Adel, A. u. D. M. Dennison: Physic. Rev. Bd. 43 (1933) S. 716.

[2] Vgl. dazu die genannten Arbeiten von Adel und Dennison; Mecke: Z. physik. Chem. Abt. B Bd. 16 (1932) S. 421. — Cassie u. Bailey: Z. Physik Bd. 79 (1932) S. 35; ferner Adel u. Dennison: Physic. Rev. Bd. 44 (1933) S. 185. — Barker, E. F. u. Ta-You-Wu: Physic. Rev. Bd. 45 (1934) S. 1.

[3] Adel, A. u. D. M. Dennison: Physic. Rev. Bd. 44 (1933) S. 99.

Aus der Feinstruktur der $\delta\,(a)$ Bande berechnen MARTIN und BARKER das Trägheitsmoment zu $70,8\cdot 10^{-40}\,\mathrm{gcm}^2$, während HOUSTON und LEWIS[1] aus dem Rotationsramanspektrum $70,2\cdot 10^{-40}\,\mathrm{gcm}^2$ erhalten.

Schwefelkohlenstoff[2] CS_2. Das Ultrarotspektrum ist neuerdings von BAILEY und CASSIE[3] sowie von DENNISON und WRIGHT[4] untersucht worden. Letzteren ist es gelungen, bei $25\,\mu$ eine starke Bande mit einem Q-Zweig nachzuweisen, die wir also der Deformationsschwingung $\nu_2 = \delta\,(a)$ zuschreiben müssen. Damit sind alle früheren Einordnungsversuche überholt. Das Auftreten eines Q-Zweiges, sowie die Tatsache, daß die ungeraden Oberschwingungen $2\nu_2$, $2\,\nu_3\ldots$ fehlen, beweist die gestreckte symmetrische Gestalt des Moleküls (vgl. dazu die Ausführungen beim N_2O). Wir geben in Tabelle 71 die Grundschwingungen nach DENNISON und WRIGHT zusammen mit den bis heute bekannten Ultrarotbanden wieder.

Tabelle 71. Ultrarotspektrum des CS_2-Moleküls.

	Frequenz cm^{-1}	Übergang
$\nu_1 = \nu\,(s)$	655	inaktiv
$\nu_2 = \delta\,(a)$	396,8	$00_00 \to 01_10$
$\nu_3 = \nu\,(a)$	1523	$00_00 \to 00_01$
$\nu_3 - \nu_1$	878	$00_01 \to 10_00$
$\nu_3 + \nu_1$	2179	$00_00 \to 10_01$
$\nu_3 + 2\,\nu_2$	2330	$00_00 \to 02_01$

Das RAMAN-Spektrum (s. Tabelle 72) weist einige noch nicht restlos geklärte Eigentümlichkeiten auf. Aus der Tatsache, daß die beiden Linien 655 und 795 cm^{-1} fast denselben Depolarisationsgrad $\varDelta = 0,27$ besitzen[5, 6] und daß ihre Intensitäten von derselben Größenordnung sind ($I_{655}:I_{795} = 3,1:1$)[5], muß man schließen, daß diese Linien den Übergängen vom Grundzustand zu den kombinierten Zuständen $\begin{Bmatrix} 10_00 \\ 02_00 \end{Bmatrix}$ gehören[6] (vgl. auch die Ausführungen beim CO_2). Da die ungestörten Zustände 10_00 und 02_00 noch weit auseinander liegen, verschwindet die Störung erster Ordnung[7], so daß die Lage der ungestörten Zustände praktisch erhalten bleibt.

---

[1] HOUSTON, W. F. u. C. M. LEWIS: Proc. Nat. Acad. Bd. 17 (1931) S. 229.

[2] Wegen der älteren Arbeiten und Deutungsversuche vgl. K. W. F. KOHLRAUSCH: Der SMEKAL-RAMAN-Effekt, diese Sammlung Bd. 12.

[3] BAILEY, C. R. u. A. B. D. CASSIE: Proc. Roy. Soc., Lond. Bd. 132 (1931) S. 236, Bd. 40 (1933) S. 605; ferner Z. Physik Bd. 79 (1932) S. 35.

[4] DENNISON, D. M. u. N. WRIGHT: Physic. Rev. Bd. 38 (1931) S. 2077.

[5] PIENKOWSKI, S.: Acta physic. Pol. Bd. 1 (1932) S. 87.

[6] FERMI: Z. Physik Bd. 71 (1931) S. 250.

[7] DENNISON, D. M.: Physic. Rev. Bd. 41 (1932) S. 304.

Tabelle 72. RAMAN-Spektrum[1] des CS_2-Moleküls.

	Frequenz cm^{-1}	Intensität	Depolari-sationsgrad Δ	Übergang
ν_2	400 ± 5	sehr schwach	0,8	$00_00 \to 01_10$
?	647	sehr schwach	—	?
ν_1 }	655,5	sehr stark	0,27 }	00_00 { 10_00
$2\,\nu_2$ }	795,0	sehr stark	0,28 }	{ 02_00
$2\,\nu_2$	848	sehr schwach	—	$00_00 \to 02_20$
$3\,\nu_2$	1229	sehr schwach	—	$00_00 \to 03_30$
$4\,\nu_2$	1500 ± 20	sehr schwach	—	$00_00 \to 04_40$

Doch genügt dieser Resonanzeffekt, wie sich aus dem fast gleichen Depolarisationsgrade ergibt, um beiden Linien denselben, aus den Symmetrieeigenschaften *beider* Linien gebildeten Charakter aufzudrücken. Ohne diesen Resonanzeffekt würde die Linie 795, die energetisch dem Übergang $00_00 \to 02_00$ zugehört, als entartete Schwingung den Depolarisationsgrad $\Delta = 6/7$ besitzen[2]. Erstaunlich ist ferner das Auftreten einer, wenn auch nur schwachen RAMAN-Linie mit der Frequenz ν_2, da diese Linie im freien Molekül verboten und tatsächlich auch beim CO_2 nicht beobachtet worden ist. Ihr Depolarisationsgrad[1] $\Delta = 0,81$ entspricht dem einer entarteten Schwingung. Vielleicht ist das Auftreten dieser Linie der Einwirkung der Felder der Nachbarmoleküle in der Flüssigkeit zuzuschreiben.

Stickoxydul N_2O. Bei diesem Molekül würde man in Analogie zum CO_2, dem es ja als *isosteres* Molekül sehr nahe steht, eine symmetrisch gestreckte, also die Form $N=O=N$ erwarten. Das außerordentlich kleine elektrische Moment, $\mu = 0,14 \cdot 10^{-18}$ (s. § 20), schließt dagegen diese Struktur, sowie die gewinkelte, oder die Ringform $\overset{\text{O}}{\underset{N=N}{\bigwedge}}$ aus. Andererseits ist aus chemischen Gründen, z. B. wegen der leichten Abspaltbarkeit des O-Atoms, wiederholt die unsymmetrische Struktur $N=N=O$ vorgeschlagen worden[3].

---

[1] BHAGAVANTAM, S.: Indian J. Bd. 7 (1932) S. 79; ferner Physic. Rev. Bd. 39 (1932) S. 1020.

[2] Betrachten wir nur die Frequenzen, so schreiben wir $655 = 00_00 \to 10_00$ und $795 = 00_00 \to 02_00$, betrachten wir andere Eigenschaften, wie den Depolarisationsgrad, so schreiben wir $\left.\begin{matrix} 655 \\ 795 \end{matrix}\right\} = 00_00 \to \left\{\begin{matrix} 10_00 \\ 02_00 \end{matrix}\right\}$; vgl. DENNISON: Physic. Rev. Bd. 41 (1932) S. 304.

[3] Vgl. z. B. W. A. NOYES: J. Amer. chem. Soc. Bd. 53 (1931) S. 137 oder R. MECKE: Z. physik. Chem. Abt. B Bd. 7 (1930) S. 108.

Ebenso ergeben Elektronenstoßversuche[1] die Dissoziation des Moleküls in N_2 und O^+, was auf die Struktur $N{=}N{=}O$ bzw. $\overset{\textstyle O}{\underset{\textstyle N{=}N}{\triangle}}$ hindeutet. Die KERR-Konstante (s. § 29) und der Temperaturverlauf der spezifischen Wärme (s. § 35) sind mit der Annahme einer gewinkelten Struktur unvereinbar, lassen dagegen allein nicht erkennen, ob das Molekül symmetrisch oder unsymmetrisch gestreckt ist. Aus der Analyse des ultraroten Spektrums gelingt es dagegen, wie PLYLER und BARKER[2] gezeigt haben, die Frage nach der Struktur eindeutig zu entscheiden, und zwar zugunsten der unsymmetrisch gestreckten Form[3] $N{=}N{=}O$. Dieses Ergebnis wird durch das RAMAN-Spektrum bestätigt.

Die Untersuchungen von PLYLER und BARKER umfassen insgesamt 12 Banden zwischen $2\,\mu$ und $17\,\mu$, die zum Teil ganz aufgelöst werden konnten. Die Banden zerfallen in zwei Gruppen, nämlich in solche mit einem starken Nullzweig bzw. in solche ohne Nullzweig. Alle Banden zeigen die Form eines einfachen Rotationsschwingungsspektrums und da, wo sie aufgelöst werden konnten, in beiden Zweigen praktisch konstanten Abstand der Rotationslinien. Wäre das Molekül gewinkelt, würde es also einen unsymmetrischen Kreisel darstellen, so würden wir eine hinsichtlich Intensitätsverteilung und Linienabstand sehr unregelmäßige Rotationsfeinstruktur erhalten. Vor allem würde bei keiner Bande ein einzelner starker Nullzweig auftreten können, da beim gewinkelten Molekül keine Schwingung eine von der Rotation des Moleküls unabhängige Momentkomponente besitzt. Diese Tatsachen allein genügen schon, das gewinkelte Modell auszuschließen, und wir haben nur noch zwischen der symmetrischen oder unsymmetrischen, gestreckten Form zu entscheiden.

Die langwelligste und starke Bande bei $17\,\mu$, $\nu_2 = 589\ \mathrm{cm^{-1}}$ hat einen intensiven Nullzweig (s. Abb. 103) (über das Auftreten von mehreren Nullzweigen vergleiche weiter unten), gehört also zu einer

---

[1] SMYTH u. STUECKELBERG: Physic. Rev. Bd. 36 (1930) S. 478. — SMYTH: Rev. Mod. Phys. Bd. 3 (1931) S. 347.

[2] PLYLER, E. K. u. E. F. BARKER: Physic. Rev. Bd. 38 (1931) S. 1827.

[3] Eine frühere Untersuchung von C. P. SNOW [Proc. Roy. Soc., Lond. Bd. 128 (1930) S. 294] führte zu keinem endgültigen Ergebnis, da bei keiner Bande die Rotationsfeinstruktur genügend aufgelöst werden konnte. SNOW selbst schloß aus den scheinbar wechselnden Intensitäten der Feinstrukturlinien auf die symmetrisch gestreckte Gestalt.

Grundschwingung senkrecht zur Figurenachse, also zur Deformationsschwingung δ (a) (s. § 32, Abschnitt 3). Die beiden anderen starken Banden bei 7,8 μ und bei 4,5 μ haben keinen Nullzweig, gehören also zu Schwingungen in der Figurenachse, sind also den Valenzschwingungen ν_1 und ν_2 zuzuordnen.

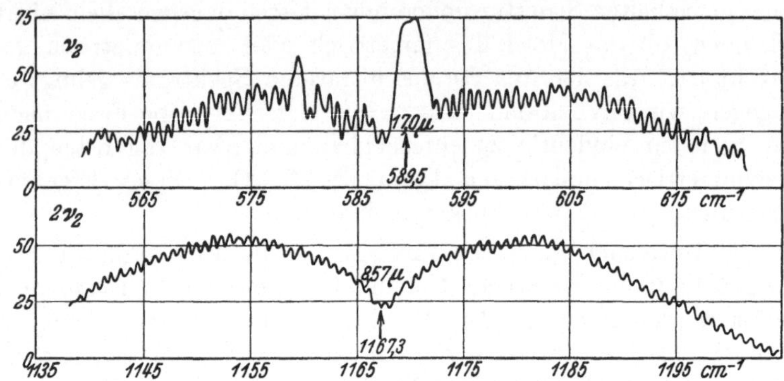

Abb. 103. Feinstruktur der Rotationsschwingungsbanden von N_2O bei 8,57 und 17 μ nach PLYLER und BARKER.

Alle übrigen Banden lassen sich als Ober- und Kombinationsschwingungen dieser drei Grundfrequenzen darstellen (vgl. Tabelle 73). Wäre das Molekül symmetrisch gestreckt, würde also ein

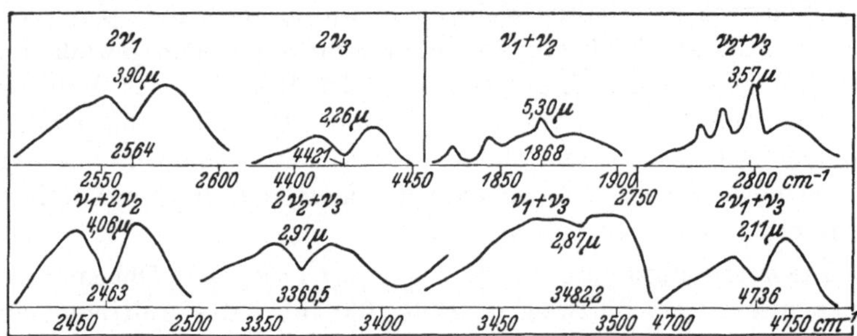

Abb. 104. Enveloppe einiger Rotationsschwingungsbanden von N_2O nach PLYLER und BARKER.

Symmetriezentrum vorhanden sein, so wären nach den in § 32 genannten Auswahlregeln alle ungeraden Oberschwingungen $2\,\nu_2$, $2\,\nu_3$ ... verboten. Sobald das Molekül aber unsymmetrisch ist, besitzt das zur ν_2 oder δ (a)-Schwingung gehörige Moment neben der Komponente *senkrecht* zur Figurenachse noch eine *parallel* dazu. Nur die σ-Komponente ist von der Rotation um die Figurenachse unabhängig, gibt also in ν_2 die Nullinie. Da in der Oberschwingung $2\,\nu_2$ nur die π-Komponente auftritt[1], muß hier die Nullinie fehlen. Wie ein Blick auf Tabelle 73 zeigt, lassen sich nun alle Banden

Tabelle 73. Ultrarotspektrum des N_2O-Moleküls.

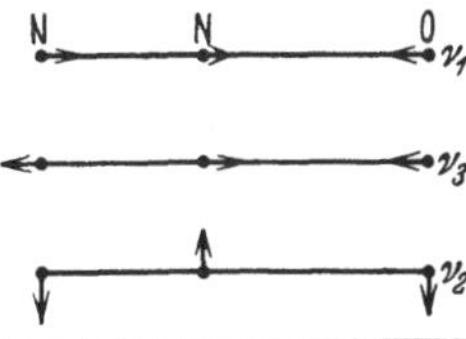

	Wellen-länge in μ	Frequenz in cm^{-1}		Intensität	Übergang[2] (s. Abb. 102)
$\nu_2 = \delta\,(a)$	17,0	579,5 589,0 590,5	Nullzweige	4 40 4	$01_10 \to 02_20$ $00_00 \to 01_10$ $01_10 \to 02_00$
ν_1	7,78	1285,4		70	$00_00 \to 10_00$
ν_3	4,50	2224,1		100	$00_00 \to 00_01$
$2\,\nu_2$	8,60	1167,3		20	$00_00 \to 02_00$
$2\,\nu_1$	3,90	2564,2		16	$00_00 \to 20_00$
$2\,\nu_3$	2,26	4420,7		2	$00_00 \to 00_02$
$\nu_1 + \nu_2$	5,30	1868,0 1845 1829	Nullzweige	0,5 0,1 0,1	$00_00 \to 11_10$ $01_10 \to 12_20$ $01_10 \to 12_00$
$\nu_1 + 2\,\nu_2$	4,06	2462,2		6	$00_00 \to 12_00$
$\nu_2 + \nu_3$	3,57	2799,1 2786 2777	Nullzweige	1,2 0,3 0,3	$00_00 \to 01_11$ $01_10 \to 02_21$ $01_10 \to 02_01$
$2\,\nu_2 + \nu_3$	2,97	3366,5		1,6	$00_00 \to 02_01$
$\nu_1 + \nu_3$	2,87	3482,2		10	$00_00 \to 10_01$
$2\,\nu_1 + \nu_3$	2,11	4736,0		0,8	$00_00 \to 20_01$

zwanglos als *ungerade* Oberbanden oder als Kombinationsbanden von ν_1, ν_2 und ν_3 einordnen, wobei die Oberbande $2\,\nu_2$ sowie die Kombinationsbanden mit $2\,\nu_2$ keine Nullzweige besitzen. Dagegen treten, wie zu erwarten, Nullinien bei den Kombinationsbanden mit $1\,\nu_1$ also bei $\nu_1 + \nu_2$ und $\nu_2 + \nu_3$ auf (s. Abb. 104). Die aufgelöste Oberbande $2\,\nu_2$ mit der fehlenden Nullinie ist in Abb. 103

[1] Bei der FOURIER-Zerlegung verschwinden bei der σ-Komponente, die ja zur Figurenachse antisymmetrisch ist, die Koeffizienten der ungeraden Oberschwingungen $2\,\nu_2$, $4\,\nu_2$..., aber nicht bei der π-Komponente (vgl. Anmerkung 1, S. 262, § 32).

[2] Die Bezeichnungen sind dieselben wie beim CO_2-Molekül. Da die Zustände 10_00 und 02_00 beim N_2O weit auseinander liegen, besteht natürlich keine Quasientartung. Über die Auswahlregel für $\varDelta l$ vgl. das bei CO_2 gesagte.

mit eingetragen. Die Bande ν_2 sowie die Kombinationsbanden mit ν_2 besitzen immer drei Nullzweige entsprechend den optisch aktiven Übergängen $0 \to 1_1$, $1_1 \to 2_0$ und $1_1 \to 2_2$ (vgl. das Schema der Energiezustände des gestreckten dreiatomigen Moleküls (Abb. 94 in § 31). Das ultrarote Spektrum, in dem drei aktive Grundfrequenzen mit ihren ersten Obertönen, sowie verschiedentlich Nullzweige auftreten, spiegelt also in überzeugender Weise die Symmetrieverhältnisse der unsymmetrischen Form $N\equiv N = O$ wieder, so daß wir es als einen eindeutigen Beweis zu deren Gunsten ansehen können.

Die gleichmäßig sich ändernde Intensität der Rotationslinien in den aufgelösten Zweigen beweist nach ¡PLYLER und BARKER ebenfalls, daß das Molekül nicht die Gestalt $N = O = N$ besitzt, da in diesem Falle der Kernspin der Stickstoffatome zu verschiedenen Besetzungszahlen für die geraden und ungeraden Rotationszustände und damit zu wechselnden Intensitäten, wie sie bei den Stickstoffbanden beobachtet werden, führen würde (vgl. auch § 32, Abschnitt 3).

Das RAMAN-Spektrum ist von DICKINSON, DILLON und RASETTI[1], BHAGAVANTAM[2], sowie neuerdings besonders eingehend von LANGSETH und NIELSEN[3] untersucht worden, die neben den Grundschwingungen ν_1 und ν_3 noch sechs weitere schwache Linien, darunter die Linie $00_0 0 \to 02_2 0$, nachweisen konnten, die sich zwanglos in das Niveauschema des gestreckten unsymmetrischen Moleküls einordnen lassen. Die Tatsache, daß die beim symmetrischen Molekül verbotene Grundschwingung ν_3 auftritt, ist wieder ein Beweis für die Struktur $N\equiv N = O$[4].

Streng genommen, können wir mit Hilfe der Ultrarotanalyse nur feststellen, daß das Molekül unsymmetrisch und gestreckt ist, aber nicht, ob es die Struktur $N\equiv N = O$ oder $N - O - N$ besitzt. Die zu Anfang dieses Abschnitts erwähnten chemischen Gründe sowie die Elektronenstoßversuche und auch die Größe des elektrischen Moments (vgl. § 20) lassen jedoch die Form $N\equiv N = O$ als gesichert erscheinen.

---

[1] DICKINSON, R. G., R. T. DILLON u. F. RASETTI: Physic. Rev. Bd. 34 (1929) S. 582.

[2] BHAGAVANTAM, S.: Indian J. Phys. Bd. 6 (1931) S. 319.

[3] LANGSETH, A. u. R. NIELSEN: Nature, Lond. Bd. 130 (1932) S. 92.

[4] BARKER, E. F.: Nature, Lond. Bd. 129 (1932) S. 132.

Aus der Feinstruktur der Rotationsschwingungsbanden berechnet BARKER[1] das Trägheitsmoment zu $66{,}0 \cdot 10^{-40}$ gcm^2*.

Kohlenoxysulfid COS. Das Ultrarotspektrum ist bis heute erst einmal, und zwar von BAILEY und CASSIE[2] untersucht worden. Aus einer gewissen Ähnlichkeit des Spektrums mit dem des CO_2 und CS_2 schließen die Autoren auf die gestreckte Gestalt des Moleküls, also auf die Form O=C=S, in Übereinstimmung mit den üblichen Vorstellungen vom Bau des COS-Moleküls und mit den Röntgenuntersuchungen VEGARDs[3], der im Kristall eine geradlinige Anordnung der drei Atome gefunden hat.

Es scheint uns aber nicht ganz sicher, ob dieses Ergebnis auf das freie Molekül übertragen werden kann, und zwar aus folgendem Grunde: Falls das Molekül wirklich ein unsymmetrischer Stab ist mit der Struktur O=C=S, müßte unseres Erachtens das Ultrarotspektrum weniger dem des CO_2, als vielmehr dem des N=N=O ähneln und die für das N_2O charakteristischen Eigentümlichkeiten, z. B. Q-Zweige bei der Schwingung ν_2 und bei allen Kombinationsschwingungen mit 1 ν_2 aufweisen. Nach den bisherigen Aufnahmen scheint das aber nicht der Fall zu sein, so daß die Möglichkeit einer gewinkelten Struktur mit dem C-Atom an der Spitze nicht ganz von der Hand zu weisen ist. Da auch das RAMAN-Spektrum, das DADIEU und KOHLRAUSCH[4] untersucht haben, kein eindeutiges Resultat ergibt, scheint es uns zweckmäßiger, die Frage nach der Struktur des Moleküls und nach den Frequenzen der Eigenschwingungen zurückzustellen, bis mehr über die Feinstruktur der Banden bekannt ist. Wir gehen daher auf die Deutungsversuche von BAILEY und CASSIE, sowie auf die von DADIEU und KOHLRAUSCH, die ihren Betrachtungen das gestreckte Molekül zugrunde legen, nicht näher ein.

Cyanwasserstoff HCN. Das ultrarote Spektrum der Blausäure ist in neuerer Zeit von BADGER und BINDER[5] ferner von BRACKETT

---

[1] BARKER, E. F.: Physic. Rev. Bd. 41 (1932) S. 369.

* LANGSETH und NIELSEN (l. c.) berechnen aus der Lage der Maxima der *PP*- und *RR*-Zweige der RAMAN-Linie bei 1286 cm^{-1} $I = 61 \cdot 10^{-40}$. Diese Bestimmung ist naturgemäß ungenauer.

[2] BAILEY, C. R. u. A. B. D. CASSIE: Proc. Roy. Soc., Lond. A Bd. 135 (1932) S. 375; ferner Z. Physik Bd. 79 (1932) S. 35.

[3] VEGARD: Z. Kristallogr. Bd. 77 (1931) S. 411.

[4] DADIEU, A. u. K. W. F. KOHLRAUSCH: Physik. Z. Bd. 33 (1932) S. 165.

[5] BADGER, R. M. u. I. L. BINDER: Physic. Rev. Bd. 37 (1931) S. 800.

Tabelle 74. Grundschwingungen des HCN-Moleküls.

H C N	Wellen-länge μ	Frequenz cm^{-1}	Ultrarot-spektrum	RAMAN-Spektrum
	(4,76)	2089	verdeckt	sehr stark
	3,04	3289	stark	stark
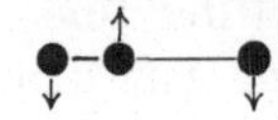	14,0	712	sehr stark	nicht beobachtet

und LIDDEL[1] sowie von CHOI und BARKER[2] untersucht worden[3]. Die Banden, soweit sie aufgelöst werden konnten, zeigen durchweg den einfachen Bau BJERRUMscher Doppelbanden. Das Molekül ist also sicher gestreckt. Wegen seines unsymmetrischen Baues, der sich auch in dem großen elektrischen Moment äußert, muß das Spektrum des HCN dem des N_2O sehr ähnlich sein. Die langwelligste und stärkste Bande bei $14\,\mu$ besitzt einen Q-Zweig, ist also der Deformationsschwingung δ zuzuordnen. Ihre erste Oberschwingung bei $7\,\mu$ besitzt dagegen, wie zu erwarten, keinen Null-Zweig (vgl. die Ausführungen beim N_2O). Die starke Bande bei $3\,\mu$ ist der Valenzschwingung ν_3 zuzuordnen. Die dritte Grundschwingung ν_1 läßt sich im Ultrarotspektrum wegen Überlagerung mit der $3\,\nu_2$-Bande nicht ganz sicher nachweisen. Sie tritt dagegen im RAMAN-Spektrum als besonders starke Linie auf[4], so daß ihre Frequenz genau angegeben werden kann.

Die Einordnung der übrigen Banden bietet keine Schwierigkeiten (vgl. Tabelle 75, der das DENNISONsche Niveauschema des dreiatomigen Moleküls zugrunde gelegt ist).

Aus dem Abstande der Rotationslinien finden BADGER und BINDER für das Trägheitsmoment $I = 18{,}79 \cdot 10^{-40}$, während CHOI und BARKER $18{,}68 \cdot 10^{-40}$ gcm^2 angeben.

Es ist zur Zeit nicht möglich, aus dem ultraroten Spektrum zwischen den beiden möglichen Formen der Blausäure, der Normalform $H-C\equiv N$ und der Isonitrilform $H-N\equiv C$ zu unterscheiden. Der einfache Bau des Spektrums deutet darauf hin, daß praktisch nur eine Form vorhanden ist.

---

[1] BRACKETT u. LIDDEL: Smithsonian Institute Bd. 85 (1931) Nr. 5.

[2] CHOI, KYU NAM u. E. F. BARKER: Physic. Rev. Bd. 42 (1932) S. 777.

[3] Wegen der älteren Arbeiten vgl. man SCHAEFER-MATOSSI: Das ultrarote Spektrum, diese Sammlung Bd. 10.

[4] KASTLER, C.R.: C. R. Acad. Sci., Paris Bd. 194 (1932) S. 858. — BHAGAVANTAM: Nature, Lond. Bd. 126 (1930) S. 995.

Tabelle 75. Ultrarotspektrum des HCN-Moleküls.

	Wellenlänge μ	Frequenz cm^{-1}	Intensität	Übergang[1]
$\nu_2 = \delta$	14,0	712	1000	$00_0 0 \to 01_1 0$
		700	12	$01_1 0 \to 02_0 0$
		712		$01_1 0 \to 02_2 0$
$2\,\nu_2$	7,00	1412	1,3	$00_0 0 \to 02_0 0$
ν_1	4,7	2094		$00_0 0 \to 10_0 0$
$3\,\nu_2$	4,7	2100	0,12	$00_0 0 \to 03_1 0$
		2087	0,095	$01_1 0 \to 04_0 0$
		2112	0,105	$01_1 0 \to 04_2 0$
$\nu_1 + \nu_2$	3,57	2801		$00_0 0 \to 11_1 0$
ν_3	3,04	3289	4,4	$00_0 0 \to 00_0 1$
$3\,\nu_1 + \nu_2$	0,865	11675	—	$00_0 0 \to 31_1 0$ $01_1 0 \to 32_0 0$ $01_1 0 \to 32_2 0$
$4\,\nu_1$	0,791	12636	—	$00_0 0 \to 40_0 0$
$2\,\nu_3 + \nu_1$	1,165	8590	—	$00_0 0 \to 10_0 2$
$3\,\nu_3$	1,037	9645	—	$00_0 0 \to 00_0 3$

DADIEU[2] schließt aus seinen Untersuchungen am RAMAN-Spektrum einiger einfacher Nitrile, daß beim HCN die Normalform $H—C{\equiv}N$ überwiegt (99,5% HCN).

Es sei noch darauf hingewiesen, daß sich für beide Molekülformen für den Abstand, die Frequenz und die Bindungskonstante von C—N Werte ergeben, die im Bereiche der sonst nur bei dreifachen Bindungen gefundenen Zahlen liegen. Man müßte also die Isoform im Sinne der Oktett-Theorie so schreiben: $H—\overset{+}{N}{\equiv}\overset{-}{C}$. Diese Formel, zu der auch LINDEMANN[3] auf Grund von Parachormessungen kommt, bringt zum Ausdruck, daß das Stickstoffatom im Sinne der Oktett-Theorie ein Elektron an das Kohlenstoffatom abgibt.

§ 37. Dreiatomige gewinkelte Moleküle: H_2O, H_2S, O_3, SO_2, ClO_2, NO_2.

Leider stellt schon dieses einfache Molekül einen unsymmetrischen Kreisel dar, so daß die Analyse seiner Feinstruktur, d. h. die Zuordnung seiner Linien zu den Übergängen zwischen den einzelnen Rotationszuständen sehr schwierig ist. Nur auf Grund

---

[1] Über die Bezeichnungen vgl. N_2O und CO_2.

[2] DADIEU: Naturwiss. Bd. 18 (1930) S. 895 und ferner Wien. Ber. Bd. 139 (1930) S. 629. Vgl. auch K. W. F. KOHLRAUSCH: Der SMEKAL-RAMAN-Effekt, diese Sammlung Bd. 12 S. 245.

[3] LINDEMANN, H.: Ber. dtsch. chem. Ges. Bd. 63 (1930) S. 1650.

einer solchen Analyse kann man einwandfrei und quantitativ die Trägheitsmomente und damit den Winkel an der Spitze und die Kernabstände bestimmen. Das ist aber bis heute erst einmal, nämlich im Falle des H_2O gelungen (s. weiter unten). Bei den meisten Molekülen ist die Auflösung der Banden in die einzelnen Rotationslinien noch nicht möglich gewesen, so daß man sich auf die Untersuchung der Enveloppe beschränken muß. Ist diese für alle drei Grundschwingungen bekannt, so kann man aus ihrer Form zwischen dem spitzen und stumpfwinkeligen Modell entscheiden und manchmal auch die Trägheitsmomente abschätzen (vgl. die Ausführungen über den asymmetrischen Kreisel im § 32, Abschnitt 5, und das Beispiel des Ozons). Quantitative Angaben sind jedoch nicht möglich[1].

Es wird sehr häufig versucht[2], aus den bekannten Grundschwingungen unter Zugrundelegung des Valenz- oder Zentralkraftsystems den Winkel an der Spitze α zu berechnen. Wie unzuverlässig die so gewonnenen Ergebnisse sind, erkennt man aus dem zum Teil unmöglichen Resultaten. Berechnet man z. B. aus den bekannten Grundschwingungen beim SO_2* oder ClO_2** den Valenzwinkel α, so ergibt sich, daß das Zentralkraftsystem überhaupt keine reellen Werte für α gibt. Das Valenzkraftsystem führt beim SO_2 zu einem ganz vernünftigen Wert, nämlich zu $\alpha = 119^0\ 40'$†. Beim H_2O gibt dagegen das Valenzkraftsystem ganz unmögliche Werte, nämlich je nach der Zuordnung der Frequenzen 23^0 bzw. 157^0 ††. Das Zentralkraftsystem gibt einen besseren Wert,

---

[1] Häufig wird versucht [z. B. von BAILEY, CASSIE u. ANGUS: Proc. Roy. Soc., Lond. A Bd. 130 (1930) S. 142 oder von DADIEU u. KOHLRAUSCH: Physik. Z. Bd. 33 (1932) S. 165], die Banden näherungsweise als BJERRUMsche Doppelbanden aufzufassen und aus dem Abstand der Maxima die Trägheitsmomente zu bestimmen. Ein solches Verfahren gibt natürlich nur rohe Werte.

[2] Vgl. z. B. PLYLER: Physic. Rev. Bd. 39 (1931) S. 77. — BHAGAVANTAM: Indian Journ. Phys. Bd. 5 (1930) S. 43. — DADIEU u. KOHLRAUSCH: Physik. Z. Bd. 33 (1932) S. 165. — TITÉICA, R.: C. R. Acad. Sci., Paris Bd. 196 (1933) S. 391 und andere.

* Nach K. W. F. KOHLRAUSCH: Der SMEKAL-RAMAN-Effekt, diese Sammlung Bd. 12 S. 186.

** UREY, H. u. H. JOHNSTON: Physic. Rev. Bd. 38 (1931) Nr. 131.

† DADIEU, A. u. K. W. F. KOHLRAUSCH: Physik. Z. Bd. 33 (1932) S. 165.

†† KOHLRAUSCH (Der SMEKAL-RAMAN-Effekt, S. 185) benutzt allerdings etwas kleinere Werte als sie heute den Frequenzen der Grundschwingungen zugeordnet werden, was aber auch zu falschen Winkelwerten, nämlich $a = 44^0$ bzw. 136^0 führt.

nämlich $\alpha = 115^0$. Es scheint also beim SO_2 das Valenzkraftsystem, beim H_2O, einem Hydridmolekül, dagegen das Zentralkraftsystem die Verhältnisse besser wiederzugeben. Solange wir über das innermolekulare Kraftfeld nichts Sicheres wissen, wird es daher besser sein, von dieser Methode zur Berechnung von Winkeln keinen Gebrauch zu machen. Daß sehr spitze Winkel und entsprechend

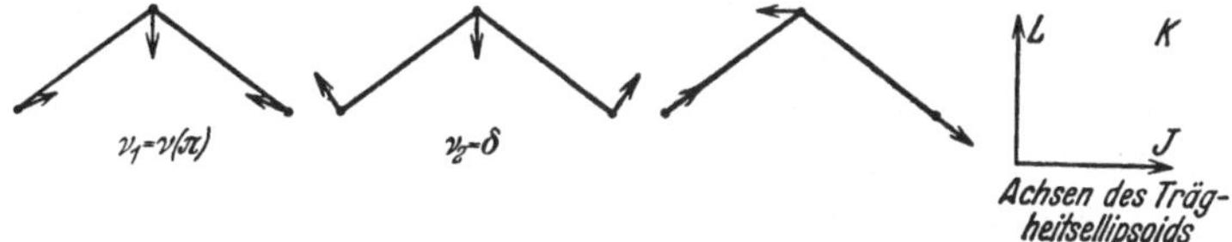

Abb. 105. Normalschwingungen des gewinkelten dreiatomigen Moleküls.

kleine Kernabstände in Wirklichkeit sicher nicht vorkommen können, wissen wir aus den Röntgen- und Elektroneninterferenzen (s. Kap. 3), aus denen sich ergibt, daß die Kernabstände direkt gebundener Atome sich zwischen 1 und $2 \cdot 10^{-8}$ cm bewegen, und daß die Mittelpunkte nicht gebundener Atome sich höchstens auf $2{,}5 \cdot 10^{-8}$ cm (eine Ausnahme bilden H - Atome) nähern können vgl. § 7.

Aus diesem Grunde dürfen wir alle dreiatomigen gewinkelten Moleküle, die keine Wasserstoffatome enthalten von vornherein als stumpfwinkelig annehmen. Die Achse des mittleren Trägheitsmoments fällt also immer in die Richtung der Winkelhalbierenden, während die Achse des kleinsten Trägheitsmomentes I senkrecht dazu in der Molekülebene liegt. Daraus folgt weiter, daß die π-Schwingungen, $\nu(\pi)$ und δ. Doppelbanden, Typus D, ergeben und daß zur Schwingung $\nu(\sigma)$ eine Bande mit einem Zentralzweig, Typus Z, gehört (s. Abb. 105, vgl. S. 272). Diese Regel kann bei der Einordnung des Spektrums häufig von Nutzen sein. Die Tabelle 76 enthält den den einzelnen Schwingungen des stumpfwinkeligen Modells zugehörigen Bandentypus.

Tabelle 76. Schwingungsform und Bandentypus beim stumpfwinkeligen dreiatomigen Molekül.

Schwingungsform nach		Bandentypus
DENNISON	MECKE	
ν_1	$\nu(\pi)$	D
ν_2	δ	D
ν_3	$\nu(\sigma)$	Z
$\nu_2 + \nu_3$	$\nu(\sigma) + \delta$	Z
$\nu_1 + \nu_3$	$\nu(\pi) + \nu(\sigma)$	Z
$\nu_2 + \nu_1$	$\nu(\pi) + \delta$	D
$2\,\nu_1$	$2\,\nu(\pi)$	D
$2\,\nu_2$	$2\,\delta$	D
$2\,\nu_3$	$2\,\nu(\sigma)$	D

Der Typus der mit aufgeführten Ober- und Kombinationsbanden ergibt sich mit Hilfe der auf S. 273 angegebenen DENNISONschen Regeln.

Wasser H_2O. Über das Ultrarotspektrum des H_2O liegt ein sehr reichhaltiges und vollständiges Zahlenmaterial[1] vor (vgl. dazu auch die eingehende Darstellung von SCHAEFER-MATOSSI[2]), wo auch die verschiedenen älteren Versuche zur Bestimmung der Trägheitsmomente besprochen werden. Daß das Molekül gewinkelt ist, folgt allein schon aus dem sehr verwickelten Bau der einzelnen Rotationsschwingungs- und der reinen Rotationsbanden. Ebenso deutet das große elektrische Moment auf die gewinkelte Form hin. Die Grundschwingungen des Moleküls sind nach MECKE[3] (s. Abb. 105)

$$v_1 = v\,(\pi) = (3600)\ \mathrm{cm}^{-1}$$
$$v_2 = \delta\,(\pi) = 1595{,}4\ \mathrm{cm}^{-1}$$
$$v_3 = v\,(\sigma) = 3756\ \mathrm{cm}^{-1}.$$

Die Frequenz von v_1 ist nicht ganz sicher; jedenfalls sind v_1 und v_3 nur wenig verschieden.

Über die Einordnung der weiteren Banden vergleiche man die Arbeiten von MECKE und PLYLER[4].

Alle drei Grundschwingungen sind ramanaktiv, doch sind bis heute am Dampfe nur zwei Linien der Frequenzen 1648 und 3655 cm^{-1} gefunden worden[5], die man der $\delta\,(\pi)$-bzw. $v\,(\pi)$-Schwingung zuordnen wird.

Eine genaue und einwandfreie Bestimmung der drei Trägheitsmomente und der Dimensionen des H_2O-Moleküls ist erst in jüngster Zeit MECKE und seinen Mitarbeitern[6] gelungen. Aus der

---

[1] Über neuere Messungen s. E. PLYLER u. W. W. SLEATOR: Physic. Rev. Bd. 37 (1931) S. 1433. — PLYLER: Physic. Rev. Bd. 39 (1932) S. 77 und die Arbeiten von MECKE.

[2] SCHAEFER-MATOSSI: Das ultrarote Spektrum, diese Sammlung Bd. 10.

[3] MECKE, R.: Z. physik. Chem. Abt. B Bd. 16 (1932) S. 421.

[4] PLYLER [Physic. Rev. Bd. 39 (1932) S. 77] ordnet der Schwingung v_3 die Frequenz 5309 zu und kommt so zu einer anderen Einordnung des Spektrums.

[5] JOHNSTON, H. u. N. WALKER: Physic. Rev. Bd. 39 (1932) S. 535. Diese Autoren finden noch eine dritte Linie mit 984 cm^{-1}, die nach MECKE der (H_2O)—(H_2O)-Schwingung des assozierten Moleküls entspricht. Vgl. ferner J. CABANNES u. J. DE RIOLS: C. R. Acad. Sci., Paris Bd. 198 (1934) S. 30.

[6] MECKE, R. u. W. BAUMANN: Physik. Z. Bd. 33 (1932) S. 833. — MECKE, R.: Z. Physik Bd. 81 (1933) S. 313. — BAUMANN, W. u. R. MECKE: Z. Physik Bd. 81 (1933) S. 445. — FREUDENBERG, K. u. R. MECKE: Z. Physik Bd. 81 (1933) S. 465.

Analyse[1] von 17 Banden des Rotationsschwingungsspektrums konnten sie die Trägheitsmomente im Grundzustande und in den verschiedenen Schwingungszuständen berechnen. Wegen der Wechselwirkung zwischen Rotation und Kernschwingung erhält man aber nur Mittelwerte, so daß die Beziehung $I + L = K$ nicht streng erfüllt ist. Das gilt nach MECKE bereits für den Grundzustand[2], für den sich folgende Werte ergeben:

$$I = 0{,}995 \cdot 10^{-40}; \quad L = 1{,}908 \cdot 10^{-40}; \quad K = 2{,}980 \cdot 10^{-40} \text{ gcm}^2.$$

Daraus berechnet sich für den Valenzwinkel am O-Atom: $\alpha = 104$ bis 106^0; für die Kernabstände: O—$H = 1{,}013 \cdot 10^{-8}$ cm und H—$H = 1{,}53 \cdot 10^{-8}$ cm. Mit der Anregung der Kernschwingungen werden die Trägheitsmomente und der Valenzwinkel merklich anders, und zwar verkleinert die Schwingung $\nu_3 = \nu\,(\sigma)$ den Winkel um etwa 1^0 pro Schwingungsquant, während die Schwingung ν_2 ihn um 2^0 pro Schwingungsquant vergrößert. Durch dieses Ergebnis sind wohl alle anderen Versuche zur Bestimmung des Valenzwinkels überholt[3].

Auch die Serien des H_2O zeigen, wie wegen des Kernspins der H-Atome zu erwarten, einen Intensitätswechsel 1:3 (Ortho- und Parawasser). Die Untersuchung der Intensitätsverhältnisse im einzelnen ergibt nach MECKE[4], daß von den beiden Molekülformen, die mit den obigen Trägheitsmomenten in Einklang zu bringen sind, die stumpfwinkelige Form die richtige ist, in Übereinstimmung mit dem davon unabhängigen obigen Resultate. Im übrigen scheidet die spitzwinkelige Form schon deshalb aus, weil sie einen unmöglich kleinen H—H-Abstand ergeben würde (s. § 7).

Schwefelwasserstoff H_2S. Das ultrarote Spektrum ist in neuerer Zeit von ROLLEFSON[5], MISCHKE[6], sowie von NIELSEN und BARKER[7] untersucht worden. Einwandfrei sind nur die Messungen der

---

[1] Vgl. dazu auch W. WEIZEL: Z. Physik Bd. 88 (1934) S. 214.

[2] Durch Extrapolation auf den schwingungslosen (nicht realisierbaren) Zustand erhält man nach MECKE das Wertetripel $I = 1{,}009 \cdot 10^{-40}$; $L = 1{,}901 \cdot 10^{-40}$; $K = 2{,}908 \cdot 10^{-40}$, das der Bedingung $I + L = K$ befriedigend Genüge leistet.

[3] So hat z. B. PLYLER [Physic. Rev. Bd. 39 (1931) S. 77] aus den Frequenzen der drei Grundschwingungen mittels der für das Zentralkraftsystem gültigen DENNISONschen Formeln den Winkel zu 115^0 berechnet.

[4] MECKE, R.: Naturwiss. Bd. 20 (1932) S. 657.

[5] ROLLEFSON, A. H.: Physic. Rev. Bd. 34 (1929) S. 604.

[6] MISCHKE, W.: Z. Physik Bd. 67 (1931) S. 106.

[7] NIELSEN, I. u. E. BARKER: Physic. Rev. Bd. 37 (1931) S. 727.

zuletzt genannten Autoren[1]. Die unregelmäßige Feinstruktur zeigt, daß das Molekül gewinkelt ist. NIELSEN und BARKER finden nur zwei Banden bei 2,6 μ und 3,7 μ. Von diesen ist die erstere vom Typus Z, ist also einer Schwingung parallel zur Richtung des kleinsten Trägheitsmomentes einzuordnen, während die andere Bande, nach ihrer Feinstruktur zu schließen, zu einer dazu senkrechten Schwingung gehört. Im RAMAN-Spektrum des Dampfes hat BHAGAVANTAM[2] nur eine einzige Linie mit der Frequenz 2615 cm^{-1} finden können, die sicher der symmetrischen Schwingung $\nu\,(\pi)$ entspricht. Die übrigen Grundschwingungen lassen sich, solange das Beobachtungsmaterial so unzureichend ist, vorläufig nicht sicher angeben[3]. MECKE[4] ordnet die Bande bei 3,7 μ der $\nu\,(\sigma)$-Schwingung zu, was natürlich nur bei einem spitzwinkeligen Molekül richtig ist.

Ozon O_3. Das Ultrarotspektrum ist erst neuerdings mit einem hochauflösenden Gitterspektrometer von GERHARD[5] untersucht worden. Die Tatsache, daß sich mehrere der beobachteten Banden als Ober- und Kombinationsbanden von anderen aktiven Banden darstellen lassen, zeigt mit Sicherheit, daß das Molekül nicht symmetrisch gestreckt ist, wie JAKOWLEWA und KONDRATJEW[6] aus ihren Messungen an ultravioletten Banden geschlossen hatten. Der unregelmäßige Abstand der Rotationslinien und die verschiedene Form der Enveloppe der einzelnen Banden zeigt ferner, daß das Molekül gewinkelt ist. Von den verschiedenen möglichen Formen des gewinkelten Modells läßt sich das gleichseitige Dreieck sicher ausschließen, da in diesem Falle nur zwei, der Frequenz nach verschiedene Grundschwingungen, davon eine inaktive, auftreten würden. Das steht aber mit den Beobachtungen, die sich nur mit *drei* verschiedenen Grundschwingungen darstellen lassen, in Widerspruch.

---

[1] Einige der von MISCHKE gefundenen Banden sind nach MECKE dem CO_2 zuzuordnen. Die Bande bei 8,0 μ, die auch von ROLLEFSON beobachtet wurde, ist nach NIELSEN und SPRAQUE [Physic. Rev. Bd. 37 (1931) S. 1183] auf eine Verunreinigung durch H_2O zurückzuführen.

[2] BHAGAVANTAM, S.: Indian J. Bd. 6 (1931) S. 319.

[3] Die von DADIEU und KOHLRAUSCH [Phys. Z. Bd. 33 (1932) S. 165] vorgeschlagene Einordnung läßt sich nicht halten; ihre Berechnungen des Valenzwinkels und der Kernabstände beruhen auf unzulässigen Voraussetzungen und sind daher unsicher (vgl. weiter oben).

[4] MECKE, R.: Z. physik. Chem. Abt. B Bd. 16 (1932) S. 421.

[5] GERHARD, S. L.: Physic. Rev. Bd. 42 (1932) S. 622.

[6] JAKOWLEWA, A. and V. KONDRATJEW: Physik. Z. Sowjetunion Bd. 1 (1932) S. 471.

Ob das Molekül stumpf oder spitzwinkelig ist, läßt sich nicht ohne weiteres entscheiden, da die Lage und Form der tiefsten Grundschwingung, sowie der Typus einzelner Banden, D- oder Z-Bande, nicht sicher bekannt ist. GERHARD selbst glaubt auf die spitzwinkelige Form $\alpha < 60^0$ schließen zu können. Dann würden aber die beiden endständigen O-Atome näher zusammenliegen als ein Mittel- und Endatom, was, wie auch BADGER und BONNER[1] betonen, unmöglich ist, da sich ja nicht direkt gebundene Atome nie auf solche Abstände nähern können (vgl. § 7). Man müßte dann schon eine ringförmige Struktur annehmen, die aber aus Symmetriegründen wieder nur ein gleichseitiges Dreieck bilden könnte, also eine Form, die wir oben ausgeschlossen haben. Es bleibt also nur das stumpfwinkelige Modell $\overset{O}{\underset{O\quad O}{\triangle}}$ übrig.

Aus einer näheren Untersuchung der Enveloppe der Bande bei 1046 cm^{-1} vermag BENEDIKT[2] die Größe der einzelnen Trägheitsmomente abzuschätzen (vgl. S. 273) und findet $I = 6{,}4 \cdot 10^{-40}$ und $K = 71 \cdot 10^{-40}$ gcm^{-2}, was einem Winkel $\alpha = 122^0$ und einem Abstand der direkt gebundenen O-Atome von $1{,}29 \cdot 10^{-8}$ cm entspricht. BENEDICT gibt folgende Einordnung des ultraroten Spektrums wieder, die mit den von DENNISON angegebenen Regeln über den Symmetriecharakter einer Ober- oder Kombinationbande (s. § 32, Abschnitt 5) übereinstimmt.

Die dritte Eigenschwingung ν_2, deren Lage von BENEDICT bei 760 cm^{-1} vermutet worden war, ist neuerdings von HETTNER, POHLMANN und SCHUHMACHER[4] bei etwa 700 cm^{-1} gefunden worden. Das RAMAN-Spektrum[5] zeigt nur ein außerordentliches

Tabelle 77. Ultrarotspektrum des O_3-Moleküls.

	Frequenz cm^{-1}	Bandentypus
$\nu_1 = \nu\,(s\,\pi)$	1046	D
$\nu_2 = \delta\,(s\,\pi)$	etwa 700	D
$\nu_3 = \nu\,(a\,\sigma)$	1357	Z
$2\,\nu_2$	(1520)[3]	(D)
$2\,\nu_1$	2085	D
$\nu_2 + \nu_3$	2117	Z
$2\,\nu_3$	2710	D

[1] BADGER, R. M. u. L. G. BONNER: Physic. Rev. Bd. 43 (1933) S. 305.

[2] BENEDICT, W. S.: Physic. Rev. Bd. 43 (1933) S. 580.

[3] Evtl. Verunreinigung, vgl. HETTNER, POHLMANN und SCHUHMACHER: Naturwiss. Bd. 21 (1933) S. 467.

[4] HETTNER, G., R. POHLMANN u. H. J. SCHUHMACHER: Naturwiss. Bd. 21 (1933) S. 467.

[5] SUTHERLAND, G. u. G. L. GERHARD: Nature, Lond. Bd. 130 (1932) S. 241.

schwaches Dublett bei 1280^{-1} cm, dessen Realität nicht sicher ist, zumal diese Frequenz mit keiner der aus dem ultraroten Spektrum bekannten Frequenzen übereinstimmt.

Schwefeldioxyd SO_2. STRONG[1] hat mit Hilfe einer Reststrahlmethode nachgewiesen, daß das SO_2-Gas in der Gegend von 20,75 μ sehr stark absorbiert, und so die ungefähre Lage der tiefsten Grundschwingung sichergestellt. Aus Messungen im RAMAN-Spektrum[2] des flüssigen SO_2 ergibt sie sich näherhin zu 525 cm⁻¹. Das Ultrarotspektrum ist außerdem verschiedentlich von BAILEY und CASSIE[3], sowie von BADGER und BONNER[4] untersucht worden. Aus dem Typus der Absorptionsbanden, D- oder Z-Banden, lassen sich, wenn wir das stumpfwinkelige Modell zugrunde legen, die Grundschwingungen eindeutig einordnen[5,6].

Diese Einordnung, sowie die Dreiecksgestalt des Moleküls werden durch die Messungen des Depolarisationsgrades der RAMAN-Linien bestätigt, indem die Linie bei 1340 cm⁻¹ nach CABANNES und ROUSSET[8] den für die antisymmetrische Schwingung zu erwartenden Depolarisationsgrad 6/7 aufweist. Eine einwandfreie Berechnung des Valenzwinkels und der Kernabstände, wie sie von verschiedenen Autoren versucht wird, ist, solange die Auflösung der Feinstruktur nicht gelingt, natürlich nicht möglich. Nach den Ausführungen auf S. 311 dürfen wir aber das Molekül als stumpfwinkelig annehmen.

Tabelle 78. Ultrarot- und RAMAN-Spektrum des SO_2-Moleküls.

Frequenz cm⁻¹	Einordnung	Typus
525	δ	?
606	$\nu\,(\pi)\,\delta$	?
1150	$\nu\,(\pi)$	D
1360	$\nu\,(\sigma)$	Z
1870	$\nu\,(\sigma + \delta)$	?
2305	$2\,\nu\,(\pi)$	D
2500	$\nu\,(\sigma) + \nu\,(\pi)$	?
525[7]	δ	
1146[7]	$\nu\,(\pi)$	
1340[7]	$\nu\,(\sigma)$	

[1] STRONG, J.: Physic. Rev. Bd. 37 (1931) S. 1563.

[2] Literatur bei DADIEU u. KOHLRAUSCH: Physik. Z. Bd. 33 (1932) S. 165.

[3] BAILEY, C. R. u. A. B. D. CASSIE: Proc. Roy. Soc., Lond. Bd. 130 (1930) S. 144, Bd. 137 (1932) S. 622, Bd. 140 (1933) S. 605.

[4] BADGER u. BONNER: Physic. Rev. Bd. 43 (1933) S. 305.

[5] Vgl. R. MECKE: Z. Physik Bd. 64 (1930) S. 173; Z. physik. Chem. Abt. B Bd. 16 (1932) S. 421 u. G. PLACZEK: Leipziger Vorträge, 1931 S. 71.

[6] Über das ultraviolette Absorptionsspektrum und seine Analyse vgl. WATSON u. PARKER: Physic. Rev. Bd. 37 (1931) S. 1484. — HERZBERG, G. u. E. TELLER: Z. physik. Chem. Abt. B Bd. 21 (1933) S. 410.

[7] RAMAN-Spektrum.

[8] CABANNES, J. u. A. ROUSSET: Ann. Physik Bd. 19 (1933) S. 229.

Chlordioxyd ClO_2. Das Ultrarotspektrum dieses sehr instabilen Moleküls ist von BAILEY und CASSIE[1], das ultraviolette Absorptionsspektrum von UREY und JOHNSTON[2] und KU[3] eingehend untersucht worden[4]. Nach BAILEY und CASSIE sind die Eigenschwingungen $\nu_1 = \nu\,(\pi) = 1245$ cm^{-1}, $\nu_3 = \nu\,(\sigma) = 973$ cm^{-1}. Die Schwingung $\nu_2 = \delta\,(\pi)$ läßt sich wohl noch nicht sicher angeben, sie dürfte in der Gegend von 500 cm^{-1} liegen.

Stickstoffdioxyd NO_2. Mit der Untersuchung des ultraroten Spektrums haben sich in neuerer Zeit BAILEY und CASSIE[5] sowie HARRIS, BENEDICT und KING[6] beschäftigt[7]. Im ultravioletten Absorptionsspektrum, das verhältnismäßig übersichtlich ist, zeigt die Absorptionsbande bei 2459 Å nach HENRI[8] sowie HERRMANN[9] und HARRIS, BENEDICT und KING sehr schön die doppelte Rotationsstruktur, wie sie bei einer σ-Bande des symmetrischen Kreisels auftritt. Damit ist bewiesen, daß das NO_2-Molekül nicht, wie BAILEY und CASSIE annehmen, *gestreckt*, sondern *gewinkelt*[10] ist. Eine Bestimmung der Trägheitsmomente und des Valenzwinkels ist noch nicht gelungen. HARRIS, BENEDICT und KING vermuten jedoch, daß der Winkel sehr stumpf, sicher größer als 110^0 ist. Für die Eigenschwingungen des NO_2 geben diese Autoren nebenstehende Werte an.

Zu ähnlichen Ergebnissen kommt neuerdings SCHAFFERT[11], der allerdings der Schwingung ν_2 die Frequenz 641 cm^{-1} zuordnet.

	Wellenlänge μ	Frequenz cm^{-1}
$\nu_1 = \nu\,(\pi)$	7,58	1321
$\nu_2 = \delta$	13,4	751
$\nu_3 = \nu\,(\sigma)$	6,17	1621

[1] BAILEY, C. R. u. A. B. D. CASSIE: Proc. Roy. Soc., Lond. A Bd. 137 (1932) S. 622, Bd. 140 (1933) S. 605, Bd. 142 (1933) S. 129.

[2] UREY, H. C. u. H. JOHNSTON: Physic. Rev. Bd. 38 (1931) S. 2131; dort auch weitere Literatur.

[3] KU, Z. W.: Physic. Rev. Bd. 44 (1933) S. 376.

[4] Vgl. auch G. HERZBERG u. E. TELLER: Z. physik. Chem. Abt. B Bd. 21 (1933) S. 410.

[5] BAILEY, C. R. u. A. B. D. CASSIE: Nature, Lond. Bd. 131 (1933) S. 239.

[6] HARRIS, L., W. S. BENEDICT u. G. W. KING: Nature, Lond. Bd. 131 (1933) S. 621.

[7] Weitere Literatur WARBURG u. LEITHAUSER: Ann. Physik Bd. 28 (1909) S. 313; ferner DANIELS: J. Amer. Soc. Bd. 47 (1925) S. 28, 56. — HARRIS: Proc. Nat. Acad. Sci. Bd. 14 (1928) S. 690.

[8] HENRI, V.: Leipziger Vorträge, 1931 S. 131.

[9] HERRMANN, A.: Ann. Physik Bd. 15 (1932) S. 89.

[10] Damit sind auch die Angaben von BAILEY und CASSIE bezüglich der Eigenschwingungen, des Trägheitsmoments usw., die sich auf das gestreckte Molekül beziehen, überholt.

[11] SCHAFFERT, R.: J. chem. Phys. Bd. 1 (1933) S. 507; Nature, Lond. Bd. 131 (1933) S. 911.

Aus der Tatsache, daß die Frequenzen des NO_2 unverändert auch beim Doppelmolekül N_2O_4 auftreten, folgt, daß die Assoziation die Eigenschwingungen des ursprünglichen Moleküls nicht merklich beeinflußt. Die Assoziationsbindung muß also ziemlich locker sein und wird wohl nur durch VAN DER WAALSsche Kräfte besorgt.

§ 38. Vieratomige Moleküle und Gruppen: C_2H_2, $NH_3\ldots$,

$$\text{Typus } A = B\!\!\begin{array}{c} C \\ \diagdown \\ C \end{array}\left(O = C\!\!\begin{array}{c} H \\ \diagdown \\ H \end{array} \text{ usw.} \right).$$

Azetylen C_2H_2. Schon der Typus der Rotationsschwingungsbanden mit einfach gebauten P- und R-Zweigen, deren Linien sowohl im Ultrarot[1] wie im RAMAN-Spektrum[2] einen Intensitätswechsel, von $1:3$ zeigen, beweist, daß das Azetylenmolekül ein Symmetriezentrum besitzt, also gestreckt ist (vgl. § 32, Abschnitt 3).

Die erste Analyse des Schwingungsspektrums, die aber mit den Beobachtungen der spezifischen Wärmen in Widerspruch stand, hat MECKE[3] mitgeteilt. Sie ist später von ihm selbst[4], sowie von OLSON und KRAMERS[5] verbessert worden. Wir geben zunächst die Normalschwingungen des Azetylens samt ihren optischen Eigenschaften in Tabelle 79 wieder.

Tabelle 79. Grundschwingungen des C_2H_2-Moleküls.

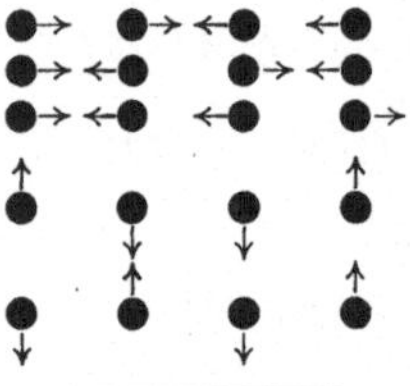

H——C≡C——H		Wellen-länge μ	Frequenz cm^{-1}	Symmetrie-charakter	Ultrarot-spektrum	RAMAN-Spektrum
●→ ●→ ←● ←●	$\nu_2\,(s)$	5,06	1975	symmetrisch	inaktiv	sehr stark
●→ ←● ●→ ←●	$\nu_1\,(s)$	2,97	3370	symmetrisch	inaktiv	stark
●→ ←● ←● ●→	$\nu\,(a)$	3,05	3277	anti-symmetrisch	aktiv	inaktiv
(Querschwingung)	$\delta\,(a)$	13,71	729,3	zweifach entartet	aktiv	inaktiv
(Querschwingung)	$\delta\,(s)$	16,6	600	zweifach entartet	inaktiv	sehr schwach

---

[1] CHILDS u. R. MECKE: Z. Physik Bd. 64 (1930) S. 162. Der Intensitätswechsel ist auf den Kernspin der Wasserstoffatome zurückzuführen.

[2] LEWIS, CH. M.: Physic. Rev. Bd. 41 (1932) S. 389.

[3] MECKE, R.: Z. Physik Bd. 64 (1930) S. 173.

[4] MECKE, R.: Z. physik. Chem. Abt. B Bd. 17 (1932) S. 1; Leipziger Vorträge, 1931 S. 23.

[5] OLSON, A. R. u. H. A. KRAMERS: J. Amer. chem. Soc. Bd. 54 (1932) S. 136; die dort mitgeteilten Rechnungen an Deformationsschwingungen mit Hilfe von Winkelkräften führen nach einer mündlichen Mitteilung von Herrn Dr. E. TELLER, Göttingen, zu falschen Ergebnissen; vgl. ferner E. BARTHOLOMÉ: Z. physik. Chem. Abt. B Bd. 23 (1933) S. 152.

Falls die nicht direkt aneinander gebundenen Atome sich nicht beeinflussen, hängen die Frequenzen der Valenzschwingungen nur von den Federkräften, den Bindungskonstanten k_1 und k_2 der C—H- und bzw. C≡C-Bindung, und von den an der Schwingung beteiligten reduzierten Massen ab, und zwar gelten nach MECKE näherungsweise folgende Beziehungen

$$\nu\,(a) = \frac{1}{2\,\pi} \sqrt{\frac{k_1\,(m+M)}{m \cdot M}}; \quad \nu_2\,(s) = \frac{1}{2\,\pi} \sqrt{k_2\,\frac{2}{m+M}};$$
$$\nu_1\,(s) = \sqrt{\nu^2\,(a) + \nu_2^2\,(s)\,\frac{m}{M}};$$

m die Masse des H-Atoms und M die des C-Atoms.

Das Rotationsschwingungsspektrum ist von LEVIN und MEYER[1], HEDFELD und MECKE[2], HEDFELD und LUEG[3] sowie LOCHTE-HOLTGREVEN und EASTWOOD[4] untersucht worden. Die langwelligste Bande bei 13,7 μ besitzt einen starken Q-Zweig, ist also der Deformationsschwingung $\delta\,(a)$ zuzuordnen.

Die einzig aktive Valenzschwingung, die antisymmetrische Schwingung $\nu\,(a)$ ist eine reine C—H-Schwingung, da der Abstand C≡C konstant bleibt. Ihre Frequenz muß daher etwa bei 3000 cm liegen, und wir ordnen ihr die Bande bei 3,05 μ zu. Die beiden anderen Valenzschwingungen können als Grundtöne nur im RAMAN-Spektrum auftreten. Tatsächlich sind dort zwei starke Linien[5] beobachtet, die sich mit Hilfe der obigen Frequenzbeziehungen eindeutig den Schwingungen $\nu_1\,(s)$ und $\nu_2\,(s)$ zuordnen lassen. Im RAMAN-Spektrum sollte außerdem noch die Deformationsschwingung $\delta\,(s)$ auftreten. Die zugehörige Änderung der Polarisierbarkeit ist aber sehr gering, so daß die Linie sehr schwach ist und bis heute nicht beobachtet werden konnte. Für das Auftreten der Ober- und Kombinationsschwingungen im ultraroten Spektrum ist nach DENNISON[6] folgende Auswahlregel maßgebend, die sich ohne weitere Annahmen nur aus der Symmetrie des Moleküls ergibt: Es dürfen nur diejenigen Banden $\nu = n_1\,\nu_2\,(s)$

---

[1] LEVIN, A. u. C. F. MEYER: J. opt. Soc. Amer. Bd. 16 (1928) S. 137.

[2] MECKE, R.: Z. Physik Bd. 64 (1930) S. 173. — HEDFELD, K. u. R. MECKE: Z. Physik Bd. 64 (1930) S. 151.

[3] HEDFELD, K. u. P. LUEG: Z. Physik Bd. 77 (1932) S. 446.

[4] LOCHTE-HOLTGREVEN, W. u. E. EASTWOOD: Z. Physik Bd. 79 (1932) S. 450.

[5] Z. B. S. BHAGAVANTAM: Indian J. Bd. 6 (1931) S. 342.

[6] DENNISON, D. M.: Rev. Mod. Phys. Bd. 3 (1931) S. 280.

$+ n_2 \; v_1 \, (s) + n_3 \; v \, (a) + n_4 \; \delta \, (a) + n_5 \; \delta \, (s)$ auftreten, für die $n_3 + n_4$ eine *ungerade* Zahl ist[1], d. h. es sind erlaubt die Banden $\delta \, (a)$; $3 \, \delta \, (a)$; $\delta \, (a) + \delta \, (s)$; $v \, (a)$; $3 \, v \, (a)$; $v \, (a) \pm n \, v_i \, (s) \ldots$ und verboten die Banden $2 \, \delta \, (a)$; $2 \, v \, (a)$; $\delta \, (s)$; $v_i \, (s)$. TISZA[2] hat dieselbe Auswahlregel mit Hilfe der Gruppentheorie abgeleitet.

Tabelle 80. Ultrarot- und RAMAN-Spektrum des Azetylenmoleküls[3].

Abs. Bande μ	Frequenz cm^{-1}	Einordnung
13,71	729,27	$\delta \, (a)$
7,53	1328,5	$\delta \, (a) + \delta \, (s)$
3,78	2643,2	$v_1 \, (s) - \delta \, (a)$
3,75	2669,7	$v \, (a) - \delta \, (s)$?
3,70	2702,2	$v_2 \, (s) + \delta \, (a)$
3,05	3276,85	$v \, (a)$
2,56	3897,9	$v \, (a) + \delta \, (s)$
2,44	4092,0	$v_1 \, (s) + \delta \, (a)$
2,14	4690	$v_1 \, (s) + \delta \, (s) + \delta \, (a)$
1,9	5250	$v_2 \, (s) + v \, (a)$
1,54	6500	$v_1 \, (s) + v \, (a)$
1,18	8450	$v_1 \, (s) + v_2 \, (s) + v \, (a)$
1,0372	9639,68	$3 \, v \, (a)$
0,96	10400	?
0,8617	11599,11	$3 \, v \, (a) + v_2 \, (s)$ oder $v \, (a) + 2 \, v_1 \, (s) + v_2 \, (s)$
0,7886	12675,62	$3 \, v \, (a) + v_1 \, (s)$
0,6408	15600,02	$5 \, v \, (a)$ oder $v \, (a) + 4 \, v_1 \, (s)$?
0,5425	18430,25	$3 \, v \, (a) + 3 \, v_1 \, (s)$? oder $v \, (a) + 5 \, v_1 \, (s)$
RAMAN-linie	1975	$v_2 \, (s)$
RAMAN-linie	3370	$v_1 \, (s)$

In Übereinstimmung mit dieser Auswahlregel lassen sich nun alle im Ultraroten beobachteten Banden einordnen (s. Tabelle 80), was als ein weiterer Beweis für die symmetrische gestreckte Gestalt angesehen werden kann.

Die Deutung der Banden unterhalb 2,4 μ wird wegen der vielen Kombinationsmöglichkeiten etwas unsicher. HEDFELD und LUEG deuten einige derselben als ungerade Obertöne von $v \, (a)$, nämlich als $2 \, v \, (a)$ oder $4 \, v \, (a)$, was aber dem Auswahlprinzip von DENNISON widerspricht.

Die mit den oben mitgeteilten Normalschwingungen berechnete Molwärme des Azetylens stimmt nach EUCKEN und PARTS[4] innerhalb der Meßfehler überein mit den Beobachtungen, während die erste MECKEsche Einordnung des Schwingungsspektrums mit dem Verlauf der spezifischen Wärmen im Widerspruch stand.

[1] Null zählt als gerade Zahl.

[2] TISZA, L.: Z. Physik Bd. 82 (1933) S. 48.

[3] Vgl. R. MECKE: Z. physik. Chem. Abt. B Bd. 17 (1932) S. 1 und G. SUTHERLAND: Physic. Rev. Bd. 43 (1933) S. 883.

[4] EUCKEN, A. u. A. PARTS: Nachr. Ges. Wiss. Göttingen Chemie Bd. 3 Nr. 21 (1932) S. 274.

Methylazetylen $CH_3 \cdot C \equiv C \cdot H$. Das RAMAN-Spektrum dieses Moleküls ist von BOURGEL und DAURE[1], sowie von GLOCKLER und DAVIS[2] untersucht worden. Es zeigt folgende charakteristischen Bindungsfrequenzen: $C \equiv C$ 2128 cm^{-1}; $=C-H$ 3306 cm^{-1}; $-C-H$ 2928 cm^{-1} und $C-C$ 618 und 931 cm^{-1}.

Diazetylen $H-C \equiv C-C \equiv C-H$. Das Ultrarotspektrum ist neuerdings von BARTHOLOMÉ[3] untersucht und diskutiert worden. Das Spektrum ist verhältnismäßig einfach gebaut, was für einen hohen Symmetriegrad des Moleküls spricht. Es läßt sich zeigen, daß das Ultrarotspektrum mit einer linearen Anordnung der Atome im Molekül verträglich ist. Messungen des RAMAN-Spektrums stehen noch aus.

Ammoniak NH_3. Das NH_3-Molekül stellt einen symmetrischen Kreisel dar. Das folgt eindeutig aus der Tatsache, daß ein Teil der Rotationsschwingungsbanden einfache Doppelbanden mit einem Nullzweig sind und ferner daraus, daß das reine Rotationsspektrum[4] aus äquidistanten Linien besteht[5]. Aus dem Vorhandensein eines elektrischen Moments, das seinerseits erst zum Auftreten des Rotationsspektrums führt, ergibt sich dann weiter, daß das Molekül nicht eben gebaut sein kann, sondern daß das N-Atom an der Spitze einer Pyramide sitzt, deren Basis ein gleichseitiges Dreieck mit den H-Atomen in den Ecken bildet.

Die dreiseitige symmetrische Pyramide besitzt vier Grundschwingungen, von denen je zwei, die σ-Schwingungen doppelt sind.

Über die Form der Normalschwingungen vgl. § 31 und Abb. 95. Alle vier Grundschwingungen sind optisch aktiv und sollten auch im RAMAN-Effekt auftreten, und zwar die π-Schwingungen[6] besonders stark. Die den π-Schwingungen zugehörigen, die π-Banden, besitzen normale Feinstruktur mit einem positiven und negativen, sowie einem Nullzweig. Die den σ-Schwingungen zugeordneten, die σ-Banden, besitzen eine verwickeltere Struktur (s. § 32, Abschnitt 4).

---

[1] BOURGEL u. DAURE: C. R. Acad. Sci., Paris Bd. 190 (1930) S. 1298; Bull. Soc. Chim. Bd. 47/48 (1930) S. 1365.

[2] GLOCKLER, G. u. H. M. DAVIS: Physic. Rev. Bd. 41 (1932) S. 370.

[3] BARTHOLOMÉ, E.: Z. physik. Chem. Abt. B Bd. 23 (1933) S. 152.

[4] BADGER, R. M. u. C. H. CARTWRIGHT: Physic. Rev. Bd. 33 (1929) S. 692.

[5] Die Rotation um die Figurenachse gibt ja beim symmetrischen Kreisel keine Ausstrahlung.

[6] Die Unterscheidung von Valenz- und Deformationsschwingungen erscheint wegen der starken Wechselwirkung der H-Kerne nicht zweckmäßig.

Im Falle eines nicht ebenen Moleküls vom Typus AB_3, also auch beim Ammoniak, zeigen die π-Banden nach Dennison[1] die merkwürdige Eigenschaft der Verdoppelung, d. h. alle Schwingungszustände sind in Dubletts aufgespalten, so daß jede Bande in Wirklichkeit die Überlagerung von zwei einfachen π-Banden ist.

Diese Erscheinung beruht auf der Tatsache, daß für das N-Atom zwei Gleichgewichtslagen möglich sind, eine „oberhalb", die andere „unterhalb" der aus den H-Atomen gebildeten Ebene, wobei die beiden Lagen symmetrisch zu dieser Ebene sind.

Beachtet man diese Eigenschaften der Feinstruktur, so läßt sich das Schwingungsspektrum einigermaßen einordnen, zumal wenn wir das Raman-Spektrum hinzuziehen. Wir werden uns dabei im folgenden vor allem auf die Wiedergabe der neueren Untersuchungen beschränken, da das NH_3-Molekül eingehend von Schaefer-Matossi[2] behandelt worden ist.

Die langwelligste Absorptionsbande liegt bei $10,5\,\mu$, sie erweist sich nach Barker[3] als eine π-Bande und besteht aus zwei einfachen Banden, die um $33\ \mathrm{cm^{-1}}$ gegeneinander verschoben sind. Die Nullzweige liegen bei $10,3\,\mu$ und $10,7\,\mu$. Sie ist ihrer Stärke nach sicher eine Grundbande, außerdem tritt sie im Raman-Effekt auf.

Die Bande bei $3\,\mu$ ist ebenfalls eine π-Bande, die zunächst einfach erscheint. Erst die Untersuchung mit hoch auflösenden Apparaten ergibt nach Dennison und Hardy, daß jede Linie in Wirklichkeit ein Dublett mit einer Aufspaltung von $1,6\ \mathrm{cm^{-1}}$ darstellt. Da sie ebenfalls im Raman-Effekt auftritt, gehört sie zu einer Grundschwingung, $\nu_3 = \nu\,(\pi) = 3335\ \mathrm{cm^{-1}}$ und nicht, wie Lueg und Hedfeld[4] glauben, zur Oberschwingung[5] $2\,\nu_4$.

Daß bei dieser Bande die Aufspaltung viel kleiner ist, erklärt sich nach Dennison und Hardy daraus, daß bei der $3\,\mu$-Schwingung

---

[1] Hund, F.: Z. Physik Bd. 43 (1927) S. 805. — Dennison, D. M.: Rev. Mod. Phys. Bd. 3 (1931) S. 280; ferner D. M. Dennison u. J. D. Hardy: Physic. Rev. Bd. 39 (1932) S. 938. — Morse, P. M. u. N. Rosen: Physic. Rev. Bd. 40 (1932) S. 1039. — Dennison, D. M. u. G. E. Uhlenbeck: Physic. Rev. Bd. 41 (1932) S. 313.

[2] Diese Sammlung Bd. 10, § 32. Dort sind auch die älteren Deutungsversuche besprochen, die aber mangels ausreichender Kenntnis von der Feinstruktur zu keinem endgültigen Ergebnis führen konnten.

[3] Barker, E. F.: Physic. Rev. Bd. 33 (1929) S. 684.

[4] Lueg, P. u. K. Hedfeld: Z. Physik Bd. 45 (1932) S. 599.

[5] Gegen diese Deutung spricht schon der verschiedene Typus der ν_3- und ν_4-Banden.

das N-Atom fast in Ruhe bleibt, während es an der 10 μ-Schwingung sehr stark beteiligt ist; die Schwingungen bei 3 μ und 10 μ entsprechen den Schwingungsformen ν_1 und ν_3 der Abb. 95.

Die Bande bei 6,1 μ zeigt nach STINCHCOMB und BARKER[1] eindeutig den komplexen Charakter einer σ-Schwingung; sie ist sicher auch eine Grundschwingung, da sie im RAMAN-Effekt auftritt, $\nu_2 = \nu\,(\sigma) = 1630\ \mathrm{cm}^{-1}$.

Die Bande bei 1,97 ist sowohl von STINCHCOMB und BARKER als auch von LUEG und HEDFELD als σ-Bande erkannt worden und wird der noch fehlenden Grundschwingung ν_4 zugeordnet[2]. Daß sie im RAMAN-Effekt nicht auftritt, ist darauf zurückzuführen, daß die Änderung der Polarisierbarkeit aus Symmetriegründen sehr klein ist. Gegen diese Zuordnung hat vor allem HARDY[3] Bedenken geäußert. Nach AMALDI und PLACZEK[4] ist die vierte Grundschwingung in der Gegend von 3300 cm^{-1} zu erwarten.

Tabelle 81. Die Grundschwingungen des Ammoniakmoleküls (vgl. auch Abb. 95 auf S. 257).

	Wellenlänge μ	Frequenz cm^{-1}	Symmetriecharakter	Ultrarotspektrum	RAMAN-Spektrum[5]
$\nu_1 = \nu\,(\pi)$	10,3 u. 10,7	964,3 u. 933,8	symmetrisch	aktiv	stark
$\nu_2 = \nu\,(\sigma)$	6,1	1630	zweifach entartet	aktiv	schwach
$\nu_3 = \nu\,(\pi)$	3,0	3336	symmetrisch	aktiv	sehr stark
$\nu_4 = \nu\,(\sigma)$		(3300)	zweifach entartet	aktiv	nicht beobachtet

Über die Einordnung der Oberschwingungen vergleiche man die Arbeiten von HEDFELD und LUEG sowie von UNGER[6].

Der Abstand der Rotationslinien in den Banden ν_1 und ν_3 ist praktisch derselbe und führt zu Werten für das Trägheitsmoment,

---

[1] STINCHCOMB, G. A. u. E. F. BARKER: Physic. Rev. Bd. 33 (1929) S. 305.

[2] R. M. BADGER u. R. MECKE [Z. physik. Chem. Abt. B Bd. 5 (1929) S. 333] fassen diese Schwingung als Kombinationsschwingung $\nu_1 + \nu_4$ auf.

[3] HARDY, J. D.: Physic. Rev. Bd. 40 (1932) S. 1039.

[4] AMALDI, E. u. G. PLACZEK: Z. Physik Bd. 81 (1933) S. 259.

[5] Nähere Angaben über das RAMAN-Spektrum bei DADIEU und KOHLRAUSCH: Physik. Z. Bd. 33 (1932) S. 165; ferner bei E. AMALDI u. G. PLACZEK: Z. Physik Bd. 81 (1933) S. 259; dort auch nähere Angaben über das Rotations-RAMAN-Spektrum; s. ferner C. M. LEWIS u. W. V. HOUSTON: Physic. Rev. Bd. 44 (1933) S. 903.

[6] UNGER, H. J.: Physic. Rev. Bd. 43 (1933) S. 123.

bezogen auf eine zur Figurenachse senkrechte Achse, die sich zwischen $I = 2{,}78\text{---}2{,}84 \cdot 10^{-40}$ gcm² bewegen.

Die Bestimmung des Trägheitsmoments K, bezogen auf die Figurenachse ist schwieriger. Einmal läßt sich K aus dem Abstand der Nullzweige einer σ-Bande [s. § 32, Gleichung (28)] berechnen. BARKER findet auf diese Weise aus den bei der 1,97 μ-Bande gefundenen Abständen $K \sim 2\,I$, während HEDFELD und LUEG aus der Bande bei 1,023 μ $K = 4{,}91 \cdot 10^{-40}$ gcm² erhalten. LANGSETH[1] versucht aus der Intensitätsverteilung einer π-Bande K zu ermitteln und findet dabei, daß K kleiner als I ist. Da er aber mit

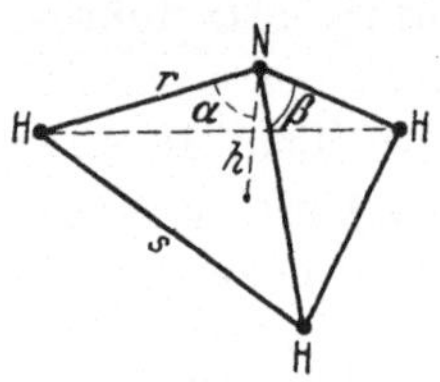
Abb. 106.
Das Ammoniakmolekül.

den Formeln der klassischen Statistik, die nur eine grobe Näherung darstellen, rechnet, wird man diesem Ergebnis keine große Bedeutung beilegen dürfen[2,3].

Sind die beiden Trägheitsmomente bekannt, so lassen sich die geometrischen Konstanten des Moleküls (s. Abb. 106) berechnen. Wir stellen in Tabelle 82 die von den einzelnen Autoren ermittelten Werte zusammen.

Die in der vorletzten Spalte angegebenen Werte sind von DENNISON und UHLENBECK[4] mitgeteilt, die aus den Daten der Rotationsschwingungsbande bei 10 μ wellenmechanisch das Potentialfeld des N-Atoms berechnet und daraus den Abstand der beiden Gleichgewichtslagen, d. h. die doppelte Höhe der Pyramide bestimmt haben.

Von den oben angegebenen Daten scheinen uns die von HEDFELD und LUEG, sowie die von DENNISON und UHLENBECK bzw. die von WRIGHT und RANDALL mitgeteilten am besten begründet zu sein. Dazu kommt, daß der von ihnen berechnete Wert für den

---

[1] LANGSETH, A.: Z. Physik Bd. 77 (1932) S. 60.

[2] Nur Formeln, die die quantentheoretische Verteilung der Moleküle auf die einzelnen Rotationszustände berücksichtigen, wie sie z. B. von DENNISON [Rev. Mod. Phys. Bd. 3 (1931) S. 280] angegeben worden sind, können zu einem richtigen Ergebnis führen.

[3] Ferner versucht LANGSETH aus der Rotationsfeinstruktur der RAMAN-Bande bei 3330 K zu bestimmen. Seine Einordnung ist aber nach AMALDI und PLACZEK [Z. Physik Bd. 81 (1933) S. 259] falsch, so daß auch diese Bestimmung von K wertlos ist.

[4] DENNISON, D. M. u. G. UHLENBECK: Physic. Rev. Bd. 41 (1932) S. 313; vgl. dazu auch N. ROSEN u. P. A. MORSE [Physic. Rev. Bd. 42 (1932) S. 210], die auf derselben Grundlage $h = 0{,}365 \cdot 10^{-8}$ cm finden.

Tabelle 82. Die geometrischen Konstanten des Ammoniakmoleküls.

	Badger u. Mecke[1]	Barker	Lueg und Hedfeld	Langseth	Dennison und Uhlenbeck	Wright und Randall[2]
Trägheits-moment $I = L$	2,77	2,77	2,82	2,77	2,80	$2,78 \cdot 10^{-40}$ gcm^2
Trägheits-moment, bez. auf die Fig.-Achse, K . .	3,40	5,53	4,91	1,39	4,42	$4,33 \cdot 10^{-40}$ gcm^2
Höhe h	0,52	$\langle 0,3$	0,3	0,72	$0,38 \cdot 10^{-8}$ cm	
$N - H = r$ . .	0,98	1,06	1,04	0,89	1,02	$1,01 \cdot 10^{-8}$ cm
$H - H = s$ . .	1,43	1,83	1,72	0,92	1,64	$1,61 \cdot 10^{-8}$ cm
$\sphericalangle \, (hr) = \alpha$ . .	58°		73° 15	37°		
$\sphericalangle \, (rr) = \beta$ . .	94°	116°	112°	62°		

N—H-Abstand gerade zwischen die Werte der C—H- und O—H-Bindung fällt. Die Abstände C—H und O—H betragen, wie wir aus anderen Untersuchungen wissen (s. Tabelle 13, § 12) 1,08 bzw. $1,013 \cdot 10^{-8}$ cm. Wir müssen also notwendig für den Abstand N—H einen Wert etwas größer als $1,0 \cdot 10^{-8}$ cm ansetzen, was nur mit der flachen Pyramide vereinbar ist.

Die von Langseth vorgeschlagene spitze Pyramide ist schon deshalb auszuschließen, weil sie zu unmöglich kleinen Abständen zwischen den nicht direkt gebundenen H-Atomen führt (vgl. die Tabelle 6 der Wirkungsradien in § 7). Außerdem müssen wir wegen der Abstoßung zwischen den H-Atomen für den Winkel β zwischen den N—H-Bindungen in Analogie zum H_2O einen Winkel größer als 90° erwarten (vgl. § 12).

Phosphor-, Arsen- und *Antimonwasserstoff* PH_3, AsH_3, SbH_3. Das ultrarote Spektrum dieser Moleküle ist von Robertson und Fox[3] untersucht worden[4], näheres bei Schaefer-Matossi, das ultrarote Spektrum[5].

---

[1] Badger, R. u. R. Mecke: Z. physik. Chem. Abt. B Bd. 5 (1929) S. 333.

[2] Wright, N. u. H. M. Randall: Physic. Rev. Bd. 44 (1933) S. 389, bestimmt aus dem reinen Rotationsspektrum im Ultraroten.

[3] Robertson u. Fox: Proc. Roy. Soc. A, Lond. Bd. 120 (1928) S. 128, 149, 161, 189.

[4] Siehe auch die ganz neuerdings erschienene Arbeit von W. V. Norris und J. Unger über Ultramethan des AsH_3. Physic. Rev. Bd. 45 (1934) S. 68.

[5] Diese Sammlung Bd. 10.

Trihalogenide PCl_3, PBr_3, $AsCl_3$, $SbCl_3$. Das RAMAN-Spektrum ist von BHAGAVANTAM[1], KOHLRAUSCH[2], TRUMPY[3] u. a. untersucht worden. Die Polarisationsverhältnisse bei PCl_3, PBr_3 und $AsCl_3$, die eine teilweise Einordnung des Spektrums ermöglichen, sind von CABANNES und ROUSSET[4] untersucht worden.

$$\textit{Moleküle vom Typus} \quad A = B{\large<}{\!\!\begin{array}{l} C \\ C \end{array}}.$$

Formaldehyd H_2CO. Das Molekül des Formaldehyds kann mit großer Näherung als ein symmetrischer Kreisel aufgefaßt werden, da die Trägheitsmomente I und L um die beiden zu $C=O$ senkrechten Achsen fast gleich sind[5]. Da ferner das Trägheitsmoment K um die Figurenachse $O=C$ sehr klein gegen I ist, erhält man z. B. für eine σ-Bande sehr genähert das in § 32, Abschnitt 4 besprochene Spektrum des Kreiselmoleküls, bestehend aus einer Reihe von äquidistanten, weit getrennten einfachen Banden (s. Abb. 98). Dieser Bandentypus ist vor allem von HENRY[6] und später von DIEKE und KISTIAKOWSKY[7] im ultravioletten Absorptionsspektrum gefunden und mit Erfolg analysiert worden. Gegenüber dem ultraroten Absorptionsspektrum kommt allerdings noch die Komplikation hinzu, daß die Trägheitsmomente im Anfangs- und Endzustande (verschiedene Elektronenzustände) stark voneinander abweichen, so daß die Rotationslinien nicht mehr äquidistant sind. Sehr einfach gebaut ist auch das Fluoreszenzspektrum des H_2CO, das HERZBERG und FRANZ[8] sowie GRADSTEIN[9] untersucht und zur Schwingungsanalyse[10] herangezogen haben. Das Ultrarotspektrum[11] ist noch

---

[1] BHAGAVANTAM, S.: Indian J. Phys. Bd. 5 (1930) S. 73.

[2] KOHLRAUSCH, K. W. F.: Der SMEKAL-RAMAN-Effekt. Diese Sammlung, Bd. 12.

[3] TRUMPY, B.: Z. Physik Bd. 68 (1931) S. 675.

[4] CABANNES, J. u. A. ROUSSET: Ann. Physique Bd. 19 (1933) S. 259.

[5] Wegen der kleinen Masse der H-Atome.

[6] HENRY, V. u. A. SCHOU: Z. Physik Bd. 49 (1928) S. 774.

[7] DIEKE, G. H. u. G. B. KISTIAKOWSKY: Proc. Nat. Acad. Bd. 18 (1932) S. 367; vgl. die ganz neue eingehende Untersuchung. Physic. Rev. Bd. 45 (1934) S. 4.

[8] HERZBERG, G. u. H. FRANZ: Z. Physik Bd. 76 (1932) S. 720.

[9] GRADSTEIN, S.: Z. physik. Chem. Abt. B Bd. 22 (1933) S. 384.

[10] Vgl. auch G. HERZBERG u. E. TELLER: Z. physik. Chem. Abt. B Bd. 21 (1933) S. 410.

[11] PATTY, I. R. u. H. H. NIELSEN: Physic. Rev. Bd. 39 (1932) S. 957. SALANT, E. O. u. W. WSEST: Physic. Rev. Bd. 33 (1929) S. 640. — TITICA, RADU: C. R. Acad. Sci. Paris Bd. 195 (1932) S. 307.

wenig durchforscht worden, so daß wir bei der Bestimmung der Normalschwingungen vor allem auf das RAMAN-Spektrum[1] angewiesen sind. Das Molekül besitzt sechs einfache Normalschwingungen[2], deren Schwingungsform MECKE[3] angegeben hat (s. Abb. 107). Die eindeutige Zuordnung der Frequenzen ist noch nicht gelungen.

Aus der Feinstruktur der ultravioletten Absorptionsbanden bestimmen DIEKE und KISTIAKOWSKY die drei Trägheitsmomente und erhalten dabei für den Grundzustand folgende Werte:

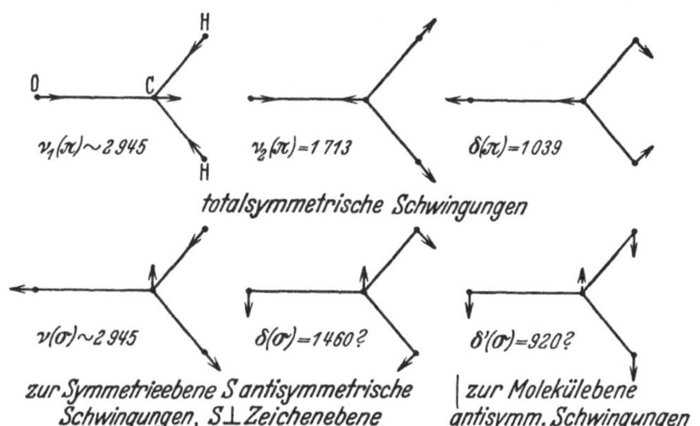

Abb. 107. Normalschwingungen des Formaldehyd-Moleküls (Zentralkraftsystem).

$$I = 24{,}33 \cdot 10^{-40}, \quad L = 21{,}39 \cdot 10^{-40} \text{ und } K = 2{,}94 \cdot 10^{-40} \text{ gcm}^2.$$
Über die daraus folgenden Kernabstände und Winkelwerte vgl. § 12.

Weitere Moleküle vom Typus $A = B\!\!\begin{smallmatrix}C\\ \\C\end{smallmatrix}$. Dazu gehören Moleküle wie Schwefelchlorür S_2Cl_2, Thionylchlorid $OSCl_2$, Phosgen $Cl_2 \cdot CO$, Azeton $(CH_3)_2 \cdot CO$, Harnstoff $(H_2N)_2 \cdot CO$ usw. Das RAMAN-Spektrum von S_2Cl_2 und $OSCl_2$ ist von MATOSSI und ADERHOLD[4]

---

[1] Vgl. K. W. F. KOHLRAUSCH: Der SMEKAL-RAMAN-Effekt. Diese Sammlung, Bd. 12; ferner I. H. HIBBEN [J. Amer. chem. Soc. Bd. 53 (1931) S. 2418], dessen Deutung des RAMAN-Spektrums aber nicht als gesichert angesehen werden kann.

[2] Die sechste Schwingung $\delta'(\sigma)$ ist die Knickschwingung der Ebene des H_2CO-Moleküls, das C-Atom schwingt also etwa senkrecht zur Zeichenebene nach unten, die drei anderen Atome senkrecht nach oben.

[3] MECKE, R.: Leipziger Vorträge, 1931 S. 23.

[4] MATOSSI, F. u. H. ADERHOLD: Z. Physik Bd. 68 (1931) S. 683; vgl. auch K. W. F. KOHLRAUSCH: Der SMEKAL-RAMAN-Effekt. Diese Sammlung Bd. 12 S. 211.

untersucht worden, die weiterhin mit Hilfe des Valenzkraftsystems den Winkel am S-Atom berechnet haben. Die von ihnen angegebenen Winkelwerte $\alpha = 44,5^0$ für S_2Cl_2 bzw. $\alpha = 60^0$ für $OSCl_2$ sind sicher nicht richtig, da sich zwei nicht gebundene Cl-Atome unmöglich auf so kleine Abstände, wie sie den obigen Winkelwerten entsprechen würden, nähern können (s. § 7). Angaben über die Eigenfrequenzen von $Cl_2 \cdot CO$ und Cl_2SO finden sich bei MECKE[1]. Das Ultrarotspektrum des Azetons ist von TITÉICA[2] untersucht worden.

Über das RAMAN-Spektrum der oben genannten Substanzen vergleiche man ferner die Monographie von KOHLRAUSCH, „Der SMEKAL-RAMAN-Effekt".

§ 39. Fünfatomige Moleküle. CH_4, CCl_4, CBr_4, $SnCl_4$; Typus AB_3C (CH_3F usw.); Typus AB_2C_2 (CH_2Cl_2 usw.).

Methan. Das CH_4-Molekül besitzt $3n-6$, also 9 innere Freiheitsgrade. Die Schwingungsanalyse, die DENNISON[3] durchgeführt hat, ergibt, Tetraedersymmetrie vorausgesetzt, vier verschiedene Grundschwingungen (s. Tabelle 83), von denen eine doppelt und zwei dreifach sind. Bei der einfachen totalsymmetrischen Schwingung ν_1 bewegen sich die vier Außenatome symmetrisch auf das ruhende Zentralatom zu oder von ihm weg. Die Schwingung ist im Ultraroten inaktiv, die zugehörige RAMAN-Linie dagegen sehr stark, streng linear polarisiert und ohne Feinstruktur. Bei der doppelten Schwingung bewegen sich die H-Atome auf Ellipsen auf einer um das C-Atom geschlagenen Kugel. Auch bei dieser Schwingung bleibt das C-Atom in Ruhe. Somit bleibt das zugehörige elektrische Moment aus Symmetriegründen ständig Null und die Schwingung ist ebenfalls inaktiv. Über die beiden Schwingungen ν_3 und ν_4 läßt sich, solange man keine näheren Annahmen über das Kraftfeld macht, nur sagen, daß beide Schwingungen dreifach sind, und daß das C-Atom die Bewegung eines räumlichen Oszillators ausführt. Die genannten Eigenschaften der Normalschwingungen sind unabhängig von der Natur des Kraftfeldes, solange dieses nur

---

[1] MECKE, R.: Leipziger Vorträge, 1931 S. 23.

[2] TITÉICA, RADU: C. R. Acad. Sci. Paris Bd. 195 (1932) S. 307.

[3] DENNISON: Philos. Mag. Bd. 1 (1926) S. 195 und ferner Astrophysik. J. Bd. 62 (1925) S. 84. DENNISON legt seiner Analyse das Zentralkraftsystem zugrunde, was für unsere Systematik unwesentlich ist.

Tabelle 83. Grundschwingungen des CH_4-Moleküls.

	Wellen-länge μ	Frequenz[1] cm^{-1}	Symmetrie-charakter	Ultrarot[2]	RAMAN-Spektrum	Depolari-sations-grad[3]
$\nu_1 = \nu(s)$		2915	total-symmetrisch	inaktiv	sehr stark	(0,08)
ν_2		1520	zweifach entartet	inaktiv	nicht beobachtet	
ν_3	3,31	3022	dreifach entartet	aktiv	stark	0,8
ν_4	7,67	1304	dreifach entartet	aktiv	nicht beobachtet	

dieselbe Symmetrie wie das Molekül besitzt[4]. Die Schwingungen ν_3 und ν_4 sind aktiv. Im RAMAN-Spektrum sollten alle vier Grund-schwingungen auftreten. Beobachtet[5] sind bis heute nur zwei, von denen die starke RAMAN-Linie mit $\nu = 2914{,}8$ cm^{-1} keine Rotationsfeinstruktur besitzt, also sicher der symmetrischen Schwingung ν_1 zuzuordnen ist. Die Bande 3022 zeigt äquidistante Rotationslinien mit normalem Abstand und entspricht der Schwingung ν_3.

Da das CH_4-Molekül eine Kugelkreisel ist, würde man erwarten, daß alle Banden denselben Linienabstand zeigen, das ist aber nicht der Fall[6]. So zeigt die Bande bei 3,3 μ ungefähr den doppelten Feinstrukturabstand wie die Bande bei 7,7 μ. Man hat das eine Zeitlang als einen Beweis gegen die Tetraedergestalt des Methan

---

[1] Nach MECKE: Leipziger Vorträge, 1931 S. 23.

[2] An neueren Arbeiten, die sich mit dem Rotationsschwingungsspektrum des CH_4 befassen, seien genannt: NORRIS u. UNGER: Physic. Rev. Bd. 43 (1933) S. 467. — VEDDER, H. u. R. MECKE: Z. Physik Bd. 86 (1933) S. 137.

[3] BHAGAVANTAM, S.: Nature, Lond. Bd. 129 (1932) S. 830; der Wert 0,08 ist sicher zu groß, (vgl. die Ausführungen in § 23).

[4] Über eine Schwingungsanalyse, bei der die Außenatome als mit starken Kräften verbunden, also als starres Tetraeder angesehen werden, in dessen Mitte das viel lockerer gebundene C-Atom sitzt, vgl. M. BORN: Lehrbuch der elektro-magnetischen Lichttheorie, S. 553f. Berlin 1933; vgl. ferner auch SCHAEFER-MATOSSI: Das ultrarote Spektrum. Diese Sammlung Bd. 10 S. 258f.

[5] DICKINSON, R. G., R. T. DILLON u. F. RASETTI: Physic. Rev. Bd. 34 (1929) S. 582. — BISWAS, S.: Philos. Mag. Bd. 13 (1932) S. 455. — LEWIS, CH. M.: Physic. Rev. Bd. 41 (1932) S. 389. — BHAGAVANTAM, S.: Nature, Lond. Bd. 129 (1932) S. 830.

[6] Vgl. auch I. G. MOORHEAD: Physic. Rev. Bd. 39 (1932) S. 83.

angesehen und dem Molekül die Form einer quadratischen[1] Pyramide, also die eines symmetrischen Kreisels zugeschrieben. Dann konnte man aber nicht verstehen, warum *alle* Banden des Methans äquidistante Linien besitzen und warum nicht Banden vom σ-Typus, wo beide Rotationen sich ausprägen, vorkommen. Eine befriedigende Erklärung dieser Verhältnisse haben TELLER und TISZA[2] gegeben, indem sie diese Anomalie auf die bei einer entarteten Schwingung nicht mehr zu vernachlässigende Wechselwirkung mit der Rotation des Moleküls zurückführten. Sie konnten zeigen, daß der Feinstrukturabstand sich um so mehr dem von der elementaren Theorie geforderten Werte, $\varDelta \nu = \dfrac{h}{4\,\pi^2\,I}$ nähert, je stärker die Oszillation mit der Rotation gekoppelt ist, je größer also die Anisotropie der betreffenden entarteten Schwingung ist. Im Falle völliger Entkoppelung, wenn also die Schwingung streng isotrop und harmonisch ist, drängt sich die ganze Bande in eine einzige Linie zusammen[3], $\varDelta \nu = 0$. Man kann also aus dem Linienabstand auf die Anisotropie der Schwingungen schließen.

Aus den obigen Ausführungen ergibt sich, daß das ultrarote Spektrum *nicht* gegen die Tetraedergestalt des Methan, die sich aus allen sonstigen Erfahrungen ergibt, spricht. Über die Frage, ob das CH_4-Molekül ein reguläres oder ein schwach verzerrtes Tetraeder darstellt, vergleiche man die Ausführungen des § 23. Aus dem Linienabstand im Rotationsramanspektrum[4] und im ultraroten Spektrum berechnen PLACZEK und TELLER[5] unter Berücksichtigung des Drehimpulses des betreffenden Schwingungszustandes das Trägheitsmoment zu $5{,}3 \cdot 10^{-40}$ gcm².

Tetrachlorkohlenstoff und andere Tetrahalogenide. Das CCl_4-Molekül besitzt genau wie das eben besprochene CH_4 vier Grund-

---

[1] GUILLEMIN, V.: Ann. Physik Bd. 81 (1926) S. 173 und HENRI: Chem. Rev. 1927 S. 180.

[2] TELLER, E. u. L. TISZA: Z. Physik Bd. 73 (1932) S. 791; vgl. auch G. PLACZEK u. E. TELLER: Z. Physik Bd. 81 (1933) S. 209; insbesondere Anmerkung 1 auf S. 232.

[3] In diesem Grenzfall ist ja die Rotation ohne jeden Einfluß auf die Oszillation, das Molekül besteht aus zwei unabhängigen Teilen, einem isotrop an seine Ruhelage gebundenen Oszillator, dem C-Atom, und dem Tetraeder der vier H-Atome. Im Falle unendlich starker Koppelung dagegen liegt der Oszillator im Tetraeder völlig fest.

[4] Messungen von DICKINSON, DILLON und RASETTI: Physic. Rev. Bd. 34 (1929) S. 582.

[5] PLACZEK, G. u. E. TELLER: Z. Physik Bd. 81 (1933) S. 209.

schwingungen, eine einfache, eine doppelte und zwei dreifache, von denen die beiden letzten aktiv sind[1]. Im RAMAN-Spektrum sind alle vier Grundschwingungen zu erwarten. Da auch tatsächlich vier intensive RAMAN-Linien beobachtet sind[2], läßt sich das CCl_4-Spektrum vollständig einordnen[3]. Die symmetrische Schwingung ν_1 gibt sich noch dadurch zu erkennen, daß ihr Depolarisationsgrad außerordentlich klein ist, während bei den übrigen entarteten Schwingungen von BHAGAVANTAM[4] und anderen Werte beobachtet sind, die innerhalb der Beobachtungsfehler mit dem von der Theorie geforderten Wert $\Delta = 6/7$ übereinstimmen (s. § 34, Abschnitt 3). Wir geben in Tabelle 84 nur die Grundschwingungen wieder; wegen der Einordnung sämtlicher 38 beobachteter Banden in die Ober- und Kombinationsschwingungen sei auf die Arbeit von SCHAEFER und KERN[5] verwiesen.

Tabelle 84. Grundschwingen des CCl_4-Moleküls.

	Wellen-länge[6] μ	Frequenz[6] cm^{-1}	Symmetrie-charakter	Ultrarot-spektrum	RAMAN-Spektrum	Depolari-sations-grad
ν_1	22,73	440 Triplett	total-symmetrisch	inaktiv	sehr stark	0,04
ν_2	42,02	238 Dublett	zweifach entartet	inaktiv	stark	0,88
ν_3	32,57	307 Dublett	dreifach entartet	aktiv	stark	0,93
$\nu_4\left\{\vphantom{\begin{matrix}a\\b\end{matrix}}\right.$	13,07 / 12,64	765 / 791	dreifach entartet	aktiv	schwach	0,87

Nach den Untersuchungen von LANGSETH[7] an der Feinstruktur der RAMAN-Banden sind alle vier Grundschwingungen aufgespalten. LANGSETH gelingt es, diese Aufspaltungen, wenigstens zum Teil,

---

[1] Eine Frequenzanalyse auf Grund eines Potentialansatzes, in den neben den Kräften des Valenzkraftsystems auch die Abstoßungskräfte zwischen den Cl-Atomen eingehen, haben UREY und BRADLEY [Physic. Rev. Bd. 38 (1931) S. 1969] durchgeführt.

[2] TRUMPY, B.: Z. Physik Bd. 66 (1930) S. 790.

[3] SCHAEFER, CL.: Z. Physik Bd. 60 (1930) S. 586 und ferner TRUMPY, l. c.

[4] BHAGAVANTAM, S.: Indian J. Bd. 7 (1932) S. 79. — LENNART: SIMONS, Soc. Sci. Fenn. Comm. Phys. Math. Bd. 6 (1932) Nr. 13. — VENKATES-WARAN, S.: Philos. Mag. Bd. 15 (1933) S. 263.

[5] SCHAEFER, CL. u. R. KERN: Z. Physik Bd. 78 (1932) S. 609.

[6] Ausgeglichene Werte nach SCHAEFER und KERN.

[7] LANGSETH, A.: Z. Physik Bd. 72 (1931) S. 350.

durch einen *Isotopieeffekt* des Chlors zu erklären. Am einfachsten liegen die Verhältnisse bei der symmetrischen Schwingung v_1, bei der das Zentralatom in Ruhe bleibt, und deren Frequenz gegeben ist durch

$$v_1 = \frac{1}{2\,\pi} \sqrt{\frac{f(k)}{m_{Cl}}}\,,$$

wo $f(k)$ vom Kraftgesetz abhängt. Da das Chlor aus den beiden Isotopen mit dem Atomgewicht 35 und 37 besteht, ist die Substanz CCl_4 ein Gemisch von fünf verschiedenen Molekülarten, für deren Mengenverhältnis sich nach einer einfachen Wahrscheinlichkeitsrechnung nebenstehende Werte ergeben:

Molekülart	Menge %
$CCl_4^{(35)}$	31,6
$CCl_3^{(35)}Cl^{(37)}$	42,2
$CCl_2^{(35)}Cl_2^{(37)}$	21,1
$CCl^{(35)}Cl_3^{(37)}$	4,7
$CCl_4^{(37)}$	0,4

Für die Frequenz eines Moleküls, das verschiedene Cl-Isotope enthält, gilt genähert

$$v_1 = \frac{1}{2\,\pi} \sqrt{\frac{f(k)}{\frac{1}{4}\sum m_{Cl}}}\,.$$

Da nur die drei ersten Molekülarten stärker vertreten sind, müssen drei äquidistante Linien, $\varDelta v = 3{,}15\ \mathrm{cm}^{-1}$, auftreten, deren Intensitäten sich wie $3:4:2$ verhalten, was auch tatsächlich beobachtet ist. Bei den übrigen Schwingungen, wo die Verhältnisse allerdings[1] komplizierter liegen, ist die Aufspaltung jedoch viel zu groß, um durch einen Isotopieeffekt erklärt werden zu können. LANGSETH deutet daher die Aufspaltung durch eine geringe Asymmetrie des Moleküls, was schon früher SCHAEFER für die v_4-Schwingung, deren Aufspaltung ganz besonders groß ist, getan hatte. Daß die Aufspaltung von v_1 auf dem Isotopieeffekt beruht, und daß die Aufspaltung der übrigen Schwingungen eine andere Ursache hat, kann als feststehend angesehen werden. LANGSETH konnte nämlich beim Stannichlorid $SnCl_4$ zeigen, daß die symmetrische Schwingung v_1 wieder ein Triplett ist, und daß die drei anderen Grundschwingungen einfach sind.

Schließlich ergab die Untersuchung des RAMAN-Spektrums von Tetrabromkohlenstoff CBr_4, daß die symmetrische Schwingung einfach ist, was zu erwarten ist, da CBr_4 praktisch nur aus $CBr_2^{(79)} \cdot Br_2^{(81)}$ besteht. Dagegen sind die Schwingungen v_3, v_4 und vielleicht auch v_2 wieder aufgespalten.

---

[1] Vgl. dazu E. O. SALANT u. J. ROSENTHAL: Physic. Rev. Bd. 42 (1932) S. 812; ferner Bd. 43 (1933) S. 581.

Aus diesem Befund schließt LANGSETH, daß die Asymmetrie in einer Unsymmetrie des Kohlenstoffatoms zu suchen sei. Da die Aufspaltung bei der ν_4-Schwingung, an der vorwiegend Valenzkräfte beteiligt sind, am größten ist, vermutet er weiter, daß die Unsymmetrie in den vom C-Atom ausgehenden Valenzkräften liegt[1].

Schließlich hat FERMI[2] in Analogie zu den Verhältnissen beim CO_2 (s. S. 299) die starke Aufspaltung von ν_4 auf eine *Quasientartung* zurückgeführt.

	CBr₄ Frequenz cm⁻¹		SnCl₄	
			Frequenz cm⁻¹	Depolarisationsgrad[3]
ν_1	268,6		364,8	0,05
ν_2	122,5	ν_1	367,4	
ν_3	181,5		369,9	
	184,65	ν_2	104,7	6/7
ν_4	653,8	ν_3	129,8	6/7
	671,7	ν_4	402,86	0,63

Da beim CCl_4 die Frequenz der aufgespaltenen Schwingung ungefähr gleich der Summe der Frequenzen zweier anderer Grundschwingungen ist, $\nu_4 \sim \nu_1 + \nu_3$, ergibt sich eine Koppelung der Terme, die nach der Wellenmechanik zu Aufspaltungen führt. Diese sind neuerdings von HORINTI[4] näher berechnet worden.

Gegen die FERMIsche Deutung wendet SCHAEFER u. a. ein, daß man im Falle des CBr_4, wo ja ν_4 wieder sehr stark aufgespalten ist, eine Entartung höherer Ordnung, $\nu_4 \sim 2\,\nu_1 + \nu_2$ annehmen müßte. Die Aufspaltung beim CBr_4 bleibt also zunächst unerklärt. Es ist aber zu beachten, daß beim CBr_4 die Intensitäten der beiden Linien sehr ungleich sind, so daß es kein vollständiges Analogon zum CCl_4 darstellt.

Trotz dieser Schwierigkeiten möchten wir eine Asymmetrie des CCl_4, hervorgerufen durch eine Unsymmetrie des C-Atoms, für unwahrscheinlich halten, vor allem, weil beim CH_4 nichts entsprechendes nachgewiesen ist. Dagegen ist es wohl denkbar, daß diese Unsymmetrie auf der Anwesenheit verschiedener Cl-Isotope beruht bzw.

---

[1] Die andere Möglichkeit, die Aufspaltung in Dubletts als eine BJERRUMsche Doppelbande zu deuten, scheidet nach LANGSETH aus folgenden Gründen aus: 1. fehlt der im RAMAN-Spektrum zu erwartende Q-Zweig; 2. sind die aus den Aufspaltungen berechneten Trägheitsmomente um eine Größenordnung unrichtig. 3. müßte eine solche Doppelbande auch beim $SnCl_4$, das ein ähnliches Trägheitsmoment wie CCl_4 besitzt, auftreten.

[2] FERMI, E.: Z. Physik Bd. 71 (1931) S. 250.

[3] Depolarisationsgrade nach CABANNES u. ROUSSET: Ann. Physique Bd. 19 (1933) S. 259; vgl. auch VENKATESWARAN: Philos. Mag. Bd. 15 (1933) S. 263.

[4] HORINTI, J.: Z. Physik Bd. 84 (1933) S. 380.

auf der Wechselwirkung mit den schon bei Zimmertemperatur stark angeregten unsymmetrischen Kernschwingungen[1] (vgl. § 23).

Moleküle vom Typus AB_3C (CH_3F, CH_3Cl . . ., $CHCl_3$ . . ., $POCl_3$) *und* AB_2C_2 (CH_2Cl_2, CH_2Br_2 . . .).

Die Moleküle vom Typus AB_3C (s. Abb. 108) sind symmetrische Kreisel und besitzen nach PLACZEK[2] drei totalsymmetrische und drei entartete Schwingungen mit $\varDelta = 6/7$, die alle sowohl im ultraroten wie im RAMAN-Spektrum erlaubt sind. Das Ultrarotspektrum einiger Methylhalogenide ist von BENNET und MEYER[3] (näheres in der Monographie von SCHAEFER-MATOSSI[4]) und neuer-

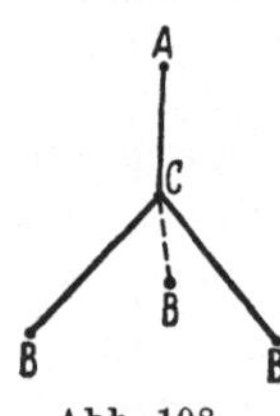

Abb. 108.
Molekül vom
Typus AB_3C.

dings von MOORHEAD[5] und LECOMTE[6] untersucht und diskutiert worden. Über das RAMAN-Spektrum der Methylhalogenide vergleiche man die Monographie von KOHLRAUSCH[7].

Die Kenntnis der Depolarisationsgrade, die von SIMONS[8], CABANNES und ROUSSET[9] u. a. gemessen worden sind, ist bei der Einordnung der Eigenschwingungen sehr nützlich. Als Beispiel betrachten wir das Chloroform $CHCl_3$. Wie Tabelle 85 zeigt, besitzen drei Linien einen Depolarisationsgrad in der Nähe von 6/7, gehören also zu einer entarteten Schwingung, so daß die drei übrigen den totalsymmetrischen Schwingungen zuzuordnen sind.

Damit ist in Einklang, daß bei Einstrahlung mit zirkularpolarisiertem Lichte drei Linien „richtig" und drei „verkehrt" zirkularpolarisiert sind[10].

Tabelle 85. Depolarisationsgrad der RAMAN-Linien des $CHCl_3$
nach SIMONS.

ν (cm^{-1})	259	364	664	756	1214	3016
$\varDelta$	0,87	0,19	0,07	0,86	0,87	0,20

[1] Die Eigenschwingungen sind ja nur bei unendlich kleinen Amplituden voneinander unabhängig.

[2] PLACZEK, G.: Leipziger Vorträge, 1931 S. 71.

[3] BENNET, W. H. u. C. F. MEYER: Physic. Rev. Bd. 32 (1928) S. 888.

[4] SCHAEFER-MATOSSI: Das ultrarote Spektrum. Diese Sammlung, Bd. 10.

[5] MOORHEAD, J. G.: Physic. Rev. Bd. 39 (1932) S. 788.

[6] LECOMTE, J.: C. R. Acad. Sci. Paris Bd. 196 (1933) S. 1011.

[7] KOHLRAUSCH, K. W. F.: Der SMEKAL-RAMAN-Effekt. Diese Sammlung, Bd. 12.

[8] SIMONS, L.: Soc. Sci. Fenn. Comm. Bd. 6 (1932) S. 13.

[9] CABANNES, J. u. A. ROUSSET: Ann. Physique Bd. 19 (1933) S. 229.

[10] HANLE, W.: Ann. Physik Bd. 11 (1931) S. 885.

Über die Einordnung der Grundschwingungen bei den Methylhalogeniden (auch CH_2Cl_2), vergleiche man ferner die Arbeiten von MECKE[1] und PLACZEK. Mit der Analyse des CH_3J auf Grund des Elektronenbandenspektrums haben sich HERZBERG und TELLER[2] befaßt.

Das RAMAN-Spektrum und die Polarisationsverhältnisse von CH_2Cl_2 sind neuerdings von CABANNES und ROUSSET[3], sowie von TRUMPY[4] untersucht und diskutiert worden.

Die Trägheitsmomente einiger Methylhalogenide sind von GERHARD und DENNISON[5] bestimmt worden. Da die Banden im allgemeinen nicht genügend aufgelöst sind, haben sie aus dem Abstand der Maxima der P- und R-Zweige einer π-Bande das Verhältnis K/I bestimmt (s. § 32). Für das Trägheitsmoment K um die Figurenachse setzten sie den Wert des Methans, nämlich $5{,}3 \cdot 10^{-40}$ gcm^2 ein und erhielten für I nebenstehende Werte.

	$I \cdot 10^{40}$
CH_3Cl	61
CH_3Br	89
CH_3J	99

Nur bei Methylflorid ist eine genaue Bestimmung des Trägheitsmoments möglich, da hier die eine π-Bande bei $9{,}55\,\mu$ genügend aufgelöst ist, und zwar ergibt sich nach GERHARD und DENNISON $I = 39{,}5 \cdot 10^{-40}$ gcm^2.

Phosphoroxychlorid $POCl_3$. Aus ihren Messungen des Depolarisationsgrades der RAMAN-Linien[6] schließen CABANNES und ROUSSET[4] auf die in Abb. 109 angegebene rotationssymmetrische Struktur.

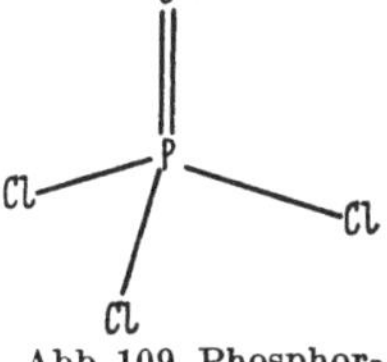

Abb. 109. Phosphoroxychlorid $POCl_3$.

§ 40. Moleküle mit vielen Atomen (C_2H_4, C_6H_6 usw.).

Wenn schon bei der Schwingungsanalyse der einfachsten Moleküle manchmal große Schwierigkeiten auftreten — man denke nur z. B. an die Komplikation, die sich häufig aus der Quasientartung

---

[1] MECKE, R.: Z. physik. Chem. Abt. B Bd. 16 (1932) S. 421. Bd. 17 (1932) S. 1; Leipziger Vorträge, 1931 S. 23.

[2] HERZBERG, G. u. E. TELLER: Z. physik. Chem. Abt. B Bd. 21 (1933) S. 410.

[3] CABANNES, J. u. A. ROUSSET: Ann. Physique Bd. 19 (1933) S. 259.

[4] TRUMPY, B.: Z. Physik Bd. 88 (1934) S. 226.

[5] GERHARD u. D. M. DENNISON: Physic. Rev. Bd. 43 (1933) S. 204.

[6] Literatur bei K. W. F. KOHLRAUSCH: Der SMEKAL-RAMAN-Effekt. Diese Sammlung, Bd. 12.

zwischen benachbarten Energiezuständen ergibt[1] — wird man bei der Analyse vielatomiger Moleküle mit Schlüssen auf die Struktur, etwa auf das Auftreten mehrerer Molekülformen ganz besonders vorsichtig sein müssen, vergleiche das Beispiel des Propylchlorids.

Mit der Untersuchung des ultraroten Absorptionsspektrums vielatomiger Moleküle haben sich zahlreiche Arbeiten beschäftigt, von denen wir im folgenden nur die neueren besprechen werden[2].

Über das RAMAN-Spektrum solcher Moleküle ist ein gewaltiges Tatsachenmaterial zusammengetragen worden, das bis heute nur zum kleineren Teile theoretisch verwertet und gedeutet werden konnte. Wegen der Literatur aller Arbeiten vor 1931 sei auf die Monographie von KOHLRAUSCH[3], „Der SMEKAL-RAMAN-Effekt" verwiesen. Die neuere Literatur bis 1932 hat SIRKAR[4] sehr übersichtlich zusammengestellt. Ferner sei auf den neuen zusammenfassenden Bericht von KOHLRAUSCH[5] hingewiesen. Wir können im Rahmen dieser Monographie nur auf einige besonders bemerkenswerte Ergebnisse eingehen.

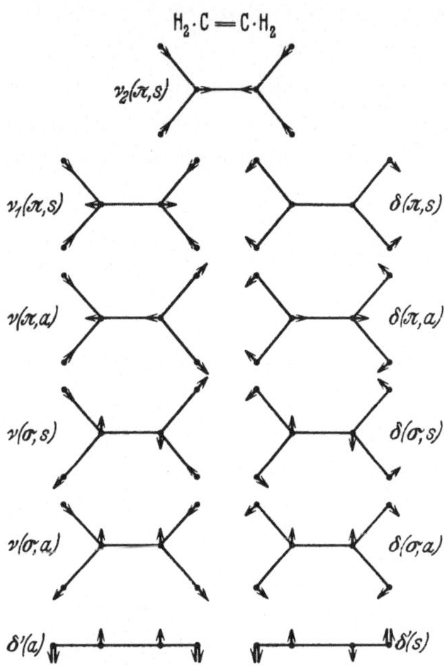

Abb. 110. Normalschwingungen des Äthylenmoleküls (Valenzkraftsystem)[6].

---

[1] Dicht benachbarte Energiezustände werden natürlich bei vielatomigen Molekülen sehr häufig sein. Doch tritt eine Koppelung und damit eine Aufspaltung nur dann auf, wenn die Energieniveaus zu Schwingungszuständen gleicher Symmetrie gehören, vgl. BARTHOLOMÉ u. TELLER: Z. physik. Chem. Abt. B Bd. 19 (1932) S. 366.

[2] Wegen der älteren Literatur vgl. SCHAEFER-MATOSSI: Das ultrarote Spektrum. Diese Sammlung, Bd. 10.

[3] Diese Sammlung, Bd. 12.

[4] SIRKAR, S. C.: Indian J. Bd. 7 (1932) S. 431.

[5] KOHLRAUSCH, K. W. F.: Naturwiss. Bd. 22 (1934) S. 161, 181, 196.

[6] Die Schwingungsformen gelten für den Fall, daß die Bindungskonstanten groß gegen die Biegungskonstanten sind.

Tabelle 86. Die Normalschwingungen des Äthylens.

	Frequenz cm	Symmetriecharakter	Ultrarotspektrum	RAMAN-Spektrum	Schwingungsform
$\nu_1\,(\pi,\,s)$	3019	symmetrisch	inaktiv	sehr stark	im wesentlichen C—H-Schwingung
$\nu_2\,(\pi,\,s)$	1623	symmetrisch	inaktiv	sehr stark	im wesentlichen C=C-Schwingung
$\nu\,(\pi,\,a)$	2988	antisymmetrisch	aktiv sehr stark	inaktiv	im wesentlichen C—H-Schwingung
$\nu\,(\sigma,\,s)$	3240	symmetrisch	inaktiv	schwach	im wesentlichen C—H-Schwingung
$\nu\,(\sigma,\,a)$	3107	antisymmetrisch	aktiv	inaktiv	im wesentlichen C—H-Schwingung
$\delta\,(\pi,\,s)$	1342	symmetrisch	inaktiv	sehr stark	Deformationsschwingung der CH$_2$-Gruppen in der Ebene des Moleküls
$\delta\,(\pi,\,a)$	1444	antisymmetrisch	aktiv stark	inaktiv	
$\delta\,(\sigma,\,s)$	etwa 1098	symmetrisch	inaktiv	sehr schwach	Deformationsschwingung des gesamten Moleküls in der Molekülebene
$\delta\,(\sigma,\,a)$	949,7	antisymmetrisch	aktiv	inaktiv	
$\delta'\,(\sigma,\,a)$	949,7	antisymmetrisch	aktiv	inaktiv	Deformationsschwingung des gesamten Moleküls senkrecht zur Molekülebene
$\delta'\,(\sigma,\,s)$	etwa 940	symmetrisch	inaktiv	sehr schwach	
Drillungsschwingung		antisymmetrisch	inaktiv	inaktiv	

Äthylen C$_2$H$_4$. Das Molekül ist wegen der doppelten Kohlenstoffbindung, die gegen Verdrehungen besonders stabil ist (vgl. S. 94), eben gebaut, die freie Drehbarkeit um die C=C-Achse ist also völlig aufgehoben. Von den zwölf Normalschwingungen entfallen fünf auf die Valenz- und sechs auf die Deformationsschwingungen des Moleküls (vgl. Abb. 110 und Tabelle 86, die die von MECKE[1] angegebenen Normalschwingungen mit den Ergänzungen von EUCKEN und PARTS[2] enthalten). Die zwölfte Normalschwingung entspricht der Drillungs- oder Torsionsschwingung der beiden CH$_2$-Gruppen gegeneinander. Sie tritt weder im ultraroten noch im RAMAN-Spektrum auf. Von den anderen Normalschwingungen sind neun unmittelbar als RAMAN-Linien bzw. als Ultrarot-

---

[1] MECKE, R.: Z. Physik Bd. 64 (1930) S. 173; ferner Leipziger Vorträge, 1931 S. 23; ferner Z. physik. Chem. Abt. B Bd. 17 (1932) S. 1.
[2] EUCKEN, A. u. A. PARTS: Z. physik. Chem. Bd. 20 (1933) S. 161.

banden[1] beobachtet. Die beiden, im Ultraroten inaktiven, Schwingungen $\delta\,(\sigma, s)$ und $\delta'\,(\sigma, s)$ sind, wie die $\delta\,(s)$-Schwingung des Azetylens (s. S. 319) im RAMAN-Effekt zwar nicht verboten aber wegen der zugehörigen geringen Änderung der Polarisierbarkeit so schwach, daß sie bisher nicht aufgefunden werden konnten. Sie lassen sich aber aus Kombinationsbanden herleiten, allerdings nur genähert, weil das anharmonische Glied nicht bekannt ist.

Da das Molekül ein Symmetriezentrum besitzt, sind alle dazu antisymmetrischen Schwingungen $\nu\,(a)$ und $\delta\,(a)$ im RAMAN-Effekt inaktiv (vgl. § 34, Abschnitt 1).

Besonders interessant ist die Drillungsschwingung. Ihre Frequenz läßt sich nur aus dem Temperaturverlauf der spezifischen Wärme des Äthylens bestimmen, und zwar vorläufig nur genähert, weil die Frequenzen der beiden Schwingungen $\delta\,(\sigma, s)$ und $\delta'\,(\sigma, s)$ noch nicht ganz sicher bekannt sind. Die nötigen Messungen und Berechnungen sind von EUCKEN und PARTS[2] durchgeführt worden und ergeben eine Frequenz, die zwischen 750 und 800 cm^{-1}, wahrscheinlich näher bei dem ersteren Werte, liegt.

Aus der Rotationsfeinstruktur der Bande bei 8715 Å bestimmen SCHEIB und LUEG[3] das Trägheitsmoment zu $28{,}25 \cdot 10^{-40}$ gcm^2, woraus sich für den Abstand C=C $1{,}34 \cdot 10^{-8}$ cm ergibt. Aus dem Rotationsramanspektrum finden LEWIS und HOUSTON[4] $I = 30{,}0 \cdot 10^{-40}$ gcm^2.

Äthylenderivate, cis-trans-Isomere. Die an und für sich sehr komplizierte Frequenzanalyse kann nach PLACZEK[5] durch Symmetriebetrachtungen sehr erleichtert werden. Beim cis-Isomer (s. Abb. 66) sind nämlich alle Eigenschwingungen im RAMAN-Effekt aktiv, während bei der trans-Form, die ein Symmetriezentrum besitzt, die Hälfte aller Eigenschwingungen zu diesem antisymmetrisch und daher als Grundton verboten ist. Man wird daher für das cis-Isomer ein viel linienreicheres Spektrum er-

---

[1] Das Ultrarotspektrum ist vor allem von A. LEVIN u. C. F. MEYER [J. Opt. Soc. Amer. Bd. 16 (1928) S. 137] und das RAMAN-Spektrum von P. DAURE [Ann. Physique Bd. 12 (1929) S. 375] und DICKINSON, DILLON u. RASETTI [Physic. Rev. Bd. 34 (1929) S. 582] untersucht worden.

[2] EUCKEN, A. u. A. PARTS: Nachr. Ges. Wiss. Göttingen 1932 Nr. 21 S. 274; Z. physik. Chem. Abt. B Bd. 20 (1933) S. 161.

[3] SCHEIB, W. u. P. LUEG: Z. Physik Bd. 81 (1933) S. 764.

[4] LEWIS, CH. u. W. V. HOUSTON: Physic. Rev. Bd. 44 (1933) S. 903.

[5] PLACZEK, G.: Handbuch der Radiologie, 2. Aufl. Bd. 6/2 Kap. 3. Leipzig 1934.

warten, was tatsächlich von KOHLRAUSCH und Mitarbeitern[1] an einem größeren Material rein empirisch festgestellt worden ist. Der Unterschied ist so charakteristisch, daß man ihn bei der Zuordnung zu den beiden Formen als geeignetes Kriterium verwenden kann.

Äthan C_2H_6. Das Molekül besitzt 18 Normalschwingungen, deren Frequenzen und Symmetriecharakter teils von MECKE[2] teils von EUCKEN und PARTS[3] angegeben worden sind.

Propan C_3H_8. Das RAMAN-Spektrum ist von DAURE[4], das Ultrarotspektrum neuerdings von BARTHOLOMÉ[5] untersucht worden. Eine Analyse steht noch aus.

Benzol C_6H_6. Obwohl das Benzol zu den meist untersuchten Substanzen gehört[6], stößt die Frequenzanalyse auf große Schwierigkeiten. Legt man das übliche ebene Benzolmodell zugrunde, so ergibt eine Symmetriebetrachtung nach PLACZEK[7], daß sämtliche RAMAN-Linien im Ultrarot inaktiv sein müssen und umgekehrt.

In Wirklichkeit sind aber eine Reihe von RAMAN-Frequenzen auch im Ultrarot beobachtet (s. Tabelle 87). CABANNES und ROUSSET[8], die, gestützt auf Messungen des Depolarisationsgrades[9], die Symmetrieeigenschaften des Benzols eingehend diskutieren, kommen zu dem Ergebnis, daß der Benzolring keine sechszählige Achse besitzt, sondern nur eine dreizählige, wie sie etwa in dem

---

[1] DADIEU, A., A. PONGRATZ u. K. W. F. KOHLRAUSCH: Ber. Wien. Akad., Bd. 140 (1931) S. 353, 647.

[2] MECKE, R.: Leipziger Vorträge, 1931 S. 23; ferner Z. physik. Chem. Abt. B Bd. 17 (1932) S. 1.

[3] EUCKEN, A. u. PARTS: Z. physik. Chem. Abt. B Bd. 20 (1933) S. 184.

[4] DAURE, P.: Ann. Physique Bd. 12 (1929) S. 375.

[5] BARTHOLOMÉ, E.: Z. physik. Chem. Abt. B Bd. 23 (1933) S. 152.

[6] Literatur in den Monographien von K. W. F. KOHLRAUSCH und SCHAEFER-MATOSSI; ferner bei K. F. HERZFELD: Handbuch der Physik, 2. Aufl. Bd. 24/2 Kap. 1 Ziff. 65; bei KOHLRAUSCH sind auch die älteren Einordnungsversuche besprochen, die aber alle die inzwischen bekannt gewordenen Auswahlregeln verletzen. Über das Ultrarotspektrum vgl. ferner C. E. LEBERKNIGHT: Physic. Rev. Bd. 43 (1933) S. 967. Über das Fluoreszenzspektrum s. G. B. KISTIAKOWSKY u. M. NELLES: Physic. Rev. Bd. 41 (1932) S. 595. Über das Ultraviolettspektrum s. V. HENRI: La Structure des Molécules. Paris 1925; ferner J. ERRERA u. V. HENRI: J. Physique Bd. 9 (1928) S. 249. Das vollständige RAMAN-Spektrum ist neuerdings von GRASSMANN u. WEILER: Z. Physik Bd. 86 (1933) S. 321.

[7] PLACZEK, G.: Leipziger Vorträge, 1931 S. 71.

[8] CABANNES, J. u. A. ROUSSET: Ann. Physique Bd. 19 (1933) S. 229.

[9] SIMON, L.: Soc. Sci. Fenn. Comm. Bd. 6 (1932) S. 13.

Tabelle 87. Ultrarot- und RAMAN-Spektrum des C_6H_6-Moleküls.
(Die eingeklammerten Zahlen sind ein Maß für die Intensität.)

Ultrarot cm⁻¹	RAMAN-Spektrum cm⁻¹	Ultrarot cm⁻¹	RAMAN-Spektrum cm⁻¹	Ultrarot cm⁻¹	RAMAN-Spektrum cm⁻¹
—	605 (3)	1600	1584 (3) und 1605 (1)	—	3162 (0) und 3187 (3)
772	—	1820	—	3660	—
803	—	2040	—	4020	—
848	849 (1)	2270	—	4560	—
970	991 (10)	—	2460	5930	—
1022 (stark)	—	—	2597	6880	—
1155 (stark)	1178 (3)	—	2617 und 2784	8460	—
1280	—	—	2928 und 2947	8760	—
1380	—	3030 (stark)	3047 (1) und 3060 (5)	11430	—
1480 (stark)	—				

alten KÉKULÉschen Modell (Sechseck mit abwechselnden einfachen und doppelten Bindungen) vorliegt. Dieser Befund mag zunächst etwas befremden, da fast allgemein, vor allem auf Grund der Tatsache, daß nie zwei verschiedene ortho-Disubstitutionsprodukte gefunden worden sind[1], der völlig ausgeglichene, aus sechs gleichen C—C-Bindungen gebaute Sechsring als richtig angenommen wird. Es muß aber betont werden, daß möglicherweise die bisherigen chemischen und physikalischen Hilfsmittel nicht genügend empfindlich sind, um zwischen diesen beiden o-Isomeren zu unterscheiden[2, 3].

Unabhängig von diesen Schwierigkeiten lassen sich einige der stärksten RAMAN-Linien bestimmten Grundschwingungen zuordnen. So gehört z. B. die Linie 991 cm⁻¹ mit dem kleinen Depolarisationsgrad $\Delta = 0,07$ zur total-symmetrischen Kontraktionsschwingung, bei der sich sämtliche C-Atome symmetrisch auf die Mitte zu bewegen[4]. Weitere Einordnungen finden sich bei CABANNES und ROUSSET.

---

[1] Vgl. W. HÜCKEL: Theoretische Grundlagen der organischen Chemie. Leipzig 1931.

[2] Die Verbrennungswärmen, Schmelz- und Siedepunkte werden praktisch gleich sein, so daß eine Trennung kaum möglich sein dürfte.

[3] Vgl. zu dieser Frage auch K. W. F. KOHLRAUSCH: Naturwiss. Bd. 22 (1934) S. 161, 181, 196.

[4] WEILER, J.: Z. Physik Bd. 72 (1931) S. 206.

Benzolderivate[1]. Im Ramanspektrum der Monoderivate finden sich eine Reihe von charakteristischen Benzollinien wieder, deren Frequenzen und Depolarisationsgrade fast unverändert dieselben wie im Benzol sind, die also sicher zu Schwingungen des Kohlenstoffringes gehören. Eine eingehende Diskussion des gesamten Beobachtungsmaterials, auch hinsichtlich des Verhaltens dieser „beständigen" RAMAN-Linien beim Einführen weiterer Substituenten findet sich in der Monographie von KOHLRAUSCH.

Das Ultrarotspektrum von 25 *Kohlenwasserstoffen*, die im *Gasolin* vorkommen, haben KETTERING und SLEATOR[2] untersucht.

Methyl- und *Äthylalkohol*. Das ultrarote Spektrum dieser beiden Moleküle ist von LECOMTE[3], HONEGGER[4], SAPPENFIELD[5] und TITÉICA[6] untersucht worden. Der letztere versucht auch die im ultraroten und im RAMAN-Spektrum beobachteten Frequenzen einzuordnen. Seine Analyse ist leider wertlos, da ihr ein falsches Modell, nämlich die gestreckte Form mit dem H-Atom der OH-Gruppe auf der Verlängerung der C—O-Richtung, zugrunde liegt. Die weiterhin ohne nähere Begründung mitgeteilten Daten über Kernabstände, den Valenzwinkel am C-Atom, sind ebenfalls unbrauchbar, da sie auf einer falschen Einordnung beruhen und mit einer unzureichenden Methode gewonnen sind. Dasselbe gilt für die beim Äthylalkohol angegebenen Strukturdaten.

Ferner haben KETTERING, SHUTTS und ANDREWS[7] versucht, mit Hilfe ihrer mechanischen Modelle (s. § 31) bei Methyl- und Äthylalkohol einige Schwingungen einzuordnen.

Das RAMAN-Spektrum eine Reihe von normalen Alkoholen haben WOOD und COLLINS untersucht und diskutiert[8].

Halogenderivate der *Paraffine* $X \cdot C_nH_{2n+1}$, *Propylchlorid* C_3H_7Cl usw. Mit der systematischen Untersuchung der RAMAN-Frequenzen, insbesondere der Valenzfrequenz C—X, haben sich vor

---

[1] Über das Ultrarotspektrum vgl. R. FREYMANN u. A. NAHERNIAC: C. R. Acad. Sci., Paris Bd. 197 (1933) S. 829.

[2] KETTERING, C. F. u. W. W. SLEATOR: Physics Bd. 4 (1933) S. 39.

[3] LECOMTE, I.: C. R. Acad. Sci., Paris Bd. 180 (1925) S. 825.

[4] HONEGGER, P.: Diss. Zürich 1926.

[5] SAPPENFIELD, J. W.: Physic. Rev. Bd. 33 (1929) S. 37.

[6] TITÉICA, R.: C. R. Acad. Sci., Paris Bd. 196 (1933) S. 391.

[7] KETTERING, C. F., L. W. SHUTTS u. D. H. ANREWS: Physic. Rev. Bd. 36 (1930) S. 531.

[8] WOOD, R. W. u. G. COLLINS: Physic. Rev. Bd. 42 (1932) S. 386.

allem KOHLRAUSCH und seine Mitarbeiter[1], sowie HARKINS und HAUN[2] beschäftigt und dabei vor allem den Einfluß einer Verzweigung der Kohlenwasserstoffkette auf die Halogenfrequenz diskutiert. Rechnerisch ist dieses Problem von BARTHOLOMÉ und TELLER[3] behandelt worden, die ihrer Betrachtung allerdings ein sehr vereinfachtes, nur die Valenzkräfte berücksichtigendes Modell zugrunde legen (vgl. auch § 41). KOHLRAUSCH hat festgestellt, daß die C—X-Frequenz immer dann eine *Verdoppelung* zeigt, wenn sich infolge Betätigung der freien Drehbarkeit räumlich verschiedene Molekülformen ausbilden können, und daraus den Schluß gezogen, daß z. B. das Propylchlorid in zwei isomeren Formen vorkommt,

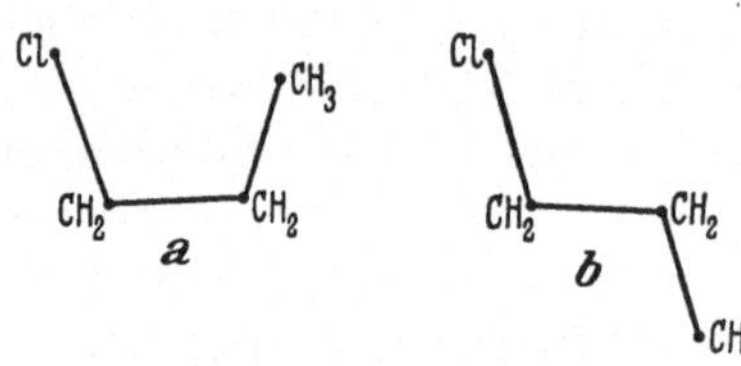

Abb. 111. Propylchlorid.

etwa in einer ebenen, wannenförmigen und in einer ebenen, gestreckten Form (s. Abb. 111a und b). Aus der Tatsache, daß auch bei den höheren Homologen nie mehr als zwei Linien auftreten, würden dann weiterhin folgen, daß immer nur zwei Konfigurationen besonders stabil sind, was doch recht schwer einzusehen ist. Die Schlußweise von KOHLRAUSCH ist natürlich solange nicht zwingend, als nicht mit Sicherheit nachgewiesen ist, daß beide Linien der C—X-Bindung zugehören. Eine solche Verdoppelung kann ja auch aus anderen Gründen auftreten, etwa infolge einer Quasientartung, die ja bei hochatomigen Molekülen recht wahrscheinlich ist, oder nach BARTHOLOMÉ und TELLER dadurch, daß eine ursprünglich schon vorhandene schwache Linie, bei der Substitution eines Cl-Atoms verstärkt wird. Der letztere Fall liegt vor, wenn durch das neue Cl-Atom die Polarisierbarkeitsänderung bei der betreffenden Schwingung sehr verstärkt wird. Die Frage, ob eine Frequenz als Cl-Frequenz anzusehen ist, ließe sich experimentell z. B. durch eine Untersuchung des Isotopieeffekts entscheiden. Die Isotopieverschiebung ist ja um so größer, je stärker das isotope Atom bei der betreffenden Normalschwingung

---

[1] KOHLRAUSCH, K. W. F.: Z. physik. Chem. Abt. B Bd. 18 (1932) S. 61, Bd. 20 (1933) S. 217. — DADIEU, A., A. PONGRATZ u. K. W. F. KOHLRAUSCH: Ber. Wien. Akad. Bd. 141 (1932) S. 267, 465, 477.

[2] HARKINS, W. D. u. R. R. HAUN: J. Amer. chem. Soc. Bd. 54 (1932) S. 3920.

[3] BARTHOLOMÉ, E. u. E. TELLER: Z. physik. Chem. Abt. B Bd. 19 (1932) S. 366.

mitschwingt. Auch Polarisationsmessungen könnten zur Entscheidung herangezogen werden.

Die ersten Versuche einer Analyse des Ultrarotspektrums einiger *Äthylhalide* haben CROSS und DANIELS[1] unternommen[2].

Ferner nennen wir noch folgende Arbeiten:

Das RAMAN-Spektrum isomerer Paraffinderivate von KOHLRAUSCH und Mitarbeitern: Ber. Wien. Akad. Bd. 141 (1932) S. 267, 465, 477.

Das RAMAN-Spektrum einiger Cyanhalogene, Cl · CN, Br · CN und I · CN, von WEST u. FARNSWORTH: J. chem. Phys. Bd. 1 (1933) S. 402—405.

Das RAMAN-Spektrum des Tetramethylmethans. RANK, D. H.: J. chem. Phys. Bd. 1 (1933) S. 572.

§ 41. Bindungsschwingungen und ihre charakteristischen Konstanten.

Wir beschäftigen uns in diesem Paragraphen mit der Frage, wie weit es möglich ist, den einzelnen Bindungen charakteristische, vom Molekülrest unabhängige Eigenfrequenzen, elastische Konstanten und Bindungsenergien zuzuschreiben.

1. Frequenzen und elastische Konstanten der Bindungsschwingungen. Wir betrachten zunächst zweiatomige Moleküle und Gruppen. Falls die Bindung harmonisch ist, gilt für die rücktreibende Kraft

$$K = - a\,z. \tag{51}$$

Die Frequenz ist nach elementaren Gesetzen der Mechanik

$$v = \frac{1}{2\,\pi}\sqrt{\frac{a}{\mu}}, \tag{52}$$

wo μ die reduzierte Masse $\left(\dfrac{1}{\mu} = \dfrac{1}{m_1} + \dfrac{1}{m_2}\right)$ bedeutet. Die Amplitude z_0 im ersten Schwingungszustand ist durch die Gleichung gegeben

$$h\,v = 2\,\pi^2\,\mu\,v^2\,z_0^2. \tag{53}$$

Da die rücktreibende Kraft sich von $K = 0$ bis $K = - a\,z_0$ ändert, definiert KOHLRAUSCH[3] die mittlere rücktreibende Kraft durch

$$\overline{K} = \frac{a\,z_0}{2} = 24{,}0 \cdot 10^{-8}\,\sqrt{\mu \cdot v^3}. \tag{54}$$

---

[1] CROSS, P. C. u. F. DANIELS: J. chem. Phys. Bd. 1 (1933) S. 48.

[2] Vgl. auch R. MECKE: Z. physik. Chem. Abt. B Bd. 16 (1932) S. 421.

[3] KOHLRAUSCH, K. W. F.: Der SMEKAL-RAMAN-Effekt. Diese Sammlung, Bd. 12.

Ein anderes Maß für die Elastizität der Bindung benutzt Mecke[1], indem er die *Bindungskonstante* k einführt und diese definiert als diejenige Arbeit, die nötig ist, um unter der Annahme eines streng gültigen Hookeschen Elastizitätsgesetzes den Kernabstand des Moleküls zu verdoppeln. Für die harmonische Bindung ist k dann gegeben durch

$$k = 2\,\pi^2\,\mu\,\nu^2\,r_0^2 , \tag{55}$$

wo r_0 den Kernabstand in der Ruhelage bedeutet.

Bei den Kohlenstoff-, Stickstoff- und Sauerstoffverbindungen hat Mecke[2] nachgewiesen, daß die Eigenschwingungen, Kernabstände und Bindungskonstanten sich sehr eng um bestimmte, vom Bindungstypus abhängige Durchschnittswerte gruppieren (vgl. Tabelle 88), und zwar verhalten sich die elastischen Konstanten k und $\overline{K}$ bei der einfachen, zweifachen und dreifachen Bindung genähert wie $1:2:3$.

Tabelle 88. Charakteristische Konstanten der verschiedenen Kohlenstoff-, Stickstoff-, Sauerstoffbindungen (Mittelwerte).

Bindungs-typus	Frequenz cm^{-1}	Abstand $r \cdot 10^8$	Bindungs-konstante k in Volt	Mittlere rück-treibende Kraft $\overline{K} \cdot 10^4$
X≡X	2200 ± 120	$1,1 - 1,2$	79 ± 6	6,26
X=X	1650 ± 140	$1,2 - 1,35$	54 ± 6	4,18
X—X	1025 ± 180	$1,35 - 1,52$	27 ± 7	2,17
X—H	$2900 - 3600$	$1,13 - 0,92$	$2,4\,(Z+1)^2$	—

Wir stellen ferner in Tabelle 88 die Konstanten einiger zweiatomiger Moleküle und Molekülgruppen zusammen, die von Mecke und Kohlrausch berechnet worden sind. Die Zusammenstellung zeigt, daß sich die elastischen Konstanten k und $\overline{K}$ bei einem bestimmten Bindungstypus in erstaunlich engen Grenzen bewegen, während die Kernschwingungen, besonders bei der einfachen Bindung, sehr starken Änderungen unterliegen. Nur Bindungen, an denen H-Atome beteiligt sind, fallen heraus (s. auch Tabelle 88, 89 und 90).

Die starke Veränderlichkeit der Frequenzen ist übrigens nicht verwunderlich, da bei derselben elastischen Konstante a die Frequenzen sich mit $\sqrt{\dfrac{1}{\mu}}$ ändern.

---

[1] Mecke, R.: Leipziger Vorträge, 1931 S. 23.
[2] Z bedeutet die Gesamtzahl der Außenelektronen, s. Mecke l. c.

Tabelle 89. Konstanten der X≡X-, X=X- und X—X-Bindung[1].

Bindung	Frequenz ν cm^{-1}	Kernabstand $r \cdot 10^8$	Bindungskonstante k Volt	Elastische Konstante $a \cdot 10^{-5}$	Mittlere rücktreibende Kraft $\overline{K} \cdot 10^4$
			X≡X		
N≡N	2360	1,10	85	22,2	7,14
C≡O	2162	1,15	77	18,6	6,28
(HC)≡N	2090	1,15	75	—	—
(HC)≡(CH)	1975	1,19	70	16,4	6,32
			X=X		
O=O	1577	1,20	53	11,3	4,14
$H_2C=CH_2$	1623	(1,30)	54	9,36	3,88
$H_2C=O$	1770	(1,25)	56	—	—
			X—X		
F—F	1140	1,27	37	—	—
Cl—Cl	560	1,98	40	3,21	1,32
Br—Br	327	2,28	40	—	—
J—J	214	2,66	38	—	—
J—Cl	383	2,31	39	—	—

Tabelle 90. Konstanten der Halogenwasserstoffe und Methylhalogenide.

Halogenwasserstoffe.

H—X	ν	$r \cdot 10^8$	k	$\overline{K} \cdot 10^4$
H—F	3962	0,92	23,3 V	—
H—Cl	↑ 2995	ǀ 1,28	24,5 V	3,47
H—Br	ǀ 2560	↓ 1,42	24,0 V	2,94
H—J	2230	1,62	24,0 V	2,52
H—H	4250	0,75	9,3 V	4,55

Methylhalogenide.

(H_3C)—X	ν	$r \cdot 10^8$	k	$\overline{K} \cdot 10^4$
(H_3C)—F	1050	1,43	32 V	—
(H_3C)—Cl	↑ 730	ǀ (1,85)	31 V	1,48
(H_3C)—Br	ǀ 595	↓ (2,25)	36 V	1,23
(H_3C)—J	522	?	—	1,05
(H_3C)—H	2915	1,08	18,4 V	

Es zeigt sich ferner, daß die Bindungskonstante k im Gegensatz zur Konstante $\overline{K}$ bei chemisch ähnlichen Elementen, d. h. für

---

[1] Weiteres Material bei K. W. F. Kohlrausch: Der Smekal-Raman-Effekt. S. 154f.

solche, die im periodischen System untereinander stehen, weitgehend konstant ist. Als Beispiel bringen wir in Tabelle 90 die Halogenwasserstoffe und Methylhalogenide, bei denen trotz großer Änderung der Kernfrequenz und des Kernabstandes die Größe k fast konstant bleibt. Da aber andrerseits die mittlere Kraft $\bar{K}$ wieder einen erheblichen Gang zeigt, und auch aus anderen Gründen, möchten wir beiden Konstanten keine besondere physikalische Bedeutung zumessen.

Die Frage, wie weit man bei mehratomigen Molekülen bestimmten Bindungen, etwa der C—H-Bindung oder C—Cl-Bindung charakteristische, vom Molekülrest unabhängige Frequenzen zuordnen darf, ist noch nicht endgültig gelöst. Zu ihrer Beantwortung ist vor allem durch die Untersuchungen des RAMAN-Effekts ein gewaltiges Material zusammengetragen worden. Wir greifen hier nur zwei Beispiele heraus und verweisen im übrigen auf die Monographie von KOHLRAUSCH[1].

Am ehesten sind solche konstante Frequenzen bei Bindungen, an denen ein H-Atom beteiligt ist, also bei der C—H-, N—H- usw. Bindung zu erwarten. Falls nämlich die elastische Kraft von den übrigen am X-Atom angreifenden Bindungen unabhängig ist, bleibt die Frequenz der X—H-Bindung wegen der kleinen Masse des H-Atoms fast konstant (s. Tabelle 91).

Tabelle 91. Konstitutive Beeinflussung der C—H-Frequenz.

Molekül	Frequenz	Molekül	Frequenz
$H \cdot CO \cdot CCl_3$	2867	$H \cdot CCl_3$	3018
$H \cdot CO \cdot NH_2$	2882	$H \cdot CBr_3$	3021
$H \cdot CO \cdot H$	2945	$H \cdot C_6H_5$	3050
$H \cdot CO \cdot OH$	2951	$ClHC = CHCl$	3078
$Cl_2HC \cdot CHCl_2$	2984	$Cl_2C = CHCl$	3082
$Cl_3C \cdot CHCl_2$	2985	$H \cdot C \equiv C \cdot N$	3213
$Br_2HC \cdot CHBr_2$	2986	$H \cdot C \equiv C \cdot H$	3320

Da sich die Frequenzen infolge von Änderungen der reduzierten Masse nur um wenige Prozent ändern können, sind die obigen Schwankungen nur dadurch zu erklären, daß die Bindekraft noch von den am gemeinsamen C-Atom angreifenden Bindungen,

---

[1] KOHLRAUSCH, K. W. F.: Der SMEKAL-RAMAN-Effekt. Diese Sammlung, Bd. 12; dort auch weitere Literatur; ferner Naturwiss. Bd. 22 (1934) S. 161, 181, 196.

C—C, C=C, C=O usw. abhängt (vgl. dazu auch die weiter unten besprochenen Schwankungen der Energie der C—H-Bindung).

Es ist ferner bekannt, daß bei der Einführung von Substituenten wie Cl, Br, J oder SH (s. Tabelle 92) in eine Kohlenwasserstoffkette charakteristische Frequenzen auftreten, die vom Molekülrest weitgehend unabhängig sind, so daß man hier mit Recht von charakteristischen Cl- usw. Frequenzen reden kann. Andererseits gibt es aber, wie vor allem KOHLRAUSCH[1] gefunden hat, eine zweite Gruppe von Substituenten wie OH, NH_2, CH_3, bei denen man keine solche charakteristischen Frequenzen nachweisen kann, und die das ursprüngliche Spektrum sehr stark verändern. Dagegen sind diese Substituenten unter sich weitgehend vertauschbar[2]. Dieser experimentelle Befund ist zunächst schwer zu verstehen. Da bei den Normalschwingungen sämtliche Atome mitschwingen, sieht man nicht recht ein, wie von der Kettenlänge unabhängige

Tabelle 92. Valenzfrequenzen der Bindung C—X in Alkylhaloiden R·X.

R	X=Cl	X=Br	X=J
Methyl . . .	712	594	522
Äthyl . . .	655	557	497
n-Propyl . .	651	565	503
n-Butyl . .	650	557	505
n-Amyl . .	653	564	—

charakteristische Frequenzen auftreten können. BARTHOLOMÉ und TELLER[3] haben nun durch eingehende Rechnungen an einem, allerdings sehr vereinfachten Modell dieses unterschiedliche Verhalten erklären können. Die Frequenzen der Valenzschwingungen einer aus lauter CH_2- bzw. CH_3-Gruppen aufgebauten Kohlenwasserstoffkette liegen zwischen einer unteren und oberen Grenze, die um so enger zusammenliegen, je weniger der Valenzwinkel am C-Atom von 90° abweicht. Liegt die Frequenz einer neu eingeführten Gruppe außerhalb dieser Grenzen, so tritt eine Normalschwingung auf, bei der im wesentlichen nur die neue Gruppe schwingt und deren Frequenz von der Länge der Kohlenwasserstoffkette kaum beeinflußt wird,

---

[1] KOHLRAUSCH, K. W. F.: Z. physik. Chem. Abt. B Bd. 18 (1932) S. 61. DADIEU, A., K. W. F. KOHLRAUSCH u. A. PONGRATZ: Ber. Wien. Akad. Bd. 141 (1932) S. 113, 267.

[2] Das erklärt sich daraus, daß die C—O-, C—N- und C—C-Bindungen sehr ähnliche elastische Konstanten und die ganzen Gruppen gleiche Massen haben.

[3] BARTHOLOMÉ, E. u. E. TELLER: Z. physik. Chem. Abt. B Bd. 19 (1932) S. 336.

da sich die betreffende Schwingung in der Kette nicht fortpflanzen kann. Nur Frequenzen, die innerhalb dieses Resonanzbereiches liegen, hängen von der Kettenlänge ab, so daß es auch theoretisch einen Sinn hat, von charakteristischen Bindungsschwingungen zu sprechen und diesen bestimmte kleine Frequenzbereiche zuzuordnen. Die Eigenschwingungen eines Moleküls zerfallen also in zwei Gruppen, nämlich in solche, bei denen das ganze Molekül mitschwingt und in solche, an denen im wesentlichen nur einzelne Atome oder Gruppen beteiligt sind.

2. Bindungsenergien. Bekanntlich läßt sich die Bindungsenergie eines Moleküls, d. h. die Energie, die gewonnen wird, wenn das Molekül aus freien Atomen aufgebaut wird, weitgehend additiv aus Energiewerten, die für die einzelnen Bindungen charakteristisch sind, zusammensetzen. Da diese, vor allem thermochemisch, d. h. aus Bildungs- und Verbrennungswärmen durch Betrachtung von Kreisprozessen erhaltenen Zahlen aber nur aus vielen Einzelfällen gewonnene Mittelwerte sind[1], läßt sich daraus nicht mit Sicherheit entscheiden, ob die Bindungsenergie wirklich eine Konstante ist bzw. wie weit sie durch die Nachbarbindungen beeinflußt wird. Auf Grund sonstiger Erfahrungen, z. B. Abhängigkeit des Bindungsmoments und der elastischen Konstanten (vgl. das in Abschnitt 1 besprochene Beispiel der C—H-Bindung) von der Konstitution, sowie aus theoretischen Gründen, ist von vornherein zu erwarten, daß die Bindungsenergie noch merklich von den unmittelbar benachbarten Bindungen abhängt.

In Tabelle 93 geben wir die Trennungsarbeiten der wichtigsten Bindungen wieder, im wesentlichen nach einer Zusammenstellung von GRIMM[1]. In Spalte 4 stehen die neuerdings von PAULING[2] aus Verbrennungswärmen berechneten, etwas davon abweichenden Zahlen. Bemerkenswert und sicher reell sind die Unterschiede zwischen den aliphatischen und aromatischen Bindungen. Ferner erkennen wir, daß sich die Bindungsenergien der einzelnen Bindungstypen in ganz bestimmten Grenzen bewegen. Sie liegen nämlich für die einfache Bindung, wenn wir von HF absehen, zwischen 45 und 102, für die doppelte Bindung zwischen 118 und 178 und für die dreifache Bindung zwischen 164 und 238 kcal/Mol.

---

[1] Vgl. etwa H. GRIMM u. H. WOLFF: Handbuch der Physik, 2. Aufl. Bd. 24/2, Kap. 6. Berlin 1933.

[2] PAULING, L.: J. Amer. chem. Soc. Bd. 54 S. 3570; J. chem. Phys. Bd. 1 (1932) S. 606.

Tabelle 93. Bindungsenergien.

Bindung	Verbindung	Bindungsenergien in kcal/Mol	
		Zusammenstellung von GRIMM	berechnet von PAULING aus Verbrennungswärmen
H—H	H_2	101^1	—
N—H	NH_3	89^1	—
C_{al}—H	Kohlenwasserstoffe	93	99,5
C_{ar}—H	Kohlenwasserstoffe	102	—
O—H	H_2O	109	—
F—H	HF	148	—
Cl—H	HCl	101	—
Br—H	HBr	85	—
J—H	HJ	70	—
C_{al}—C_{al}	Kohlenwasserstoffe	71	84
C_{al}—C_{ar}	Kohlenwasserstoffe	80	—
C_{ar}—C_{ar}	Kohlenwasserstoffe	96	—
C=C	Olefine	125	149
C≡C	Kohlenwasserstoffe	164	—
C_{al}—N	Amine	58	68
C_{ar}—N	Amine	73	—
C≡N	Nitrile	187	209
C—F	Fluoride	114	—
Cl_{al}—C	Alkylchloride	72	—
Cl_{ar}—C	Alkylchloride	102	—
C—Br	Alkylbromide	59	—
C_{al}—J	Alkyljodide	45	44
C_{al}—O	Alkohole	74	} 80
	Äther	76	
C_{ar}—O	Phenole, Phenoläther	97	—
C=O	Aldehyde	164	174
	Ketone	167	178
C≡O	CO	238^1	—
C—S	Merkaptane, Phioäther	—	67,5
N≡N	N_2	208^1	—
O=O	O_2	118^1	—
F—F	F_2	65^1	—
Cl—Cl	Cl_2	$56,87 \pm 0,18^1$	—
Br—Br	Br_2	$45,2 \pm 0,18^1$	—
J—J	J_2	$35,6 \pm 0,17^1$	—

Diese Zahlen geben somit eine weitere Möglichkeit, um in zweifelhaften Fällen den Bindungscharakter zu bestimmen. So schließt MECKE[2] auf die dreifache Bindung im CO, das also :C:::O: zu schreiben wäre. (PAULING nimmt allerdings Resonanz zwischen doppelter und dreifacher Bindung an, s. weiter unten.)

---

[1] Aus optischen Daten bestimmt.
[2] MECKE, R.: Z. physik. Chem. Abt. B Bd. 16 (1932) S. 421.

Quantitatives Material zur Frage nach der Abhängigkeit der Energie einer bestimmten Bindung vom übrigen Molekül ist nur spärlich vorhanden. So hat ELLIS[1] aus dem Ultrarotspektrum einiger flüssiger Kohlenwasserstoffe die Trennungsarbeiten der C—H-Bindung bestimmt. Seine Messungen (vgl. Tabelle 94) ergeben eine ganz beträchtliche Abhängigkeit der Dissoziationsarbeit von den benachbarten Bindungen. Auch hier ergibt sich, daß die C—H-Bindung in aromatischen Verbindungen fester als in aliphatischen ist.

Tabelle 94. Dissoziationsarbeit der C—H-Bindung nach ELLIS.

Molekül	Dissoziationsarbeit kcal/Mol
Hexan	97
Zyklohexan . .	97
Chloroform . .	108
Benzol	117
Anilin	117

Mit der Frage, wie weit sich die gesamte Bildungsenergie eines Moleküls aus den einzelnen Bindungsenergien additiv zusammensetzen läßt, hat sich neuerdings PAULING[2] beschäftigt und gezeigt, daß die Additivität bis auf wenige Prozente[3] bei allen Molekülen erfüllt ist, denen eine einzige Elektronenstruktur im Sinne von LEWIS zugeordnet werden kann. Größere Abweichungen treten dagegen da auf, wo die Elektronenkonfiguration sich aus mehreren einfachen LEWISschen Strukturen zusammensetzt, wo *Resonanz* zwischen mehreren möglichen LEWISschen Strukturen vorliegt. So nimmt PAULING z. B. im CO_2 Resonanz zwischen den beiden Strukturen: $\overset{+}{O}:::C:\overset{..}{O}\overset{-}{:}$ und $:\overset{..}{O}:\overset{-}{C}:::\overset{+}{O}$, im CO-Resonanz zwischen den Strukturen $:C::\overset{..}{O}:$ und $:C:::O:$ an.

Achtes Kapitel.

Potentialkurven und Dissoziationsarbeiten von Molekülen[4].

§ 42. Bestimmung der Potentialkurven; FRANCK-CONDON-Prinzip.

1. Potentialkurven eines Moleküls. Ist das Schwingungstermsystem eines Moleküls aus der Analyse seines Elektronenbanden-

---

[1] ELLIS, J. W.: Physic. Rev. Bd. 33 (1929) S. 27.

[2] PAULING, L.: J. Amer. chem. Soc. Bd. 54 (1932) S. 988, 3570; J. chem. Phys. Bd. 1 (1932) S. 606.

[3] Die Abweichungen sind auf die Wechselwirkung zwischen den am gleichen Atom angreifenden Bindungen zurückzuführen.

[4] Vgl. die zusammenfassenden Darstellungen: SPONER, H.: Erg. exakt. Naturwiss. Bd. 6 (1927) S. 75; Leipziger Vorträge, 1931. — FRANCK, J.:

spektrums bekannt, so läßt sich, wie im folgendem gezeigt werden soll, daraus direkt die potentielle Energie des Moleküls in den einzelnen Elektronenzuständen als Funktion des Kernabstandes und damit weiterhin die Dissoziationsarbeit ableiten.

Für den einfachsten Fall der harmonischen Schwingung ist die rücktreibende Kraft $K = -az$ und die Potentialkurve, $E = \dfrac{a\,z^2}{2}$, hat die Form einer Parabel, d. h. die potentielle Energie wächst mit zunehmender Elongation bis ins Unendliche, eine Dissoziation des Moleküls ist unmöglich. Da aber in Wirklichkeit die Kernschwingungen nur in unmittelbarer Nähe der Gleichgewichtslage als harmonisch betrachtet werden dürfen, müssen wir den Ansatz für die Kraft erweitern und setzen wie früher in § 33 für K eine Potenzreihe an

$$K = -az + bz^2 + cz^3\ldots. \tag{1}$$

Für die Energie der einzelnen Schwingungszustände läßt sich dann schreiben

$$E_v = \left(v + \frac{1}{2}\right)h\,v_0 - \left(v + \frac{1}{2}\right)^2 \cdot x \cdot h\,v_0,\; v = 1, 2, 3\ldots, \tag{2}$$

wo v_0 die Eigenfrequenz für unendlich kleine Amplituden bedeutet und x ein Maß für die Anharmonizität ist. Das Auftreten eines negativen quadratischen Gliedes führt zu der in Abb. 112[1] wiedergegebenen Potentialkurve. Für kleine Kernabstände steigt die abstoßende Kraft schneller als linear an, das abstoßende Potential verläuft also steiler als bei der gestrichelt eingezeichneten Parabel, während bei größeren Kernabständen die rücktreibende Kraft ein Maximum durchläuft und dann ständig kleiner wird. Dementsprechend erhält das Potential rechts einen Wendepunkt und läuft dann in eine horizontale Gerade aus. Die Höhe dieser Horizontalen über dem Minimum bestimmt die Dissoziationsarbeit. Die Differenzen zwischen den Energieniveaus, die bei der harmonischen Schwingung konstant waren, zeigen jetzt folgenden Verlauf

$$\Delta E_v = h\,v_0 - 2\,v\,x\,h\,v_0. \tag{3}$$

<hr>

Naturwiss. Bd. 19 (1931) S. 217. — Rabinowitsch, E.: Z. Elektrochem. Bd. 37 (1931) S. 92. — Mecke, R.: Bandenspektren und ihre Bedeutung für die Chemie. Bornträger 1929.

[1] Die Schnittpunkte der Horizontalen mit der Potentialkurve bestimmen die Umkehrpunkte der Schwingungen in dem betreffenden Zustande, da in diesen Punkten die Gesamtenergie der Schwingung nur potentieller Natur ist.

Die Schwingungszustände rücken also immer enger zusammen und häufen sich an der Horizontalen unendlich dicht.

Ist die Potenzreihendarstellung der Schwingungszustände als Funktion der Schwingungsquantenzahl bekannt, so kann man nach KRATZER[1] daraus direkt die Potenzreihe der Kraft und der Energie als Funktion der Verrückung aus der Ruhelage erhalten. Falls nur die Eigenfrequenz für unendlich kleine Amplituden v_0, das Anharmonizitätsglied x und außerdem noch die Dissoziationsarbeit D gegeben sind, kann man mit Hilfe einer von MORSE[2] auf wellenmechanischer Grundlage abgeleiteten Interpolationsformel eine ungefähre Darstellung der Potentialkurve gewinnen. Die Gleichung für die MORSE-Kurve lautet

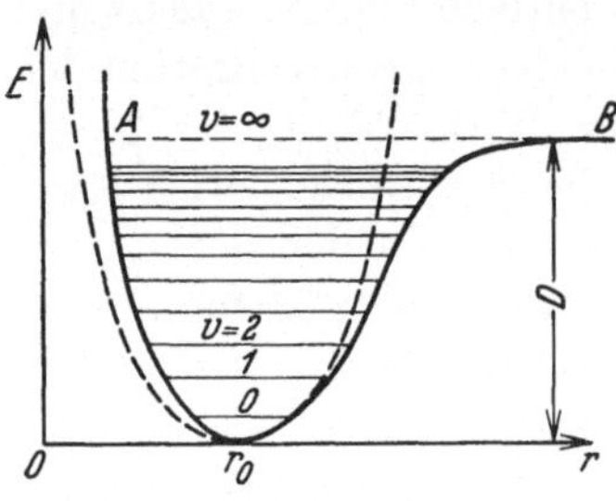

Abb. 112. Potentialkurve und Energiestufen der Kernschwingung.

$$E = D \cdot e^{-2\,\alpha\,(r-r_0)} - 2\,D\,e^{-\alpha\,(r-r_0)} \tag{4}$$

wo
$$\alpha = \sqrt{8\,\pi^2\,c\,\mu\,v_0\,x/h}$$

ist. Dabei bedeutet μ die reduzierte Masse, r ist der jeweilige Abstand der Kerne, r_0 ihr Abstand in der Ruhelage. Kennt man also r_0, etwa aus der Rotationsfeinstruktur der Banden, so erhält man damit die potentielle Energie als Funktion des Kernabstandes.

Sind für eine Reihe von Elektronenniveaus die Schwingungszustände bekannt und bestimmt man daraus, wie eben angedeutet, die einzelnen Potentialkurven, so erhält man Kurven von der Art, wie sie in Abb. 113 wiedergegeben sind. Diese Kurven sind für das Verständnis, vor allem der spektralen Eigenschaften, Einordnung des Elektronentermsystems usw. von großer Wichtigkeit. Ferner bildet ihre Diskussion die Unterlage für die spektroskopischen Methoden zur Bestimmung von Dissoziationsarbeiten (s. weiter unten).

Unter den Kurven der Abb. 113 befindet sich auch eine solche, die kein Minimum aufweist. Ihr entspricht eine dauernde Abstoßung der Atome, wie sie auch von der HEITLER-LONDONschen

[1] KRATZER, A.: Z. Physik Bd. 3 (1920) S. 289, SOMMERFELD-Festschrift. Leipzig 1919.
[2] MORSE, P. H.: Physic. Rev. Bd. 34 (1929) S. 57.

Theorie gefordert wird (vgl. § 3). Gerät ein Molekül beim Elektronensprung in einen solchen Zustand, so zerfällt es sofort. Der Vorgang ist also aperiodisch und die Energie nicht gequantelt, so daß diesen Übergängen kontinuierliche Absorptions- bzw. Emissionsspektren entsprechen. Aus der Abb. 113 können wir auch einiges über die Dissoziationsprodukte entnehmen. Die Horizontalen, in die die Potentialkurven auslaufen, müssen nämlich die Energiezustände der freien Atome, in die das Molekül zerfällt, ergeben. Der Grundzustand n des Moleküls möge z. B. in zwei normale Atome A und B zerfallen; wir bezeichnen daher die unterste Horizontale mit $A + B$. Wenn nun, was meist der Fall ist, der erste angeregte Molekülzustand zu einem normalen A-Atom und einem angeregten B-Atom, B^* führt, so läuft die zugehörige Potentialkurve a_1 in eine Gerade aus, die um die Anregungsenergie des B-Atoms höher als die Gerade $A + B$ liegt, wir bezeichnen sie also mit $A + B^*$. In Abb. 113 sind auch Zustände eingetragen, die in $A^* + B$ bzw. in die Ionen $A^+ + B^-$ zerfallen. Kennt man

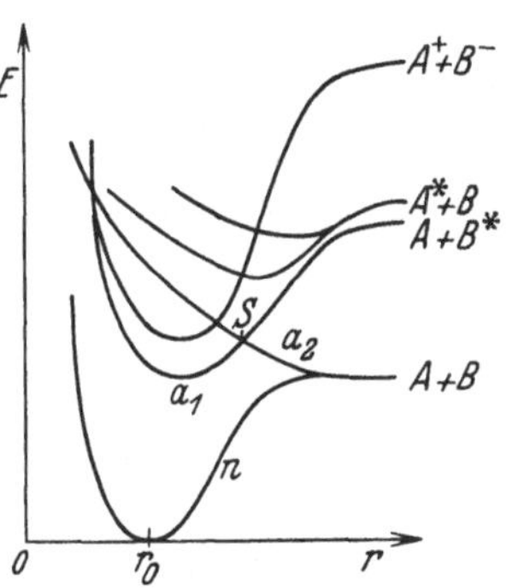

Abb. 113. Verschiedene Fälle von Potentialkurven und Dissoziationsprodukten.

daher aus den Atomspektren die Energiezustände der freien Atome, so kann man aus den Potentialkurven die Dissoziationsprodukte bestimmen.

Unter den Potentialkurven der Abb. 113 sind auch einige, die sich schneiden. In einem solchen Kreuzungspunkt hat das Molekül, unabhängig vom Wege, auf dem es dorthin gelangt ist, die gleiche Energie und den gleichen Kernabstand. Es erhebt sich daher die Frage, kann das Molekül von einer Kurve auf die andere überspringen, d. h. wie weit ist in einem solchen Fall die Zuordnung von Molekülzuständen zu den Atomzuständen noch eindeutig.

Nach der Quantenmechanik besteht immer eine gewisse Wahrscheinlichkeit des Überganges von einem Zustand zu einem anderen gleicher Energie, auch wenn diese ganz verschiedenen Elektronenkonfigurationen und Schwingungszuständen entsprechen. Sie müssen nur in gewissen Symmetrieeigenschaften übereinstimmen und bestimmte Bedingungen hinsichtlich ihrer Elektronenquanten-

Stuart, Molekülstruktur.   23 zahlen erfüllen[1]. Die Wahrscheinlichkeit, für einen Übergang, etwa von a_1 nach a_2 wird aber erst merklich, wenn dabei das FRANCK-sche Prinzip[2] von der Erhaltung des Kernabstandes und der Geschwindigkeit (s. weiter unten) gewahrt wird, also vor allem dann, wenn der Umkehrpunkt der Schwingung auf a_1 in der Nähe des Schnittpunktes S liegt[3]. Erfolgt also ein Elektronensprung von n nach a_1, so kann unter den obigen Bedingungen das Molekül nach einer Halbschwingung bis S auf die Kurve a_2 übergehen und dissoziieren. Näheres über diese als *Prädissoziation* bezeichnete Erscheinung findet sich im nächsten Paragraphen.

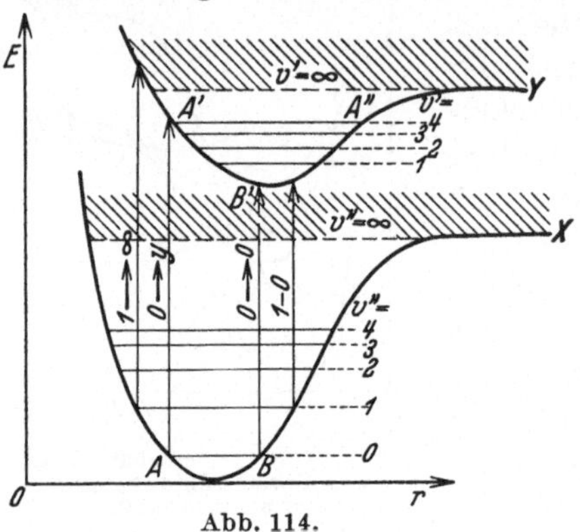

Abb. 114.

2. FRANCK-CONDON-*Prinzip.*

Dieses Prinzip, das die Intensitätsverhältnisse in den Bandenspektren bestimmt, bildet die Unterlage für die spektroskopische Methode zur Bestimmung von Dissoziationsarbeiten. Es wurde von FRANCK[4] aus einer Betrachtung der Potentialkurven gewonnen und von CONDON[5] mit Hilfe der neueren Quantenmechanik quantitativ formuliert. Wir betrachten ein Molekül mit den beiden in Abb. 114 eingezeichneten Potentialkurven, von denen sich die untere auf den Grundzustand beziehen möge. Geht das Elektron vom unteren auf den höheren Zustand über, so erhebt sich die Frage, ob bei diesem Vorgang auch Schwingungsenergie aufgenommen werden kann, d. h. die Frage, treten nur die Banden $0 \rightarrow 0$, $1 \rightarrow 1$ oder treten auch die Banden $0 \rightarrow 1$, $0 \rightarrow 2 \ldots$, $1 \rightarrow 2$, $1 \rightarrow 3 \ldots$ auf. Nun ist der Elektronensprung ein sehr rasch verlaufender Vorgang, so daß in dieser Übergangszeit die schweren Kerne weder ihre relative Lage noch ihre Geschwindigkeiten ändern können. Es kann somit keine kinetische,

---

[1] Vgl. etwa R. DE L. KRONIG: Leipziger Vorträge, 1931.

[2] FRANCK, I. u. H. SPONER: Nachr. Ges. Wiss. Göttingen 1928 S. 241.

[3] Wenn diese Bedingungen nicht erfüllt zu sein brauchten, müßten fast alle angeregten Molekülzustände instabil sein, da sie ja fast alle oberhalb der Dissoziationsgrenze des Moleküls im Grundzustande liegen.

[4] FRANCK, J.: Trans. Faraday Soc. Bd. 21 (1925) Teil 3.

[5] CONDON, E. U.: Physic. Rev. Bd. 27 (1926) S. 640, 1182, Bd. 32 (1928) S. 858.

sondern nur potentielle Energie auf die Kerne übertragen werden. Während des Elektronensprungs geht also das Molekül aus einem Zustand der unteren Potentialkurve auf den *senkrecht* darüber gelegenen Zustand auf der oberen Kurve über. Solche Übergänge sind durch vertikale Linien angedeutet. Befindet sich ein Molekül im Elektronengrundzustand auch im untersten Schwingungszustand, $v = 0$, und sind die Amplituden der Nullpunktsbewegung durch A und B begrenzt, so sind nur Übergänge zwischen AA' und BB' möglich. Erfolgt der Elektronensprung in dem Augenblick, in dem das Molekül sich in einem der Umkehrpunkte befindet, in dem die Kerne also keine kinetische Energie besitzen, so geht es etwa von A nach A' über. Da nun A' nicht der Gleichgewichtslage der Kerne entspricht, fängt das Molekül an zu schwingen, und zwar mit einer Amplitude $A' A''$ und einer Schwingungsquantenzahl, die durch die potentielle Energie in A' und durch die Form der oberen Potentialkurve bestimmt ist. Erfolgt der Elektronensprung von einem zwischen A und B gelegenen Punkt aus, so fangen die Kerne im angeregten Zustand mit der kinetischen Energie, die sie ursprünglich unten zuletzt hatten, plus einem Betrage an potentieller Energie, der durch die Anfangslage auf der oberen Kurve bestimmt ist, an zu schwingen. Da diese Geschwindigkeit in den Umkehrpunkten am kleinsten, die Wahrscheinlichkeit eines Überganges in diesen Punkten also am größten ist, treten in Absorption diejenigen Banden besonders stark auf, die den Übergängen $A A'$ und $B B'$ entsprechen[1].

Aus dieser Überlegung von FRANCK ergibt sich, daß die Struktur eines Bandenspektrums eindeutig durch die Form und die relative Lage der Potentialkurven in den verschiedenen Elektronenzuständen bestimmt ist. In Abb. 115 sind drei typische Fälle wiedergegeben. Im Falle a besitzt das Molekül in beiden Zuständen fast

---

[1] Im Sinne der Vorstellungen der Wellenmechanik gibt es keine raumzeitliche Schwingungsbahn der Kerne, vielmehr sind deren Lagen durch eine Wahrscheinlichkeitskurve bestimmt. So ist die Wahrscheinlichkeit, die Kerne im Grundzustande (sog. Nullpunktsschwingung, $v = 0$) anzutreffen, in der Minimumslage bzw. im ersten angeregten Zustand in den Umkehrpunkten am größten. Nach beiden Seiten fällt die Wahrscheinlichkeitskurve nach einer e-Funktion ab, so daß wir nicht Übergänge von einem gegebenen Punkt der unteren Kurve zu dem darüberliegenden Punkte der oberen Kurve bekommen, sondern breitere Gebiete mit einem Maximum an der Stelle, an der nach der gewöhnlichen Mechanik allein ein Übergang stattfindet.

den gleichen Gleichgewichtsabstand und die gleiche Bindungsfestigkeit. Es treten hier also besonders stark diejenigen Banden auf, bei denen der Schwingungszustand unverändert bleibt, also vor allem die Banden $0 \to 0$, $1 \to 1$ usw.; Beispiele sind die Moleküle CN und SiN.

Im Falle *b* ist die Bindung im angeregten Zustande viel lockerer als im Grundzustande (Halogene, Sauerstoff). Hier

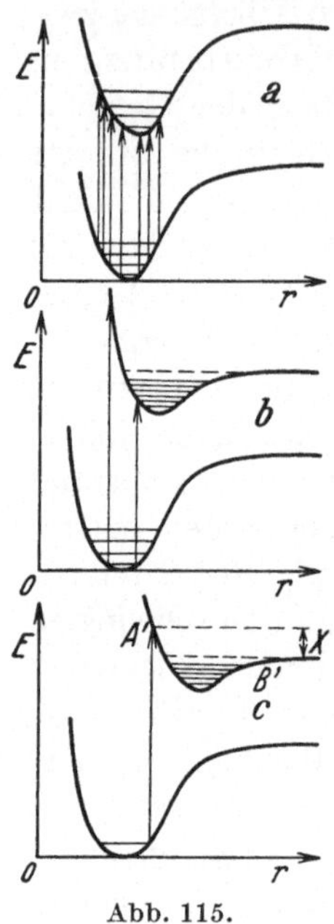

müssen Banden mit großer Änderung der Schwingungsquantenzahl auftreten. Da nämlich die obere Kurve schon an einer Stelle steil ansteigt, wo die untere noch recht flach ist, können lange Folgen von Banden auftreten, die von einem gemeinsamen, gar nicht oder nur wenig schwingenden unteren Zustande zu einer Reihe von stark schwingenden oberen Zuständen oder ins Kontinuum, also zur Dissoziation führen. Diesen verschiedenen oberen Zuständen entsprechen ja fast gleiche Kernabstände in den Umkehrpunkten.

Noch extremere Verhältnisse herrschen in *c*. Der Übergang aus dem schwingungslosen Grundzustand führt hier bereits auf einen Punkt der oberen Kurve, der höher als die Dissoziationsgrenze liegt. Bei der Absorption tritt also ein Zerfall des Moleküls ein, direkte photochemische Zersetzung. Die Kerne erhalten soviel potentielle Energie, daß

Abb. 115.

sie nach einer Halbschwingung mit der kinetischen Energie, die der Höhe des Punktes *A* über der Geraden B' entspricht, auseinanderfahren. Spektroskopisch äußert sich das in einem rein kontinuierlichen Absorptionsgebiet.

§ 43. Spektroskopische Bestimmung von Dissoziationsarbeiten[1].

Unter der Dissoziationsarbeit eines freien Moleküls verstehen wir die Arbeit, die geleistet werden muß, um das Molekül bei der Temperatur 0^0 abs. in Atome bzw. einfachere Moleküle zu zerspalten. Bei der Dissoziation können sowohl normale wie angeregte

[1] Vgl. dazu H. SPONER: Erg. exakt. Naturwiss. Bd. 6 (1927) S. 75; Leipziger Vorträge, 1931 S. 107. — RABINOWITSCH, E.: Z. Elektrochem. Bd. 37 (1931) S. 92.

bzw. ionisierte Atome oder Moleküle auftreten. Voraussetzung jeder Bestimmung der Dissoziationsarbeit ist also die sichere Kenntnis der Spaltungsprodukte.

Wir besprechen hier nun die spektroskopischen Methoden zur Bestimmung von Dissoziationsarbeiten.

Eine Dissoziation durch Lichtabsorption ist prinzipiell auf drei Arten möglich. Führt man einem Molekül genügend Rotationsenergie zu, so müssen schließlich die Zentrifugalkräfte größer als die Bindekräfte werden, die Atome also auseinanderfahren. Praktisch ist aber eine solche Spaltung nicht möglich, da polare Moleküle immer nur ein Rotationsquant absorbieren — unpolare absorbieren überhaupt nicht — und die Wahrscheinlichkeit, daß ein bestimmtes Molekül allmählich immer mehr Rotationsenergie aufspeichert, verschwindend klein ist[1]. Ebensowenig ist eine Dissoziation durch Zufuhr von Schwingungsenergie mit oder ohne Übertragung von Rotationsenergie zu erwarten, da auch ein anharmonisch gebundenes polares Molekül wegen der geringen Übergangswahrscheinlichkeit bei größeren Δv praktisch nur die ersten Schwingungsquanten absorbiert (vgl. § 33).

Erst wenn ein Elektronensprung stattfindet, kann gleichzeitig soviel Schwingungsenergie auf die Kerne übertragen werden (vgl. § 33), daß diese auseinanderfahren. Die Wahrscheinlichkeit für die Übertragung eines bestimmten Schwingungsquantums ist quantitativ durch das im vorhergehenden Paragraphen besprochene FRANCK-CONDON-Prinzip bestimmt.

Entsprechend dem verschiedenen Verlauf der Potentialkurven gibt es für die praktische Bestimmung der Dissoziationsarbeit verschiedene Wege.

1. **Aus der direkt beobachteten Bandenkonvergenz nach FRANCK**[2]. Betrachten wir den Fall b der Abb. 115 des vorhergehenden Paragraphen, wie er etwa beim Jodmolekül realisiert ist. Hier dehnt sich das Bandenspektrum bis zu ganz hohen Schwingungszahlen aus. Die Bandenkanten häufen sich immer mehr und schließlich setzt an der Konvergenzstelle kontinuierliche Absorption ein. Dieses Kontinuum erklärt sich dadurch, daß den völlig getrennten

---

[1] Über die Dissoziation durch Steigerung der Rotationsenergie bei gleichzeitigem Elektronensprung s. O. OLDENBERG: Z. Physik Bd. 56 (1929) S. 563; vgl. auch H. SPONER: Leipziger Vorträge, 1931 S. 107.

[2] FRANCK, J.: Trans. Faraday Soc. Bd. 21 (1925) Teil 3; Z. physik. Chem. Bd. 120 (1926) S. 144.

Atomen jeder beliebige Betrag an kinetischer Energie mitgegeben werden kann. Die Ausmessung der Grenze zwischen dem diskontinuierlichen Bandenspektrum und dem Kontinuum ergibt also direkt die maximale Schwingungsenergie, die das Molekül aufnehmen kann, d. h. seine Dissoziationsenergie. Um die dem Zerfall in neutrale Atome entsprechende normale Dissoziationsarbeit D_n zu finden, muß man wissen, ob das Molekül in neutrale oder angeregte Atome oder in Ionen zerfällt. Im allgemeinen, und das ist auch beim Jod der Fall, dissoziiert ein angeregtes Molekül in ein normales und in ein angeregtes Atom. Um die normale Dissoziationsarbeit zu erhalten, müssen wir also noch die Anregungsenergie des einen Atoms in Abzug bringen.

2. **Durch Extrapolation der Schwingungsquanten.** Im allgemeinen werden die Banden schon weit vor der Konvergenzstelle so schwach, so daß ihre Ausmessung nur die ersten Schwingungsquanten liefert. Man kann dann nach BIRGE und SPONER[1] die Dissoziationsarbeit in folgender Weise durch Extrapolation bestimmen. Die Differenz v_v zwischen den Schwingungsfrequenzen benachbarter Zustände nimmt mit steigender Quantenzahl regelmäßig ab, bis sie an der Konvergenzstelle, wo die Energie des Schwingungszustandes gleich der Dissoziationsarbeit für den betreffenden Elektronenzustand geworden ist, Null wird. Man kann daher diese Differenzen

$$v_v = \frac{1}{h}\frac{\partial E}{\partial v}, \tag{5}$$

die nach dem Korrespondenzprinzip direkt gleich der mechanischen Frequenz im v-ten Zustand sind, als Funktion von v darstellen. Extrapoliert man diese Kurve bis zur Konvergenzstelle $v = v_0$, so erhält man für den Grenzwert der Schwingungsenergie.

$$D = h \int\limits_0^{v_0} v_v \, dv, \tag{6}$$

D kann also durch graphische Integration der $v_v = f(v)$-Kurve gefunden werden. Für den Fall eines durch Gleichung (30) (§ 33) bestimmten anharmonischen Oszillators ist v_v als Funktion von v streng linear, nämlich

$$v_v = v_0 \left(1 - 2\,x\,v\right), \tag{7}$$

---

[1] BIRGE, R. u. H. SPONER: Physic. Rev. Bd. 28 (1926) S. 259.

so daß wir als erste Näherung für D erhalten

$$D = \frac{h\,\nu_0}{4\,x}\,. \tag{8}$$

Die durch diese Formel berechneten Energiewerte sind meist etwas zu hoch, da die Differenzen bei hohen Quantenzahlen im allgemeinen schneller als linear abnehmen[1].

3. Aus kontinuierlichen Absorptionsspektren nach FRANCK, KUHN *und* ROLLEFSON[2]. Bei den Molekülen von dem in Abb. 115 angegebenen Typus c ist die Änderung der Bindung beim Elektronensprung so groß, daß Übergänge mit merklicher Wahrscheinlichkeit nur in einem Gebiet erfolgen, wo die übertragene Schwingungsenergie bereits größer als die Dissoziationsarbeit des betreffenden Anregungszustandes ist. Wir erhalten also nur Gebiete kontinuierlicher Absorption, die dem Zerfall in neutrale oder angeregte Atome entsprechen. Aus der Lage der langwelligen Grenze des Absorptionsspektrums kann die Dissoziationsarbeit geschätzt werden.

In den Fällen, wo bei der Dissoziation ein angeregtes Molekül entsteht, kann man auch die durch diese Anregung hervorgerufene Atomfluoreszenz beobachten[3]. Die längste Wellenlänge, die gerade noch Fluoreszenz erregt, ergibt dann nach Abzug der bei der Fluoreszenz ausgestrahlten Anregungsenergie ungefähr die Dissoziationsarbeit[4].

4. Aus der Prädissoziation[5]. Die Prädissoziation steht in engster Beziehung mit der Überkreuzung der Potentialkurven und äußert sich in folgendem: Manchmal beobachtet man an einer Folge von Absorptionsbanden bei kleinen Schwingungsquantenzahlen normale Feinstruktur. An einer bestimmten Stelle werden dann die Banden plötzlich diffus, die Rotationsfeinstruktur verschwindet. Geht man dann zu höheren Schwingungszahlen weiter, so wird die Feinstruktur häufig wieder völlig scharf und normal.

---

[1] Näheres bei R. T. BIRGE: Trans. Faraday Soc. Bd. 25 (1929) S. 707.

[2] FRANCK, J., H. KUHN u. G. ROLLEFSON: Z. Physik Bd. 43 (1927) S. 155.

[3] TERENIN, A.: Z. Physik Bd. 37 (1926) S. 98.

[4] Über die Grenzen der Genauigkeit vgl. die Arbeiten von G. H. VISSER: Physica Bd. 9 (1929) S. 115. — TERENIN: Physica Bd. 9 (1929) S. 283; ferner H. SPONER: Erg. exakt. Naturwiss. Bd. 6 (1927) S. 102.

[5] Eingehende Diskussion und Literatur bei G. HERZBERG: Erg. exakt. Naturwiss. Bd. 10 (1931) S. 207.

Diese Erscheinung, die Henri[1] entdeckt und als Prädissoziation bezeichnet hat, erklärt sich nach Bonhoefer und Farkas[2], sowie de Kronig[3] in folgender Weise. Wie schon im vorhergehenden Paragraphen ausgeführt, ist die Wahrscheinlichkeit des Überganges von einer Potentialkurve auf eine andere in den Schnittpunkten besonders groß. Erfolgt also etwa der Elektronensprung (s. Abb. 116) von A nach A', so führt das Molekül mit endlicher Wahrscheinlichkeit auf der Kurve a_1 nur eine Halbschwingung von A' nach S aus und geht dann in Punkt S auf die Kurve a_2 über und dissoziiert (bei diesem Übergang bleibt ja neben dem

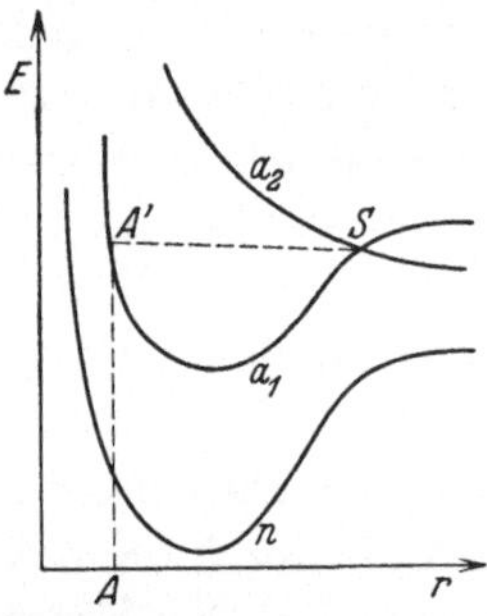

Abb. 116. Potentialkurven, bei denen Prädissoziation möglich ist.

Kernabstand auch die Geschwindigkeit unverändert). Da die Zeit der Halbschwingung klein gegen die Rotationsperiode ist, tritt keine Rotationsquantelung ein, die Bande AA' wird daher diffus[4]. Erfolgt der Elektronensprung rechts von AA', so wird der Punkt S überhaupt nicht erreicht, ein Übergang ist also unmöglich. Erfolgt er links von AA', so besitzt das Molekül beim Durchgang durch S eine mehr oder weniger große Geschwindigkeit der Kernbewegung. Die Wahrscheinlichkeit des strahlungslosen Übergangs wird kleiner und die Banden mit großem v erhalten wieder ein scharfes Aussehen. Die Prädissoziationsstelle gibt somit eine

---

[1] Henri, V.: Trans. Faraday Soc. Bd. 25 (1929) S. 765.

[2] Bonhoefer, K. F. u. L. Farkas: Z. physik. Chem. Bd. 134 (1927) S. 337.

[3] Kronig, L.: Z. Physik Bd. 50 (1928) S. 347; Leipziger Vorträge, 1931 S. 155; ferner G. Herzberg: Z. Physik Bd. 61 (1930) S. 604.

[4] Allgemein werden die Linien um so unschärfer, je kürzer die Verweilzeit im angeregten Zustand a_1 ist. Die Verbreiterung der Linien ist daher direkt ein Maß für die Wahrscheinlichkeit eines strahlungslosen Übergangs von a_1 nach a_2.

obere Grenze für die Dissoziationsarbeit. Ihren genauen Wert erhält man aber nur, wenn die Dissoziationskurve a_2 schon auf ihrem horizontalen Teil geschnitten wird.

Mit der Deutung der Prädissoziationserscheinungen bei *mehratomigen* Molekülen haben sich FRANCK, SPONER und TELLER[1] beschäftigt. Die Verhältnisse liegen hier wesentlich schwieriger, einmal wegen der komplizierten Schwingungsbewegung der Kerne und zweitens deshalb, weil mehratomige Spaltprodukte neben Elektronenenergie noch Schwingungs- und Rotationsenergie aufnehmen können.

5. Weitere Methoden. Man kann die Dissoziationswärme eines Moleküls auch aus Chemiluminiszenzerscheinungen[2], ferner aus sensibilisierten photochemischen Reaktionen[3] und schließlich noch aus optisch bestimmten Dissoziationsgleichgewichten[4] bestimmen.

Bei mehratomigen Molekülen wird das Elektronenbandenspektrum so verwickelt, daß es meist nicht möglich ist, daraus die Dissoziationsarbeiten einzelner Bindungen abzuleiten. Man kann aber mitunter das einfachere Ultrarotspektrum heranziehen. So hat ELLIS[5] versucht, nach dem in 2 beschriebenen Verfahren von BIRGE und SPONER aus den von ihm[6] bei einigen flüssigen Kohlenwasserstoffen gemessenen Grund- und Oberschwingungen die Schwingungsquanten zu extrapolieren und so die Dissoziationsarbeiten zu bestimmen. Seine Ergebnisse, die vor allem die C—H-Bindung in verschiedenen Molekülen umfassen und die eine Abhängigkeit vom Molekülrest zeigen, sind schon in § 41 besprochen worden.

---

[1] FRANCK, J., H. SPONER u. E. TELLER: Z. physik. Chem. Abt. B Bd. 18 (1932) S. 88.

[2] HABER, F. u. H. ZISCH: Z. Physik Bd. 9 (1922) S. 302. Weitere Literatur bei POLANYI u. Mitarbeiter: Z. physik. Chem. Abt. B Bd. 1 u. ff.

[3] FRANCK, J. u. G. CARIO: Z. Physik Bd. 11 (1922) S. 161.

[4] FRANCK, J. u. W. GROTRIAN: Z. techn. Physik Bd. 3 (1922) S. 194. — CARRELLI, A. u. P. PRINGSHEIM: Z. Physik Bd. 44 (1927) S. 643.

[5] ELLIS, J. W.: Physic. Rev. Bd. 33 (1929) S. 27.

[6] ELLIS, J. W.: Physic. Rev. Bd. 32 (1928) S. 906.

Tabelle 95. Zwei-

Molekül	Kernabstand $r \cdot 10^8$	Trägheitsmoment $I \cdot 10^{40}$	Durchmesser $d \cdot 10^8$			Eigenschwingung der Kerne cm^{-1}
			$d_T{}^1$	$d_0{}^1$	$d_{min}{}^1$	
H_2	0,75	0,467	2,47	2,84	3,24	4264
N_2	1,10	13,8	3,18	3,5	3,8	2360
O_2	1,20	19,2	2,98	3,2	3,5	1577
F_2	1,26	25,3	—	3,4	—	1142
Cl_2	1,98	113,7	3,7	$\sim 4{,}0$	—	560
Br_2	2,28	340	4,04	$\sim 4{,}15$	—	327
J_2	2,66	742	4,46	—	—	214
CO	1,15	15,0	3,2	—	—	2162
NO	1,15	16,3	3,0	—	—	1906
HF	0,92	1,34	—	—	—	3962
HCl	1,28	2,61	3,0	—	3,89	2780
HBr	1,42	3,31	3,12	—	4,17	2479
HJ	1,6	4,25	(3,4)	—	4,5	2233

Tabelle 96. Drei-

Molekül	Form und Winkel	Kernabstände $r \cdot 10^8$	Trägheitsmoment $I \cdot 10^{40}$	Wirkungssphäre $d_T \cdot 10^8$
CO_2	gestreckt symmetrisch $O{\equiv}C{\equiv}O$	$C{\equiv}O = 1{,}15$	70,2	3,3
CS_2	gestreckt symmetrisch $S{\equiv}C{\equiv}S$	$C{\equiv}C = 1{,}58$	260	—
N_2O	gestreckt unsymmetrisch $N{\equiv}N{=}O$	—	66,0	3,2
HCN	gestreckt $H{-}C{\equiv}N$	$C{-}H = 1{,}08$ $C{\equiv}N = 1{,}15$	18,8	—
H_2O	gewinkelt $\sphericalangle = 104{-}106^0$	$O{-}H = 1{,}013$ $H{-}H = 1{,}53$	$I = 0{,}995$ $L = 1{,}908$ $K = 2{,}980$	2,7
H_2S	gewinkelt	—	—	—
SO_2	gewinkelt	$S{=}O = 1{,}37$	—	3,38
O_3	gewinkelt $\sphericalangle \sim 122^0$	$O{=}O = 1{,}29$	—	—

---

[1] Über die Bedeutung von d_T, d_0 und d_{min} vgl. § 4.

der einfachsten Moleküle.
atomige Moleküle.

Federkraft $a \cdot 10^{-5}$	Dissoziationsarbeit D in Volt	Elektrisches Moment $\mu \cdot 10^{18}$	Mittlere Polarisierbarkeit $\alpha \cdot 10^{25}$	Hauptpolarisierbarkeiten	
				$b_1 \cdot 10^{25}$	$b_2 = b_3 \cdot 10^{25}$
5,06	4,4	0	7,9	5,5	9,16
22,2	9,0	0	17,6	23,8	14,5
11,3	5,1	0	16,0	23,5	12,1
—	2,82	0	11,5	—	—
3,21	2,47	0	46,1	66,0	36,3
—	1,96	0	67,0	—	—
—	1,54	0	125,7	—	—
18,6	10,3	0,11	19,5	26,0	16,25
—	6,8	0,1	17,2	—	—
—	—	—	—	—	—
4,40	4,4	1,03	26,3	31,3	23,9
3,56	3,7	0,79	36	—	—
2,9	3,1	0,38	54,8	—	—

atomige Moleküle.

Eigenschwingungen der Kerne cm^{-1}	Elektrisches Moment $\mu \cdot 10^{18}$	Mittlere Polarisierbarkeit $\alpha \cdot 10^{25}$	Hauptpolarisierbarkeiten		
			$b_1 \cdot 10^{25}$	$b_2 \cdot 10^{25}$	$b_3 \cdot 10^{25}$
$\nu_1 = \nu(s) = 1322$ $\nu_3 = \nu(a) = 2363$ $\nu_2 = \delta(a) = 667,9$	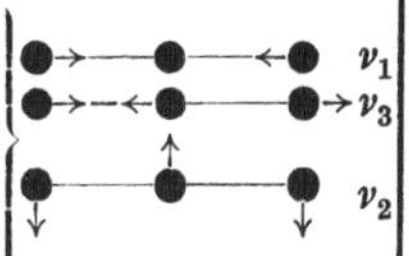 0	26,5	41,0	19,3	19,3
$\nu_1 = \nu(s) = 655$ $\nu_3 = \nu(a) = 1523$ $\nu_2 = \delta(a) = 396,8$	0	87,4	151,4	55,5	55,4
$\nu_1 = 1285,4$ $\nu_3 = 2224,1$ $\nu_2 = 589$	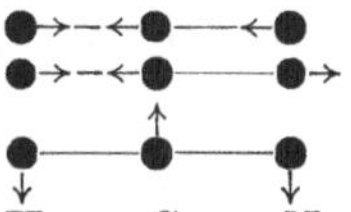 0,14	29,9	53,2	18,3	18,3
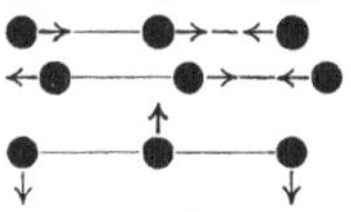 $\nu_1 = 2089$ $\nu_3 = 3289$ $\nu_2 = 712$	2,6	25,9	39,2	19,2	19,2
$\nu_1 = \nu(\pi) = (3600)$ $\nu_2 = \delta(\pi) = 1595,4$ $\nu_3 = \nu(\sigma) = 3756$	1,79	14,8	—	—	—
$\nu_1 = \nu(\pi) = 2615$ $\nu_2 = ?$ $\nu_3 = ?$	0,93	37,8	[1] 42,1	32,1	39,3
$\nu_1 = 1146$ $\nu_2 = 560$ $\nu_3 = 1340$	1,61	37,2	[1] 54,9	27,2	34,9
$\nu_1 = 1046$ $\nu_2 = 700$ $\nu_3 = 1357$	—	30,3	—	—	—

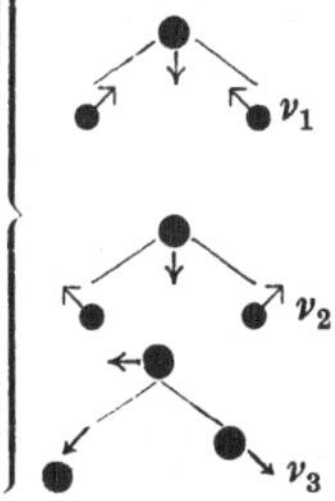

[1] Über die Lage der Achsen vgl. Tabelle 59.

Molekül	Form und Winkel	Kernabstände $r \cdot 10^8$	Trägheitsmoment $I \cdot 10^{40}$
C_2H_2	symmetrisch gestreckt $H-C \equiv C-H$	$C-H = (1{,}08)$ $C \equiv C = 1{,}20$	$23{,}5$
$(CN)_2$	symmetrisch gestreckt $N \equiv C-C \equiv N$	$C-C = 1{,}43$ $N \equiv C = 1{,}16$	—
C_2H_4	eben $H_2C = CH_2$, $\alpha \sim 120^0$	$C-H = (1{,}08)$ $C = C = 1{,}3$	$I \sim 3{,}8$ $K = 28{,}8_5$ $L \sim 3{,}1$
C_6H_6	ringförmig eben	$C-C = 1{,}40$	$I = L = 140$ $K = ?$
NH_3	symetrische Pyramide	$N-H = 1{,}03-1{,}06$ $H-H = 1{,}68-1{,}83$ Höhe $= 0{,}3$	$I = L = 2{,}80$ $K = 4{,}4$
CH_4	reguläres Tetraeder $\sphericalangle$ am $C = 109^0\ 28'$	$C-H = 1{,}08$	$5{,}3$
CCl_4	reguläres Tetraeder $\sphericalangle$ am $C = 109^0\ 28'$	$C-Cl = 1{,}82$ $Cl-Cl = 2{,}99$	510
$H_2C = O$	eben $O = C$, β/H, $\alpha \backslash H$ $\sphericalangle\ \alpha \sim 100^0$ $\sphericalangle\ \beta \sim 130$	$C = O = 1{,}21$	$I = 24{,}33$ $L = 21{,}39$ $K = 2{,}94$

Eigenschwingungen der Kerne $\mathrm{cm^{-1}}$	Elektrisches Moment $\mu \cdot 10^{18}$	Mittlere Polarisierbarkeit $\alpha \cdot 10^{25}$	Hauptpolarisierbarkeiten		
			$b_1 \cdot 10^{25}$	$b_2 \cdot 10^{25}$	$b_3 \cdot 10^{25}$
$\nu_1\,(s) = 1975$ $\nu_2\,(s) = 3370$ $\nu\,(a) = 3277$ $\delta\,(a) = 729{,}3$ $\delta\,(s) = 600$ (s. § 38)	0	33,3	51,2	24,3	24,3
Typus der Eigenschwingungen, wie bei $\mathrm{C_2H_2}$; Frequenzen unbekannt	0	50,1	77,6	36,4	36,4
12 Eigenschwingungen, s. Tabelle 86	0	42,7	56,1	35,9	35,9
Eigenschwingungen, s. § 40	0	103,2	123,1	63,5	123,1
$\nu_1 = \nu\,(\pi) = 964{,}3$ u. $933{,}8$ $\nu_2 = \nu\,(\sigma) = 1630$ (doppelt) $\nu_3 = \nu\,(\pi) = 3336$ $\nu_4 = \nu\,(\sigma) = 3300$ (doppelt) s. § 38	1,46	22,6	24,2	21,8	21,8
$\nu_1 = \nu\,(s) = 2915$ $\nu_2 = 1520$ (doppelt) $\nu_3 = 3022$ (dreifach) $\nu_4 = 1304$ (dreifach)	0	26,1	26,1	26,1	26,1
$\nu_1 = \nu\,(s) = 440$ $\nu_2 = 238$ (doppelt) $\nu_3 = 307$ (dreifach) $\nu_4 = \left\{\begin{matrix}765\\791\end{matrix}\right\}$ (dreifach)	0	105	105	105	105
6 einfache Schwingungen, s. § 38	—	—	—	—	—

Namenverzeichnis.

Sachverzeichnis.

In das Sachverzeichnis sind nur die im Text besprochenen Moleküle aufgenommen. Über die Konstanten weiterer Moleküle vgl. man das auf S. 389
aufgeführte Tabellenverzeichnis.

Tabellenverzeichnis für die wichtigsten Molekülkonstanten.

VERLAG VON JULIUS SPRINGER / BERLIN

Optik. Ein Lehrbuch der elektromagnetischen Lichttheorie. Von Professor Dr. **Max Born,** Göttingen. Mit 252 Figuren. VII, 591 Seiten. 1933. RM 36.—, gebunden RM 38.—

Der Smekal-Raman-Effekt. Von Professor Dr. **K. W. F. Kohlrausch,** Graz. ⟨„Struktur der Materie", Band XII.⟩ Mit 85 Abbildungen. VIII, 392 Seiten. 1931. RM 32.—, gebunden RM 33.80

Das ultrarote Spektrum. Von Professor Dr. **Clemens Schaefer,** Breslau, und Dr. **Frank Matossi,** Breslau. ⟨„Struktur der Materie", Band X.⟩ Mit 161 Abbildungen. VI, 400 Seiten. 1930. RM 28.—, gebunden RM 29.80*

Spektroskopie der Röntgenstrahlen. Von Dr. **Manne Siegbahn,** Professor an der Universität Upsala. Zweite, umgearbeitete Auflage. Mit 255 Abbildungen. VI, 575 Seiten. 1931. RM 47.—, gebunden RM 49.60

Vorlesungen über Atommechanik. Von Professor Dr. **Max Born,** Göttingen. Herausgegeben unter Mitwirkung von Dr. Friedrich Hund, Göttingen.

Erster Teil. Mit 43 Abbildungen. IX, 358 Seiten. 1925. RM 15.—, gebunden RM 16.50*

Zweiter Teil: **Elementare Quantenmechanik.** Von Professor Dr. Max Born, Göttingen, und Professor Dr. Pascual Jordan, Rostock. XI, 434 Seiten. 1930. RM 28.—, gebunden RM 29.80*
⟨„Struktur der Materie", Band II und IX.⟩

Atomtheorie und Naturbeschreibung. Vier Aufsätze mit einer einleitenden Übersicht. Von **Niels Bohr.** IV, 77 Seiten. 1931. RM 5.60

Moderne Physik. Sieben Vorträge über Materie und Strahlung. Von Dr. **Max Born,** Professor der Theoretischen Physik an der Universität Göttingen. Veranstaltet durch den Elektrotechnischen Verein, e. V. zu Berlin, in Gemeinschaft mit dem Außeninstitut der Technischen Hochschule zu Berlin. Ausgearbeitet von Dr. F. Sauter, Berlin. Mit 95 Textabbildungen. VII, 272 Seiten. 1933. RM 18.—, gebunden RM 19.50

Einführung in die Elektronik. Die Experimentalphysik des freien Elektrons im Lichte der klassischen Theorie und der Wellenmechanik. Von Dr. **Otto Klemperer,** Privatdozent für Physik an der Universität Kiel. Mit 207 Abbildungen. XII, 303 Seiten. 1933. RM 18.60

** Auf die Preise der vor dem 1. Juli 1931 erschienenen Bücher wird ein Notnachlaß von 10% gewährt.*